"十四五"职业教育国家规划教材

全国测绘地理信息类职业教育"十四五"规划教材

"十三五"职业教育国家规划教材

工程测量(测绘类)

(第4版)

主　编　周建郑
主　审　何　宽

本书立体化资源

黄河水利出版社
·郑州·

内容提要

本书为“十四五”职业教育国家规划教材，“十三五”职业教育国家规划教材，采用项目化形式编写。本书共有15个项目，包括工程测量概述、工程建设中地形图的应用、施工测量的基本工作、渠道和堤线测量、河道测量、水库测量、架空送电线路测量、线路工程测量、曲线测设、工业与民用建筑施工测量、桥梁施工测量、地下工程施工测量、水工建筑物的施工放样和安装测量、工程建筑物变形监测、轨道控制网(CPⅢ)测量等内容。

本书可作为高职高专工程测量技术专业以及测绘地理信息类相关专业的教材，也可供建筑工程技术、给排水工程技术、道路桥梁工程技术、工程地质等专业的高职高专院校教学使用，亦可作为相关专业在校、函授、继续教育以及企业在职人员的培训教材，或供从事各种测绘教学工作的教学、科研和专业技术人员参考使用。

图书在版编目(CIP)数据

工程测量：测绘类/周建郑主编. —4版. —郑州：黄河水利出版社，2023.8 (2025.1 修订重印)

“十四五”职业教育国家规划教材

ISBN 978-7-5509-3667-6

Ⅰ.①工… Ⅱ.①周… Ⅲ.①工程测量-高等职业教育-教材 Ⅳ.①TB22

中国国家版本馆CIP数据核字(2023)第147543号

策划编辑：陶金志 电话：0371-66025273 E-mail：838739632@qq.com

责任编辑 贾会珍 责任校对 杨秀英

封面设计 黄瑞宁 责任监制 常红昕

出版发行 黄河水利出版社

地址：河南省郑州市顺河路49号 邮政编码：450003

网址：www.yrcp.com E-mail：hhslcbs@126.com

发行部电话：0371-66020550

承印单位 河南承创印务有限公司

开 本 787 mm×1 092 mm 1/16

印 张 30

字 数 749千字

版次印次 2023年8月第4版 2025年1月第3次印刷

2025年1月修订

定 价 59.00元

第4版前言

本书是“十四五”职业教育国家规划教材、“十三五”职业教育国家规划教材。目前，使用 GNSS 接收机进行工程控制测量和工程放样已经变得比使用传统的测角量边的方法更加便利和容易掌握。新技术的使用，不但可以激发学生学习的兴趣，更重要的是可以极大地提高他们学习和工作的效率。本书重点介绍了工程测量的基本知识、测量新仪器新设备的使用、工程实地测设，以及施工测量和变形观测等内容，并结合一定的测量实例，对培养学生的专业素养和岗位能力具有重要的作用。

本教材实现了“知识体系和价值体系有机融合”，把传承、弘扬、树立、践行以“测绘精神”“北斗精神”“珠峰精神”为核心的中华民族精神作为课程、教材的建设目标和育人灵魂，以习近平新时代中国特色社会主义思想为指导，深入贯彻党的二十大精神、习近平总书记视察陕西延安和河南安阳重要讲话精神，落实立德树人根本任务，健全德技并修、工学结合育人机制，坚持育人为本、质量为上，做到以树人为核心，以立德为根本，坚持用党的创新理论武装学生。优化课程思政内容供给，通过深入挖掘专业知识隐含的思维方式和文化内涵来提升育人功能。

本课程将学校文化中蕴含的思政元素融入知识传授和技能培养，把吃苦耐劳、精益求精、劳动光荣、奉献伟大、艰苦奋斗等思想品德融入教育教学全过程，做到有魅力、有内涵、有情怀、有成效，提高立德树人成效。

本教材在对测绘地理信息技术应用市场调研的基础上，与行业企业共同分析所对应的职业岗位、典型工作任务和职业能力，从知识、技能和素质三个方面确定课程的总体教学目标。基于工作过程，按照项目驱动、任务引领的整体思路，基于工学结合，运用成果导向、情境教学等教学理念，选定教学项目、设计学习内容。教材建设遵循高职学生认知规律和专业知识学习规律，体现理论与实践的统一，凸显系统性、逻辑性、先进性和职业性，满足教学做一体化的教学需要。引导广大学生爱党报国、敬业奉献、服务人民，树立科技报国的责任担当，服务新时代中国测绘地理信息事业发展。

本教材严格遵循“服务行业发展，满足教学需求；工学结合紧密，学做一体系统”的要求，在体系上顺应基于工作过程系统的课程改革方向，在内容上符合课程标准，对接行业标准和职业岗位的能力要求。教材采用“项目导向”形式按照项目化模式编写，每项目开始均列出项目概述及学习目标，其中学习目标包含知识目标、技能目标和素质目标。每项目结束均附有项目小结、复习和思考题、技能训练及知识拓展。帮助学生梳理学习和教学内容。全面贯彻党的教育方针，落实立德树人根本任务，培养德智体美劳全面发展的社会主义建设者和接班人。

教材内容体现当前高职教育特色,简明易懂,根据应用型人才培养要求,避免冗长的理论知识介绍与公式推导,选用最新版本的规范和具有代表性设计项目背景的案例,以及本项目应掌握的内容和应具备的能力,能适应大多数高职院校的教学实际需求。为了更好地说明某些知识点,增加教材的生动性和可读性,选择性地设置了小贴士、知识链接、阅读与应用等,可使学生更好地掌握知识点,激发学生学习本门课程的兴趣。

本书编写分工如下:项目1、项目14由黄河水利职业技术学院周建郑教授编写;项目2、项目3由黄河水利职业技术学院周倩副教授编写;项目4、项目8由黄河水利职业技术学院陈琳教授编写;项目5、项目6由内蒙古建筑职业技术学院冯雪力编写;项目7由黄河水利职业技术学院王靖副教授编写;项目9由河南省地质研究院高级工程师刘平利编写;项目10、项目11由黄河水利职业技术学院高琼副教授编写;项目12、项目13由玉溪农业职业技术学院李怡彬编写;项目15由武汉锐进铁路发展有限公司总工程师田大川编写。全书由周建郑教授担任主编并统稿,由陈琳、周倩、高琼、王靖、冯雪力、李怡彬、刘平利、田大川担任副主编。由黄河水利职业技术学院何宽教授担任主审,在此致以诚挚的谢意!

在本书编写过程中,得到了黄河水利出版社和编写者所在单位的大力支持,在此一并致谢!由于本书在编写过程中借鉴了网络上的相关案例及视频部分资源,在此表示感谢!因无法联系到作者本人,如有不妥之处,请通过出版社与主编沟通处理,邮箱:838739632@ qq.com。

限于编者的水平与经验不足,书中定有欠妥之处,敬请专家和广大读者批评指正。

编　者

2023年7月

目 录

项目1 工程测量概述

项目概述

本项目是本课程学习的前期准备工作，工程测量是为各种工程在勘测规划设计、施工生产建设和运营管理阶段，应用测绘学理论和方法，提供产品位置、形状和大小保障与服务的技术。它主要研究在工程与工业建设、城市建设与国土资源开发、水陆交通与环境工程的减灾救灾等事业中，进行地形和有关信息的采集与处理、施工放样、设备安装、变形监测与分析预报等方面的理论和技术，以及与之有关的信息管理与使用。

学习目标

◆知识目标

1. 了解工程测量勘测设计阶段、施工阶段和工程竣工后运营管理阶段的测量工作；
2. 能阐述工程测量学的定义、任务和作用；
3. 了解工程测量学的发展趋势和特点。

◆技能目标

1. 了解工程测量的服务领域和对象；
2. 掌握工程测量三个阶段的工作内容；
3. 掌握工程测量与控制测量之间的密切关系。

◆素质目标

培养学生"热爱祖国、忠诚事业、艰苦奋斗、无私奉献"的测绘精神，培养学生"先天下之忧而忧，后天下之乐而乐"的责任心，引导学生一丝不苟严格按规范标准作业，把人们的生命财产安全时刻放在心上，引导学生苦练测绘本领，进一步提升自己，以更好地服务工程建设。

【课程导入】

工程测量是为工程建设服务的，由于服务对象众多，所以它所包括的内容非常广泛。按照服务对象来划分，其内容大致可分为工业与民用建筑工程测量，水利水电工程测量，铁路、公路、管线、电力线架设等线路工程测量，桥梁工程测量，矿山工程测量，地质勘探工程测量，隧道及地下工程测量，三维工业测量，城市测量，海洋工程测量，军事工程测量等。

任务1　工程测量的任务和内容

按照工程建设的顺序和相应作业的性质,可将工程测量的内容分为以下三个阶段的工作:

(1)勘测设计阶段的工作。工程在勘测设计阶段需要各种比例尺的地形图、纵横断面图及一定点位的各种样本数据,这些都必须由测量工作来提供或到实地定点、定线,为工程的勘测设计、初步设计和技术设计服务。对于重要工程或地质条件不良的地区,还要进行地层稳定性监测。

(2)施工阶段的测量工作。设计好的工程在经过各项审批后,即可进入施工阶段。这就需要建立施工控制网,将设计的工程位置标定在现场,作为实际施工的依据,在施工过程中还须对工程进行各种变形监测,确保工程质量和安全。

(3)工程竣工后运营管理阶段的测量工作。工程竣工后,还须测绘工程竣工图或进行工程最终定位测量,作为工程验收和移交的依据。对于一些大型工程和重要工程,还须对其安全性和稳定性进行监测,为工程的安全运营提供保障。最后根据需要,还要进行工程数据库、工程管理信息系统建设。

可见,工程测量学就是围绕着各项工程建设对测量的需要所进行的一系列测量理论、方法和仪器设备等有关方面研究的一门学科,它在国民经济建设和国防建设中起到了极其重要的作用,工程测量关系到工程设计的好坏、关系到工程建设的速度和质量、关系到工程运营的效益和安全。对于不同的工程,其具体内容有所不同,现分述如下。

1　建筑工程测量

建筑工程测量是指工业建筑与民用建筑工程在勘测、设计施工和竣工验收、运营管理过程中的测量工作。具体工作如下:

(1)测绘地形图。在勘测设计阶段,为了为建筑物的具体设计提供地形资料,须在建筑区开展测绘地形图、纵横断面图、定点取样等测量工作。由于其测量工作只是在很小的区域内进行,因此在作业过程中可以不顾及地球曲率影响和正常高的改正,只需按常规作业程序进行即可满足精度要求。

(2)使用地图。建筑物的设计方案力求经济、合理、实用、美观、环保。需要应用地图制图学的理论和方法在图上测量距离、角度等要素,确定建筑物在图上的具体位置,并为标定到现场提供测量数据。

(3)工程放样。建筑物进入施工阶段就需要根据它的设计图纸,按照设计要求,通过测量的定位、放线和标高测量,将其平面位置标定到施工的作业面上。另外,在施工过程中还要随时对建筑物进行安全监测,为施工提供依据,指导施工。

(4)竣工及运营管理中测量工作。建筑物竣工后,需测绘竣工图及其他点、线位置,作为验收的依据。交付使用后,还需对其进行沉降(陷)、水平位移、倾斜、挠度、裂缝观测,从而监视该建筑物在各种外界因素的影响下的安全性和稳定性。为建筑物的安全使用提供测绘保障。

2 线路工程测量

线路工程包括公路、铁路、输电线、输油线路、灌渠以及各种地下管线等工程。各种线路工程在勘测设计、施工建设和竣工验收及营运管理阶段的测量工作统称为线路工程测量。其主要内容包括以下几种。

2.1 勘测设计阶段的测量工作

(1)线路初测。根据计划任务书确定的修改原则和线路的基本走向,通过对几条有比较价值的线路进行实地勘测,从中确定最佳方案,为编制初步设计文件提供资料。测量的主要内容有控制测量、高程测量、纵横断面测量、地形测量。

(2)线路定测。根据批准的初步设计文件和确定的最佳线路方向及有关构造建筑物的布设方案将图纸上初步设计的线路和构筑物位置测设到实地,并根据现场的具体情况,对不能按原设计之处作局部线路调整,为施工图提供设计资料。它包括中线测量、高程测量、纵横面测量。

2.2 施工阶段的测量工作

在施工阶段,要检测设计阶段所建立的平面、高程控制桩位,在检测基础上进行线路中线的恢复。另外,要进行路基放样、边坡放样、建(构)筑物的定位放样等工作。

2.3 竣工验收和运营管理阶段的测量工作

线路工程竣工后,为了检查工程质量是否符合要求,须进行竣工测量。其主要是在控制测量和高程测量的基础上进行中线位置和里程桩的标定。测绘线路中心线纵断面和路基横断面图,在大型构筑物附近设置平面和高程控制点,供以后工程养护管理使用。在工程运营过程中还须对路面、构筑物、护坡进行沉降、位移观测,为线路安全运营提供可靠保障。

3 水利工程测量

水利工程测量在勘测设计阶段,测量工作的主要任务是为水工建(构)筑物设计提供必要的地形资料和其他测量数据。因此,在为水利枢纽工程设计提供地形图资料时,应根据具体情况确定相应的比例尺。为水利枢纽工程提供的地形图是一种专业性用图,在测量精度、地形图所表示的内容方面都有特殊要求。一般来说,与国家基本图相比,平面位置精度要求较宽,而对地形精度要求有时较严。

在水利枢纽工程施工过程中,测量工作的主要任务是按照设计的意图,将设计图纸上的建筑物以一定的精度要求测设于实地。此外,在施工过程中,有时还要对地基及水工建筑物本身或基础进行施工中的变形观测,以了解建筑物的施工质量,并为施工期间的科研工作收集资料。

在工程竣工或阶段性完工时,要进行验收和竣工测量。在水利枢纽中,大坝是最重要的建筑物,因此要定期或不定期地对其进行变形观测,常把用工程测量的方法观测水工建筑物几何形状的空间变化称为外部变形观测,包括水平位移观测、垂直位移观测、挠度观测和倾斜观测等。

4 矿山测量

通常将配合地质找矿、矿物开采工作的各种测量工作统称为地质矿山工程测量。其中配合地质技术找矿方法的测量工作叫地质勘探工程测量,配合地球物理勘探和地球化学勘探技术找矿方法的测量工作叫物探测量,配合矿物开采的测量工作叫矿山工程测量或地下工程测量。

其主要工作内容有以下几个方面:

(1)按地质勘查工作的需要,提供矿区的控制测量和各种比例尺的地形图等基本测绘资料。

(2)根据地质勘探工程的设计,在实地定点、定线,为工程提供施工位置和方向,指导地质勘探工程的施工。

(3)及时准确地测定已竣工工程的坐标和高程,为编写地质报告和储量计算提供必要的测绘数据和资料。

(4)在矿山设计、施工和生产阶段测绘各种大比例尺地形图,进行建筑物及构筑物的放样、设备的安装测量、线路测量等工作,生产时随时需要进行巷道标定与测绘、储量管理和开采监督、岩层与地表变化的观测与研究、露天矿边坡稳定性观测与研究等。

5　海洋工程测量

海岸港口工程、海上物探工程、海底电缆及管道工程等在勘测设计、施工和运营管理阶段所进行的测量工作称为海洋工程测量。其目的是建立海底测量控制网,利用海上定位方法和测深技术进行水位的潮汐改正,以及测绘海底地形图。

5.1　海上定位方法

(1)无线电定位。无线电定位系统具有全天候、连续实时定位的特点,根据其工作频率,地面无线电定位系统可分为微波、超高频、中频、低频和甚低频。在定位精度满足水下地形测量要求的前提下,按其作用距离可分为近程(小于300 km)、中程(小于1 000 km)、远程(大于1 000 km)。

无线电定位系统的工作原理主要有测量距离定位和测量距离差定位。即在陆地上设立若干个无线电发射台(称为岸台),船上则通过测量无线电传播的有关参数来确定自身相对于岸台的位置。

(2)全站仪定位。在距离岸边10 km以内进行水下地形测量时,可使用全站仪用极坐标的方法进行定位。近年来,测量机器人得到了广泛的应用,它可自动跟踪测量船上的目标(全反射棱镜),每隔一定时间测量一次船上目标与仪器之间的距离和目标到仪器方向的方位角。根据极坐标法,得出船的一系列动态瞬时位置,并可配合数字测深仪以及借助制图软件直接绘出海底地形图。

(3)差分GNSS技术。目前海洋测量定位应用载波相位最现实的方法是同时考虑伪距和载波相位结合定位的方式,有伪距单点定位、差分定位和相位平滑伪距定位三种。

(4)水下声学定位。其原理是在水底设置若干个水下声标,利用一定的方法测定这些水下声标的相对位置,在确定船只相对于陆上大地测量控制网的位置的同时,确定船只相对于水下声标的位置,经处理,可完成水下声标控制点相对于陆上坐标系统的联测工作。若待测船只进行定位,则可向水下声标发射声脉冲,水下声标接收后发回应答信号,待测船只接收并经过计算机处理后,即可得到船只的定位结果。此种方法有很高的动态定位精度,特别适合钻井船的定位。

(5)组合定位系统。将前面几种定位方法有机地结合起来,取长补短,提高定位精度,常用于定位精度要求较高的海洋工程中,如大陆架勘测、海底管道安装控制等工程。

5.2 测深技术

(1)常规测深技术:在船上利用回声测深仪的发射换能器(安装在船下),垂直向水下发射一定频率的超声波脉冲,以声速在水中传播到水底,经反射或散射返回,被接收换能器接收,计算其回波时间来确定被测点的水深。

(2)海底地貌探测仪:又称测扫声呐,它可显示海底地貌,并确定目标的概略位置和高程。

(3)多波速测深系统:能一次给出与航线相垂直的平面内几十个甚至上百个深度。因此,多波速测深系统能精确快速地测定沿航线一定宽度内水下目标的大小、形状、最高点、最低点,从而较可靠地描绘出水下地形的精细特征。将它与卫星定位系统、无线电定位系统相连,可由计算机控制组成自动成图系统,使海底地形测量完成得又快又好。

(4)机载激光测深技术:是20世纪60年代末70年代初出现的,经过20多年的研制试验已进入实用阶段。从飞机上向海面发射两种波段的激光,其中一种为波长1 064 μm的红外线,另一种为波长523 μm的绿光,红外光被海面反射,绿光则透射到海水中,到达海底后被反射回来,这样,两束反射光被接收的时间差等于激光从海面到海底的传播时间的2倍。机载激光测深系统目前测深能力在50 m左右,精度在0.3 m左右。

【小贴士】

本任务主要介绍了工程测量的任务和内容,通过本任务的学习,学生应该能了解工程测量勘测设计阶段、施工阶段和工程竣工后运营管理阶段的测量工作和具体工作内容,为下面的学习打好基础。

任务2 工程测量学科的发展现状

随着传统测绘技术走向数字化测绘技术,工程测量的服务方面不断拓宽,与其他学科的互相渗透和交叉不断加强,新技术、新理论的引进和应用不断深入,因此可以看到,工程测量学科应该沿着测量数据采集和处理向一体化、实时化、数字化方向发展;测量仪器向精密、自动化、信息化、智能化发展;工程测量产品向多样化、网络化和社会化方向发展,具体体现在以下几个方面。

1 大比例尺工程测图数字化

大比例尺地形图和工程图的测绘是工程测量的重要内容和任务之一。工程建设规模扩大,城市迅速扩展以及土地利用、地籍图应用,都需要缩短成图周期和实现成图的数字化。

国内大比例尺数字测图技术在近几年内得到迅速发展,测绘仪器不断推出新的品种,如南方测绘仪器公司、苏州第一光学仪器公司、北京博飞测绘仪器公司都推出了价廉物美的全站仪和GNSS全球定位系统。测图软件方面也趋于成熟,如南方测绘仪器公司的CASS测图软件,使中国的数字测图由传统的测图方法发展到目前成为测图的主流方法,为推动中国测绘走向数字化、信息化做出重要贡献。

2　工业测量系统的最新进展

20 世纪 80 年代以来,现代工业生产进入了一个新阶段,许多新的设计、工艺要求对生产的自动化流程、生产过程控制、产品质量检验与监测等工作进行快速、高精度的测点定位,并给出工作时复杂形体的三维数学模型,利用传统的光学、机械等工业测量方法都无法完成,而利用全站仪、数码相机等作为传感器,在计算机的控制下,工业测量系统完成工作的非接触和实时三维坐标测量,并在现场进行测量数据的处理、分析和管理。与传统的工业测量方法相比较,工业测量系统在实时性、非接触性、机动性和与 CAD/CAM 连接等方面有突出的优点,因此在工业界得到广泛的应用。

2.1　电子经纬仪测量系统

电子经纬仪测量系统(MTS)是由多台高精度电子经纬仪构成的空间角度前方交会测量系统,如 Leica 推出的 MANTCA 系统与 ECDS 系统,最多可接洽 8 台电子经纬仪。现在波音飞机制造公司及其合作伙伴(如中国上飞、沈飞、西飞等)还在使用 MANTCA 系统。

经纬仪测量系统的硬件设备主要由高精度的电子经纬仪、基准尺、接口和联机电缆及微机等组成,采用手动照准目标、经纬仪自动读数、逐点观测的方法,该测量系统在几米至几十米的测量范围内的精度可达到 0.05~0.22 mm。

2.2　全站仪极坐标测量系统

全站仪极坐标测量系统是由一台高精度的测角、测距全站仪构成的单台仪器三维坐标测量系统(STS)。全站仪极坐标测量系统在近距离测量时采用免棱镜测量,为特殊环境下的距离测量提供了方便。

2.3　激光跟踪测量系统

激光跟踪测量系统的代表产品为 SMART310,与常规经纬仪测量系统不同的是,SMART310 激光跟踪测量系统可全自动地跟踪反射装置,只要将反射装置在被测物的表面移动,就可实现该表面的快速数字化,由于干涉测量的速度极快,其坐标重复测量精度高达 5×10^{-6},因此它特别适用于动态目标的监测。

2.4　数字摄影测量系统

数字摄影测量系统是采用数字近景摄影测量原理,通过 2 台高分辨率的数码相机对被测物同时拍摄,得到物体的数字影像,经计算机图像处理后得到精确的 X、Y、Z 坐标。数字摄影测量系统的最新进展是采用高分辨率的数字相机来提高测量精度。另外,利用条码测量标志可以实现控制编号的自动识别,采用专用纹理投影可代替物体表面的标志设置,这些新技术也正促使数字摄影测量向完全自动化方向发展。

3　施工测量仪器和专用仪器向自动化、智能化方向发展

施工测量的工作量大,现场条件复杂,施工测量仪器的自动化、智能化是施工测量仪器今后发展的方向。具体体现在以下几个方面:

(1)精密角度测量仪器,发展到用光电测角代替光学测角。光电测角能够实现数据的自动获取、改正、显示、存储和传输,测角精度与光学仪器相当甚至超过。如 T2000、T3000 电子经纬仪采用动态测量原理,测角精度达到 0.5″。马达驱动的电子经纬仪和目标识别功能实现了目标的自动照准。

(2)精密工程安装、放样仪器。以全站型速测仪发展最为迅速,全站仪不仅能自动测角、测距、自动记录、计算、存储等,还可以在完善的硬件条件下,进行软件开发,电脑型全站仪配合丰富的软件,向全能型和智能化方向发展。带电动马达驱动和程序控制的全站仪结合激光、通信及CCD技术,可实现测量的全自动化,被称作测量机器人。测量机器人可自动寻找并精确照准目标,在1 s内完成对一目标点的观测,像机器人一样对成百上千个目标做持续和重复观测,可广泛用于变形监测和施工测量。GNSS接收机已逐渐成为一种通用的定位仪器,在工程测量中得到广泛应用。将GNSS接收机与电子全站仪或测量机器人连接在一起,称为超全站仪或超测量机器人。它将GNSS的实时动态定位技术与全站仪灵活的三维极坐标测量技术完美结合,可实现无控制网的各种工程测量。

(3)精密距离测量仪器,其精度与自动化程度愈来愈高。

(4)高精度定向仪器,如陀螺仪采用电子计时法,定向精度从±20″提高到±4″。目前,陀螺仪正向全自动激光陀螺定向和高精度磁悬浮陀螺全站仪方面发展。

(5)精密高程测量仪器,采用数字水准仪实现了高程测量的自动化。例如,Leica NA 3003、天宝DiNi03电子水准仪和条码水准标尺,利用图像匹配原理实现自动读取视线高和距离,测量精度达到每千米往返测高差均值的标准差为0.3 mm,测量速度比常规水准快30%。而德国TELAMAT激光扫平仪实现了几何水准测量的自动安平、自动读数和记录、自动检核,为高程测量和放样提供了极大的方便。

(6)工程测量专用仪器,主要指用于应变测量、准直测量和倾斜测量等需要的专用仪器。其主要特点是高精度、自动化、遥测和持续观测。

(7)具有多种功能的混合测量系统是工程测量专用仪器发展的显著特点,采用多传感器的高速铁路轨道测量系统,用测量机器人自动跟踪沿铁路轨道前进的测量车,测量车上装有棱镜、斜倾传感器、长度传感器和微机,可用于测量轨道的三维坐标、轨道的宽度和倾角。

4 特种精密工程测量的发展

为满足大型精密工程施工的需要,往往要进行精密工程测量,大型精密工程不仅施工复杂,难度大,而且对测量精度要求高。需要将大地测量学和计量学结合起来,使用精密测量计量仪器,在超出计量的条件下,达到10^{-6}以上的相对精度。如湖北隔河岩大坝外部变形观测的GNSS实时持续自动监测系统,监测点的位置精度达到了亚毫米。该工程用地面方法建立的变形监测网,其最弱点精度优于±1.5 mm。

被誉为“天眼”的500 m口径球面射电望远镜FAST(Five-hundred-meter Aperture Spherical radio Telescope)建设了10余个毫米级精度基准站组成的测量基准网。通过9个近景测量基站,对反射面位形实时扫描;利用激光跟踪仪及激光跟踪系统实现对馈源舱实时反馈的控制;建设现场总线系统,实现反射面的主动变形;建设实时检测和健康监测系统。

北京正负电子对撞机的精密控制网,精度达±0.3 mm,设备定位精度优于±0.2 mm,200 m直线段漂移管直线精度达±0.1 mm。大亚湾核电站控制网精度达±2 mm。秦山核电站的环型安装测量控制网精度达±0.1 mm。

上海杨浦大桥控制网的最弱点精度达±0.2 mm,桥墩点位标定精度达±0.1 mm;武汉长江二桥全桥的贯通精度(跨距和墩中心偏差)达毫米级。高454 m的东方明珠电视塔上长

114 m、重300 t的钢桅杆天线,安装的垂准误差仅±9 mm。

秦岭隧道长18.4 km,洞外GNSS网的平均点位精度优于±3 mm,一等精密水准线路长120多km。在仅有一个贯通面的情况下,横向贯通误差为12 mm,高程方向的贯通误差只有3 mm。

德国汉堡的粒子加速器研究中心,直线加速器长达30 km,100~300 m的磁件相邻精度要求优于±0.1 mm,磁件的精密定位精度仅几微米,并能以纳米级的精度确定直线度。整个测量过程均为无接触自动化。

美国的超导超级对撞机,其直径达27 km,为保证椭圆轨道上的投影变形最小且位于一平面上,利用了一种双重正形投影。所做的各种精密测量,均考虑了重力和潮汐的影响。主网和加密网采用GPS测量,精度优于1×10^{-6}。

5 工程摄影测量和遥感技术的应用

摄影测量和遥感技术的非接触性、实时性使得其在工程施工、监测方面应用相当普遍,主要体现在以下几个方面:

(1)在建筑施工过程中,利用地面立体摄影方法检核构件的装配精度。

(2)以解析法地面立体摄影测量配合航空摄影测量进行滑坡监测与地表变形观测。

(3)应用精密地面立体摄影方法测定工程建筑物与构筑物的外形及其变形。

(4)应用摄影测量技术为造船、汽车、飞机制造企业进行各种特性测试。

6 无人机测绘

测绘型无人机成本不高,操作性强,可以随时随地起飞和降落,不需要太多的准备时间,并能够适应不同的地形、天气条件,是现阶段进行低空航空摄影的绝佳手段,无人机摄影测量具有续航时间长、成本低、机动灵活等优点。无人机低空航摄系统一般由地面系统、飞行平台、影像获取系统、数据处理系统等四部分组成。地面系统包括作业指挥,后勤保障车辆等;飞行平台包括无人机飞机、维护系统、通信系统等;影像获取系统包括GNSS程控导航、航摄管理系统、数字航空摄影仪、倾斜摄影相机、控制与记录系统、云台和电源;数据处理系统包括空中三角测量、正射纠正、立体测图等。尽管无人机的测量效率极高,但是在测量精度等方面还是无法和传统的全站仪等仪器相比,因此现阶段无人机主要用于一些中小比例尺的测图。近几年发展起来的测绘无人机,通过不断的技术创新,已能在多种复杂的地形与气候条件下及时获取精准的地理信息数据,从而成为传统航空摄影测量手段的有力补充。部分国产测绘无人机的技术指标已经达到国际领先水平,能够完全满足基础测绘工作的需要。

7 GNSS在工程测量中的应用

用GNSS进行工程测量有许多优点:精度高,作业时间短,不受时间、气候条件和两点间通视的限制,可在统一坐标系中提供三维坐标信息等,因此在工程测量中有着极广的应用前景。如在城市控制网、工程控制网的建立与改造中已普遍地应用GNSS技术,在快速地形测绘、石油勘探、高速公路、高速铁路、通信线路、地下铁路、隧道贯通、建筑变形、大坝安全监测、山体滑坡、地壳形变监测等方面也已广泛地使用GNSS技术。GNSS、GIS技术将紧密结合工程项目,在勘测、设计、施工管理一体化方面发挥重大作用。

港珠澳大桥是一个世纪工程,它实现总体跨度最长、钢结构桥体最长、海底沉管隧道最长,也是公路建设史上技术最复杂、施工难度最大、工程规模最庞大的桥梁。港珠澳大桥首级平面 GNSS 控制网共布设平面控制网观测墩 16 个,其中珠海区域 8 个,澳门区域 2 个,香港区域 6 个,采用了科学先进的数据处理方案,获得了高精度的坐标成果,其基线精度优于 0.5×10^{-6},相对点位精度优于 2 mm。首级高程控制网采用一、二等精密水准联测,一等水准路线 250 km,桥位区二等水准路线 100 km;一、二等高精度跨江(海)高程传递 12 处。实施了多处跨江跨海高程传递测量,获得了平差后每千米中误差仅 0.3 mm 的精密高程成果。通过三地联测,还分别确定了国家坐标系、香港与澳门坐标系之间的转换参数,并建立了大桥工程建设所需的高程基准和相应的独立坐标系。同时,依据最新的地球重力场理论和方法,建立了高精度的港珠澳大桥地区局部重力似大地水准面,与 GNSS 水准联合求解后,精度达到 6 mm。

北京大兴机场工程是我国兴建的又一项超级工程,是迄今为止世界上最大的机场,具有工程规模大、结构复杂、施工测量难度高等特点,其建设进程受到全世界目光的关注。工程测量人员针对精准定位、海量测量的总需求,综合利用多基站 CORS 网络 RTK 技术,结合静态 GNSS 技术组建高标控制网,组建覆盖整个施工区域的无固定测站边角网技术、三维激光扫描钢结构构件检测及安装监控等技术解决了控制网快速建网与按需建站、超大平面钢结构精确测量定位、超大自由曲面钢网架变形监测及可视化分析等工程难题,为新机场工程建设做出了突出贡献。

综上所述,工程测量学的发展,主要表现在从一维、二维到三维、四维,从点信息到面信息获取,从静态到动态,从后处理到实时处理,从人眼观测操作到机器人自动寻标观测,从大型特种工程到人体测量工程,从高空到地面、地下以及水下,从人工量测到无接触遥测,从周期观测到持续测量。测量精度从毫米级到微米乃至纳米级。工程测量学的上述发展将直接对改善人们的生活环境,提高人们的生活质量起重要作用。可以这样说:哪里有人类,哪里就有工程测量;哪里有建设,哪里就离不开工程测量。

【小贴士】

本任务主要介绍了工程测量学科的发展现状,通过本任务的学习,学生应该能从网上查取相关资料,了解学校配备的仪器设备能做哪些工程测量项目,哪些不能做,学校还应添加哪些仪器设备。

【知识链接】

学习本项目时,学生应结合教师的讲解思考大中型工程测量项目都要用到 GNSS 接收机、高精度的全站仪和数字水准仪的原因,并结合本校配备的仪器的具体型号,自行到网上下载相应的说明书,以获取更多的有用知识。

【阅读与应用】

国际测量师联合会

国际测量师联合会(FIG)是世界各国测绘学术团体联合组成的综合性学术组织。1878 年 7 月 18 日成立于法国巴黎,宗旨是联合世界各国测量工作者的团体和国家机构,讨论本专业共同关心的问题,建立各成员国测量学会间的联系,报道各国测量工作的成就、奖励和推广科学研究的成果,协调专业培训,促进各国专业人员的交流,推动测量科学的发展。中国于1981年加入FIG,是FIG最高级别的国家会员。

国际测量师联合会的最高决策机构是全体会员国大会,每4年召开一次。如2019年的专题是:重点讨论如何应对气候变化,通过发展智能城市和农村地区,努力实现更美好的生活。

联合会下设9个技术委员会,按专业分为A、B、C 3个大组。A组是专业组织,包括第一委员会(专业实践)、第二委员会(专业培训)和第三委员会(专业文献)。B组是测量、摄影测量和地图制图,包括第四委员会(河海测量)、第五委员会(测量仪器和方法)和第六委员会(工程测量)。C组是土地规划和土地经济,包括第七委员会(地籍测量和农村土地管理)、第八委员会(城市不动产体系、城镇规划和发展)和第九委员会(不动产估价和经营)。

工程测量专业委员会下设6个工作组和2个专题组。6个工作组是:①大型科学设备的高精度测量技术与方法;②线路工程测量与优化;③变形观测;④工程测量信息系统;⑤激光技术在工程测量中的应用;⑥电子科技文献和网络。2个专题组是:工程和工业中的特殊测量仪器;工程测量标准。

中国测绘学会下设有工程测量分会,每两年举办一次全国性的学术会议。如2019年5月16—17日在重庆召开的会议专题是:工程测量新技术应用与智慧城市三维地理空间数据建设。各省的测绘学会也设有工程测量专业委员会。

大国工程:北京大兴国际机场超级航站楼创新测量

2019年9月25日,北京大兴国际机场(见图1-1)投运仪式举行。历时4年,一座充满生机和希望的新机场、一座现代化的一体化综合交通枢纽拔地而起。这个被英国卫报评出的“新世界七大奇迹”之首,创下了多项世界之最,每一项世界之最背后都是工程测量需要克服的艰难挑战。

图1-1　北京大兴国际机场鸟瞰图

1　大兴机场 拔地而起

北京大兴国际机场是国家“十二五”重点工程,机场定位为全球最大的空地一体化交通枢纽,项目要求全力打造精品工程、样板工程、平安工程、廉洁工程,实行最严格的施工管理,确保高标准、高质量,要努力集成世界上目前最先进的管理技术和经验。

北京大兴国际机场多项成果被评为“世界之最”:全球规模最大的单体机场航站楼,全球首座高铁高速下穿航站楼,全球施工技术难度最高的航站楼,全球首个“双进双出”航站楼,全球最大自由曲面钢屋顶,全球最大钢结构建筑,全球最大单体隔震建筑,全球最大单体隔震支座,全球最大无结构缝一体化建筑,全球最大机场大块混凝土板……特大项目是挑战,也是机遇,每一项"世界之最"的后边,都代表着超高难度的施工工艺和工程测量问题需要解决。大兴机场的航站楼设计成五指廊的放射状构型,这种结构能有更多的近机位,也能有效控制航站楼的指廊长度。但这种结构的设计却给建设施工过程中的测量工作带来不小的难度,比如控制网的合理布设、测量视线遮挡等。大兴机场建设所涉及的工程测量项目非常多,有航站楼核心区、航站楼通行指廊、机场跑道、油库、附属建筑等设施,需要进行前期规划勘测、建设中的测量与监测、建设后的竣工测量等。

2　工程复杂 千头万绪

北京大兴机场是国际知名设计大师扎哈·哈迪德生前最后一个大规模的作品,设计师把结构造型设计得非常新颖奇特,大量采用不规则的自由曲面结构。造型奇特复杂,建设过程中工程测量工作面临的困难不可想象,同时它还是目前世界上最大的自由曲面钢结构建筑,多项技术全球首创。建设规模庞大,相当于25个足球场,仅其核心区就能装下3个鸟巢,如此大的规模使得工程测量难度成倍增加。在项目中,建筑结构超大造成的超大施工区域控制网布设困难、交叉测量多、测量队伍多、分部工程衔接测量多、通视受阻等测量难题;项目繁杂(12 300多个结点球、60 000多根钢管、大量混凝土结构)造成的海量测量放样工作量;创下新纪录的超大异型钢结构对钢结构精准测量定位和安全监测提出新的挑战;因地下通高铁,所以需要建立专门设计的全球最大漂移结构,如何保持控制点的稳定性、统一性和前后众多施工部位衔接测量等……结构超大使得工程测量控制网的布设困难,在建筑施工场地这种恶劣的测量环境中,不仅通视受限,而且测量控制点会面临破坏严重的问题。现场高峰作业期间有56家测量队伍同时作业(见图1-2),为保证测量精度,控制点的数量是有限的,不能无限布设。在这种情况下测量队伍之间的交叉作业就会互相干扰,严重影响工程进度,尤其是新机场对工期节点抓得非常紧,如何保证海量测量顺利进行,还要保质保量保安全等等都是要考虑的问题。

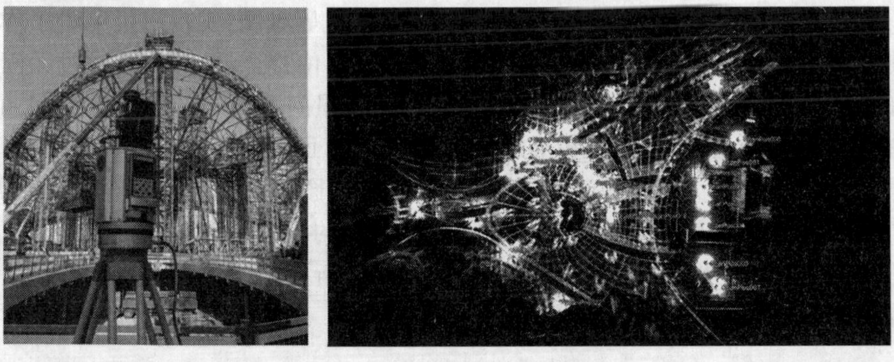

图1-2　三维激光扫描仪现场作业

在大兴机场项目遇到的诸多难题中,最难解决的应该是控制点的漂移,因为新机场下面有多条地铁和京雄高铁,为确保不受高铁震动对建筑结构的影响,设计了全球最大的隔震层,即新机场首层是完全建在一个个地下隔震支座上的。隔震支座的设计使得新机场地面部分形成一个不稳定的微动结构,形象地说就是随时在晃动。这样就造成施工过程中测量控制点一直在漂移,很难保证前后工序的精准衔接。如何评估控制点漂移、如何消除漂移对测量精度的影响等,都需要认真研究。而且在整个施工过程中还需要定期监测实时掌握它的变化,否则建筑各部分衔接就会有问题。

在新机场建设过程中,航站楼下方不仅设计了京雄高铁和北京新机场线,还预留了多条城际铁路。当高铁从航站楼下方以350 km/h高速通过时,航站楼将会产生巨大的震动,故工程采用了1 152个隔震支座把新机场的地上和地下完全分开,这就构成了一个巨大的漂移结构。在施工过程中,随着不同区域的施工,结构加载致使每一个隔震支座受力是不均匀的,这将导致不同部分楼板上面的测量控制点会发生没有规律的漂移,根据工程后期验证,施工期间控制点漂移量最高达到了12. 6 cm,这给控制测量、工程衔接测量造成了巨大困难。同时,因为本项目的工期仅为同类工程项目时间的三分之一,工期非常紧,且国家标志性工程对质量要求更高,这对测量人员来说都增加了工作的难度。

3　**关键创新 迎难而上**

针对上述项目的难点和各方对大兴机场建设项目的种种要求,施工测量方为新机场测量工作提出了"稳、快、准、易、控"的关键技术路径:稳,研究一套稳定的测量基准,合理布设多级测量控制网,解决通视、破坏、压占等问题,为漂移结构提供监测基准;快,实现众多混凝土结构线、12 300多个结点球等海量测量的快速放样,确保56家测量队伍交叉测量不冲突,不影响工期;准,实现全球最大钢结构精准安装、安全监测,确保工程安全顺利实施;易,使海量测量监测数据实现可视化,更好指导施工;控,利用测量新技术助力庞大复杂工地的项目管理,提升工程质量,确保安全。

整个项目工期很短,其中钢结构部分的施工时间节点一共就80多天,保工期压力巨大。钢结构异常复杂,施工前必须先理解它的结构形式,才能去选择测量放样方法,新机场的不规则自由曲面结构图纸、C型柱钢结构图纸理解起来都非常费劲,更别提还要对它们进行精准定位、检测安装质量等。测量团队针对各种出现的问题,提前研究或是在建设过程中及时创新测量方法,应用并实施了很多关键性的测量技术,很好地完成了施工过程中的测量工作:成功确保了测量基准的稳定,在超大范围复杂恶劣的施工环境下,合理布设了多级测量控制网,解决了施工过程中出现的漂移、通视、破坏、压占等难题;实现海量测量工作的快速放样,使众多混凝土结构线放样和12 300多个结点球定位符合设计要求;通过无固定测站边角网的技术创新有效解决了56支测量队伍的交叉测量问题;完成了全球最大自由曲面钢网架的精准安装定位、特大C型柱精准定位、特大金色屋面测量等;实现了海量测量及监测数据从大量报表形式转为更容易使用分析的可视化成果图,使25个足球场那么大的钢结构的变形安全问题直观地展示给各相关方,创新了一种新的施工测量监测数据分析方法;研发了基于BIM和GIS的智慧工地云平台,利用多种测量新技术助力庞大复杂工地的项目管理,提升工程质量,确保安全。

项目小结

工程测量按照服务对象来划分,其内容大致可分为工业与民用建筑测量、水利水电工程测量,铁路、公路管线电力线路架设等线路工程测量,桥梁工程测量,矿山工程测量,地质勘探工程测量,隧道及地下工程测量,三维工业测量,城市测量,海洋工程测量,军事工程测量等。按照工程建设的顺序和相应作业的性质,可将工程测量的内容分为勘测设计阶段、施工阶段和运营管理阶段的测量工作。

以港珠澳大桥为例，学生应该能从网上查取相关资料，了解港珠澳大桥首级平面 GNSS 控制网为什么采用 6 种坐标系：①2000 国家大地坐标系；②WGS-84 坐标系；③1954 年北京坐标系；④1980 西安坐标系；⑤1983 珠海坐标系；⑥施工坐标系。首级高程控制网采用 1985 国家高程基准。

通过本项目的学习，学生应能了解：随着数字化测绘技术的发展，工程测量的服务方面不断拓宽，与其他学科的互相渗透和交叉不断加强，新技术、新理论的引进和应用不断深入，工程测量学科沿着测量数据采集和处理向一体化、实时化、数字化方向发展，测量仪器向精密、自动化、信息化、智能化发展，工程测量产品向多样化、网络化和社会化方向发展。

复习和思考题

1-1　工程测量分为哪三个阶段的工作？

1-2　建筑工程测量具体工作有哪些？

1-3　举例说明工程测量学科的发展方向。

1-4　举例说明 GNSS 进行工程测量有哪些优点。

1-5　工程测量的服务领域和对象有哪些？

1-6　为什么要学习工程测量，如何学好工程测量？

【技能训练】

一、技能训练题目及训练目的

在学习完本项目的理论学习内容之后，学生应利用课余和周末的时间，从网上下载两种不同类型工程建设的测量资料（如高精度磁悬浮陀螺全站仪、××大桥首级平面 GNSS 控制网、××大桥 GNSS 连续运行参考站系统设计与实现等）。了解我国工程建设测量情况，为以后的工作打下良好基础。

二、技能训练要求

1. 学生从网上下载资料学习，从中学习先进的测量方法，开阔视野。

2. 学生应记录碰到的问题向教师请教或与任课教师共同探讨。

【知识拓展】

中国大地原点　　大地水准原点　　用北斗测量珠穆朗玛峰

项目2　工程建设中地形图的应用

项目概述

工程建设一般分为规划(勘测)设计、施工、运营管理三个阶段。在规划设计时,必须要有地形、地质等基础资料,其中地形资料主要是地形图。没有准确可靠的地形资料是无法进行设计的,地形资料的质量将直接影响到设计的质量和工程的使用效果。通过本项目了解设计对地形图的要求主要体现在以下三个方面:一是地形图的精度必须满足设计要求;二是地形图的比例尺应选择恰当;三是测图范围合适,具有较好的实时性。

学习目标

◆知识目标

1. 了解工矿企业现状图的任务和内容;
2. 了解流域规划勘测设计阶段中地形图的应用;
3. 掌握地形图比例尺的选择、精度确定的依据,测绘内容的取舍方法。

◆技能目标

1. 根据流域规划设计工程需要,会选择测图比例尺、取舍测绘内容;
2. 掌握工矿企业现状图施测的原则,会合理取舍,精度区别对待;
3. 掌握地形图在工程建设中应用的方法。

◆素质目标

通过引导学生学习地形图在工程中的重要作用,培养学生"一丝不苟,精益求精"的测量工匠精神,通过知识拓展中对小浪底等具体工程的介绍,提升学生的民族自豪感。

【课程导入】

通过本项目的学习,可清楚地了解不同工程建设以及工程建设的不同阶段对地形图的要求是不同的,可以根据不同的工程以及工程建设不同的阶段,测绘不同比例尺地形图,在学习过程中,学生应掌握工程建设勘测设计阶段、工矿企业设计、线路工程设计等对地形图的要求。

任务1 地形图在工程建设勘测设计阶段的应用

1 地形图在水利工程勘测设计阶段的应用

在我国广阔的大地上,遍布着众多江河湖泊,蕴藏着极为丰富的水利资源、海岸线曲折蜿蜒,逶迤数千里,有很多良好的港湾和海洋资源。为了开发和利用这些资源,必须兴建水利工程建筑物,如拦河坝、船闸、运河、港口、码头等。目前,我国十大江河流域分别是松花江流域、辽河流域、海河流域、黄河流域、淮河流域、长江流域、东南诸河流域、珠江流域、西北诸河流域、西南诸河流域。对于一个流域而言,要使该流域有一个全面规划,合理地选择水利枢纽的位置和分布,发挥其在发电、航运、防洪及灌溉等方面的最大效能,须在全流域测绘比例尺为1:5万或1:10万的地形图,以及水面与河底的纵横断面图,以便研究河谷地貌的特点,探讨各个梯级水利枢纽水头的高低、发电量的大小、回水分布情况以及流域与水库的面积等,并确定各主要水利枢纽的形式和建造的先后顺序。

水库设计时,为了确定建坝以后在河流上形成的水库淹没范围及面积,以便确定汇水面积,淹没区的范围以及总库容与有效库容的计算,通常采用1:1万或1:5万比例尺地形图。拦河坝是水利枢纽工程中的主要工程,地形和地质条件决定了坝址的位置。最有可能建坝的地方是在河谷最窄而岩层最好的河段。

设计库岸的防护工程,确定哪些城镇、工矿企业以及重要耕地被临时淹没或永久浸没,拟定相应的防护工程措施,设计航道及码头的位置,制定库底清理、居民迁移以及交通线改建等的规划,需要各种不同精度的地形图。

当枢纽区域确定后,还应测绘1:2 000或1:5 000比例尺地形图,以便正确布置主要永久性建筑物、临时性建筑物和辅助建筑物、永久性及临时性交通线路、临时厂房等。

我国的江河湖海流域面积很大,用常规的测图方法很难完成,一般1:5 000至1:10万地形图均采用航测成图、卫星遥感成图或由较大比例尺地形图编制而成。各种工程不同比例尺地形图的选择见表2-1。

表2-1 测图比例尺的选择

工程项目	测图比例尺
水库区	1:5 000~1:2.5万 1:1 000(土地详查) 1:1万摄影比例尺航测遥感(土地详查)
排灌区	1:2 000~1:1万
坝段	1:2 000~1:1万
坝址、闸址、渠首、溢洪道、防护工程区、滑坡区	1:500~1:2 000
隧道和涵管进出口、调压井、厂房	1:500~1:2 000
天然料场、施工现场	1:1 000~1:5 000
铁路、公路、渠道、隧道、堤线等带状地形图测绘	1:2 000~1:1万
地质测绘	与地质图比例相同

2 地形图在城市勘测设计阶段的应用

城市的建设也离不开地形图,在确定城市的整体布局时需用各种大、中、小比例尺的地形图。例如:道路规划、各种管线的规划、工矿企业的规划以及各种建筑物的规划等。

在设计中如果没有地形图,设计人员就没办法确定各种工程及相应建筑物的具体位置。利用1:2 000或1:500比例尺地形图作为选址的依据和进行总图设计的底图。在图上设计人员寻找合适的位置、放样各种设施、量取距离和高程,并进行工程的定位和定向及坡度的确定,从而计算工程量和工程费用等。设计人员只有掌握了可靠的自然地理、资源及经济情况后才能进行正确合理的设计。

3 地形图在工程建设中的其他应用

地形图除在设计阶段的作用外,在工程施工和工程竣工验收过程中也少不了地形图。总之,地形图是工程建设中必不可少的重要基础资料,没有确实可靠的资料,是无法进行设计的。地形资料的质量也将直接影响到设计的质量和工程的使用效果。所以,有关规程中明确规定:没有准确可靠的设计基础资料,是不能进行设计的。

【小贴士】

我国有几大江河流域你知道吗?你能通过网络收集我国几大流域的流域图吗?收集我国几大江河流域的流域图并了解各大流域的建设情况。

任务2 工矿企业设计对地形图的精度要求

工矿企业设计的目的都是为工程的施工、运营和管理服务。工矿企业种类繁多,各有其特点,与国家的测图工作比较起来,企业测区的面积较小、使用范围较窄。在工矿企业设计过程中不同企业对地形图的要求也是不同的。因此,工矿企业设计对地形图测绘要求的标准是依据企业所属行业的行业标准或规范来确定的。

工矿企业设计对地形图的要求主要体现在以下三个方面:一是地形图的精度必须满足设计要求;二是要选择恰当的比例尺和测图范围;三是出图时间要比较快。

对于工矿企业设计来说,地形图主要用于总图运输设计,结合工矿企业的特点和地形图提供的原始资料,合理布局生产设备和生产车间相互之间的位置。

1 工矿企业设计对地形图的平面位置精度要求

在进行总平面图设计时,先按照城市规划、卫生、消防等部门的要求结合生产工艺流程的具体要求,将主要建筑物轮廓位置按设计图所需比例尺绘在透明纸上,再将透明纸覆盖在相同的比例尺地形图上,或者做成相同比例的模型,摆在地形图上,调整建筑物的安放位置。同时要考虑现场地形条件、原有建筑物的限制、生产工艺要求等条件。综上所述,一般要求地形图上场地边界的地物点位置误差不大于图上±1 mm。

建筑物位置确定后,将其标定在地形图上,然后在主要建筑物轴线方向上确定两点A、B(见图2-1),图解出它们的坐标并反算出方位角α'_{AB},将AB方向作为施工坐标系的X(或Y)方向。再在适当位置取一点作为施工坐标系的原点,通常取A点为坐标原点。然后根据AB

的设计距离，计算 B 点的施工坐标。另外，由总平面图设计的解析数据可以计算出其他各点的施工坐标。再按此施工坐标系将一些重要的设计内容绘在地形图上，量测其与现行地形地物的相对位置，进行检核。由此在地形图上确定施工坐标系的原点位置的允许误差一般为图上的 1～2 mm，所以可以认为，这项检核的允许误差亦为 1～2 mm。考虑量测的误差，可以得出设计对地形图上地物的平面位置允许误差不应大于图上 1 mm。

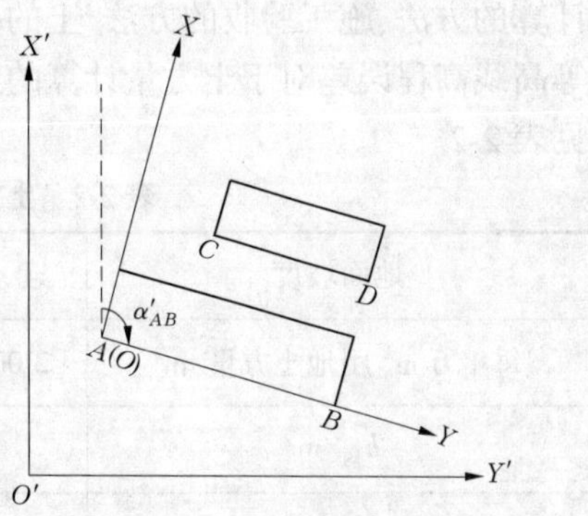

图 2-1　坐标系转换

2　工矿企业设计对地形图高程精度的要求

工业场地的地面竖向布置，就是将厂区的自然地形加以整平改造，以保证生产运输有良好的联系，合理地组织排水，并要使土方量最小且填挖方量平衡。根据设计过程，可以从地面连接方式设计、建筑物高程设计以及土方量计算等方面来分析设计中对地形图高程的精度要求。

工业场地的地面连接方式一般分为平坡式和阶梯式两种，在实际应用中应根据企业的性质、总平面布置、厂址的地质构造及自然地形等因素综合考虑后决定，其中地形因素有决定性的影响。地形图可供量取自然地面的坡度，确定地面起伏，即在图上用分规（或直尺）量取两根等高线之间的平距 L，根据这两根等高线的高程 H_1、H_2，则可求得相应的地面坡度为

$$i=\frac{H_1-H_2}{L} \tag{2-1}$$

在进行地面连接方式的设计时，若场地采用平坡式连接，因关系到场地中的排水问题，所以规定场地的最小排水坡度为 0.5%。一般要求图解坡度的误差不大于场地最小排水坡度的 50%，当采用平坡式连接时，对于地形图高程的精度要求最高。设允许图解坡度误差的限差为 Δ，则图解的坡度的中误差 m_i 为

$$m_i=\frac{\Delta}{2} \tag{2-2}$$

再由式中的关系，即可得到等高线高程中误差为

$$m_h=\frac{\Delta L}{2\sqrt{2}} \tag{2-3}$$

设计规范规定，设计地面整平的宽度不应小于 100 m，否则应采用阶梯式设计。

以上是设计竖向布置系统和地面连接方法对于等高线高程的精度要求。

对于建（构）筑物的地坪高程、铁路轨顶高程、道路中心线高程以及工程管网的设计原则是：要使其尽量与自然地形相适应，考虑到排水条件，室内地坪要高出室外地面 0.15～0.50 m。地下管道埋设深度最浅为 0.6 m。因此，平坦地区地形图的高程中误差可为 ±0.15 m，最大误差应在 ±0.3 m 以内。

土方量是进行投资预算、施工准备以及论证设计方案可行性的资料，是在竖向布置的高程设计完毕后进行的。其计算的允许误差为 10%～20%，受到确定整平坡度的大小、土方量

计算的方法、施工验收的方法、土的松散系数、等高线的高程误差等因素的影响。一般认为等高线高程误差对于土方量计算的影响应小于5%。土方量计算对地形图的高程精度要求见表2-2。

表2-2 土方量计算对地形图的高程精度要求

地面坡度	0.05以下	0.05~0.10	0.10~0.15	0.15~0.20
每1万 m^2 用地土方量/m^3	2 000~4 000	4 000~6 000	6 000~8 000	8 000~10 000
$h_{均}$/m	0.3	0.5	0.7	0.9
5万 m^2 用地的 m_h/m	0.17	0.28	0.39	0.50

注:h 为方格四个角点上设计高程与自然地面高程之差。$h_{均}$ 为场地所填(或挖)的平均高度。m_h 为 h 的中误差,因为设计高程是计算的,m_h 的大小即表示地形图上高程精度。

设计对地形图测绘的要求标准由企业所属行业标准或规范来确定,因此在工矿企业地形图测绘中,不同行业的企业对地形图的要求也是不同的。

从上面可以看出,设计中对于地形图的精度要求,常取决于设计的方法。随着科技的进步,设计方法在不断地更新,也将对地形图的精度提出更高的要求。

【小贴士】

了解附近某个工矿企业面积,按照所学知识对工矿企业设计对地形图的精度要求估计其平面位置精度要求和高程精度要求。

任务3 工矿企业设计专用地形图的测绘

在工矿企业的设计中,地形图主要是用于总图运输设计。这项设计就是在地形图上进行各项建(构)筑物和运输线路的布置。因此,设计人员总是要求地形图的比例尺与设计图纸的比例尺相一致。而设计图纸比例尺的选择取决于设计内容的详细程度和建筑密度。

工业企业设计应选择合理的地形图测区范围,选择合适的测图比例尺,为各种工程设计测制大比例尺地形图。

1 选择合适的测图比例尺

长期以来,在确定恰当比例尺的问题上进行了多方面的探索,其主要体现在以下两方面:一是研究大比例尺中地物的平面位置和等高线的高程具有怎样的精度;二是研究设计对地形图的要求。

实际工作中,对地形图精度的影响因素较多,如作业方法、仪器、作业员、对地形地貌的取舍等。从实用上来看可以认为,只要图合格,就具有相应规范要求的平面位置和高程的精度。而对于测图比例尺的选取,只要在满足设计人员对用图要求的前提条件下,使测量工作最为经济合理就行。

1.1 总运输设计图纸比例尺与地形图比例尺的关系

我国在制定为工业企业设计所进行的测图工作的规范时,认为在施工设计阶段测图的比例尺基本上是1:1 000,而在复杂或厂区建筑密度很大的地区,局部施测1:500比例尺地形图。在初步设计阶段,基本上采用1:2 000比例尺地形图。

1.2 在选择测图比例尺时,要求比例尺图件的精度满足设计要求

对于1:1 000的地形图,基本上可以满足一般工业企业设计对地形图的精度要求。由于1:1 000比例尺地形图的图面负荷也不大,便于设计人员在图上进行设计,故一般的工业企业设计均采用该比例尺地形图。但是对于化工企业来说,由于其内布设有较多的管线,多采用1:500比例尺地形图。有一些小型厂区,由于其区域较小,为方便设计也都采用1:500比例尺地形图。

1.3 不同的地形现状应有所区别

地形现状的差异,对所测成的地形图精度影响很大,特别是对高程精度的影响。对于在平坦地区新建的工业场地来说,采用1:1 000比例尺地形图就可满足精度要求。而对于在地形复杂且坡度较大的地区新建成的工业场地来说,应采用1:500比例尺地形图才可满足精度要求。

1.4 改、扩建的工业场地使用的地形图

对于改、扩建的工业场地所用的地形图来说,除需要在地形图上用符号表示内容外,还要测注出主要地物点的解析坐标和高程,从而使图面负荷增大,若用小比例尺地形图作设计,则会导致设计的线条掩盖住地形图上所表示的要素和注记,给设计工作带来诸多不便。在这种情况下需采用1:500比例尺地形图。

总之,由于工业企业性质不同、规模大小不一、设计所处的阶段不同及实地现状的差异,对测图比例尺要求也有所不同。在实际工作中,要分析各种实际情况,结合现场实际和设计人员的具体要求,经与有关工程设计人员共同协商来确定测图所用的比例尺。

2 工程设计专用地形图的测绘

为各种工程设计所测制的大比例尺地形图,一般称为工程设计专用地形图,也叫工程专用图。它具有一次性使用、针对性强的特点。因而它在比例尺选择、图幅规格、图根控制及施测内容的取舍和精度要求等方面与普通地形图有着很大的区别。另外,对于各种工程专用图来说,由于其服务的对象不同,其在测绘内容、范围及精度方面也各有不同。

工程专用图其表达的内容各具特色,而其测制的方法与普通地形图测制方法相近。工程专用图的分幅与编号的方法主要有以下几种。

2.1 独立的矩形分幅、顺序编号

根据测区的形状和大小,按坐标线划分图幅,图幅大小可为50 cm×50 cm或40 cm×40 cm,图号按数字顺序自左至右、由上向下编排,如图2-2所示,图中细实线为所测范围,虚线为扩大区补测范围。此方法适用于较大区域的地形图测绘。

2.2 矩形独立块图

这种方法适合于中小型场地用图,它可以明显地物和地类为界,分开测绘,但成图时应合为一幅。只需图名,无需分幅编号。

对于线路工程来说,由于其施测的宽度较窄,按其线路的走向延伸而呈带状。如果按矩形分幅,则图幅较多,且每幅图中只测一小部分,有的只测一个角,造成极大的浪费,对于设计和应用更是不便。因此,为方便起见,多采用带状分幅。具体分幅方法如下:

首先将全线的图根点(或线路中线)展绘在小比例尺地形图上,并标出测绘范围,然后

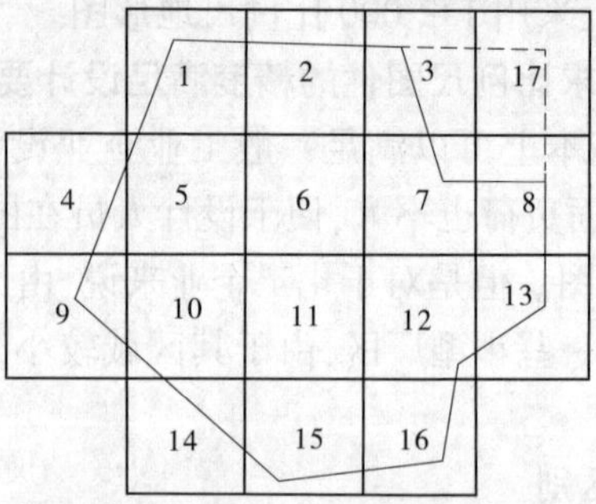

图 2-2　独立的矩形分幅和顺序编号

在图上进行带状图的分幅。各幅图应以左方为线路起点,右方为线路终点,按顺序编号。每幅图的编号采用分式表示,分母为图幅总数,分子为本图幅序号(见图 2-3)。一般在左右接图,上下没有接图。若局部地区有比较方案或迂回线路,应尽可能将其测绘在一幅图内。若图幅太宽,可征求设计人员的意见,变更测图比例尺。分幅时注意不要在曲线、路口、桥中及交叉跨越处接图。当多条线路工程彼此交叉时,应按各专项工程的需要进行分幅设计,交叉部分应重合描绘。在内业描图中发现原图分幅不合理时,可重新进行拼接描绘,并要注意每幅图的图纸除够描绘图幅的施测范围外,还应留有适当空白,以便让测量人员和设计、施工人员注记有关的说明。

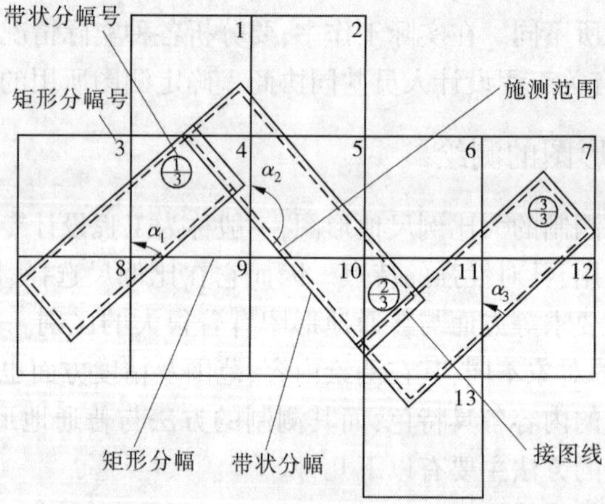

图 2-3　带状分幅和顺序编号

3　工业企业设计对地形图比例尺的选择

由于总平面图的设计是在地形图上进行的,所以地形图除按一定的要求表示地面现有的情况外,同时要能在图上进行工程设计。一方面要能表示出设计中所考虑的最小地形地物,同时应能绘出设计的最小建筑物和构筑物。如何既能保持图面清晰,而又使负荷不致过大影响使用,选择地形图比例尺应考虑以下几个因素。

3.1　地形图比例尺与工业企业设计总图运输设计图纸比例尺的关系

在工业企业设计中,地形图主要是用于总图运输设计。这项设计就是在地形图上进行各种建(构)筑物和运输线路的布置,因此设计人员要求地形图的比例尺与设计图纸的比例尺相一致。而总图运输设计的图纸比例尺的选定基本上取决于设计内容的详细程度和建筑物密度。

为了保证在地形图上所布置的建筑物位置的正确性,为了保证在地形图上确定施工坐标系原点位置和图解防护距离的精度,要求图上平面点位的误差不大于±1 mm。为了保证确定地面最小坡度的正确性,保证主要设计高程的可靠性,以及土方计算的精度,要求地形图上的高程误差不大于0.15~0.18 m。对于1:1 000比例尺的地形图来说,其平面点位误差基本上在±1 mm之内,而高程误差为±0.15 m。所以,工业企业设计通常采用1:1 000比例尺的地形图作为首选。在1:1 000比例尺地形图用图不方便的情况下,可以依照1:1 000的测图要求,测绘1:500比例尺的地形图。

3.2 地形图比例尺与现场条件、工业企业面积的关系

现场条件有两种情况:一种是平坦地区新建的工业区;另一种是山地或丘陵地区的工业场地以及扩建或改建的工业场地。

第一种情况,平坦地区新建工业区。总平面运输图设计受地形、地物的影响不大,一般都可根据生产工艺流程和运输条件,按设计流程进行布置。这种情况下就可根据设计内容和建筑物密度来确定。

第二种情况,山地或丘陵地区改建或扩建工业区。总平面运输图设计时除考虑生产工艺流程和运输条件外,在很大程度上还应考虑地形条件。在这种情况下对地形图比例尺的选择,一定要考虑地形图的精度。平面误差不应大于±1 mm,高程误差不得大于±0.15 m。在改建和扩建的情况下,在地形图上除用符号表示的内容外,还要测出主要地物点的坐标与高程,并在地形图上标出。这样就增加了图面的负荷。如果比例尺小,在设计时就不方便。因此,需要选择1:500比例尺地形图才能满足要求。

地形图比例尺的选择还要考虑测区面积大小的因素。工业企业面积大,在保证图面清晰的前提下,一般总是希望尽可能选择较小比例尺。初步设计阶段可选择1:2 000比例尺地形图,而施工阶段可选用1:1 000比例尺地形图;对于较小面积的工业企业就需要选择较大一些的比例尺。如1:500甚至1:200比例尺地形图。

综上所述,由于工业企业的性质不同,规模大小不同,场地现状条件也不一样,设计中所需测图比例尺也不可能完全一致。根据前面分析,可以认为,地形图的比例尺应与总图运输设计图纸的比例尺一致,对于大型企业,初步设计阶段的图纸比例尺可以小些,在施工阶段所要求的比例尺可以大些。对于一些中小企业,可按施工设计所要求的比例尺,测绘一种地形图即可。至于采用多大比例尺,应与有关设计人员或甲方进行协商拟订。

4 工业企业设计对地形图测区范围的要求

无论工业企业设计总平面运输图对比例尺的大小怎样要求,但测设的范围必须要适当合理。但多大为合理呢?一般认为,初步设计阶段测绘面积要大一些,施工设计阶段可以小一些。一般情况下勘测面积为工业企业设计面积的1.3~1.5倍。若考虑外部水源、弃渣场、排水等因素,勘测面积就可能以工业企业设计面积的2~3倍为宜。

【小贴士】

按照工业企业设计对地形图测区范围的要求,需要进行测区控制测量。GNSS控制网是最常用的网,将是测图控制网优先采用的布网方案,特别是范围大、距离远、通视条件差的工程,如大区域地区测图,各种线路、桥梁、隧道工程等的首级控制网,均应优先采用。

任务4 工矿企业现状图及竣工图的测绘

工厂区的地形图也称为厂区现状总图,简称为工厂总图。它是反映厂区各种建筑物在平面和立面的布局、道路、各种管线的分布、绿化和安全设施以及人工和自然地貌分布的图纸。其主要用于工厂的管理、生产的指挥、房屋的修缮和管理以及各设备的管理和维护。当工厂要改建和扩建时,必须要通过这些材料掌握现有各种地物和地貌的情况。

1 厂区现状图的任务

按我国工业建设的实际情况,工业厂区现状测量主要有下列任务:

(1)恢复、改造旧有工厂时,反映厂区现有建筑物和实际破坏情况,取得旧厂区内的实际部署和相互关系。

(2)工厂在进行改建、扩建时,一般根据工厂建设情况,若干年后需要对厂区现状图进行修测和补测。扩建时使用现状图作为设计的基础资料。

(3)在分期建设、分段投入生产的工程,为了总结了解前期工程的进展情况,作为下期或下一阶段建设工程设计的依据,尚需测绘前期工程的竣工现状图。

(4)在新建或扩建工厂竣工后,为了检验施工的正确性,按照工业建设的要求,作为技术资料必须提交竣工现状图,满足投产后组织生产管理的需要。

由于用图目的不同,施测的内容和方法也不相同。上述各种现状图测量任务,是按厂方或建设部门提出的任务书进行施测的。

2 厂区现状图的内容

厂区现状图的内容比较复杂,不但在图面上要表示地面、地下和架空的建筑物平面位置和一般地貌、地物情况,而且还测出细部坐标、高程和各种元素。由于各个专业用途不同,有时还提出专业分图的要求。厂区现状图主要有以下几方面的内容。

2.1 厂区现状标准图

厂区现状标准图包括了全部工业场地上旧有的和新建的厂房、车间、仓库、办公大楼、住宅区、食堂和运输线路、工业管线等建筑物的平面位置和高程;并用解析法测出细部点坐标、细部点高程和各种设计元素,表示其特征,注明其用途,还要表示一般地形地物的相关位置。

2.2 辅助图

辅助图是厂区现状标准图的附件。由于在厂区内,有时图画密集,线条、注记、符号、数据等过多,图面负荷过大,不能清晰地表示内容,则需绘制局部的大详图——辅助图,其比例尺为1:100或1:200。

2.3 剖面图

为了更明确地表示地下管线的埋设情况和一些建筑物的特殊形状,应测出其专门剖面图,此图也属厂区现状标准图的附件。如管道的地道、窨井等。

2.4 专业分图

对于大型和设备复杂的联合企业的工厂,单有一套现状标准图、辅助图和剖面图还不能满足各专业的需要,为了各专业工作、管理的方便,还要制作专业分图,以供专业人员使用。

这种专业分图根据一般工业厂区的情况可分为四种:①上下水道图;②工业管网图;③输电线路图;④运输线路图。

这些专业分图主要是满足相应的专业建筑和管理之用,由各专业根据现状标准图编制而成。要求将厂区专业所需要的管线或线路位置,细部坐标点、细部高程点、各种元素、方向、材料、管径和明显的建筑物等有选择地标出位置和轮廓,使图面内容简化,专业突出。

2.5 技术总结报告和成果表

厂区现状图施测完毕后,必须提交测量技术总结报告和成果表。如测量过程中的施测方法、技术要求、达到的精度和内容表示的详细程度等,以及厂区各种数据成果表,如控制点成果表、细部坐标点成果表、线路一览表、铁路和公路曲线元素等,以及其他附表和附图。

3 工矿企业现状图施测的原则

在施测厂区现状图时,应考虑满足以下几个原则。

3.1 厂区控制测量系统应保持与原有测量系统一致

在工厂的建设过程中,已积累了许多设计、施工的大量图纸、数据和测量成果资料,且这些资料、图纸和数据对今后生产管理和改、扩建工程有密切的联系。为了保证该厂所有的图纸资料能前后衔接使用,在进行厂区现状图的测量时,必须首先考虑使用原有的控制系统。

3.2 测量控制网必须有一定的精度标准

从工业厂区勘测开始,就要建立一个具有一定精度标准的控制网(精度标准规范有所规定,也可视需要而定),以满足厂区内测量的精度要求。

3.3 充分利用已有测量成果资料

在测绘厂区现状图时,该厂一般都有大量的测量和设计的成果资料可供利用。比如勘测中的控制成果、地形图,建筑物细部点坐标以及各种设计元素等可作为参考使用。

3.4 内容合理取舍,精度区别对待

由于对现状图的要求不同,可按需要有区别地施测,不需要的内容可以舍去,不是主要的设计对象,可以不测细部坐标点。还有些专用现状图,主要内容要详测,次要内容可简测。

4 布设厂区控制网

厂区控制网的布设面积一般比厂区占地面积大30%左右,其布设的等级和形式则根据厂区现状和要求而定。

4.1 厂区控制网的等级

厂区控制网一般分两级布设,即一级为等级控制网,另一级为图根控制网;或布设主轴线和方格网两级。两级控制可以在厂区内独立布设,或在已有的等级控制点下加密。

4.2 厂区控制网的布设形式

根据现有建筑物的特点和形式,多采用多边导线网或矩形方格网的布设形式布设厂区控制。

4.2.1 多边导线网

如果建筑物不是整体的矩形布置,仅是局部相互平行,此时,宜采用多边导线网控制。大厂区可以一级导线作为首级控制,二级导线进行加密。小厂区则可以二级导线作为首级控制。

4.2.2　建筑方格网

当厂区已有的建筑物布设成相互平行的矩形时,控制网可布设成建筑方格网,即矩形方格网。对于较大的厂区,可先布设主轴线作为首级控制,再以主轴线加密二级控制。

4.2.3　GNSS、导线混合网

有些厂区是由老厂扩大,或由新老厂合并的,造成整个厂区布置的不统一。互为平行的建筑物,可布设方格网,不规则的建筑区,则只能布设成多边导线网;而待扩建用的自然地形,可布设为GNSS网或导线网。将三部分连成一体布成环形或结点网,形成混合导线网,通过整体平差取得成果。

4.3　控制点密度

在厂区布设的主导线网或主轴线,其点位密度一般在200~500 m,平均300 m一个点。导线总长一般为2 km左右。图根导线点或方格点,其密度一般为50~150 m,平均边长为100 m左右。

4.4　高程控制

区内的高程控制一般布设为三、四等水准和图根水准。一般厂区布设四等水准作首级控制。对于较大厂区,为保证区域内有足够精度的水准点作依据,并考虑到机械安装和沉陷观测的使用,应建立三等水准点作首级控制。

5　测绘工矿企业现状图

在进行工矿企业现状图细部测量时,若控制网为方格网,则采用直角坐标法较为方便;若控制网为导线网,则采用极坐标解析法进行细部测设。

5.1　细部的平面位置测量

(1)矩形建筑物要测绘3个(包括3个)以上的角点。

(2)行列整齐的非生产性建筑物,可测其周围坐标,其间相对位置,可用丈量距离的方法测定。

(3)对于不可直接测定中心位置的圆形建筑物,可根据圆形的大小,采用三点法或切线法测定其位置。

(4)较大的钢结构,测其基础顶面外角3个以上的测点。

(5)铁路应测量车档、岔心交点及进厂房点之坐标。必要时要测算曲线元素。

(6)公路应测定干线、中线之交点和尽头中点之坐标。

(7)各种管线除测出其中线位置外,尚需以一定的符号标示管线性质。

5.2　细部的高程位置测量

现状图细部高程的测量,可以用水准仪进行,也可以用三角高程进行。

(1)一般建筑物应测出其基础地面3个角点的高程,较大建筑物则各个角点的高程均应测出。

(2)对于烟囱、水塔等建筑物,应测基础地面的高程,如需实测其高度,可据2个测站用间接方法测定取其平均值。

(3)对于地坑、水池,测其地面、池顶和池底的高程。

(4)对于互相跨越的工业管线及跨越交通干道的高压线路,均应测定其最低层的凌空高度及其相应的地面高程。

(5)铁路除测定车档岔心高程外,直线上每隔 50 m,曲线上每隔 20~30 m,测一轨顶高程。

(6)公路沿中线每隔 50 m 测一高程点,变坡点应加测高程,如有需要,应测其横断面图。

6 工矿企业竣工测量

工程建设进入竣工和运营阶段后,需要进行竣工测量。竣工测量主要是检查工程竣工部位的平面位置与高程位置是否符合规划设计要求,作为工程验收和运营管理的基本依据。

竣工测量可分为施工过程中的竣工测量和工程全部完成后的竣工测量。前者包括各工序完成后的检查验收测量和各单项工程完成后竣工验收测量,其直接关系到下一工序的进行,应与施工测量相互配合;后者则是整个工程全部完成后全面性的竣工验收测量,是在前者的基础上完成的,要求全部资料的整理,并建立竣工档案,作为有关部门进行工程验收和以后扩建、改建的依据。

【小贴士】

厂区控制网 GNSS 控制点的布设也应考虑工程需要,布设在便于到达、易于保存、多路径影响小的地方,每个 GNSS 控制点至少有一个相邻点通视,以解决后续测量定向问题。布网时,应根据工程特点、预期达到的精度、测区的自然条件与交通情况,依据《全球定位系统(GPS)测量规范》(GB/T 18314—2009)或《卫星定位城市测量技术标准》(CJJ/T 73—2019)规范要求进行 GNSS 网的设计与布设。布设控制网时,应尽量与附近的国家控制网联测,联测点数不得少于 3 个,并均匀分布在测区中,以便取得可靠的坐标转换参数。

任务 5 线路工程设计对地形图的要求

线路设计就是依据公路的使用任务、性质,合理利用地形,从平、纵、横三个方面进行综合设计。公路设计总原则是满足行车安全、迅速、经济、舒适和美观等要求。

公路勘测设计工作包括经济调查和技术勘测设计两部分,是对一条公路进行较周密的调查、收集各种资料,经分析后具体确定公路的位置,再进行测量,然后通过设计,将取得的资料进一步深化,作出修建一条公路的具体计划、安排,并编制成设计图表文件,经上级批准后作为施工依据。公路勘测设计大型公路一般为两阶段设计,中小型公路为一阶段设计。

两阶段设计是视察、视察报告、设计任务书、初测、初步设计、定测、施工设计。

一阶段设计是视察、视察报告、设计任务书、一次定测、一阶段施工设计。

公路设计的原则主要表现在以下几个方面:

(1)线路应尽量避免穿过地质不良地区。

(2)干线公路应避免穿过城镇。

(3)线路设计,应少占田地,少拆房屋,方便群众,不损坏重要历史文物。

1　公路设计对地形图比例尺的选择

公路设计对地形图比例尺的选择应满足《公路工程基本建设项目设计文件编制办法》的规定。《公路工程基本建设项目设计文件编制办法》规定:公路设计所用地形图的比例尺一般为1:2 000,平原微丘地区也可测绘1:5 000比例尺地形图。在测绘过程中,要绘出地形、地物,标出路线(里程桩号、断链、平曲线的要素及主要桩位)、水准点、大中桥、路线交叉(注明形式及结构类型)、隧道、主要沿线设施(高等级公路绘在平面设计图内)的位置以及县以上境界等。

其中,高等级公路应测绘1:1 000或1:2 000比例尺地形图。测绘过程中,要绘出地形、地物,示出坐标网格。

2　公路设计对控制测量的要求

由于线路工程(公路)宽度较窄,长度非常长,因此公路设计所用地形图与其他工程用地形图相比,具有特殊性带状地形图。公路设计所用带状地形图从控制到施测都具有特殊性。具体要求如下。

2.1　线路平面控制测量

2.1.1　公路控制测量

主控制网是沿公路线路布设的,其他支线或附属物施工控制网为辅助控制网,辅助控制网一定要与主控制网连接,主控制网宜全线贯通后,统一平差,从而保证公路走向的正确性,保证各段公路严格连接。

2.1.2　坐标系的选择

由于公路工程较长,通常跨若干投影带,长度变形较大,因此必须选择合理的坐标系,才能保证测区内投影长度变形值不大于2.5 cm/km。

选择原则如下:

(1)当投影长度变形值大于2.5 cm/km时,宜采用高斯正形投影3°带平面直角坐标系。

(2)在特殊情况下,当投影长度变形值大于2.5 cm/km时,可采用抵偿坐标系和1980西安坐标。抵偿坐标系为投影面投影到抵偿高程面的高斯正形投影3°带平面直角坐标系;1980西安坐标系为投影面投影到椭球面上的高斯正形投影任意带平面直角坐标系。

(3)二级或二级以下公路、独立桥梁和隧道可采用独立假定坐标系。

当大型构造物控制网与国家或线路主控制网连接,精度高于国家或线路主控制网时,应保持本身精度。线路控制网等级选择必须满足《公路勘测规范》(JTG C10—2007)规定,具体规定见表2-3。

表 2-3 公路平面控制测量等级

等级	公路线路控制测量	桥梁桥位控制测量	隧道洞外控制测量
二等三角	—	>5 000 m 长特大桥	>6 000 m 特长隧道
三等三角 三等导线	—	2 000~5 000 m 特大桥	4 000~6 000 m 特长隧道
四等三角 四等导线	—	1 000~2 000 m 特大桥	2 000~6 000 m 特长隧道
一级导线	高速公路、一级公路	500~1 000 m 特大桥	1 000~2 000 m 中长隧道
二级导线	二级及二级以下公路	<500 m 大中桥梁	<1 000 m 隧道
三级导线	三级及三级以下公路	—	—

导线布设应尽量布设为直伸形状,且边长不宜相差过大。当导线边长平均较短时,应控制导线边数。

2.1.3 平面控制网设计要求

(1)平面控制网设计,应收集公路沿线已有的测量资料,在现场踏勘和周密调研的基础上进行。

(2)平面控制点的点位选择要求:

①相邻点间应相互通视,点位能长期保存;

②便于扩展、加密和寻找;

③平面控制点点位应沿线路布设,距离中心线的位置不宜大于 50 m,且大于 30 m,以保证控制点在公路施工过程中不宜被破坏;

④线路平面控制点的设计要考虑沿线桥梁、隧道等构造物布设控制网的要求,在大型构造物的两侧应布设一对平面控制点。

2.2 线路高程控制测量

线路高程控制测量与其他工程高程控制测量基本相似。公路高程系统宜采用 1985 高程基准。同一条公路应采用统一的高程系统,不能采用统一高程系统时,应给出两系统的转换参数。独立工程和三级以下公路联测有困难时,可采用假定高程系统。

公路高程测量采用水准测量进行施测。在进行水准测量确有困难的山岭地带以及沼泽或水网地区时,四、五等水准测量可用光电测距三角高程测量。

水准路线应沿公路路线布设,水准点应布设于公路中心两侧 50~300 m 范围之内。水准点间距宜在 1~1.5 km;山岭或丘陵地区可根据实际需要适当加密。大桥、隧道口及其他大型构造物两端应增设水准点。公路水准测量的等级见表 2-4。

表 2-4　公路水准测量的等级

测量项目	等级	水准路线最大长度/km
4 000 m 以上特长隧洞、2 000 m 以上特大桥	三等	50
高速公路、一级公路 1 000～2 000 m 特大桥、2 000～4 000 m 长隧洞	四等	16
二级及二级以下公路 1 000 m 以下桥梁、2 000 m 以下隧道	五等	10

3　公路设计对地形图测绘的要求

3.1　对所用地形图等高距的要求

在公路设计中,高程是非常重要的,因为它关系到汽车的上下坡安全、道路与桥梁能否顺利衔接、路与路、路与其他构造物是否能够衔接。所以,公路设计对高程的要求是非常严格的,体现在地形图用图方面就必须选择适当的等高距才能满足用图需要。

《公路勘测规范》(JTG C10—2007)对地形图等高距的规定如表 2-5 所示。

表 2-5　公路设计所用地形图的基本等高距

地形类别	不同比例尺的基本等高距/m			
	1∶500	1∶1 000	1∶2 000	1∶5 000
平原	0.5	0.5	1.0	1.0
微丘	0.5	1.0	1.0	2.0
重丘	1.0	1.0	2.0	5.0
山区	1.0	2.0	2.0	5.0

地形图的符号注记,必须以符合国家测绘局现行制定的《国家基本比例尺地图图式》(GB/T 20257.1～4—2017)标准。对图式中没有规定的地物、地貌,必须另作出补充规定加以说明,或在技术总结中说明。

3.2　对所用地形图原图图纸的要求

地形原图图纸可选用 0.07～0.1 mm,经过热处理后的聚酯薄膜,其伸缩率要小于 0.4‰。

3.3　对地形图精度的要求

地形图的精度主要体现在主要地物、地貌的平面和高程精度方面,《公路勘测规范》(JTG C10—2007)对公路设计所用地形图精度的规定如表 2-6 所示。

表 2-6　地形图的精度

图上地物点位置中误差/mm		等高线的高程中误差/mm			
主要地物	一般地物	平原区	丘陵区	重丘区	山区
±0.6	±0.8	$H_d/3$	$H_d/2$	$2H_d/3$	H_d

注:主要地物是指具有明显外部轮廓的建筑物;一般地物是指除主要地物外的地物;森林、隐蔽或困难地区可按表中规定放宽 50%;H_d 为地形图基本等高距。

3.4 公路勘测设计对所用地形图的内容与综合取舍要求

公路设计所用地形图是专用地形图,对地形图的内容和综合取舍有着特殊要求。地形图内容应涵盖居民地、独立地物、管线及境界、公路、水系、植被等各项地物、地貌要素以及各类控制点、地理名称等,并突出公路规划、设计、建设、管理等有关内容。地物、地貌各项要素的表示方法和取舍原则除应符合现行国家测绘局制定的规范外,还应有具体如下要求:

(1)各种比例尺地形图上均应展绘或测出各等级三角点(包括各等级平面控制点)、图根点、水准点等,并按规定符号表示在图上。

(2)各类建(构)筑物及其主要附属设施均应进行测绘,房屋外轮廓以墙角为准。1:500、1:1 000、1:2 000 的地形图还应详细测绘出居民区房屋以便设计拆迁之用,同时应注明建筑材料。建(构)筑物外轮廓凸凹在图上小于 0.5 mm 时,可用直线连接。独立地物能按比例尺表示的应实测外轮廓;不能按比例尺表示的,应准确标示其定位点或定位线。

(3)各种比例尺地形图的现状地物,如管线、高低压线等应实测其支架或电杆位置。高压线路应注明千伏安;同高压线交叉时,应实测其垂悬线与地面的最小垂直距离。线路密集或居民区的低压电线、通信线可根据用途需要测绘,管线转角均应实测。测区范围内的重要通信线等地下管线,必须详测其位置。

(4)公路及其附属物应按实际形状进行测绘。测绘已建公路应施测至路肩边缘,并注记路面类型;公路里程碑应实测其点位,并注明里程数;公路交叉口处应注明每条公路的走向;人行道可视需要测绘。

铁轨应标注轨面高程,曲线段标注外轨面高程。铁路与公路都应在图上 0.1 m(山区公路 0.05 m)及地形起伏变换处、桥梁隧道等处测注高程点。

(5)海洋在图上应显示海岸位置,海岸线按当地多年大潮、高潮所形成的实际痕迹施测,并测标测时水位高程。

水渠应测注水渠底及渠顶边的高程、堤坝测注顶部及坡脚高程、水井测注井台高程、水塘应测注塘顶边及塘底高程。

河沟、水渠在地形图上的宽度小于 1 mm 时,可用单线表示。

(6)地貌以等高线表示为主,明显的特征地貌(如陡崖、冲沟等)以符号表示。从零起算每隔 4 根首曲线应绘制一根计曲线,并在计曲线上注记高程。山顶、鞍部凹地及斜坡方向不易判读的等高线上,应加绘示坡线。

居民区内除大片自然地表外,可不绘制等高线。当等高线密集,两根计曲线间距在图上小于 2 mm 时,首曲线可略去不绘。露岩、独立石、土堆、冲沟、坑穴、陡坎等应分别测注高程或比高。冲沟、雨裂沟底宽度在图上小于 3 mm 时用单点表示冲沟中心,大于 3 mm 时应分别测出坡脚,其间距大于 10 mm 时,应勾绘沟底等高线。

(7)植被应按其经济价值和面积大小适当取舍。

农业用地施测时按实地作物类别绘示在地形图上。地界类与线状地物重合时应绘制线状地物符号。梯田坎等地物、地貌,其水平投影在图上大于 2 mm 时,应实测坎脚,小于 2 mm 时可注比高。当两坎间距在图上小于 5 mm(1:500 比例尺地形图上小于 10 mm)或坎高小于 1/2 等高距时,可适当取舍。当两坎间距图上大于 20 mm 时应绘等高线。

水田应测代表性高程,所谓代表性高程就是所测点的高程能够代表该水田的平均高程,而不是特殊点的高程,例如不是水田中某点的最高处,也不是水田某点的最低处;田埂宽度在图上小于1 mm时可用单线表示。

居民地、厂矿、机关、学校、医院、山岭、水库、河流和道路干线等应按现有的名称注记。

4　公路勘测设计一体化与数字地形图

传统的公路设计方法不仅需要大量费时费力的野外勘测工作,勘测设计一体化是测绘人员与公路设计人员梦寐以求的一件事情。

4.1　公路设计DTM的建立

应用DTM进行公路设计主要是在公路初步设计阶段。对于线形公路,一般是采用带状DTM,为计算方便起见,可采用分段建立DTM的方式,分段的条件为:

(1)受计算机内存量的限制,当路线和长度较长时,应适当予以分段。

(2)设在桥梁、隧道处要分段。桥梁和隧道的工程费用单独核算。

(3)考虑到计算的方便,在有较复杂曲线的地方亦可分段处理。

对线路进行必要的分段时,就可分段处理,亦可分段建立DTM。但段与段之间所建立的DTM应有一定的重叠性,以保证待插高程点均不处于DTM的边缘,从而保证内插精度不会因点所处位置不同而有明显差异。

为公路工程而建立的DTM,是沿着线路方向中心线具有一定宽度的带状DTM,在逐次修订线路中应能便于求得纵、横断面上的地形信息,建立DTM的目的主要在于能自动或半自动求得最佳线路的设计。

4.2　利用DTM进行公路选线设计

公路设计主要涉及平面、纵断面、土方量、透视图等多个方面。

在平面线形大体位置已定的情况下,DTM用于公路设计,主要表现在不必进行进一步野外测量的情况下,由所建的带状DTM内插出现的纵断面、现状横断面,计算机自动绘制公路线路平面图。

数字图可以生成DTM地面模型,利用DTM进行公路设计其精度的高低、是否失真等,都与地形图的精度有关。因此,在进行大比例尺数字地形图测绘时,地物、地貌的特征点要准确把握,地形点布设要均匀,要有一定的密度,只有这样才能保证地形图的高程精度,由这样的地形图生成的DTM才能逼真,才能满足公路设计的要求。

5　桥梁勘测设计阶段的测量工作及其对地形图的要求

桥梁勘测设计阶段主要有以下测量工作:

(1)桥位平面和高程控制测量。建立平面和高程控制网,大桥和特大桥控制网要与国家或地方高等级控制网联测。

(2)桥址定位测量。在高等级点基础上实测桥中线控制点。

(3)断面测量。在桥址定线范围内,按有关规范要求施测全桥中线纵断面绘制断面图。

(4)桥位地形测量和河床地形测量。桥位地形图测绘和河床地形图测绘是桥梁勘测设计的主要工作。

桥梁勘测设计对地形图比例尺的要求也必须满足《公路工程基本建设项目设计文件编制办法》的规定。即根据河流或其他地物、地貌的复杂程度,可选择比例尺用1∶200～

1:2 000 的地形图作为桥梁设计用图。

桥梁设计所用地形图,在测绘过程中,应准确测绘出地形、地物现状,河床断面、地质分界线、特征水位、冲刷深度、水流方向及斜交角度。

【小贴士】

数字地形图在公路勘测设计中具有非常重要的作用,是勘测设计一体化的先决条件。要实现公路勘测设计一体化,必须将计算机及数字地面模型引入到公路勘测设计中,由所建的带状 DTM 内插出现的纵断面、现状横断面,计算机自动绘制公路线路平面图。

任务6 地形图在工程建设中的应用

按设计线路绘制纵断面图,在地形图上按限制坡度选择最短路线,在地形图上确定经过某处的汇水面积,图形的面积量算,根据地形图等高线平整成水平或将场地设计成一定坡度的倾斜地面。

1 按设计线路绘制纵断面图

在道路、管线等工程设计中,为了综合比较设计线路的长度和坡度,以及进行挖、填土方量的概算,需要较详细地了解设计沿线路方向的地面坡度变化情况,以便合理地选定线路的坡度。为此,可利用地形图上的等高线,来绘制设计线路纵断面图,以此反映该线路地面起伏变化。

如图 2-4 所示,*MN* 为设计线路的一段,此段线路与等高线的交点分别为 1、2、3、…、9。欲绘出设计线路 *MN* 段的纵断面图,方法如图 2-5 所示。

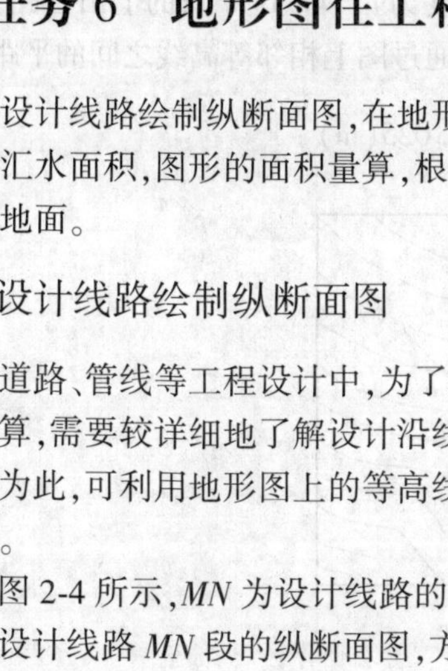

图 2-4 一段设计线路

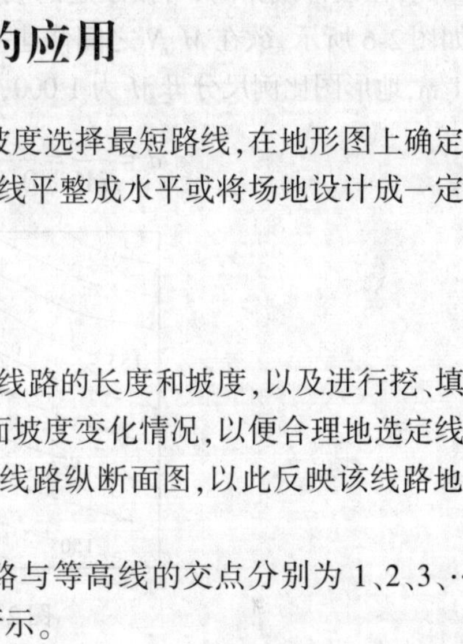

图 2-5 *MN* 方向纵断面图

(1)在图纸上绘制直角坐标系。以横轴 *MD* 表示水平距离。水平距离比例尺一般与地形图的比例尺相同。以纵轴 *MH* 表示高程,为了更明显地反映出地面的起伏情况,一般高程比例尺要比水平距离比例尺大 10~20 倍,然后在纵轴上注明高程,并按等高距作与横轴平行的等高线。高程起始值要选择恰当,使绘出的断面图位置适中。

(2)将 *MN* 线与等高线各交点至 *M* 点的距离截取到横轴上,定出各点在横轴上的位置 1、2、3、…、*N*。

(3)自横轴上的 1、2、3、… 、*N* 各点作垂线,与各点在地形图上的高程值相对应的高程线相交,其交点就是纵断面上的点。

(4)把相邻点用平滑曲线连接起来,即为 *MN* 方向的纵断面图。

断面过山脊或山谷的坡度变化处的高程,可用比例内插法求得。

在纵断面图上按高程将直线 MN 两端点连起来,若 MN 连线与断面线相交,则说明 M、N 两点间不通视,两点间视线受阻。这对于架空线路、水文观测、控制点观测等是不利的。

2 在地形图上按限制坡度选择最短路线

在山区或丘陵地区进行各种道路和管道的工程设计时,坡度都要求有一定的限制。比如,公路坡度大于某一值时,动力车辆将行驶困难;渠道坡度过小时,将影响渠道内水的流速。因此,在设计线路时,可按限定的坡度在地形图上选线,选出符合坡度要求的最短路线。

如图2-6所示,欲在 M、N 之间修建一条由 M 点坡度为 $i=4\%$ 到 N 点的上山公路。等高距为1 m,地形图比例尺分母 M 为1 000,可求得该线路通过图上相邻等高线之间的平距 d 为

$$d=\frac{h}{iM}=\frac{1}{0.04\times 1\ 000}=0.025(\mathrm{m})$$

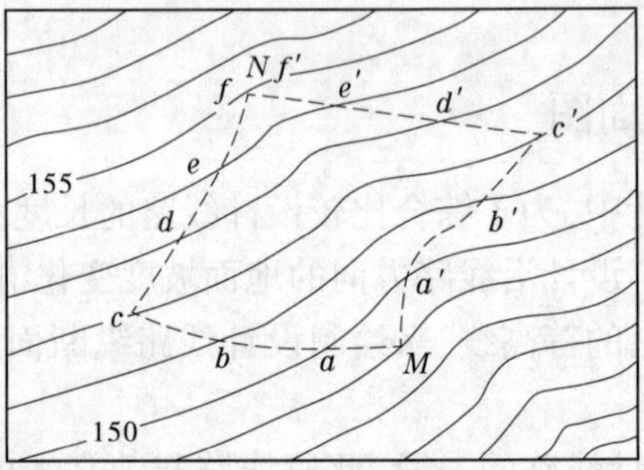

图2-6 选择最短路线

在图2-6上选线时,以 M 点为圆心,$d=0.025$ m 为半径画圆弧,交150 m 等高线于 a、a' 点,再分别以 a、a' 点为圆心画圆弧,交151 m 等高线于 b、b' 点,依次进行,直至交到 N 点。

将这些交点依次连接起来便可得到多条符合坡度要求的线路,最后经过实地调查比较,综合各种因素从中确定一条最合理的线路。

在作图过程中,如果图上等高距大于 d,画圆弧交不到相邻的等高线,则说明实地坡度小于限定坡度,这时线路可按两点间最短路线的方向铺设。

3 图形的面积量算

各种土建工程、管道工程都需要求面积以便计算土石方工程量。对于规则的图形面积,将规则多边形划分成若干个规则的三角形、矩形、梯形等图形,在地形图上量取相应的线段长度后分别进行计算,最后进行叠加。对不规则的图形面积,可采用近似计算的方法。

3.1 规则多边形面积量算

3.1.1 几何图形法

将多边形划分成几个几何图形来计算。如图2-7所示,所求多边形 ABCDE 的面积可分解成3个三角形1、2、3,分别求出每个三角形的面积,再相加即得多边形 ABCDE 的总面积。具体方法如下:

对三角形1,用求两点直线距离的方法在图上量出三角形边的长度分别为 a、b、c,用三角形面积计算公式求得面积:

$$S_1 = \sqrt{p(p-a)(p-b)(p-c)} \tag{2-4}$$

式中 $p = \dfrac{a+b+c}{2}$。

同样可求出三角形 2、3 的面积 S_2、S_3，多边形 $ABCDE$ 的总面积 S 为

$$S = S_1 + S_2 + S_3 \tag{2-5}$$

3.1.2 坐标计算法

当多边形图形面积较大时，可在地形图求出各点的坐标，用坐标计算法计算图形面积。

如图 2-8 所示，任意四边形顶点 A、B、C、D 的坐标分别为 (x_A, y_A)、(x_B, y_B)、(x_C, y_C)、(x_D, y_D)，由此可知四边形 $ABCD$ 的面积 S 等于梯形 $DAad$ 面积加上梯形 $ABba$ 面积再减去梯形 $DCcd$ 与梯形 $CBbc$ 的面积，即

$$S = \frac{1}{2}[(y_A - y_D)(x_D + x_A) + (y_B - y_A)(x_A + x_B) - (x_C + x_D)(y_C - y_D) - (x_C + x_B)(y_B - y_C)] \tag{2-6}$$

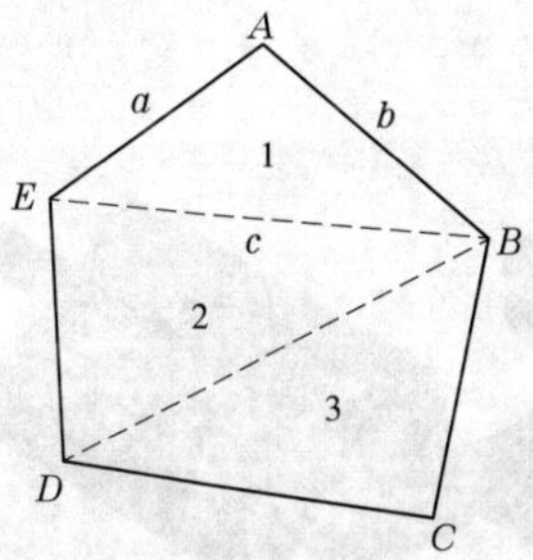

图 2-7 几何图形法求面积

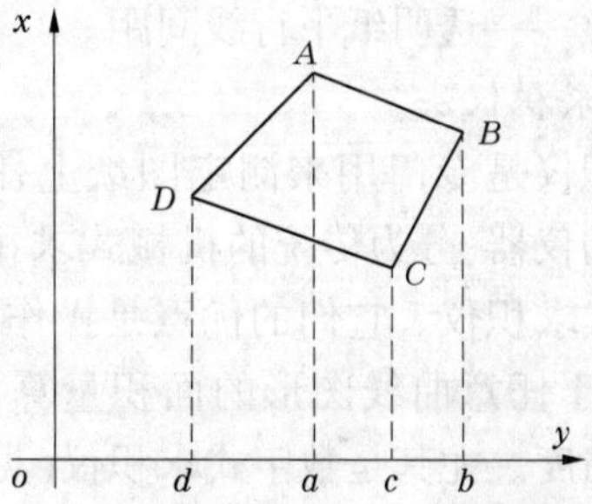

图 2-8 坐标计算法求面积

3.2 不规则曲线面积量算

3.2.1 透明方格纸法

将毫米透明方格纸覆盖在欲求面积的图形上，如图 2-9 所示，然后数出图形占据的整格数目 n，将不完整方格数累计折成一整格数 n_1，可按下式计算出该图形的面积 A：

$$A = (n + n_1)aM^2 \tag{2-7}$$

式中 a——透明方格纸小方格的面积；

M——比例尺的分母。

3.2.2 平行线法

如图 2-10 所示，将画有平行线的透明纸覆盖到图形上，转动透明纸使平行线与图形的上、下边线相切。把相邻两平行线之间所截的部分图形视为近似梯形，量出各梯形的底边长度 l_1、l_2、…、l_n，则各梯形面积分别为

$$S_1 = \frac{1}{2}(l_1 + 0)h$$

$$S_2 = \frac{1}{2}(l_1 + l_2)h$$

……

$$S_{n+1}=\frac{1}{2}(l_n+0)h$$

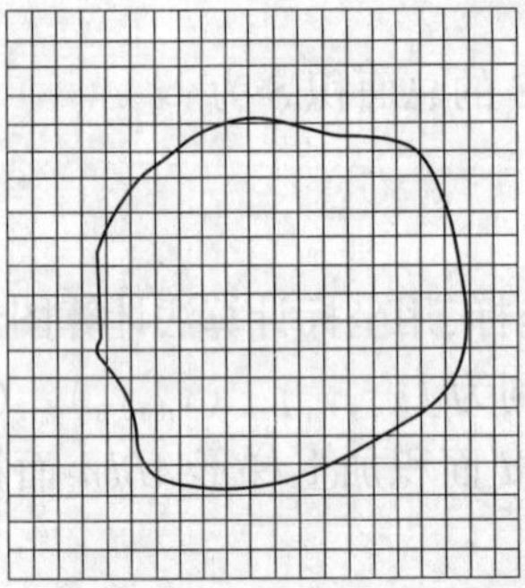

图 2-9 透明方格纸法求面积

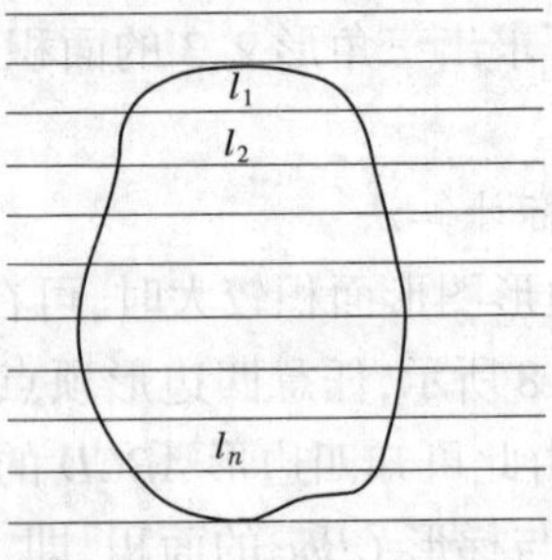

图 2-10 平行线法求面积

图形总面积为

$$S=S_1+S_2+\cdots+S_{n+1}=(l_1+l_2+\cdots+l_n)h \tag{2-8}$$

式中 h——透明纸平行线间距。

3.2.3 求积仪法

求积仪是专门用来测定图纸上任意曲线图形面积的仪器,分为传统的机械式求积仪和现代的数字式求积仪。它们的优点是操作简便、速度快,适用于任意曲线图形的面积量算,且能保证一定的精度。尤其是数字式求积仪(见图 2-11),采用了集成电路,使量算工作基本实现自动化。

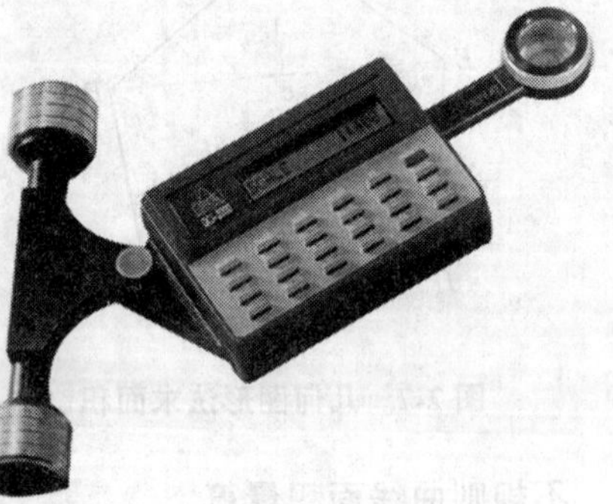

图 2-11 QCJ-2000 数字式求积仪

测量前把主机电源插头插入电源插座上,把仪器摆放在所测图形近似中心线上,在被测面积轮廓上确定起始点,并做标记。移动描点镜,如果显示器数字不变化,仪器处于锁定状态,按下 HOLD(锁定)键,仪器处于计数状态。

测量把描点镜中心点对准所测图形的起始点,按下 CLEAR(清零)键,移动描迹器使描迹器的中心点顺时针沿被测面积的轮廓线一直描到原来的标记处,结束测量。若要保持显示器测量结果,按下 HOLD 键,使其不受计数装置意外移动的影响。当再一次按 HOLD 按钮时,计数方式被恢复,仪器可继续测量,并能累加测量。

测量结束,仪器所显示的数值并不是真实的面积值,要根据不同比例的面积系数换算成实际面积值,每台仪器都配备面积系数表供用户查用,具体使用方法可参考相关说明书。

4 在地形图上确定经过某处的汇水面积

在实际工作中,修筑道路时有时要跨越河流或山谷,这时就必须建桥梁或涵洞;兴修水库时必须筑坝拦水。而桥梁、涵洞孔径的大小,水坝的设计位置与坝高,水库的蓄水量等,都要根据汇集于这个地区的水流量来确定。汇集水流量的面积称为汇水面积。

由于雨水是沿山脊线(分水线)向两侧山坡分流,所以汇水面积的边界线是由一系列的山脊线连接而成的。如图 2-12 所示,一条公路经过山谷,拟在 M 处架桥或修涵洞,其孔径大小应根据流经该处的流水量决定，而流水量又与山谷的汇水面积有关。从图上可以看出，由山脊线 *bcdefga* 所围成的闭合图形就是 *M* 上游的汇水范围的边界线，量测该汇水范围的面积，再结合气象水文资料，便可进一步确定流经公路 *M* 处的水量，从而对桥梁或涵洞的孔径设计提供依据。

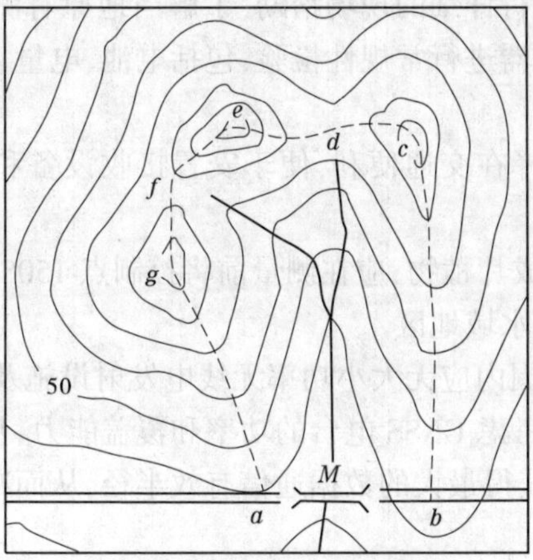

图 2-12　汇水范围的确定

确定汇水面积的边界线时，应注意以下几点：

(1) 边界线(除公路 *ab* 段外)应与山脊线一致，且与等高线垂直。

(2) 边界线是经过一系列的山脊线、山头和鞍部的曲线，并与河谷的指定断面(公路或水坝的中心线)闭合。

【小贴士】

按设计线路绘制纵断面图，在地形图上按限制坡度选择最短路线，在地形图上确定经过某处的汇水面积，进行图形的面积量算。

【知识链接】

学习本项目时，学生应结合教师的讲解思考水利枢纽、城市和工厂的建设都离不开各种大、中、小比例尺的地形图，这些地形图可以是纸质的，也可以是电子地形图。了解公路勘测设计的过程，在地形图上按限制坡度选择最短路线，并结合本校配备的电子求积仪进行汇水面积和图形的面积量算。

【阅读与应用】

GNSS-RTK 地形图测量

随着 GNSS 技术的发展，GNSS-RTK 技术已经被广泛地应用到控制测量、数字地形图测量、地籍测量、工程测量等测量领域。使用 GNSS-RTK 技术进行空间定位具有定位精度高、观测时间短、测站之间无需通视、施测灵活、操作简便和全天候作业等优点。因此，GNSS-RTK 技术越来越受到测绘人员的青睐。

1　地形图测量工作的特点

地形图测量指的是测绘地形图的作业，即对地球表面的地物、地形在水平面上的投影位置和高程进行测定，并按一定比例缩小，用符号和注记绘制成地形图的工作。当今小比例尺地形图的测绘基本上采用航空摄影测量方法，利用航空像片在内业处理成图。但大比例尺地形图测量、面积较小的或工程建设需要的地形图,则可采用全站仪、GNSS-RTK或无人机测图方法,在野外进行数据采集,内业软件处理成图。此处主要讲解GNSS-RTK测图方法。

2 GNSS-RTK测图

2.1 准备工作

测量前应对整个测区进行详细的现场踏勘,了解当地原有测量资料、交通情况,初步确定控制点的布控方案。对仪器进行常规性检验,包括电池、电量、内存容量以及使用软件。

2.2 控制点选点,埋石

(1)控制点应尽可能选择在交通便利,便于安置接收设备和便于操作的地方。所建造之点应便于保存。

(2)选点时如无法避开成片植物,应在测量前将控制点150°以上部分植物砍去;点位应尽量远离高大建筑物和成片水域地区。

(3)在控制点200 m范围内应无大小功率无线电发射设施及高压输变电线路及设备。

(4)与基准站的间距须考虑GNSS电台的功率和覆盖能力,基准站应尽量布设在测区内相对较高的突出位置上,以获得最大的数据通信有效半径,从而减少基准站的个数。

2.3 控制点外业观测

外业观测按所使用仪器的具体操作要求进行。

2.4 数据处理

外业观测数据根据作业单位使用软件情况自行处理,精确计算各控制点坐标。

2.5 基准站设置

(1)输入正确的基准站WGS-84坐标及准确的仪器高。

(2)选择RTK模式的发射差分数据。

(3)选择恰当的波特率。

2.6 流动站设置及转换参数求解

利用电子手簿输入正确的流动站高度,同时输入其他基准站点的WGS-84坐标,联测已知控制点,解算转换数据并接收、确定。

2.7 碎部测量

完成以上工作后,即可将流动站置于地物地貌特征点上进行碎部测量,每个碎部的测量时间2~3 s。碎部点密度应满足相关规范要求。

2.8 内业数据处理与RTK数据下载

白天外业采集数据后,晚上应及时将测得的数据进行内业处理。此工作必须当天完成,以免事后遗忘,影响成图的准确性造成返工重测。用相关软件实现与RTK测量手簿的连接,把数据下载到计算机内,通过编辑将数据存为dat格式(CASS要求的数据格式),实现RTK数据和测图软件的数据格式统一,为内业成图做好准备。

2.9 绘制地形图

打开CASS软件改变图式比例尺为所需比例尺,启用展点命令,将上述数据文件名输入,然后编辑成图。将野外测点按CASS提供的图式符号库连线后对于一些与地形图规范要求有差别的地方须作编辑处理。

项目小结

为了开发和利用丰富的水利资源,应合理地选择水利枢纽的位置和分布,发挥其在发电、航运、防洪及灌溉等方面的最大效能。须在全流域测绘比例尺为1:50 000或1:100 000的地形图,以及水面与河底的纵横断面图,以便研究河谷地貌的特点,探讨各个梯级水利枢纽水头的高低、发电量的大小、回水分布情况以及流域与水库的面积等,并确定各主要水利枢纽的型式和建造的先后顺序。

城市的建设也离不开地形图,在确定城市的整体布局时需用各种大、中、小比例尺的地形图。在工业企业的设计中,地形图主要是用于总图运输设计。工厂区的地形图也称为厂区现状总图,它是反映厂区各种建筑物在平面和立面的布局、道路,各种管线的分布,绿化和安全设施以及人工和自然地貌分布的图纸。其主要用于工厂的管理、生产的指挥、房屋的修缮和管理以及各设备的管理和维护。

厂区现状图的内容比较复杂,其不但在图面上要表示地面、地下和架空的建筑物平面位置和一般地貌、地物情况,而且要测出细部坐标、高程和各种元素。主要用于工厂的管理、生产的指挥、房屋的修缮和管理以及各设备的管理和维护。当工厂要改建和扩建时,必须要通过这些材料掌握现有各种地物和地貌的情况。

大型公路一般为两阶段设计,中小型公路为一阶段设计。两阶段设计是视察、视察报告、设计任务书、初测、初步设计、定测、施工设计。一阶段设计是视察、视察报告、设计任务书、一次定测、一阶段施工设计。

按设计线路绘制纵断面图,在地形图上按限制坡度选择最短路线,在地形图上确定经过某处的汇水面积,进行图形的面积量算,是地形图在工程建设中的应用必须学会的基础工作。

复习和思考题

2-1 举例说明地形图在工程建设勘测设计中的作用。

2-2 影响地形图精度的因素有哪些?为满足地形图的精度,在地形测绘时应注意哪些方面?

2-3 如何确定工程控制网的精度?

2-4 举例说明工矿企业专用地形图比例尺确定的方法。

2-5 举例说明工矿企业现状图和竣工图测绘的特点。

2-6 线路纵断面图主要反映该线路有什么起伏变化?

2-7 确定汇水面积的边界线时,应注意哪几点要求?

2-8 用坐标计算法计算图形面积是否比透明方格纸法求面积精度高?

【技能训练】

一、技能训练题目及训练目的

在学习完本项目的理论学习内容后,学生应会在1:5 000或1:2 000比例尺地形图上按限制坡度选择最短路线、绘制断面图并进行土方计算。使用数字求积仪在地形图进行汇水面积和图形的面积量算。

二、技能训练要求

1. 教师给学生配备某地区 1:5 000 或 1:2 000 比例尺地形图和数字求积仪。
2. 由教师给定坐标作图,用解析法和求积仪法分别计算。
3. 学生分组根据自己的学习情况自行练习。
4. 若有问题及时与教师共同探讨。
5. 每组上交一份实验报告。

【知识拓展】

地图的前世今生

黄河小浪底与三门峡地形对比

项目 3　施工测量的基本工作

项目概述

所有的建筑物、构筑物设计工作完成后，就进入施工阶段，各项工程在施工阶段所进行的测量工作称为施工测量。施工测量的基本工作是施工放样（亦称测设）。根据施工图，按照设计和施工的要求，将设计好的建筑物的位置、形状、大小和高程在实地标定出来。

学习目标

◆知识目标

1. 熟悉工程的总体布局和细部结构设计；
2. 根据施工控制网的情况选择合适的放样方法；
3. 掌握一般放样法和归化法放样点的过程。

◆技能目标

1. 了解距离交会法、角度交会法、方向线交会法的放样方法；
2. 能找出工程主要设计轴线和主要点位的位置以及各部分之间的几何关系；
3. 掌握极坐标法、直角坐标法、GNSS-RTK 工程、全站仪三角高程和水准高程放样的方法。

◆素质目标

通过介绍具体的施工测量方法，培养学生认真负责、兢兢业业、脚踏实地，严格地遵循科学的工作程序的责任意识。

【课程导入】

通过本项目的学习，可清楚地了解施工测量中平面放样的方法有极坐标法、直角坐标法、距离交会法、角度交会法、方向线交会法、GNSS-RTK 工程。可采用全站仪三角高程和水准高程放样。根据拥有设备的情况来确定放样实施方案。由于放样工作总体来说可归结为角度、距离和高程放样，因此放样元素的计算也可归结为计算角度、距离和高程。

任务 1　施工放样概述

当施工控制网建立后，为满足工程建设的要求，需要将已设计好的资料在实地标出，以便施工，这个过程称为放样。由于施工是以放样出的标桩作为依据，故放样的过程不容许任何一点差错,否则,会影响施工的进度和质量。因此,在进行施工放样时一定要具有高度的责任心。

为了实现预期的目的,在进行放样之前,测量人员首先要熟悉工程的总体布局和细部结构设计图,找出工程主要设计轴线和主要点位的位置以及各部分之间的几何关系,结合现场条件和已有控制点的布设情况,分析具体放样的方案,并做出最优化处理,使放样精度达到最高。

施工放样的精度随建筑材料、施工方法等因素而改变。按精度要求的高低可排列为钢结构、钢筋混凝土结构、毛石混凝土结构、土石方工程;按施工方法分,预制件装配式的方法较现场浇灌的精度要求高一些,钢结构用高强度螺栓连接的比用电焊连接的精度要求高。

现在多数土建工程是以水泥为主要建筑材料。混凝土柱梁、墙的施工总误差允许为10~30 cm。高层建筑物轴线的倾斜度要求为1/1 000~1/2 000。钢结构施工的总误差随施工方法不同,允许误差为1~8 mm。土石方的施工误差允许达10 cm。

关于具体工程的要求,如果施工规范中有规定,则应遵照执行;如果没有规范规定,则应组织测量、施工及构件制作技术人员共同协商解决。但是测量工作的时间和成本会随着精度提高而相应增加。因此,应根据工程的需要来规定其精度,这样既能满足工程建设的需要,又不会造成浪费。

在实际应用过程中,有相当多的工程的施工精度在施工规范中没有相应的规定。这时应先在测量、施工、加工制造等几个方面之间进行误差分配,再推算测量精度,从而编制测量实施方案进行施工测量。

设总偏差为μ_0,允许测量工作的偏差为u_1,允许施工产生偏差为u_2,允许加工制造误差为u_3等。根据误差传播定律,则有

$$u_0^2 = u_1^2 + u_2^2 + u_3^2 + \cdots \tag{3-1}$$

式中 u_0——已知设计允许偏差;

u_i——未知数($i=1,2,3,\cdots$)。

通常精度分析时常会遇到未知数个数大于方程式个数的不定解情况。这时一般先假定诸未知数的影响相等即作“等影响假定”(或称“等影响原则”)进行计算,然后把计算结果与实际作业条件对照。如此反复直到误差分配比较合理。在整个分析调整的过程中一定会找到影响大的主要误差来源,这是精度分析的重要结果,在实际工作中较为实用。假定:

$$u_1 = u_2 = u_3 \tag{3-2}$$

则可得

$$u_1 = u_2 = u_3 = \frac{1}{\sqrt{3}}u_0 \tag{3-3}$$

由此求得的μ_0是分配给测量工作的最大允许偏差,须把它缩小至原来的$1/k$才得中误差M_F,此为制订测量方案的依据。考虑到u_1、u_2、u_3三种偏差实际上不一定按偶然误差规律出现。所以,这时在计算中误差M_F时宜把k值取大一些,如取$k=3$,则:

$$M_F = \frac{\mu_1}{3} = \frac{\mu_0}{3\sqrt{3}} \approx \frac{\mu_0}{5}$$

也可以按另一种方法分配允许误差:

设

$$\mu_0 = |\mu_1| + |\mu_2| + |\mu_3|$$

则

$$|\mu_1| = |\mu_2| = |\mu_3| = \frac{\mu_0}{3} \tag{3-4}$$

这时 k 值宜取小些，如 $k=2$，则

$$M_F = \frac{|\mu_1|}{2} = \frac{\mu_0}{6} \tag{3-5}$$

必须指出：各工种虽有分工，但都是为保证工程最终质量而工作的，因此必须注意相互协调。

由“等影响原则”导得的配赋给各方面的允许误差是相等的，但这往往与工程实际有较大的差距，因此必须根据工程实际作相应调整，以求合理配赋误差。使各方面误差的总影响满足限差要求。

【小贴士】

本任务主要对施工放样的过程作简要介绍，对施工放样的精度给出了总体要求，同时对在施工规范中没有相应规定的工程施工精度进行“等影响原则”的推算，从而编制测量实施方案进行施工测量。

任务2　测设的基本工作

在实际进行放样工作中，常采用一般放样法和归化放样法。

一般放样法指仅满足放样点位、直线、角度、距离、高程所需要的要素而无多余观测的一种简便而直接的放样方法。

归化法放样是指为了提高放样的精度，先放样一个点作为过渡点（埋设临时桩），随即测量该过渡点与已知点之间的关系（边长、夹角、高差等）；把推算的值与设计值比较得差数；最后从过渡点出发修正这一差数，把放样点归化到更精确的位置上去；在精确的点位处埋设永久性标石。

应用时往往是两种方法同时进行，即一般放样法通常用于放样过渡点，然后用归化法归化改正。

1　测设已知水平距离

在施工放样过程中，经常需要将图上设计的距离在实地标定出来，也就是按给定的方向和起点将设计长度的另一端点标定在实地上，即距离放样，亦称为线段测设。距离放样一般采用钢尺丈量，当精度要求较高时采用全站仪，精度要求不高时可采用视距法放样。

1.1　一般放样法

1.1.1　钢尺放样距离

一般放样法放样距离采用钢尺放样，放样的具体作业步骤如下：

（1）用钢尺零点对准给定的起点 A。

（2）沿给定方向伸展尺子，根据钢尺读数，将待设线段的另一端在实地定点 B。

其中，钢尺读数的计算方法为

$$D_{读} = D_{设} - \frac{\Delta l}{l_0} D'_{读} - \alpha D'_{读}(t_m - t_0) + \frac{h^2}{2D'_{读}} \tag{3-6}$$

式中　Δl——钢尺尺长改正值;

l_0——钢尺的名义长度;

α——钢尺线膨胀系数;

t_m——放样时的温度;

t_0——检定时的尺面温度;

h——线段两端的高差。

若坡度不大,式(3-6)右端之 $D'_{读}$ 可用 $D_{设}$ 代替;若坡度较大,则应先以 $D_{设}$ 代入式(3-6)计算出 $D'_{读}$ 的近似值,再以 $D'_{读}$ 的近似值代入公式中作正式计算。

为了保证计算无误,通常将计算出的数据 $D_{读}$,按丈量距离进行计算,其结果应与欲测设的水平距离相等。检核较差仅能在末位数上差 1~2 个单位,若较差太大,则可能计算有误。

【例 3-1】　某建筑物轴线的设计长度为 80.000 m,实地测得直线段两端的高差为 0.450 m,放样时的温度为 28 ℃,放样时的拉力与检定时相同,所用钢尺的尺长方程式为:

$$l = 30 + 3.5\ \text{mm} + 0.000\,012\,5(t - 20°)$$

试求放样时实地丈量的长度 $D_{读}$。

解:根据式(3-6)得

$$D_{读} = 80 - \frac{0.003\,5}{30} \times 80 - 0.000\,012\,5 \times 80 \times (28 - 20) + \frac{0.45^2}{2 \times 80}$$
$$= 80 - 0.009 - 0.008 + 0.001$$
$$= 79.984(\text{m})$$

按计算的 $D_{读}$ 沿给定的方向丈量,即得放样长度。作为检查,再丈量一次,若两次放样结果在规定限差之内,可取平均值作为最后结果。

在距离放样过程中,当地面两点间距离较长时,考虑到尺长相对较短,须将该直线距离分成若干段进行丈量。也就是在现场把若干根标杆定在该直线上,即直线定线。

直线定线方法的选择与实际上工作要求有关,根据不同的精度要求,可采用标杆法和经纬仪法。

标杆法:在精度要求不高时,可在欲量直线 AB 两点上竖立标杆,如图 3-1 测量员站在 A 点标杆后 1~2 m 处,用眼由 A 瞄准 B,使视线与标杆同侧边缘相切。另一个测量员手持另一花杆,并在 AB 延长线的适当点上,在前一个测量员的指挥下左右移动花杆,直到花杆与 A、B 三点成一直线,依次类推,分别标出若干个点。

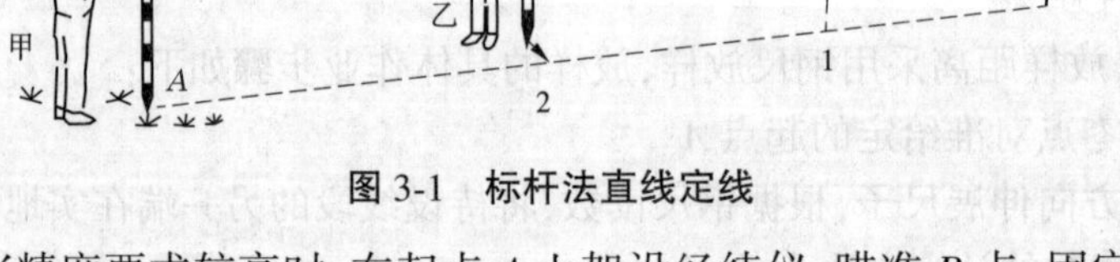

图 3-1　标杆法直线定线

经纬仪法:当精度要求较高时,在起点 A 上架设经纬仪,瞄准 B 点,固定照准部,依次在视准轴方向标出 1、2、…各点,取盘左和盘右的中点,即完成定线(见图 3-2)。

当放样距离要求较高时,应往返测各段距离,使往返距离之差与其平均值之比不应超过

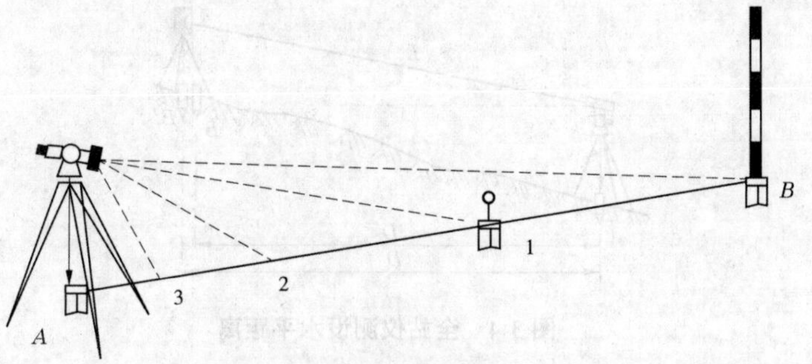

图 3-2 经纬仪法直线定线

1/1 000~1/3 000。若超限则应重新丈量。

在倾斜地面上丈量距离时,如精度要求不高,可根据地面坡度情况采取下述丈量方法,将倾斜距离归算为水平距离。当精度要求较高时,采用测距仪或全站仪放样。

1.1.2 直接丈量斜距法

如图 3-2 所示,当地面坡度均匀时,可直接沿斜坡丈量,再用经纬仪测得坡面的倾斜角 α,则按下式可求得水平距离:

$$D = L\cos\alpha \tag{3-7}$$

式中 L——斜距。

1.1.3 逐段平距测量法

如图 3-3 所示,把尺的一端放在地面上,另一端抬起,使尺面保持大致水平,并在尺子末端整分划处悬挂一锤球,同时进行直线定向,然后标定它在地面上相应的点位,就这样逐段依次平量,放样出距离。

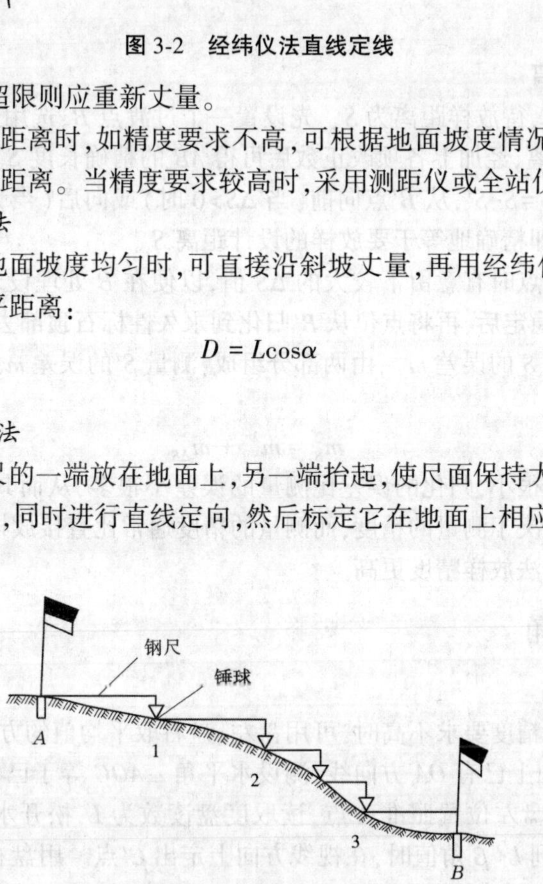

图 3-3 逐段平距测量法

1.1.4 全站仪放样距离

如图 3-4 所示,安置全站仪于 A 点,瞄准 AB 方向,指挥装在对中杆上的棱镜前后移动,使仪器显示值略大于测设的距离,定出 B'点。在 B'点安置反光棱镜,测出竖直角 α 及斜距 L(必要时加测气象改正),计算水平距离:

$$D' = L\cos\alpha \tag{3-8}$$

求出 D'与应测设的水平距离 D 之差 $\Delta D=D-D'$。根据 ΔD 的符号在实地用钢尺沿测设方向将 B'改正至 B 点,并用木桩标定其点位。为了检核,应将反光镜安置丁 B 点,再实测 AB 距离,其不符值应在限差之内,否则应再次进行改正,直至符合限差。若用全站仪测设,仪器可直接显示水平距离,测设时,反光镜在已知方向上前后移动,使仪器显示值等于测设

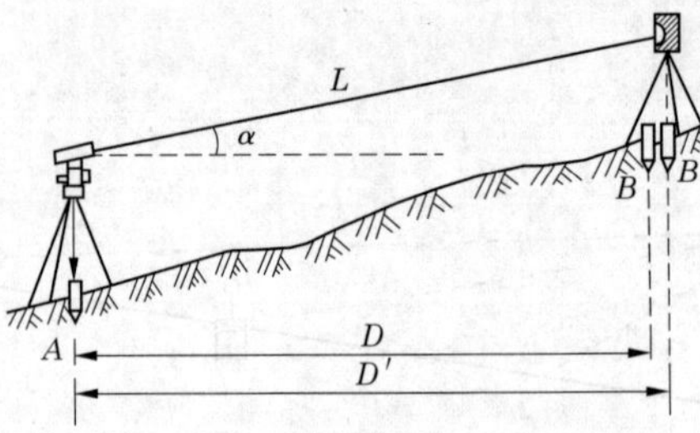

图 3-4　全站仪测设水平距离

距离即可。

1.2　归化法放样距离

设 A 点为已知点,待放样距离为 S。先设置一个过渡点 B,选用适当的丈量仪器及测回数精确丈量 AB 的距离,经加上各项改正数后可得 AB 的精确长度 S。把 S' 与设计距离 S 相比较,得差数 ΔS。$\Delta S=S-S'$,从 B' 点向前(当 $\Delta S>0$ 时)或向后(当 $\Delta S<0$ 时)修正 ΔS 值就得所求之 B 点。AB 即精确地等于要放样的设计距离 S。

有时在放样过渡点时有意留下较大的 ΔS 值,以便在 B 处埋设永久性标石时不影响过渡点桩位,待该标石稳定后,再将点位从 B' 归化到永久性标石顶部去。

归化法放样距离 S 的误差 m_S,由两部分组成:测量 S' 的误差 $m_{S'}$ 和归化 ΔS 的误差 $m_{\Delta S}$ 即

$$m_S^2 = m_{S'}^2 + m_{\Delta S}^2 \tag{3-9}$$

由于归化值一般很小,归化的误差比测量的误差小很多,从而其影响可忽略不计,而归化放样的精度主要取决于测量的精度,而测量的精度通常比直接放样的精度高一些,故归化法放样的精度较直接法放样精度更高。

2　测设已知水平角

2.1　直接测设法

当测设水平角的精度要求不高时,可用盘左、盘右取平均值的方法,获得欲测设的角度。如图 3-5 所示,设地面上已有 OA 方向线,测设水平角 $\angle AOC$ 等于已知角值 β。测设时将经纬仪安置在 O 点,用盘左位置照准 A 点,读取度盘读数为 L,松开水平制动螺旋,旋转照准部,当度盘读数增加到 $L+\beta$ 角值时,在视线方向上定出 C' 点。用盘右位置照准 A 点,然后重复上述步骤,测设 β 角得另一点 C'',取 C' 和 C'' 两点连线的中点 C,则 $\angle AOC$ 就是要测设的 β 角,OC 方向线就是所要测设的方向。这种测设角度的方法通常称为正倒镜分中法。

2.2　归化法放样角度

从一般放样法放样角度的方法中可以看出,这种方法因缺少多余观测,所以精度是较低的。为提高角度放样的精度,可采用归化法。

当测设水平角的精度要求较高时,应采用作垂线改正的方法,如图 3-6 所示。在 O 点安置经纬仪,先用一般方法测设 β 角值,在地面上定出 C' 点,再用测回法观测 $\angle AOC'$ 多个测回(测回数由精度要求或按有关规范规定),取各测回平均值为 β_1,即 $\angle AOC'=\beta_1$,当 β 和 β_1 的差值 $\Delta\beta$ 超过限差($\pm10''$)时,需进行改正。根据 $\Delta\beta$ 和 OC' 的长度计算出改正值 CC':

$$CC' = OC' \times \tan\Delta\beta = OC' \times \frac{\Delta\beta}{\rho} \tag{3-10}$$

式中　$\rho=206\ 265''$。

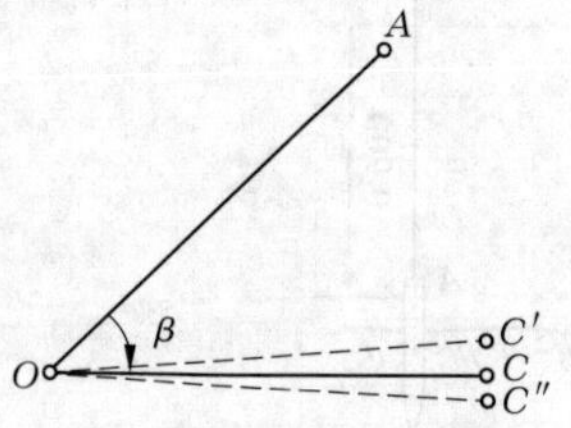

图 3-5　直接测设水平角

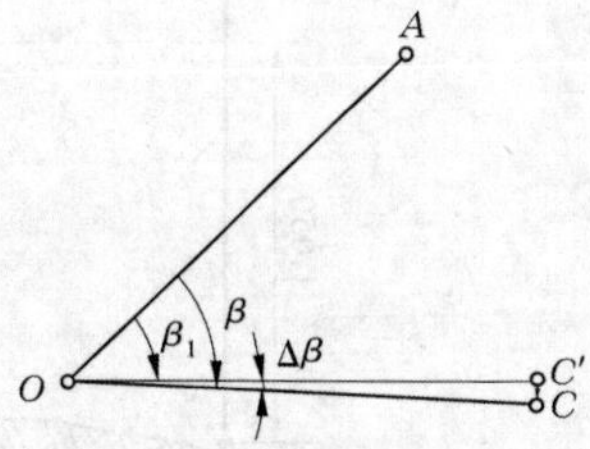

图 3-6　精确测设水平角

过 C' 点作 OC' 的垂线,再以 C' 点沿垂线方向量取 CC',定出 C 点。则 $\angle AOC$ 就是要测设的 β 角。当 $\Delta\beta=\beta-\beta_1>0$ 时,说明 $\angle AOC'$ 偏小,应从 OC' 的垂线方向向外改正;反之,应向内改正。

【例 3-2】　已知地面上 A、O 两点,要测设直角 AOC。

解: 在 O 点安置经纬仪,盘左、盘右测设直角取中数得 C' 点,量得 $OC'=50$ m,用测回法观测 3 个测回,测得 $\angle AOC'=89°59'30''$。

$$\Delta\beta=90°00'00''-89°59'30''=30''$$

$$CC'=OC'\times\frac{\Delta\beta}{\rho}=50\times\frac{30''}{206\ 265''}=0.007(\text{m})$$

过 C' 点作 OC' 的垂线 $C'C$ 向外量 $C'C=0.007$ m 定得 C 点,则 $\angle AOC$ 即为直角。

3　测设已知高程

高程放样工作主要采用几何水准的方法,有时采用三角高程测量来代替,在向高层建筑物和井下坑道放样高程时还要借助于钢尺和测绳来完成高程放样。

应用几何水准的方法放样高程时,首先应在作业区域附近有已知高程点,若没有应从已知高程点处引测一个高程点到作业区域,并埋设固定标志。该点应有利于保存和放样。且应满足只架一次仪器就能放出所需要的高程。

3.1　视线高法

在建筑工程设计和施工的过程中,为了使用和计算方便,一般将建筑物的室内地坪假设为±0.000,建筑物各部分的高程都是相对于±0.000 测设的,测设时一般采用视线高法。

如图 3-7 所示,欲根据某水准点的高程 H_R,测设 A 点,使其高程为设计高程 H_A,则 A 点尺上应读的前视读数为

$$b_{应}=(H_R+a)-H_A \tag{3-11}$$

测设方法如下:

(1)安置水准仪于 R、A 中间,整平仪器。

(2)后视水准点 R 上的水准尺,读得后视读数为 a,则仪器的视线高 $H_i=H_R+a$。

(3)将水准尺紧贴 A 点木桩侧面上下移动,直至前视读数为 $b_{应}$ 时,在木桩侧面沿尺子底部画一横线,此线即为室内地坪±0.000 的位置。

【例 3-3】　如图 3-7 所示,R 为水准点,$H_R=75.678$ m,A 为建筑物室内地坪±0.000 待测点,设计高程 $H_A=75.828$ m,若后视读数 $a=1.050$ m,试求 A 点尺读数为多少时尺子底部就是设计高程 H_A。

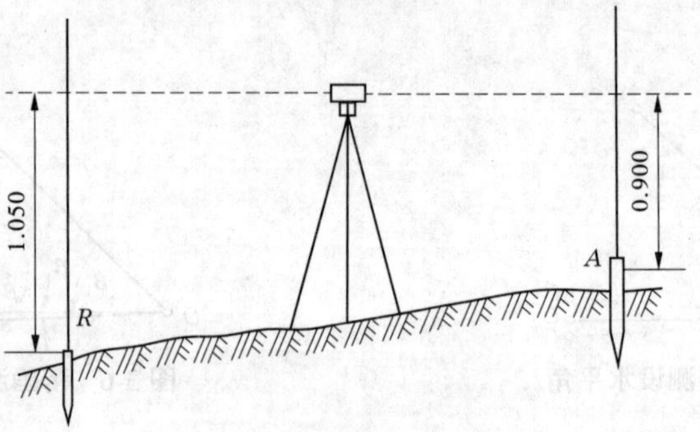

图 3-7　视线高法　(单位:m)

解:　$b_{应} = H_R + a - H_A = 75.678 + 1.050 - 75.828 = 0.900$(m)

如果地面坡度较大,无法将设计高程在木桩顶部或一侧标出时,可立尺于桩顶,读取桩顶前视,根据下式计算出桩顶改正数:

桩顶改正数=桩顶前视-应读前视

假如应读前视读数是1.600 m,桩顶前视读数是1.150 m,则桩顶改正数为-0.450 m,表示设计高程的位置在自桩顶往下量0.450 m处,可在桩顶上注"向下0.450 m"即可。如果改正数为正,说明桩顶低于设计高程,应自桩顶向上量改正数得设计高程。

3.2　高程传递法

当开挖较深的基槽,将高程引测到建筑物的上部时,由于测设点与水准点之间的高差很大,无法用水准尺测定点位的高程,此时应采用高程传递法。即用钢尺和水准仪将地面水准点的高程传递到低处或高处上所设置的临时水准点,再根据临时水准点测设所需的各点高程。

3.2.1　测设临时水准点

如图3-8所示为深基坑的高程传递,将钢尺悬挂在坑边的木杆上,下端挂10 kg重锤,放入油桶中,在地面上和坑内各安置一台水准仪,分别读取地面水准点A和坑内水准点B的水准尺读数a和d,并读取钢尺读数b和c,则可根据已知地面水准点A的高程H_A,按下式求得临时水准点B的高程H_B:

$$H_B = H_A + a - (b - c) - d \qquad (3\text{-}12)$$

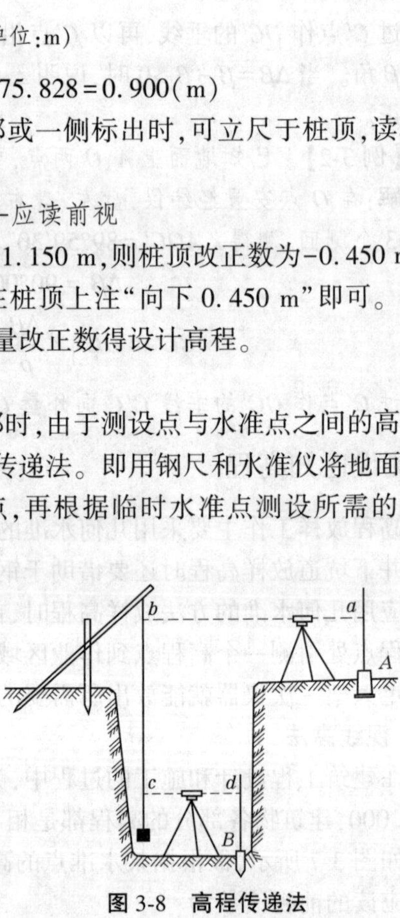

图 3-8　高程传递法

为了进行检核,可将钢尺位置变动10~20 cm,同法再次读取这4个数,两次求得的高程相差不得大于3 mm。

当需要将高程由低处传递至高处时,可采用同样方法进行,由下式计算:

$$H_A = H_B + d + (b - c) - a \qquad (3\text{-}13)$$

3.2.2　测设设计高程

如图3-8所示,已知水准点A的高程H_A,深基坑内B的设计高程为H_B。测设方法同上,观测时两台水准仪同时读数,坑口的水准仪读取A点水准尺和钢尺上读数分别为a、b,坑底水准仪在钢尺上的读数为c。B点所立尺上的前视读数d应为

$$d = H_A + a - (b - c) - H_B \tag{3-14}$$

【例3-4】 设水准点 A 的高程 $H_A = 73.363$ m，B 点的设计高程 $H_B = 62.000$ m，坑口的水准仪读取 A 点水准尺和钢尺上读数分别为 $a = 1.531$ m、$b = 12.565$ m，坑底水准仪在钢尺上的读数 $c = 1.535$ m。求 B 点所立尺上的前视读数 d。

解：

$$d = H_A + a - (b - c) - H_B$$
$$= 73.363 + 1.531 - (12.565 - 1.535) - 62.000$$
$$= 1.864(\text{m})$$

用同样方法，可从低处向高处测设已知高程的点。

实际工作中，标定放样点的方法较多，可根据工程精度要求及现场条件来具体确定。土石方工程一般用木桩来标定放样点高程，或标定在桩顶，或用记号笔画记号于木桩两侧，并标明高程值；混凝土工程一般用油漆标定在混凝土墙壁或模板上；当标定精度要求较高时，宜在待放样高程处埋设如图3-9那样的高度可调标志。放样时调节螺杆可使顶端精确地升降，一直到顶面高程达到设计标高。然后旋紧螺母以限制螺杆的升降；往往还要采用焊接，轻度腐蚀螺牙或破坏螺牙等办法使螺杆不能再升降。

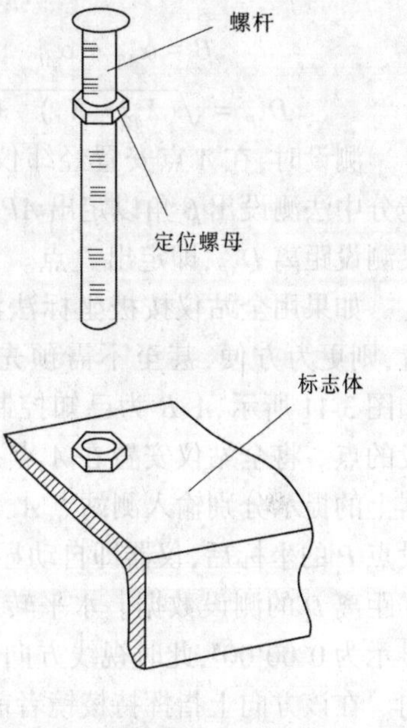

图3-9 高度可调标志

【小贴士】

当距离小于等于50 m时，放样可采用钢尺丈量，当距离大于50 m时可采用全站仪测量。归化放样的精度主要取决于测量的精度，而测量的精度通常比直接放样的精度高一些，故归化法放样的精度较直接法放样精度更高。

任务3 极坐标法和直角坐标法放样

在图纸上设计好工程建筑物后，在实地标出主要是通过将建筑物或构筑物的特征点放样到实地来实现的，根据所采用的放样仪器和实地条件不同，通常采用以下几种方法来完成点位放样：极坐标法、直角坐标法、距离交会法、方向线交会法、角度交会法等方法。下面主要介绍这几种方法的具体操作过程和精度分析。

1 极坐标法

极坐标法是在控制点上测设一个角度和一段距离来确定点的平面位置。此法适用于测设点离控制点较近且便于量距的情况。若用全站仪测设则不受这些条件限制。

如图3-10所示，A、B 为控制点，其坐标 (X_A, Y_A)、(X_B, Y_B) 为已知，P 为设计的待定点，其坐标 (X_P, Y_P) 可在设计图上查得。现欲将 P 点测设于实地，先按下列公式计算出测设数据水平角 β 和水平距离 D_{AP}。

$$\left.\begin{aligned}\alpha_{AB} &= \arctan\frac{Y_B - Y_A}{X_B - X_A}\\ \alpha_{AP} &= \arctan\frac{Y_P - Y_A}{X_P - X_A}\\ \beta &= \alpha_{AB} - \alpha_{AP}\end{aligned}\right\}\quad(3\text{-}15)$$

$$D_{AP} = \sqrt{(X_P - X_A)^2 + (Y_P - Y_A)^2}\quad(3\text{-}16)$$

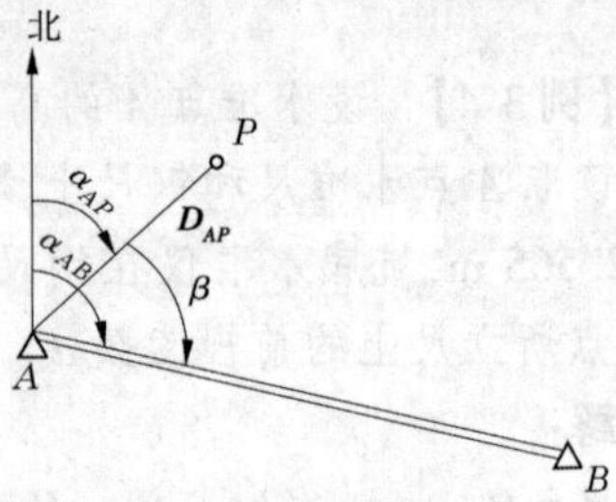

图 3-10　极坐标法

测设时,在 A 点安置经纬仪,瞄准 B 点,采用正倒镜分中法测设出 β 角以定出 AP 方向,沿此方向上用钢尺测设距离 D_{AP},即定出 P 点。

如果用全站仪按极坐标法测设点的平面位置,则更为方便,甚至不需预先计算放样数据。如图 3-11 所示,A、B 为已知控制点,P 点为待测设的点。将全站仪安置在 A 点,瞄准 B 点,按仪器上的提示分别输入测站点 A、后视点 B 及待测设点 P 的坐标后,仪器即自动显示水平角 β 及水平距离 D 的测设数据。水平转动仪器直至角度显示为 0°00′00″,此时视线方向即为需测设的方向。在该方向上指挥持棱镜者前后移动棱镜,直到距离改正值显示为零,则棱镜所在位置即为 P 点。

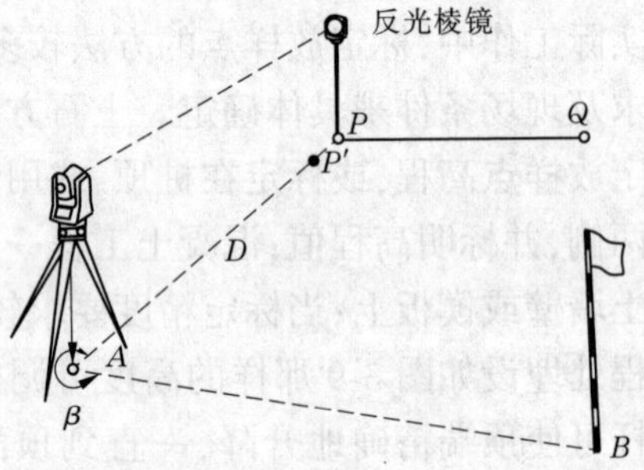

图 3-11　全站仪测设法

【例 3-5】　如图 3-10 所示,已知 $X_A = 100.00$ m, $Y_A = 100.00$ m; $X_B = 80.00$ m, $Y_B = 150.00$ m; $X_P = 130.00$ m, $Y_P = 140.00$ m。求测设数据 β、D_{AP}。

解:将已知数据代入式(3-15)和式(3-16)可计算得:

$$\alpha_{AB} = \arctan\frac{Y_B - Y_A}{X_B - X_A} = \arctan\frac{150.00 - 100.00}{80.00 - 100.00} = 111°48'05''$$

$$\alpha_{AP} = \arctan\frac{Y_P - Y_A}{X_P - X_A} = \arctan\frac{140.00 - 100.00}{130.00 - 100.00} = 53°07'48''$$

$$\beta = \alpha_{AB} - \alpha_{AP} = 111°48'05'' - 53°07'48'' = 58°40'17''$$

$$\begin{aligned}D_{AP} &= \sqrt{(X_P - X_A)^2 + (Y_P - Y_A)^2}\\ &= \sqrt{(130.00 - 100.00)^2 + (140.00 - 100.00)^2} = \sqrt{30^2 + 40^2} = 50(\text{m})\end{aligned}$$

虽然放样元素的计算和实际操作非常简便,但放样工作是各项施工工作的前提和依据,故其责任重大,往往一点微小的差错会造成无法挽回的巨大损失。因此,必须在实施过程中采取必要的措施进行校核,确保正确无误。

(1)要仔细校核已知点的坐标和设计点的坐标与实地和设计图纸给定的数据相符。

(2)尽可能用不同的计算工具或计算方法由两人进行对算。

(3)用放样出的点进行相互检核。

2　直角坐标法

直角坐标法是根据直角坐标原理进行点位的测设。当建筑施工场地有彼此垂直的主轴线或建筑方格网,待测设的建(构)筑物的轴线平行而又靠近基线或方格网边线时,则可用直角坐标来放样待定点位。

如图3-12(a)、(b)所示,Ⅰ、Ⅱ、Ⅲ、Ⅳ点是建筑方格网的顶点,其坐标值已知,1、2、3、4为拟测设的建筑物的4个角点,在设计图纸上已给定4个角点的坐标,现用直角坐标法测设建筑物的4个角桩。测设步骤如下:

首先根据方格顶点和建筑物角点的坐标,计算出测设数据。然后在Ⅰ点安置经纬仪,瞄准Ⅱ点,在Ⅰ、Ⅱ方向上以Ⅰ点为起点分别测设 $D_{\mathrm{I}a}=20.00$ m,$D_{ab}=60.00$ m,定出 a、b 点。搬仪器至 a 点,瞄准Ⅱ点,用盘左、盘右测设90°角,定出 a—4 方向线,在此方向上由 a 点测设 $D_{a1}=32.00$ m,$D_{14}=36$ m,定出1、4点。再搬仪器至 b 点,瞄准Ⅰ点,同法定出角点2、3。这样建筑物的4个角点位置便确定了,最后要检查 D_{12}、D_{34} 的长度是否为60.00 m,角点4和3是否为90°,误差是否在允许范围内。

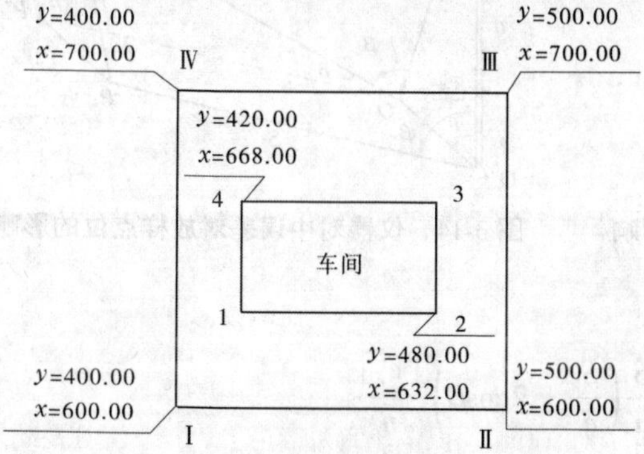

(a)直角坐标法设计图纸

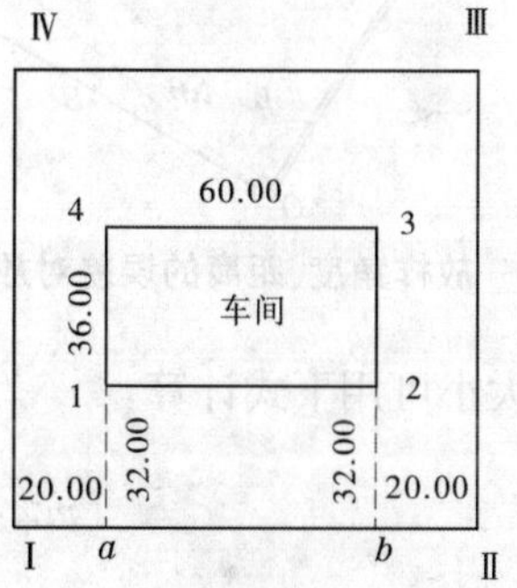

(b)直角坐标法测设数据

图3-12　直角坐标法　(单位:m)

直角坐标法计算简单,测设方便,精度较高,应用广泛。

3　极坐标法放样点位精度分析

用极坐标法放样点位,影响放样点精度的误差主要有放样角度的误差、放样距离的误差、仪器对中、点位标定误差和起始点误差。

3.1　放样角度、距离的误差对放样点位的影响 m'_P

如图3-13所示,设 O、A 为已知点,P 为待设点的正确位置。由放样 β 角的误差 $\Delta\beta$ 使点位产生偏离正确方向的位移 PP'(设为 $\Delta\mu$),又由放样距离 S 的误差 ΔS 使点位又移到了 P'' 点。由图3-13中可知

$$\Delta\mu=\frac{\Delta\beta}{\rho}\cdot S$$

角度误差和距离误差都是独立的,若将它们对点位的综合影响转化为中误差,则有

$$m'_P=\pm\sqrt{m_S^2+m_\mu^2}$$
$$=\pm\sqrt{m_S^2+\left(\frac{m_\beta}{\rho}\right)^2S^2}$$

3.2 仪器对中误差对放样点位的影响 $m_{中}$

如图 3-14 所示,O 为测站点,A 为定向点,$OA=a$,放样角为 β,放样距离为 S,P 为待定点的正确位置。对中误差 e 使角顶点由 O 移至 O'。设测站点为坐标原点,起始边方向为 X 轴方向;e 在 OX 方向的分量为 e_x,在 OY 方向的分量为 e_y。对中误差 e 的存在,使 P 点既产生平移 PP'',又产生偏转 $P''P'$,致使正确位置 P 移到了 P' 点,PP' 就是对中误差 e 产生的对放样点位的影响。

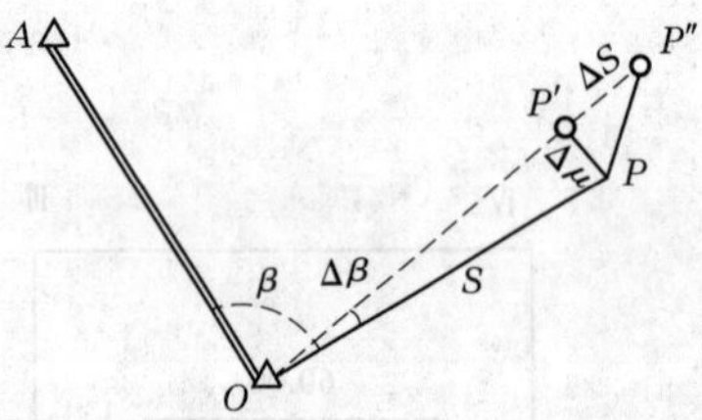

图 3-13 放样角度、距离的误差对放样点位的影响

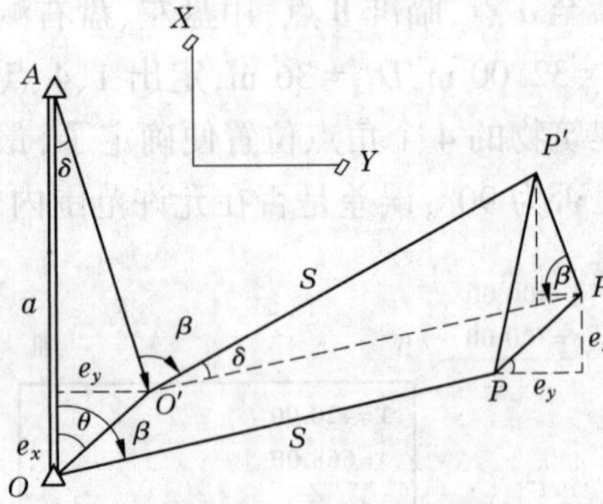

图 3-14 仪器对中误差对放样点位的影响

其大小可用下式计算:

$$m_{中}^2=\frac{[e^2]}{n}+\frac{S}{a}\left(\frac{S}{a}+2\cos\beta\right)\frac{[e_y^2]}{n}$$

$$=m_e^2+\frac{S}{a}\left(\frac{S}{a}+2\cos\beta\right)m_{e_y}^2 \tag{3-17}$$

3.3 在地面上标定 P 点的误差 τ

点位标定误差也随标定方法的不同而不同,一般用刻划线法标定误差约为±1 mm,用木桩钉小钉标定约为±3 mm。

综上所述,若不考虑起始点本身的误差,用极坐标法放样 P 点的点位中误差为

$$m_P^2=m_P'^2+m_{中}^2+\tau^2 \tag{3-18}$$

从式中可知:P 点离 O 点愈远,则点位误差愈大;对于一定的对中误差 m_e,若放样边与定向边长度之比 $\frac{S}{a}$ 愈大,其影响越大;m_{e_y} 愈大,则对中误差对放样点位的影响也愈大。所以,用极坐标放样时,要求定向点远一些,且要特别注意垂直于定向边方向上的对中。另外,当量边、测角精度较低或待定点离已知点较近,在分析点位精度时可以不用考虑对中误差的影响。

4 直角坐标法放样点位的精度分析

在直角坐标法放样点位中,若不考虑起始点 B、A 本身的误差,影响 P 点精度的误差主要有设置垂足点 M 的误差和在 M 点测设 P 点的误差。

4.1 设置垂足点 M 的误差及其对待设点 P 的影响

在 B 点照准 A 点后量取 Δx,定出 M 点,由照准(定向)误差 $m_{\beta'}$ 和测设 Δx 的误差 $m_{\Delta x}$

引起的 M 点位置误差为

$$m_M^2 = m_{\Delta x}^2 + \left(\frac{m_{\beta'}}{\rho} \cdot \Delta x\right)^2 \tag{3-19}$$

当在垂足点 M 设站放样 P 点时，M 点的位置误差对于 P 点的影响（m_1），相当于在 M 设站时的仪器对中误差对 P 点的影响，故将 $m_e = m_M$，$m_{e_y} = \frac{m_{\beta'}}{\rho}\Delta x$ 代入，则可得到 M 点的点位误差对 P 点的影响为

$$m_1^2 = m_{\Delta x}^2 + \left(\frac{m_{\beta'}}{\rho}\right)^2 (\Delta x^2 + \Delta y^2) \tag{3-20}$$

4.2 在 M 点测设 P 点的误差

若不考虑仪器对中误差的影响，则由测设 β 角的误差 m_β 和量取 Δy 的误差 $m_{\Delta y}$ 引起的 P 点位置误差 m_2 为

$$m_2^2 = m_{\Delta y}^2 + (\frac{m_\beta}{\rho} \cdot \Delta y)^2 \tag{3-21}$$

综合考虑两项误差的影响，并顾及到 P 点的标定误差 τ，得出用直角坐标法放样 P 点的中误差 m_P 为

$$m_P^2 = m_1^2 + m_2^2 + \tau^2 \tag{3-22}$$

由上述分析可知：在控制边方向上测设大增量，在设置的垂线方向上测设小增量，即选择使设置的垂线较短的一种途径，将有利于 P 点点位精度的提高。

【小贴士】

用极坐标法放样点位，影响放样点精度的误差主要有放样角度的误差、放样距离的误差、仪器对中、点位标定误差和起始点误差。在直角坐标法放样点位中，若不考虑起始点 B、A 本身的误差，影响 P 点精度的误差主要有设置垂足点 M 的误差和在 M 点测设 P 点的误差。

任务4 方向线交会法放样

方向线交会法是根据两条互相垂直的方向线相交后来定点的。这种方法的主要工作是应用格网控制点来设置两条相互垂直的直线，此方法适用于建立了厂区控制网或厂房控制网的大型厂矿工地施工中恢复点位。

如图3-15所示，N_1、N_2、S_1、S_2 为控制点，P 为待设点，为了放样 P 点，必须先确定方向线端点的位置，并在实地标定出来，图中 E、E' 和 R、R' 的位置即为方向线端点，沿 EE' 和 RR' 方向线，在 P 点附近先定出 m、m' 及 n、n' 间的拉线交出所需的 P 点。

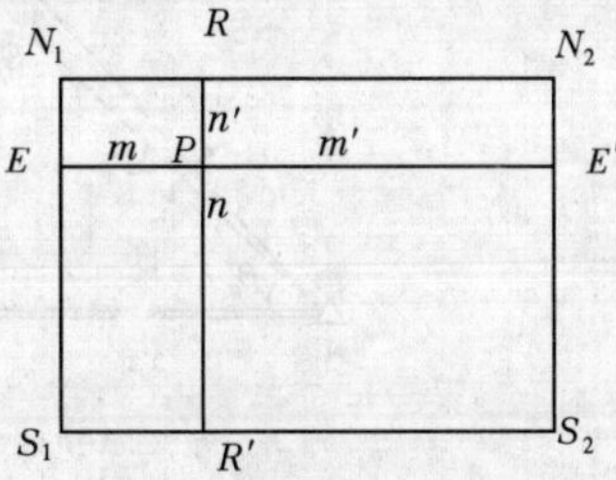

图3-15 方向线交会法

如果 E、E'（或 R、R'）间不通视，或是两端点不便于安置仪器，则可在对应端上安置观测标志，先以正倒镜投点法定出方向线上 m、m' 及 n、n'，同样可

交出 P 点。

【小贴士】

方向线交会法适用于建立了厂区控制网或厂房控制网的大型厂矿工地施工中恢复点位。

任务5　前方交会法放样

1　角度前方交会法

在量距不方便的场合常用角度交会法放样定位,采用此方法的放样元素为两个相交的角度,其值可用已知的3个点的坐标算出:

$$\alpha_{AB} = \arctan \frac{y_B - y_A}{x_B - x_A}$$

$$\alpha_{AP} = \arctan \frac{y_P - y_A}{x_P - x_A}$$

$$\alpha_{BP} = \arctan \frac{y_P - y_B}{x_P - x_B}$$

现场放样时在两个已知点上架设两台经纬仪,分别放样相应的角度方向线,两方向线的交点即为放样点,如图3-16所示,此种方法通常在水利水电工程建设中应用较为广泛。

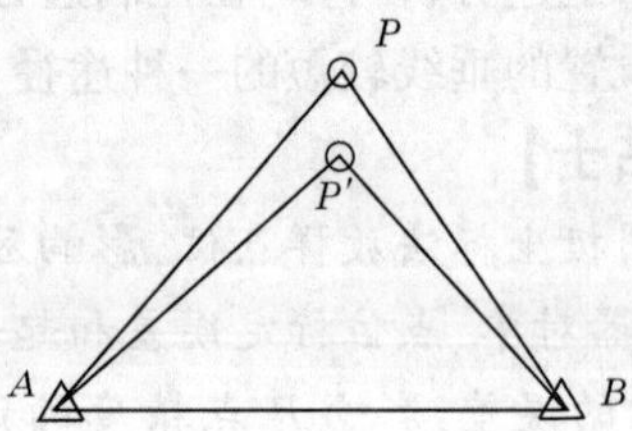

图3-16　角度前方交会法

2　前方交会归化法放样点位

如图3-17所示,A、B 为已知点,其坐标已知,待定点 P 的设计坐标也已知。利用 A、B、P 三点坐标及算出 β_a 、β_b 两个角度值。

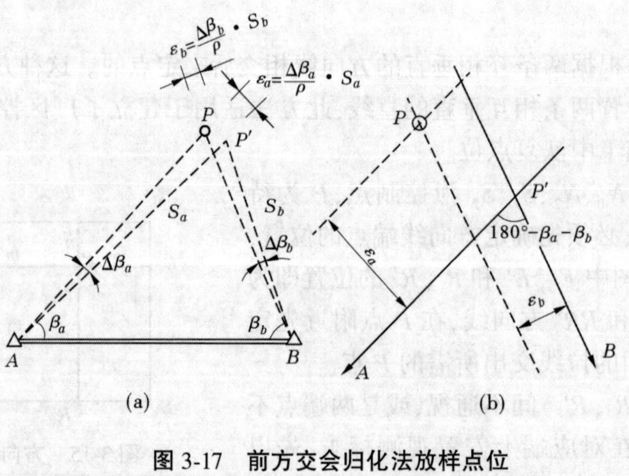

图3-17　前方交会归化法放样点位

先用一般放样法放样 P' 点,然后分别在 A、B 设站,观测 $\beta_{a'}$ 和 $\beta_{b'}$。

计算 $\Delta\beta_a=\beta_a-\beta_{a'}$,$\Delta\beta_b=\beta_b-\beta_{b'}$,然后用图解方法从 P' 点出发求得 P 点。其具体作法如下:

(1)在图纸上适当的地方刺一点作为 P' 点。

(2)画两线,使其夹角为($180°-\beta_a-\beta_b$),并用箭头指明 $P'A$ 及 $P'B$ 方向。为此也可以按 A、B 与 P'(或 P)坐标差,按缩小的比例尺画出 A、B 两点的位置。

(3)计算平移量。

$$\varepsilon_a=\frac{\Delta\beta_a}{\rho}S_a$$

$$\varepsilon_b=\frac{\Delta\beta_b}{\rho}S_b$$

(4)过 P 点作两线,这两线平行于 $P'A$ 和 $P'B$,平行间距分别为 ε_a 和 ε_b。参考 $\Delta\beta_a$ 和 $\Delta\beta_b$ 之正负号决定平行线在哪一侧。此两平行线的交点即为 P 点。

(5)将画好的归化图拿到现场,让图纸上的 P' 点与实地 P' 点重合,$P'A$ 和 $P'B$ 与实地对应线重合,此时 P 点位置对应的地面点位置即为归化后的 P 点。将它转刺到实地,并标记(见图 3-17)。

这种方法计算比较简单,也比较直观,归化精度较高,也可称为秒差归化法或角差图解法。用前方交会角差图解法放样,因为放样点与已知点已定,可预先计算好各测站放样待定点的秒差和画好定位图上的交会方向线,当各测站作业员照准 P' 点读出角值时,立即可以算得角差 $\Delta\varphi$ 和该方向的横向位移 ΔS,并通知定点人员。定点人员则根据各横向位移值,很快地在定位图上标出 P' 点,并求得归化量。定位中即使过渡点 P' 不很稳定(例如设在船上),也可以用同步观测方法得到其与设计位置的差值(δ_x、δ_y)。因此,它是一种快速放样(定位)的方法。另外,前方交会定点时定位图上必须以 3 条平行线所得的示误三角形之重心定 P' 点。三方向交会精度高于两方向交会。在桥墩中心位置水下定位时常用此种方法。

【小贴士】

前方交会定点时定位图上必须以 3 条平行线所得的示误三角形之重心定 P' 点。三方向交会精度高于两方向交会。在桥墩中心位置水下定位时常用此种方法。

任务6　角线交会辅助点法

如图 3-18 所示,A、B 为已知点,但 B 点不便设站,仅有觇标,P 为待设点。根据 A、B、P 三点坐标可计算出放样角 β 及边长 S_{AP}。

具体操作如下:

(1)将经纬仪置于 A 点,后视 B 点,拨角 β 得 AP 方向线,在此方向线上定出与 B 点通视的 M、N 两个过渡点。

(2)将仪器移到 M、N 点,分别测定∠1 及∠2,由∠1、∠2 的角值计算归化值 S_{MP} 及 S_{NP}。

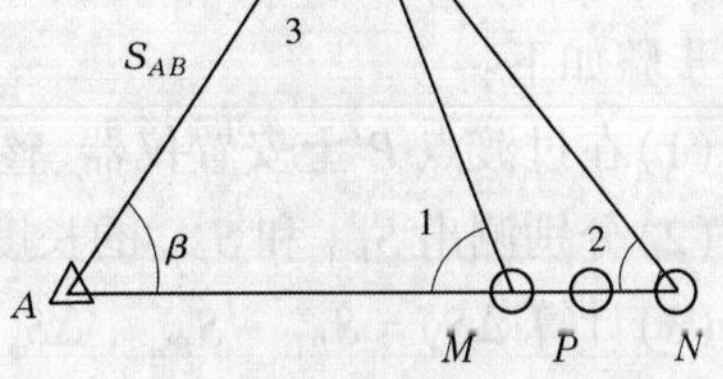

图 3-18　角线交会辅助点法

(3)计算 S_{MP} 和 S_{NP}。

$$\angle 3 = 180° - \angle\beta - \angle 1$$
$$\angle 4 = 180° - \angle\beta - \angle 2$$
$$S_{AM} = \frac{S_{AB}\sin\angle 3}{\sin\angle 1}$$
$$S_{AN} = \frac{S_{AB}\sin\angle 4}{\sin\angle 2}$$
$$S_{MP} = S_{AP} - S_{AM}$$
$$S_{NP} = S_{AN} - S_{AP}$$

在 M、N 两点连接线上量取 S_{MP} 定出 P 点,再用 S_{NP} 作检核。

【小贴士】

角线交会辅助点法通常在水利水电工程建设中应用较为广泛。

任务 7　距离交会法放样

1　距离交会直接法放样

此方法适合于场地平坦,便于量距,且当待定点与两已知点的距离在一个尺段内时可采用此法。如图 3-19 所示,A、B 为两已知点,P 为待定点。根据坐标反算求得放样元素:

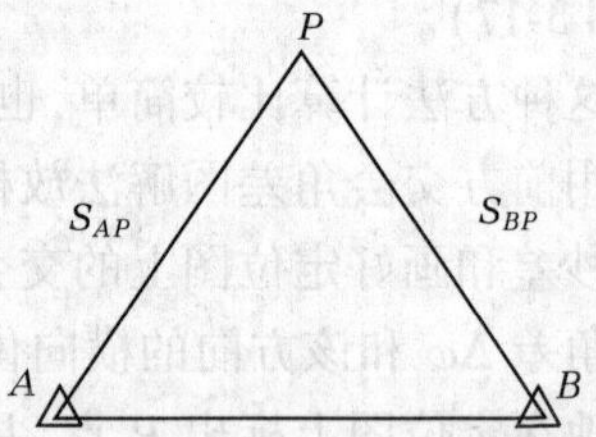

图 3-19　距离交会直接法放样

$$S_{AP} = \sqrt{(x_P - x_A)^2 + (y_P - y_A)^2}$$
$$S_{BP} = \sqrt{(x_B - x_P)^2 + (y_P - y_B)^2}$$

实际作业步骤如下:

(1)以 A 点为圆心,以 S_{AP} 为半径画弧 $\widehat{AP'}$。

(2)以 B 点为圆心,以 S_{BP} 为半径画弧,与前弧 $\widehat{AP'}$ 相交于 P 点,则 P 点为所求。

实际作业时先应判断 P 点在 AB 的左边还是右边,判断方法如同直角坐标法中判断方法。

2　距离交会归化法放样

在现场用一般放样法放样过渡点 P',然后用距离交会归化法归化点位到 P 点。其具体操作步骤如下:

(1)在过渡点 P' 上安置仪器、整平、对中。

(2)分别测出 $S_{P'A}$ 和 $S_{P'B}$ 的长度。

(3)计算 $\Delta S_a = S_{PA} - S_{P'A}$,$\Delta S_b = S_{PB} - S_{P'B}$。

(4)画归化图如图 3-20 所示,得交点 P 点。

(5)将归化图纸带到实地,将 P' 点与实地 P' 点重合,AP' 和 BP' 与实地方向一致,则 P 点所对应的实地位置为所求的 P 点位置。将其转刺到实地，并标明。

3　角度距离交会法放样

如图 3-21 所示，根据控制点 A、B、C，用角度距离交会法放样设计点 P 的步骤如下：

(1)计算放样元素：

$$\beta = \alpha_{BP} - \alpha_{BC} = \arctan\frac{y_P - y_B}{x_P - x_B} - \arctan\frac{y_C - y_B}{x_C - x_B}$$

$$S = \sqrt{(x_P - x_A)^2 + (y_P - y_A)^2}$$

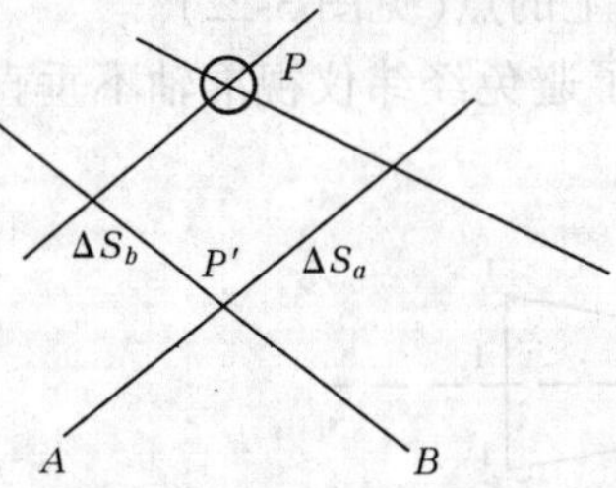

图 3-20　距离交会归化放样

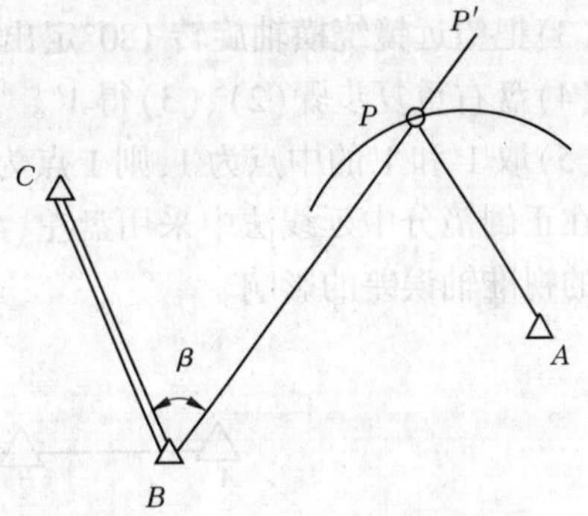

图 3-21　角度距离交会法定点

(2)在点 B 架设经纬仪，以点 C 定向，右拨角 β 得方向线 BP'；以点 A 为圆心，以 S 为半径画弧交方向线于点 P，即为所求点。

与距离交会法定点一样，此方法有两种解法，但实践中很容易判明。

设角度放样误差为 m_β，距离放样误差为 $\frac{m_S}{S}$，则角度距离交会法的定位误差为

$$m_P = \pm\frac{1}{\cos\gamma}\sqrt{\left(\frac{m_S}{S}\right)^2 + \left(\frac{m_\beta}{\rho}\right)^2 + S_b^2}$$

其中：$S_b = S_{BP}$，$\gamma = \angle APB$ 为交会角。

【小贴士】

角度距离交会法适合于场地平坦，便于量距，且当待定点与两已知点的距离在一个尺段内的情况。

任务8　直线放样方法

直线放样就是按设计要求，在实地定出直线上一系列点的工作。直线放样又称为定线，它分为两种情况：一种是在两点间定出其间连线上的一些点位，称为内插定线；另一种是在两点的延长线上定点，称为外延定线。

1　一般放样法放样直线

在实际工作中外延定线方法通常有正倒镜分中延线法、旋转180°延线法等方法,内插定线有正倒镜投点法等方法。下面就这些方法在实际中的具体应用和精度状况作简要介绍和分析。

1.1　正倒镜分中延线法

操作步骤如下:

(1)在 B 点架设经纬仪,对中、整平。

(2)盘左用望远镜瞄准 A 点后,固定照准部。

(3)把望远镜绕横轴旋转180°定出待定点1′。

(4)盘右重复步骤(2)、(3)得1″。

(5)取1′和1″的中点为1,则1点为待放样的直线上的点(见图3-22)。

在正倒镜分中延线法中采用盘左、盘右主要是为了避免经纬仪视准轴不垂直于横轴而引起的视准轴误差的影响。

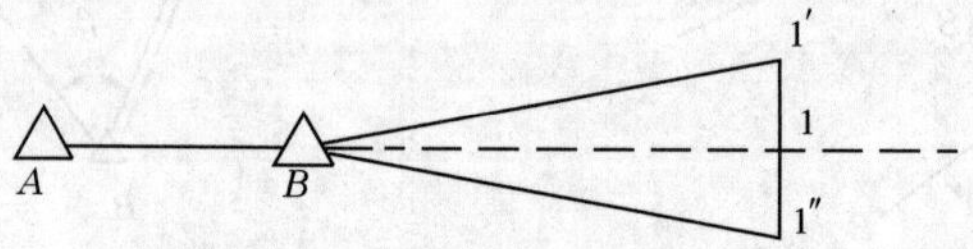

图3-22　正倒镜分中延线法

1.2　旋转180°延线法

操作步骤如下:

(1)将仪器安置在 B 点,整平、对中。

(2)盘右对准 A 点,顺时针旋转180°,固定照准部,视线方向即为延伸的直线方向。

(3)依次在此视线上定出1′、2′、3′等点。

(4)盘右重复上述步骤得1″、2″、3″等点。

(5)取1′、1″,2′、2″,3′、3″的中点1、2、3、…即为最后标定的直线点(见图3-23)。

此法适用于仪器误差较小,且不需延伸太长,或是精度要求不太高的情况。当在一个点上架设仪器不够标出所有点时,可搬迁测站,则此时应逆转望远镜照准部,如此反复。当有延伸点时,相邻点间距离不应有太大的变化。

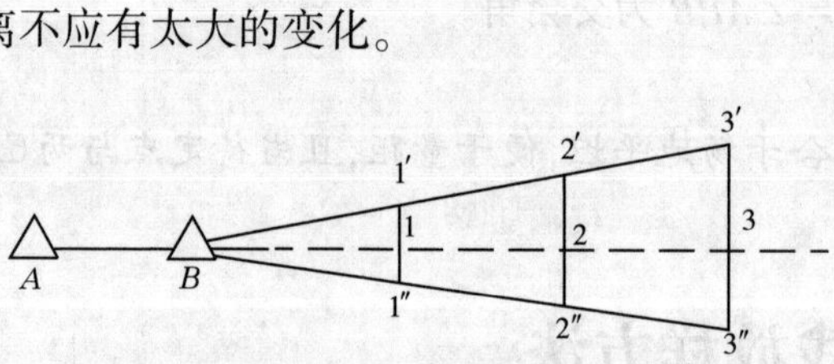

图3-23　旋转180°延线法

1.3　正倒镜投点法

当已知两点无法安置仪器,或是两点间因地形起伏而不通视时,可用正倒镜投点法定出直线上的点。

其具体作业步骤如下:

(1)在能与 A、B 两点通视且大致在 AB 直线上找一点(如 P' 或 P'')架设仪器,对中、整平。

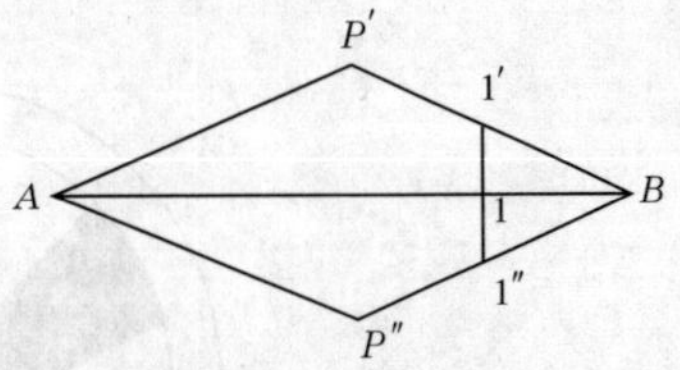

图 3-24　正倒镜投点法

(2)用盘左镜位后视 A 点,倒转望远镜,根据 B 点偏离十字丝纵丝的方向和距离移动仪器,直到用盘左能照准 A 点,倒镜后能照准 B 点,随即在视线方向上投下一点 $1'$。

(3)取盘右,重复步骤(2),在视线方向投一点 $1''$。

(4)取 $1'$ 和 $1''$ 的中点,即为 AB 直线上的一点(见图 3-24)。

(5)将仪器安置在 1 点,设置直线上其他点。

用这种方法定线的精度主要取决于望远镜瞄准的精度,而与度盘读数误差的关系不大,与轴系误差的关系也不大。但是虽然误差因素少,定线量的瞄准误差通常要比测角时的误差要大些,由于测角时目标为静止不动,而定直线时目标是移动的。故放样直线时,主要误差为瞄准误差。

设瞄准误差为 m_β,所以引起的相应待定点偏离直线的误差为 m_Δ,待定点至测站的距离为 S(m),则参考图 3-25 有:

$$m_\Delta = S \cdot \frac{m_\beta}{\rho''}$$

式中　$\rho = \frac{180°}{\pi} = 206\ 265''$。

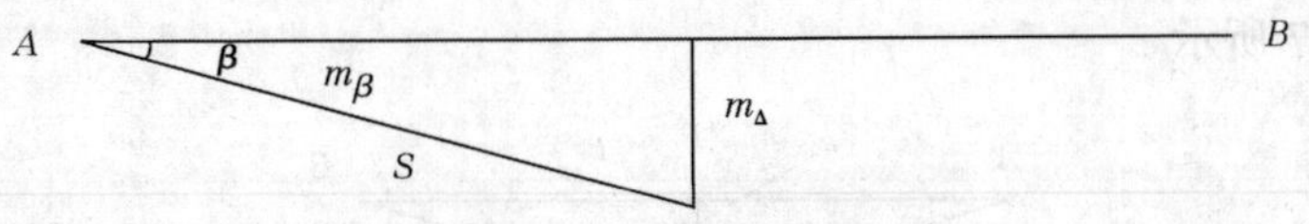

图 3-25　误差 m_Δ 图

显然,当 m_β 为定值时,m_Δ 与 S 成正比,即视线愈长,定线的误差愈大。在实际工作中应注意,当 S 较大时,要努力使 m_β 尽可能小些,即要求瞄准仔细些;当 S 较小时,m_β 允许放宽以求提高工作速度,对于近的待定点,即使瞄准误差稍大,也不难达到预期的值 m_Δ。

2　归化法放样直线

2.1　活动觇牌法

活动觇牌的标志中心相对于其旋转轴可以平移,移动量用测微螺杆测量。用活动觇牌可在待定点处直接测量偏离数据(见图 3-26)。

架于 A 点的望远镜照准后视点 B 以后,对光至待定点 P。然后由助手移动活动觇牌,使其标志中心被十字丝照准。这时在测微螺杆上可读得偏离数据。活动觇牌在正式使用前,应测定零位读数,即标志中心线通过旋转轴时测微螺杆上的读数,用活动觇牌测定偏离数据的精度主要与望远镜瞄准精度有关,而不与测微螺杆的读数精度有关。

2.2　测角归化法

经纬仪不架设在 A 点上测角,而架在过渡点 P' 上,测量 $\angle AP'B = \gamma$,然后用 γ 角计算归

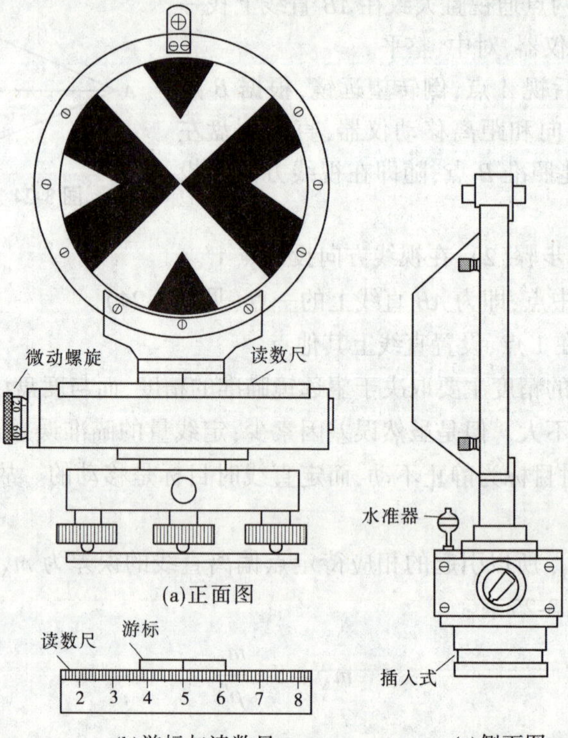

(a)正面图　(b)游标与读数尺　(c)侧面图

图 3-26　活动觇牌

化值 ε，如图 3-27 所示。

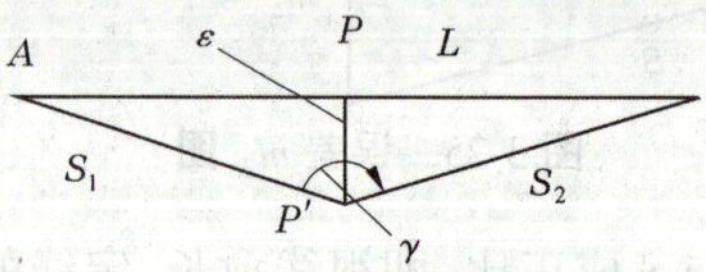

图 3-27　测角归化法

$\triangle ABP'$ 的面积可用下式表示：

$$\frac{1}{2}S_1S_2\sin\gamma = \frac{1}{2}\varepsilon L$$

由此得

$$\varepsilon = \frac{S_1S_2\sin\gamma}{L} = \frac{S_1S_2\sin(180° - \gamma)}{L}$$

若 $\gamma = 180°$，则 $\Delta\gamma = 180° - \gamma$ 是小角，所以：

$$\varepsilon = \frac{S_1S_2\sin\Delta\gamma}{L} \approx \frac{S_1S_2}{L}\frac{\Delta\gamma}{\rho}$$

由测角误差引起的归化值的误差为

$$m_\varepsilon^2 = \left[\left(\frac{S_2\sin\Delta\gamma}{L}\right)^2 + \left(\frac{S_1\sin\Delta\gamma}{L}\right)^2\right]m_S^2 + \left(\frac{S_1S_2}{L}\cdot\frac{\cos\Delta\gamma}{\rho}\right)^2 m_{\Delta\gamma}^2$$

因测距精度可忽略不计，A、B、P 在一条直线上，故 $\Delta\gamma$ 很小，故有：

$$m_{\varepsilon}^{2}=(\frac{S_1S_2}{\rho L})^{2}m_{\Delta\gamma}^{2},m_{\varepsilon}=\frac{S_1S_2}{\rho L}m_{\Delta\gamma}$$

2.3 对称观测法

对称观测方案在每点设站,但只当角的两边相等时才进行观测(见图3-28)。具体来说,就是在点1观测角∠A12;在点2观测角∠A24、∠123;在点3观测角∠A36、∠135、∠234;……这种方案对消除调焦误差对测角的影响是有利的。

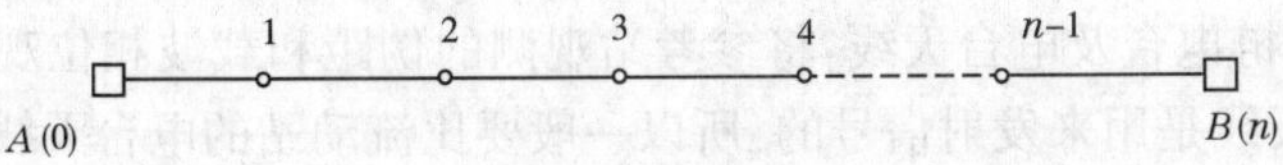

图3-28 对称观测法

【小贴士】

注意:活动觇牌在正式使用前,应测定零位读数,即标志中心线通过旋转轴时测微螺杆上的读数,用活动觇牌测定偏离数据的精度主要与望远镜瞄准精度有关,而不与测微螺杆的读数精度有关。

任务9 GNSS-RTK工程放样

RTK(Real-Time-Kinematic)技术是GNSS实时载波相位差分的简称。这是一种将GNSS与数传技术相结合,实时处理两个测站载波相位观测量的差分方法,经实时解算进行数据处理,在1~2 s的时间里得到高精度位置信息的技术。GNSS-RTK放样是利用2台以上GNSS接收机同时接收同一时间相同GNSS卫星信号,其中一台安置在已知坐标点上作为基准站,另一台为移动站测定未知点的坐标,基准站所获得的观测值与已知位置信息进行比较,得到GNSS差分改正值。然后将这个改正值及时地通过无线电数据链电台传递给共视卫星的流动站以精化其GNSS观测值,得到经差分改正后流动站较准确的三维坐标,其精度可达厘米级。

1 RTK类型

1.1 常规RTK动态定位技术

只设置一个参考站,并通过数据通信技术接收广播星历改正数的RTK测量技术。

1.2 网络RTK(Network RTK)

网络RTK指在一定区域内建立多个参考站,对该地区构成网状覆盖,并进行连续跟踪观测,通过这些站点组成卫星定位观测值的网络解算,获取覆盖该地区和该时间段的RTK改正参数,用于该区域内RTK测量用户进行实时RTK改正的定位方式。其代表有虚拟参考站技术(Virtual Reference Station,VRS)、FKP技术、主辅站技术(Master-Auxiliary Concept,MAC)、综合误差内插技术(Combined Bias Interpolation,CBI)四类。

2 GNSS-RTK系统的组成

GNSS-RTK系统主要由参考站、移动站和数据链三个部分组成。当然,也可以使用城市

CORS 系统。这里仅介绍单基站 GNSS-RTK 系统。

2.1 参考站(Reference Station)

在一定的观测时间内,一台或几台接收机分别在一个或几个测站上,一直保持跟踪观测卫星,其余接收机在这些测站的一定范围内流动作业,这些固定测站称为参考站,也称基准站。

(1)参考站 GNSS 接收机:能够接收、通过串口发射参考站观测的伪距和载波相位观测值。

(2)参考站数据链电台及电台天线:将参考站观测的伪距和载波相位观测值发射出去。因为参考站的电台天线是用来发射信号的,所以一般要比流动站的电台天线长一些。

2.2 流动站(Roving Station)

在参考站的一定范围内流动作业,并实时提供三维坐标的接收机称为流动接收机。

(1)流动站 GNSS 接收机:能够观测伪距和载波相位观测值;通过串口接收参考站的坐标、伪距、载波相位观测值;能够差分处理参考站和流动站的载波相位观测值。

(2)流动站电台及天线:能够接收参考站观测的伪距和载波相位观测值、参考站坐标。

(3)手持计算机控制或数据采集器(含各种实用软件)。

2.3 数据链

RTK 系统中基准站和流动站的 GNSS 接收机通过数据链进行通信联系。因此,参考站与流动站系统都包括数据链。数据链由调制解调器和电台组成。

3 放样前的准备工作

3.1 坐标转换

当建筑坐标与测量坐标不一致时,必须进行坐标换算,把建筑坐标换算成测量坐标。坐标换算根据下式进行:

$$X = X'\cos\alpha - Y'\sin\alpha + X_0$$
$$Y = X'\sin\alpha + Y'\cos\alpha + Y_0$$

式中 X、Y——测量坐标系的坐标;

X'、Y'——建筑坐标系的坐标;

α——测量坐标系的 X 轴正向顺时针转至建筑坐标系 X' 轴正向的夹角;

X_0、Y_0——建筑坐标系原点在测量坐标系中的坐标。

3.2 基准站和流动站架设

基准站接收机天线可安放在已知坐标值点上,也可安置在未知点上,两种情况下都必须有一个实地标志点。基准站上仪器架设要严格对中、整平。严格量取基准站接收机天线高。打开各仪器设备,设置成动态测量模式,启动基准站和流动站,直至流动站接收机同步卫星达到 5 颗以上并能获取固定解(Fixed)。

3.3 建立新工程

待流动站卫星信号稳定时,先连接蓝牙,连接成功后设置相关参数:新工程名称、椭球名称、投影参数设置、流动站接收机天线高度、PDOP 值,最后确定新工程设置完毕。

3.4 点校正

卫星定位系统采集到的数据是 WGS-84 坐标系数据,目前测量成果普遍使用的是国家坐标系或是以(任意)独立坐标系为基础的坐标数据。因此,必须将 WGS-84 坐标转换到国家坐标系或地方(任意)独立坐标系。

点校正的目的是为现有坐标系统加改正值转换。这使得一个特定区域(或点)上,可以最好地与数据相符。由于坐标系统被应用于很大的区域,则必须有改正值转换。但不允许在地方坐标系内转化。当地方坐标输入到计算软件中,WGS-84 坐标可等流动站获得初始化后,到公共点上实测得到,测量完毕后计算进行校正。

3.5 输入放样点坐标

在进行放样之前,根据需要把待放样的点坐标导入 RTK 流动站手簿内,一般可以直接输入到手簿建立的任务内,如果放样点数量大,可采用台式电脑将待放样数据文件直接导入手簿内。

3.6 点放样

在作业时,在手簿控制器上显示箭头及目前位置到放样点在东、西、南和北 4 个方向上的水平距离,观测值只需根据箭头的指示放样。当流动站距离放样点距离小于设定值时,手簿上显示同心圆和十字丝分别表示放样点位置和天线中心位置。当流动站天线整平后,十字丝与同心圆圆心重合时,这时可以按"测量"键对该放样点进行实测,并保存观测值。

【小贴士】

GNSS-RTK 系统主要由参考站、移动站和数据链 3 个部分组成。当然,也可以使用城市 CORS 系统。在放样作业时,手簿控制器上显示箭头及目前位置到放样点在东、西、南、北四个方向上的水平距离,只需根据箭头的指示放样即可。

【知识链接】

学习本项目时,学生应结合教师的讲解思考在实际放样工作中,往往需要综合应用几种方法,才能放出复杂多样的建筑物的点和线。实际工程作业中,也必须遵循"由整体到局部""先控制后碎部"的原则和工作程序。掌握测设的基本工作,就是测设已知水平距离、已知水平角和已知高程。施工测量与施工有着密切的联系,它贯穿于施工的全过程,是直接为施工服务的。测设的质量将直接影响到施工的质量和进度。

【阅读与应用】

手持式激光测距仪

手持式激光测距仪是一种安全快捷的、能方便携带的激光测距仪器,适用于建筑施工勘测、家庭装修、工程装潢、交通管理、房产测绘、卫生监督、水利电力、农业林业等行业,它能够简单精确地测量室内外及难于接近部位的距离,可以精确地测量建筑物的高度及野外较长的距离。

1 认识手持式激光测距仪

手持式激光测距仪是利用激光对目标的距离进行准确测定的仪器。激光测距仪在工作时向目标射出一束很细的激光束,由光电元件接收目标反射的激光束,计时器测定激光束从发射到接收的时间,计算出从观测者到目标的距离。能进行距离、面积、体积的测量,并且有的产品还具有夜视、语音播报功能,在室内和室外都能进行测量。目前,市场出售的手持式激光测距仪测量距离为 40~1 500 m,误差±(1~3)mm。

国内生产手持式激光测距仪的部分厂家有苏州深达威、南京莱兹、江苏启东、上海赫力斯有限公司等。部分国产品牌手持式激光测距仪如图 3-29 所示。

(a)苏州深达威　(b)南京莱兹　(c)上海赫力斯　(d)深圳迈测

图 3-29　部分国内品牌手持式激光测距仪

手持式激光测距仪系列型号很多,国内外生产的高、中、低各等级精度的仪器达几十种。目前,国内市场销售的国外品牌全站仪的厂商有:瑞士徕卡、美国图雅得,德国博世、奥尔法等。部分国外品牌手持式激光测距仪如图 3-30 所示。

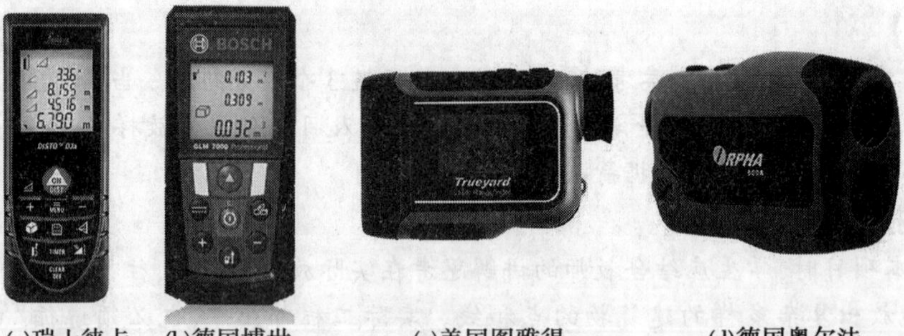

(a)瑞士徕卡　(b)德国博世　(c)美国图雅得　(d)德国奥尔法

图 3-30　部分国外品牌手持式激光测距仪

由于生产厂家不同,手持式激光测距仪的外形、结构、性能略有区别,但总的来讲大同小异,都有液晶显示器和操作键盘。

2　手持式激光测距仪测距

手持式激光测距仪的功能是通过显示屏和操作键盘来实现的。不同型号的全站仪操作键盘不同,有的操作按键较多,通过按某个键执行某个功能;有的操作按键较少,只有几个作业模式按键和几个功能键,通过选择菜单达到执行某项功能。手持式激光测距仪的外观及按键功能如图 3-31 所示,浙江奥奇手持式激光测距仪显示屏说明如图 3-32 所示。

2.1　手持式激光测距仪的使用步骤

(1)安装电池:卡扣式电池门,一拉即开,注意电池极性,正确装上 2 节 7 号 1.5V 电池,一扣即合。

(2)开机:打开电源开关(按下 开机/测量键),显示器显示当前的电池电量、测量基准提示符、信号强度指示符等。如电量不足应及时更换电池。

(3)设置测量基准:仪器默认从底部开始测量,可通过 基准转换键 设置从顶部或者底

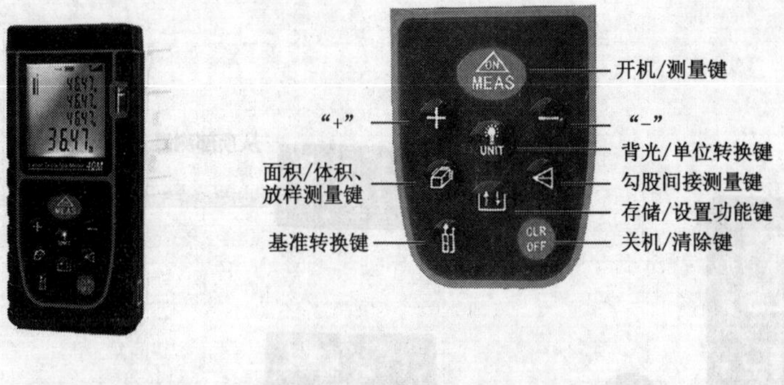

图 3-31　手持式激光测距仪外观及按键功能

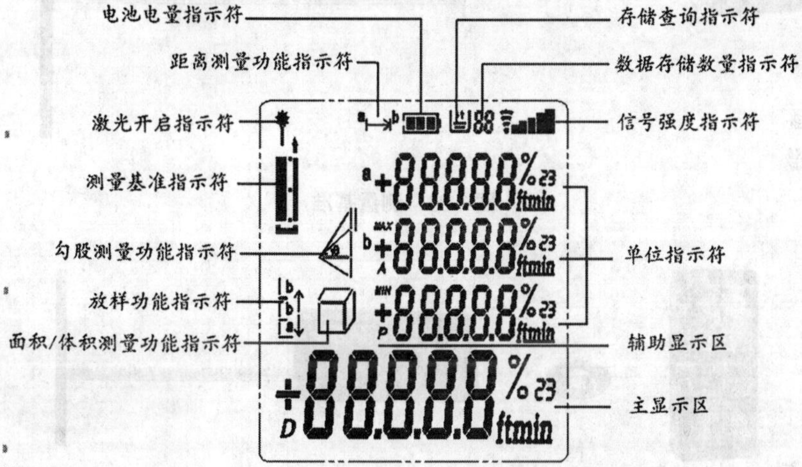

图 3-32　浙江奥奇手持式激光测距仪显示屏说明

部为基准开始测量,如图 3-33 所示。

(4)测量:按红色 开机/测量键 打出激光,对准目标物,再次按下红色测量键开始计算距离,测量期间不要晃动。测出的数据为仪器到目标物的距离,所测数据自动保存。

(5)结束:测量完成,按红色 关机/清除键 关机。

(6)自助校准:为保证仪器精度提供的自助校准功能(CRL)。

2.2　手持式激光测距仪的操作与使用

2.2.1　单次测量

指长度和高度测量,其方法是:在待测模式下,短按红色 开机/测量键 开启激光,此时显示屏激光开启指示符闪动,激光锁定目标测量点后,再次按红色 开机/测量键 键进行单次距离的测量,测量结果数据显示在主显示区,如图 3-34 所示。

2.2.2　连续测量

长按红色 开机/测量键 3 s,为连续测量,仪器进入自动测量状态,仪器响起连续的"嘀嘀嘀"提示音,同时屏幕会显示测量过程中的最大值、最小值和即时值。短按 开机/测量键 ,退出连续测量模式,如图 3-35 所示。

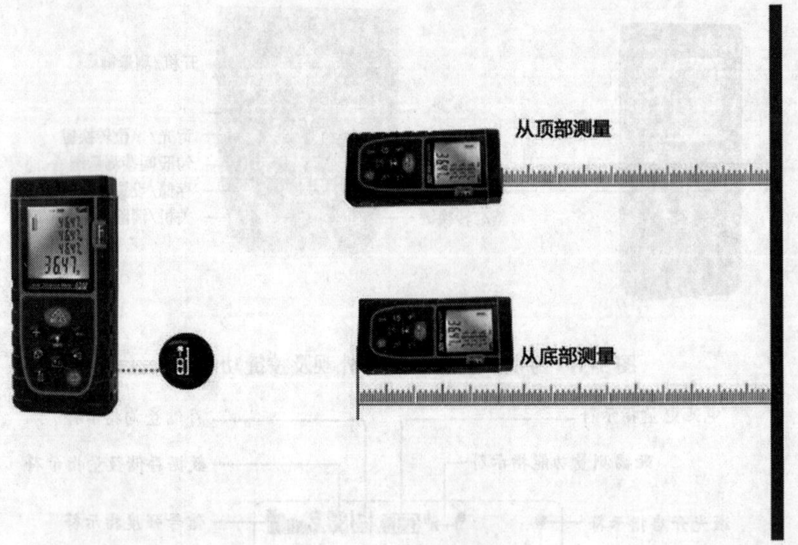

图 3-33 测量基准

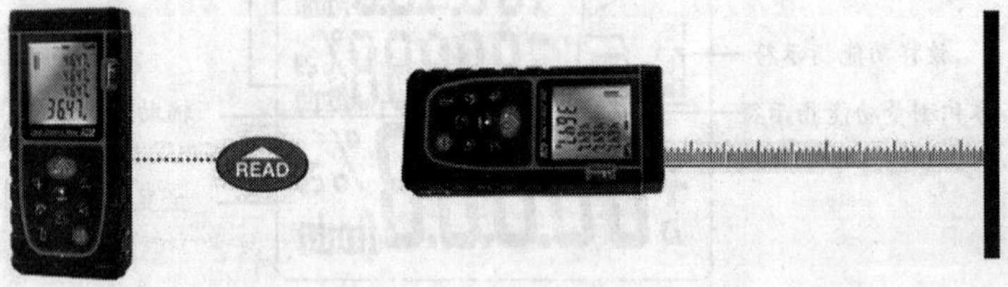

图 3-34 单次测量

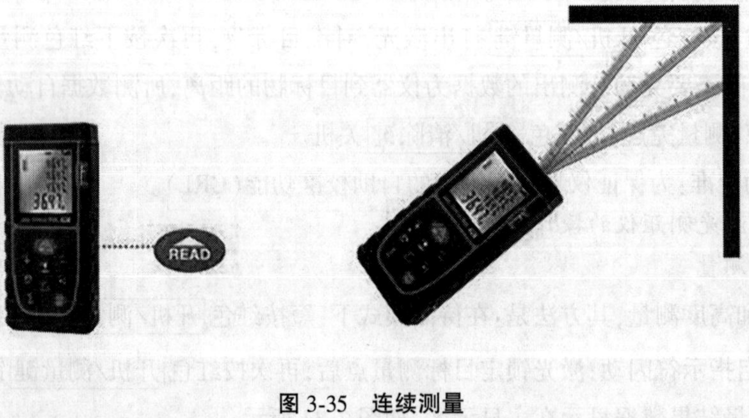

图 3-35 连续测量

2.2.3 一次勾股测量

利用勾股测量模式,间接测量无法直接测量的范围。其方法是:短按 勾股间接测量键 一次,先测量斜边,再测量水平边,不必靠近待测物,通过两次测量,测距仪自动计算出两端的距离,如图 3-36 所示。

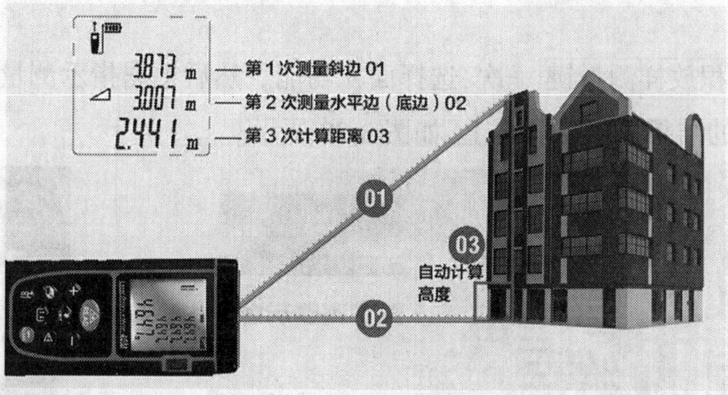

图 3-36　一次勾股测量

2.2.4　二次勾股测量

连按 勾股间接测量键 2次，先测量第一条斜边，再测量中间水平边，最后测量第二条斜边，不必靠近待测物，通过3次测量，测距仪自动计算出两端的距离，如图3-37所示。

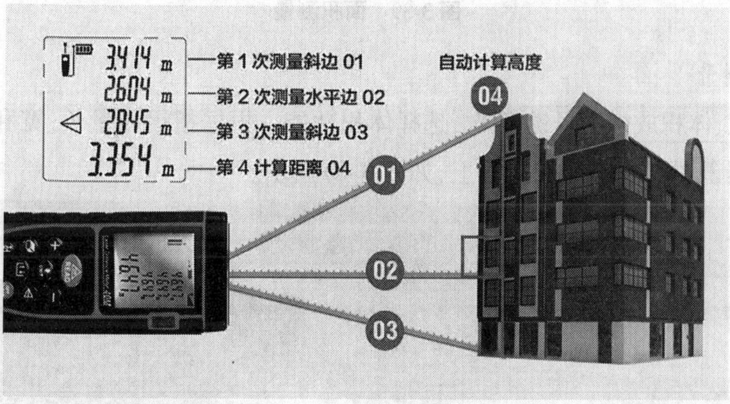

图 3-37　二次勾股测量

2.2.5　三次勾股测量

连按 勾股间接测量键 5次，进入三次勾股测量。根据指示先测量第一条斜边，再测量第二条斜边，最后测量直角边，不必靠近待测物，通过三次测量，测距仪自动计算出两斜边的高度距离，如图3-38所示。

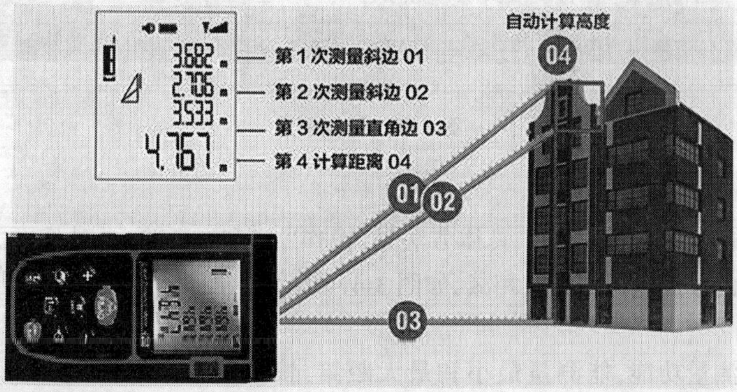

图 3-38　三次勾股测量

2.2.6 面积测量

短按面积、体积放样测量键一次,选择面积功能。然后根据指示测量长和宽,仪器自动计算出面积,计算的结果显示在屏幕上,如图3-39所示。

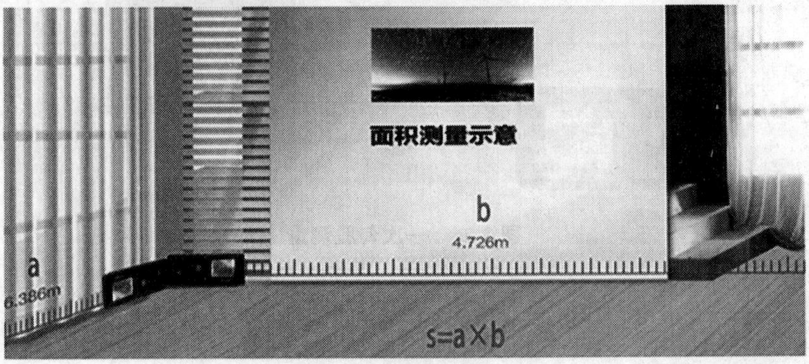

图3-39 面积测量

2.2.7 体积测量

连按面积、体积放样测量键两次,选择体积功能。根据指示测量长、宽和高,仪器自动计算出体积,计算的结果显示在屏幕上,如图3-40所示。

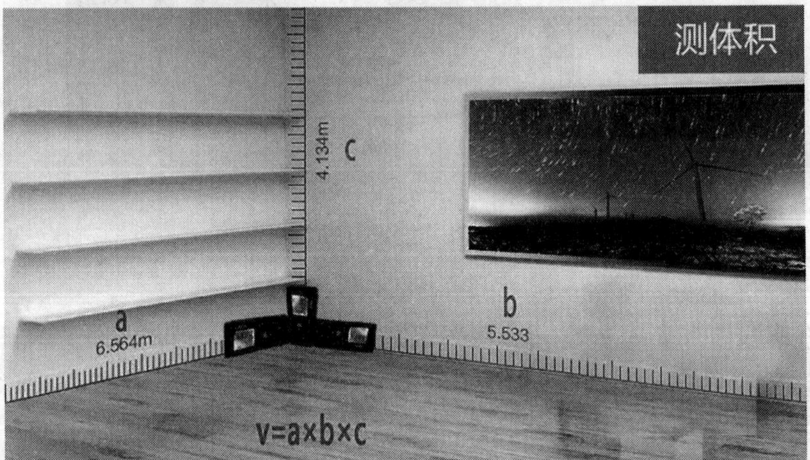

图3-40 体积测量

2.2.8 加减测量

具备基础的加减计算功能。具体方法是:操作"+"和"-"键,可对长度、面积、体积、勾股定理所得出的数据进行相加或相减,如图3-41所示。

2.2.9 实例

通过连续测量功能,能测量最小和最大距离,快捷精准节省时间,提高工作效率,如图3-42所示。

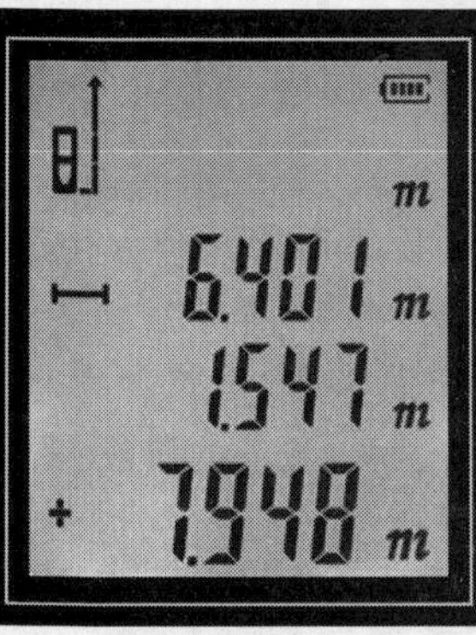

(a)加法应用

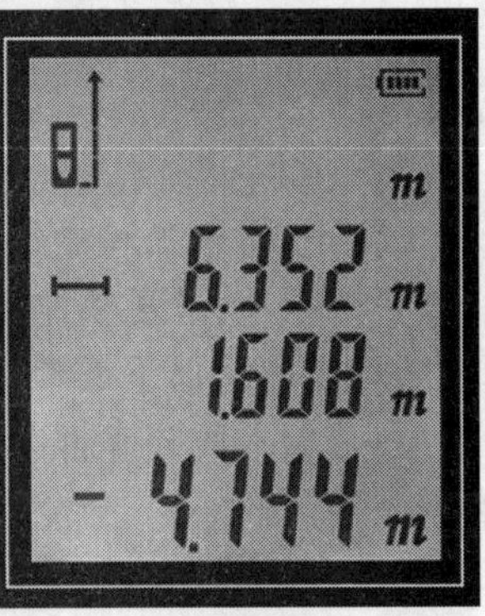

(b)减法应用

图3-41　加减测量应用

图3-42　采用连续测量功能测量隧洞洞口

2.3　手持激光测距仪特点

(1)体积小,便于使用和携带。

(2)比机械的量测方法要快,价格低。

(3)测量精度高,保证结果的快速性和准确性。

(4)可以用间接测量方式测量不能直接测量的距离。

(5)跟踪模式便于重复测量。

(6)"定线光束开"模式,便于定位在一个目标上。

(7)在顶部和边上有瞄准用的凹槽,便于瞄准目标。

(8)在5 min后自动关机,电池可用1年,并保持最后的设置。

(9)在最后100次量测时有电池电量低警告,保证你有足够的时间更换电池。

项目小结

在实际放样工作中,由于工程建筑物复杂多样,往往需要将几种方法综合应用,才能放出该建筑物的点、线。因此,若要快速准确地完成放样任务,放样方法的选取显得十分重要。

放样方法的选择应顾及以下因素:建筑物所在地区的条件;建筑物的大小、种类和形状;放样所要求的精度;控制点的分布情况;施工的方法和速度;施工的阶段;测量人员的技术条件;现有的仪器条件等。

测量放样工作是为工程施工服务的。所以,放样方法的选择与工程建筑物的类型、工程建筑物的施工部位、施工现场条件和施工方法以及放样的精度要求和控制点的分布都有着密切的关系。

根据前面对各种方法介绍和分析可知,在工业厂区的建设中,多采用坐标法或方向线交会法放样出柱子或设备中心,而对于桥梁的桥墩中心或混凝土拱坝坝块中心,则多采用前方交会法和坐标法放样确定;有时在同一工程建设中,根据需要在不同情况下采用不同方法进行施测,如直线型混凝土重力坝的底层浇筑时,各坝块的中心系根据设置在上、下游围堰及纵向围堰和岸边的施工控制网点,采用方向线交会法放样确定,而上部坝块的中心则利用两岸的控制点采用轴线交会法放样确定;对于高大的塔式建筑物和烟囱,为满足滑模快速施工的要求,常采用激光铅直仪进行投点以确定烟囱的施工中心。

在实际工程作业中,施工控制点的分布情况对放样方法的选择有着关键性的作用。这主要是因为不同的放样方法对控制点的要求有所不同,例如方向线交会法要求两对控制点的连线要正交或形成矩形方格控制网。另外,对于不同控制点的选取也会对放样精度产生不同的影响。因此,放样方法的选取应该是在进行施工控制网设计时作为设计考虑的一个方面。

测量仪器设备对放样方法的确定也起着不可忽视的作用,对于不同的仪器对同一个点的放样选取的方法也有所不同,随着仪器设备的不断更新,有些放样方法也逐步被淘汰,同时又有许多新方法出现。

为了保证建筑物放样的精度要求,在设计施工控制网精度时,就应考虑各种放样方法及其在各种不同的条件下所能达到的精度,由此来确定放样测站的加密方法及精度,进而结合具体工程建筑物的施工条件、现场情况来设计控制点的密度和加密方法与层次,并根据放样点的放样精度要求来推求对控制网的精度要求,以作为控制网设计的精度依据。它也是选取放样方法时所考虑的一种因素。

复习和思考题

3-1　放样工作的实质是什么?与测图工作相比较,它们之间有何不同?

3-2　比较几种点位放样方法的特点和各自的适用范畴。

3-3　设用极坐标法测量 P 点的坐标。假若 P 距起始点 100 m,要求 P 点的点位误差≤20 cm,请按测角、量距误差等影响的要求来确定测角的精度要求 m_β 和量距的精度要求 m_S。

3-4　用极坐标法放样 P_1、P_2 点,已知点和待设点的坐标见表 3-1。

表 3-1 已知点和待设点的坐标

点名		X/m	Y/m
控制点	A	1 236.310	578.234
	B	120.454	529.401
待设点	P_1	1 211.635	582.741
	P_2	1 185.409	552.539

(1)计算放样中所需的测设数据。

(2)假若距离放样误差为 $\frac{m_S}{S}=\frac{1}{5\ 000}$，角度测设误差为 $m_\beta=\pm 20''$，仪器对中误差为±5 mm，点位标定误差为±3 mm，试求 P_1、P_2 点间的纵、横向中误差分别为多少？

3-5 试述全站仪坐标放样点位法与传统点位放样方法的优点。

【技能训练】

一、技能训练题目及训练目的

在学习完本项目的理论学习内容之后，请学生利用课余和周末的时间，上网了解千寻位置网络有限公司，了解该公司提供的动态厘米级和静态毫米级的定位能力，了解使用千寻位置提供的 CORS 服务进行放样的方法。

二、技能训练要求

1. 了解千寻位置基于北斗卫星系统基础定位数据并兼容 GPS、GLONASS、Galileo 的方法。

2. 知道在全国的可以使用多少个地基增强站以及自主研发的定位算法，可为全国的用户提供精准定位服务。(≥2 200 个地基增强站)

3. 学生可根据自己家乡的地点在网站里查找覆盖范围。如千寻知寸(厘米级精度)的服务在有些城市只能部分覆盖，你的家乡可以被千寻知寸(厘米级精度)的服务覆盖吗？

4. 了解在学校所在地进行免费试用千寻知寸位置服务的方法。

5. 学生应记录碰到的问题向教师请教或与任课教师共同探讨。

【知识拓展】

RTK 快速入门

点放样

线放样

面放样

全站仪后方交会放样

项目4 渠道和堤线测量

项目概述

渠道是常见的水利工程,是农业工程的重要组成部分,根据渠道的作用,一般分为灌溉渠道、排水渠道和引水渠道三类。灌溉渠道的作用是将水库或河流中的水引入农田。渠道包括渠首、渠道、渡槽、倒虹吸、涵洞、节制分水闸、桥等一系列配套建筑物,堤线是沿江河、湖、水库、海域等修筑的线状挡水建筑物。渠道和堤线测量就是要把这些建筑物的中心线位置和特征高程按一定的标准实测出来,为设计提供充分的测量资料。渠道测量是在地面上沿选定中心线及其两侧测出纵、横断面,并绘制成图,然后计算工程量,编制概算或预算,作为方案比较或施工的依据。

学习目标

◆**知识目标**

1. 了解渠道测量的方案设计和渠道测量的工作步骤;
2. 能阐述渠道测量初测的主要任务并实施;
3. 了解渠道和堤线圆曲线的测设方法。

◆**技能目标**

1. 能操作全站仪或 GNSS 进行渠道控制测量,包括平面控制测量和高程控制测量;
2. 能结合实地查勘在数字地形图上确定渠道特殊点位的相对位置和高程;
3. 能操作全站仪测定渠道或管道中线的转折角;
4. 会整理提交渠道和堤线测量成果。

◆**素质目标**

通过介绍"自力更生、艰苦创业、团结协作、无私奉献"的红旗渠精神,培养学生的家国情怀,并增强学生"迎难而上、开拓进取、吃苦耐劳"的工作作风。

【课程导入】

渠道和堤线测量,在勘测设计阶段的主要测量内容有踏勘、选线、中线测量、纵横断面测量(大型工程必要时应进行带状数字地形图测量)以及相关的工程调查工作等。

习近平总书记在林州市红旗渠考察时指出,红旗渠就是纪念碑,记载了林县人民不认命、不服输、敢于战天斗地的英雄气概。要用红旗渠精神教育人民特别是广大青少年,社会主义是拼出来、干出来、拿命换来的,不仅过去如此,新时代也是如此。

任务1 渠道测量概述

渠道和堤线测量的主要目的是计算工作量、优化设计方案、为工程设计提供资料。在施工管理阶段,需进行施工测量。施工测量应按设计和施工的要求,测设中线和高程的位置,以作为工程细部测量的依据。施工测量的精度,应以满足设计和施工要求为准。渠道和堤线,包括新建、改建的运河,均应按规划(或称选线)和设计(或称定线)两个阶段进行测量。

1 渠道测量的工作步骤

1.1 准备工作

首先应明确是新建渠道还是改建渠道,若是改建渠道,有无改线段或裁弯取直的渠段。渠道有无地质资料或类似工程可供本渠道工程参考的地质资料。若没有相关地质资料可利用,则应明确渠道沿线和拟建重要建筑物的中心位置,进行地质勘探。

1.2 渠道现状(树形)导线图的绘制

渠道现状导线图应明确标出渠道各个拐角、拐点及起点、终点的位置,分水闸、节制闸、桥涵等渠道配套建筑物的位置,上下级渠道和各个建筑物的名称。各个建筑物的使用要求也要标明,如不同渠段的设计流量(加大流量),节制闸、分水闸的流量,交通桥的过荷要求等。渠道现状导线图的绘制目的是便于渠道测量和绘制渠道设计导线图。使用渠道现状导线图可以使渠道测量工作真正做到有的放矢,因地制宜,从而从根本上保证渠道测量的准确性。

1.3 根据渠道现状导线图进行渠道及其配套建筑物的测量

渠道上的闸、桥、涵等交叉建筑物称为其配套建筑物。渠道测量的技术要求应按《水利水电工程测量规范》(SL 197—2013)执行。渠道测量的内容主要包括渠道及其配套建筑物平面位置的测定、渠道纵断面高程测量、渠道横断面高程测量等三部分。

1.3.1 渠道及其配套建筑物平面位置的测定

主要是为了绘制渠道设计导线图,应当把其位置都精确地在渠道设计导线图中标出来。这项工作主要是使用 GNSS 来完成的,主要测出渠道拐角和渠道拐点、始点、终点及其配套建筑物中心位置点的坐标,并在图纸上用适当的比例和图例明确表示出来。

1.3.2 渠道纵断面高程测量

渠道纵断面高程测量是测量路线中心线上里程桩和曲线控制桩的地面高程,以便进行渠道纵向坡度,闸、桥、涵等纵向位置的设计。

1.3.3 渠道横断面高程测量

对垂直于路线中线方向的地面高低所进行的测量工作称为横断面测量。横断面图是确定渠道横向施工范围、计算土石方数量的必需资料。

1.4 渠道沿线察看

渠道放线测量的同时应注意观察沿线的地形地貌、植被情况,并以桩号为准作好记录。新建渠道应查看是否穿越农田或林带、居民点等;已有渠道应查看已建建筑物的使用状况,并应做好记录。注意查看渠道沿线是否有可供渠道施工用的道路、水源和料场。较重要的交叉建筑物还要测大比例尺地形图。

2　渠道和堤线测量成果

测量外业工作结束后,经过资料整理、数据计算、计算机绘图等内业工作后,应提交下列成果:

(1)平面控制、高程控制、纵断面、横断面、圆曲线测量手簿和埋石点点之记。

(2)平面控制、高程控制和圆曲线计算资料。

(3)平面控制、高程控制、纵断面、横断面和曲线各要素等成果表。

(4)路线平面图。

(5)路线纵断面、横断面图。

(6)断面位置图。

(7)检查、验收报告和测量报告。

3　新建和改建渠道的工作步骤

3.1　图上选线

首先由渠道设计人员根据国家或地方政府的规划、自然地理、经济情况和选线的要求,在不小于1∶10万的数字地形图上进行初步的选线,确定关于渠道的走向和配套建筑物的概略位置的一种或几种方案。

3.2　测绘带状数字地形图

测绘人员根据初步设计的渠道走向,在渠道沿线布设控制网,施测出大比例尺带状数字地形图。

3.3　图上定线

渠道设计人员在测绘人员提供的大比例尺数字地形图上,结合实地查勘,确定特殊点(如渠道沿线的山垭、跨河点等)的相对位置和高程;确定支渠分水口位置和支渠的走向;确定配套建筑物的位置,对线路上的险工、难工和大型建筑物的类型和尺寸等作出估计,最后通过分析、比较,确定一个最优方案,作为测量的依据。

3.4　外业定线

测量人员由数字地形图上获取控制道路走向的关键点的坐标、支渠分水口和支渠的走向的坐标、配套建筑物的坐标,并将此坐标输入全站仪,然后在实地将这些点位放样出来,即得线路中线和配套建筑物的位置。

3.5　中线测量

测量人员沿着中线,用全站仪施测量程、纵横断面,然后借助于测量软件,实现平面图、断面图绘制、土方计算一体化。

4　现有渠道清淤的工作步骤

在渠道测量中,会遇到现有渠道清淤工作。渠道清淤的工作重点是挖方的宽度和深度,测设里程、测量纵横断面、计算土方量是测量工作的重点。因此,渠道清淤的工作步骤重点是进行新建和改建渠道的中线测量。

规划设计阶段为了进行方案比较,需要施测纵、横断面。纵断面点和横断面的间距,应按阶段的不同,在设计书中规定,或按表4-1的要求进行选择。但在某些特殊部位还应加测横断面。

表4-1 纵横断面测量间距

阶段	横断面间距/m		纵断面点间距	
	平地	丘陵地、山地	平地	丘陵地、山地
规划	200~1 000	100~500	基本点距同左,特殊部位应加点	
设计	100~200	50~100		

【小贴士】

本任务主要介绍渠道和堤线测量的主要工作步骤,让学生了解渠道和堤线测量的主要目的,为做好下面的任务打好基础。

任务2 选线测量

1 踏勘和初测

踏勘之前,先利用兴修渠道地带的1:5万或较大比例尺地形图进行渠线的大体布置,拟定几条渠线进行比较。踏勘的目的是通过实地调查和简单测量,了解渠线上某些特殊点(如渠道沿线的山垭、跨河点等)的相对位置和高程;大致确定支渠分水口位置和支渠的走向;了解渠道控制范围和受益田块的种植比例;收集沿线有关水文、地质、气象以及建筑材料和施工条件等各方面的资料;同时,对线路上的险工、难工和大型建筑物的类型和尺寸等作出估计,最后通过分析、比较,确定一个最优方案或几个较优方案,作为初测的依据。

初测的主要任务是沿踏勘确定的渠道线路测绘中线两侧宽100~200 m的数字带状地形图,以供“纸上定线”用。如渠线经过的地带,已有适当比例尺的数字地形图可利用,则不必另测带状数字地形图。地形图比例尺一般为1/2 000~1/5 000,等高线间距0.5~1.0 m。

2 渠堤选线的一般原则

渠道和堤线的开挖是否经济合理,关键在于中线的选择。它选择的好坏将直接影响到工程的质量、进度、费用和效益等重要问题,而且还涉及占用农田,拆除、搬迁地面建筑物等有关的方针政策问题,所以是一项极重要的工作。为了解决这些问题,提高经济效益,选线时应考虑以下几个方面:

(1)选线应尽量短而直,力求避开障碍物,以减少工程量和水流损失。

(2)灌溉渠道应尽量选在地势较高地带,以便自流灌溉,扩大灌溉面积;排水渠应尽量选在排水区地势较低的地方,以便增大汇水面积。

(3)中线应选在土质较好、坡度适宜的地带,以防渗漏、冲刷、淤塞、坍塌。

(4)要避免经过大挖方、大填方地段,渠道建筑物要少,尽量利用旧沟渠,以便达到省工、省料和少占耕地的目的。

(5)因地制宜、综合利用。灌溉渠道以发展农田灌溉为主,也应适当考虑综合利用问题。例如,在有条件的地方,利用渠道上的水位跌差发展小水电以及搞好其他便民措施等。

以上五点是选定渠堤线路时所应注意的一般原则,具体选线时,必须通过深入、细致的调查研究,根据当时当地的具体情况,全面、正确地加以对待。

如果工程大而长,当有拟建渠道地区的大比例尺数字地形图时,则可依据渠道所需要的坡度、路线方向和周围地物、地貌等情况进行比较,在图上作初步选线,然后到现场沿线作调查研究,并收集有关资料(如地质、水文、材料来源、施工条件等),进行综合分析研究,最后选出一条技术可行、经济合理的线路,在实地上用木桩标定路线的转折点和渠系建筑物(如水闸、涵洞)的中心位置,并确定中心导线(即沿渠、堤中心线布设的导线)和水准路线的起讫点,绘出工程的起点、转点和终点的点位略图。对于距离比较短的中小型渠道,可直接在实地踏勘选线,用大木桩标定。在选线的同时还应布设高程和平面控制网(控制点点位应靠近工程但在施工范围以外)。

外业选线时,根据路线平面图的设计路线和建筑物实地标定。如计划路线不适合,应按现场实况予以调整。

3　布设水准点

实地选线之前,通常先沿计划渠线布设足够数量的水准点,作为全线的高程控制。这些水准点既是选定渠线时施测高程的依据,同时供渠道纵断面测量时,分段闭合、施工放样时引测高程和检查工程质量之用。

沿渠布设水准点的间距以1~2 km为宜。水准点的位置一般选在渠线附近,便于引测和不受施工影响之处,选定后,依次编号,同时,做好水准点的点之记,以备查找。

为了统一高程系统,沿渠水准点应尽可能与国家等级水准点联测,不得已时,方可采用独立的高程系统。

水准测量的施测方法和精度要求,根据渠线长短、渠道规模和设计渠底比降的大小而不同。渠线长度在10 km以内的小型渠道,一般可按等外水准测量的方法和精度要求施测。对于大型渠道,则应按三等或四等水准测量的方法和精度要求进行。

4　实地选线

实地选线的任务则是把已经过"纸上定线"或者已在踏勘中确定了渠道走向的渠道中心线恰当地选定在实地上。通常是从渠道引水口开始,根据选线条件选定渠道中心线和一系列转折点,设立标志,以便后续测量工作的进行。

对于已经在原有数字地形图或实测带状数字地形图上进行过"纸上定线"的渠道,实地选线的任务是将图上所标定的一系列渠线转折点的点位,分别根据这些点与其附近控制点或明显地物的关系位置,以及转折点本身的点位高程,将每一转折点选定在实地上。如果事先未经过"纸上定线",实地选线则应根据踏勘时所确定的引水口位置、渠道走向、沿线地形、地质情况,以及其他定线条件(如渠底设计比降、渠道设计断面尺寸等)逐点选点。以山丘地区渠道选线为例,由于在山丘地区修渠,干渠一般都是大致沿着等高线走向选定的。因此,实地选线都需借助于全站仪或水准仪进行。

每一转折点和中线点选定后,应埋设较大木桩,称交点桩和中线控制桩,并注明各桩的编号。

【小贴士】

选线测量的目的是通过实地调查和简单测量,了解渠线上某些特殊点的相对位置和高程;大致确定支渠分水口位置和支渠的走向;了解渠道控制范围和受益田块的种植比例;收集沿线有关水文、地质、气象以及建筑材料和施工条件等各方面的资料;同时,对线路上的险工、难工和大型建筑物的类型和尺寸等作出估计,最后通过分析、比较,确定一个最优方案或几个较优方案。

任务3 中心导线测量

渠道和堤线选线测量之后,即需进行渠道控制测量,包括平面控制测量和高程控制测量。渠、堤的平面控制宜用GNSS或中心导线的形式布设,高程测量宜沿中心导线点进行。

1 导线点布设

导线点的位置应满足以下要求:

(1)导线点应选择在开阔的地方,以利于测角、量边和细部测量。

(2)导线点应选在稳固的地方,以便安置仪器和保存点位。

(3)导线边长最长不超过400 m,最短不短于50 m,当地形平坦,视线清晰时,亦不应长于500 m。当采用全站仪测距时,导线点间距离可增至1 000 m,并应在不远于500 m处增设直线加点。

(4)附合于两高级点间的全站仪中心导线长度不超过50 km,全站仪附合高程路线的长度:四等不超过80 km,五等不超过30 km。

(5)导线点应尽量靠近渠、堤中心线的可能位置。此外,在与道路、大沟相交处,严重地质不良地段和沿途重要建筑物附近,均应设置导线点。

设计阶段,应在施工区外适当留设水准点。为便于恢复已测量过的路线和施工放样的需要,均应在中心导线上及其附近埋设一定数量的标石。平面和高程控制的埋石点宜共用,并利用中心导线的转折点和公里桩。埋石点的间距可在表4-2中选择。渠、堤中心线上未埋石的转折点、公里桩、圆曲线的起终点,均应埋设大木桩。

表4-2 平高控制埋石点的间距

阶段		平面控制点	高程控制点
规划阶段		每隔3~5 km埋设2座标石	应联测平面控制点的埋石点
设计阶段	线路上	每隔3~5 km埋设2座标石	每隔1~3 km埋设1座标石
	主要建筑物处	每处埋设2座标石	每处埋设1座标石

2 导线测量实施

2.1 精度要求

渠、堤测量的中心导线点及中心线桩的测量精度,应符合表4-3的规定。

表 4-3 中心导线点及中心线桩的测量精度

点的类别	对邻近图根点的点位中误差/m	对邻近基本控制点的高程中误差/m
	平地、丘陵地、山地、高山地	平地、丘陵地、山地、高山地
中心导线点或中心线桩	±2.0	±0.1

注:1. 中心导线点及中心线桩对本渠道渠首的高程中误差不应大于±0.1 m;

2. 仅考虑规划阶段的需要时,测量精度可放宽半倍。

作为中心导线起闭点的点位中误差相对于邻近基本平面控制点不应大于±1 m,高程中误差相对于邻近基本高程控制点不应大于±0.05 m。

2.2 **测量方法**

中心导线点的平面位置和高程以及纵断面里程的施测可一次完成。中心导线上所有各点,除施测标顶、桩顶高程外,还应施测地表高程。

2.3 **中心导线点的编号**

中心导线点的编号可用里程加控制点号的方法。不在渠、堤中心线上的点,仅编控制点点号,不加里程。转折点的编号应为 TP_1、TP_2、TP_3、…、TP_n。也可按总干渠、干渠、分干渠、支渠、分支渠等分类分项编号。

【小贴士】

渠道控制测量,包括平面控制测量和高程控制测量。按照相关规范要求对渠、堤的平面控制宜采用 GNSS 或中心导线的形式布设,高程测量则沿中心导线点进行。平面和高程控制的埋石点宜共用。

任务4 中线测量

当中线的起点、转折点(交点桩)、终点在地面上标定后,接着就沿选定的中线测量转角,测设中桩,定出线路中线或实地选定线路中线平面位置,这一过程称为中线测量。中线测量的主要内容有测设中线交点桩、测定转折角、测设里程桩和加桩。如果中线转弯,且转角大于 6°,还应测设曲线的主点及曲线细部点的里程桩等。

1 测设中线交点桩

测定中线交点桩有以下两种情况:

(1)中线的起点、转折点(交点桩)和终点桩在踏勘选线时已选定了位置并已埋设。

(2)交点桩在选线时没有实地埋设,只在图纸上确定了交点桩的位置。

前一种情况须测定交点桩的坐标,以便为以后的线路恢复以及绘制线路平面图时使用;后一种情况不但要根据图纸上交点桩的定位条件来放出交点桩的位置,还应测定其坐标。测定交点桩的位置及坐标可采用 GNSS、极坐标法、直角坐标法、方向交会法或距离交会法,并做好点之记。由于定位条件和现场情况的不同,测设方法应根据具体情况合理选择。

2 转折角测定

当渠道或管道中线的转折角大于 6°的情况下,应在转折点(交点)上架设仪器测定转折角。如图 4-1 所示，JD_1、JD_2、JD_3 为交点桩，JD_1 处的转折角为 α_1，即 AB 的延长线和 BC 线的夹角。JD_2 处的转折角为 α_2，JD_3 处的转折角为 α_3。

转折角 α 的测定方法：如图 4-1 所示，将全站仪置于 JD_1 点上，对中整平，倒镜（盘右）后视 A 点，度盘置 0°00′00″，照准部不动倒转望远镜成盘左得 AB 的延长线，松开照准部，向 BC 方向转动照准部，使水平度盘读数改变 α_1 即得 BC 方向，同法可测得其他转折角。

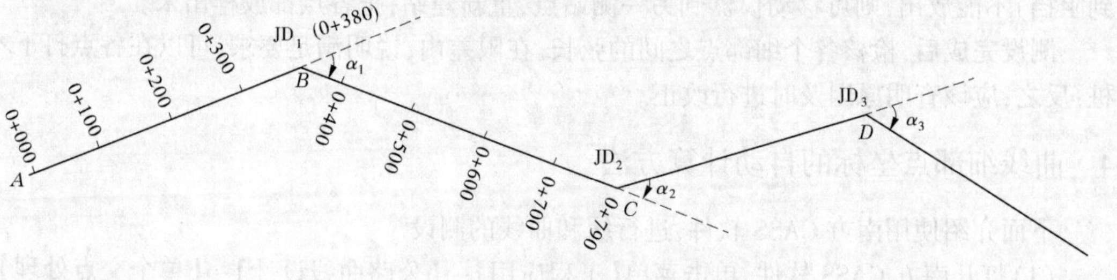

图 4-1 渠道（堤线）中线示意图

从路线前进方向看，路线向右偏转折角称为右偏角，向左偏称为左偏角。在图 4-1 中，沿 A、B、C、D，α_1、α_3 为右偏角，α_2 为左偏角。左偏角 α_2 用上述方法测定其角值 $\alpha_2=360°-L$（L 为照准前视方向的水平度盘读数）。转折角 α 的观测精度要求见表 4-4。

表 4-4 转折角 α 测量精度

仪器	转折角测回数	测角中误差	半测回差	测回差
J_2	2 个“半测回”	30″	18″	
J_6	2 个测回	30″		24″

3 圆曲线的测设

渠堤圆曲线上的点可用偏角法、切线支距法和极坐标法测设。圆曲线测设应符合下列要求：

（1）沿曲线桩丈量的曲线距离与理论计算的距离比较，其不符值应不大于曲线长度的 1/1 000。

（2）测设曲线的横向误差应不大于 0.2 m。

另外，测设曲线的工作非常繁重，费时较多。因此，在曲线测设中应注意：

（1）当交角为 6°时，“切曲差”与曲线长度之比，即 $\dfrac{2T-L}{L}\approx\dfrac{1}{1\,088}$，亦即在量距允许误差之内。即使曲线半径为 500 m，曲线长度亦仅 52.36 m，外矢距 $E=0.69$ m，对于渠、堤定线和土方量计算影响很小，可以忽略不计。因此，无论是选线测量还是定线测量，当交角小于 6°时，均可不测曲线，也不计算曲线长度。

（2）当交角为 12°时，若测设曲线的半径 $R=500$ m，则 $L=104.72$ m，$\dfrac{2T-L}{L}\approx\dfrac{1}{272}$，$E=2.75$ m。因此，当交角为 6°～12°时，定线测量中应测设曲线起点、中点和终点，并计算曲线长度 L，这样可以使曲线桩距在 50 m 之内。

(3)当交角大于12°时,定线测量中,曲线桩一般为计算土石方量的横断面中心桩,曲线的测试工作不能简化,并且规定:$L \leqslant 100$ m时,测设曲线起点、中点、终点,计算曲线长度;$L>100$ m时,按50 m间距测设曲线桩,计算曲线长度。

用全站仪测设有缓和曲线的圆曲线时,在选定的测站点安置仪器,瞄准后视点(另一已知控制点),建站。采用坐标放样的程序放样出各个细部点。如果某几点由于现场原因(受到阻挡)不能放出,则可移动仪器到另一测站点,重新建站,把各点都放样出来。

测设完成后,检核各个细部点之间的弦长,在限差内,说明满足要求,可以在各点打下木桩;反之,应该查明原因及时进行改正。

4　曲线细部点坐标的自动计算方法

下面介绍使用南方CASS软件,进行缓和曲线的测设。

(1)打开南方CASS软件,单击菜单【工程应用】→【公路曲线设计】→【单个交点处理】,将弹出如图4-2所示的"公路曲线计算"对话框。

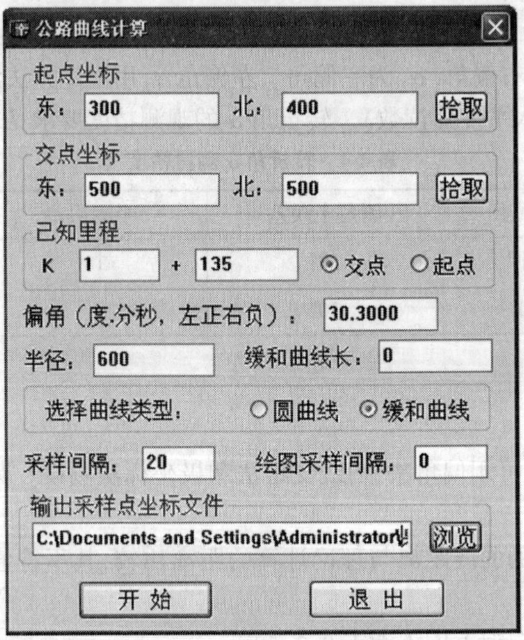

图4-2　"公路曲线计算"对话框

(2)设置"公路曲线计算"对话框。

(3)单击"公路曲线计算"对话框的"开始"按钮后,命令行出现以下提示:

命令: pointcurve

绘图比例尺1:<500>

输入新线型比例因子 <1.0000>: 0.50000000000000 正在重生成模型。

命令: LAYER

当前图层:0

输入选项

[?/生成(M)/设置(S)/新建(N)/开(ON)/关(OFF)/颜色(C)/线型(L)/线宽

(LW)/打印(P)/冻结(F)/解冻(T)/锁定(LO)/解锁(U)/状态(A)]:S 0 输入选项

[?/生成(M)/设置(S)/新建(N)/开(ON)/关(OFF)/颜色(C)/线型(L)/线宽(LW)/打印(P)/冻结(F)/解冻(T)/锁定(LO)/解锁(U)/状态(A)]

命令:正在重生成模型。

选定平曲线要素表左上角点:

依次输入绘图比例尺,平曲线要素表的位置后,在绘图窗口就绘出缓和曲线示意图和各个细部点的坐标以及曲线要素表。其中平曲线要素如表4-5所示。

表4-5 平曲线要素

里程	X/m	Y/m
K0+911.393	300.000	400.000
K0+920.000	307.698	403.849
K0+940.000	325.587	412.793
K0+960.000	343.475	421.738
K0+971.421	353.691	426.845
K0+980.000	361.362	430.685
K1+000.000	379.204	439.723
K1+020.000	396.899	449.043
K1+031.421	406.896	454.566
K1+040.000	412.912	461.103
K1+060.000	429.480	472.305
K1+080.000	445.666	484.052
K1+100.000	461.450	496.332
K1+120.000	476.817	509.131
K1+140.000	491.749	522.436
K1+160.000	506.229	536.230
K1+161.119	485.227	516.514

(4)测设实施。

在选定的测站点安置仪器,瞄准后视点(另一已知控制点),建站。采用坐标放样的程序放样出各个细部点。如果某几点由于现场原因(受到阻挡)不能放出,则可移动仪器到另一测站点,重新建站,把各点都放样出来。

5　测设里程桩和加桩

当渠道(堤线)路线选定后,首要工作就是在实地标定其中心线的位置,并实地打桩。中心线的标定可以利用花杆或全站仪进行定线。在定线过程中,一边定线一边沿着所标定的方向进行测量。为了便于计算渠道线路长度和绘制纵横断面图,应按表4-1要求沿中线每隔50 m、100 m、1 000 m打一木桩标定中线位置,这一木桩称为整数桩。整数桩的桩号都是以起点到该桩的水平距离进行编号的。起点桩的桩号为0+000,若每隔100 m打一里程桩,以后的桩号依次为0+100,0+200,0+300,0+400……“+”前面的数字是千米数,“+”后面的是米数,如3+500表示该桩至渠道起点的距离为3 500 m。

渠、堤中心线上,除在地面设置五十米桩、百米桩、公里桩等整数桩外,还应在下列地点增设加桩,并用木桩在地面上标定:

(1)中心线与横断面的交点。

(2)中心线上地形有明显变化的地点。

(3)圆曲线桩。

(4)拟建的建筑物中心位置。

(5)中心线与河、渠、堤、沟的交点。

(6)中心线穿过已建闸、坝、桥、涵之处。

(7)中心线与道路的交点。

(8)中心线上及其两侧(横断面施测范围内)的居民地、工矿企业建筑物处。

(9)开阔平地进入山地或峡谷处。

(10)设计断面变化的过渡段两端。

上述加桩一律按对起点的里程进行编号,如在距起点352.1 m处遇有道路,其加桩编号为0+352.1。每个点既要测出里程,又要测出桩顶高和地面高。无论是整数桩或是加桩,均用直径5 cm、长30 cm左右的木桩打入地下,应注意露出地面5~10 cm。桩头一侧削平,并朝向起点,以便注记桩号,桩号可用红漆注记在木桩上。里程桩注记形式见图4-3。

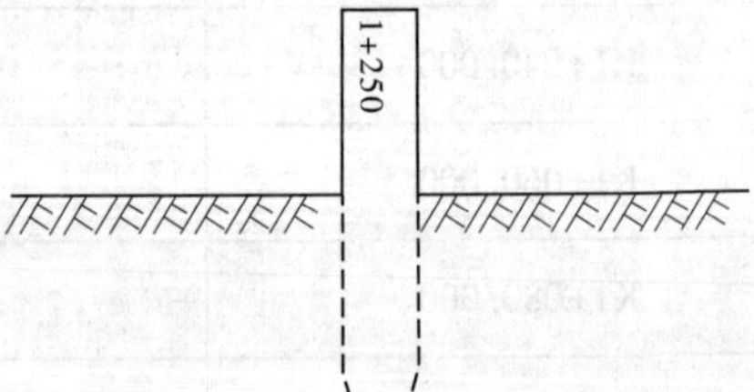

图4-3　里程桩注记图

加桩和部分整数桩可与中心导线一同测定,也可先测中心导线后测设加桩。其里程可用全站仪、钢带尺测定;其高程可用图根级附合水准(少数点亦可用间视法施测)、全站仪三角高程测定。

在中线测量过程中,如遇局部改线、计算错误或分段测量,均会造成里程桩号的不连续,这种现象叫作断链。桩号重叠叫作长链,桩号间断叫作短链。发生断链时,应在测量成果和有关文件中注明,并在实地打断链桩,断链桩不宜设在圆曲线上,桩上应注明路线来向和去向的里程及应增减的长度。一般在等号前后分别注明来向、去向的里程,如3+870.42=3+900,短链29.58 m。

所测渠道或堤线较长时,应绘出草图,作为设计时参考。草图的绘制方法:用一条直线表示中线,在中线上用小黑点表示里程桩的位置,点旁写桩号。转弯处有箭头指出转角方向,注明转角度数。沿线的地形、建筑物、村庄等用目测勾绘下来并注记地质、水位、植被等情况(见图 4-4),以便为绘制断面图和设计、施工提供参考。

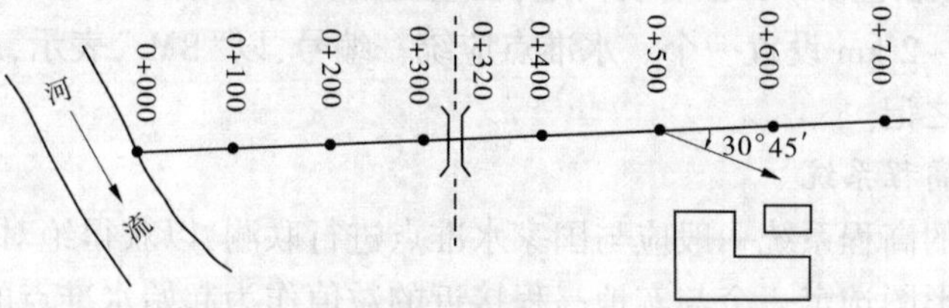

图 4-4 渠道中线测量草图

山丘地区的中线测量除用上述方法确定外,还应概略确定中线的高程位置。具体作业方法是:从渠道的起点开始,用皮尺或绳尺大致沿山坡等高线向前量距,按设计要求规定的里程间隔打一木桩,在打木桩时用水准仪测量其高程,看中线是否偏高或偏低。例如:设 0+000 桩的设计高程为 60.0 m,水准点 BM_1 的高程为 59.684 m,要确定 0+000 桩的概略位置,应在水准点与 0+000 桩之间架设水准仪,后视水准点 BM_1,读得后视尺读数为 1.964 m,则视线高为 59.684+1.964=61.648(m),然后将前视尺沿山坡上、下移动,使前视尺读数为 61.684−60=1.648(m),此时该立尺点的高程即为 60.0 m,打一木桩,该木桩即为 0+000 桩。

起点桩 0+000 确定后,用同样的方法测设出其他各里程桩的位置。

【小贴士】

中线测量的主要内容有:测设中线交点桩、测定转折角、测设里程桩和加桩。如果中线转弯,且转角大于 6°,还应测设曲线的主点及曲线细部点的里程桩等。测定交点桩的位置及坐标可首选 GNSS、全站仪极坐标法,并根据前面所学知识使用南方 CASS 软件进行缓和曲线的测设。

任务 5 纵断面测量

渠、堤中线标定后,直线和曲线上所有的控制桩、中线桩和加桩都已测设定位,即可进行纵横断面测量。纵横断面测量的目的在于了解渠道(堤线)沿线具有一定宽度范围内的地形起伏情况,并为渠道(堤线)的坡度设计、计算工程量提供依据。纵断面测量就是沿着地面上已经定出的线路,测出所有中线桩处地面的高程,并根据各桩的里程和测得的高程,绘制线路的纵断面图,供设计单位使用。

1 纵断面测量的步骤

为提高测量精度和成果检查,根据"从整体到局部,先控制后碎部"的原则,纵断面测量分两步进行:首先,沿线路方向设置若干水准点,建立线路的高程控制,称为基平测量;然后,根据各水准点的高程分段进行中桩水准测量,称为中平测量。

1.1　基平测量

1.1.1　水准点的设置

渠、堤高程控制点可根据需要和用途设置为永久性或临时性水准点。线路起点、终点或需长期观测的重点工程以及一些需长期观测高程的重要建筑物附近应设置永久性水准点。水准点的密度应根据地形和工程需要而定,在重丘区和山区每隔0.5~1 km设置一个,在平原和微丘区每隔1~2 km设置一个。水准点应统一编号,以"BM_i"表示,i为水准点序号,为便于寻找,应绘点之记。

1.1.2　水准点的高程系统

渠、堤水准点的高程系统一般应与国家水准点进行联测,以获得绝对高程。当引测有困难时,也可参考地形图选定一个与实地高程接近的数值作为起始水准点的假定高程。

1.1.3　测量方法

测量的方法以水准测量为主,应根据等级要求采用四等或五等水准进行,应使用不低于S_3水准仪,采用一组往返或两组单程在两水准点之间进行观测。精度要求详见有关测量规范。

1.2　中平测量

中平测量是在基平测量设置的水准点间进行单程符合水准测量,在每个测站上观测转点以传递高程,观测中桩以测地面高程。观测点为整桩点和加桩点。

1.2.1　水准测量法

如图4-5所示,该渠道每隔100 m打一里程桩,在坡度变化的地方设有加桩0+070,0+250,0+350等。

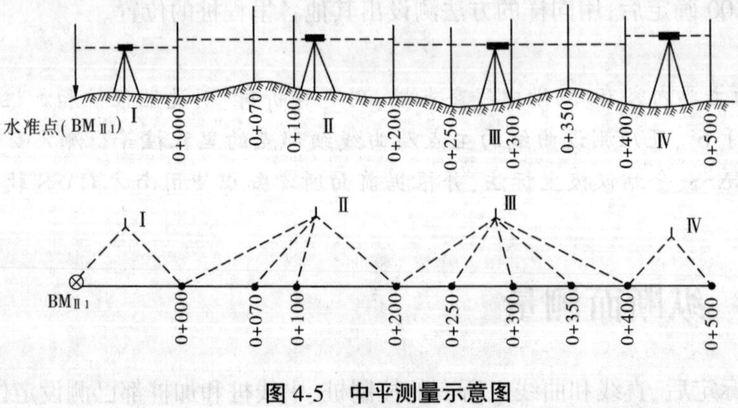

图4-5　中平测量示意图

先将仪器安置于水准点BM_{II1}和0+000桩之间整平仪器,后视水准点BM_{II1}上的水准尺,其读数为1.123,记入表中第3栏(见表4-6),旋转仪器照准前视尺(0+000桩)读数为1.201,记入表格第5栏。

表 4-6 中平测量记录

测站	测点桩号	后视读数/m	视线高/m	前视读数/m	间视/m	高程/m	备注
1	2	3	4	5	6	7	8
Ⅰ	$BM_{Ⅱ1}$	1.123	73.246			72.123	已知
Ⅱ	0+000	2.113	74.158	1.201		72.045	
	0+070				0.98	73.178	
	0+100				1.25	72.908	
	0+200	2.653	74.826	1.985		72.173	
Ⅲ	0+250				2.70	72.130	
	0+300				2.72	72.110	
	0+350				0.85	73.980	
	0+400	1.424	74.562	1.688		73.138	
Ⅳ	0+500	1.103	74.224	1.441		73.121	
Ⅴ	$BM_{Ⅱ2}$			1.087		73.137	已知 $BM_{Ⅱ2}$ 高程为 73.140 m
检核		$\sum a=8.416$		$\sum b=7.402$		$\sum a-\sum b=1.014$	
已知点 $BM_{Ⅱ1}$、$BM_{Ⅱ2}$ 的高差 73.140−72.123=1.017(m)							
$f_h = 1.014 - 1.017 = -0.003(\text{m})$，$f_{h容} = \pm 40\sqrt{L} = \pm 28$ mm							

第一站测完后，将仪器迁至 0+100 桩与 0+200 桩之间，此时以 0+000 桩上的尺为后视尺，照准后视尺读数为 2.113，记入与 0+000 桩对齐的第 3 栏内，并计算视线高：72.045+2.113=74.158(m)，计入相应栏内。转动仪器，照准立在 0+200 桩上的前视尺，读数为 1.985，记入表格第 5 栏，并与 0+200 桩对齐。为加快观测速度，仪器不迁站紧接着读 0+070、0+100 桩上立的水准尺，读数分别为 0.98、1.25，记入表格第 6 栏，应分别与各自的桩号对齐。前视读数由于传递高程必须读至 mm，0+070、0+100 这些桩为中间桩，不传递高程，可读至 cm，又称间视点。

在两个水准点之间的中平测量完成后，就进行内业计算。

首先计算水准路线的闭合差。由于中线桩的中视读数不影响路线的闭合差，因此只要计算后视点的后视读数 a 和前视点和前视读数 b，水准路线观测高差 $\sum h_{测} = \sum a - \sum b$，水准路线理论高差 $\sum h_{理} = H_{终} - H_{始}$，则 $f_h = \sum h_{测} - \sum h_{理}$。

在闭合差满足条件的情况下，不必进行闭合差的调整，可直接进行中线桩高程的计算。中视点的地面高程以及前视转点高程一律按所属测站的视线高程进行计算，每一测站的各项计算按下列公式进行：

视线高程 = 后视点高程 + 后视点的读数

转点高程 = 视线高程 - 前视读数

中桩高程 = 视线高程 - 中视读数

如上述前视桩 0+200,中间桩 0+070、0+100 的高程计算分别为

0 + 070 的高程 = 74.158 - 0.98 = 73.18(m)

0 + 100 的高程 = 74.158 - 1.25 = 72.908(m)

0 + 200 的高程 = 74.158 - 1.985 = 72.173(m)

将上述高程分别记入表格第 7 栏,并与各自的桩号对齐。

进行中桩高程测量时,测量控制桩应在桩顶立尺,测量中线桩应在地面立尺。为了防止因地面粗糙不平或因上坡陡峭而引起中桩四周高差不一,一般规定立尺应紧靠木桩不写字的一侧。

1.2.2　用全站仪进行中平测量

如果全站仪竖直角观测精度不低于 2″,测距精度不低于 $(5 + 5\times10^{-6}D)$ mm,边长不超过 2 km,观测时采用对向观测,测定高程的精度可达到四等水准测量的精度要求。因此,只要满足上述条件,用全站仪进行中平测量,完全可以达到测量中桩地面高程的精度要求。实际中一般采用单向观测计算高差的公式,计算中桩的地面高程。用全站仪进行中平测量的地面点 P 的高程 H_P 为

$$H_P = H_A + h = H_A + S\sin\alpha + \frac{1-k}{2R}S^2\cos^2\alpha + i - l \tag{4-1}$$

式中　H_A——测站的点位高程；

i——仪器高；

l——中丝读数；

k——大气遮光系数；

其他符号含义同前。

用全站仪进行中平测量的要求和步骤如下：

(1)中平测量在基平测量的基础上进行,并遵循先中线,后中平测量的顺序。

(2)测站应选择渠(堤)中线附近的控制点且高程应已知,测站应与渠(堤)中线桩位通视。

(3)测量前应准确丈量仪器高度、反射棱镜高度、预置全站仪的测量改正数。

(4)将测站高程、仪器高及反射棱镜高输入全站仪。

(5)中平测量仍须在二个高程控制点之间进行。

2　特殊地形的中平测量

2.1　跨越沟谷测量

中平测量跨越沟谷时,在沟底和沟坡均有中桩点。因高差大,按一般增加测站和转点方法会影响测量的精度和速度,可采用沟内、外分开测量的方法进行。如图 4-6 所示,当测至沟谷边缘时,仪器在Ⅰ处设站,同时设两个转点 ZD_{16} 和 ZD_A,后视 ZD_{15},前视 ZD_{16} 和 ZD_A。此后,沟内、沟外即分开施测。测量沟内中桩时,仪器下沟置于测站Ⅱ,后视 ZD_A,观测沟谷

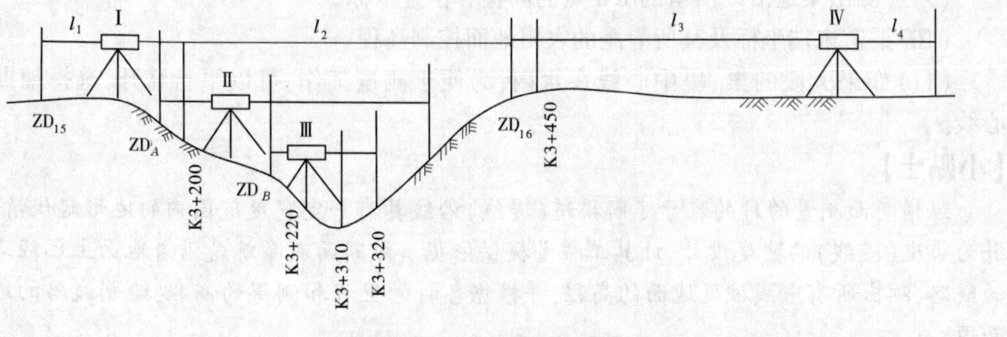

图 4-6 跨沟谷中平测量

内两侧的中桩并设置转点 ZD_B。再将仪器迁至测站Ⅲ,后视 ZD_B,观测沟底各中桩。至此沟内观测结束。然后仪器置于测站Ⅳ,后视 ZD_{16},继续前测。

这种测法可使沟内、沟外高程传递各自独立,互不影响。沟内测量不会影响到整个测段的闭合,造成不必要的返工。但由于沟内测量为支水准路线,缺少检核条件,故实测时应倍加注意,并在记录本上单独记录。为了减小Ⅰ站前、后视距不等所造成的误差,仪器置于Ⅳ站时,应尽可能使 $l_3 = l_2$, $l_1 = l_4$,或者 $(l_1 - l_2) + (l_3 - l_4) = 0$。

2.2 特殊方法的中平测量

如图 4-7 所示,个别特殊地形的中平测量可采用比高法、钓鱼法、接尺法、水下水深测量等进行。

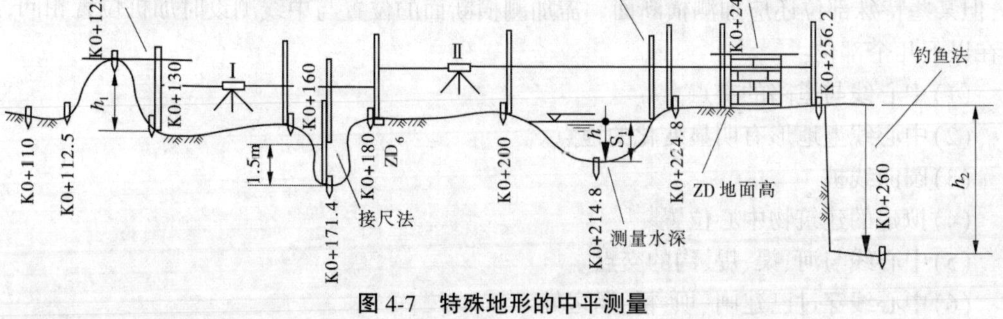

图 4-7 特殊地形的中平测量

3 纵断面测量时需要测定的数据和注意事项

(1)渠首交上级渠道的桩号及交点处的坐标和渠底高程、水位高程。

(2)已建节制闸、分水闸应测出闸底、闸顶、闸前闸后水位高程,闸孔宽度和孔数。

(3)已建桥(或渡槽)应测出其顶、底高程,桥面(路面)宽度和其跨度。

(4)已建涵洞或倒虹吸应测出其跨度和顶部高程。

(5)已建跌水或陡坡应测出其宽度、长度、落差和级数。

(6)应测出渠道拐角、拐点及其配套建筑物的中心点坐标。

(7)渠道与河沟、排渠、道路和上下级渠道的交角。

(8)渠道穿过铁路时应测出轨面高程,穿过公路时应测出路面高程,同时应测出道路宽度。

(9)应测出渠道沿线所留的BM点的高程和位置坐标。

(10)渠道末端坐标及其所灌溉的农田地面控制高程。

(11)如果大段的渠、堤中心线在水内,为便于测量工作,可以平行移开,选择辅助中心线。

【小贴士】

纵横断面测量的目的在于了解渠道(堤线)沿线具有一定宽度范围内的地形起伏情况,并为渠道(堤线)的坡度设计、计算工程量提供依据。纵断面测量就是沿着地面上已经定出的线路,测出所有中线桩处地面的高程,并根据各桩的里程和测得的高程,绘制线路的纵断面图。

任务6　横断面测量

横断面是指过中线桩上垂直于中线方向的断面,横断面测量应进行横断面点的平面位置和高程的测定。进行横断面测量时首先要确定横断面的方向,然后在这个方向上测定各整数桩、加桩等中线桩两侧地面起伏点与中线桩点间的距离和高差,从而绘制横断面图。横断面测量的宽度和密度根据各种工程设计的需要而定。

1　横断面测量要求

1.1　技术要求

渠、堤横断面的间距,应按阶段的不同,在任务书中规定;未提出要求时可在表4-1中选择,但某些特殊部位还应加测横断面。需加测横断面的位置与中线测设时加桩位置相同,具体在以下几个部位:

(1)中心线与道路的交点。

(2)中心线上地形有明显变化的地点。

(3)圆曲线桩。

(4)拟建的建筑物中心位置。

(5)中心线与河、渠、堤、沟的交点。

(6)中心线穿过已建闸、坝、桥、涵之处。

(7)开阔平地进入山地或峡谷处。

渠、堤中心线与河流、沟渠、道路相交时,应先测出其交角,然后按以下规定施测横断面:

(1)交角在85°~95°时,可只沿渠、堤中心线施测一条所交河、渠的横断面。

(2)交角小于85°或大于95°时,应通过河、渠中心点垂直于所交河、渠和沿中心线方向各测一条横断面。

横断面点的密度,应以能充分反映地形变化为原则。在平坦地区,最大点距不得大于30 m。地形变换转折点必须测出。

横断面点的距离以中心线桩为零点起算,面向中心线前进方向(或面向水流下游)划分左、右。

1.2　横断面测量精度

横断面点对中线桩平面位置中误差(纵向平面位置中误差)不超过表4-7中数值。

表 4-7　横断面点的测量精度

点的类别	对中线桩平面位置中误差/m		对邻近基本高程控制点的高程中误差/m
	平地、丘陵地	山地、高山地	平地、丘陵地、山地、高山地
横断面点	±1.5	±2.0	±0.3

为了避免出现粗差,转点间高差测量的往返测允许较差分别为:平地、丘陵地不得大于 0.1 m,山地不得大于 0.2 m。转站点数不得超过 2 站,山地路线全长不得大于 400 m。

2　横断面方向的确定

横断面测量的首要工作就是确定线路中线的垂直方向。用全站仪测定横断面方向不仅方法简单而且精度也高。在直线段,测点上安置全站仪,以线路前方或后方一中桩为零方向拨角 90°即可。在曲线段,测点 A 上安置全站仪(见图 4-8),先计算 B 点至零方向 A 点弧长 l 相对应的偏角 δ:

$$\delta = \frac{l}{2R} \cdot \frac{180^\circ}{\pi} \tag{4-2}$$

则弦线 AB 与横断面方向的夹角为 $90^\circ + \delta$ 或 $90^\circ - \delta$。在缓和曲线段测定横断面方向,较短距离内可把缓和曲线按圆弧处理,若要求较准确的方向,可求出该处缓和曲线的偏角,用全站仪测设。设 A 为缓和曲线上一点,前视 A 点的偏角为 δ_q,则弦线 AB 与横断面方向的夹角为 $90^\circ \pm \delta_q$。

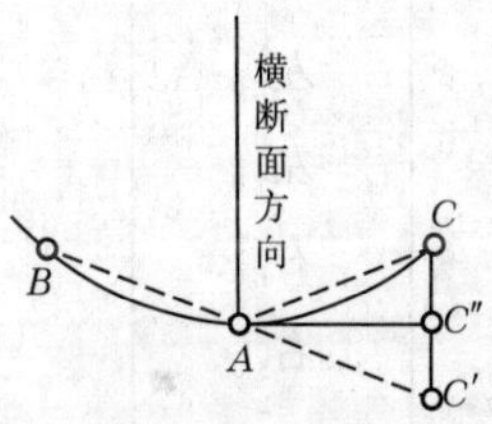

图 4-8　用全站仪测定横断面方向

3　横断面测量方法

横断面方向确定以后,便测定从中桩至左右两侧变坡的距离和高差。横断面测量的方法很多,有标杆皮尺法、水准仪法、经纬仪法、全站仪法等。它们施测的方法各有优缺点。一般来说,在比较平坦的地区,多用水准仪法;在地形起伏比较大的地方,全站仪法使用比较普遍。

3.1　水准仪配合皮尺法

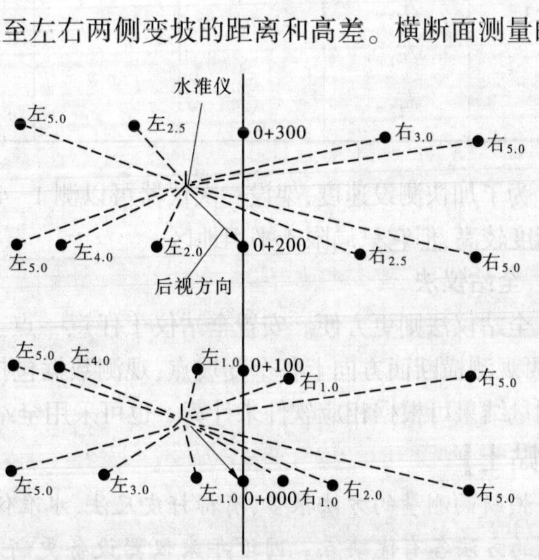

图 4-9　水准仪皮尺法测量横断面

如图 4-9 所示,两断面方向标定后,将水准仪架在 0+000 桩。如果渠道宽度不超过 50 m,也可用目测方法标定断面方向。在 0+000 桩上立尺,水准仪后视该尺,读数记入表 4-8 的后视栏内。然后水准仪分别照准地面坡度变化的立尺点左$_{1.0}$、左$_{3.0}$、左$_{5.0}$、右$_{1.0}$、右$_{2.0}$、右$_{5.0}$ 等,将其读数依次计入相应的间视栏内。各立尺点的高程计算采用了视线高法,记录详见表 4-8。注意:左$_{1.0}$、左$_{3.0}$、…表示地形点在中心线的左侧,右$_{1.0}$、右$_{2.0}$、…表示地形点在中心线的右侧,角码表示地形点距中心桩的距离;左、右之分是面向水流前进方向,中心桩左边为“左”,中心桩右边为“右”。

表 4-8　横断面测量记录　　单位:m

测站	桩号	后视	前视	间视	视线高	高程	备注
1	0+000	1.42			73.465	72.045	
	左$_{1.0}$			1.32		72.14	
	左$_{3.0}$			1.03		72.43	
	左$_{5.0}$			1.50		71.96	
	右$_{1.0}$			1.30		72.16	
	右$_{2.0}$			1.25		72.22	
	右$_{5.0}$			1.54		71.93	
2	0+100	1.56			74.47	72.91	
	左$_{1.0}$			1.21		73.26	
	左$_{2.0}$			1.43		73.04	
	左$_{5.0}$			0.89		73.58	
	右$_{1.0}$			1.53		72.94	
	右$_{5.0}$			1.33		73.14	
3	0+200	1.51			73.68	72.17	
	左$_{1.0}$			1.32		72.36	
	左$_{5.0}$			1.06		72.62	
	右$_{1.0}$			1.44		72.24	
	右$_{5.0}$			1.57		72.11	

为了加快测设速度,架设一次仪器可以测 1~4 个断面。水准仪配合皮尺法测量断面,虽说精度较高,但它只局限于平坦地区。

3.2　全站仪法

全站仪法则更方便。安置全站仪于任意一点上(一般安置在测量控制点上)先观测中桩点,再观测横断面方向上各个变坡点,观测数据包括水平角、竖直角、斜距、棱镜高、仪器高等。其测量结果可根据相应软件来计算。也可采用全站仪纵横断面测量一体化技术。

【小贴士】

横断面测量的方法很多,有标杆皮尺法、水准仪法、经纬仪法、全站仪法、GNSS 法等。它们施测的方法各有优缺点。因近年来仪器设备更新及价格下降,标杆皮尺法、经纬仪法已不采用,取而代之的是 GNSS 法。

任务7 纵横断面图的绘制

纵横断面测量完成后,整理外业观测成果,经检查无误后,即可绘制纵横断面图。

1 纵断面图绘制

在计算机上绘制纵断面图。绘图时既要布局合理,又要反映出地面起伏变化,为此就必须选择适当的比例尺。纵断面图制图比例尺可参照表4-9选取,通常高程比例尺比水平距离比例尺大10倍。

表4-9 纵断面图制图比例尺

阶段	水平比例尺	竖直比例尺	
		平地	丘陵地、山地
规划	1:10 000~1:50 000	1:50~1:200	1:100~1:500
设计	1:5 000~1:25 000		

以表4-8的数据为例,具体绘制方法是:先在断面图上按水平距离比例尺定出各整数桩和加桩的位置,并注上桩号。将整数桩和加桩的实测高程计入地面高程栏内(见图4-10),按高程比例尺在相应的纵线上标定出来,根据高程、水平距离将各点定出后,把这些点连成线,即为纵断面的地面线,如图4-10所示。

纵断面线绘好后,就可以设计渠底线(管道坑底线)和堤顶线。渠底的坡度就是渠底(坑底)上两点间的高差与水平距离之比。由渠底起点的设计高程和渠底设计坡度,按式(4-3)可以推算出渠道各里程桩和终点底部的设计高程,并填入图4-10中的渠底设计高程栏内。

$$H = H_0 - iD \tag{4-3}$$

式中 H——待求里程桩的设计高程,m;

H_0——起点桩的设计高程,m;

i——渠道底部的设计坡度(‰);

D——待求里程桩至起点桩的水平距离,m。

例如:设渠道起点(0+000)桩的设计高程为72.50 m,渠道设计坡度为1‰,则0+070桩的设计高程为$H=72.50-0.001\times70=72.43$(m)。

根据起点和终点的渠底设计高程,在图纸上展绘它们的位置,然后连接成线即为渠底设计线。在图纸上展绘出渠堤起点和终点的顶点位置,连接成线即为渠堤顶设计线(见图4-10)。

地面高程与渠底设计高程之差就是挖深和填高的数量。将各里程桩和加桩的挖深或填高的数量分别填入挖深栏或填高栏内。

最后在图表上应绘出渠道路线平面图,注明路线左右的地物、地貌的大概情况,以及圆曲线位置和转角、半径的大小。

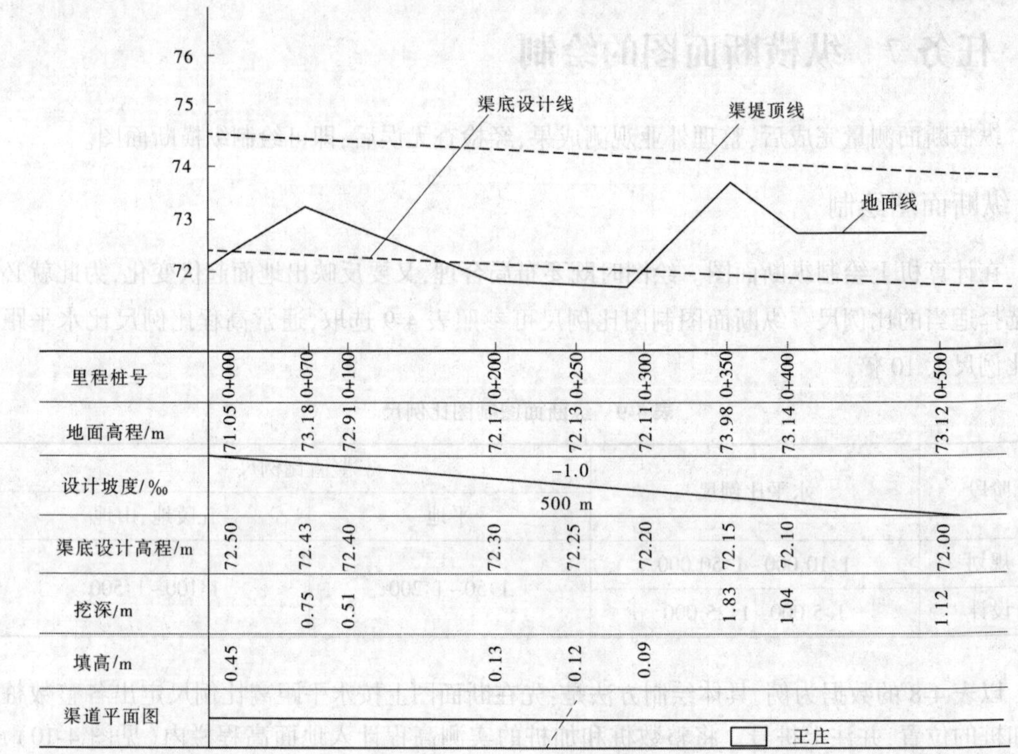

图4-10 渠道纵断面图

2 横断面图的绘制

绘制横断面图的目的在于套绘标准断面图,计算土方量。绘制横断面图的方法基本上与纵断面图相似,也是在计算机上绘出。但横断面图上高程、距离比例尺一般采用相同比例尺。

绘制横断面图时,应符合下列要求:

(1)根据横断面的长度和比高,合理选择制图比例尺。比例尺选择参照表4-10。

表4-10 横断面制图比例尺

横断面长度/m	水平比例尺	竖直比例尺	
		平地	丘陵地、山地
<100	>1:500	1:50~1:100	1:100~1:200
100~200	1:500~1:1 000		
200~500	1:1 000~1:2 000	1:50~1:200	1:100~1:500
>500	<1:2 000		

(2)一张图上绘制多条横断面时,应按里程的先后顺序,由左至右、由上往下排列。

(3)同一列中各断面的中心线桩,宜位于同一垂线上,且为毫米格纸上的粗线。中心线桩的位置应用醒目的粗线标出,或用"▽"标示。

(4)制图时应预留套绘设计断面线的位置和注记中心线桩填、挖数值的位置。

图4-11是根据表4-8的数据绘制的0+000桩的横断面图,纵横比例尺均为1:100。地面线是根据横断面测量测得的左、右立尺点的高程及相对中心桩的距离绘制而成的。

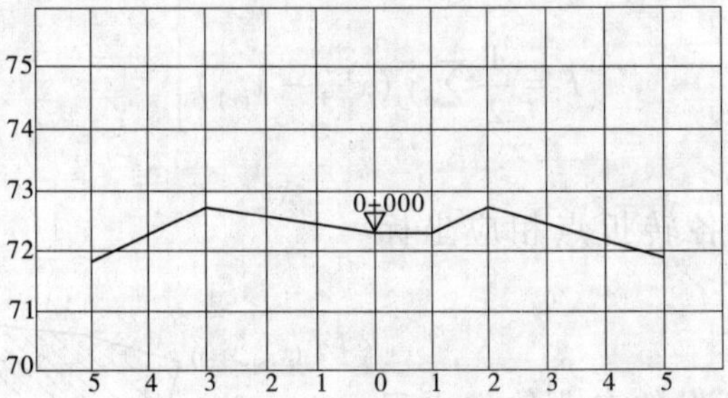

图4-11　渠道横断面图

【小贴士】

绘制纵横断面图反映地面起伏变化,选择合适的比例尺是十分必要的,纵断面线绘好后,就可以设计渠底线和堤顶线。绘制横断面图的目的则在于套绘标准断面图,计算土方量。

任务8　横断面面积与土方计算

渠道纵横断面图绘制完成后,即可进行土方计算。

1　填挖断面的确定

计算土方量之前,应绘制标准断面图。标准断面图既可直接绘在横断面图上,又可制成模片进行套绘。标准模片的制作是根据渠底设计宽度、深度和渠道内外坡比,在透明的聚酯薄膜上绘制成的。标准断面绘成后,即可将标准断面套在横断面图上。套绘方法是根据纵断面图上各里程桩的设计高程,在横断面图上表示出来,做一标记。然后将标准断面的渠底中点对准该标记,渠底线应与毫米纸的方格网线平行,这样即套绘完毕。地面线与设计断面线(标准断面线)所围成的面积即为挖方或填方面积,在地面线以上的部分为填方,在地面线以下的部分为挖方(见图4-12)。

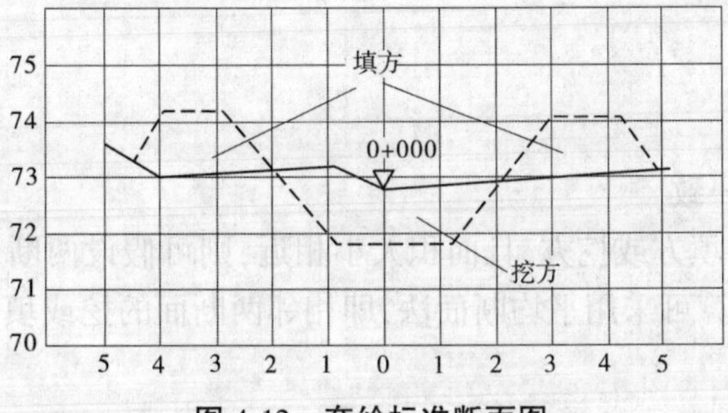

图4-12　套绘标准断面图

2　填挖横断面面积的量测

2.1　坐标法

由于现代工程设计采用计算机线路设计软件进行,其横断面面积计算一般采用解析法,

先算得设计线与地面线围成面积的各转点坐标,按顺时针编号,则断面即可按下式计算:

$$\left.\begin{aligned}F&=\frac{1}{2}\sum x_i(y_{i+1}-y_{i-1})\\F&=\frac{1}{2}\sum y_i(x_{i-1}-x_{i+1})\end{aligned}\right\}\tag{4-4}$$

式中　F——断面面积;

x_i、y_i——断面各转折点相应坐标(见图4-13)。

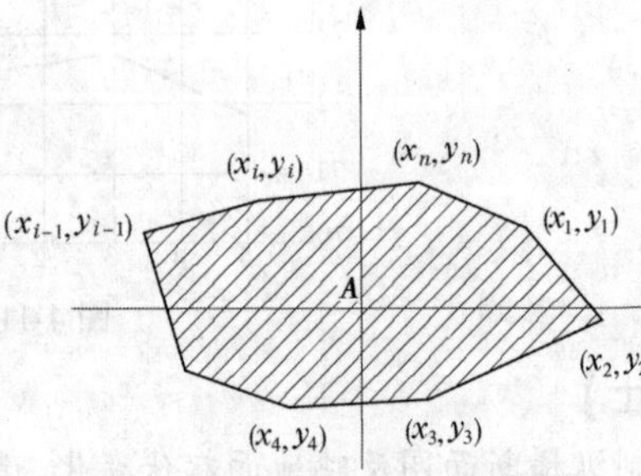

图4-13　坐标法计算断面面积

2.2　软件直接计算

现在为各种工程开发的专业软件也很多,可以直接用软件提供的查询功能计算断面面积。例如,在AutoCAD软件中,可以通过“工具”菜单下的“查询→面积”功能,通过鼠标连续点击设计线与地面线围成面积的各转折点,自动计算该封闭的填方或挖方面域的面积(见图4-14)。

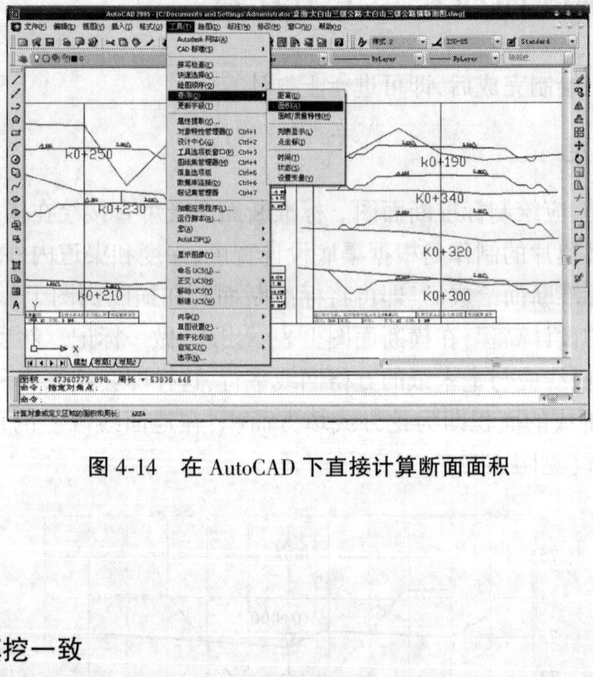

图4-14　在AutoCAD下直接计算断面面积

3　土方量计算

3.1　相邻两断面填挖一致

若相邻两断面均为填方或挖方,且面积大小相近,则可假设两断面之间为一棱柱体,如图4-14所示,其体积计算可采用平均断面法,即相邻两断面的挖或填面积的平均值,按下式计算:

$$F=\frac{F_1+F_2}{2}\tag{4-5}$$

式中　F_1、F_2——相邻两断面挖方或填方的面积;

F——平均值。

则两断面间的挖(填)土方量为

$$V = Fd \tag{4-6}$$

式中 d——相邻两断面之间的水平距离,m。

若相邻两断面均为填方或挖方,而面积相差甚大,则与棱台更为接近。其计算公式为

$$V = \frac{1}{3}(F_1 + F_2)d(1 + \frac{\sqrt{m}}{1 + m})$$

式中 $m = \frac{F_1}{F_2}$,且 $F_2 > F_1$。

第二种方法的精度较高,应尽量采用。

计算土方时,是将纵断面图上各里程桩的地面高程、设计高程、填挖量及各断面的填挖方面积分别填入表 4-11 内,然后求取相邻两断面挖方或填方面积的平均值,填入表 4-11 的相应表格内,平均断面面积乘以两断面间的水平距离即为挖方量或填方量,分别填入表 4-11 相应栏内。

表 4-11 土方计算表

桩号	地面高程/m	渠底设计高程/m	填/m	挖/m	断面面积/m^2 挖	断面面积/m^2 填	平均断面面积/m^2 挖	平均断面面积/m^2 填	距离/m	体积/m^3 挖	体积/m^3 填
0+000	72.05	72.50	0.45		13.82	0					
							8.32	1.01	70	582.4	70.7
0+070	73.18	72.43		0.75	2.81	2.01					
							3.48	1.80	30	104.4	54
0+100	72.91	72.40		0.51	4.15	1.58					
							8.63	0.79	100	863	79
0+200	72.17	72.30	0.13		13.11	0					
							13.08	0	50	654	0
0+250	72.13	72.25	0.12		13.05	0					
							12.22	0	50	611	0
0+300	72.11	72.20	0.09		11.38	0					
							8.32	0.63	50	416	31.5
0+350	73.97	72.15		1.82	5.25	1.25					
							5.18	1.18	50	259	59
0+400	73.14	72.10		1.04	5.10	1.10					
							6.08	1.21	100	608	121
0+500	72.12	72.00		0.12	7.06	1.32					
								总计		4 097.8	415.2

3.2 相邻断面填挖不一致

如果相邻两断面的中心桩,其中一个为挖,另一个为填,则应先找出不填不挖的位置,该位置称为"零点"。如图 4-15 所示,设零点 O 到前一里程桩的距离为 x,相邻两断面间的距

离为 d ,挖土深度或填土高度分别为 a 、b ,则

$$\frac{x}{d-x}=\frac{a}{b}$$

即

$$x=\frac{ad}{a+b} \tag{4-7}$$

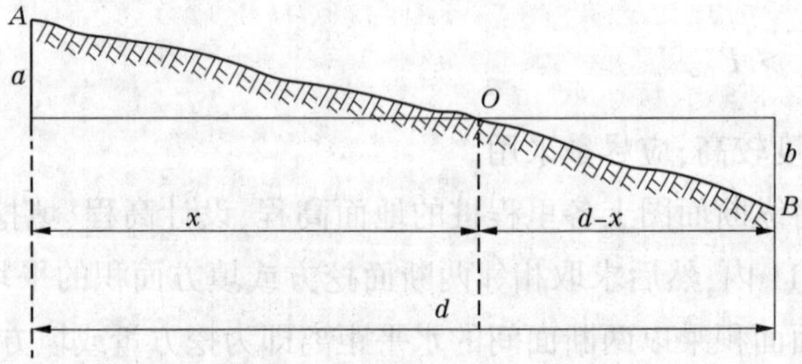

图 4-15　确定零点桩位置的方法

例如:设 0+000 桩至 0+100 桩有一“零点”,“该零点”至 0+000 桩的距离为 x ,0+000 桩挖深 0.5 m,0+100 桩填高 0.3 m,则 $x=0.5\times100/(0.5+0.3)=62.5$(m)。那么“零点”的桩号为 0+062.5,该桩号求得后,应到实地补设该桩,并补测断面,以便将两桩之间的土方分成两部分计算,使计算结果更准确可靠。

利用专业软件也可以直接计算土石方量。在南方 CASS 软件中“工程管理”菜单中可以直接通过各种方法直接计算土石方量(见图 4-16)。

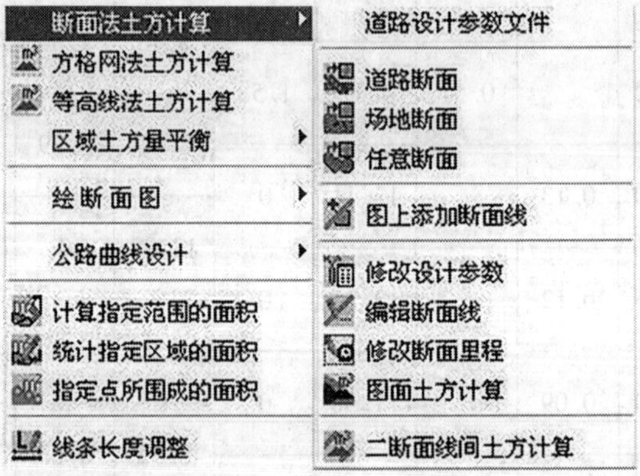

图 4-16　CASS 软件中计算土石方量

4　测量成果的提交

测量外业工作结束后,经过资料整理、数据计算、计算机绘图等内业工作后,应提交下列成果:

(1)平面控制、高程控制、纵断面、横断面、圆曲线测量手簿和埋石点点之记。

(2)平面控制、高程控制和圆曲线计算资料。

(3)平面控制、高程控制、纵断面、横断面和曲线各要素成果表。

(4)路线平面图。

(5)路线纵断面图、横断面图。

(6)断面位置图。

(7)检查、验收报告和测量报告。

其提交下列成果均应以满足设计要求为准:

(1)对渠道导线图的要求:应包括上下级渠道中心线(及辅助中心线)、渠道拐角、拐点及渠道配套建筑物的中心点位置和坐标,渠道与河沟、排渠、道路和上下级渠道的交角等实测数据;渠道及其配套建筑物名称;制图比例和指北针等。

(2)对渠道纵断面图的要求:渠道纵断面图要比例适当;标明拐点桩号及拐角;标明已建或拟建渠道配套建筑物的主要特征高程、其中心点的桩号;标明渠道沿线的BM点的位置坐标和高程;其他关键数据也都要标出。

(3)对渠道纵断面图的要求:渠道横断面图要比例适当;横断面图上应标出渠道中心线桩的桩号、高程和在横断面上的位置。

(4)对文档文件的要求:资料要全,包括渠道导线图,纵、横断面图;要有适当的使用说明,便于设计人员直接在文档文件上进行渠道和其配套建筑物的设计工作。

【小贴士】

现在为各种工程开发的专业软件也很多,可以直接用软件提供的查询功能计算断面面积。利用专业软件也可以直接计算土石方量。在南方CASS软件中“工程管理”菜单中可以直接通过各种方法直接计算土石方量。

任务9 路线恢复和渠堤边坡放样

从渠道的勘测设计到开始施工,要隔相当长一段时间,在此期间会有一部分里程桩、交点桩丢失。因此,在渠道边坡放样之前,必须将丢失的点或桩补测出来,这一工作称为恢复线路测量。里程桩的恢复方法与中线测量方法相同,这里不再讲述。

在中线恢复以后,就可以进行渠堤道放样。渠道横断面有三种情况:①挖方断面;②填方断面;③半挖半填断面。堤线一般为填方断面。

1 渠堤边桩放样

为了开挖方便,必须将设计断面与地形横断面的交点测设到地面上,并用木桩或白灰粉标定出来,此项工作称为边桩放样。

1.1 平坦地面的边桩放样

在平坦地面,边桩到中线桩的水平距离可用公式计算。图4-17中水平距离D可按下式计算:

$$D_{左} = D_{右} = \frac{b}{2} + mH \tag{4-8}$$

式中 b——填方断面顶宽或挖方断面底宽;

m——边坡的坡度比例系数;

H——中桩的填高或挖深,可从纵断面图或填高(挖深)表上查得。

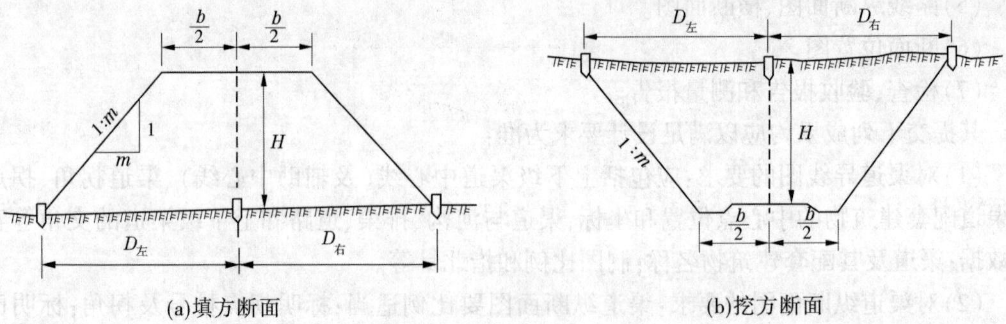

(a)填方断面　　(b)挖方断面

图4-17　渠堤边桩位置

1.2　**倾斜地面的边桩放样**

在倾斜地面上,不能利用公式直接计算,而且两侧边桩也不相等,可采用逐步趋近的方法在实地测设边桩。

如图4-18所示,在放样填方断面时,首先在下坡一侧大致估算坡脚位置,假设在点1,用水准仪测出点1与中桩的高差 h_1,再测出点1与中桩的水平距离 D_1'。这时可算出高差为 h_1 时坡脚位置到中桩的距离为

$$D_1 = \frac{b}{2} + m(H + h_1) \tag{4-9}$$

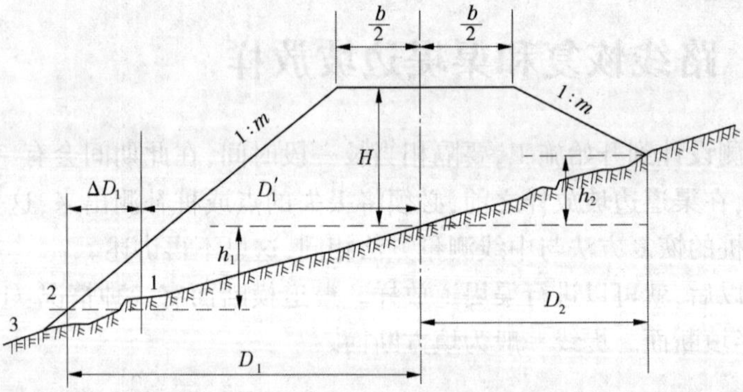

图4-18　倾斜地段填方断面边桩计算

如计算所得的 D_1 大于 D_1',说明坡脚应位于1点之外,正如图4-18中所示,如计算所得的 D_1 小于 D_1',说明坡脚应位于1点之内。按照差数 $\Delta D_1 = D_1 - D_1'$ 移动水准尺的位置(ΔD_1 为正向外移,为负向内移),再次进行测试,直至 $\Delta D_1 < 0.1$ m,则立尺点即可认为是坡脚位置。从图4-18中可以看出:计算出的 D_1 是点2到中桩的距离,而实际坡脚在点3。为了减少测试次数,移动尺子的距离应大于 $|\Delta D_1|$。这样,一般测试1~2次即可找出所需的坡脚点。

在上坡一侧,D_2 计算式为

$$D_2 = \frac{b}{2} + m(H - h_2) \tag{4-10}$$

对于如图4-19所示的挖方断面,在下坡一侧,D_1 按下式计算:

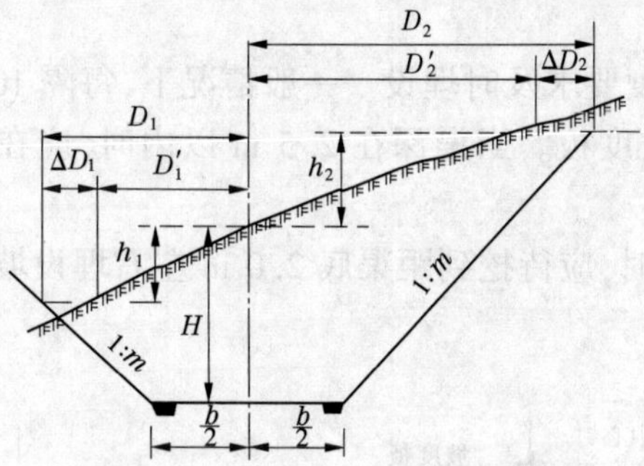

图 4-19 倾斜地段挖方断面边桩计算

$$D_1 = \frac{b}{2} + m(H - h_1) \tag{4-11}$$

实际量为 D_1'。根据 $\Delta D_1 = D_1 - D_1'$ 来移动尺子，ΔD_1 为正向外移，为负向内移。但移动尺子的距离应略小于 $|\Delta D_1|$。

在上坡一侧，D_2 计算式为

$$D_2 = \frac{b}{2} + m(H + h_2) \tag{4-12}$$

2 渠堤边坡放样

在放样出边桩后，为了保证填挖的边坡达到设计要求，还应把设计边坡在实地标定出来，以方便施工。

2.1 用竹竿和绳索放样边坡

如图 4-20(a)所示，O 为中桩，A、B 为边桩，$CD=b$ 为路基宽度。放样时在 C、D 处竖立竹竿，于高度等于中桩填土高度 H 处的 C'、D' 用绳索连接，同时由 C'、D' 用绳索连接到边桩 A、B 上，则设计坡度展现于实地。

当填土不高时，可用上述方法一次挂线。当填土较高时，如图 4-20(b)所示，可分层挂线施工。

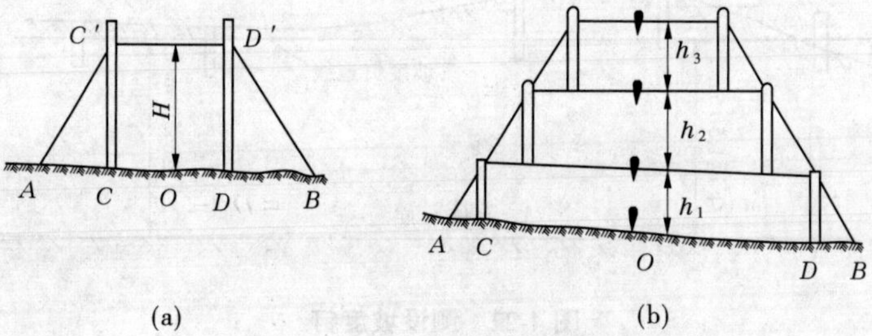

图 4-20 用竹竿和绳索放样边坡

2.2 用边坡板放样边坡

施工前按照设计边坡坡度做好边坡样板，施工时可按照边坡样板施工放样。其放样步骤如下所述。

2.2.1　埋设坡度板

坡度板应根据工程进度要求及时埋设。一般情况下,每隔10~20 m埋设一块坡度板,如遇渠系建筑物,应加设坡度板。当渠深在2.5 m以内时,应在开槽前在槽口上埋设,如图4-21(a)所示。

当渠深在2.5 m以上时,应待挖到距渠底2.0 m左右埋设坡度板,如图4-21(b)所示。坡度板的埋设要牢固、水平。

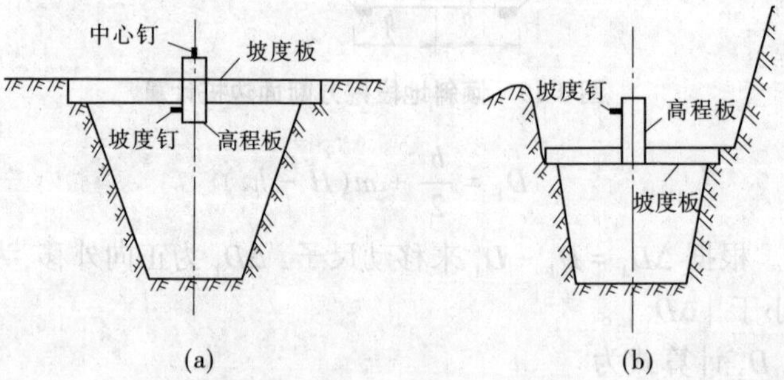

图4-21　用边坡板放样边坡

坡度板埋设后,应以中线控制桩为准,用经纬仪把渠道的中心线测设到坡度板面上,并钉中心钉。

2.2.2　测设坡度钉

应根据附近水准点,用水准仪测出坡度板板顶高程。板顶高程与渠底设计高程之差,即为由坡度板顶向下开挖的深度,并将这一深度标在坡底板上。由于地面的高低起伏,各坡度板至渠底的开挖深度就不一致,这样给施工带来很多不便。为解决这一问题,需在坡度板上设置一立板,该板称为高程板。在高程板一侧测设一坡度钉,使其到渠底的深度为一整米数或整分米数,该数称为下返数,那么各坡度钉的连线即平行于渠底设计线,这样就大大有利于施工,同时有利于检查渠底的坡度及高程,如图4-22所示。

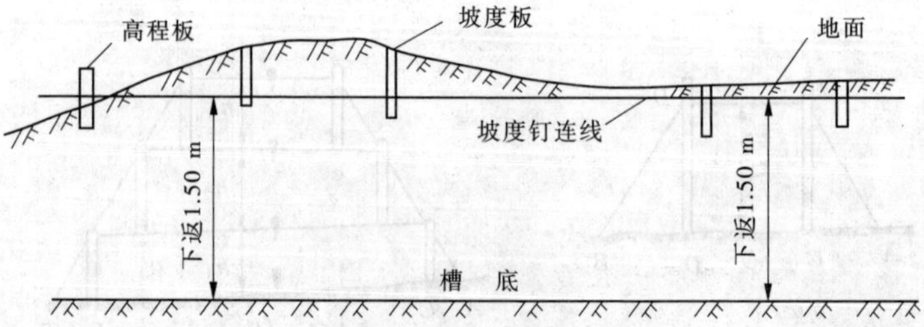

图4-22　测设坡度钉

【小贴士】

为了开挖方便,必须将设计断面与地形横断面的交点测设到地面上,并用木桩或白灰粉标定出来,此项工作称为边桩放样。边桩放样分为平坦地面的边桩放样和倾斜地面的边桩放样两种,因为此放样精度要求不高,故可用水准仪或全站仪进行。

【知识链接】

学习本项目时,学生应结合教师的讲解思考为什么渠道是农业工程的重要组成部分,渠道的作用以及渠道包括哪些配套建筑物。堤线是沿江河、湖、水库、海域等修筑的线状挡水建筑物。渠道测量的内容主要包括渠道及配套建筑物平面位置的测定、渠道纵断面高程测量、渠道横断面高程测量等。渠道测量要优先选用GNSS、全站仪,有时水准仪又是不可或缺的仪器,通过学习,了解本校配备的仪器型号,并从网上下载相应的文章,以获取更多有用的知识。

【阅读与应用】

渠道纵断面测量时需要连带测定的数据及注意事项

为了绘制渠道设计导线图,应当精确地把各拐点的位置在渠道设计导线图中标出来,这项工作主要使用GNSS完成。主要测出渠道拐角和渠道弯点始点、终点及其配套建筑物中心位置点的坐标,并在图纸上用适当的比例和图例明确表示出来。渠道纵断面高程测量是利用间视法来测量路线中心线上里程桩和曲线控制桩的地面高程,以便进行渠道纵向坡度、闸、桥、涵等的纵向位置的设计。

纵断面测量时需要连带测定的数据及注意事项有:①渠首交上级渠道的桩号及交点处的坐标和渠底高程、水位高程;②已建节制闸、分水闸应测出闸底、闸顶、闸前闸后水位高程,闸孔宽度和孔数;③已建桥(或渡槽)应测出其顶、底高程,桥面(路面)宽度和其跨度;④已建涵洞或倒虹吸应测出其跨度和顶部高程;⑤已建跌水或陡坡应测出其宽度、长度、落差和级数;⑥应测出渠道拐角、拐点及其配套建筑物的中心点坐标;⑦渠道与河沟、排渠、道路和上下级渠道的交角;⑧渠道穿过铁路时应测出轨面高程,穿过公路时应测出路面高程,同时应测出道路宽度;⑨应测出渠道沿线所留的BM点的高程和位置坐标;⑩渠道末端坐标及其所灌溉的农田地面控制高程;⑪如果大段的渠、堤中心线在水内,为便于测量工作,可以平行移开,选择辅助中心线。

项目小结

本项目主要学习渠道测量的方案设计和渠道测量的工作步骤;了解渠道是农业工程的重要组成部分,可分为灌溉渠道、排水渠道和引水渠道。渠道包括渠首、渠道、渡槽、倒虹吸、涵洞、节制分水闸、桥等一系列配套建筑物,堤线是沿江河、湖、水库、海域等修筑的线状挡水建筑物。

在勘测设计阶段的主要测量内容有踏勘、选线、中线测量、纵横断面测量以及相关的工程调查工作等。其主要目的是计算工作量、优化设计方案,为工程设计提供资料。在施工管理阶段,须进行施工测量。施工测量应按设计和施工的要求,测设中线和高程的位置,以作为工程细部测量的依据。施工测量的精度,应以满足设计和施工要求为准。

通过本项目的学习,学生具有能操作水准仪、全站仪或GNSS进行渠道控制测量,测定渠道或管道中线的转折角,结合实地查勘在数字地形图上确定渠道特殊点位的相对位置和高程,整理提交渠道和堤线测量成果的能力。

复习和思考题

4-1　简述渠道测量的工作步骤。

4-2　简述渠道和堤线测量成果。

4-3　简述渠道选线原则及工作步骤。

4-4　如图 4-23 所示,已知设计渠道的主点 A、B、C 的坐标,在此渠道附近有导线点 1、2、3 等,试求出根据 1、2 两点用极坐标法测设 A、B 两点所需的测设数据,并提出校核方法和所需校核数据。

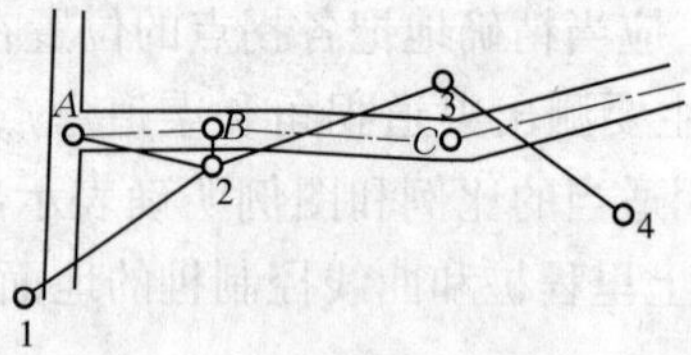

图 4-23　渠道中线测设

4-5　简述特殊地形中平测量的观测方法。

4-6　根据下面渠道纵断面水准测量图(见图 4-24),按表 4-5 的格式完成记录手簿的绘制、填写观测数据,计算出各点高程(0+000 的高程为 35.150 m)。

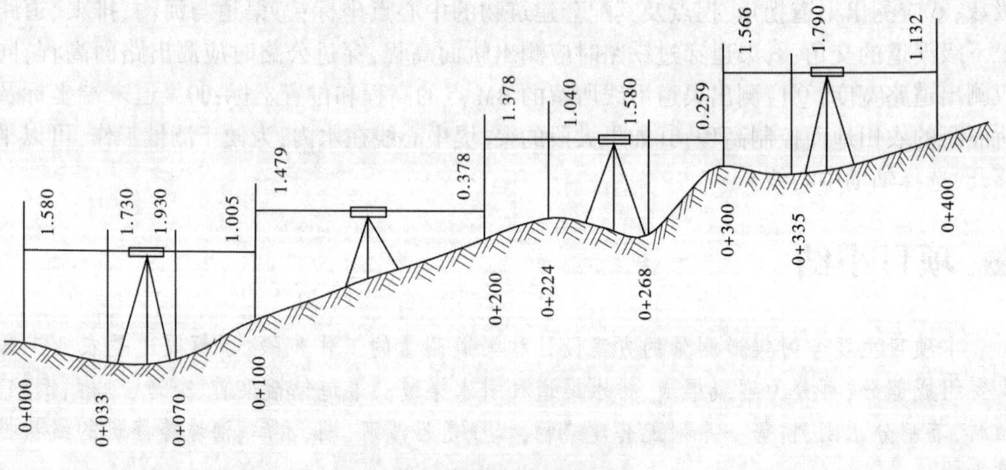

图 4-24　渠道纵断面测量

4-7　根据第 4-6 题计算的成果绘制渠道纵断面图(水平比例尺为 1∶1 000,高程比例尺为 1∶50),并绘出起点设计高程为 34.5 m、坡度为+2.7%的渠道。

4-8　简述横断面的测量方法。

4-9　简述横断面图的绘制步骤。

【技能训练】

一、技能训练题目及训练目的

在学习完本项目的理论学习内容之后,学生可利用课余和周末的时间,在校园练习独立操作 GNSS 接收机的常规功能及专项功能，目的在于练习 GNSS-RTK 的操作及使用，熟练应用 GNSS 接收机放样渠道点位。

二、技能训练要求

1. 教师给学生配备 GNSS-RTK 接收机。

2. 教师给学生提供校园内部分已知点数据。

3. 学生自行练习 GNSS-RTK 常规功能及专项功能。

4. 学生应记录碰到的问题，以向教师请教或与任课教师共同探讨。

【知识拓展】

横断面测量

项目5　河道测量

项目概述

河道测量是为河流的开发整治而对河床及两岸地形进行测绘,并相应采集、绘示有关水位资料的工作。主要内容有:河道平面、高程控制测量;测深断面和测深点的布设;测定水下地形点的平面位置;水位观测;水深测量;河道测量的成果整理;水下地形图的绘制;河道纵、横断面测量;编绘河道纵断面图等。

学习目标

◆**知识目标**

1. 了解使用一种测深仪测定测深点的平面位置和水深的方法;
2. 会进行测深点的平面位置和水深的测定,掌握勾绘水下地形图的方法;
3. 掌握水下地形图与河道断面图的绘制方法。

◆**技能目标**

1. 能根据河流情况进行河道平面、高程控制点、测深点、测深线的布设;
2. 会使用一种测深仪测定测深点的平面位置和水深,并进行河道测量成果整理;
3. 会绘制水下地形图,换算同时水位,编绘河道断面图;
4. 能对所使用的测深仪进行使用前的常规项目检验。

◆**素质目标**

通过观看红旗渠建造过程的视频,增强学生的民族自豪感,厚植爱国主情怀。引导学生了解水利测绘工作者“不忘初心,勇担测绘使命,砥砺奋进”的峥嵘岁月,培养学生科学严谨、实事求是的工作态度,艰苦奋斗、吃苦耐劳的工作作风,团结协作、互帮互助的集体理念。

【课程导入】

沿河施测带状地形图时,常采用GNSS网作为基本平面控制网,以适当等级的水准路线作为基本高程控制。河道横断面通常垂直于河道深泓线或中心线按一定间隔施测。图的纵、横比例尺在山区河段一般相同,丘陵和平原河段垂直比例尺常大于水平比例尺。河道纵断面图多利用实测河道横断面及地形图编制。测量水深主要采用测深仪,作为每一位测绘类专业的学生,都必须掌握一种测深仪的使用方法,并能对所使用的测深仪进行常规项目的检验。

任务1 河道控制点测量的特点

河道测量是以河道为测量对象，总的来说，采用的控制测量方法与陆地上的相同，但也有其鲜明的特点。控制点沿河岸布设，视野开阔，测区狭长与水相伴，观测时受水的影响大，所以在观测时间的选择上尤为重要，应避免受水雾的影响。

1 坐标系统的选择

根据国家现行的规定，测区内投影长度变形值不大于2.5 cm/km。在此原则下，结合河道测量的特点，采用高斯正形投影3°带或任意带平面直角坐标系统，投影面可采用1985国家高程基准。特殊要求的工程也可采用河道坐标等独立坐标系统。

2 平面控制测量的几种形式和技术要求

根据《水道观测规范》(SL 257—2017)的要求，平面控制网可采用GNSS网、三角形网、各种形式的边角组合测量和导线测量，根据工程的特点和测量作业条件选择其中的某种方法或多种方法相结合。本任务主要以GNSS网为主。方法确定后，根据测量要求进行控制点位的设计和埋制，点的表面必须用不锈钢或铜材制作，以防锈蚀，点位一定要埋设在最高水位线上的稳固地点。

《全球定位系统(GPS)测量规范》(GB/T 18314—2009)中规定GPS测量按其精度划分为A、B、C、D、E级。河道测量根据需要一般选用C、D、E中的某级进行控制测量。各级网精度要求见表5-1和表5-2。

表5-1 A级GPS网精度要求

级别	坐标年变化率中误差/(mm/a)		相对精度	地心坐标各分量年平均中误差/mm
	水平分量	垂直分量		
A	2	3	1×10^{-8}	0.5

表5-2 B、C、D、E级GPS网精度要求

级别	相邻点基线分量中误差/(mm/a)		相邻点间平均距离/km
	水平分量	垂直分量	
B	5	10	50
C	10	20	20
D	20	40	5
E	20	40	3

各级CPS测量基本技术要求应符合表5-3的规定。

表 5-3　GPS 测量基本技术要求

项目	级别			
	B	C	D	E
卫星截止高度角/(°)	10°	15°	15°	15°
同时观测有效卫星数	≥4	≥4	≥4	≥4
有效观测卫星总数	≥20	≥6	≥4	≥4
观测时段数	≥3	≥2	≥1.6	≥1.6
时段长度	≥23 h	≥4 h	≥60 min	≥40 min
采样间隔/s	30	10~30	5~15	5~15

注:1. 计算有效观测卫星总数时,应将各时段的有效观测卫星数扣除其间的重复卫星数。

2. 观测时段长度,应为开始记录数据到结束记录的时间段。

3. 观测时段数≥1.6,指采用网观测模式时,每站至少观测一时段,其中二次设站点数应不少于 GPS 网总点数的 60%。

4. 采用基于卫星定位连续运行基准点观测模式时,可连续观测,但观测时间应不低于表中规定的各时段观测时间的和。

规范对于 GPS 网的精度要求,主要取决于网的用途和定位技术所能达到的精度。精度指标通常是以相邻点间弦长的标准差来表示,即

$$\sigma = \sqrt{a^2 + (bd \times 10^{-6})^2} \tag{5-1}$$

式中　σ——标准差,mm;

a——固定误差,mm;

b——比例误差系数;

d——相邻点间的距离,mm。

各等级 GPS 网的主要技术要求应符合表 5-4 的规定。

表 5-4　规范规定的 GPS 测量精度分级

等级	平均距离/km	a/mm	$b(1\times10^{-6})$	最弱边相对中误差
二	9	≤10	≤2	1/12 万
三	5	≤10	≤5	1/8 万
四	2	≤10	≤10	1/4.5 万
一级	1	≤10	≤10	1/2 万
二级	<1	≤15	≤20	1/1 万

外业工作结束后,对观测的 GNSS 网成果进行整理并用专门的内业数据处理软件进行坐标高程的计算。

3　高程控制测量

水准测量、三角高程测量是河道高程控制测量主要手段。点位的埋设可与平面控制共

点,也可单独埋设。对它们的技术要求阐述如下。

3.1　水准测量的技术要求

各等水准测量技术规格应符合表5-5的要求。

表5-5　各等水准测量技术规格

等级	水准路线最大长度/km	每公里高差中数全中误差 M/mm	不符值、闭合差限差/mm		
			测段往返高差不符值	附合路线或环线闭合差	检测已测测段高差的差
二等	400	2	$4\sqrt{R}$	$\sqrt{L}$	$6\sqrt{K}$
三等	45	6	$12\sqrt{R}$	$2\sqrt{L}$	$20\sqrt{K}$
四等	15	10	$30\sqrt{R}$	$20\sqrt{L}$	$30\sqrt{K}$

注:R 为测段长度,L 为附合路线或环线长度,K 为已测测段长度,均以 km 为单位。

河道水准测量一般选用三等、四等作为高程的首级控制 ,特别要提出的是跨河水准较多,应严格按照有关要求进行。

3.2　全站仪三角高程的技术要求

全站仪三角高程不能进行三等以上等级的高程测量,对于四等三角高程,边长均不应超过1 km,边数不应超过6条,当边长不超过0.5 km时则边长可增至12条。竖直角测角中误差四等在±2″之内,五等在±3″之内。其主要技术要求见表5-6。

表5-6　全站仪三角高程测量的主要技术要求

等级	仪器	测回数		指标差较差/(″)	垂直角较差/(″)	对向观测高差较差/mm	附合或环形闭合差/mm
		三丝法	中丝法				
四等	DJ_2	—	3	≤7	≤7	$40\sqrt{D}$	$20\sqrt{\sum D}$
五等	DJ_2	1	2	≤10	≤10	$60\sqrt{D}$	$30\sqrt{\sum D}$

注:D 全站仪测边长度,km。

【小贴士】

本任务主要介绍了GNSS网在河道测量中的应用,根据河道测量的需要选用C、D、E中的某级进行平面控制测量,并用专门的内业数据处理软件进行坐标高程的计算;河道高程控制测量的主要手段是水准测量,当然也可用全站仪三角高程进行。

任务2　测深断面和测深点的布设

为了能使测点分布均匀、不漏测、不重复,在实践上常采用散点法或测深断面布设测深点。观测时,同时测定测深点的平面位置和水深。测量人员根据待测水域情况,事先在室内设计好待测断面,然后利用前面介绍的放样方法,在实地标定好测深断面和测深点。测深断面也称测深线。

测深线的方向,可与河流主流或岸线垂直[见图5-1(a)、(b)],可以相互平行,平行线间距一般为图上的 10~20 mm。在河道转弯处,也可将测深线布设成扇形[见图 5-1(c)]。测深线还可以呈辐射状布设[见图 5-1(d)]。

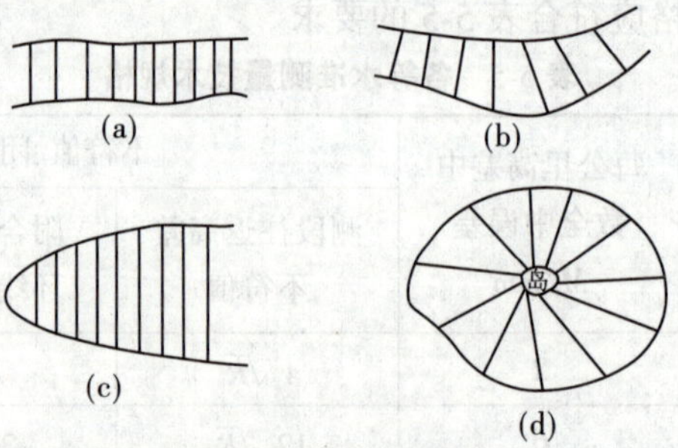

图 5-1　测深线的方向

测深点的间距应根据测图比例尺确定,通常为图上 6~8 mm,也可根据水下地形的复杂程度适当地加密或放宽测深点和测深线。具体要求参考《水道观测规范》(SL 257—2017)中水下地形点密度要求,见表 5-7。

表 5-7　水下地形点间距

测图比例尺	断面间距/m	测点间距/m
1:500	8~13	5~10
1:1 000	15~25	12~15
1:2 000	20~50	15~25
1:5 000	80~150	40~80
1:10 000	200~250	60~100
1:25 000	300~500	150~250
1:50 000	750~850	230~400

观测时利用船只来测定每个测点的水深。为使船沿测深线航行,在实地上要安放导标。导标常用花杆或大旗做成。两个导标相距应尽可能远些,以供测船瞄准之用。

导标要按设计的测深线的位置,在测深前安置好。每条测线上应安置两个导标(见图 5-2 中的 a、b)。为便于瞄准每条测线上应安放 3 个桩位,如图 5-2 中的 c 所示。

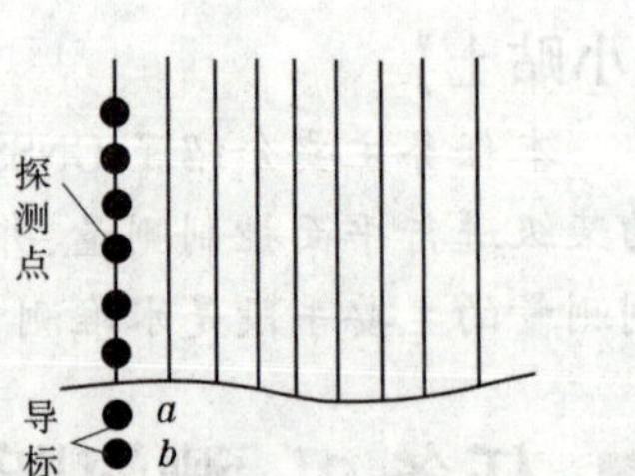

图 5-2　导标的安放

实际测量时,也可以采用散点法测量水深,测线方向和测深点间距完全由船上的测量人员控制。

【小贴士】

本任务主要介绍测深断面和测深点如何布设,学生要知道河道上的测量与陆地上的测量最大的区别之处在于陆地上的地形特征点是可见、可到的,而河道上水下地形特征点是看不见的。测点应分布均匀、不漏测、不重复,故需要按要求去布设。

任务3 全站仪和GNSS测定水下地形点的平面位置

测定水下地形点的平面位置是河道测量的一项重要工作。根据《水道观测规范》(SL 257—2017)要求,常规模式可采用前方交会法、后方交会法、极坐标法、断面索法,自动化模式可采用RTK法、GNSS激光测距移动定位法。各种方法的适用范围执行表5-8的规定。下面仅介绍全站仪极坐标法定位和差分GNSS定位测定水下地形点的平面位置的方法。

表5-8 水下地形平面定位方法及适用范围

平面定位方法	适用范围	备注
交会法	1:5 000~1:50 000	前方交会、后方交会、侧方交会
极坐标法	1:200~1:50 000	全站仪
	1:5 000~1:25 000	经纬仪配合光电测距仪
断面索法	1:500~1:25 000	适合局部及小范围定位
GNSS定位法	1:200~1:50 000	根据GNSS的标称精度确定

1 全站仪极坐标法定位

近年来,随着全站仪的普遍使用,用传统的光学经纬仪按前方交会法定位已很少采用。新的方法是直接利用全站仪,按极坐标法进行定位。观测值通过无线通信可以立即传输到测船上的便携机中,立即计算出测点的平面坐标,与对应点的测深数据合并在一起;也可存储在岸上测站与电子速测仪在线连接的电子手簿中或全站仪的内存中。到内业时由数字测图系统软件自动生成水下地形图。这种定位及水下地形图自动化绘制方法,目前在港口及近岸水下地形测量中用得越来越多。它既可以满足测绘大比例尺(如1:500)水下数字地(形)图的精度要求,而且方便灵活,自动化程度高,精度高。

2 差分GNSS定位

GNSS定位技术的应用,可以快速地测定测深仪的位置。GNSS单点定位精度为几十米,对于小比例尺远海水下地形测量,可以满足精度要求,但对于大比例尺近海(或江河湖泊)水下地形测量的定位工作就显得不够,必须用差分GNSS技术进行相对定位。

测量时将GNSS接收机与测深仪器组合,前者进行定位测量,后者同时进行水深测量。利用便携机(或电子手簿)记录观测数据,并配备一系列软件和绘图仪硬件,便可组成水下地形测量自动化系统。野外有两人便可完成岸上和船上的全部操作。当天所测数据只用1~2 h就可处理完毕,并可及时绘出水下地形图、测线断面图、水下地形立体图等。

该系统是在GNSS接收机的基础上,配套差分基准台、无线电传输设备和一系列软件组成的。基准台的作用是向船台发送一系列差分定位改正数。船台上启动微机工作软件后,根据不同的定位方式,对GNSS接收机的各种状态自动进行设定,不断收集GNSS接收机中的测量数据,对来自基准台的差分数据,可自动收集并更新数据。船台软件还可按计划的测线进行导航。比单点定位精度提高约 10 倍。可以满足海上较大比例尺水下地形测量、海上工程勘察、海洋石油开采以及海洋矿藏开发等方面的需要。

【小贴士】

本任务主要介绍全站仪极坐标法定位和差分 GNSS 定位测定水下地形点的平面位置的方法。水上定位与陆上定位不同,水上定位时,待测船是运动的、实时的,不能重复测量。

任务 4　水位观测

1　水位观测技术要求

(1)水位观测宜用水准仪或水准精度与其相当的电磁波测距三角高程接测,同时可用经纬仪视距法接测。具体接测应符合下列规定:

①用水准仪接测时,线长在 1 km 以内,其高程往返闭合差应不大于 3 cm;超过 1 km 时按五等水准限差计算。水尺零点高程应用不低于五等水准精度接测。

②用经纬仪接测时,可用正反镜观测两个不同水面桩或变动仪器高 0.1 m 以上 2 次;观测同一个水面桩,两个不同位置水面桩或同一水面桩 2 次观测较差:平原地区不应大于 0.05 m,山区不应大于 0.1 m,最后取平均值作为水位。

③经纬仪接测水位最大视距:平原地区不应大于 250 m,垂直角应小于 5°;山区不应大于 300 m,垂直角应小于 10°。

(2)当测区河段已有水尺时,可以利用其水位资料,但所用基面应考证清楚。

(3)经纬仪配合激光测距仪接测水位时,其接测精度应不低于五等水准精度要求。

(4)水位接测次数应根据河段水位变化速度而定,并应符合下列规定:

①非感潮河段应在每天工作开始,中间和结束各接测水位一次(水位平稳时可只在开工、收工各接测水位一次);水位变化快或有急剧跌水,则应增加接测次数,并在跌水上、下游增加测水位,且根据相邻水位差按断面或分段配赋。若水位较差不大于 0.1 m,则取平均值。

②感潮河段应在施测河段的上、下游或汊道的进、出口门处设立两组临时水尺(两尺间距最大不超过 20 km),每小时同时观读水位。当河段内 10 km 平均落差小于 0.2 m 时,则一组临时水尺水位可应用于上、下游各 5 km,但应用上、下游比降水尺证实其可靠性。

(5)潮流区河段上、下游水尺的最大距离不应大于 10 km,且水位观读次数应增至每 10 min 观读一次。插补各断面测时水位最大偏差应小于 0.2 m。

(6)湖泊及水库应在四周设立水尺,上、下游水尺最大距离不应大于 10 km,湖面超过 3 km 时应考虑横比降的影响,并分区进行推算。

(7)水面桩设立应避开回水区。

2　水位观测作业

进行水位改正时,必须先进行水位观测。水位观测在统一的基准面上进行。我国目前采用两种基准面:

(1)大地水准面。根据青岛验潮站资料计算的多年平均海平面,称为1985国家高程基准,这是绝对基准面。

(2)测站基准面。采用观测地点历年的最低枯水位以下0.5~1.0 m处的平面作为测站基准面,这是相对基准面。

通常的水位观测设备有标尺和自动水位计两大类。使用最广的是立在岸边水中的标尺。标尺一般为木制,上面有米、分米和厘米刻划,类似于水准尺。为了减少波浪的影响、提高读取水位的精度,可在标尺周围设置挡浪的设备。在易受水流、漂浮物撞击以及河床土质松软影响而不宜设置直立式标尺时,可设立矮桩式标尺。这种标尺只露出地面10~20 cm,并在桩顶设置一圆头钉作为高程测量标志。

标尺零点的高程用水准测量的方法与水准点联测求得,设为H_0。观测标尺时,应尽可能接近它,水面读数至厘米。在有风浪时,应取波峰、波谷读数的平均值。所谓水位,即为标尺零点高程加上标尺读数。

进行水下地形测量时,水底测点的高程等于水位减去水深,因此水位观测应与测量水深同时进行。这一要求在实际工作中很难做到,也不必要。在实际工作中,派专人按规定时刻连续在标尺上读取水位,时间间隔因水位升降速度和水深测量的精度要求而定,一般每隔10~30 min观测一次,记录水位及观测时刻,并以水位为纵坐标,以时间为横坐标,作出水位-时间曲线图备用(见图5-3)。

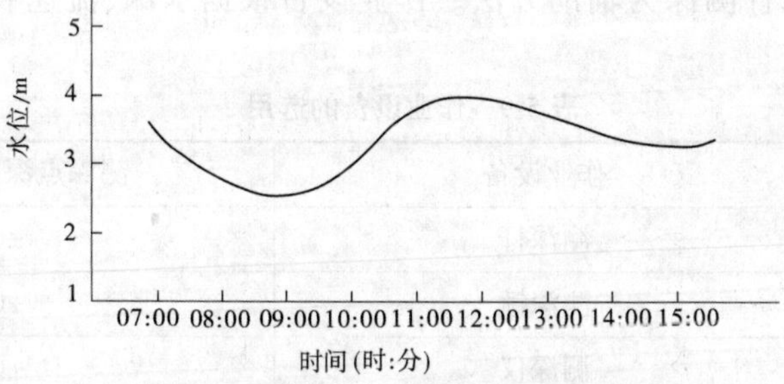

图5-3 水位-时间曲线

应当注意,在沿海及受潮汐影响的河段,应根据当地潮位预报,做好最高、最低潮水位的观测工作。当测区有显著的水面比降时,应分段设立标尺进行水位观测,按上、下游两个标尺读得的水位与距离成比例内插,获得测深时的水位。

在测点上测量水深的时刻不会恰好等于标尺上测水位的时刻。这时可通过内插求得任意时刻的瞬时水位;也可根据所绘的水位—时间关系图,用比例尺在图上量取任一时刻的瞬时水位。

下面介绍水底高程H的计算:

如图5-4所示,设某时刻t的瞬时水位为H_t,标尺零点高程为H_0,测得瞬间水平面在标尺上的读数为h_t,则水底的高程H为

$$H_t = H_0 + h_t \tag{5-2}$$

$$H = H_t - h \tag{5-3}$$

式中 h——水深,m。

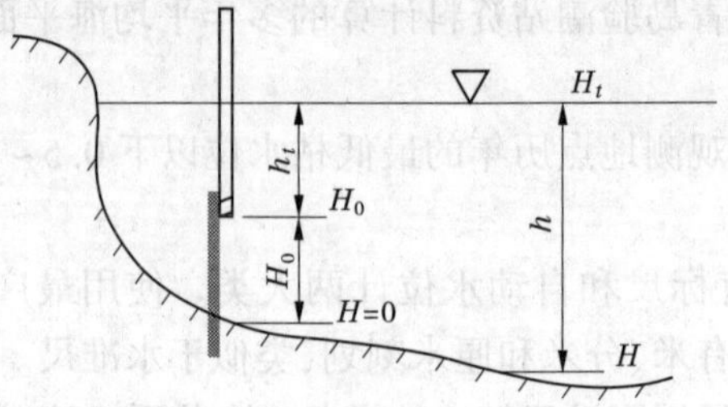

图 5-4 水底高程 H 的计算图

【小贴士】

水位观测的目的是得到水下测点的高程,它是用观测时刻的水深间接推求的。由于测量水深的基准是水面,而水面的水位通常是变化的(如海平面因潮汐每天有升有降;在江河中的不同地段,水位亦不同),因此必须对实测的水深值加上改正后,才能推算出成图时所需用的统一高程值。

任务 5 水深测量

要获得测点水底的高程,除测定水位 H_t 外,还必须测出相应测点的水深 h。根据《水道观测规范》(SL 257—2017)的要求,江湖、水库、近海的水深测量,应以测深仪测量为基本方法,测深锤测深和测深杆测深为辅助方法。作业设备根据水深、流速和精度要求选用,见表 5-9。

表 5-9 作业设备的选用

水深范围/m	作业设备	测深点深度中误差/m
0~5	测深杆	±0.10
0~15	测深锤	±0.15
0~20	测深仪	±0.20
20 以上	测深仪	水深的 1.5%~2.0%

注:测深水域遇有水草、海底树林时,不得使用测深仪。

1 测深杆测深

测深杆(见图 5-5)可用竹竿、硬塑料管、玻璃钢杆或铝合金管等硬质材料为标杆。标杆下端装一直径为 10~15 cm 的铁底板或木板,以防止杆端插入淤泥深处而影响测深精度。

为便于读数,在测深杆上用红油漆每隔 10 cm 作为一个标志。而且,为了区别,可以将 1 m、3 m、5 m 漆为白色,并用红漆注明 10 cm 的位置;同样将 2 m、4 m、6 m 漆为红色,用白漆标明 10 cm 的位置。分划线要从铁底板的底面起算。测深时测深杆处于铅垂位置,再读取水面与测深杆相交处的数据。测深杆宜用于测量小于 5 m 的水深。

2 测深锤测深

当水深较大时,可用测深锤测量水深。测深绳一般选用柔软、在水中伸缩性小的材料制成。在测深绳下端系一 3~4 kg 的重锤。水深较深时,可用 5 kg 以上的重锤。为了便于读数,绳索上应每隔 10 cm 用不同颜色的色带作为标志(见图 5-6)。

测深锤适合宜在流速小于 1 m/s、船速小、水深不大于 15 m 的情况下使用。为了保证测量精度,在使用一些时间后,应对绳索长度进行检测。

测深时要使测深绳处于铅垂状态,再读取水面与测绳相交处的数据。

图 5-5 测深杆

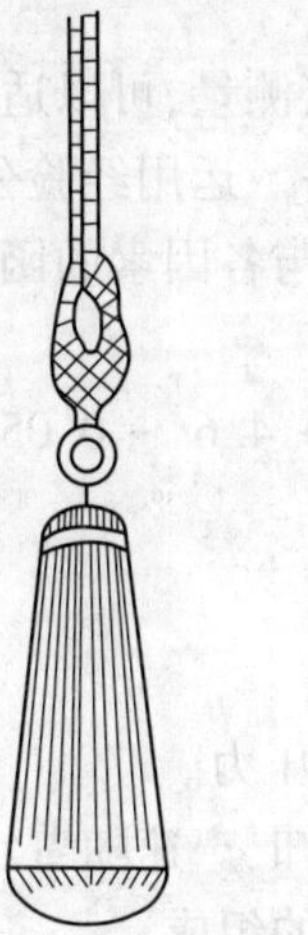

图 5-6 测深锤

3 单通道回声测深仪测量水深

当水域面积较大、水深较深、流速较大时,用前面介绍的传统的测深杆、测深绳测量水深,不仅精度较低、费工费时,有时甚至是不可能的,这时可选用单通道回声测深仪测量水深。

单通道回声测深仪适用范围较广,最小测深为 0.5 m,最大测深可达 300 m。当流速为 7 m/s 时,仍能照常工作。单通道回声测深仪的优点是精度高,且能迅速、连续不断地测量水深。

测深仪的型号很多,但它们的工作原理和主要结构大同小异,掌握了基本原理,遇到具体型号的仪器时,参看仪器说明书即可使用。

3.1 回声测深仪的基本工作原理

如图 5-7 所示,回声测深仪的基本原理是利用声波在同一介质中匀速传播的特性,测量声波由水面至水底往返的时间间隔 Δt,从而推算出水深 h:

$$h = \frac{1}{2}\sqrt{(c\Delta t)^2 - l^2} \tag{5-4}$$

式中 l——两换能器之间的距离(又叫基线长)。

当换能器收、发合一时,式(5-4)可简化为

$$h = \frac{1}{2}c\Delta t \tag{5-5}$$

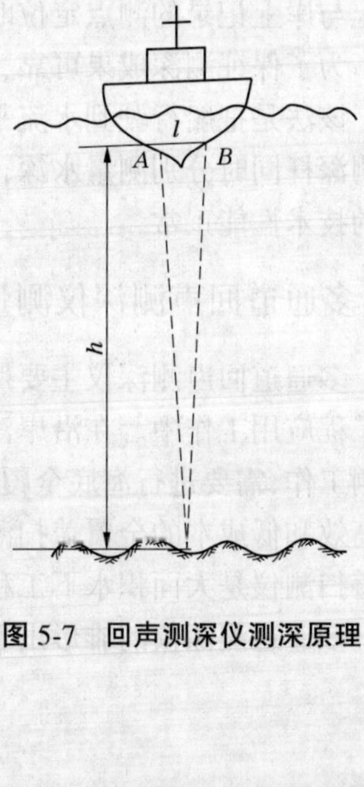

图 5-7 回声测深仪测深原理

式(5-5)中的水中声速 c 与水介质的体积弹性模量及密度相关,而体积弹性模量和密度又是随温度、盐度及静水

压力变动的。时间Δt是仪器测量得到的,一旦声速c、时间Δt确定后,那么换能器到水底的垂直距离也就知道了。

3.2 声速

前面已述,声速c与水介质的体积弹性模量E和密度ρ有关,用公式表示为

$$c = \sqrt{\frac{E}{\rho}} \tag{5-6}$$

用声速仪直接测量,可以适时地获得当时当地的声速,有利于实施测量自动化,但需要用专用仪器和设备。运用经验公式进行计算,首先必须获得影响水中声速的各种因素的数值,然后运用声速与各因素的函数表达式,即经验公式,进行计算。目前,在工程上应用较多公式是:

$$c = 1\,449.2 + 4.6t - 0.055t^2 + 0.000\,29t^3 + (1.34 - 0.01t)(S - 35) + 0.168P \tag{5-7}$$

式中 t——温度;

S——盐度;

P——静水压力。

由式(5-7)可知,声速随着水介质的温度、盐度及静水压力增加而增加。

3.3 回声测深仪的组成

回声测深仪主要由发射机、接收机、发射换能器、接收换能器、显示设备、电源等部分组成。

发射机的主要作用是周期性地产生电振荡脉冲并向海水中发射;接收机能将换能器接收的微弱回波信号进行检测放大,经处理后送入显示设备;发射换能器是一个将电能转换为机械能,再由机械能通过弹性介质转换成声能的电—声转换装置;显示设备的作用是将所测得的水深值显示出来。

目前,许多测深仪都将发射换能器和接收换能器做在一起。实际作业时,每次定位由船上发出信号,马上按一下定标装置,使记录笔在记录纸上画一条测深定位线。在逢5、逢10的定位点上,按定标装置的时间加长一些,使所画的测深定位线粗一些,以便于核对。根据船上与岸上记录的测点定位时的信号,由记录纸上可找出定位点的水深值。

为了保证测深成果可靠,在测前测后,甚至作业中间,可用比测法对回声测深仪进行检查。该法是把船行驶到水流平稳、河床平坦、底质较硬的水深为5 m左右的地方,用测深仪与测深杆同时分别测量水深,当两者之差不超过0.1 m时,即认为测深成果可靠,回声测深仪的技术性能正常。

4 多通道回声测深仪测量水深

多通道回声测深仪主要用于海底的全覆盖扫测,特别适用在航道测量和疏浚、铺排等水下工程应用工作中。在沿岸浅水区域的港口工程测量中,如港口、航道以及疏浚区域的通航扫测工作,需要进行海底全覆盖的扫测,如果使用单波束测深仪就无法实现真正意义上的准确高效和低成本的全覆盖扫测,而使用多通道扫测仪就可以轻松达到上述工程要求,因此多通道扫测仪是大面积水下工程施工的理想选择。

多通道测深仪的雏形出现在20世纪60年代,从测深仪的发展趋势来看,现代扫测仪器

倾向于小型化、一体化。我国中海达测绘仪器有限公司2005年初推出了第二代多通道测深仪HD-30,扫测仪外业采用了多探头多通道采集野外原始数据,它是基于利用同频快速时分扫描测量原理而进行工作的。这种采集方式大大提高了测深精度和稳定性及后处理的简便性。多通道测深仪由一个主机控制多个工作频率均为200 KC换能器,各个换能器轮流工作,互不干涉,更新率16次/s,在装载多达16个换能器的情况下,每个换能器每隔0.06 s就采集一个数据。通常在低船速的情况下,加上GNSS的定位和姿态仪的改正,通过海洋测量软件采集数据及相应纠正,就能得到一个准确的带状水底断面图。该套设备能直观地显示水下地形地貌图形,并用不同颜色在屏幕上清晰地显示出水下河床实时状况。

多通道测深仪系统最多可扩展为16个通道,主机配有通用的RS232数据口(可扩展为多个)、USB接口、LPT并行打印机口、PS/2接口,可外接GNSS和其他的勘探设备;测深仪集成全防水带触摸屏工业级锲入式PC系统、Windows操作平台,可将导航测量软件(或者施工定位软件)装载于测深仪一体机内。可实测多达16个点断面,精确的水深数据(测量精度优于±2 cm+0.1%),并能随时将所测数据保存在测深仪内或实时通过串口输出,也可通过U盘导出。

多通道测深仪应用广泛,如耙吸挖泥船或抓斗式挖泥船上等工程用户的实时监测作业设备,能实时监测所挖水底状况,并将水深数据同步传递给作业人员,作业人员从而可有的放矢作业,改变了传统作业中需反复的事后测图才能得知填挖方量,在实际使用工作中大幅地节约了作业成本和提高了工作效率,完全能满足诸如抛石护岸监测、港口及疏浚工程测量、工程监理监测。同时,在河道断面测量、汛期监测等工作中,能大幅扩大作业面,节约时间和成本。还可用于精确的扫海测量,弥补了旁侧声呐扫海仪以及多波束的浅水弱势。

近年来,中海达又推出了HD-310全数字单频测深仪、HD370全数字变频测深仪和HD380全数字双变频测深仪,将测深仪高低频的测深效果发挥到极致。2017年最新推出的小型化便携式多波束测深仪iBeam 8120,优化了测深性能,并有效地解决了浅水测深的难题,满足不同测深工程的需要。

5 智能无人测量船测量水深

全自动智能无人测量船系统是以河川、湖泊、海岸、港湾、水库等水域为对象,以无人船为载体,集成GNSS系统、陀螺仪、声呐系统、ADCP、CCD相机、水下摄像机等多种高精度传感设备。利用导航、通信和自动控制等软件和设备,在岸基实时接收、处理和分析无人测量船系统所采集的数据并以自控和遥控的方式对无人测量船和其他传感器进行操作和控制。目前有南方"方洲号"智能测量无人船、上海华测智能测量无人船、中海达iBoat B1智能无人测量船等。

如图5-8所示,智能无人测量船将传感器、智能控制导航、无线通信、高精度卫星导航(支持北斗)、声呐探测等众多先进技术相融合,能自动、精准、高效地开展水深测量、库容勘测、水文测验、疏浚检测等各种任务,可借助于GNSS卫星定位导航自主地在水面上航行,并自动躲避水面障碍物,确保航行线路安全可靠。除自主导航、智能避障外,还能进行实时通信,对测量数据和360°视频信息进行实时传输;并在测量过程中,根据惯导提供的方位、姿态、加速度等信息,对测绘数据进行实时修正,确保数据精准有效。

智能无人测量船的无线通信支持IEE802.11b标准。2.4/5.8 GHz Wi-Fi点对点通信;GNSS 接收机一般采用双频双星或双频三星接收机,码差分精度:平面,±0.25 m+1 ppm,垂直,±0.5 m+1 ppm,RTK 精度:平面,±10 mm+1 ppm,垂直,±20 mm+1 ppm;测深仪的量程一般为 0.15~600 m,频率:200~2 000 kHz(可选),精度 0.3%×水深;侧扫声呐波束开角:水平 0.7 deg.@100 kHz,0.21 deg.@500 kHz,垂直 400 deg,最大距离:600 m@100 kHz,150 m @500 kHz;浅地层剖面深度范围:150 m,地层分辨率:40 m 的地层穿透为 6 cm,深度分辨率:0.01 m,深度精度:0.5%;声学多普勒流速剖面仪(ADCP)距离分析范围:0.06~40 m,流速分析范围:±20 m/s,深度测量精度:±0.25%×流速,深度测量分辨率:0.001 m/s;数据储存 SD 卡 32 G,无线通信距离>2 km,续航能力>10 h,自动测量速度:2 m/s,最高船速:5 m/s 抗风(波浪)最高 5 m,可选配件:ADCP,侧扫声呐,浅地层剖面和多波束测深系统等模块,更大测深量程的测深模块,更大动力的船载电机(最大可达 7 m/s),更远距离的通信模块,单体、双体及其他类型的船体,水样采集与分析模块。自动返航,电量低或失联自动返航。

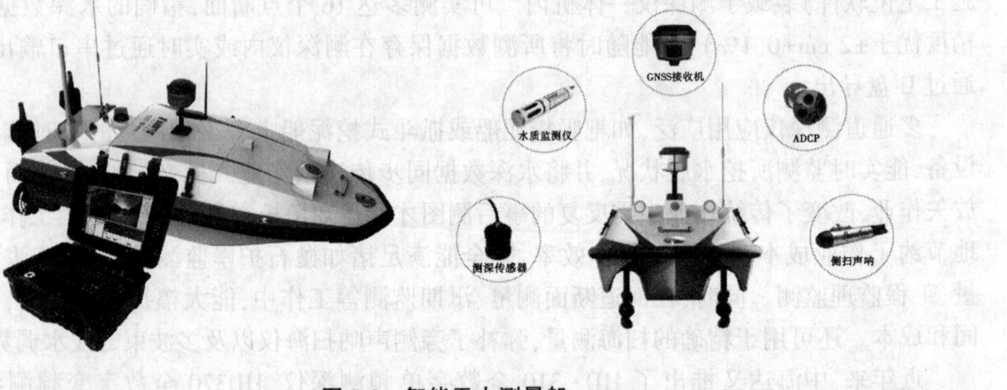

图 5-8　智能无人测量船

测量时,首先设置参考站,参考站需采用双频接收机,位置一般设在地势比较开阔的控制点上,参考站应远离高压输电线路、配电站、电台和其他大功率无线电设施,布设时要充分考虑到图形条件、岸台与船台的高差及岸台个数等的综合影响,估算出测区内最弱处水深点的点位中误差能否满足测图精度要求。

工作前要根据测量任务的要求修改大地参数,参考站参数设置有投影类型、椭球参数、测量单位、中央子午线经度、比例因子、参考站坐标等,每次设立参考站时,均应选择附近的控制点进行检测,以确保参考站坐标和各项参数输入正确。检测结果符合要求后,方可进行 GNSS-RTK 数据采集工作。

用 GNSS-RTK 的流动站测定船台的位置和高程,测深仪定测船台到水底的深度。测深仪一般安装在无人测量船的中舷处,因为中舷处在航行中吃水线变化最小,测深仪换能器以安装在水下至船底略高位置为宜,但要避免被测区水下渔网和杂物碰撞。测深仪设置包括吃水深度、声速、时间门、增益等参数。

当 GNSS 开始进入有效解状态时,开始记录,即可在电脑上看到船台的航行轨迹并同时测量船台到水底的深度。

如图 5-9 所示,在水下测量过程开始前,先要在无线遥控计算机上进行水下测深断面线的布设,断面线要求垂直于水流方向布设;断面线间距一般为地形图上 2 cm;根据地形变化,断面的间距可适当加密或放宽,在河道转弯处进行适当的加密。

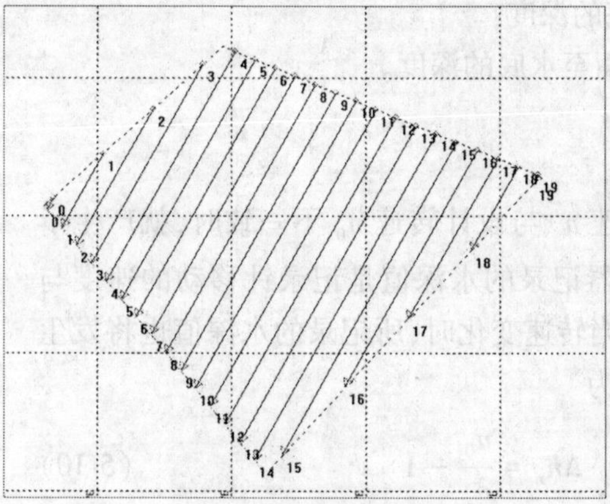

图5-9 测深断面设计

在无人船中的测深仪里将七参数设置在测量软件里，并进行已知控制点的校核，在校核无误后方可进行测量。观测过程中，RTK 流动站的接收机天线应与换能器在同一垂线上，并保证在 RTK 固定解的情况下进行施测。测定测量断面线时，航线设定好之后，无人船便可沿设定好的航线自主航行测量。将测得的数据(坐标文件)调入水上测量导航软件中，根据测量得到的水底高程，自动绘制等深线。

【小贴士】

本任务主要介绍了测深仪测量水深的方法，测深仪有单通道、多通道之分，测深的功能不尽相同。单通道回声测深仪的优点是精度高，且能迅速、连续不断地测量水深；多通道测深仪主要是用于海底的全覆盖扫测，特别是适合在航道测量和疏浚、铺排等水下工程工作中应用。近年来全自动智能无人测量船系统大力发展，使测量水深进入自动化时代。

任务6 河道测量的成果整理

河道测量的外业工作包括控制测量，测深点平面的确定及水位观测和水深测量，内容多，组织工作复杂，实时性强。工作结束后应及时对其成果进行整理。外业整理工作包括以下几个方面内容：

(1)将观测成果汇总，逐点进行检查。对于遗漏或不合格的成果应及时组织补测。

(2)控制点成果的检查。

(3)根据野外观测的数据，用解析公式计算测深点的平面坐标。

(4)水底高程计算值的测深点公式为

$$H = H_t - h \tag{5-8}$$

对测深仪所得的水深值 h，必须加上有关改正数后，才能得到真正的水深值。

1 吃水改正数 Δh_a

测深仪的换能器一般都安装在水下一定距离的地方，由水面至换能器底面的垂直距离称为吃水改止数 Δh_a (见图5-10)：

$$\Delta h_a = h - h_s \tag{5-9}$$

式中　h——水面至水底的深度；

　　　h_s——换能器底面至水底的深度。

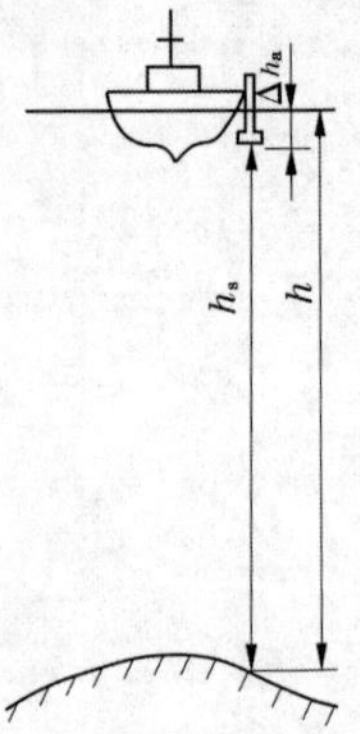

图5-10　吃水改正

2　转速改正数 Δh_n

当测深仪的实际转速 n_s 与设计转速 n_0 不一致时，就产生了转速改正数。由于记录器记录的水深值是记录针移动的速度与回波时间决定的，因此，当转速变化时，所记录的水深值也将发生变化。转速改正数 Δh_n 为

$$\Delta h_n = \frac{n_0}{n_s} - 1 \tag{5-10}$$

3　声速改正数 Δh_c

声波在海水中传播的速度 c 是温度 t、盐度 S 及海水静压 P 的函数。当这些参数发生变化时，将引起声速 c 的变化。若测区的实际声速 c_m 与设计声速 c_0 不一致，就产生了声速改正数 Δh_c：

$$\Delta h_c = h_s\left(\frac{c_m}{c} - 1\right) \tag{5-11}$$

进行声速改正时，需要知道所测海区的实际声速 c_m，在实际工作中一般是采用两种方法求取 c_m：一种是根据大量的实测资料，建立比较符合实际的经验公式；另一种是每月测定测区内 0 m、15 m、25 m、35 m、50 m、75 m、100 m、150 m、…深度处的声速，然后取各层声速的加权平均值，作为海面某深度处的平均声速 c_m。

4　测深值的总改正数 Δh

将上述各项改正汇总，即得到水深的总改正数 Δh 为

$$\Delta h = \Delta h_a + \Delta h_n + \Delta h_c \tag{5-12}$$

上述改正数中，以声速改正数 Δh_c 对总改正数 Δh 的影响最大。

【小贴士】

本任务主要介绍河道测量的成果整理，主要涉及三项改正，即吃水改正、转速改正和声速改正，最后汇集到测深值的总改正数。

任务7　水下地形图的绘制

根据外业测量整理出的成果，通过展绘测深点的平面位置，并注记上相应的高程，勾绘出等高线或等深线，从而绘制出水下地形图。

1　水下地形数字测图

1.1　水下地形数字测量技术要求

平面及水深数据采集可选用自动化或半自动化(测深仪由人工定标)方式进行，数据采

集时应符合下列要求：

(1)平面定位与水深数据采集应严格同步。应用非数字测深仪，以人工手动操作方式定标进行半自动化数字测图，只适用于局部小面积水下地形测量。大面积水域必须使用数字量化测深仪进行测深。

(2)自动化测图宜采用计算机屏幕导航系统进行施测。测图前应对全测区预置计划断面线，计划断面线应与水流大致垂直。测图时测船按计划航迹进行测量作业。

(3)水深数据应采用计算机数字模拟和回声测深仪同步记录，每天测前应进行回声仪比测和记录，与数字水深进行检校。检校误差应不大于0.2 m，否则应进行调校。

(4)每一测站当日采集数据，应当天进行数据备份。

(5)模拟水深数据应与测深记录进行校对后，才能作为成图数据文件。

1.2 水下地形图绘制技术要求

水下地形观测成果及成图应进行严格的校对和复校，控制计算成果应装订成册，成果及成图数据应存入磁盘备份。

地形图的拼接和检查应符合下列要求：

(1)图幅最大接边误差应小于地物、地貌允许中误差的$2\sqrt{2}$倍，小于限差时应将误差平均配赋，并保证地物、地貌的相对位置和正确走向，地物、地貌拼接不得产生变形。

(2)图廓格网边长绘制和控制点展点误差应不超过±0.2 mm，图廓格网的对角线、图根点间的长度误差应不超过±0.3 mm。

(3)水下地形点器械展点误差不得大于0.3 mm。

(4)地物、地貌各要素测绘应正确，取舍得当。地形图符号应按国家现行版图式执行，图式符号运用应正确，各种注记应齐全。

岸上地形点点位应以小实圆点表示，高程注记应在其右方，字头朝北；水下地形点点位表示时，字头朝向江左，字列注记垂直于断面方向。地形图水边线应以水深测量所测水边线为准，岸上地形所测水边线可作地形散点用。每幅图两端水边点应注记水位及施测日期。水下地形图采用单色成图时，岸上等高线必须采用实线。水下等高线应采用线长1 cm、间隔1 mm的虚线表示，水边线以线长3 mm、间隔1 mm虚线表示。

水下地形图成果资料经作业人员和作业小组严格自检和互查后，应提交下列测绘成果：

(1)技术设计书和技术总结。

(2)控制点展点图、水准路线图(或高程导线)。

(3)埋石点点之记及托管书。

(4)各项原始记录手簿及目录索引表。

(5)各种计算成果或磁盘及精度统计。

(6)岸上、水下地形原图(包括水下地形点计算机辅助自动采集数据)。

(7)水位推算图表。

2 水下地形图绘制作业方法

在整理外业观测成果时，根据野外观测的数据编制程序用计算机解算出测深点坐标。

将坐标和相应的高程在计算机中利用工程绘图软件(如南方测绘仪器公司的 CASS 等系列软件)自动绘制成图,具体的操作在前面的测量中已学习过,这里不再赘述。

测深点的平面位置展位后,应立即注上水底高程。接下来的工作就是勾绘等深线或等高线,等深线的勾绘,是水下地形测量中的最后一步工作,也是最重要的工作之一。当展好测深点后,便可根据这些点的高程展绘等深线或等高线通过点的位置,从而勾出等深(高)线。插求点的高程相对于邻近图根点的高程中误差,不应大于表 5-10 的规定。

表 5-10　水下地面倾角与等深距的关系

水下地面倾角	0°~2°	2°~6°	6°~25°	25°以上
高程中误差(等深距)	1/2	2/3	1	$1\frac{1}{2}$

注:对作业困难,水深大于 20 m 或工程要求不高时,其等深(高)线插求点的高程中误差,可按表中规定放宽至 1.5 倍。

图 5-11 是一幅 1:2 000 水下地形图的一部分。从图中可以看出,水下地形图中等高线的一些特点。岸边的等高线与河流方向大体一致,河底等高线凸向上游(山谷的形态),等高线在最低处和岛礁处容易形成闭合(洼地和山顶的形态)。

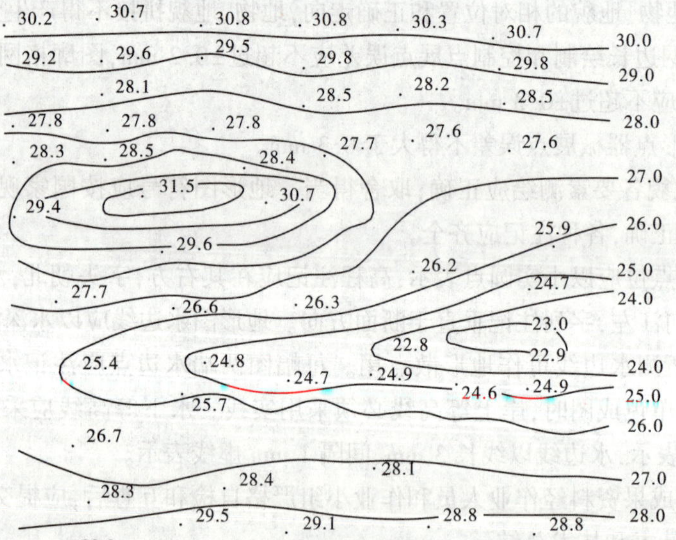

图 5-11　1:2 000 水下地形图　(单位:m)

【小贴士】

本任务主要介绍如何绘制水下地形图。水下地形数字测图应首选 GNSS 动态差分定位,并配合数字测深仪由流动站计算机控制自动采集数据,经数据处理后,再数字化编绘成图。

任务8 河道横断面图测量与绘制

1 河道固定断面测量

1.1 基本要求

(1)固定断面应根据河段特性,并结合河段内原有水文断面及固定断面选设。选定后,应保持断面位置相对稳定,长期不变。施测工作应在水位比较平稳、河床相对稳定的季节进行。

(2)固定断面的方向应垂直于主流方向。如河势发生变化需要调整,应按规定要求及时考证清楚。

(3)固定断面两岸应埋设永久性标志。根据不同比例尺测图要求,长期观测的固定断面应不低于二级图根点精度及四等水准要求接测平面和高程控制,高程控制隔5年左右应全面复测一次。

(4)固定断面的起点距,可采用全站仪及GNSS等方法施测。

(5)固定断面用以计算测点高程的水位或水尺零点,应用水准仪按五等水准要求接测。测区条件困难时,可用全站仪接测。

(6)固定断面的水位接测,当上、下游断面间水面落差小于0.2 m时,可数个断面接测一处;当水面落差大于0.2 m时,应逐个断面接测。当横比降超过0.2 m时,应进行横比降改正。

(7)采用全站仪接测高程,如果视线长度大于1 km,垂直角观测必须用直读至秒值。

1.2 断面标志设测

(1)固定断面的标石标志,应埋设在大堤上或最高洪水位以上1 m土质稳定处。如有困难,可埋设在一般洪水不易淹没的高坎上。

(2)固定断面标志类型可分为石标、石柱、石刻等。一般地区均应埋石标、石柱;芦苇、树林密集及控制稀少地区宜埋钢杆。固定断面的标石、标柱、标杆等的制作规格及材料如表5-11所示。

表5-11 断面标志制作规格及材料表

标志类型	规格	材料说明
标石	25 cm×25 cm×60 cm	钢筋混凝土结构
标柱	10 cm×10 cm×120 cm	钢筋混凝土结构
标杆	高8~12 m	直径12 cm,厚5 mm,空心钢管
标架	高8~12 m	60 mm×60 mm×5 mm角钢三角架
石刻	25 cm×25 cm×1.0 cm	利用自然岩石刻记,标框面积25 cm×25 cm,刻深1 cm

标面用1:2水泥、沙比的水泥浆结面印字。

(3)固定断面埋设的各类标志应详细绘制点之记。标志点之记应绘制标志规格、尺寸、材料、形状及与附近明显地物的方位、距离等相互关系,便于使用查找。

(4)固定断面标志编号,应全面规划、长期考虑。标面应反映不同测验河段的断面序号、岸别,标点埋设次序、个数及埋设单位、埋设时间。标石标面编号形式如图 5-12 所示。

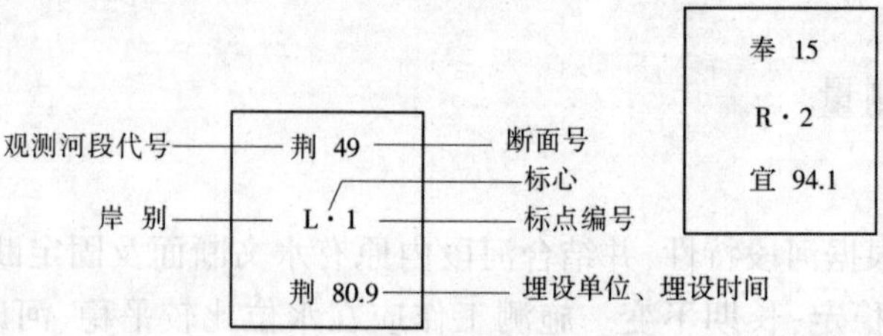

图 5-12　标石标面编号形式

标面第一行"荆""奉"字表示观测河段代号,"49""15"表示断面号。第二行"L""R"表示左、右岸,"1""2"表示标点编号。第三行"荆""宜"表示埋设单位代号,"80. 9""94. 1"表示埋设时间。标面印字应坐岸朝江。

(5)固定断面标志设测后,应以断面为单元,设立标志考证簿,绘制断面标志关系图。应做到成果统一,关系清楚,变动有据,及时考证。

1.3　河道横断面位置的选择

根据横断面的用途和设计人员的要求,在较大比例尺的地形图上进行,或者在现场根据实地情况与设计人员共同选定。横断面应设在水流比较平缓且能控制河床变化的地方。为了便于进行水深测量,应尽可能地避开急流、险滩、悬崖、峭壁等。横断面方向应垂直于水流方向。其间距视河流的大小和其用途而定。一般河段 3~5 km 设一断面,在河路急弯、交叉口以及沿河两岸的城镇等处应加设断面。对于有特殊要求的河段,如桥址附近、大坝上下游每 1 km 左右设一断面。

横断面位置在实地确定后,应在两岸各端点上打一大木桩或埋设混凝土桩。

端点应埋设在最高洪水位以上,为了防止损坏,可在两端点内侧 10~20 m 处加设一个内侧桩。横断面的编号通常从建筑物轴线或支流汇入干流的河口起算,向上游按河流名称统一编号。横断面端点应与控制点联测确定其平面位置和高程。

1.4　横断面测量的方法

横断面测量可采用断面索法、极坐标法、交会法。前两种方法一般适用于大的河流。

极坐标法和交会法的本质特点我们都很熟悉,下面介绍断面索法。

如图 5-13 所示,按事先设计好的断面测线方向,在两岸拉一带有刻划的钢丝绳。工作时,让小船沿这条带有刻划的钢丝绳边定位测深。一条线测好后,同法可进行另一条测线的测量工作。此法定位精度最高。

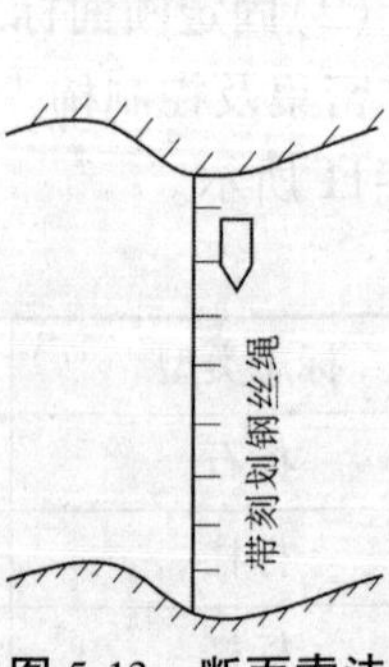

图 5-13　断面索法

1.5　岸上断面测量

(1)固定断面的岸上断面测量,应测至两岸大堤内脚或最高洪水位以上 1 m 处。如最高洪水位处离岸边太远,则测至标后 600 m。一般洪水位能淹没的边滩、洲滩应全部施测。

(2)一年内多次观测的固定断面,其岸上部分第一测次应详细施测,其余测次只测被淹没及地形有变化的部分。

(3)对岸上断面的岩石、悬崖、陡壁及护坡及人工固定建筑部分,第一次必须详细施测。以后虽被淹没但没有变化时可不再施测。年代过久则应复测。

(4)岸上断面测量,应采用全站仪测距法施测,其最大测距长度应符合表5-12的规定。

表5-12 最大测距长度及测点间距 单位:m

测图比例	全站仪法最大测距		最大点距
	地物点	地形点	
1:10 000	1 500	2 000	100
1:5 000	1 200	1 500	50
1:2 000	1 000	1 200	20
1:1 000	800	1 000	10
1:500	60	80	5

(5)岸上断面施测宽度超过最大测距长度时,必须按表5-12的规定转放转站点。用全站仪测距必须用正反镜往返观测。

(6)采用全站仪转放转站点,天顶距可按中丝法单向观测棱镜(觇牌)两个不同高度,或变动仪器高不小于0.1 m各一测回,分别计算其高差,两次高差较差:平原不应超过$\pm70\sqrt{D}$ mm;山区不应超过$\pm90\sqrt{D}$ mm。两测回距离较差应不超过±30 mm。D为平距,以km为单位,取至0.1 km。

(7)岸上断面施测宽度太大,需要转放多个转站点时,可用全站仪五等高程导线方法转放转站点,直到满足要求。

(8)全站仪施测岸上断面,应采用有人跑标法。如遇淤泥、悬岩,人员无法到达,可在无障碍物的情况下用无人立尺法施测。

(9)各个岸上断面接测的水边高程,必须与上、下游邻近断面的水边高程进行比较,做合理性检查。

(10)岸上断面必须详细测记出地形转折点及特殊地形点,如陡坎、悬崖、坎边、水边、地质钻孔、取样坑点等,并详细填记测点说明,如堤顶、堤脚、山坡、岩石、卵砾、泥沙、树林、草地、耕地、建筑物等。

(11)岸上断面遇有障碍物无法通视时,可在断面线两侧转放旁交点(或图根点)用旁交法施测断面地形。

1.6 水下断面测量

(1)水下断面的测点位置应严格控制在断面线上。施测时应由专人或按预置断面指挥测船。陡岸边测点应加密,深泓及转折部位必须布设测点。

(2)水下断面测量应根据断面河床纵横向变化情况及测图精度要求,选用合适的仪器,采用不同的方法施测。各种方法的适应范围按表5-13的规定执行。

表 5-13　各类仪器施测范围表

仪器种类	测图范围	测量方法
GNSS	1:25 000~1:500	测距
全站仪	1:25 000~1:100	测距

(3)采用全站仪测距时,测船上必须配置全方位棱镜。

(4)采用 GNSS 测距时,应用导航系统指挥断面,将各测点的平面坐标转换成起点距。

(5)固定断面水下测点间距,根据不同测图比例的精度要求按表 5-14 的规定执行。

表 5-14　水下测点间距表

测图比例	测点间距/m
1:10 000	60~100
1:5 000	40~80
1:2 000	15~25
1:1 000	5~15
1:500	4~5

(6)水下断面与岸上断面必须衔接,岸上、水下不能同时测量时,应防止由于水位涨落而造成空白区。

(7)在固定断面上进行床沙取样或河床摸探时,应测定取样垂线的水深和起点距。

2　横断面图的绘制

外业工作结束后,应对观测成果进行整理、检查和计算各测点的起点距和水深。由观测时的水位求出各测点的高程。输入计算机,在 CAD 界面上绘制成横断面图,如图 5-14 所示。在图上应注明垂直、水平比例尺,观测时间以及观测时的平均水位。

编制横断面成果或横断面图,应按断面号顺序排列。不论外业采用何种方法测量,必须统一以左岸正标为零点计算起点距。绘制横断面图,应统一以图左为左、图右为右。断面图的纵横比例,应根据用图需要及河床断面形态而定。比例尺确定后历年应保持一致。纵横比例应按表 5-15 的规定执行。

表 5-15　横断面图纵横比例

横比	1:10 000	1:5 000	1:2 000	1:1 000	1:10 000
纵比	1:200	1:200	1:200	1:100	1:100

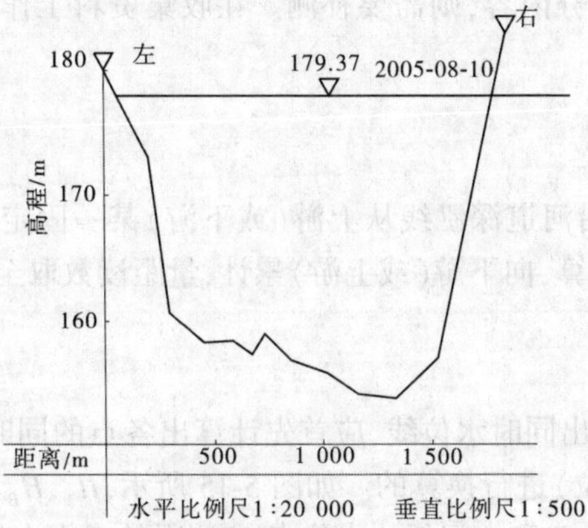

图5-14　横断面图的绘制

固定断面岸上测点测图比例小于1:2 000时,起点距取位1.0 m,高程取位0.1 m;大于或等于1:2 000时起点距取位0.1 m,高程取位0.01 m。水下测点高程取位0.1 m。各种计算数据、原始观测值经检查无误后,可输入计算机计算并整理打印,复制储存归档。

同一断面的各测次成果可绘在同一图纸上,且以不同线条符号表示。每张图表示的测次应不多于5个。年内各测次成果应顺序绘制,且应注明各次实测时间、水位。全河段应绘制各固定断面平面位置布置图,且应将重要地名、城镇、居民点及重要地理特征绘在图上。图纸比例尺应根据河段长度选定。图纸宽应与成果簿册一致,长度不限。

横断面图绘制完成后,提交资料应包括如下项目:

(1)各项原始记载簿、目录索引表、记事表等。

(2)控制成果表、断面成果表、断面图及相应的磁盘文件。

(3)断面平面位置布置图。

(4)其他观测项目成果。

(5)技术设计书、技术总结报告。

(6)测绘产品验收报告。

【小贴士】

本任务主要介绍河道横断面图测量与绘制方法。横断面应设在水流比较平缓且能控制河床变化的地方。横断面测量可采用断面索法、极坐标法、交会法。前两种方法一般适用于大的河流。编制横断面成果或横断面图,应按断面号顺序排列。不论外业采用何种方法测量,必须统一以左岸正标为零点计算起点距。

任务9　河道纵断面图的编绘

河道纵断面是沿着河道深泓点(河床最深点)剖开的断面。横坐标表示河长,纵坐标表示高程,将这些深泓点连接起来,就得到河底的纵断面形状。在河流纵断面图上应表示出河底线、水位线以及沿河主要居民地、工矿企业、铁路、公路、桥梁、水文站、水位站、水准点以及其他水工建筑物的位置和高程。

河流纵断面图一般是利用已收集的水下地形图、河道横断面图及有关的水文、水位资料进行编绘的。若缺少某部分内容,则需要补测。在收集资料工作完成后,即可编制纵断面图。其步骤如下。

1　量取河道里程

在已有的地形图上,沿河道深泓线从上游(或下游)某一固定地物或建筑物(如桥、坝、水文站、水位站等)开始起算,向下游(或上游)累计,量距读数取至图上0.1 mm。

2　换算同时水位

为了在纵断面图上绘出同时水位线,应首先计算出各点的同时水位(瞬时水位)。通常是根据工作水位(观测水位)进行换算的。如图5-15所示,H_A、H_B 和 H_M 分别为某一日期于上游水位站 A、下游水位站 B 和中间任一水位点 M 测得的工作水位。下面介绍如何将 M 点的水位换算为另一个日期的同时水位。

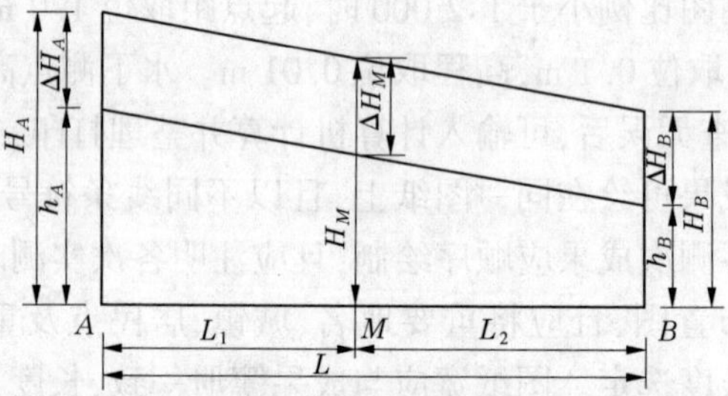

图5-15　换算同时水位

(1)各点间落差改正数的大小与各点间的落差成正比。这时,用下面的公式计算水位点 M 的落差改正数。由上游水位站推算时,可得

$$\Delta H_M = \Delta H_A - \frac{\Delta H_A - \Delta H_B}{H_A - H_B}(H_A - H_M) \tag{5-13}$$

由下游水位站推算得

$$\Delta H_M = \Delta H_B + \frac{\Delta H_A - \Delta H_B}{H_A - H_B}(H_M - H_B) \tag{5-14}$$

式(5-13)与式(5-14)可以互相校核。现举例说明换算方法。

【例5-1】　已知水位点 M 在6月15日8时30分的工作水位 $H_M = 48.121$ m,试求换算到6月10日12时的同时水位。

解:其步骤如下:

(1)由 A、B 两水位站观测手簿中查得6月15日8时30分水位为 $H_A = 49.232$ m, $H_B = 47.043$ m,其落差为 $\Delta H = H_A - H_B = 2.189$ m,又查得6月10日12时的水位为 $h_A = 48.938$ m, $h_B = 46.681$ m。

(2)计算 A、B 两水位站涨落数 $\Delta H_i = H_i - h_i$。

$$\Delta H_A = H_A - h_A = 49.232 - 48.938 = 0.294(\text{m})$$

$$\Delta H_B = H_B - h_B = 47.043 - 46.681 = 0.362(\text{m})$$

$$\Delta H_A - \Delta H_B = -0.068\ \text{m}$$

(3)利用式(5-13)计算 ΔH_M。

$$\Delta H_M = 0.294 - \frac{-0.068}{2.189} \times (49.232 - 48.121) = 0.328(\text{m})$$

再利用式(5-14)进行检核得

$$\Delta H_M = 0.362 + \frac{-0.068}{2.189} \times (48.121 - 47.043) = +0.328(\text{m})$$

(4)计算 M 点6月10日12时的同时水位为

$$h_M = H_M - \Delta H_M = 48.121 - 0.328 = 47.793(\text{m})$$

(2)各点间落差改正数的大小与各点间的距离成正比，按距离进行内插求改正数，其计算公式如下：

由图5-15可以看出，从上游水位站推算得：

$$\Delta H_M = \Delta H_A - \frac{\Delta H_A - \Delta H_B}{L} \cdot L_1 \tag{5-15}$$

由下游水位站推算：

$$\Delta H_M = \Delta H_B + \frac{\Delta H_A - \Delta H_B}{L} \cdot L_2 \tag{5-16}$$

【例5-2】 已知 M 点6月15日8时30分所测得的工作水位 $H_M = 48.121$ m，求换算到6月10日12时的同时水位。

解：其计算步骤为：

(1)由 A、B 两水位站观测手簿中查得6月15日8时30水位为 $H_A = 49.232$ m，$H_B = 47.043$ m，落差 $\Delta H = H_A - H_B = 2.189$ m，6月10日12时的水位为 $h_A = 48.938$ m，$h_B = 46.681$ m，从地形图上量出 $L = 8$ km，$L_1 = 4.06$ km，$L_2 = 3.94$ km。

(2)计算 A、B 两水位站涨数落数

$$\Delta H_A = 0.294 \text{ m}$$
$$\Delta H_B = 0.362 \text{ m}$$

(3)利用式(5-15)与式(5-16)分别计算 ΔH_M，由上游水位站推算得：

$$\Delta H_M = 0.294 - \frac{-0.068}{8.0} \times 4.06 = 0.328(\text{m})$$

由下游水位站推算进行检核，得

$$\Delta H_M = 0.362 + \frac{-0.068}{8.0} \times 3.94 = 0.328(\text{m})$$

(4)计算 M 点6月10日12时的同时水位，则

$$h_m = H_M - \Delta H_M = 47.793 \text{ m}$$

3 编制河道纵断面成果表

参见表5-16，此表是绘制河道纵断面图的主要依据。

4 绘制河道纵断面图

根据成果表绘制河道纵断面见图5-16。纵断面图一律从上游向下游绘制，垂直(高程)比例尺一般为1∶200～1∶2 000，水平(距离)比例尺为1∶25 000～1∶200 000。

表 5-16　河道纵断面成果

序号	元素名称或编号	所在图幅	里程/km 按深泓点		高程/m						备注
			间距	累距	深泓点	同时水位点(化算至年月日)	洪水位(发生日期)	河中及两岸各种地物建筑物及有关元素	堤线 左岸	堤线 右岸	
1	横 08	H-48-5-B-1	0	0	134.1	138.17	143.9 (1924. Ⅱ)	148.2 右铁	144.80	145.021	
2	横 07		0.1	1.1	133.5	137.75			144.15	44.47	
3	铁桥		0.15	1.25				147.8 右铁			
4	人民钢厂		0.80	2.05				144.6			
5	横 06		0.20	2.25	132.8	136.82	141.9 (1910. Ⅶ)		143.5	143.83	
6	清水河		0.15	2.40							
7	水 07		0.20	2.60		136.53					
8	水 6	H-48-5-B-2	0.90	3.50	131.8	136.09					
9	水 5 (河中岛)		0.20	3.70		136.02					
10	横 05		0.20	3.90	131.3	136.00			142.57	142.87	
11	水 4		0.75	4.65		135.48					
12	红水河		0.10	4.75							
13	水 3		0.10	4.85	131.0	135.39	140.22 (1924. Ⅴ)				
14	红旗镇		0.05	4.90				143.2			
15	横 04		0.25	5.15		135.17			142.20	142.34	
16	横 03		0.45	5.60	130.8	134.75			142.15	142.05	
17	水 2(险滩)	H-48-5-B-3	0.55	6.15	133.7	134.56					
18	水 1		0.25	6.40	133.7	134.41					
19	横 02		0.40	6.80	133.0	133.85	138.5 (1931. Ⅴ)	145.4 左铁	141.53	141.38	
20	洪迹点		0.75	7.55				145.8 左铁			
21	横 01		0.45	8.00	130.3	133.32			140.88	140.36	

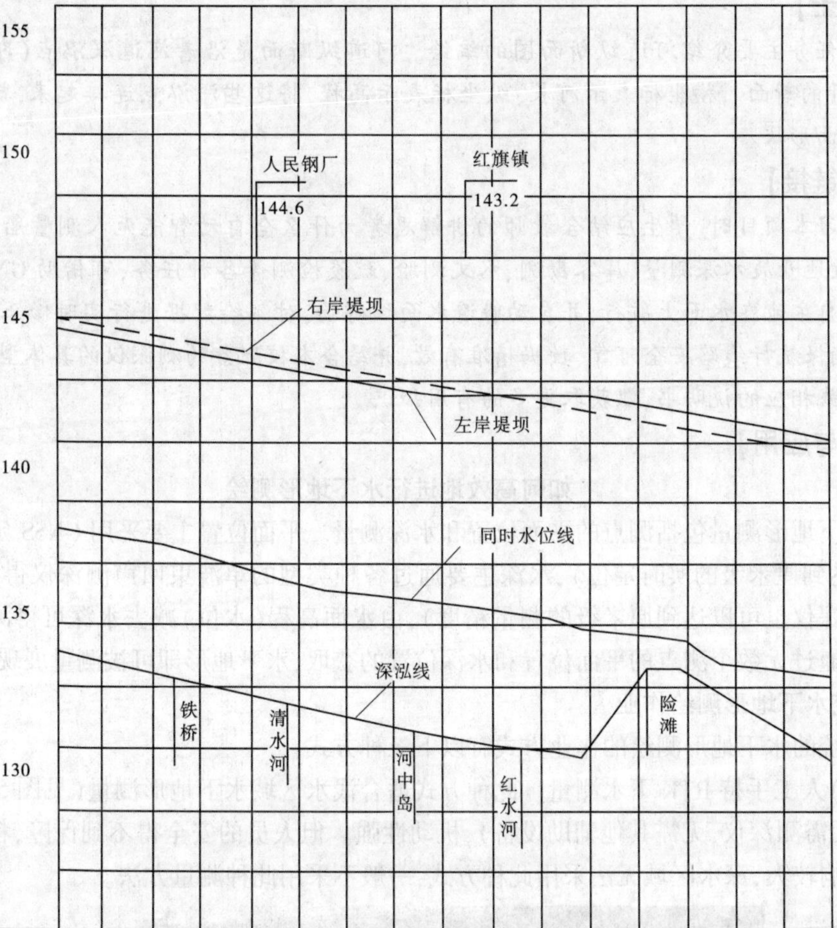

深泓线里程/km (起自8号横断面)	0	1	2					4			5		6			7		8
横断面及水位点编号	横08	横07	横06	水7	水6	水5	横05		水4	水3	横04	横03	水2	水1	横02			横01
洪水位高程	143.39 (1924.Ⅱ)		141.9 (1910.Ⅲ)						140.22		(1924.Ⅴ)					138.5	(1931.Ⅴ)	
同时水位点 (化算至1965年10月1日12时)	138.17	137.75	136.82		136.09	136.02	136.00		135.48	135.39	135.17	134.75	134.56	134.41	133.85		133.32	
深泓点高程	134.1	133.5	132.8		131.8	131.3			131.0			130.8	133.7	133.7	133.01		130.31	
左堤顶高程	144.80	144.15	143.55	136.53			142.57				142.20	142.15			141.53		140.88	
右堤顶高程	145.02	144.47	143.83				142.87				142.34	142.05			141.38		140.36	
所在图幅编号或号称	H-48-5-B-1				H-48-5-B-2								H-48-5-B-3					

水平比例尺1∶50 000

垂直比例尺1∶200

图 5-16　河道纵断面图

【小贴士】

本任务主要介绍河道纵断面图的编绘。河道纵断面是沿着河道深泓点(即河床最深点)剖开的断面。横坐标表示河长,纵坐标表示高程,将这些深泓点连接起来,就得到河底的纵断面形状。

【知识链接】

学习本项目时,学生应结合教师的讲解思考为什么全自动智能无人测量船能自动、精准、高效地开展水深测量、库容勘测、水文测验、疏浚检测等各种任务,可借助GNSS卫星定位导航自主地在水面上航行,并自动躲避水面障碍物,对测绘数据进行实时修正,信息实时传输;确保航行线路安全可靠、数据精准有效,并结合本校配备的测深仪的具体型号,自行到网上下载相应的说明书,以获取更多的有用知识。

【阅读与应用】

如何高效地进行水下地形测绘

水下地形测量包括测点的平面位置和水深测量。平面位置主要采用GNSS定位技术确定(可达到厘米级的实时定位),水深主要通过各种类型的单波束回声测深仪得到(一般高精度测深仪也可以达到厘米级的测量精度),由水面高程(水位)减去水深可得测点的水底高程。通过无数个测点的平面位置和水深位置的获取,水下地形即可被测量展现出来。

1　传统水下地形测绘作业

传统的水下地形测绘的作业方式有以下三种方式:

(1)人工手持RTK下水测量。此种方式适合浅水区域水下地形测量(见图5-17),其成本低(无需测深仪,无需其他辅助设备),机动性强。但人员的安全得不到保障,精度方面受人为影响较大,深水区域无法采用此种方式,一般不采用此种测量方法。

图5-17　人工手持RTK下水测量

(2)摩托艇搭载测深仪。此种方式适合静水窄河测量。皮划艇相对来说,携带方便,下水前进行充气即可。其适合中小静水河流水下地形测量,成本相对较低。因皮划艇较小,侧边比较圆润,测深仪难以稳定固定,且人员太多,相对船体太小,不是很安全(见图5-18)。

图 5-18 摩托艇搭载测深仪

(3)有人船侧边悬挂式。有人船搭载测深仪进行水下地形测绘是被普遍采用的一种方式(见图 5-19)。有人船因其稳定、安全的优点被大众所青睐,悬挂测深仪的方式也较容易。但有人船无法在浅滩进行测量,同时有人船一般较大,灵活性差,这样就很难按照计划线进行测量,测量下来要么多了要么少了。而且每次要提前租船,费用也较高。

图 5-19 有人船侧边悬挂式

以上三种方式适应不同的环境,也有着各自的优缺点。

2 无人船水下地形测量

无人船用来进行水下地形测量已然被大众所接受,作为水下地形测绘方式的一种补充,在很大程度上替代了传统的作业方式。自无人船问世以来,经过多年技术的积累和发展,技术趋近成熟,船的航行已表现非常稳定,现无人船的发展逐步在智能方向靠拢。无人测量船(见图 5-20)以其轻便、小巧和高效等特点,深受测绘单位的喜爱。

图5-20　无人船水下地形测量

3　单波束测深仪水下地形测绘

单波束测量一般要进行简单的后处理，将假水深或调整或删除，因单波束数据比较稀疏，需要借助第三方后处理软件，如CASS软件，输出水深断面高程图，清淤的项目一般还需要进行构建三角网，两次数据对比，算出方量。

4　多波束测深仪水下地形测绘

多波束测深系统又称为多波束测深仪、条带测深仪或多波束测深声呐等，最初的设计构想就是为了提高水下地形测量效率。与传统的单波束测深系统每次测量只能获得测量船垂直下方一个海底测量深度值相比，多波束探测(见图5-21)能获得一个条带覆盖区域内数百上万个测量点的海底深度值，实现了从"点—线"测量到"线—面"测量的跨越，其技术进步的意义十分突出，使得测量变得更加省时、省力。

图5-21　多波束测深仪水下地形测绘

项目小结

本项目主要学习了河道控制点测量、测深断面和测深点的布设、全站仪和 GNSS 测定水下地形点的平面位置、水位观测、水深测量、河道测量的成果整理、水下地形图的绘制、河道横断图测量与绘制、河道纵断面图的编绘。通过本项目的学习,学生应能对全自动智能无人测量船系统有一个系统的了解,并针对某一型号的智能无人测量船的功能有更深刻的认识,能阐述无人船载体中集成了哪些高精度传感设备。能操作某一型号的智能无人测量船进行水下测深断面线的布设、已知控制点的校核,并能根据测量得到的水底高程,自动绘制等深线。

复习和思考题

5-1 河道控制测量有哪些方法?有何特点?

5-2 测深线的方向是如何确定的?

5-3 测深仪测得的水深值,要加哪几项改正数?

5-4 如何进行水位观测?水位是动态的,怎样保持某测点的水位和水深是同步测出的?

5-5 什么叫水下地形图?等深线有何特点?

【技能训练】

一、技能训练题目及训练目的

在学习完本项目的理论学习内容之后,学生可利用课余和周末的时间,从网上下载两种全自动智能无人测量船的资料,比较两种全自动智能无人测量船的功能和作用,为以后的工作打下良好基础。

二、技能训练要求

1. 学生先从网上盲选两种以上的全自动智能无人测量船资料。

2. 学生用列表的方法分析全自动智能无人测量船的功能和作用。

3. 学生应记录碰到的问题,并向教师请教或与任课教师共同探讨。

4. 上交分析成果。

【知识拓展】

红旗渠建造过程

项目6 水库测量

项目概述

水库一般指在河流上因建筑拦河坝(或闸)所形成的人工湖。它能蓄水和调节水量。为兴修水库而进行的测量工作,称为水库测量。本项目将主要针对50 km^2 以下测区的控制测量和地形测量的基本任务与特点、水库设计和大坝施工时的库区工程测量。

学习目标

◆知识目标

1. 了解水库测量的基本任务与特点、设计水电站工程时对库区地形图精度的要求;
2. 掌握库区控制测量和淹没线测量的方法和要求;
3. 掌握汇水面积、库容的计算方法。

◆技能目标

1. 能进行库区工程控制测量;
2. 能根据设计要求进行淹没线测量,测设淹没界桩;
3. 能进行汇水面积的确定和量算以及水库库容的计算。

◆素质目标

通过了解黄河小浪底工程,培养学生对职业价值的认同感,激发学生树立自强不息的民族气节和无私奉献的敬业精神。

【课程导入】

在设计水库时,要确定水库蓄水后淹没的范围。计算水库的汇水面积和水库容积、在实地测定水库淹没界线、设计库岸加固和防护工程等。为此,需要收集或测绘1∶50 000~1∶100 000的各种比例尺的地形图;局部地区有时需要测绘1∶5 000比例尺的地形图,供设计时使用。

任务1 水库测量的基本任务与特点

在《水利水电工程测量规范》(SL 197—2013)中规定:1∶5 000、1∶10 000比例尺测图应依现行的《国家基本比例尺地形图分幅和编号》(GB/T 13989—2012)的规定编号,同时应满足《水利水电工程测量规范》(SL 197—2013)的要求。大坝是水库的重要组成部分,在技术设计和施工阶段,要进行大比例尺测图及施工测量;在运营管理阶段,要进行变形观测,所有这些测量工作在有关项目中将专门讲述。现将控制测量和地形测量的基本任务与特点介绍如下。

1 控制测量

1.1 平面控制测量

在水库的规划设计阶段,需要布设平面控制网时,可应用 GNSS 静态测量的方法布设,也可用常规的方法分为三级,即第一级为基本平面控制网,其测角中误差为±5″、±10″;第二级为图根控制网,其测角中误差为±15″、±20″;最末级为测站点,它的测角中误差为±30″、±45″,测站点可用解析法或图解法测定。需要布设基本平面网时,五等导线的点位中误差应不超过±0. 1 m。当需要进行 1 : 1 000 或更大比例尺测图时,导线点位中误差应不超过±0. 05 m。

测区内或测区附近有国家平面控制网点时,应与其联测;如果没有国家平面控制网点,则可采用独立平面坐标系。作为独立平面坐标系的起算数据,可以从国家地形图上图解控制网中某一点概略坐标和某一边的方位角;也可以测定某一点和某一边的天文经纬度及方位角,然后换算为平面坐标系;或者假定平面控制网中某一点的坐标,用罗盘仪测定某一边的磁方位角,但同一工程不同设计阶段的测量工作,应采用同一坐标系统。

1.2 高程控制测量

高程控制测量一般分为三级,即基本高程控制、加密高程控制和测站点高程。基本高程控制为四等以上水准测量,或采用 GNSS 高程拟合法和 GNSS 大地水准面精化法,它能满足大比例尺测图的基本控制。加密高程控制测量,当测图的基本等高距为 0. 5 m 与 0. 1 m 时,可布设五等水准或解析高程;当基本等高距在 2. 0 m 以上时,可布设五等水准、解析高程及图解高程;测站点高程亦可按基本等高距分别布设五等水准、解析高程、图解高程等。自国家水准点上引测高程作为起算数据时,若引测路线的长度大于 80 km,应采用三等水准;若小于 80 km,可采用四等水准。引测时应进行往返观测。

国家测绘局于 1987 年 5 月 26 日发布启用 1985 国家高程基准,较 1956 年黄海高程系小 0. 028 9 m。

个别小型水库远离国家水准点,因而不便引测时,可假定起算数据,但同一河流或同一工程的各阶段的测量工作,应当采用同一高程系统。

2 地形测量

地形测量的成图方法包括航空摄影测量、地面立体摄影测量、白纸测图和数字测图。这些成图方法,在有关课程中均已讲述,现在仅强调一下测绘地物、地貌时应满足的几点要求:

(1)应详细测绘水系及有关建筑物。对河流、湖泊等水域,除测绘陆上地形图外,还应测绘水下地形图。大坝、水闸、堤防和水工隧洞等建筑物,除测绘其平面位置外,还应测量筑坝、堤的顶部高程;隧洞和渠道则应测量底部高程;过水建筑物如桥、闸、坝等,当孔口面积大于 1 m^2 时,需要注明孔口尺寸。根据规划要求,为了泄洪或施工导流需要,对于干涸河床和可能利用的小溪、冲沟等,均应仔细测绘。

(2)应详细测绘居民地、工矿企业等。在水库蓄水前必须进行库底清理工作。如果漏测居民地的水井,就不能在库底清理时把井填塞住,水库蓄水后,就可能发生严重的漏水,影响工程的质量和效益。又如在测图时漏测了有价值的古坟、古迹等,则在库底清理工作中,有可能把这些文物漏掉,对研究祖国文化遗产将会造成损失。对工矿企业应该认真测绘,以便根据平面位置与高程确定拆迁项目,估算经济损失等。

(3)正确表现地貌元素的特征。在描绘各种地貌元素时,不仅用等高线反映地面起伏,还应尽量表现地貌发育阶段,如冲沟横断面是"V"字形,还是"U"字形。鞍部不仅要表现长度和宽度,而且应测定鞍部最低点的高程,供规划设计时考虑工程布局。对于喀斯特地貌,尤应详细测绘,以防止溶洞漏水或塌陷。

(4)水库地形测量测图比例尺可选用1∶500、1∶1 000、1∶2 000、1∶5 000、1∶10 000、1∶25 000等。同一库段测图比例尺一经选定,不宜变动。

(5)水库中小比例尺测绘,图幅宜按国际标准分幅,采用高斯正形投影坐标。比例尺为1∶25 000的测图可采用6°分带,比例尺为1∶10 000或更大比例尺的测图应采用3°分带。大比例尺测绘,图幅宜采用矩形自由分幅。测区长度小于60 km或狭长带状库区,可不进行高斯投影,采用任意平面直角坐标系统。

(6)水库地形平面定位宜采用GNSS、全站仪等先进的测量设备和方法,也可采用符合测量精度要求的测量设备和方法。

(7)水库水深测量,宜以回声测深仪测深为基本方法,测锤测深和测杆测深为辅助方法,也可采用多波束测深系统等方法测深。

(8)水库地形测量基本等高距,应符合表6-1的规定。同一图幅内,不应采用两种基本等高距。

表6-1 水库地形测量各种比例尺测图的基本等高距

测图比例尺	地形分类 平坦地	 丘陵	 山地
	等高距/m		
1:25 000	2	2或5	5或10
1:10 000	1	2或5	5或10
1:5 000	1	1或2	2或5
1:2 000	0.5或1	1	1或2
1:1 000	0.5或1	1	1或2
1:500	0.25或0.5	1	1或2

注:在比较平坦的地区,基本等高距不足以充分反映实际地形时,可以适当加密。

(9)各种比例尺地形点测图的精度,应符合表6-2的规定。

表6-2 水库地形图基本精度

地形类别	地面倾角	测点图上点位中误差/mm	测点高程中误差/m	等高线高程中误差 岸上	 水下
平坦地	<6°	0.5	±h/4	h/2	H
丘陵或山地	≥6°	0.75	±h/3	h	2h

注:1. h为基本等高距。

2. 水下地形点平面、高程中误差可按表中数据放大1倍。

(10)各种比例尺测图的碎部测点密度,应符合表6-3的规定。

(11)水库地形测量水位观测,应符合下列规定:

表 6-3 水库地形碎部测点密度

测图比例尺	岸上点间距/m	水下点间距/m	水下断面间距/m
1:25 000	200~300	150~250	300~500
1:10 000	80~150	60~100	200~250
1:5 000	50~80	40~80	80~150
1:2 000	20~40	15~25	20~50
1:1 000	10~20	12~15	15~25
1:500	5~8	5~10	8~10

注:1. 当河宽小于断面间距时,水下断面间距和测点间距均应适当加密。
2. 平滩区间水下测点间距可放宽 50%,断面间距可放宽 20%。

①水位测点或水尺零点高程可采用水准仪法、三角高程法或其他方法,以不低于五等水准精度施测。

②测区内已有水尺时可在基面考证清楚后直接采用。

③水位测点、水尺位置应能控制水位沿程及沿时序的转折变化。

(12)水库地形测量用于水下测点高程推算的水位,应符合下列规定:

①近坝库段水位落差及测时涨落变化不超过 0.1 m 时,可直接采用坝前水位。

②测区上下游水位落差及测时涨落变化不超过 0.2 m 时,可采用上下游水位与施测时间插补或直接采用平均水位。

③测区上下游水位落差及测时涨落变化超过 0.2 m 时,应采用上下游水位与施测时间合理插补。

3 水库纵、横断面测量

(1)流域规划阶段应进行全河流纵断面测量,各梯级坝址、比较坝址和特殊部位应施测横断面;水利枢纽的可行性研究阶段和初步设计阶段,应施测水库纵横断面和坝址横断面;局部河流的整治清淤、防冲、防洪、泄洪能力研究,坝址区的模型试验、水文计算、溃坝研究,已建水库内泥沙淤积的了解均应施测纵、横断面。

(2)纵断面的水位点(含深泓点)和横断面的间距,应在任务书中明确,亦可在表 6-4 规定的范围内选择。纵横断面图的制图比例尺,应根据绘制内容、测点密度、断面面积等在任务书中规定,亦可在表 6-5 中选用。

(3)水库固定断面布设,应符合下列规定:

①固定断面应布设在自坝址至最远淤积末端以上 1~2 个断面的全部库段。相邻的梯级水库,断面布设应与上级水库的尾水相衔接。

②固定断面布设应控制弯道、卡口、扩散段、收缩段、深潭段、陡坡段、最宽库段和最窄库段,同时避开支流入汇口。

③固定断面方向宜与水位变幅内的地形等高线走向垂直。

④固定断面的断面间距可为 0.5~3.0 km,宜使断面法与地形法计算的运行水位下库容相对误差在 5%以内,应能控制库区平面和纵向的转折变化,正确地反映淤积部位和形态。

⑤固定断面应与已有水文测验断面重合。

表6-4　纵断面水位点和横断面间距

阶段	测区	测区条件	纵断面水位点间距/km	横断面间距/km
流域规划	规划河流	山区段	2~3	坝址、比较坝址和特殊部位
		平原段	3~5	
可行性研究	研究工程的水库	回水段	1~3	1~3
		平水段	2~5	2~5
枢纽设计	设计工程的水库	回水段	0.5~2	0.5~2
		平水段	1~5	1~5
整治清淤、防冲、防洪、泄洪；模型试验、水文计算、溃坝研究			0.2~1	0.2~1
了解已建水库内泥沙淤积情况			0.5~10	0.5~10

注：1. 流域规划中的第一期工程(或称近期开发工程)的水库纵、横断面测量,按可行性研究的规定作业。
2. 河流弯曲多、比降大、两岸经济价值较高的地物多,其纵断面水位点和横断面应密;反之,则应稀。

⑥分期开发的水库,固定断面布设宜适用于各期需要。

⑦库区固定断面应在干支流分别布设,自大坝向上游顺序编号。断面编号一经确定,不应改变。当断面调整或增加时,应特别注意编支号,不应重复。

⑧固定断面一经布设,不宜变动。

表6-5　纵横断面图的制图比例尺

地区	图别	水平比例尺	竖直比例尺
平原	纵断面图	1:50 000~1:200 000	1:100~1:200
	横断面图	1:2 000~1:20 000	1:100
山区	纵断面图	1:25 000~1:100 000	1:200~1:1 000
	横断面图	1:1 000~1:5 000	1:200

(4)水库固定断面测图比例尺可选用1∶500、1∶1 000、1∶2 000、1∶5 000、1∶10 000、1∶25 000等。其断面测点定位精度和高程测量精度应符合表6-6的规定。

表6-6　水库固定断面测量精度表

测图比例尺	控制精度比例尺	点位中误差/(图上mm)		高程中误差/m		
		平原	山地	平原	丘陵地	山地
1:10 000	1:10 000	0.75	1.0	0.3	0.7	1.7
1:5 000	1:5 000	0.75	1.0	0.3	0.7	1.7
1:2 000	1:2 000	0.6	0.8	0.2	0.6	1.0
1:1 000	1:1 000	0.6	0.8	0.2	0.6	1.0
1:500	1:500	0.6	0.8	0.2	0.6	1.0

(5)水库固定断面测量的起点距,可采用GNSS、全站仪、激光测距仪等仪器设备及相应方法施测。

(6)水库固定断面应能控制地形转折点的变化,最大测点间距应符合表6-7的规定。

表6-7 水库固定断面最大测点间距表

测图比例	最大测点间距/m
1∶10 000	100
1∶5 000	50
1∶2 000	20
1∶1 000	10
1∶500	5

(7)水库固定断面水深测量,宜以回声测深仪测深为基本方法,测锤测深和测杆测深为辅助方法。

(8)水库固定断面水位接测,当上游、下游断面间水面落差小于0.1 m时,可数个断面接测一处;水面落差大于0.1 m时,应逐个断面接测。水位应按五等水准精度要求接测。

(9)水库固定断面宜两岸埋设永久性固定断面标志,固定断面标志平面应不低于二级图根点精度、高程应不低于五等水准精度。固定断面标志的埋设,应符合下列规定:

①固定断面标志宜埋设在水库最高设计水位以上稳定处。

②固定断面标志类型可分为石标、石柱、石刻等。一般地区均应埋石标、石柱;芦苇、树林密集及控制稀少地区宜设标志杆、架。

③埋设的固定断面标志,应绘制点之记。

(10)河流(水库)长、比降小、测量期限长的纵断面图上,应采用同时水位线。水面比降大、水位变化小、里程不长、测量期限短的纵断面图上,可以直接采用工作水位线代替同时水位线。

(11)纵断面图的编绘应按下列规定进行:

①检查地形图上的水位点横断面各有关地物的标绘位置和编号的正确性。

②根据纵断面图的用途,在地形图上绘出河流或水库的中心线或深泓线,将两岸地物投影于中心线或深泓线上。用于回水计算的水库里程应沿水库中线(正常蓄水位)时量取。

③在地形图上沿中心线或深泓线量取里程(应读至图上0.1 mm)。每段里程应独立量测两次,两次量得长度的较差与平均长度之比应不大于2%,在限差以内时取平均值。

里程的零点以设于下游为宜,即里程由下游向上游递增。

④编制纵断面成果表。

⑤采用计算机辅助绘图,或用手工绘图。里程的零点应在图纸的左边。

(12)河流或水库纵、横断面测量任务完成后,应提交下列资料:

①纵、横断面(含平面和高程控制)测量手簿。

②临时水位站水位观测手簿。

③收集利用的已有资料。

④埋石点点之记、委托保管书。

⑤计算资料(含平面、高程控制计算及同时水位换算)。

⑥标绘水位点、横断面和有关地物的地形图。

⑦平面、高程和纵、横断面成果表。

⑧断面位置图、纵断面图、横断面图。

⑨检查、验收报告和测量报告。

【小贴士】

本任务主要介绍了水库控制测量、水库地形测量和水库纵、横断面测量的过程和方法。通过该任务的学习,学生应该能掌握水库控制测量的方法和技术要求,应用 GNSS 静态测量的方法布设平面控制网。

任务2　设计水电站工程时对库区地形图精度的要求

在天然河流中,拦河筑坝,将水流集中引导。利用水能冲动水轮机以带动发电机,就可将势能转换成电能,这就是水力发电。为水力发电而修建的一系列水工建筑物和安装的机电设备,总称为水电站。

水电站的发电能力是河流开发利用的主要指标之一。其发电功率可按式(6-1)计算,即

$$N = 9.81\eta QH \tag{6-1}$$

式中　N——水电站的有效功率,kW;

η——发电机的功率系数,大型水电站一般 η 为 0.8~0.9,中型水电站 η 为 0.75~0.8,小型水电站 η 为 0.65~0.75;

Q——通过水轮机的流量,m^3/s,

H——水头,m。

从式(6-1)可知,为了确定水电站的发电能力,除功率系数 η 和水头 H 外,还须知道水的流量 Q,为了提高水电站的发电量,必须对河流的流量进行调节。这一任务将由水库来完成。水库在汛期蓄水,枯水季节按计划放出积存的水量,因此通过水轮机的总流量由河流的径流量 $Q_{河}$ 与水库蓄水泄放的流量 $Q_{库}$ 组成,即

$$Q = Q_{河} + Q_{库} \tag{6-2}$$

式中,$Q_{河}$ 是根据水文测验资料推算的,其精度主要取决于水文测验,如测量水深、水位、流速和含沙量的精度以及测量资料的影响。$Q_{库}$ 与水库蓄水量的精度有关,蓄水量是根据其精度与测图比例尺和图面质量有关,在地形图精度相同情况下,$Q_{库}$ 的精度与量算体积的方法有关。

设正常高水位的水库库容为 V,水库的死库容为 U,故水库的有效库容 $\mu = V - U$,也就是在时间 T 内通过水轮机泄空有效库容的流量,在泄空有效库容的同时河流来水体积为 ω,则总流量为

$$TQ = \omega + \mu$$

或

$$Q = \frac{\omega + \mu}{T} \tag{6-3}$$

将式(6-3)代入式(6-1),并令 $9.81\eta = k$,于是得

$$N=\frac{\omega+\mu}{T}Hk \tag{6-4}$$

将式(6-4)微分,并令有效库容μ与来水体积ω之比为ρ,转为中误差形式后,水电站功率的相对中误差为

$$\frac{m_N}{N}=\pm\sqrt{\left(\frac{m_H}{H}\right)^2+\left(\frac{m_\omega}{\omega}\right)^2\left[\left(\frac{1}{1+\rho}\right)^2+\left(\frac{\rho}{1+\rho}\right)^2\right]} \tag{6-5}$$

现根据式(6-5)分析如下:

(1)m_H/H为河流或水轮机的水头相对中误差。当m_H一定时,H愈大则比值愈小。在规划设计阶段,正常高水位的高差中误差$m_H\leqslant\pm1$ m;在技术设计阶段,规定$m_H\leqslant\pm0.5$ m;高水头与中水头的水电站,由于H值较大,所以m_H/H的数值较小。

(2)m_ω/ω为来水体积的相对中误差。它取决于长期水文测验资料及河流流量变化的幅度。在实际的水文计算工作中,根据多年观测所求得的流量均值,如果均值的相对中误差在3%~6%,就认为是可靠的,因此取其最大值,即$m_\omega/\omega=6\%$。

(3)m_μ/μ为有效库容的相对中误差。它与计算库容时所用的地形图比例尺和图面精度有关,同时与计算死库容和水量损失的精度也有关系。m_H/H与m_μ/μ两项误差的综合影响,在一般情况下,认为它等于来水体积相对中误差的±(50~100)%,即$m_\mu/\mu=1.5\%\sim6\%$。从式(6-5)可见,地形图质量与水文测验的误差,对水电站功率计算精度的影响是不同的,因为它们都与ρ值有关。

【例6-1】 如果水头相对中误差$m_H/H=2\%$,来水体积与有效库容的相对中误差$m_\omega/\omega=m_\mu/\mu=6\%$。当$\rho=\mu/\omega=4$时,求水电站功率的相对中误差。

解:由式(6-5)得

$$\frac{m_N}{N}=\pm\sqrt{(0.02)^2+\left(0.06\times\frac{1}{5}\right)^2+\left(0.06\times\frac{4}{5}\right)^2}=5.3\%$$

由计算可以看出,当水头相对中误差一定时,式中第二项即来水体积的相对中误差甚小,第三项有效库容的相对中误差占水电功率相对中误差的主要部分。为了提高水电站功率,必须减小有效库容的误差,因此对库区地形图提出了较高的精度要求。

当$\rho=\frac{1}{4}$时,即库容小、来水量大的低水头电站,或径流电站时,则

$$\frac{m_N}{N}=\pm\sqrt{(0.02)^2+\left(0.06\times\frac{4}{5}\right)^2+\left(0.06\times\frac{1}{5}\right)^2}=5.3\%$$

上式第二项,即来水体积的相对中误差大于有效库容的相对中误差,欲减小第二项误差的影响,必须提高水文测验精度,而对地形图精度要求可低些。

【小贴士】

本任务主要介绍设计水电站工程时对库区地形图精度的要求。通过该任务的学习了解,应根据水库调节方式和水电站运营情况来决定。即水头高、库容大、来水量小的水电站,对库区地形图精度要求高;水头低、库容小、来水量大的径流水电站,对地形图精度要求低。

任务3 水库淹没界线测量

大坝开始施工时,应根据水库设计的正常高水位对水库蓄水后的淹没界线进行测设工

作。测设水库淹没界线的目的,在于调查与计算由于水库的形成须迁移居民、清理库底、拆除建筑物所引起的各种赔偿,以及规划新居民点、确定防护界线和规划水库边缘的土地利用等。测设工作应由测量人员、水库设计人员配合地方移民等有关单位进行,并随测随将界桩移交给地方政府保管。

测设时应根据用途与使用期限,设立测量界桩。凡移民线和土地征用线,通过较大居民地、工矿企业、大片农田及经济价值较大的森林区等时,要埋设能长期保存和便于寻找的永久性界桩。凡保存使用到移民、清库等有关工作完成为止的,可设临时界桩。现将水库淹没线测设的准备工作、基本要求和测设方法介绍如下。

1 准备工作

在水库设计任务书中,对应测设的各种界线的高程范围、各类界柱高程表、具体目的与要求等,应有明确规定。执行库区测设任务的单位,应收集资料并鉴定有关测绘资料的可靠程度,经过实地踏勘,编制作业计划,并报主管部门审批后,方可作业。其计划内容包括:测区概况及地区类别的划分;已有高程控制情况;施测界线的地段及其精度要求;工种的进行程序、工作量的估计、劳力的组合、经费开支、仪器设备供应计划、仪器检验和有关安全措施等。

在进行水库设计时,如果大坝的溢洪道起点高程已定,则被溢洪道起点高程所围成的面积将全部被淹没。水库回水线是从大坝向上游逐渐升高的曲线,其末端与天然河流水面比降一致。在准备的测绘资料中,应将回水曲线及淹没线的高程分段注记在库区地形图上。表6-8为白河水库近期土地征用线和移民线的分段高程。

表6-8 白河水库近期土地征用线和移民线的分段高程

分段编号	分段起点与终点	各段距离/km	近期土地征用线分段高程/m	近期移民线分段高程/m
1	白河坝—王庄镇	29.35	1 532.0	1 537.0
2	王庄镇—张集乡	39.05	1 532.1	1 538.6
3	张集乡—瓦窑镇	56.40	1 532.3	1 539.8

根据分段高程,在库区内选择几个有代表性的横断面,各段以本段上游横断面高程作为测设高程。如图6-1所示,从坝轴线至回水曲线末端,将库区分为 *AB*、*BC*、*CD* 三段,各段的起点与终点、各段间距离及各段高程作为测设时的基本数据。

2 界桩测设的基本要求

2.1 界桩的布设

界桩应根据库区沿岸的经济价值和地形坡度进行布设。凡是居民地集中、工矿企业、文物古迹、军事设施地区、耕地、大面积的森林等经济价值较高以及地形坡度平缓地区,须每隔2~3 km布设一个永久性界桩。在永久性界桩之间用临时桩加密,一般加密到50~200 m有一个点。大片沼泽地、水洼地、地面坡度在20°以上的或永久冻土区、荒凉或半荒凉地区等,可以不在实地测设或根据地形图目估标定界桩位置。永久的、临时的界桩,应目估点绘于库

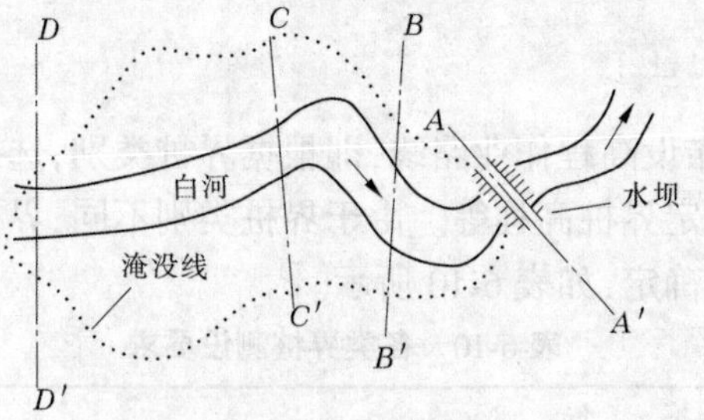

图 6-1 白河水库淹没线示意图

区地形图上,作为库区管理的基本资料。

2.2 界桩测设的精度要求

界桩高程应以界线通过的地面或地物上标志的高程为准,为便于日后检测,还应测定界桩桩顶的高程。各类界桩高程对基本高程控制点的高程中误差,不得大于表 6-9 的规定。

表 6-9 各类界桩高程中误差

界桩类别	内容说明	界桩高程中误差/m
Ⅰ类	居民地、工矿企业、名胜古迹、重要建筑物及界线附近地面倾斜角小于 2°的大片耕地	±0.1
Ⅱ类	界线附近地面倾斜角为 2°~6°的耕地和其他有较大经济价值的地区。如大片森林、竹林、油茶林、养牧场及木材加工厂等	±0.2
Ⅲ类	界线附近地面倾斜角大于 6°的耕地和其他具有一定经济价值的地区。如有一般价值的森林、竹林等	±0.3

2.3 高程控制测量

各种界桩的高程,必须与水库设计用的地形图及计算回水曲线所依据的河道纵横断面图的高程系统一致。界桩测量就是按水库淹没界线的高程范围,根据布设的高程控制点,在实地测设已知高程的界桩。测量界桩前,应先施测高程控制路线,其具体要求见表 6-9。

(1)基本高程控制测量。应根据淹没界线的施测范围和各种水准路线的容许长度确定等级,进行布设。通常在二等水准点基础上,布设三、四等闭合环线或附合水准路线。

(2)加密高程控制测量。可在四等以上水准点基础上,布设五等水准附合路线,允许连续发展 3 次,线路长度均不超过 30 km。当布设起始于四等或五等的水准支线时,其路线长度不得大于 15 km。

(3)在山区水库测设Ⅲ类界柱和分期利用的土地、清库及近期可能进行经济开发区等界线时,允许布设起止于五等以上水准点的经纬仪导线高程,其附合路线长度应小于 5 km,支线长度应小于 1 km,路线高程闭合差应小于 $0.45\sqrt{L}$(m)(L 以 km 计)。

(4)凡在水库淹没线范围以内的国家水准点,应移测至移民线高程以上。为测设界桩的方便,可在移民线之上每隔 1~2 km 利用稳固岩石或地物做出临时水准标志,并用五等水准测定其高程。

3 界桩测设

界桩测设的程序为:布设高程作业路线,即根据界桩类别,选择和布设高程测量路线;测定界桩位置;埋设界桩;测定界桩高程等。由于界桩类别不同,界桩精度要求也不同,因此测设要求应根据界桩类别来确定,如表6-10所示。

表6-10 各类界桩测设要求

界桩类别	界桩高程中误差/m	测设要求	备注
Ⅰ类	±0.1	应以五等水准转站点为后视,用水准仪以间视法或支站法测设界桩	
Ⅱ类	±0.2	(1)与Ⅰ类界桩测设方法相同; (2)在视距长度小于100 m、竖直角小于10″时,允许以五等水准转站点作后视,用全站仪或经纬仪支一站测设界桩	
Ⅲ类	±0.3	当竖直角小于10″时,可用全站仪或经纬仪导线高程转站点作后视,以间视法或支站法测设界桩	包括Ⅱ类可放宽半倍精度的界桩测设
按Ⅲ类放宽半倍精度测设的界桩	±0.45	当竖直角小于15″时,可用全站仪或经纬仪导线高程转站点作后视,以间视法或支站法测设界桩	

以高程作业路线上的任何立尺点为已知高程点,作为后视,然后用水准仪或视准轴位于水平位置的全站仪或经纬仪,设一测站,测设界桩的高程,称为支站法。超过一测站时,应往返测并闭合于原已知高程点上。

用水准仪以间视法测设界桩高程,如图6-2所示,测设步骤如下:

(1)测设转点A、B。由水准点BM_{25}起,施测水准支线,当所测高程接近界桩设计高程时,在地面设两个立尺转点A、B。

(2)计算水准仪的视线高程。

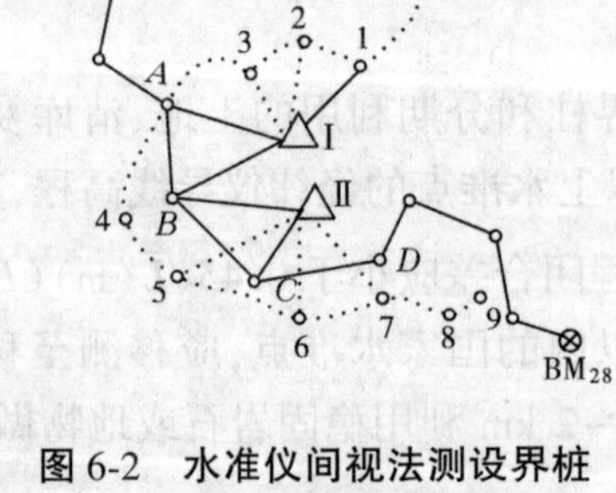

图6-2 水准仪间视法测设界桩

将仪器安置于Ⅰ点，后视转点 A 或 B，读得后视读数为 a_1 或 a_2，则视线高程 $H_{ia}=H_a+a_1$ 或 $H_{ib}=H_b+a_2$。其中，H_a 或 H_b 为转点 A、B 的高程。

(3)计算前视尺上的应有读数。设尺上的应有读数为 b，界桩的设计高程为 $H_{设}$，所以测设1号界桩时，前视尺上的应有读数为 $b_1=H_{ia}-H_{设}$。

(4)测量员指挥扶尺员在地面上移动尺子，当视线在尺面截取的读数为 b_1 时，该点就是淹没界线上的一点，立即打木桩标定。然后，测出界桩桩顶高程。依前述方法，即可测设2、3、4、…、9点。

【小贴士】

本任务主要介绍水库淹没界线的测设。通过网络查询可知，水库淹没界线根据用途分为移民线、土地征用线、土地利用线和水库清理线等。可根据实际需要，测设上述界线的一部或全部。通过该任务的学习，学生应对水库淹没界线的测设有进一步的认识。

任务4 水库库容的计算

水库的蓄水量称为库容量，简称为库容。以 m^3 为库容的基本计算单位，在实用上以亿 m^3 为单位。库容可以根据地形横断面图或地形图，采用适当的方法和工具量算。其中，用地形横断面图量算的精度较低，适用于小型水库或大中型水库的概算。以中小比例尺地形图作为量算库容的资料，其精度较高，适用于大中型水库。

1 汇水面积的确定

1.1 在地形图上确定汇水面积

水库的汇水面积，可直接在地形图上量算，而库容则由截柱体的体积来推算。在河上筑坝形成水库，因此水库往往是一个狭长的盆地，它的边缘因支流、沟叉形成不规则的形状，但可以概略地将它看成一个椭圆截面体。下面以图6-3为例介绍如何确定汇水面积。

图6-3 汇水面积范围线

在图6-3上,首先要判读坝 MN 处四周的地形起伏形态,分析降雨的流向范围,并标出降雨流向的范围线即可。所谓汇水面积范围线就是要找出其分水线。勾绘分水面积线应注意以下几点:

(1)分水线应通过山顶和鞍部,并与山脊相连。

(2)分水线应与等高线正交。

根据以上两点,自水坝 MN 的一端开始,沿着山脊线(分水线)经鞍部和山顶,以垂直于等高线的曲线连接到坝的另一端,构成一封闭曲线,封闭曲线所围成的面积即为汇水面积(图6-3中的虚线所包围的面积)。

1.2 水库库容的计算

进行水库设计时,如坝的溢洪道高程已定,就可以确定水库的淹没面积,如图6-4中的阴影部分,淹没面积以下的蓄水量(体积)即为水库的库容。

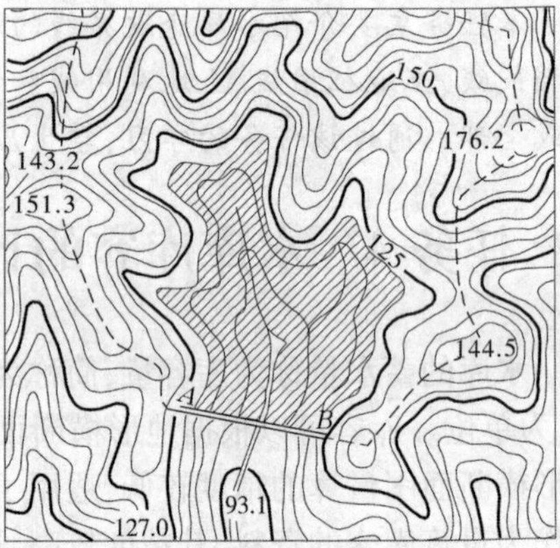

图6-4 水库的淹没面积

计算库容一般用等高线法。先求出图6-4中阴影部分各条等高线所围成的面积,然后计算各相邻两等高线之间的体积,其总和即为库容。

设 S_1 为淹没线高程的等高线所围成的面积,S_2、S_3、…、S_n、S_{n+1} 为淹没线以下各等高线所围成的面积,其中 S_{n+1} 为最低一根等高线所围成的面积,h 为等高距,h' 为最低一根等高线与库底的高差,则相邻等高线之间的体积及最低一根等高线与库底之间的体积分别为

$$V_1 = \frac{1}{2}(S_1 + S_2)h$$

$$V_2 = \frac{1}{2}(S_2 + S_3)h$$

……

$$V_n = \frac{1}{2}(S_n + S_{n+1})h$$

$$V'_n = \frac{1}{2}S_{n+1}h' \text{(库底体积)}$$

因此,水库的库容为

$$V = V_1 + V_2 + \cdots + V_n + V'_n$$
$$= \left(\frac{S_1}{2} + S_2 + \cdots + \frac{S_{n+1}}{2}\right)h + \frac{1}{3}S_{n+1}h' \qquad (6\text{-}6)$$

如果溢洪道高程不等于地形图某一等高线高程,就要根据溢洪道高程用内插法求出水库淹没线,然后计算库容。注意:这时水库淹没线与其下的第一根等高线之间的高差不等于等高距。

1.3 在地形图上确定土坝坡脚线

土坝坡脚线是指土坝坡面与地面的交线。如图6-5所示,设坝顶高程为73 m,坝顶宽度

为4 m,迎水面坡度及背水面坡度分别为1∶3及1∶2。先将坝轴线画在地形图上,再按坝顶宽度画出坝顶位置。然后根据坝顶高程、迎水面与背水面坡度,画出与地面等高线相应的坝面等高线(图6-5中与坝顶线平行的一组虚线),相同高程的等高线与坡面等高线相交,连接所有交点而得的曲线,就是土坝的坡脚线。

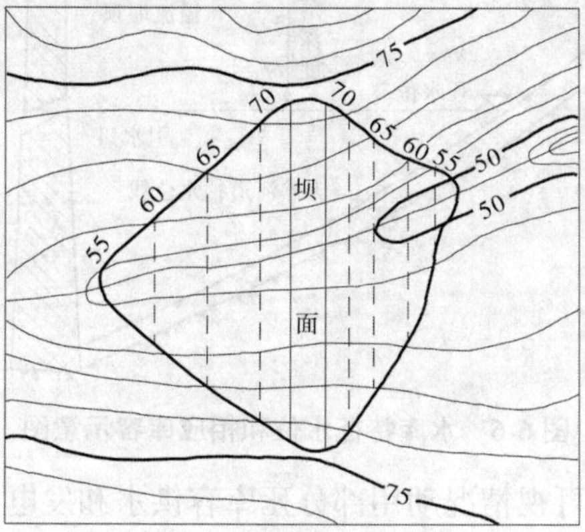

图6-5　确定土坝坡脚线

2　面积量算

在工程建设中或地籍测量中往往要测定地形图上某一区域的图形面积。如汇水面积计算、土地面积计算及宗地面积计算等,都有面积计算问题。面积计算的方法很多,可参见项目2任务6中相关内容。

【小贴士】

本任务主要是确定汇水面积,水库库容计算。通过该任务的学习,学生应该能进行水库库容的计算并在地形图上确定土坝坡脚线。

【知识链接】

学习本项目时,学生应结合教师的讲解思考水库测量中布设平面控制网时可优先采用GNSS静态测量的方法布设的原因;能根据设计要求进行淹没线、界桩测量和水库库容计算,并结合本项目自行到网上下载相应的水库工程勘察技术总结,以获取更多的有用知识。

【阅读与应用】

什么是水库的特征水位和特征库容

水库工程为完成不同时期不同任务和各种水文情况下,需控制达到或允许消落的各种库水位称为水库特征水位,如图6-6所示。水库的规划设计,首先要合理确定各种库容和相应的库水位。水库的特征水位是指反映水库工作状态的水位,是规划设计阶段确定主要水工建筑物尺寸(如坝高、溢洪道宽度、电站装机容量等)及估算工程效益的基本依据。

水库特征库容是相应于某水库特征水位以下或两特征水位之间的水库容积。

水库特征库容的主要类型有以下4种:

(1)死库容:死水位以下的水库容积,又称垫底库容。一般用于容纳水库淤沙,抬高坝前水位和库区水深。在正常运用中不调节径流,也不放空。只有因特殊原因,如排沙、检修和战备等,才考虑泄放这部分容积;在特殊枯水年水库已消落到死水位仍需紧急供水或动用

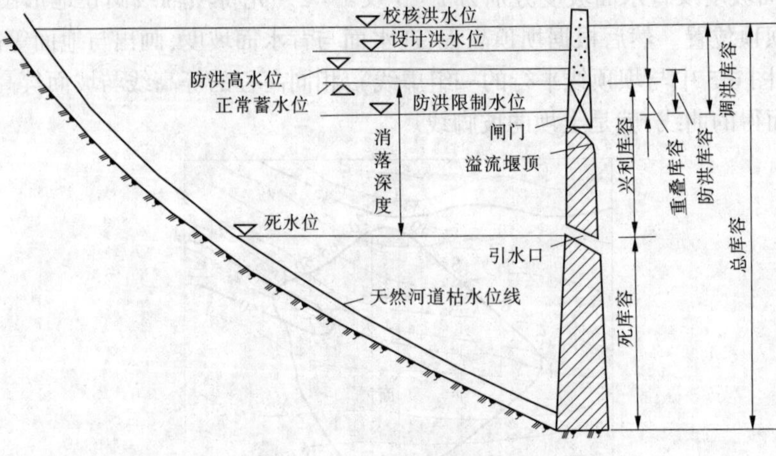

图6-6 水库特征水位和相应库容示意图

水电站事故备用容量时,也可视情况动用部分死库容供水和发电。

(2)兴利库容:亦称调节库容。指正常蓄水位至死水位之间的水库容积,用以调节径流,提高水库的供水量或水电站的出力,又称调节库容。

(3)防洪库容:防洪高水位至防洪限制水位之间的水库容积。用以控制洪水,满足水库下游防洪保护对象的防洪要求。当汛期各时段分别拟定不同的防洪限制水位时,这一库容指其中最低的防洪限制水位至防洪高水位之间的水库容积。

(4)调洪库容:指校核洪水位至防洪限制水位之间的水库容积。校核洪水位至防洪限制水位之间的水库容积,用以保证大坝安全。当汛期各时段分别拟定不同的防洪限制水位时,这一库容指其中最低的防洪限制水位至校核洪水位之间的水库容积。

项目小结

本项目主要学习了水库测量的各个内容。通过本项目的学习,可确定水库蓄水后淹没的范围。计算水库的汇水面积和水库容积、在实地测定水库淹没界线、设计库岸加固和防护工程等。收集或测绘1∶50 000~1∶100 000的各种比例尺的地形图,供设计时使用。

在水库的规划设计阶段,需要布设平面控制网时,可优先采用GNSS静态测量的方法布设,也可用常规的方法布设。测区内或测区附近有国家平面控制网点时,应与其联测;如果没有国家平面控制网点,则可采用独立平面坐标系。

高程控制测量一般分为三级,即基本高程控制、加密高程控制和测站点高程。基本高程控制为四等以上水准测量,或采用GNSS高程拟合法和GNSS大地水准面精化法,它能满足大比例尺测图的基本控制。

水库淹没界线根据用途分为移民线、土地征用线、土地利用线和水库清理线等。可根据实际需要,测设上述界线的一部或全部。大坝开始施工时,应根据水库设计的正常高水位对水库蓄水后的淹没界线进行测设工作。

界桩应根据库区沿岸的经济价值和地形坡度进行布设。凡是居民地集中、工矿企业、文物古迹、军事设施地区、耕地、大面积的森林等经济价值较高以及地形坡度平缓地区,须每隔

2~3 km 布设一个永久性界桩。

个别小型水库远离国家水准点，因此不便引测时，可假定起算数据，但同一河流或同一工程的各阶段的测量工作，应当采用同一高程系统。

复习和思考题

6-1 库区地形测量测绘地物、地貌时应满足哪些要求？

6-2 水库的淹没面积是如何确定的？

6-3 如何利用坐标法计算多边形面积？

【技能训练】

一、技能训练题目及训练目的

在学习完本项目的理论学习内容之后，学生可利用课余和周末的时间，根据某一库区地形图，确定汇水面积范围线，计算水库库容。

二、技能训练要求

1. 教师给学生配备中小比例尺地形图和电子求积仪。
2. 学生先在图上画出汇水面积范围线并用电子求积仪计算水库库容。
3. 学生应记录碰到的问题，并向教师请教或与任课教师共同探讨。
4. 上交水库库容的计算成果。

【知识拓展】

黄河小浪底水利枢纽工程

项目7 架空送电线路测量

项目概述

架空送电线路是将不同地区的发电厂、变电站与用电设备连接起来的一种传送电能的装置,其功能主要是输送或交换电能,构成各种电压等级的电力网络或配电网。测量工作在送变电线路工程建设中起着重要的作用。工程设计阶段要依据地形图和其他信息选择和确定线路路径方案,实地对路径中心进行测定,测量所经地带的地物、地貌,并绘制成具有专业特点的送电线路平断面图,为线路电气、杆塔结构设计、工程施工及运行维护提供科学依据。施工阶段还要依据上述平面图,对杆塔位置进行复核和定位并准确地测设杆塔基础位置,精确测量架空线弧垂。最后,还要对基础、杆塔、架空线弧垂的质量进行检测,确保施工质量符合设计要求,以保证送电线路的运行安全。

学习目标

◆知识目标

1. 了解路径设计方案的基本知识;
2. 掌握杆塔基坑放样和杆塔定位测量的方法;
3. 了解弧垂对安全的影响,掌握弧垂观测方法。

◆技能目标

1. 能进行架空送电线路的选定线测量;
2. 能进行杆塔基坑放样和杆塔定位测量;
3. 会选择合适的方法进行导线弧垂放样。

◆素质目标

通过了解到西电东送工程的实施的重要意义,增强学生的民族自豪感和爱国情怀,培养学生的责任与担当意识,激发学生的学习兴趣。

【课程导入】

送电线路测量工作包括选定线测量、平断面测量、交叉跨越测量和定位测量。学习本项目必须解决选定线测量、杆塔定位测量、导线弧垂放样等工作。

任务1 路径方案设计及选定线测量

1 路径方案的选择

线路路径的选择称为选线,是勘测设计工作的一个重要环节。选线的目的就是要在线路起讫点间选出一个全面符合国家项目建设的有关规范,解决所涉及与其他建设项目相互地理位置之间的协调关系,充分研究比较线路所经区域的地形、水文、地质条件,在满足上述条件的情况下,选择线路长度最短、施工方便、运行安全、便于维护的路径方案。

1.1 室内选取线路

利用小比例尺地形图或者航空摄影像片,根据线路规划建设的要求和已知起讫点的地理位置选择线路的路径走向。

选取线路时,还应考虑下列因素:已有地上、地下的建筑物和规划建设中各项工程设施的影响;应充分考虑城镇和乡村规划情况;是否经过洼地、冲刷地带、不良地质和地形复杂地带;与重要的通信设施的跨越或平行情况;除此之外,还应考虑安全运行、施工与维护、交通条件、转角和跨越已用线路长度等。要充分考虑其他规划线路路径走廊的预留问题。

对选定的几个初步方案,经过经济、技术、安全及环保等方面的综合比较,最后确定一两个较优方案,在图上标出起讫点、走向及转角位置,并计算出各拐点的坐标。该图也称为线路路径图。

1.2 实地勘察

实地勘察是根据线路路径图上已经选取出的初步方案到现场踏勘,核实地形的变化情况,从而确定方案的可行性。在踏勘的过程中可采用仪器测出线路的转角,并在线路必须通过的位置留下标记,以作为定线测量时的测量目标。对于大跨越点或拥挤地段的重要位置,还要绘制平面图。同时,应对施工运输的道路、航道、受线路影响范围内的通信线路和其他跨越物,以及线路所经地带的地质、水文等情况,进行详细的调查。

选线工作通常需携带磁罗盘、传统手持 GNSS、手持测距仪等设备到实地踏勘调绘地形图。使用多功能手持 GNSS,集成有电子罗盘、激光测距仪、数码相机等功能于一体,单机定位精度可达 5 m 以下。可以满足架空送电线路在 1∶10 000、1∶50 000 地形图上选线的需要。当遇到影响线路的路径走向的大跨越及重要交叉跨越地段、各种矿区及军事禁区地段、新建隧道等重大工程地段,并且无法直接到达目标点观测或即使到达却为 GNSS 信号盲区等情况时,利用多功能手持 GNSS 进行偏心测量和拍照取景即可完成,从而能为设计人员选出理想路径提供帮助。多功能手持 GNSS 的存储功能,可将工程终勘所经路段的起点、终点和拐点等及时记录到数据文件中,通过接口线缆下载到台式机上,进行编辑和调绘地形图。

对路径影响范围内各方面的技术原则落实后,且经现场确定其可行,再由审查部门通过,这样路径方案才能最后确定。

方案确定后,再进行终勘定线、断面测量及杆塔定位等工作。

2 选线测量

选线测量是根据已经确定的路径方案,采用测量仪器来测定线路中心的起点、直线点、转角点和终点的位置,逐点在实地确定,并用标志物标定方向。精确测定线路中心线的起点、转角点和终点间各线段的工作则称为定线测量。实际工作中定线测量通常有以下几种方法:直接定线、间接定线(矩形法、三角形法)、坐标定线、GNSS 定线。

2.1 直线定线

直线定线是采用全站仪正(盘左)、倒(盘右)镜分中法延长直线。可参考直线放样过程。

2.2　间接定线

若线路前视方向有障碍物而不能通视,可采用矩形法或三角形法等间接方法来完成直线定线。

2.2.1　矩形法定线

如图 7-1 所示,线路中直线 AB 的前视方向视线被建筑物挡住,可采用矩形法来延长直线 AB。具体做法如下:

(1)在 B 点安置仪器,后视 A 点,拨 90°,在视线方向上越过障碍物确定一点 C,量取 S_{BC}。

(2)在 C 点上安置仪器,后视 B 点,拨 90°,在视线方向上越过障碍物确定一点 D,量取 S_{CD}。

(3)在 D 点上安置仪器,后视 C 点,拨 90°,在视线方向上越过障碍物确定一点 E,量取 $S_{DE}=S_{BC}$。

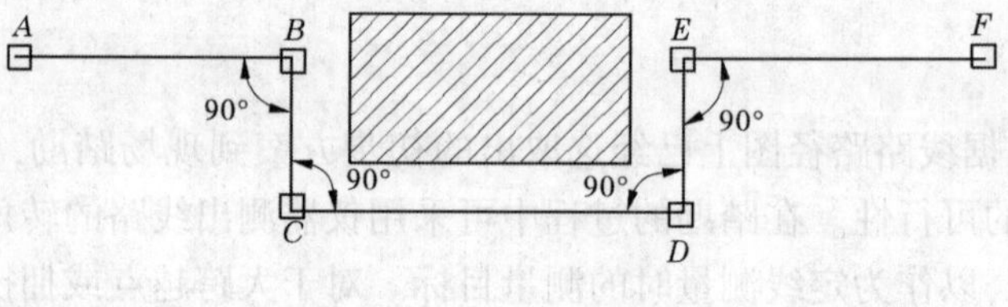

图 7-1　矩形法定线

2.2.2　三角形法定线

用三角形法延长直线的测量方法,称为三角形法。如图 7-2 所示,直线 AB 的前视方向不通视,采用三角形法测定直线 AB 的延长线,其具体施测方法如下:

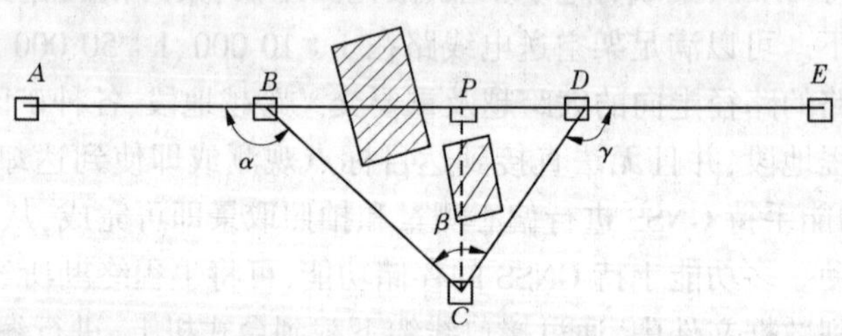

图 7-2　三角形法定线

(1)将仪器安置在 B 点,转角 α,越过障碍物,测设 BC 线段,量取 S_{BC};

(2)在 C 点安置仪器,后视 B 点,测设角 β,使视线越过障碍物;

(3)计算 S_{CD} 和 γ:

$$\frac{S_{BC}}{\sin[180° - \beta - (180° - \alpha)]} = \frac{S_{CD}}{\sin(180° - \alpha)} \tag{7-1}$$

$$\gamma = 180° - \alpha + \beta \tag{7-2}$$

(4)根据式(7-1)计算的长度 S_{CD},测定 D 点;

(5)在 D 点安置仪器,拨 γ 角,得 DE 方向,即 AB 延长线方向。

2.3　坐标定线

当线路穿越城镇规划区或拥挤地段时,转角的位置往往提供坐标数据,另外由于有附近控制点的坐标,根据这些已知数据可以反算出线路的方位角 α 和杆间的距离 S,利用全站仪采用极坐标法或坐标点法定出线路上的点。

2.4 GNSS 定线

2.4.1 坐标系统转换

我国目前广泛采用的大地测量坐标系是2000国家大地坐标系，或者以此为基准建立起来的地方坐标系。在GNSS测量中，经常要进行坐标系转换，所谓坐标系转换就是不同基准间的转换。转换方法很多，其中最常用的为七参数转换法。7个转换参数为3个平移参数、3个旋转参数和1个尺度比。

2.4.2 定线测量

GNSS实测有两个模式：一是测量，是将地面上的点通过GNSS采集以获得该点的坐标值；二是通过已知坐标值，由GNSS确定该坐标值的地面点，称为放样。

由于GNSS定线不需要点与点之间通视，而且GNSS-RTK方法能实时动态地显示当前的位置，所以施测过程中非常容易控制线路走向以及与其他构筑物的几何关系。如图7-3所示，K1和K2是两个线路的中心控制点，首先用GNSS流动站分别在这两个点上进行测量，获得K1和K2的坐标信息，将K1、K2的坐标信息设置成直线的两点，然后以该直线作为参考线，在GNSS-RTK手簿中输入面向参考方向要走的距离，在GNSS-RTK手簿的实时导航指示过程中放样线路中间点，即可完成J1和J2两点间的定线工作。

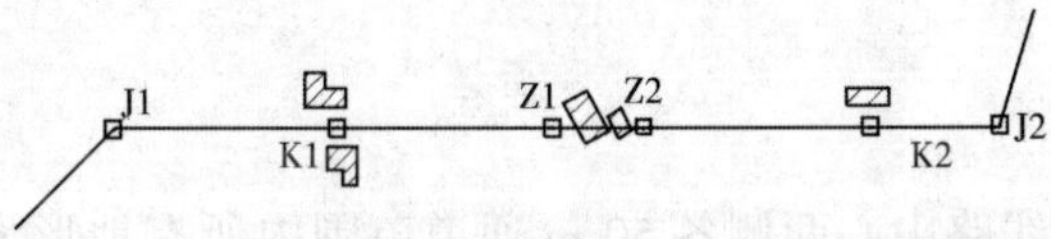

图7-3　GNSS-RTK法定线

3 标桩和角度测量

定线测量中对所有转角、直线、测站点等都要钉立标桩，并分别按顺序从线路起点开始编号。标桩要按其实际的作用和意义进行分类标识，且用汉语拼音第一个字母表示，如直线桩用“Z”，转角桩用“J”，再加编号。

直线桩和转角桩的水平角，一般以测回法观测一个测回，取其平均值，半测回之差不超过±1′。

线路的转角是指转角点两侧线路中心之间水平夹角的补角，即转角点的线路前进方向与原线路的延长线方向之间的水平夹角，如图7-4所示。转角 α 折向原线路延长线的左边，称为左转；α 角在延长线的右边，称为右转。

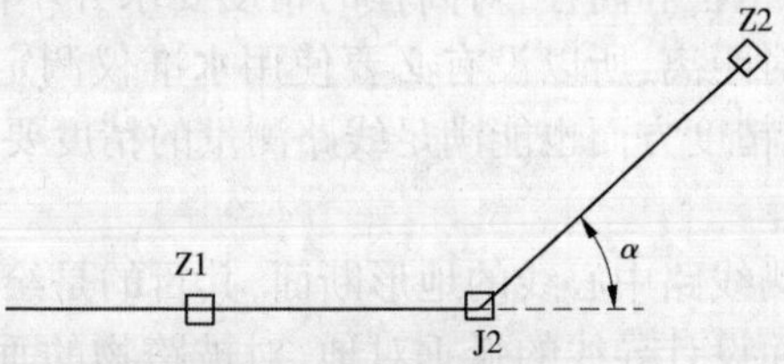

图7-4　线路的转角

采用GNSS测量，线路转角是通过两条线段的方位角计算获得的。

4　桩间距离及高差测量

线路上桩间的水平距离可用全站仪测量。采用全站仪测距时,测距长度与仪器测程和采用棱镜组有关。采用 GNSS 全球定位系统测量则与观测到的卫星数、轨道分布以及与基站间的距离有关,而与桩间距离无关。

线路上桩的高程首先利用水准测量的方法从邻近水准点引测,其他桩间的高程可用全站仪三角高程导线等方法测定。

【小贴士】

本任务主要介绍了架空送电线路的路径方案设计及选定线测量,在本任务中主要掌握选线的技术要求和定线测量的方法,重点掌握 GNSS 定线测量的方法,若有条件可参观电力企业选线、定线的过程。

任务 2　平断面测量

平断面测量的目的在于掌握线路通道里地物、地貌的分布情况,利用这些技术资料确定杆塔的形式和位置,计算导线与地的安全电气距离,为线路的电气设计和结构设计提供切实的基础技术资料。

1　平面测量

平面测量就是测出线路中心两侧各 50 m 通道范围内所有地形地物的标高及平面分布位置,对 220 kV 及以下送电线路,要求测量线路中心两侧各 20 m 以内的地物;对 220 kV 以上送电线路,要求测量线路中心两侧各 30 m 以内的地物,应采用仪器测量 ,其余范围内的地物可采用目测方法。

对线路中心两侧各 50 m 范围内的河流、建筑物、构筑物、经济作物、自然地物,以及通信线、电力线路进行平面测量,对交叉跨越测量,应与平面测量、断面测量同时进行。

2　断面测量

测出沿线路中心线及两边线方向或线路垂直方向的地形起伏特征变化点的高度和距离,称为断面测量;沿线路中心线施测各点地形变化状态,称为纵断面测量;沿线路中心线的垂直方向施测各点地形变化状态,称为横断面测量。

断面测量在精度要求较高的情况下,通常采用水准仪。架空送电线路的断面测量中,主要测定地物、地貌特征点的里程和高程,对高程的精度要求并不高,而且主要是测定各特征点与送电线路导线间的相对距离,所以没有必要使用水准仪测定。采用全站仪、GNSS 测定横断面不仅速度快,而且在精度方面也能满足线路测量的精度要求。

2.1　纵断面测量

线路纵断面测量是施测线路中心线的地形断面,其目的是绘制纵断面图,以确定杆塔的形式、高度以及其位置,从而设计导线的弧垂对地、对被跨物的垂直距离是否符合规程所规定的电气距离的要求。

2.1.1　断面点的选择

高低不平的地形,理论上有无数个断面点,所以观测断面点数的多少,决定了地形起伏的详略。断面点测得越多,绘制的断面图就越接近实际。由纵断面测量的目的可知,对于地形无明显变化或明显不能立杆塔的地面点,以及对导线弧垂没有影响的地面点,可以尽量不测。对线路跨越的地面建筑物、通信线、电力线、架空管道、水渠、冲沟以及旱地、水田、果园、桑地、沼泽地的边界等,这些断面点将会影响导线弧垂至地面距离有密切影响的地段,应适当地加密中心线观测点或者施测边导线的断面点。所以,断面点的选择应以控制主要地形变化为原则进行因地制宜的取舍。

2.1.2 断面点的施测

如图7-5所示,断面点的施测方法及步骤如下:

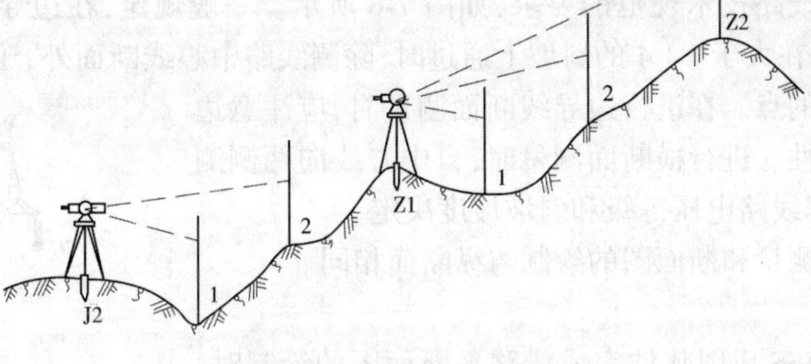

图7-5 断面点的施测

(1)标定断面方向。利用已有的控制点及设计的数据在实地标定断面方向。

(2)线路方向标定后,锁定水平制动。立尺员在断面方向上的地形变化点逐点立尺,利用仪器逐点测出其距离、竖直角的读数,并将观测值记录在表7-1中。

(3)根据在观测站对各断面的观测记录,分别计算观测站与断面点间的水平距离、高差、标高并记录于表7-1中。

表7-1 全站仪断面观测记录计算表

测站	仪器高/m	测点	棱镜高/m	竖盘读数/(° ′ ″)	平均竖直角/(° ′ ″)	水平距离/m	里程/m	高差/m	标高/m	备注
J2	1.50	1	1.6	96 15 20	−6 15 10	52.37	52.37	−5.84	94.16	J2标高100 m
		1		263 45 00						
		2	1.5	87 16 00	2 43 50	95.78	95.78	4.57	104.57	
		2		272 43 40						
		Z_1	1.6	83 54 20	6 05 30	145.34	145.34	15.41	115.41	
		Z_1		276 05 20						
Z1	1.55	(1)	0.6			6.00		0.95	116.31	左边
		(1)								
		1	2.5	95 11 40	−5 11 50	42.65	187.99	−4.83	110.58	
		1		264 48 00						
		2	1.8	86 06 40	3 53 20	92.57	237.91	6.04	121.45	
		2		273 53 20						
		Z_2	2.2	83 31 00	6 28 50	154.01	299.35	16.84	132.25	
		Z_2		276 28 40						

2.1.3　纵断面图的绘制

在送电线路测量中的断面图绘制,为了使排杆定位和各杆相互之间的距离直观明了,一般采用南方 CASS 成图软件完成。根据断面记录计算出的各断面点的里程、标高,在 CAD 图上用纵线表示标高,横线表示里程,并将各断面点以光滑曲线连接,即为纵断面图。

为了突出地形变化的特点,纵向比例尺常大于横向比例尺。送电线路断面图通常采用纵向 1 : 500、横向 1 : 5 000 的比例尺绘制。对于档距较小,且地物和交跨较复杂的地区,断面图一般采用纵向 1 : 200、横向 1 : 2 000 的比例尺。

2.2　横断面测量

测量横断面主要是考虑线路两侧边导线对地的安全距离,以及杆塔基础的施工基面,是否符合架空送电线路技术规范的要求,如图 7-6 所示。一般规定,在边导线地面高出中线 0.5 m 时,或线路在大于 1 : 4 的斜坡上通过时,除测线路中心线断面外,还须测出边导线的纵断面和横断面的点。在进行边导线断面测量时,应注意边导线位置的准确性。进行横断面测量时,自中心线向两侧测出的距离,要根据线路电压等级和斜坡坡度决定。

横断面实地测量和断面图的绘制与纵断面相同。

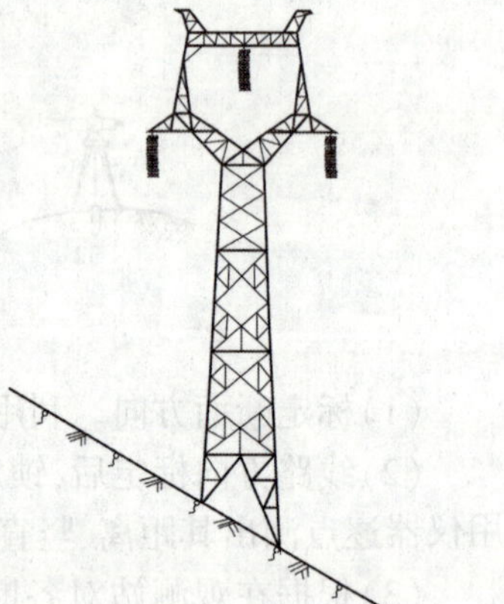

图 7-6　横断面实地测量

2.3　内业成图

使用南方 CASS 成图软件完成线路平断面图的绘制时,计算机软件平台的采用应符合下面基本技术要求:

(1)数学模型正确,计算精度必须符合相关规程的要求。

(2)野外数据采集项目齐全,功能完备,仪器实测、丈量、目估等数据均能处理,应完全代替手工记录。

(3)野外数据采集应具有检查实测数据是否超限的功能,并拒绝接收超限的实测数据。

(4)在原始记录文件中必须存储每一测点的观测值及点号。原始记录文件必须能显示打印,并便于阅读。

(5)野外采集数据的存储必须安全可靠,出现误操作或突然断电等外界干扰时,原有数据不会出错或丢失。

(6)图式符号编码应齐全、易记。

(7)非内外业一体化系统,除具有批处理图形操作功能外,应在图形支撑系统中提供交互式图形操作命令,能绘制平断面图中的所有图式符号。

(8)输出的平断面图应符合相关规程的图式要求。

(9)与送电子系统交换的信息(非图形信息和图形信息)应与其遵循共同的技术约定。软件应在成图的全过程中自动保持非图形信息与图形信息的一致性。

【例 7-1】　苏丹某地区 110 kV 架空送电线路总长约 16 km,位于苏丹首都喀土穆恩图曼地区,线路大部分靠近尼罗河岸。工程区位于北纬 10°~13°。平断面测量能用 GNSS-RTK 测量的地方均应用 GNSS-RTK 方式进行测量。在 GNSS-RTK 不能实测的地方,使用全站仪利用 GNSS-RTK 定出的方向进行断面测量。对线路中心线两侧各 50 m 范围内有影响的建(构)筑物、道路、管线、河流、水库、水塘、水沟、渠道、坟地、悬岩等,应实测并绘于平断面图上。如图 7-7 所示为输电线路的平断面图,使用南方 CASS 成图软件完成。

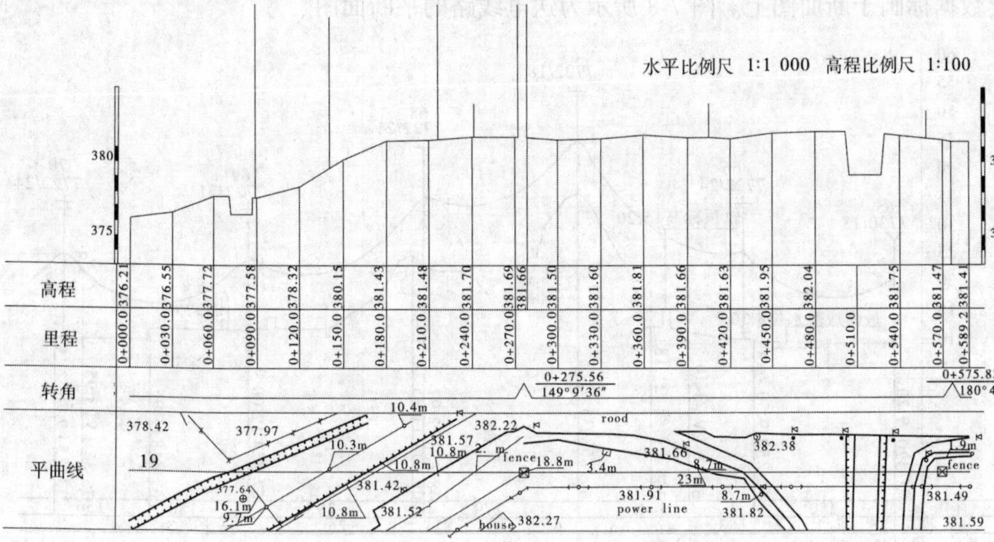

图 7-7　输电线路的平断面图

【小贴士】

本任务主要讲述了平断面测量的过程，其目的主要在于掌握线路通道里地物、地貌的分布情况，利用这些技术资料确定杆塔的形式和位置，计算导线与地面的安全电气距离，为线路的电气设计和结构设计提供切实的基础技术资料。

任务 3　杆塔定位测量

杆塔定位测量是根据已测绘的线路断面图，设计线路杆塔的型号和确定杆塔的位置，然后把杆塔位置测设到已经选定的线路中心线上，并钉立杆塔位中心桩作为标志。

1　杆塔定位

杆塔定位是送电线路设计的一个重要环节，由设计、测量、地质和水文专业人员相互配合，经图上定位和现场定位来完成。设计人员根据断面图和耐张段长度以及平面位置，估列代表档距，选用相应的弧垂模板，在断面图上比拟出杆塔大约位置，看模板上导线对地的安全距离和对交跨物的垂直距离是否满足技术规程的要求，选用适当的塔型和高度，并最大限度地利用杆塔强度设置适当的档距，同时要考虑施工、运行的便利和安全。在图上定位后，现场把图上的杆塔位置测设到线路中心线上，并进行实地检查验证。当发现塔位不合适时，可及时进行修正。再回到上述图上定位来重新排列杆塔位置，反复进行直到满足要求。图上定位和现场定位可分阶段进行，也可在现场按次序同时进行。一般采用后者，将测断面、定位、交桩三项工作在一道工序上完成。

2　定位测量

当杆塔的实地位置测设后，需对杆塔位的地面标高、杆塔位之间的距离（档距）及杆塔位的施工基面等进行测量。最后将杆塔位、杆塔高度、杆塔型号、杆塔位序号、档距及弧垂的确定数据标画于断面图上。图 7-8 所示为送电线路的平断面图。

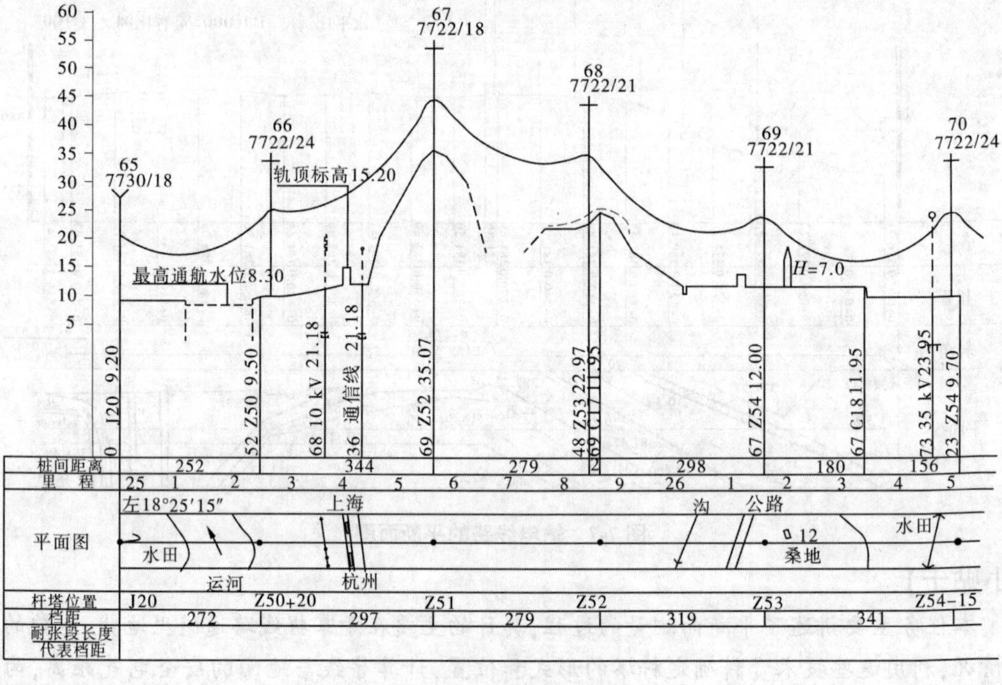

图 7-8　送电线路的平断面图

【小贴士】

本任务主要是根据已测绘的线路断面图,设计线路杆塔的型号和确定杆塔的位置,然后把杆塔位置测设到已经选定的线路中心线上,并钉立杆塔位中心桩作为标志。

任务 4　杆塔基坑放样

杆塔基础坑测量又称为分坑测量,是把杆塔基础坑的位置测设到线路指定的杆塔位上,并钉立木桩作为基坑开挖的依据。分坑测量包括分坑数据计算和基础坑位测量两个步骤。

1　分坑数据计算

一条线路上有多种杆塔类型和基础形式,同一类型的杆塔,由于配置基础形式的不同,其分坑数据也不同。

分坑测量是依据施工图设计的线路杆塔明细表的杆塔类型,查取基础根开(相邻基础中心距离)与其配置的基础形式,获得基础底面宽和坑深。在坑口放样时,还需考虑基础施工中的操作裕度和基础开挖的安全坡度,从而计算出分坑测量的数据。图 7-9 所示是铁塔的基础图的一种,图(a)为正面图,图(b)为平面布置图。

坑口尺寸是根据基础底面宽、坑深、坑底施工操作裕度以及安全坡度进行计算的,如图 7-10 所示,坑口尺寸可用下式计算:

$$a = D + 2e + 2fH \tag{7-3}$$

式中　a——坑口放样尺寸;

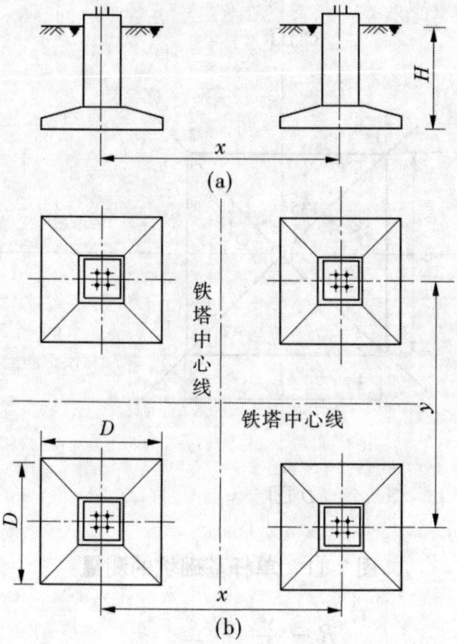

图 7-9　铁塔的基础图

D——基础底面宽度,设基础底面为正方形;

e——坑底施工操作裕度;

f——安全坡度;

H——设计坑深。

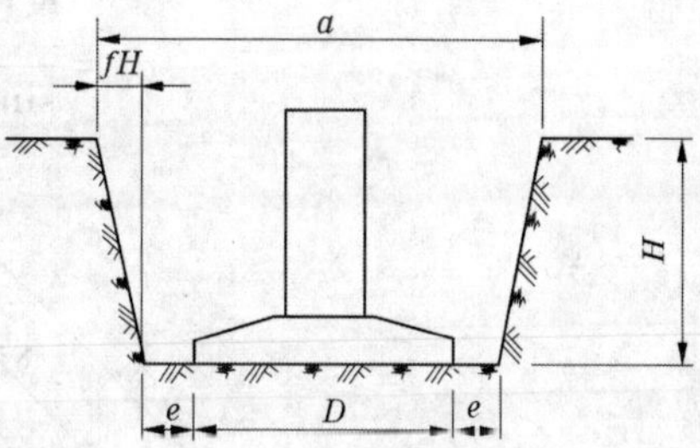

图 7-10　坑口尺寸

2　基础坑位测量

杆塔基础的形式多种多样,坑位测定的方法也各有差别。按其类型主要有杆塔基础坑和拉线基础坑两大类。

2.1　单杆基础坑的测量

单杆基础包括电杆、拉线塔以及钢管杆的主杆基础。施测方法如图 7-11 所示,将仪器安置在杆位中心桩 O 上,瞄准前后杆塔桩或直线桩,以确定线路前进方向。钉立 A、B 辅助桩,将水平度盘置零,转动仪器角度分别为 45°、135°、225°、315°,在视线方向量取$\frac{\sqrt{2}}{2}a$,得四个点即为单杆基础坑的四顶点标志。

2.2　直线双杆基础坑的测量

如图 7-12 所示,x 为两基础中心之间的距离,称为基础的根开。通过基坑顶点 1、3 对角线与线路方向交点来进行基坑的测定,在顺线路方向上钉立分坑控制桩 E,设 $R=OE=\frac{x}{2}$,则

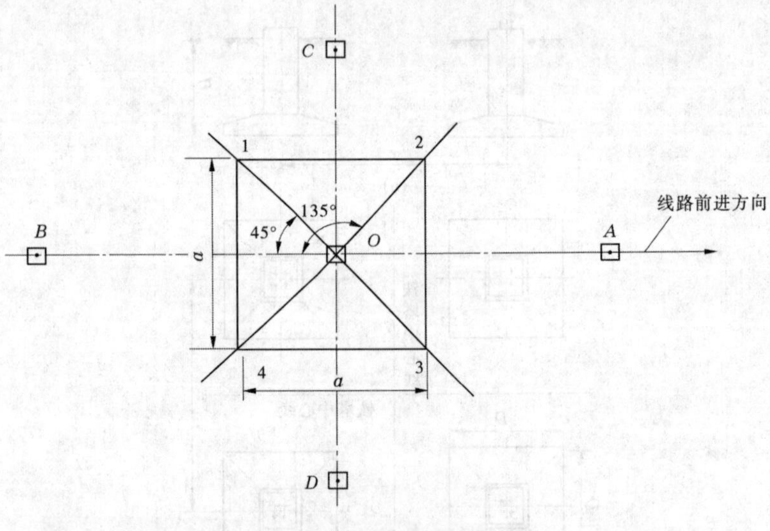

图 7-11　单杆基础坑的测量

$$\left.\begin{aligned} d_1 &= \frac{R - \dfrac{a}{2}}{\sin 45^\circ} = \frac{\sqrt{2}}{2}(x - a) \\ d_2 &= \frac{R + \dfrac{a}{2}}{\sin 45^\circ} = \frac{\sqrt{2}}{2}(x + a) \end{aligned}\right\} \tag{7-4}$$

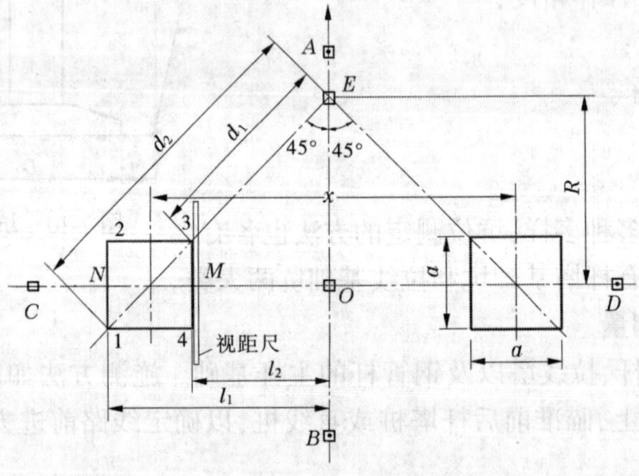

图 7-12　直线双杆基础坑的测量

将仪器移到分坑控制桩 E 点安置,使望远镜对准 B 桩方向,水平旋转 45°,量取 d_1 距离得到 3,d_2 距离取得 1。截取尺长 $2a$,将尺子两端固定于 1、3 两点上,使其中点处构成直角,并拉紧拉平,得正方形 2、4 两点的位置。再分别钉桩,即左侧基坑口放样工作。

重复上述方法,可量出右侧基坑口的位置。即完成了无转达角双杆基础坑的测量工作。

【小贴士】

本任务主要介绍分坑测量的方法,是把杆塔基础坑的位置测设到线路指定的杆塔位上,并钉立木桩作为基坑开挖的依据。分坑数据计算是本任务的重点,分坑测量包括分坑数据计算和坑位测量两个步骤。

任务 5　拉线放样

在杆塔组立前,要正确地测定拉线坑的位置,才能使拉线符合设计要求,以保证杆塔的稳定和电气距离的安全。拉线坑的位置与横担轴线之间的水平角,以及拉线对杆轴线的夹角(对地夹角)有关。拉线的形式有四方形、V 形、X 形和“八”字形等。

1　V 形拉线长度计算与拉线坑位测量

图 7-13(a)、(b)是直线杆 V 形拉线的正面图和平面布置图。图中 h 为拉线悬挂点至杆轴与地面交点的垂直高度,a 为拉线悬挂点与杆轴线交点至杆中心线的水平距离,H 为拉线坑深度,D 为杆塔中心至拉线坑中心的水平距离。

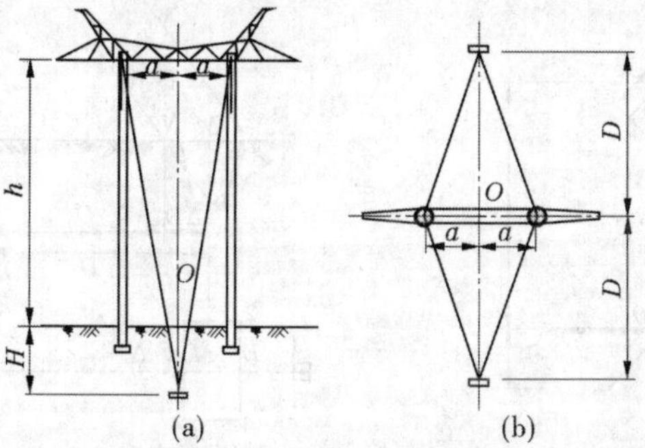

图 7-13　直线杆 V 形拉线的正面图和平面布置图

如图 7-13 所示,拉线坑分布于横担前、两侧,同侧两根拉线合盘布置,并在线路的中心线上,成前后、左右对称于横担轴线和线路中心线。由此,对同一基拉线杆,因为 h 不变,若当杆位中心 O 点地面与拉线坑中心地面水平时,图 7-13(b)中的两侧 D 值应相等;当杆位中心 O 点地面与拉线坑中心地面存在高差时,两侧 D 值不相等,则拉线坑中心位置随地形的起伏使线路中心线移动,拉线的长度也随之增长或缩短。

由图 7-14 中可知:

$$\varphi = \arctan \frac{D}{h + H} \tag{7-5}$$

无论地形如何变化,φ 角必须保持不变,所以当地形起伏时,杆位中心 O 点至 N 点之间的水平距离 D_0 和拉线长 L 也随之变化。

如图 7-14 所示,O_1 是两拉线悬挂点间的中心,φ 是 V 形拉线杆轴线平面与拉线平面之间的夹角,P 点是两根拉线形成 V 形的交点,M 点是 P 点的地面位置(坑位中心),N 点是拉线平面中心线 O_1P 与地面的交点(拉线出土位置),其他符号的含义与图 7-13 相同。由图 7-14 的几何关系可得出:

$$\left.\begin{aligned}
D_0 &= h\tan\varphi \\
\Delta D &= H\tan\varphi \\
D &= D_0 + \Delta D = (h + H)\tan\varphi \\
L &= \sqrt{O_1P^2 + a^2} = \sqrt{(h + H)^2 + D^2 + a^2}
\end{aligned}\right\} \tag{7-6}$$

式中　D_0——杆位中心至 N 点的水平距离;

ΔD——拉线坑中心桩至 N 点的水平距离;

L——拉线全长;

h——O_1 与 M 点的高差。

如图 7-15 所示,将仪器安置在杆位中心桩 O 点上,望远镜瞄准顺线路 A 点辅助桩,在视线方向上,用尺子分别量取 $ON=D_0$、$NM=\Delta D$,即得到 N、M 两点的位置。然后在望远镜的视线上量取 $ME=MF=a/2$,得 E、F 两点。以 E、F 为基准,在垂直方向量各取 $b/2$,得 1、2、3、4 四点,该拉线坑位放样测量完成。

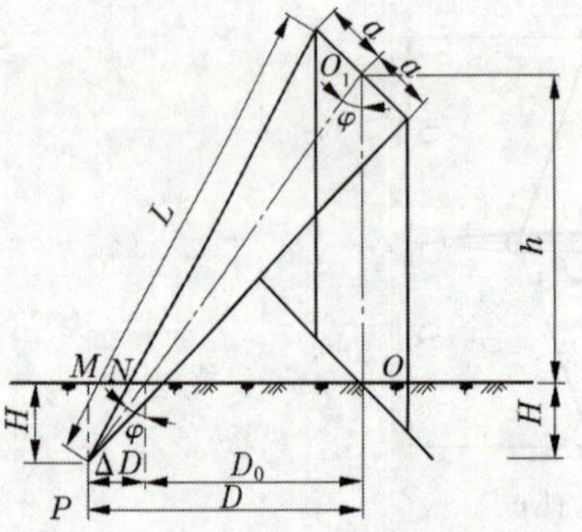

图 7-14　拉线长度公式的推导图

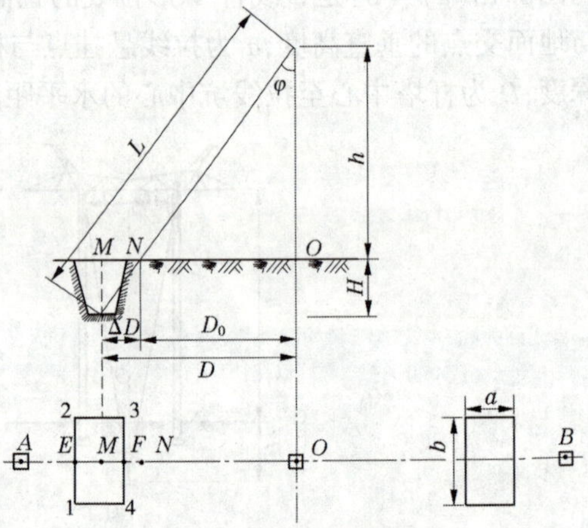

图 7-15　拉线坑位放样测量

2　X 形拉线坑位测量和拉线长度计算

图 7-16(a)、(b)是 X 形拉线的正面图和平面布置图。图 7-16(a)中 h 为拉线悬挂点至地面的垂直高度,φ 为拉线与杆轴线垂线间的夹角,a 为拉线悬挂点与杆轴交点至杆中心的水平距离,H 为拉线坑深度;图 7-16(b)中 β 角是拉线与横担轴线在水平方向的夹角,O_1,O_2 两点为拉线与横担轴线的交点,D 为拉线坑中心与 O_1、O_2 间的水平距离,O 点是拉线杆位中心桩标记。

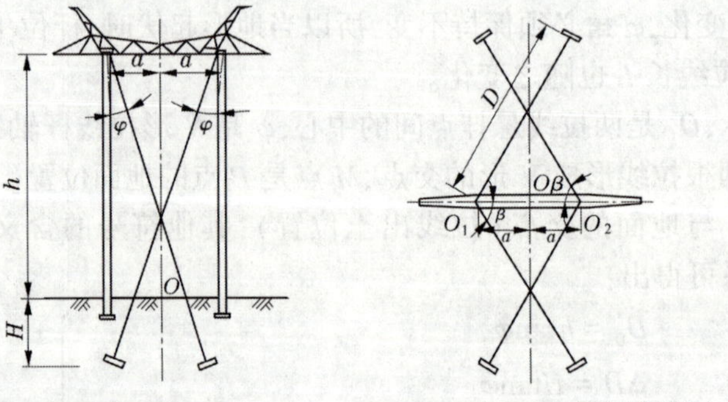

(a)X形拉线的正面图　　(b)X形拉线的平面布置图

图 7-16　X 形拉线

图7-17是平坦地形直线杆X形拉线中一根拉线的纵剖视图。图中 D_0 是拉线悬挂点 O_1 至拉线与地面交点 N 的水平距离，ΔD 是 N 点到拉线坑中心 M 点的水平距离，D 是 O_1 点到拉线坑中心 M 点的水平距离，M 点是拉线坑中心 P 在地面上的位置，L 表示一根拉线的全长。

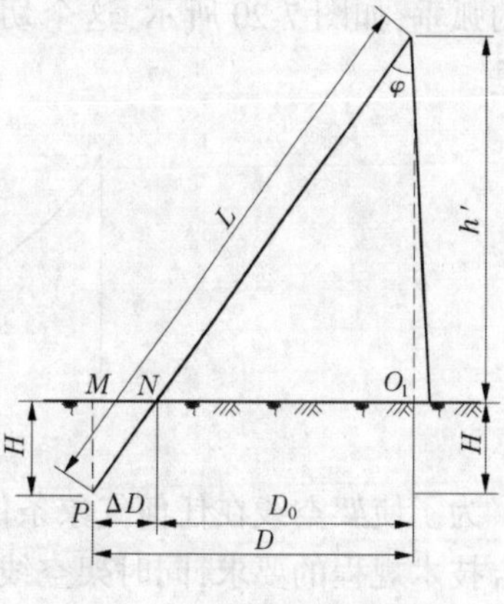

图7-17 拉线的纵剖视图

如图7-17所示，设 O_1、N、M 三点位于同一水平线上，则由几何原理得出如下关系

$$\left.\begin{aligned} D_0 &= h'\tan\varphi \\ \Delta D &= H\tan\varphi \\ D &= D_0 + \Delta D = (h' + H)\tan\varphi \end{aligned}\right\} \tag{7-7}$$

由图7-16(b)可以看出，X形拉线布置在横担的两侧，且每一侧各有两个拉线坑，对称分布，每根拉线与横担的夹角均为 β。因此，其分坑测量在具体操作方法上，与V形拉线的分坑测量有所不同。

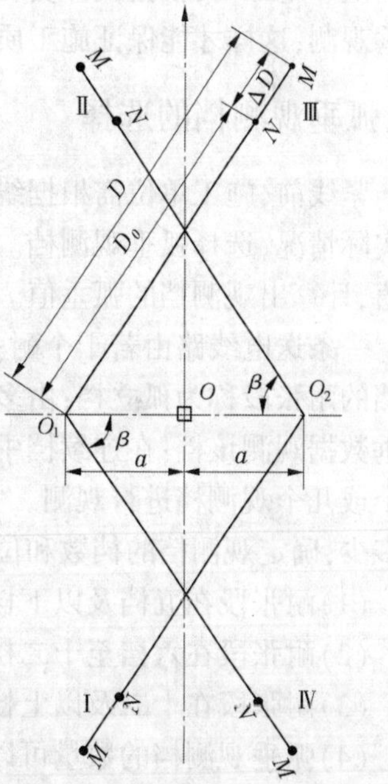

图7-18 X形拉线分坑测量

如图7-18所示，设图中的4个拉线坑中心地面位置，都与杆位中心桩处地面等高。拉线基础坑分坑测量的方法如下所述：

(1)在 O 点上安置仪器，在线路垂直方向设置横线路方向，量取 $OO_1=OO_2=a$，确定 O_1、O_2 的位置。

(2)分别在 O_1、O_2 上架设仪器，拨 β 或 2β 角，定出Ⅰ、Ⅱ、Ⅲ、Ⅳ四条直线。

注意：为防止拉线相互摩擦，而导致钢绞线磨损，一般使两角相差1°，使拉线坑位的 N 点到 O_1 或 O_2 点的水平距离 D_0 加长或缩短0.3 m左右。

【小贴士】

本任务主要介绍了拉线放样，通过该任务的学习，学生应了解拉线坑中心位置会随地形的起伏使线路中心线移动，拉线的长度也会随之增长或缩短。学生应掌握拉线长度计算和拉线坑定位测量的方法。

任务6 导线弧垂的放样与观测

架空线弧垂是指以杆塔为支持物而悬挂起来的呈弧形的曲线。架空线任一点至两端悬挂点连线的铅垂距离，称为架空线该点的弧垂。

架空线弧垂，用 f 表示。在架空线档距内，当两端悬挂等高时，其最大弧垂处于档距中点，如图7-19所示；当两端悬挂点不等高时，两悬挂点高差为 h，其最大弧垂是指平行于两悬挂点连线的直线 A_1B_1 与架空线相切的切点到悬挂点连线之间的铅垂距离，即平行四边形切点的弧垂,如图7-20所示,这个切点仍位于档距中央。所以,架空线最大弧垂也称为中点弧垂。

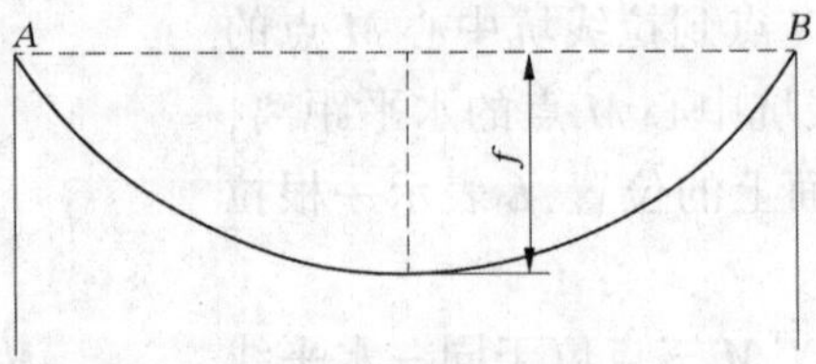

图7-19　架空线弧垂

为了使架空线在任何气象条件下,都能保证导线接地,以及与被交叉跨越物的电气距离符合技术规程的要求;同时架空线对杆塔的作用力必须满足杆塔强度条件。因此,设计时根据所在地区气象、架空线参数、档距及悬挂点高差等条件,通过一系列计算,确定架线适当的弧垂值。施工时,根据设计资料以及现场实际情况,计算出观测档的弧垂值f,并进行精确的弧垂观测,这样才能保证施工质量,从而提高线路的安全。

1　弧垂观测档的选择

紧线前,施工单位需根据线路塔位明细表中耐张段的技术数据、线路平断面定位图和现场实际情况,选择弧垂观测档。根据耐张段的代表档距,按不同温度给出的代表档距下的弧垂值,计算出观测档的弧垂值。

一条送电线路由若干个耐张段构成,每一个耐张段至少由一个档或多个档组成,仅有一个档的耐张段称为孤立档;由多个档组成的耐张段,称为连续档。孤立档按设计提供的安装弧垂数据观测该档;在连续档中,并不是每个档都进行弧垂观测,而是从一个耐张段中选择一个或几个观测档进行观测。为了使整个耐张段内各档的弧垂都达到平衡,应根据连续档的多少,确定观测档的档数和位置。对观测档的选择有下列要求:

(1)耐张段在五档及以下档数时,选择靠近中间的一档作为观测档。

(2)耐张段在六档至十二档时,靠近耐张段的两端各选取一档作为观测档。

(3)耐张段在十二及以上档数时,靠近耐张段的两端和中间各选取一档作为观测档。

(4)弧垂观测档的数量可以根据现场条件适当增加,但不得减少。

2　弧垂观测

架空弧垂观测的方法有异长法、角度法、等长法和平视法。在实际操作时,为了操作简便及不受档距、悬挂点高差在测量时所引起的影响,减少观测时大量的现场计算量以及掌握弧垂的实际误差范围,应首先选用异长法和等长法。当客观条件受限制,不能采用异长法和等长法观测时,可选用角度法观测。在上述三种方法不起作用时,可考虑平视法。

2.1　异长法

异长法观测架空线弧垂,如图7-20所示,A、B是观测档内不联耐张绝缘子串的架空线悬挂点,A_1B_1是架空线的一条切线,其与观测档两侧杆塔的交点分别为A_1、B_1。a和b分别为A至A_1点,B至B_1点的垂直距离,f是观测档所要观测的弧垂计算值。

异长法观测架空线的弧垂是一种不用经纬仪观测弧垂的方法。在实际观测时,将两块长约2 m、宽为10~15 cm红白相间的弧垂板水平地绑扎在杆塔上,其上缘分别与A_1、B_1点

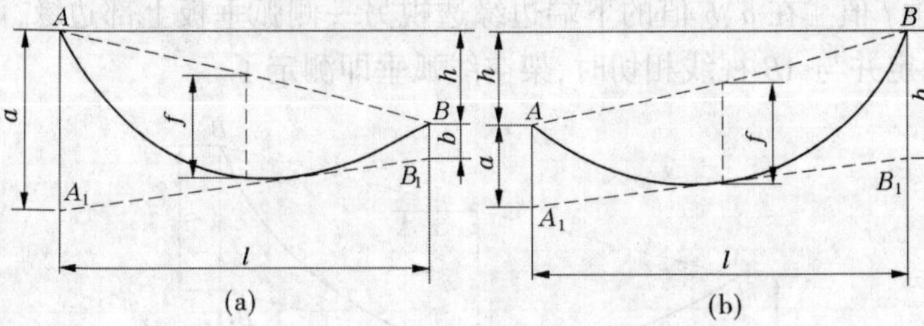

图 7-20 异长法观测架空线弧垂

重合。当紧线时,观测人员目视两弧垂板的上部边缘,待架空线稳定并与视线相切时,该切点的垂度即为观测档的待测弧垂 f 值。

异长法观测弧垂方法是以目视或借助于低精度望远镜进行观测,由于观测人员视力的差异及观测时视点与切点间水平、垂直距离的误差等因素,因此本观测法一般只适应于档距较短、弧垂较小以及地形较平坦、弧垂最低点不低于两侧杆塔根部连线的情况。

2.2 角度法

角度法是用全站仪测竖直角观测弧垂的一种方法。对于大档距、大弧垂,以及架空线悬挂点高差较大的观测档,采用该法较为方便,并容易满足弧垂的精度要求。根据观测档的地形条件和弧垂大小,可选择档端、档侧任一点、档侧中点、档内及档外任一种适当的方法进行观测。其中,档端角度法使用最多,其他几种方法因计算工作量较大,故很少使用。

档端角度法的作业原理为:如图 7-21(a)、(b)所示,将仪器安置在架空线悬挂点的垂直下方,用测竖直角测定架空线的弧垂。紧线时,调整架空线的张力,使架空线稳定时的弧垂与望远镜的横丝相切,观测档的弧垂即为确定。

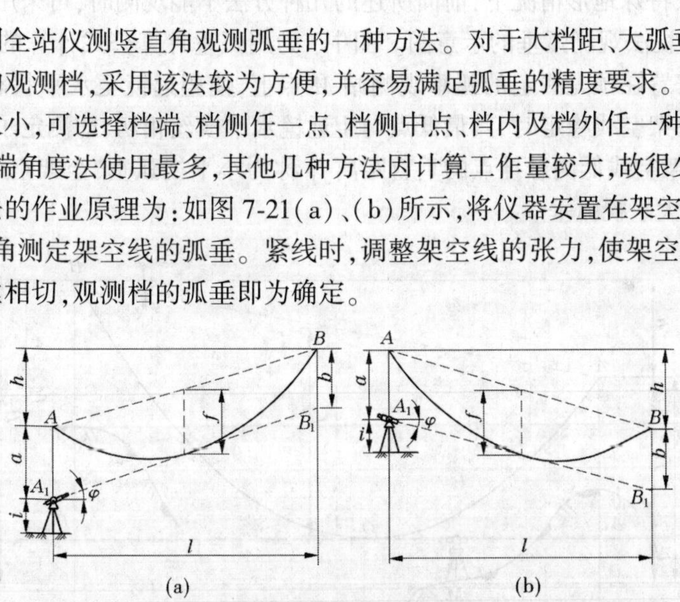

图 7-21 档端角度法观测架空线弧垂

由图 7-21 可知,弧垂的观测角 φ 为

$$\varphi = \arctan \frac{\pm h + a - b}{l} \tag{7-8}$$

式中 φ——观测竖直角,当仪器在低的一侧时,式中 h 取"+"号,当仪器在高的一侧时,式中 h 取"-"号,计算出的 φ 角,正值为仰角,负值为俯角;

a——仪器横轴中心至架空线悬挂点的垂直距离;

b——仪器横丝在对侧杆塔悬挂点的铅垂线的交点至架空线悬挂点的垂直距离。

2.3 等长法

等长法又称为平行四边形法,也是一种用目视观测弧垂的方法,如图 7-22 所示。观测时,自观测档内两侧杆塔的架空线悬挂点 A 和 B 分别向下量取垂直距离 a 和 b,并使 a、b 等

于所要测定的弧垂 f 值。在 a、b 值的下端边缘透视另一侧弧垂板上部边缘,调整架空线的张力,当架空线稳定并与 AB 视线相切时,架空线弧垂即测定了。

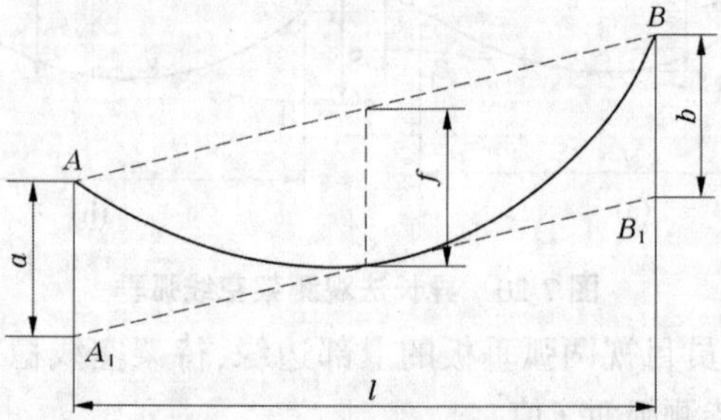

图 7-22　等长法观测弧垂

2.4　平视法

平视法是采用水准仪或经纬仪使望远镜视线水平地观测弧垂的方法。在架空线经过大高差、大档距以及特殊地形情况下,前面所述的几种方法不能观测时,可采用本法观测。

图 7-23 为平视法观测弧垂的示意图。图中 f 为用弧垂计算公式计算的观测档弧垂值。观测时,将仪器安置在预先测定的弧垂观测站 M 点上,使望远镜至水平状态。紧线时调整架空线的张力,待架空线稳定时,其最低点与望远镜水平横丝相切,即测定了观测档的弧垂。仪器横轴中心至架空线低侧悬挂点的垂直距离 f_1 称为小平视弧垂,至架空线高侧悬挂点的垂直距离 f_2 称为大平视弧垂。

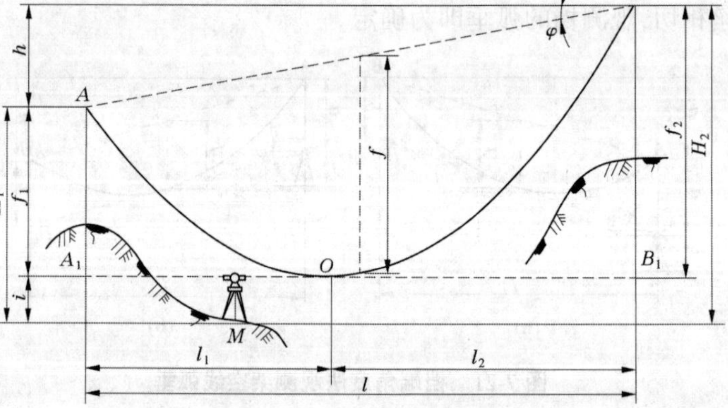

图 7-23　平视法观测弧垂

当悬挂点的高差 h 值小于 4 倍弧垂 f 值时,才可使用平视法观测弧垂,否则,就不能使用本法观测了。

3　弧垂检查

架空线路工程竣工后,应对导线、避雷线的弧垂进行复核检查,其结果应符合现行技术规范《110 kV~750 kV 架空输电线路施工及验收规范》(GB 50233—2014)的规定。相间弧垂允许不平衡最大值如表 7-2 所示。

表7-2 弧垂允许偏差表

线路电压等级	110 kV	220 kV 及以上
允许偏差	+5‰,-2.5‰	±2.5‰

下面介绍用异长法、档端角度法和档侧中点角度法检查弧垂的方法。

3.1 异长法检查弧垂

用异长法观测弧垂,是根据观测档的弧垂 f 计算值,选定适当的 a 值,计算出 b 值。而检查弧垂时,根据 a、b 值反过来推算实际弧垂 f 值。检查方法如图7-24所示,在检查档一侧选定适当的 a 值,作为观测点,如图中的 A_1 点,水平绑扎一块弧垂板,从弧垂板的上部边缘透视架空线弧垂 O 点,使 AO 视线的延长线相交于另一侧杆塔 B 处,量出架空线悬挂点 B 至 B_1 点的垂直距离 b 值,则该档的实际弧垂值按下式计算

$$f=\frac{1}{4}(\sqrt{a}+\sqrt{b})^2 \tag{7-9}$$

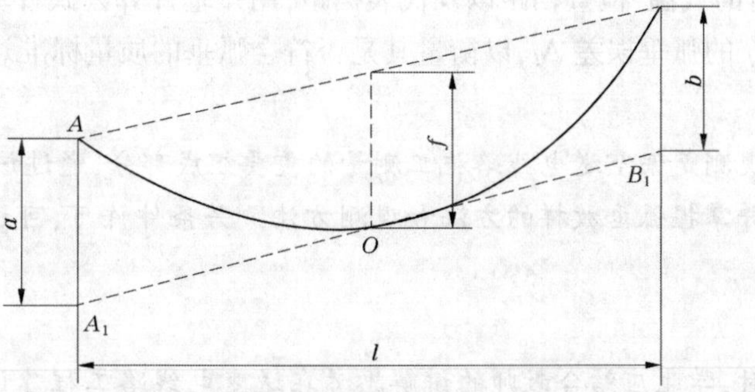

图7-24 异长法检查弧垂

以导线为例,如果所检查的三相导线水平排列,只需检查一相导线的弧垂 f 值;如果不是水平排列,则应分别测出 b 值,并分别计算 f 值,然后与该档的标准弧垂相比较,以判定弧垂是否符合质量标准。

3.2 档端角度法检查弧垂

采用档端角度法检查弧垂,先测出实际弧垂观测角值,然后反算出检查档的实际弧垂 f 值,检查其实际弧垂值与该气温时计算弧垂值的误差是否符合表7-2的规定。检查方法及步骤如下:

(1)将仪器安置在架空线悬挂点 A 的垂直下方,如图7-25所示。量出 A 点至仪器横轴中心的垂直距离 a 值,及实测检查档的水平距离 l。

(2)使望远镜视线瞄准对侧架空线的悬挂点 B,用测竖角的方法测出图中的竖直角值;再使望远镜视线与架空线弧垂相切,测出平均竖角值,则图中的 b 及 f 值按下式计算:

$$b-l(\tan\varphi_1-\tan\varphi) \tag{7-10}$$

将式(7-10)代入式(7-9)中得:

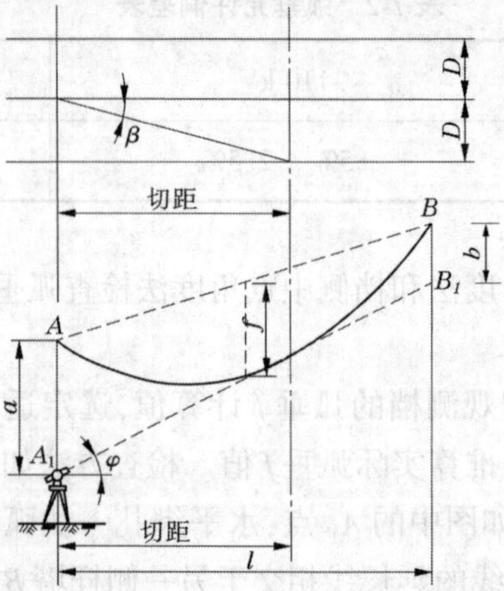

图 7-25　导线水平排列时档端角度法观测弧垂

$$f = \frac{1}{4}(\sqrt{a} + \sqrt{b})^2 = \frac{1}{4}[\sqrt{a} + \sqrt{l(\tan\varphi_1 - \tan\varphi)}]^2 \quad (7\text{-}11)$$

(3)按检查时的气温、检查档距以及代表档距,用弧垂计算公式计算出检查档的计算弧垂 f_x 与实测弧垂 f 的弧垂误差 Δf,以衡量其是否符合弧垂的质量标准。

【小贴士】

弧垂放样与观测是架空送电线路施工测量的重要组成部分,通过该任务的学习,学生应学会弧垂的定义并掌握弧垂放样的方法和观测方法。若条件许可,可进行一次弧垂测量或放样工作。

【知识链接】

学习本项目时,学生应结合教师的讲解思考在送变电线路工程建设中测量工作的重要作用,如何确定线路的基本走向,论证规划设计的可行性;如何确定线路路径方案,绘制送电线路平断面图,对杆塔位置进行复核和定位,对架空线弧垂要精确测量;如何确保施工质量符合设计要求,以保证送电线路的运行安全。

【阅读与应用】

西电东送工程

西电东送工程是西部大开发的标志性工程,也是西部大开发的骨干工程。“西电东送”指开发贵州、云南、广西、四川、内蒙古、山西、陕西等西部省区的电力资源,将其输送到电力紧缺的广东、上海、江苏、浙江和京、津、唐地区。

实施西电东送是由中国能源资源和电力负荷的不均衡性决定的。中国地域辽阔,能源资源分布极不均匀,煤炭资源的69%集中在“三西”地区(山西、陕西和内蒙古西部)和云南、贵州,水能资源的77%分布在西南和西北地区。经济较发达的东部沿海地区能源资源匮乏,用电负荷却相对集中。开发西部的水电和煤炭资源,实施西电东送是中国电力工业发展的必然选择,是变西部资源优势为经济优势,满足东部地区电力需求,促进东、西部地区协调发展的重要举措。

2000年,贵州、云南的第一批西电东送电力项目开工建设,标志着我国西电东送工程全面启动。西电东送工程是中国实施西部大开发战略,将西部地区资源优势转化为经济优势的重大举措,是西部大开发的标志性工程和骨干工程,由南、中、北三大通道构成,从2001年到2010年预计总投资在5 300亿元以上(不包括三峡电站)。南通道是指开发西南地区水电和云南、贵州的火电,相应建设输电工程联合向广东送电。中通道是指以三峡电力送出为龙头,将输电网络向西延伸至长江上游地区,实现川渝和华中地区共同向华东、广东送电。北通道是指在山西北部、内蒙古西部向京津唐地区送电的基础上,逐步实现黄河上游水电和"三西"地区火电向华北、山东地区送电。截至2008年底,西电东送三大通道送电能力已达6 318万kW,其中,南通道2 018万kW,中通道1 750万kW,北通道2 550万kW。

"十五"期间,国家批准了第二批西电东送项目开工建设,其中包括装机容量420万kW的广西红水河龙滩水电站和北通道火电项目。西电东送南通道新增向广东送电1 000万kW,其中,云、贵地区向广东送电700万kW,三峡及华中地区向广东送电300万kW,建成了800万kW电源项目和贵州至广东、三峡至广东等500 kV交、直流输电工程,其中,天广500 kV直流输电工程双极建成投运,开创了中国大容量交、直流输电系统混合运行的先河。随着三峡水电站机组陆续投产,中通道新增向华东送电420万kW和向广东送电300万kW,建成了三峡至华东及川电东送等输电工程,实现了川渝电网与华中电网交流联网。北通道新增向京津唐和河北南网送电500万kW,其中,蒙西300万kW、山西200万kW,建成了蒙西至京津唐、山西至京津唐和山西至山东等500 kV交流线路。

2007年底,贵州至广东第二回±500 kV直流输电工程双极建成投运,标志着南方电网"六交四直"10条500 kV西电东送南部大通道的形成。该工程是中国第一个直流输电自主化依托项目,系统研究、成套设计、主要设备制造等综合自主化率达到70%以上,标志着我国电力行业重大技术装备国产化工作取得了重要突破。

西电东送工程实施至今,带来了巨大的经济社会效益。一是西电东送工程为西部地区的经济发展带来了前所未有的历史机遇,既为当地经济建设提供了大量资金支持,又将西部地区拥有的资源优势转化成经济优势,同时带动了当地建筑业、运输业、服务业和农业的大发展,极大地促进当地经济社会发展。二是西电东送工程向东部地区输送了经济、高效、清洁的电力,不仅满足了东部地区日益增长的电力需求,又平抑了东部省份过高的电价,而且可以减轻东部发电地区日益严重的环保压力,从而为东部地区的经济社会发展带来巨大的经济效益。三是西电东送工程把东部地区和西部地区紧密地联系在一起,形成了东西优势互补、共赢发展的局面,有利于西部大开发和区域协调发展战略的顺利实施。四是西电东送工程建设有利于推进西部地区城市化进程。建一个大型电厂,就会形成一个小城镇,并形成一个具有一定辐射能力的经济圈,带动相邻地区的发展。五是有利于江河治理和水资源合理利用。建一个大型水电站,不仅具有发电效益,而且有防洪、供水、灌溉、航运等综合效益,实现生态、经济和社会效益的统一。六是西电东送工程配套建设了一批大型水电站和高效火电机组,实现了全国更大范围内的资源优化配置,特别是水能资源的开发利用,有利于中国能源结构优化调整和生态环境改善,同时拉动了电力设备制造业发展,使中国电力技术装备水平又上了一个新台阶,对实现电力工业可持续发展具有重要意义。

项目小结

本项目主要学习路径方案设计及选定线测量、平断面测量、杆塔定位测量、杆塔基坑放样、拉线放样、导线弧垂的放样与观测6个任务。通过本项目的学习,学生应能理解如何依据地形图确定线路的基本走向,得到线路长度、曲折系数等基本数据,掌握选线测量的基本要求,会查阅《电力工程施工测量技术规范》(DL/T 5445—2010),绘制具有专业特点的送电线路平断面图,为线路电气、杆塔结构设计、工程施工及运行维护提供科学依据;掌握杆塔基坑放样和杆塔定位测量的方法,进行杆塔基坑放样和杆塔定位测量;会根据《110 kV~750 kV架空输电线路施工及验收规范》(GB 50233—2014),了解弧垂对安全的影响,选择合适的方法进行导线弧垂放样。

复习和思考题

7-1　试述线路选取定线测量中几种方法的优缺点。

7-2　试述塔杆定位测量的作业步骤。

7-3　试述杆塔基坑放样的作业步骤。

7-4　试述导线弧垂放样和观测的作业方法。

【技能训练】

一、技能训练题目及训练目的

在学习完本项目的理论内容之后,知道弧垂放样与观测是架空送电线路施工测量的重要组成部分,学生可利用课余时间,到有杆塔的地方观察弧垂,掌握弧垂放样的方法和观测方法,若条件许可,可进行一次模拟弧垂测量或放样工作。

二、技能训练要求

1. 教师给学生配备全站仪、脚架、棱镜、棱镜杆、小钢尺。

2. 学生找寻校园有高压线杆的地方,将棱镜架设在两高压线杆中间。

3. 学生根据自己的学习情况自行练习全站仪弧垂测量或放样。

4. 学生应记录碰到的问题,并向教师请教或与任课教师共同探讨。

【知识拓展】

电力线勘测　　架设铁塔　　导线弧垂测量　　西电东送

项目8 线路工程测量

项目概述

线路工程测量是指线路工程在勘测设计、施工和管理阶段所进行的测量工作。其主要任务是为线路工程设计提供地形图、断面图及其他基础测量资料;按设计要求将设计的线路、桥涵、隧道及其他附属物、构筑物的位置标定于实地,以指导施工,为线路工程的竣工验收、质量评定提供必要的资料。

学习目标

◆知识目标

1. 了解线路工程测量的初测工作;
2. 掌握道路中线与边坡脚和边坡顶的关系;
3. 了解管道中线测量恢复中线的方法、加密施工水准点的方法。

◆技能目标

1. 掌握定测的定线测量、中线测量、纵断面高程测量和横断面测量;
2. 掌握路面工程施工测量的方法、要求,能进行道路施工测量;
3. 能进行地下管线施工测量。

◆素质目标

通过引导学生体会线路测量工作的重要性,树立学生对职业价值的认同感,培养学生科学严谨、实事求是的工作态度,激发学生树立自强不息的民族气节和无私奉献的敬业精神。

【课程导入】

初测工作主要是沿小比例尺地形图上选定的线路,去实地测绘大比例尺带状地形图,以便在该地形图上进行比较精密的纸上定线,即确定公路工程的具体位置和走向,为确定线路方案比选和编制初步设计文件提供依据。当新建项目的技术方案明确或方案问题可采用适当措施解决时,也可以采用一次定测,编制初步设计文件,然后根据批准的初步设计,通过补充测量编制施工文件。

任务 1　公路初测

初步测量又称踏勘测量,简称初测,它是在视察的基础上,根据已经批准的计划任务书和视察报告,对拟订的几条路线方案进行初测,初测阶段的测量工作有导线测量、水准测量和地形测量。

1　导线测量

根据在 1∶5 万或 1∶10 万比例尺地形图上标出的经过批准规划的线路位置,结合实际情况,选择线路转折点的位置,打桩插旗,标定点位,在图上标明大旗位置,并记录沿线特征。大旗插完后需要绘制线路的平、纵断面图,以研究确定地形图测绘的范围。当发现个别大旗位置不当或某段线路还可改善时,应及时改插或补插。大旗间的距离以能表示线路走向及清晰地观察目标为原则。

初测导线的选点工作是在插大旗的基础上进行的。导线点的位置应满足以下几项要求:

(1)尽量接近线路通过的位置。大桥及复杂中桥和隧道口附近、严重地质不良地段以及越岭垭口地点,均应设点。

(2)地层稳固,便于保存。

(3)视野开阔,测绘方便。

(4)点间的距离以不短于 50 m 且不大于 400 m 为宜。

(5)在大河两岸及重要地物附近,都应设置导线点。

(6)当导线边比较长时,应在导线边上加设转点,以方便测图。

导线点位一般用大木桩标志,并钉上小钉。为防止破坏,可将本桩打入与地面齐平,并在距点 30~50 cm 处设置指示桩,在指示桩上注明点名。

导线利用全站仪观测,水平角观测一个测回,一般观测左、右角以便检核。公路勘测中要求上、下半测回角值相差:高速公路及一级公路为±20″,二级公路及以下公路为±60″。导线边用全站仪往返观测。

初测导线一般延伸很长,为了检核并控制测量误差的累积,导线的起点、终点,以及中间每隔一定距离(30 km 左右)的导线点,应尽可能与国家或其他部门不低于四等的平面控制点进行联测。

初测导线也可以布设成 D 级或 E 级带状 GNSS 控制网。在道路的起点、终点和中间部分尽可能收集国家等级控制点,考虑加密导线时,作为起始点应有联测方向,一般要求 GNSS 控制网每 3 km 左右布设一对点,每对点之间的间距约为 0.5 km,并保证点对之间通视。

利用已知控制点进行联测时,要注意所用的控制点与被检核导线的起算点是否处于同一投影带内。若在不同带,应进行换带计算。然后进行检核计算。换带计算方法见控制测量学中相关内容。

2　水准测量

水准测量的任务是沿着线路设立水准点,并测定各水准点的高程,并在此基础上测定导线点和桩点的高程。前者称为基平测量，后者称为中平测量。

初测阶段，要求每 1~2 km 设立一个水准点，在山区水准点密度应加大。遇有 300 m 以上的大桥和隧道，大型车站或重点工程地段应加设水准点。水准点应选在距线路 100 m 的范围内，设在未被风化的基岩或稳固的建筑物上，亦可在坚实地基上埋设。其标志一般采用木桩、混凝土桩或条石等。也可将水准点选在坚硬稳固的岩石上，或利用建筑物基础的顶面作为其标志。

基平测量应采用不低于 S_3 的水准仪用双面水准尺，中丝法进行往返测量，或两个水准组各测一个单程。读数至 mm，闭合差限差为 $\pm 40\sqrt{L}$(mm)(L 为相邻水准点之间的路线长度，以 km 计)，限差符合要求后，取红黑面高差的平均数作为本站测量成果。

基平测量视线长度≤150 m，满足相应等级水准测量规范要求。在跨越 200 m 以上的大河或深沟，应按跨河水准测量方法进行。有关跨河水准测量具体作业在控制测量课程的相关章节中详细阐述。

中平测量一般可使用 S_3 级水准仪，采用单程。水准路线应起、闭于基平测量中所测位置的水准点上。闭合差限差为 $\pm 50\sqrt{L}$(mm)(L 为相邻水准点之间的路线长度，以 km 计)，在加桩较密时，可采用间视法。在困难地区，加桩点的高程路线可起闭于基平测量中测定过高程的导线点上，其路线长度一般不宜大于 2 km。

3　地形测量

公路勘测中的地形测量，主要是以导线点为依据，测绘线路数字带状地形图。数字带状地形图比例尺多数采用 1∶2 000 和 1∶1 000，测绘宽度为导线两侧各 100~200 m。对于地物、地貌简单的平坦地区，比例尺可采用 1∶5 000，但测绘宽度每侧不应小于 250 m。对于地形复杂或是需要设计大型构筑物的地段，应测绘专项工程地形图，比例尺采用 1∶500~1∶1 000，测绘范围视设计需要而定。

地形测量中尽量利用导线点做测站，必要时设置支点，困难地区可设置第二支点。一般采用全站仪数字测图的方法。地形点的分布及密度应能反映出地形的变化，以满足正确内插等高线的需要。若地面横坡大于 1∶3，地形点的图上间距一般不大于图上 15 mm，地面横向坡度小于 1∶3；地形点的图上间距一般不大于图上 20 mm。

4　初测后应提交的资料

4.1　初测后应提交的测量资料

(1)线路(包括比较线路)的数字带状地形图及重点工程地段的数字地形图。

(2)横断面图，比例尺为 1∶200。

(3)各种测量表格，如各种测量记录本、水准点高程误差配赋表、导线坐标计算表。

4.2　初步勘测的说明书

(1)线路勘测的说明书。

(2)选用方案和比较方案的平面图，比例尺为 1∶10 000 或 1∶2 000。

(3)选用方案和比较方案的纵断面图，比例尺横向 1∶10 000、竖向 1∶1 000。

(4)有关调查资料。

【小贴士】

公路初测阶段的测量工作有导线测量、水准测量和地形测量。导线测量的工作尽可能用 GNSS 控制网来代替。还要注意所用的控制点与被检核的起算点是否处于同一投影带内,否则还需进行换带计算。基平测量应采用不低于 S_3 的水准仪用双面水准尺、中丝法进行往返测量,或两个水准组各测一个单程。地形测量主要是测绘线路的数字带状地形图。最后要上交初测后的测量资料。

任务2　公路详细测量

定测的主要任务是把图纸上初步设计的公路测设到实地,并要根据现场的具体情况,对不能按原设计之处做局部的调整。另外,在定测阶段还要为下一步施工设计准备必要的资料。

定测的具体工作如下:

(1)定线测量。将批准了的初步设计的中线移设于实地上的测量工作,也称放线。

(2)中线测量。在中线上设置标桩并量距,包括在路线转向处放样曲线。

(3)纵断面高程测量。测量中线上诸标桩的高程,利用这些高程与已量距离,测绘纵断面图。

(4)横断面测量。

1　定线测量

定线测量中所讲的设计中线仅仅是在带状地形图上图解设计的中线,并不是解析设计的数据,因此放样所需的数据要从带状地形图上量取。

常用的定线测量方法有穿线放线法、拨角放线法、导线法三种。当相邻两交点互不通视时,需要在其连线或延长线上测设出转点,供交点、测角、量距或延长直线时瞄准之用。现将几种方法分述如下。

1.1　穿线放线法

支距定线法也称穿线放线法,其基本原理是根据初测导线和初步设计的线路中的相对位置,图解出放样的数据,然后将纸上的线路中心放样到实地。相邻两直线延长相交得路线的交点(或称转向点),其点位用 JD 表示。具体测设步骤如下。

1.1.1　量支距

如图 8-1 所示为初步设计后略去等高线和地物的带状平面图。C_{47}、C_{48}、…、C_{52} 为初测导线点,JD_{14}、JD_{15}、JD_{16} 为设计线路中心的交点。所谓支距,就是从各导线点作垂直于导线边的直线,交线路中心线于 47、48、…、52 点,这一段垂线长度称为支距,如 d_{47}、d_{48}、…、d_{52}。然后以相应的比例尺在图上量出各点的支距长度,便得出支距法放样的数据。

1.1.2　放支距

采用支距法放线时,将全站仪安置在相应的导线上,例如导线点 C_{47} 上,以导线点 C_{48} 定向,拨直角,在视线方向上量取该点上的支距长度 d_{47},定出线路中心线上的 47 号点,同法逐一放出 48、49、…各点。为了检查放样工作,每一条直线边上至少放样 3 个点。

1.1.3　穿线

由于原测导线、图解支距和放样的误差影响,同一条直线段上的各点放样出来以后,一

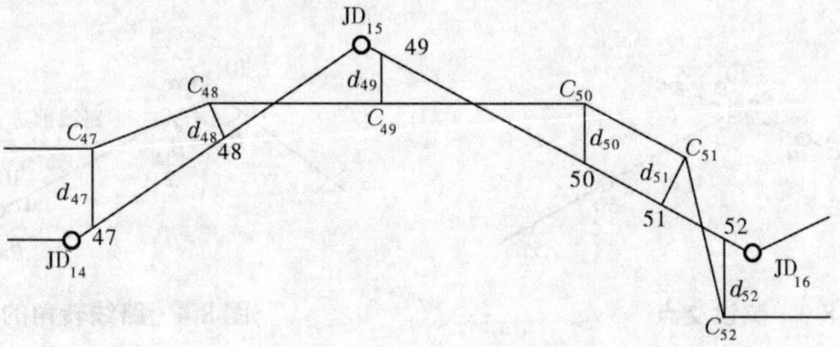

图 8-1 穿线放线法

般不可能在同一条直线上。由于线路本身的要求,必须将它们调整到同一直线上,这项工作称为穿线。如图 8-2 所示,50、51、52 为支距法放样出的中心线标点,由于图解数据和测设工作的误差使测设的这些点位不严格在一条直线上,可用全站仪视准法,定出一条直线,使之尽可能靠近这些测设点,该项工作称为穿线,根据穿线的结果得到中线直线段上的 A、B 点(称为转点)。

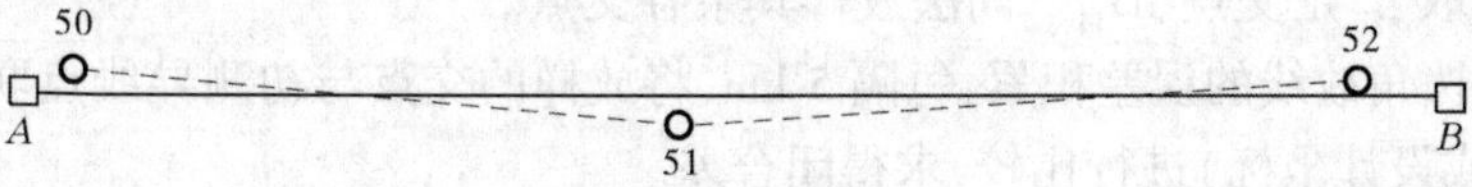

图 8-2 穿线

1.1.4 测设交点

当相邻两条直线在实地放出后,就要求出线路中心的交点。交点是线路中线的重要控制点,是放样曲线主点和推算各点里程的依据。

如图 8-3 所示,测设交点时,可先在 49 号点上安置全站仪,以 48 号点定向,用正倒镜分中的办法,在 48—49 直线上设立两个木桩 a 和 b,使 a、b 分别位于 51—50 延长线的两侧,称为骑马桩,钉上小钉,并在其间拉一细线。然后安置仪器于 50 号点,延长 51—50 直线,在仪器视线与骑马桩间的细线相交处钉交点桩。钉上小钉,表示点位。同时在桩的顶面用红油漆写明交点号数。为了寻找点位及标记里程方便,在曲线外侧,距交点桩的 30 cm 处,钉一标志桩,面向交点桩的一面应写明交点及定测的里程。穿线,交点工作完成后,考虑到中线测定和其他工程勘测的需要,还要用正倒镜分中法在定测的线路中心线上于地势较高处设置线路中心线标桩,习惯上称为“转点”。转点桩距离约为 400 m,在平坦地区可延长至 500 m。在大桥和隧道的两端以及重点构筑物工程地段则必须设置。设置转点时,正倒镜分中法定点较差在 5~20 mm。

1.1.5 测交角 β

中桩交点以后,就可测定两直线的交角(见图 8-4)。《公路勘测规范》(JTG C10—2007)规定:高速公路、一级公路应使用不低于 2" 级全站仪,采用方向观测法测量右测角 β 一测回。两半测回间应变动度盘位置,角值相差的限差在±20″以内取平均值,取位至 1″;二级及二级以下公路角值相差的限差在±60″以内取平均值,取位至 30″。偏角(亦称转向角)α 按下式计算:

$$\alpha_{右}=180°-\beta_{右}\quad(\beta_{右}<180°)$$

或

$$\alpha_{左}=\beta_{右}-180°\quad(\beta_{右}>180°)$$

推算的偏角 α 取至 10″,当 $\beta_{右}<180°$时,推算的偏角 α 为右转角;反之,为左转角。

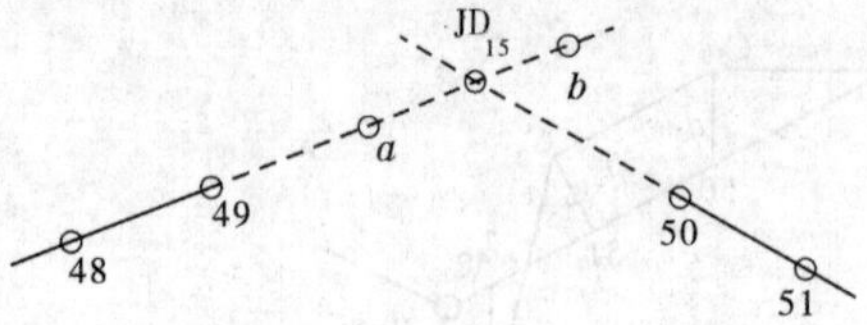

图 8-3　测设交点

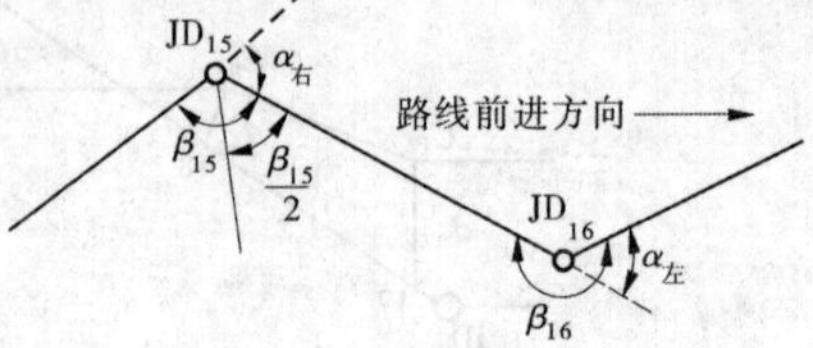

图 8-4　路线转角的定义

1.2　**拨角定线法**

当初步设计的图纸比例尺大,测交点的坐标比较精确可靠时,或线路的平面设计为解析设计时,定线测量可采用拨角定线法。使用这种方法时,首先根据导线点的坐标和交点的设计坐标,用坐标反算方法计算出测设数据,用极坐标法、距离交会法或角度交会法测设交点。如图 8-5 所示,拨角放线时首先标定分段放线的起点 JD_{13}。这时可将经纬仪置于 C_{45} 点上,以 C_{46} 定向,拨 β_0 角,量取水平距离 L_0,即可放样 JD_{13}。然后迁仪器于 JD_{13},以 C_{45} 点定方向,拨 β 角,量取 L_1 定交点 JD_{14}。同法放样其余各交点。

为了减少拨角放线的误差积累,每隔 5 km,将放样的交点与初测导线点联测,求出交点的实际坐标(或设计坐标)进行比较,求得闭合差。

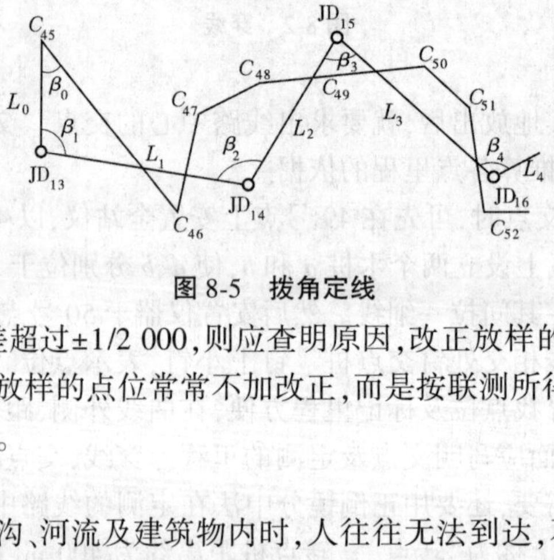

图 8-5　拨角定线

若方向和坐标闭合差超过±1/2 000,则应查明原因,改正放样的点位。若闭合差在允许的范围以内,对前面已经放样的点位常常不加改正,而是按联测所得的实际坐标推算后面交点的放样数据,继续定向。

1.3　**导线法**

当交点位于陡壁、涤沟、河流及建筑物内时,人往往无法到达,不能将交点标定于实地。这种情况称为虚交,此时可采用全站仪导线法、全站仪自由设站法或用 GNSS-RTK 实时动态定位的方法进行。

1.4　**转点的测设**

在路线测量中,当相邻两交点互不通视时,需要在其连线或延长线上定出一点或数点以供交点、测角、量距或延长直线时瞄准之用。这样的点称为转点,其测设方法如下。

1.4.1　*在两交点间设转点*

如图 8-6 所示,设 JD_5、JD_6 为相邻两交点,互不通视,ZD′为粗略定出的转点位置。将经纬仪置于 ZD′,用正倒镜分中法延长直线 JD_5—ZD′于 JD_6'。如 JD_6'与 JD_6 重合或偏差 f 在路线容许移动的范围内,则转点位置即为 ZD′,这时应将 JD_6 移至 JD_6',并在桩顶上钉上小钉表示交点位置。

当偏差 f 超过容许范围或 JD_6 不许移动时,则需重新设置转点。设 e 为 ZD′应横向移动

的距离，仪器在ZD′用视距测量方法测出 a、b 距离，则

$$e=\frac{a}{a+b}\cdot f \tag{8-1}$$

将ZD′沿偏差 f 的相反方向横移 e 至ZD。将仪器移至ZD，延长直线 JD_5—ZD 看是否通过 JD_6，或偏差 f 是否小于容许值。否则应再次设置转点，直至符合要求。

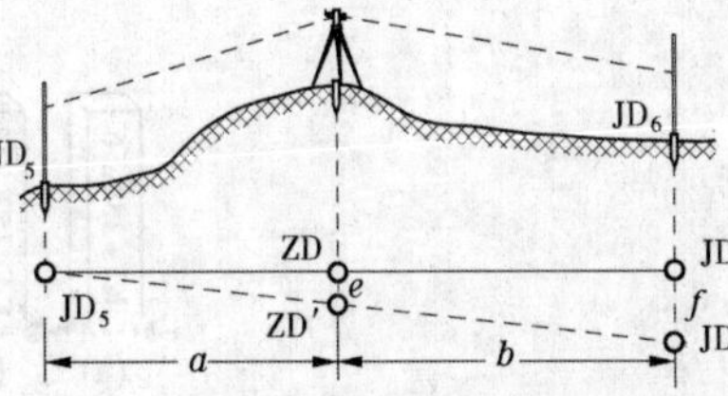

图 8-6 在两个不通视交点测设转点

1.4.2 *在两交点延长线上设转点*

如图8-7所示，设 JD_8、JD_9 互不通视，ZD′为其延长线上转点的概略位置。仪器置于ZD′，盘左瞄准 JD_8，在 JD_9 处标出一点；盘右再瞄准 JD_8，在 JD_9 处也标出一点，取两点的中点得 JD_9'。若 JD_9' 与 JD_9 重合或偏差 f 在容许范围内，即可将 JD_9' 代替 JD_9 作为交点，ZD′即作为转点。否则应调整ZD′的位置。设 e 为ZD′应横向移动的距离，用视距测量方法测量出 a、b 距离，则

$$e=\frac{a}{a-b}\cdot f \tag{8-2}$$

将ZD′沿与 f 相反方向移动 e，即得新转点ZD。置仪器于ZD，重复上述方法，直至 f 小于容许值。最后将转点和交点 JD_9 用木桩标定在地上。

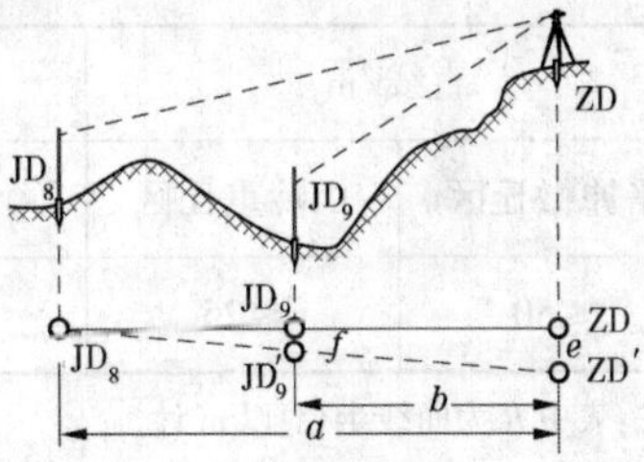

图 8-7 在两个不通视交点延长测设转点

2 中线测量

中线测量的任务是沿定测的线路中心线丈量距离，设置百米桩及加桩，并根据测定的交角、设计的曲线半径 R 和缓和曲线长度的计算曲线元素，放样曲线的主点和曲线的细部点（见项目9），如图8-8所示。

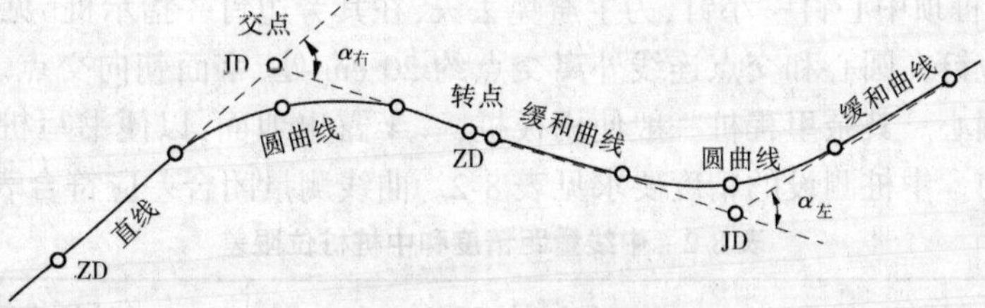

图 8-8 路线中线

2.1 里程桩及桩号

在路线定测中，当路线的交点、转角测定后，即可沿路线中线设置里程桩（由于路线里程桩一般设置在道路中线上，故又称中桩），以标定中线的位置。里程桩上写有桩号，表达该中桩至路线起点的水平距离。如果中桩距起点的距离为1 234.56 m，则该桩桩号记为K1+234.56，如图8-9(a)所示。

如图8-9所示，中桩分整桩和加桩两种。路线中桩的间距，不应大于表8-1的规定。整桩是按规定间隔（一般为10 m、20 m、50 m）桩号为整倍数设置的里程桩。如百米桩、公里桩

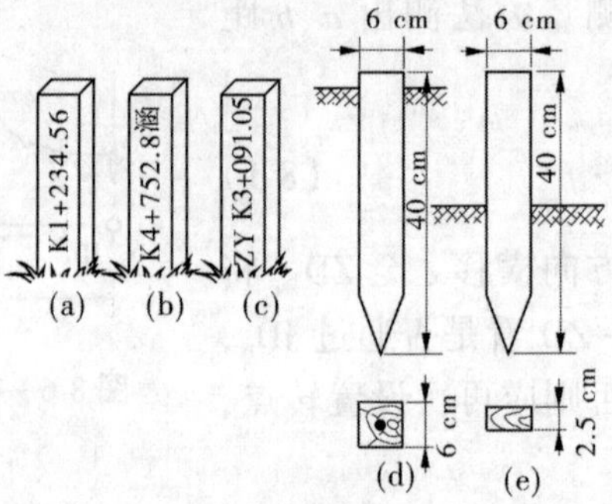

图 8-9　里程桩

均属于整桩。加桩分为地形加桩、地物加桩、曲线加桩与关系加桩。

表 8-1　中桩间距

直线/m		曲线/m			
平原微丘区	山岭重丘区	不设超高的曲线	$R>60$	$30<R\leqslant60$	$R\leqslant30$
≤50	≤25	25	20	10	5

注:表中 R 为曲线半径,以 m 计。

地形加桩指沿中线地面起伏变化处、地面横坡有显著变化处以及土石分界处等地设置的里程桩。

地物加桩是指沿中线为拟建桥梁、涵洞、管道、防护工程等人工构筑物处,与公路、铁路、田地、城镇等交叉处及需拆迁等处理的地物处所设置的里程桩。

曲线加桩是指曲线交点(如曲线起、中、终)处设置的桩。

关系加桩是指路线上的转点(ZD)桩和交点(JD)桩。

钉桩时,对于交点桩、转点桩、距路线起点每隔 500 m 处的整桩、重要地物加桩(如桥、隧位置桩)以及曲线主点桩,均应打下断面为 6 cm×6 cm 的方桩[见图 8-9(d)],桩顶露出地面约 2 cm,并在桩顶中心钉一小钉,为了避免丢失,在其旁边钉一指示桩[见图 8-9(e)]。交点桩的指示桩应钉在圆心和交点连线外离交点约 20 cm 处,字面朝向交点。曲线主点的指示桩字面朝向圆心。其余里程桩一般使用板桩,一半露出地面,以便书写桩号,字面一律背向路线前进方向。中桩测设的精度要求见表 8-2。曲线测量闭合差应符合表 8-3 的规定。

表 8-2　中线量距精度和中桩桩位限差

公路等级	距离限差	桩位纵向误差/m		桩位横向误差/cm	
		平原微丘区	山岭重丘区	平原微丘区	山岭重丘区
高速公路、一级公路	1/2 000	S/2 000+0.05	S/2 000+0.1	5	10
二级及以下公路	1/1 000	S/1 000+0.10	S/1 000+0.1	10	15

注:表中 S 为转点或交点至桩位的距离,以 m 计。

表 8-3 曲线测量闭合差

公路等级	纵向闭合差		横向闭合差/cm		曲线偏角闭合差/(″)
	平原微丘区	山岭重丘区	平原微丘区	山岭重丘区	
高速公路、一级公路	1/2 000	1/1 000	10	10	60
二级公路及以下公路	1/1 000	1/500	10	15	120

在书写曲线加桩和关系加桩时,应先写其缩写名称,后写桩号,如图 8-9 所示,曲线主点缩号名称有汉语拼音缩写和英语缩写两种(见表 8-4),目前我国公路主要采用汉语拼音的缩写名称。

表 8-4 中线控制桩点缩写名称

标志名称	简称	汉语拼音缩写	英语缩写
交点	交点	JD	IP
转点	转点	ZD	TP
圆曲线起点	直圆点	ZY	BC
圆曲线中点	曲中线	QZ	MC
圆曲线终点	圆直点	YZ	EC
公切点	公切点	GQ	CP
第一缓和曲线起点	直缓点	ZH	TS
第一缓和曲线终点	缓圆点	HY	SC
第二缓和曲线起点	圆缓点	YH	CS
第二缓和曲线终点	缓直点	HZ	ST

2.2 断链处理

中线丈量距离,在正常情况下,整条路线上的里程桩号应当是连续的。但是若出现局部改线,或者在事后发现距离测量中有错误,都会造成里程的不连续,这在线路中称为“断链”。

断链有长链与短链之分,当原路线记录桩号的里程长于地面实际里程时为短链;反之,则叫长链。

出现断链后,要在测量成果和有关设计文件中注明断链情况,并要在现场设置断链桩。断链桩要设置在直线段中的 10 m 整倍数上为宜,桩上要注明前后里程的关系及长(短)多少距离。如图 8-10 所示,在 K7+550 桩至 K7+650 桩之间出现断链,所设置的断链上写有

K7+581. 80=K7+600(短 18. 20 m)

其中,等号前面的桩号为来向里程,等号后面的桩号为去向里程。即表明断链与 K7+550 桩间的距离为 31. 8 m,而 K7+650 桩的距离是 50 m。

3 水准测量

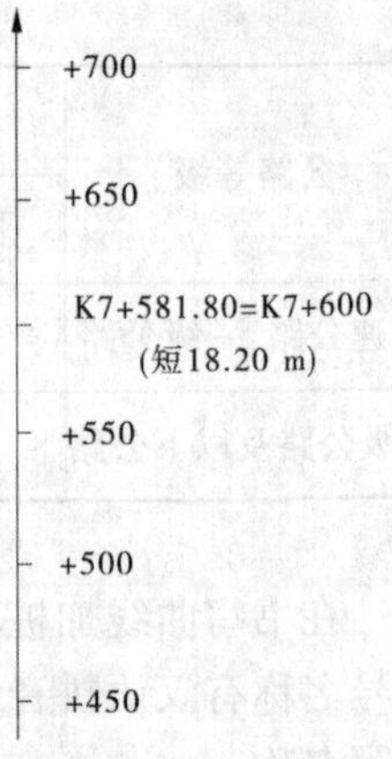

图 8-10 断链处理

定测阶段的水准测量也称为线路的纵断面高程测量,它是根据基平测量中设置的水准点,施测中线上所有中桩点的地面高程,然后按测得的中桩点高程和其里程(桩号)绘制纵断面图。纵断面图反映沿中线的地面起伏情况,它是设计路面高程、坡度和计算土方量的重要依据。

进行纵断面测量前,先要对初测阶段设置的水准点逐一进行检测,其不符值在$\pm30\sqrt{L}$ mm(L 为相邻水准点间的路线长度,以 km 计)以内时,采用初测成果。超过$\pm30\sqrt{L}$ mm 时,如果是附合水准路线,则应在高级水准点间进行往返测量,确认是初测中有错或点位被破坏,需要根据新的资料重新平差,推算其高程。另外,还应根据需要,在部分地段加密或增补水准点,新设的水准点的测量要求与基平测量相同。

纵断面测量一般都采用间视水准测量的方法,间视点的标尺读数需要读到 cm,路线水准闭合差不应超过$\pm50\sqrt{L}$ mm。

在纵断面测量中,当线路穿过架空线路或跨越涵管时,除要测出中线与它们相交处(一般都已设置了加桩)的地面高程外,还应测出架空线路至地面的最小净空和涵管内径等,这些参数还需要注记在纵断面上。线路跨越河流时,应进行水深和水位测量,以便在纵断面图上反映河床的断面形状及水位高。

4 横断面测量

定测阶段的横断面测量,是要在每个中桩点测出垂直于中线的地面线、地物点至中桩的距离和高差,并绘制成横断面图。横断面图反映垂直于线路中线方向上的起伏情况,它是进行路基设计、土石方计算及施工中确定路基填挖边界的依据。

横断面施测的宽度,根据路基宽度及地形情况确定,一般为中线两侧各测 15~50 m。地面点距离和高差精度为 0.1 m。检测限差应符合表 8-5 的规定。

表 8-5 横断面检测限差

公路等级	距离/m	高差/m
高速公路及一、二级公路	$\leqslant L/100+0.1$	$\leqslant h/100+L/200+0.1$
三级公路及以下公路	$\leqslant L/50+0.1$	$\leqslant h/50+L/100+0.1$

注:L 为测点至中桩的水平距离,m;h 为测点至中桩的高差,m。

横断面测量应逐桩施测,其方向应与路线中线垂直,曲线段与测点的切线垂直。

整个横断面测量可分为标定横断面方向、施测横断面和绘制横断面。现分述如下。

4.1 测定横断面方向

4.1.1 直线段横断面方向的测设

在直线段上,横断面方向可利用经纬仪测设直角后得到,但通常是采用十字方向架来测定。

方向架的结构如图 8-11(a)所示,它是由相互垂直的照准杆 aa'、bb'构成的十字架,cc'

为定向杆，支撑十字架的杆约高 1.2 m。

工作时，将方向架置于中线桩点上，以方向架对角线上的两个小钉，瞄准线路中心的标桩，并固定十字架，这时方向架另一个所指方向即为横断面方向，如图 8-11(b) 所示。

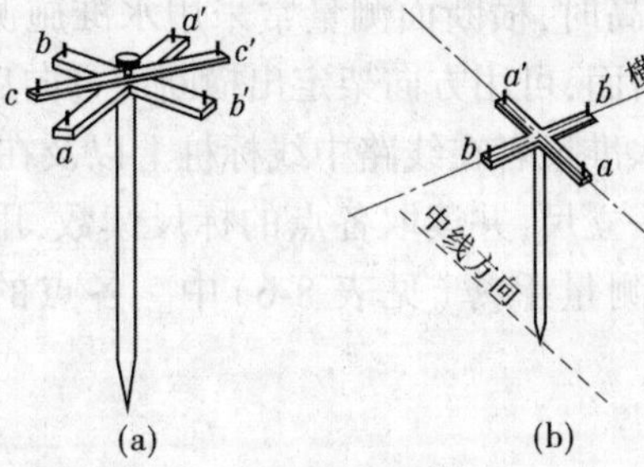

图 8-11　使用方向架测设直线的横断面方向

4.1.2　圆曲线横断面方向的测设

在曲线段上，横断面的方向与该点处曲线的切线方向相垂直，标定的方法如下：

如图 8-12 所示，将方向架置于 ZY 点，使照准杆 aa' 指向交点 JD，这时照准杆 bb' 方向指向圆心。旋松定向杆 cc'，使其照准圆曲线上的第一个细部点 P_i，旋紧定向杆 cc' 的制动钮。将方向架置于 P_i 点，使照准杆 bb' 指向 ZY 点，这时定向杆 cc' 所指的方向就是圆心方向。

4.1.3　缓和曲线横断面方向的测设

若要用方向架在缓和曲线上标定横断面方向，可在方向架的竖杆上套一简易木质水平度盘，这样便能使其根据偏角关系来标定横断面方向，标定方法如图 8-13 所示，P_1、P_2 为回旋线上的两点，若要测设 P_1 点的横断面方向，则先要根据公式计算出回旋线在 P_1 点的切线角为

$$\beta_1 = \frac{l_1^2}{RL_h} \cdot \frac{90^\circ}{\pi} \tag{8-3}$$

根据坐标计算公式（公式推导参见项目 9 任务 3）计算出 P_1、P_2 点在图示独立坐标系中的坐标 (x_1', y_1')，(x_2', y_2')，由此求出弦线 P_1P_2 与 P_1 点切线的水平夹角 δ_1 为

$$\delta_1 = 90^\circ - \beta_1 - \theta_{12} \tag{8-4}$$

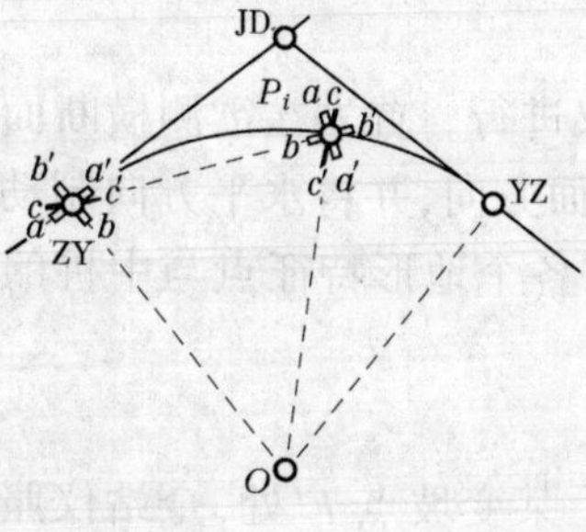

图 8-12　在圆曲线上测设横断面方向

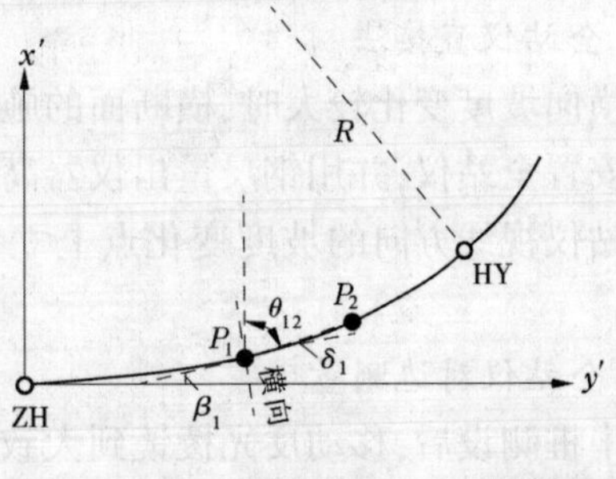

图 8-13　用方向架在缓和曲线上标定横断面方向

在 P_1 点上将简易木质水平度盘（也可以用经纬仪）对准 P_2 点，将水平度盘读数配置为 0°00′00″，则水平度盘读数为 δ_1 的方向即为回旋线在 P_1 点的切线方向，$90^\circ+\delta_1$ 方向即为横断面方向。

4.2　施测横断面

施测横断面的方法主要有全站仪施测法、水准仪施测法等。

4.2.1　水准仪施测法

当横向坡度小,测量精度较高时,横断面测量常采用水准施测法,如图 8-14 所示,欲测中心标桩(K0+050.00)处的横断面,可用方向架定出横断面方向后在此方向上插两根花杆,并在适当位置安置水准仪。持水准尺者在线路中线标桩上以及在两根花杆所标定的横断面方向内选择的坡度变化点上逐一立尺,并读取各点的标尺读数,用皮尺量出各点的距离,然后将这些观测数据记入横断面测量手簿(见表 8-6)中。各点的高程可由视线高程推算而得。

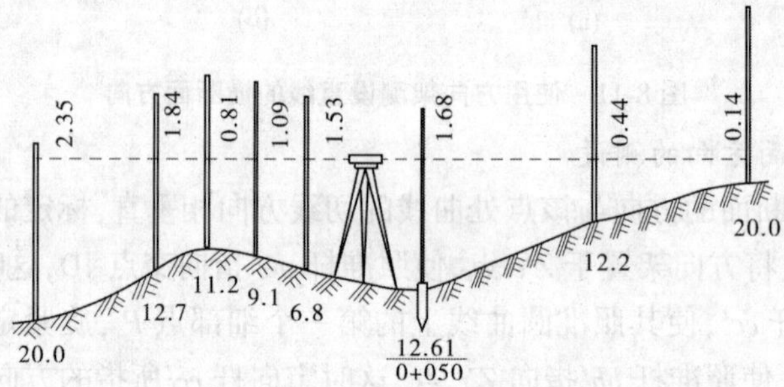

图 8-14　水准仪施测法　(单位:m)

表 8-6　横断面测量记录　　单位:m

前视读数/距离(左侧)					后视读数/桩号	前视读数/距离(右侧)	
2.35/20.0	1.84/12.7	0.81/11.2	1.09/9.1	1.53/6.8	1.68/0+050	0.44/12.2	0.14/20.0

如果横断面方向上坡度较大,一次安置仪器不能施测线路两侧的坡度变化点时,可用两台水准仪分别施测左右两侧的断面。

水准仪施测横断面的精度较高,但在横向坡度大或地形复杂的地区则不宜采用。

4.2.2　全站仪直接法

当横向坡度变化较大时,横断面的施测常采用全站仪进行。首先在欲测横断面的中线桩点上安置全站仪,并用钢尺量出仪器高,然后照准横断面方向,并将水平方向制动。持镜者在全站仪视线方向的坡度变化点上立镜。观测者读取各个地形特征点与中桩的平距和高差。

4.2.3　全站仪对边测量

在中桩测设后,移动反光棱镜到大致的横断面方向上某变坡点 F' 处,全站仪照准反光棱镜后,读出水平读盘读数,计算机即可计算出导线点至立镜点的坐标方位角,如图 8-15 所示,A 为中桩,B 为导线点。由于 A、B 点的坐标已知,α_{BF}、α_{AF} 可以计算得出,则 F 点的坐标:

$$\left.\begin{aligned} x_F &= x_A + S_{AF}\cos\alpha_{AF} = x_B + S_{BF}\cos\alpha_{BF} \\ y_F &= y_A + S_{AF}\sin\alpha_{AF} = y_B + S_{BF}\sin\alpha_{BF} \end{aligned}\right\} \tag{8-5}$$

把 S_{AF}、S_{BF} 看作是未知数,解方程得

$$\left.\begin{aligned} S_{AF} &= \frac{(x_B - x_A)\sin\alpha_{BF} - (y_B - y_A)\cos\alpha_{BF}}{\sin(\alpha_{BF} - \alpha_{AF})} \\ S_{BF} &= \frac{(x_B - x_A)\sin\alpha_{AF} - (y_B - y_A)\cos\alpha_{AF}}{\sin(\alpha_{BF} - \alpha_{AF})} \end{aligned}\right\} \quad (8\text{-}6)$$

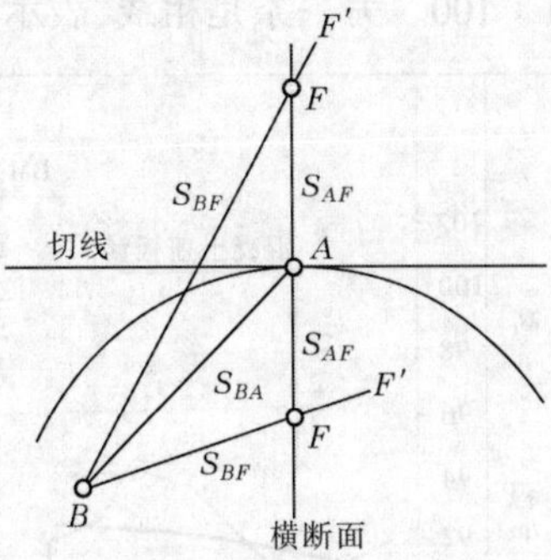

图 8-15 全站仪对边测量

由计算机算出 S_{AF}、S_{BF},在 BF' 方向上放样 S_{BF},得 F 点,该点必在 A 点的横断面上。确定 F 点高程 H_F,至于该点究竟在线路的哪一侧,可以按以下方法判断:在计算 S_{AF} 时,α_{AF} 始终取前进方向的右侧,即 $\alpha_{AF} = \alpha_Q + 90°$,$\alpha_Q$ 为中桩切线方位角,直线部分则为该直线的方位角。这样,若计算出来的 S_{AF} 为正,则该点在路线的右侧;若 S_{AF} 为负,则在线路左侧。因此,反光镜立在线路中线的哪一侧,不必由立镜员报出,可由计算机自动判断。再移镜至该横断面的另一变坡处,同法测设中桩至导线点的距离,测出该点的高程。最后,可根据断面上各变坡点高程与中桩高程之差和变坡点至中桩的距离绘出横断面图,也可根据横断面上各变坡点的设计高程,直接计算出各变坡点的填挖高度。

横断面测量虽然操作比较简单,但是工作量较大,而且测量是否准确,对于整个线路设计有着重要的影响,因此作业中必须加强责任心,结合地形选择适当的仪器和工具,确保要求的测量精度和进度。另外,作业中要加强检测。例如:《公路勘测规范》(JTG C10—2007)中规定,对于横断面测量应用高精度方法进行检测,其检测限差规定见表 8-5。

5 纵横断面图的绘制

5.1 纵断面图的绘制

纵断面图是以中桩的里程为横坐标、以中桩的地面高程为纵坐标绘制的,展绘比例尺,里程(横向)比例尺应与线路带状地形图的比例尺一致,高程(纵向)比例尺通常比里程(横向)比例尺大 10 倍,如里程比例尺为 1∶1 000,则高程比例尺为 1∶100。纵断面图应使用透明的毫米格纸的背面自左至右进行展绘和注记,图幅设计应视线路长度,高差变化及晒印的条件而定。纵断面图包括图头、图尾、注记、展线四部分。图头内容包括高程比例尺和测图比例尺。设计应注记的主要内容(如桩号、地面高、设计高、设计纵坡、平曲线等),因工程不同而不一样。

当中线加桩较密,其桩号注记不下时,可注记最高和最低高程变化点的桩号,但绘地面线时,不应漏点。中线有断链,应在纵断面图上注记断链桩的里程及线路总长应增减的数值,增值为长链,地面线应相互搭接或重合;减值为短链,地面线应断开。

纵断面图是反映中平测量成果的最直观的图件,是进行线路竖向设计的主要依据,纵断面图包括图头、注记、展线和图尾四部分。不同的线路工程其具体内容有所不同,下面以道路设计纵断面图为例,说明纵断面图的绘制方法。

如图 8-16 所示,在图的上半部,从左至右绘有两条贯穿全图的线,一条是细线,表示中线方向的地面线,是以中桩的里程为横坐标,以中桩的地面高程为纵坐标绘制的。里程的比例尺一般与线路带状地形图的比例尺一致,高程比例尺则是里程比例尺的若干倍(一般取 10 倍),以便更明显地表示地面的起伏情况,例如里程比例尺为 1∶1 000 时,高程比例尺可

取1∶100。另一条是粗线,表示带有竖曲线在内的纵坡设计线,根据设计要求绘制。

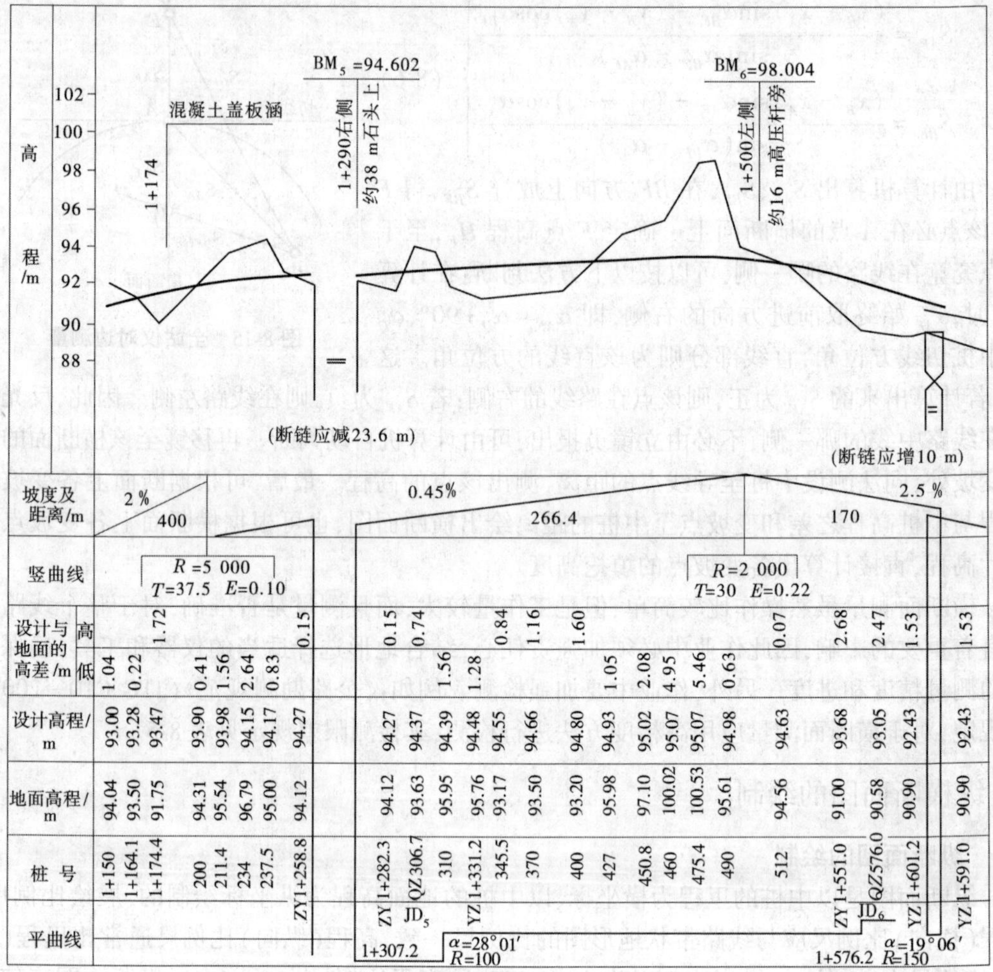

图8-16 道路纵断面图

在图的顶部是一些标注,例如水准点的位置、编号及其高程,桥涵的类型、孔径、跨数、长度、里程桩号及其设计水位,与某公路、铁路交叉点的位置、里程及其说明等,根据实际情况进行标注。

图的下部绘有七行表格,注记有关测量和纵坡设计的资料,自下而上分别是平曲线、桩号、地面高程、设计高程、设计与地面的高差、竖曲线、坡度及距离。其中,平曲线是中线的示意图,其曲线部分用成直角的折线表示,上凸的表示曲线右偏,下凸的表示曲线左偏,并注明交点编号和曲线半径;带有缓和曲线的应注明其长度,在不设曲线的交点位置,用锐角折线表示;里程栏按横坐标比例尺标注里程桩号,一般标注百米桩和公里桩;地面高程栏按中平测量成果填写各里程桩的地面高程;设计高程栏填写设计的路面高程;设计与地面的高差栏填写各里程桩处,设计高程减地面高程所得的高差;竖曲线栏标绘竖曲线的示意图及其曲线元素;坡度栏用斜线表示设计纵坡,从左至右向上斜的表示上坡,下斜的表示下坡,并在斜线上以百分比注记坡度的大小,在斜线下注记坡长。

5.2 **横断面图的绘制**

根据横断面测量得到的各点间的平距和高差,在毫米方格纸上绘出各中桩的横断面图。水平方向表示距离,竖直方向表示高程。为了便于土方计算,一般水平比例尺应与竖直比例尺相同,一般采用1∶100或1∶200的比例尺绘制横断面图。如图8-17中的细实线所示,绘制时,先标定中桩位置,由中桩开始,逐一将特征点画在图上,再直接连接相邻点,即绘出横断面的地面线。

横断面图画好后,经路基设计,先在透明纸上按与横断面图相同的比例尺分别绘出路堑、路堤和半填半挖的路基设计线,称为标准断面图,然后按纵断面图上该中桩的设计高程把标准断面图套在实测的横断面图上。也可将路基断面设计线直接画在横断面图上,绘制成路基断面图,该项工作俗称"戴帽子"。

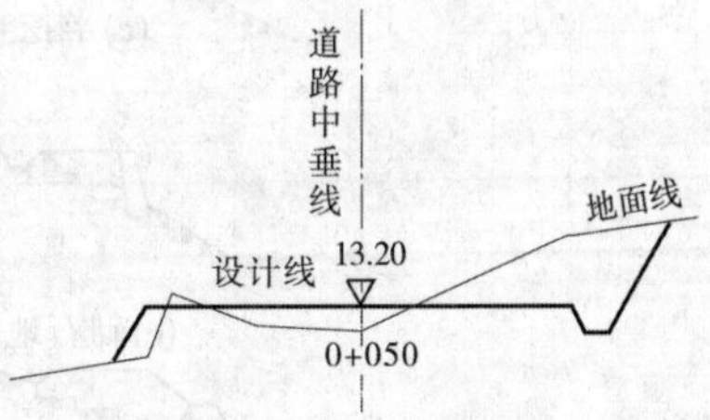

图8-17 横断面图与设计路基图

图8-17中的粗实线所示为半填半挖的路基断面图。根据横断面的填、挖面积及相邻中桩的桩号,可以算出施工的土石方量。

【小贴士】

本任务主要介绍了公路详细测量,通过该任务的学习,学生应了解的中桩有两种,分别是整桩和加桩。断链有长链与短链之分,当原路线记录桩号的里程长于地面实际里程时为短链;反之,则叫长链。施测横断面的方法主要有水准仪施测法、全站仪直接法等。纵断面图是以中桩的里程为横坐标、以中桩的地面高程为纵坐标绘制的,横向比例尺应与线路带状地形图的比例尺一致,纵向比例尺则通常比横向大10~20倍。

任务3 道路施工测量

道路施工测量的主要任务包括:恢复中线测量,施工控制桩,测设边桩和竖曲线。

在恢复中线测量后,就要进行路基的放样工作,在放样前首先要熟悉设计图纸和施工现场情况。通过熟悉图纸,了解设计意图及对测量的精度要求,掌握道路中线与边坡脚和边坡顶的关系,并从中找出施测数据,方能进行路基放线。常采用的路基有如下几种形式,如图8-18所示。只有深刻了解了典型的路基、路面结构,才能很好地进行施工测量。

所谓的典型路基、路面就是在公路建设中经常出现和采用的几种特例。以上几种路基形式归纳起来分为一般路堤、一般路堑、半挖半填路基、陡坡路基、沿河路基及挖渠填筑路堤。在施工测量中应认真研究其特点,从中找出放样规律,为日后工作打下基础。

不同等级的公路,其路面形式、结构是不同的。高速公路、一级公路是汽车专用公路,通常用中央隔离带分为对向行驶的四车道(当交通量加大时,车道路数可按双数增加)。

二、三级公路一般在保证汽车正常运行的同时,允许自行车、拖拉机和行人通行,车道为对向行驶的双车道。

四级公路一般情况采用3.5 m的单车道路面和6.5 m的路基。当交通量较大时,可采用6.0 m的双车道和7.0 m的路基。

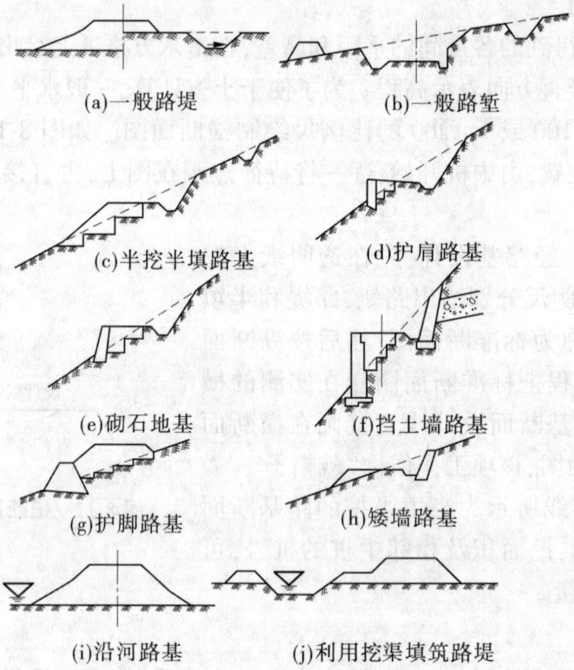

图 8-18　典型路基横断面图

1　恢复中线测量

道路勘测完成到开始施工这一段时间内,有一部分中线桩可能被碰动或丢失,因此施工前应进行复核,按照定测资料配合仪器先在现场寻找,若直线段上转点丢失或移位,可在交点桩上用全站仪按原偏角值进行补桩或校正,若交点桩丢失或移位,可根据相邻直线校正的两个以上转点放线,重新交出交点位置,并将碰动和丢失的交点桩和中线桩校正和恢复好。在恢复中线时,应将道路附属物,如涵洞、检查井和挡土墙等的位置一并定出。对于部分改线地段,应重新定线,并测绘相应的纵横断面图。

2　施工控制桩的测设

由于中线桩在路基施工中都要被挖掉或堆埋,为了在施工中能控制中线位置,应在不受施工干扰、便于引用、易于保存桩位的地方,测设施工控制桩。测设方法主要有平行线法和延长线法两种,可根据实际情况互相配合使用。

2.1　平行线法

如图 8-19 所示,平行线法是在设计的路基宽度以外,测设两排平行于中线的施工控制桩。为了施工方便,控制桩的间距一般取 10~20 m。平行线法多用于地势平坦、直线段较长的道路。

2.2　延长线法

如图 8-20 所示,延长线法是在道路转折处的中线延长线上,以及曲线中点至交点的延长线上测设施工控制桩。每条延长线上应设置两个以上的控制桩,量出其间距及与交点的距离,做好记录,据此恢复中线交点。延长线法多用于地势起伏较大、直线段较短的道路。

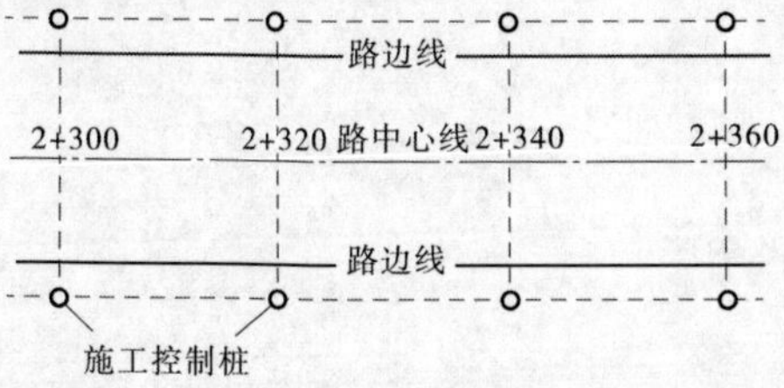

图 8-19 平行线法

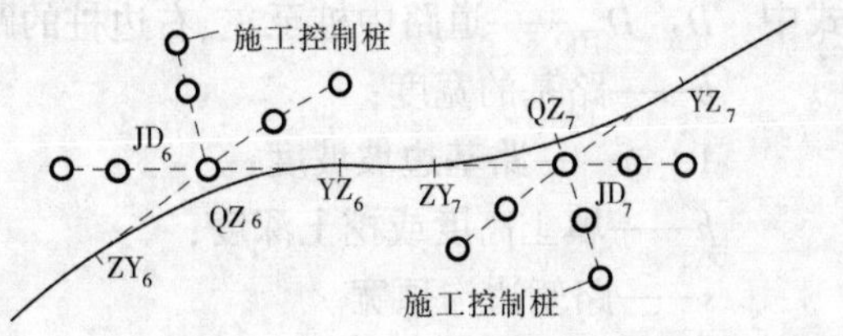

图 8-20 延长线法

3 路基边桩的测设

路基边桩测设就是根据设计断面图和各中桩的填挖高度，把路基两旁的边坡与原地面的交点在地面上钉设木桩（称为边桩），作为路基的施工依据。

每个断面上在中桩的左、右两边各测设一个边桩，边桩距中桩的水平距离取决于设计路基宽度、边坡坡度、填土高度或挖土深度以及横断面的地形情况。边桩的测设方法如下。

3.1 图解法

图解法是将地面横断面图和路基设计断面图绘在同一张毫米方格纸上，若设计断面高出地面部分采用填方路基，其填土边坡线按设计坡度绘出，与地面相交处即为坡脚；若设计断面低于地面部分采用挖方路基，其开挖边坡线按设计坡度绘出，与地面相交处即为坡顶。得到坡脚或坡顶后，用比例尺直接在横断面图上量取中桩至坡脚点或坡顶点的水平距离，然后到实地，以中桩为起点，用皮尺沿着横断面方向往两边测设相应的水平距离，即可定出边桩。

3.2 解析法

解析法是通过计算求出路基中桩至边桩的距离。从路基断面图中可以看出，路基断面大体分平坦地面和倾斜地面两种情况。下面分别介绍如下。

3.2.1 平坦地面

如图 8-21 所示，平坦地面的路堤与路堑的路基放线数据可按下列公式计算：

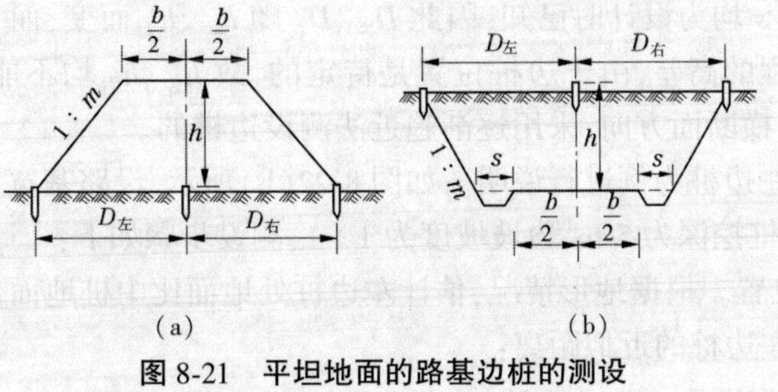

图 8-21 平坦地面的路基边桩的测设

路堤：

$$D_{左} = D_{右} = \frac{b}{2} + mh \tag{8-7}$$

路堑：

$$D_{左} = D_{右} = \frac{b}{2} + s + mh \tag{8-8}$$

式中　$D_{左}$、$D_{右}$——道路中桩至左、右边桩的距离；

b——路基的宽度；

$1:m$——路基边坡坡度；

h——填土高度或挖土深度；

s——路堑边沟顶宽。

3.2.2　倾斜地面

图 8-22 为倾斜地面路基横断面图。设地面为左边低、右边高，则由图 8-22 可知：

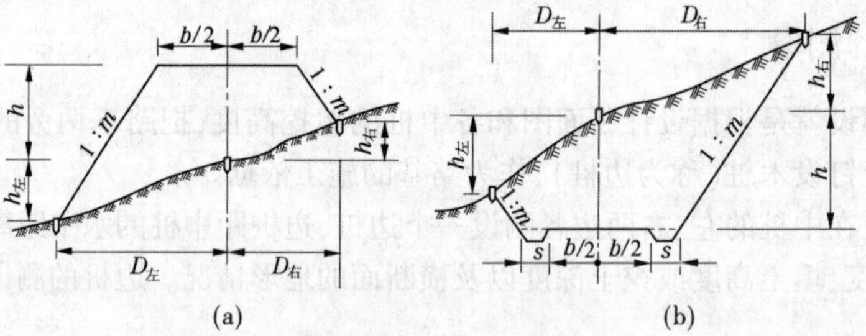

图 8-22　倾斜地面路基边桩测设

路堤：

$$D_{左} = \frac{b}{2} + m(h + h_{左}) \tag{8-9}$$

$$D_{右} = \frac{b}{2} + m(h - h_{右}) \tag{8-10}$$

路堑：

$$D_{左} = \frac{b}{2} + s + m(h - h_{左}) \tag{8-11}$$

$$D_{右} = \frac{b}{2} + s + m(h + h_{右}) \tag{8-12}$$

上式中，b、m 和 s 均为设计时已知，因此 $D_{左}$、$D_{右}$ 随 $h_{左}$、$h_{右}$ 而变，而 $h_{左}$、$h_{右}$ 为左、右边桩地面与路基设计高程的高差，由于边桩位置是待定的，故 $h_{左}$、$h_{右}$ 均不能事先知道。在实际测设工作中，是沿着横断面方向，采用逐渐趋近法测设边桩的。

现以测设路堑左边桩为例进行说明。如图 8-22(b)所示，设路基宽度为 10 m，左侧边沟顶宽度为 2 m，中心桩挖深为 5 m，边坡坡度为 1∶1，测设步骤如下：

(1)估计边桩位置。根据地形情况，估计左边桩处地面比中桩地面低 1 m，即 $h_{左}=1$ m，则代入式(8-11)得左边桩的近似距离：

$$D_{左}=\frac{10}{2}+2+1\times(5-1)=11(\text{m})$$

在实地沿横断面方向往左侧量 11 m，在地面上定出 1 点。

(2)实测高差。用水准仪实测 1 点与中桩之高差为 1.5 m，则 1 点距中桩之平距应为

$$D_{左}=\frac{10}{2}+2+1\times(5-1.5)=10.5(\text{m})$$

此值比初次估算值小，故正确的边桩位置应在 1 点的内侧。

(3)重估边桩位置。正确的边桩位置应在距离中桩 10.5~11 m,重新估计边桩距离为 10.8 m,在地面上定出 2 点。

(4)重测高差。测出 2 点与中桩的实际高差为 1.2 m,则 2 点与中桩之平距应为

$$D_{左}=\frac{10}{2}+2+1\times(5-1.2)=10.8(\mathrm{m})$$

此值与估计值相符,故 2 点即为左侧边桩位置。

4 路基边坡的放样

当路基边桩放出后,为了指导施工,使填、挖的边坡符合设计要求,还应把边坡放样出来。

4.1 用麻绳竹竿放样边坡

(1)当路堤不高时,采用一次挂线法,如图 8-23 所示。

(2)当路堤较高时,可选用分层挂线法,如图 8-24 所示。每层挂线前应标定公路中线位置,并将每层的面用水准仪抄平,方可挂线。

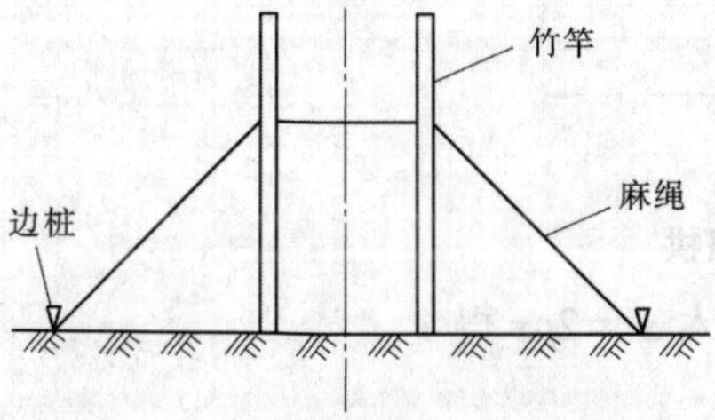

图 8-23 一次挂线法放样边坡

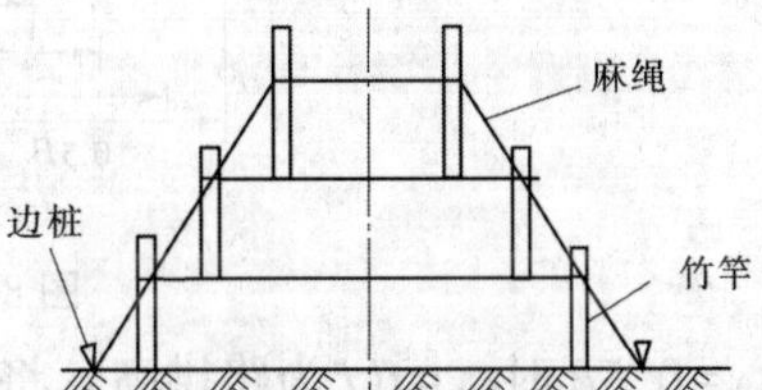

图 8-24 分层挂线法放样边坡

4.2 用固定边坡架放样边坡

如图 8-25 所示,开挖路堑时,在坡顶外侧即开口桩处立固定边坡架。

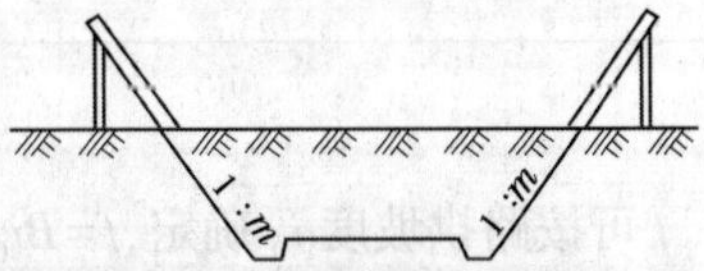

图 8-25 固定架放样边坡

5 路面放样

5.1 路面放样

在铺设公路路面时,应先把路槽放样出来,具体放样方法如下:

从最近的水准点出发,用水准仪测出各桩的路基设计标高,然后在路基的中线上按施工要求每隔一定的间距设立高程桩,用放样已知高程点的方法,使各桩桩顶高程等于将来要铺设的路面标高,如图 8-26 所示。

用皮尺由高程桩(M 桩)沿横断面方向左、右各量路槽宽度的一半,钉出路槽边桩 A、B,使其桩顶标高等于铺设路面的设计标高。在 A、B、M 桩旁边挖一小坑,在坑中钉一木桩,使桩顶的标高符合路槽底的设计

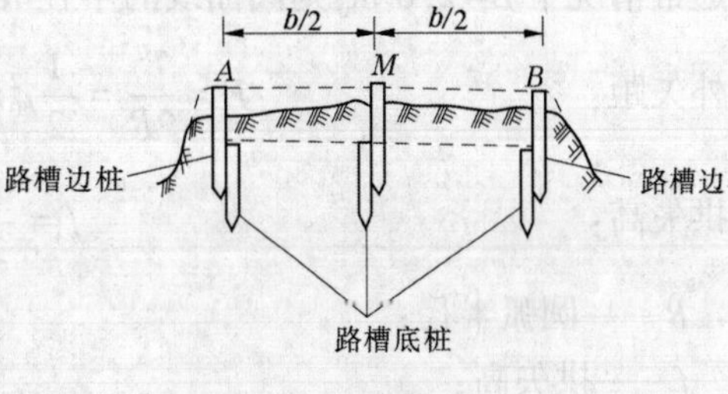

图 8-26 路槽放样示意图

标高,即可开挖路槽。

5.2　路拱放样

所谓路拱,就是在保证行车平稳的情况下,为有利于路面排水,使路中间按一定的曲线形式(抛物线、圆曲线)进行加高,并向两侧倾斜而形成的拱状。

5.2.1　抛物线形式的路拱放样

抛物线路拱如图 8-27 所示。抛物线的方程为

$$x^2 = 2py \tag{8-13}$$

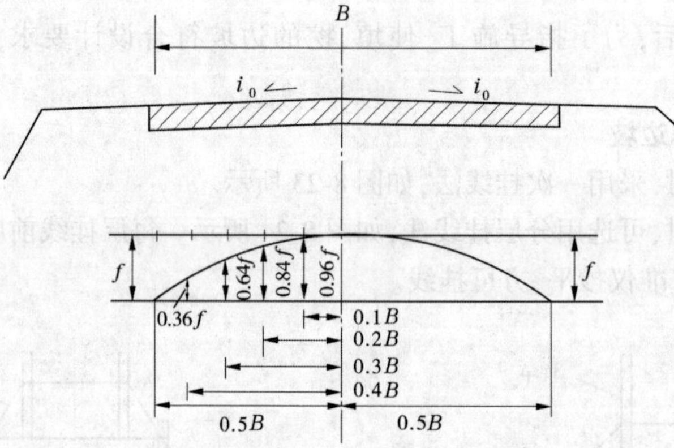

图 8-27　抛物线路拱

当 $x=0.5B$ 时,$y=f$(f 为路拱高),将 $x=0.5B$ 代入 $x^2=2py$ 得

$$2p = \frac{B^2}{4f} \tag{8-14}$$

该路拱的抛物线方程为

$$y = \frac{x^2}{2p} = \frac{4f}{B^2}x^2 \tag{8-15}$$

f 可按路拱坡度 i_0 确定,$f=Bi_0/2$ (i_0 为横坡坡度)。

放样方法如下:

从中桩沿横断面方向,左、右分别量取 x_1、x_2、x_3…分别打桩,使桩顶高为 y_1、y_2、y_3…。

5.2.2　圆弧路拱的放样

如图 8-28 所示,圆弧路拱是在两个斜面中间用圆弧连接的路拱。

从图 8-28 中可以看出,圆曲线的曲线长 $L=2i_0R$。

通常情况下 $L=2.0$ m,则圆曲线的半径 $R=1/i_0$。

外矢距:
$$E = \frac{T^2}{2R} = \frac{1}{2}i_0^2R \quad \left(T = \frac{1}{2}L\right) \tag{8-16}$$

拱矢高:
$$f = \frac{1}{2}i_0^2B \tag{8-17}$$

式中　R——圆弧半径;

f——拱矢高;

B——路面宽度;

E——外矢距；

i_0——路面的横坡度。

这样，我们就可以将路拱做成模板，用模板进行放样。

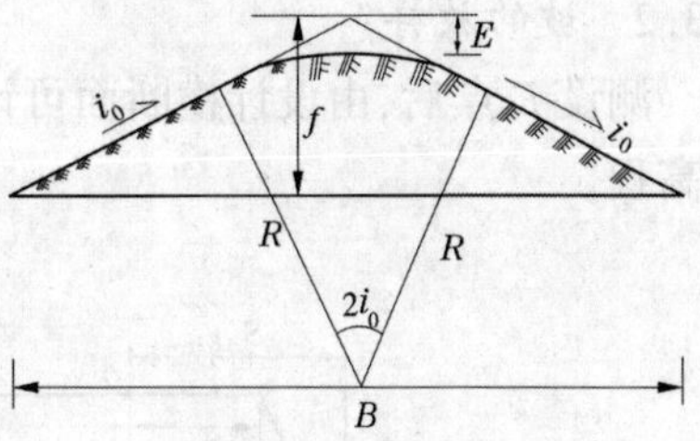

图 8-28 圆弧路拱

6 公路竣工测量

公路在竣工验收时的测量工作称为竣工测量。在施工过程中，由于修改设计变更了原来的设计中线的位置或者是增加了新的建(构)筑物，如涵洞、人行通道等，使建(构)筑物的竣工位置往往与设计位置不完全一致。为了给公路运营投产后改建、扩建和管理养护中提供可靠的资料和图纸，应该测绘公路竣工总图。

竣工测量的内容与线路测设基本相同，包括中线测量、纵横断面测量和竣工总图的编绘。

6.1 中线竣工测量

中线竣工测量一般分两步进行。首先，收集该线路设计的原始资料、文件及修改设计资料、文件，然后根据现有资料情况分两种情况进行：当线路中线设计资料齐全时，可按原始设计资料进行中桩测设，检查各中桩是否与竣工后线路中线位置相吻合；当设计资料缺乏或不全时，则采用曲线拟合法，即先对已修好的公路进行分中，将中线位置实测下来并以此拟合平曲线的设计参数。

6.2 纵、横断面测量

纵、横断面测量是在中桩竣工测量后，以中桩为基础，将道路纵、横断面情况实测下来，看是否符合设计要求。其测量方法同前。

上述中桩和纵、横断面测量工作，均应在已知的施工控制点的基础上进行，如已有的施工控制点已被破坏，应先恢复控制系统。

在实测工作中，对已有资料(包括施工图等)要进行详细实地检查、核对。其检查结果应满足国家有关规程。

当竣工测量的误差符合要求时，应对曲线的交点桩、长直线的转点桩等路线控制桩或坐标法施测时的导线点，埋设永久桩，并将高程控制点移至永久性建筑物上或牢固的桩上，然后重新编制坐标、高程一览表和平曲线要素表。

6.3 全站仪法测设横断面

6.3.1 横断面方向的确定

如图 8-29 所示，设 F 点在 A 点的横断面上且离中桩 A 的距离为 S_{AF}，由于 AF 的方位角

$$\alpha_{AF} = \alpha \pm 90°$$

当 F 点在线路前进方向右侧时取"+"号，在左侧时取"-"号。由此可求得 F 点的坐标：

$$X_F = X_A + S_{AF}\cos\alpha_{AF}$$

$$Y_F = Y_A + S_{AF}\sin\alpha_{AF}$$

式中 X_A、Y_A——中桩 A 的坐标。

6.3.2 坡的放样

测设 F 点后,由设计横断面可计算出 F 点的设计高程。如图 8-29 所示路基边坡上的 F 点高程。

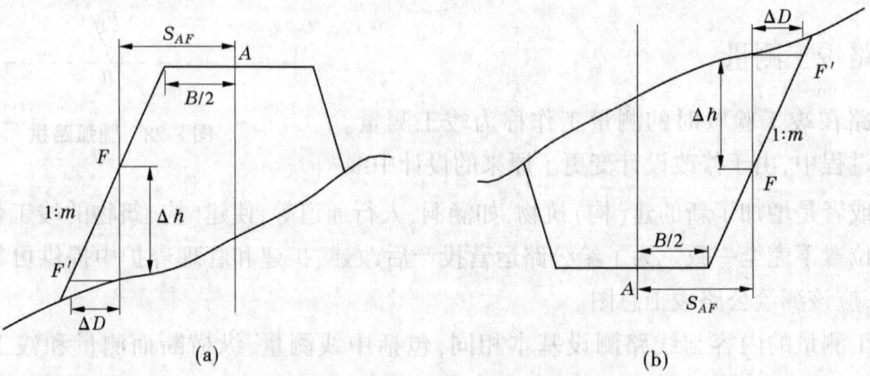

图 8-29 横断面方向的确定

$$H_F = H_A - m(S_{AF} - B/2)$$

而路堑边坡上 F 点高程为

$$H_F = H_A + m(S_{AF} - B/2)$$

求得 F 点的设计高程后,可按中桩高程测设 F 点的高程。只要在边坡上测设几个点,则边坡的形状就标定下来了。如果测设 $S_{AF}=B/2$ 的 F 点,则该点为边坡的顶点,也即路基边缘上的点,以此可测设路基宽度而无须用钢尺丈量。

6.3.3 边桩测设

按以上测设边坡的方法,当反光镜沿着横断面方向离开中桩,逐渐向外侧移动测设边坡上的点时,每次记录各点设计高程与实际地面高程之差 Δh 后,计算边坡离所测点的近似距离为

$$\Delta D = \frac{\Delta h}{1/m} = \Delta hm$$

将反光镜向外侧移动 ,得新点 F',按同法继续向外侧移动,一般经过 2~3 次即可得到边桩的位置。而中间测设的几点正好作为边坡的测设点。把各横断面所设定的边桩连接起来,即为坡脚线。

6.4 竣工总图的编制

对于已确实证明按设计图施工、没有变动的工程,可以按原设计图上的位置及数据绘制竣工总图, 各种数据的注记均利用原图资料。对于施工中有变动的,按实测资料绘制竣工总图。

不论利用原图绘制还是实测竣工总图,其图式符号、各种注记、线条等格式都应与设计图完全一致,对于原设计图没有的图式符号,可以按照《国家基本比例尺地图图式 第 1 部分:1 : 500 1 : 1 000 1 : 2 000 地形图图式》(GB/T 20257. 1—2007)设计图例。

编制竣工总图时,若竣工测量所得出的实测数据与相应的设计数据之差在施工测量的允许误差内,则应按设计数据编绘竣工总图,否则按竣工测量数据编绘。

【小贴士】

通过该任务的学习,学生应该能对典型路基有一个深刻的了解,并能在施工测量中应认真研究其特点,从中找出放样规律,为今后的道路施工测量打下基础。测设施工控制桩的方法主要有平行线法和延长线法两种,可根据实际情况互相配合使用。但一定要设在不受施工干扰、便于引用、易于保存桩位的地方。

任务4 地下管线施工测量

随着经济的发展和人民生活水平的不断提高,在城镇敷设的各种管道愈来愈多,如给水、排水、天然气、暖气、电缆、输气和输油管道等。各种管道常相互上下穿插,纵横交错。如果在测量、设计和施工中出现差错,而没有及时发现,以后将会造成严重后果。因此,在施工过程中,测量工作必须采用城市和厂区的统一坐标和高程系统,要严格按设计要求进行测量工作,并且做到"步步有检核",这样才能确保施工质量。

管道施工测量的主要任务,就是根据工程进度的要求,向施工人员随时提供中线方向和标高位置。

1 施工前的测量工作

1.1 熟悉图纸和现场情况

施工前,要收集管道测量所需要的管道平面图、纵横断面图、附属构筑物图等有关资料,认真熟悉和核对设计图纸,了解精度要求和工程进度安排等,还要深入施工现场,熟悉地形,找出各交点桩、里程桩、加桩和水准点位置。

1.2 恢复中线

管道中线测量时所钉设的交点桩和中线桩等,在施工时可能会有部分碰动和丢失,为了保证中线位置准确可靠,应进行复核,并将碰动和丢失的桩点重新恢复。在恢复中线时,应将检查井、支管等附属构筑物的位置同时测出。

1.3 测设施工控制桩

在施工时中线上各桩要被挖掉,为了便于恢复中线和附属构筑物的位置,应在不受施工干扰、引测方便、易于保存桩位的地方,测设施工控制桩。施工控制桩分为中线控制桩和附属构筑物控制桩两种,如图8-30所示。

1.4 加密施工水准点

为了在施工过程中引测高程方便,应根据原有水准点,在沿线附近每100~150 m增设一个临时水准点,其精度要求由管线工程性质和有关规范确定。

2 管道施工测量

2.1 槽口放线

槽口放线是根据管径大小、埋设深度和土质情况,决定管槽开挖宽度,并在地面上钉设边桩,沿边桩拉线撒出灰线,作为开挖的边界线。

若埋设深度较小、土质坚实,管槽可垂直开挖,这时槽口宽度即等于设计槽底宽度,若需

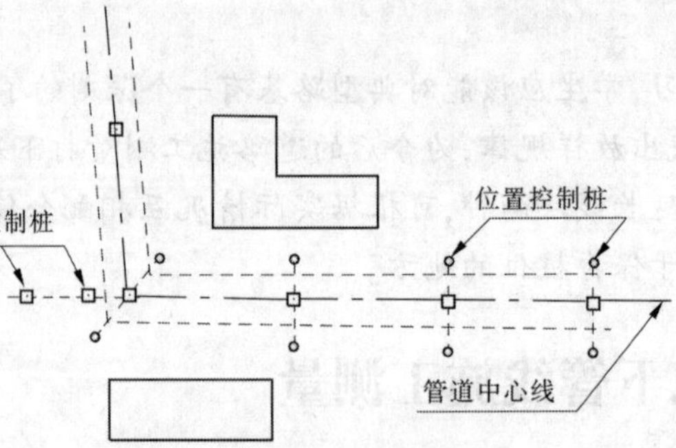

图 8-30 管道控制桩设置

要放坡,且地面横坡比较平坦,槽口宽度可按下式计算:

$$D_{左} = D_{右} = \frac{b}{2} + mh \tag{8-18}$$

式中 $D_{左}$、$D_{右}$——管道中桩至左、右边桩的距离;

b——槽底宽度;

m——边坡率;

h——挖土深度。

2.2 施工过程中的中线、高程和坡度测设

管槽开挖及管道的安装和埋设等施工过程中,要根据进度,反复地进行设计中线、高程和坡度的测设。下面介绍两种常用的方法。

2.2.1 坡度板法

管道施工中的测量任务主要是控制管道中线设计位置和管底设计高程。因此,需要设置坡度板。如图 8-31 所示,坡度板跨槽设置,间隔一般为 10~20 m,编写板号。根据中线控制桩,用经纬仪把管道中心线投测到坡度板上,用小钉作标记,称为中心线钉,以控制管道中心的平面位置。

当槽深在 2.5 m 以上时,应待开挖至距槽底 2 m 左右时再埋设坡度板于槽内,如图 8-32 所示。坡度板应埋设牢固,板面要保持水平。

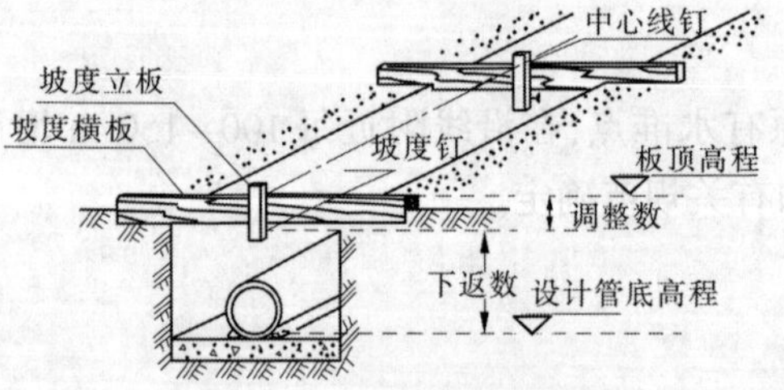

图 8-31 坡度板的埋设

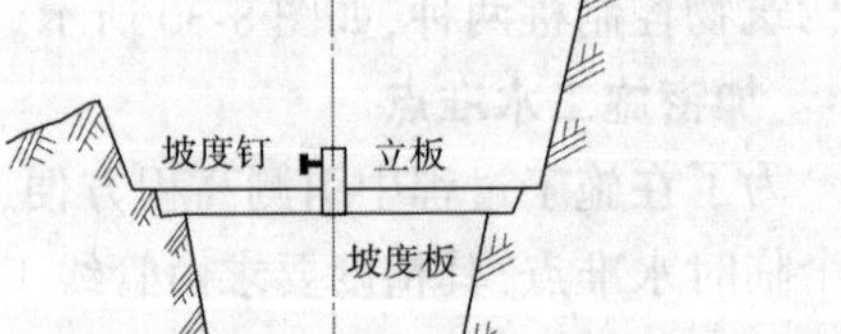

图 8-32 深槽坡度板

坡度板设好后,根据中线控制桩,用经纬仪把管道中心线投测至坡度板上,钉上中心线钉,并标上里程桩号。施工时,用中心线钉的连线可方便地检查和控制管道的中心线。

再用水准仪测出坡度板的板顶高程，板顶高程与该处管道设计高程之差，即为板顶往下开挖的深度。为方便起见，在各坡度板上钉一坡度立板，然后从坡度板的板顶高程起算，从坡度板上向上或向下量取高差调整数，钉出坡度钉，使坡度钉的连线平行于管道设计坡度线，并距设计高程一整分米数，称为下返数，施工时，利用这条线可方便地检查和控制管道的高程和坡度。高差调整数可按下式计算：

高差调整数=(板顶高程-管底设计高程)-下返数

若高差调整数为正，往下量取；若高差调整数为负，往上量取。

例如，预先确定下返数为 1.5 m，某桩号的坡度板的板顶实测高程为 78.868 m，该桩号管底设计高程为 77.2 m，则高差调整数为 (78.868-77.2)-1.5=0.168(m)，即从板顶沿立板往下量 0.168 m，钉上坡度钉，则由这个钉下返 1.5 m 便是设计管底位置。

坡度钉是控制高程的标志，所以在坡度钉钉好后，应重新进行水准测量，检查结果是否有误。

2.2.2　平行轴腰桩法

当现场条件不便采用坡度板时，对精度要求较低的管道，可采用平行轴腰桩法来测设中线、高程及坡度控制标志。如图 8-33 所示，开挖前，在中线一侧(或两侧)测设一排(或两排)与中线平行的轴线桩，平行轴线桩与管道中线的间距为 D_1，各桩间隔 20 m 左右，各附属构筑物位置也相应设桩。

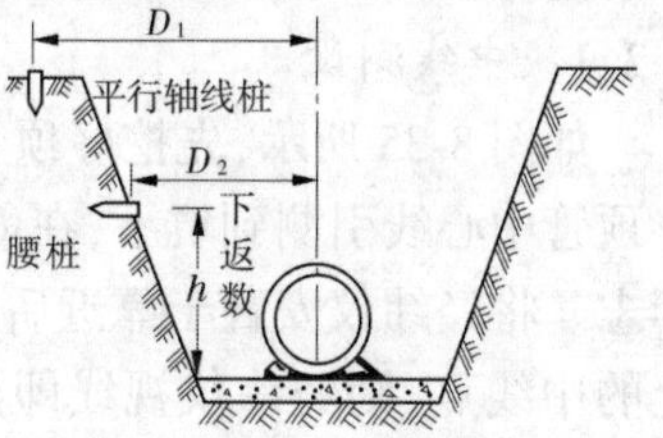

图 8-33　平行轴腰桩法

管槽开挖至一定深度以后，为方便起见，以地面上的平行轴线桩为依据，在高于槽底约 1 m 的槽坡上再钉一排平行轴线桩，它们与管道中线的间距为 D_2，称为腰桩。用水准仪测出各腰桩的高程，腰桩高程与该处相对应的管底设计高程之差，即是下返数。施工时，根据腰桩可检查和控制管道的中线和高程。

3　顶管施工测量

地下管道施工时，常遇到穿过街道、铁路、公路和不宜拆迁的建筑物，此时不能采用明挖槽沟的方法，而应采用顶管的方法进行施工。

顶管施工就是开槽的方法，即用暗掏的办法将管子从建(构)筑物的一侧顶到另一侧。图 8-34 表示管道由 A 朝 B 方向敷设时，穿过拟保留的建筑物 M。图中 RQ 管道显然需要采用顶管施工法。施工时需要在建筑物两侧开挖工作坑。测量的任务是将管道的中线和高程传递到其中一个工作坑内，控制管道顶进的方向和管底的高程或坡度，在另一个工作坑内进行检测和接管。

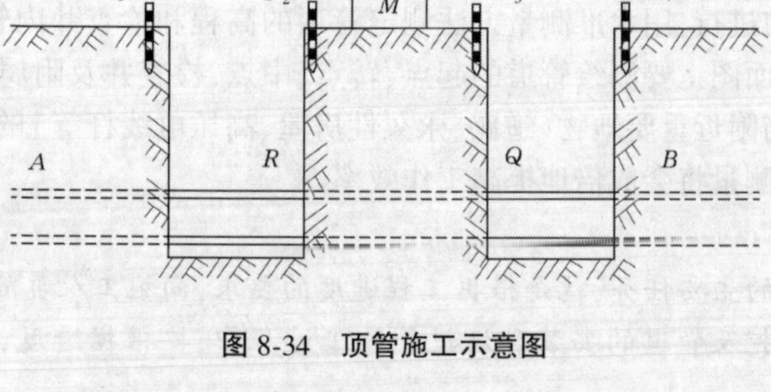

图 8-34　顶管施工示意图

3.1 顶管控制测量

顶管控制测量的主要任务是通过工作坑将地面轴线点平面位置、方位和高程传递到地下工作面,以指导管道的顶进。显然,测量数据的传递方法同竖井联系测量,且因工作坑较浅、传递精度要求较低,而使传递测量工作容易实施。

传递测量完成后,还须依据地下工作面上的点将导轨按设计高程、宽度和中线位置固定在基础上。导轨用于安放管子并控制管子沿中线方向顶进,导轨的基础通常采用混凝土基础和木基础。

3.2 顶管施工测量

顶管施工测量包括中线测量和高程测量。中线测量保证管子顶进的方向,一般用吊锤球的方法。高程测量控制管子顶进的坡度,一般用水准测量方法。

长距离顶管施工时,一般每隔约100 m挖一个工作坑,对向顶进。对顶管子的错开误差不能超过30 mm。此时,应积极采用激光经纬仪或激光水准仪进行定向。

3.2.1 中线测设

如图8-35所示,先挖好顶管工作坑,根据地面上标定的中线控制桩,用经纬仪或全站仪将顶管中心线引测到坑下,在前后坑底和坑壁设置中线标志。将经纬仪安置于靠近后壁的中线点上,后视前壁上的中线点,则经纬仪视线即为顶管的设计中线方向。在顶管内前端水平放置一把直尺,尺上标明中心点,该中心点与顶管中心一致。每顶进一段(0.5~1 m)距离,用经纬仪在直尺上读出管中心偏离设计中线方向的数值,据此校正顶进方向。

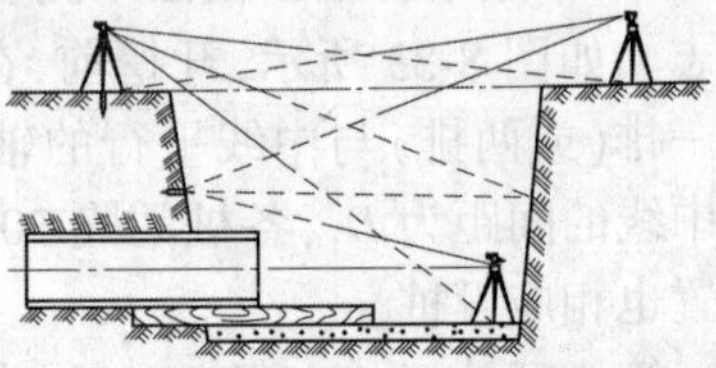

图8-35 顶管中线测设

如果使用激光经纬仪或激光准直仪,则沿中线发射一条可见光束,使管道顶进中的校正更为直观和方便。

3.2.2 高程测设

先在工作基坑内设置临时水准点,将水准仪安置于坑内,后视临时水准点,前视立于管内各测点的短标尺,即可测得管底各点的高程。将测得的管底高程与管底设计高程进行比较,即可得到顶管高程和坡度的校正数据。

如果将激光经纬仪或激光准直仪的安置高度和视准轴的倾斜坡度与设计的管道中心线相符合,则可以同时控制顶管作业中的方向和高程。

4 竣工测量

管道竣工测量包括管道竣工平面图和管道竣工纵断面图的测绘。管道竣工纵断面图的测绘,在回填土之前进行,用水准测量方法测定管顶的高程和检查井内管底的高程,距离用钢尺丈量。竣工平面图主要测绘管道的起点、转点、中点、检查井及附属构筑物的平面位置和高程,测绘管道与附近重要地物(道路、永久性房屋、高压电线杆等)的位置关系。使用全站仪进行管道竣工测量将会成倍地提高工作效率。

【小贴士】

管道施工测量的主要任务,就是根据工程进度的要求,向施工人员随时提供中线方向和标高位置。管槽开挖及管道的安装和埋设等施工过程中,要根据进度,反复地进行设计中线、高程和坡度的测设。

【知识链接】

学习本项目时,学生应结合教师的讲解思考定测的具体工作有:①定线测量;②中线测量;③纵断面高程测量;④横断面测量。道路施工测量的主要任务包括:恢复中线测量,施工控制桩,边桩和竖曲线的测设。管道施工测量的主要任务,就是根据工程进度的要求,向施工人员随时提供中线方向和标高位置。这些工作过程最适合使用什么仪器设备,自行到网上下载相应的公路测量设计书,以获取更多的有用知识。

【阅读与应用】

施工测量方案测量总流程

高速公路 TJ4 标段位于××省××市境内,标段全长 22.5 km,主要工程内容为路基土石方、路面底基层、桥涵、互通立交、隧道、路基防护及排水。主要工程量有大桥 3 271 m(9 座),中桥 1 90 m(3 座),天桥 294 m(4 座),桥式通道 17.5m(1 座),分离立交桥 174m(2 座),U 形转弯跨线桥 71m(1 座),隧道 3 350 m(3 座),涵洞及通道 2 333.04m(55 座),路基挖方 348 万 m^3,路基填方 247 万 m^3,路基防护及排水 9.22 万 m^3,路面底基层 39.7 万 m^3。

编制依据是根据《工程测量标准》(GB 50026—2020)、《路桥工程施工手册》《公路测绘手册》由中交公路规划设计院有限公司提供《测量成果报告书》《公路测量》《TJ4 合同段(K171+200~K193+700)工程施工图纸》,坐标为 CGCS2000 坐标系,高程为 1985 国家高程基准。

施工图纸是测量放样的主要依据,图纸数据校核是第一步,作为测量人员首先应读懂并理解施工图纸的设计意图,才能准确地进行图纸数据校核。其步骤如下:

首先应该了解图纸的工程概况及技术要求,其次应该读懂图纸总平面设计图,了解工程各部位的平面位置,红线桩位图,周围现状建筑物、公路、桥梁位置,合理有效利用,为今后控制点布设及施工放样创造有利条件。

(1)阅读图纸所有桩基,桥台,盖帽梁平面图、立面图、剖面图。了解它们的形状、尺寸、构造,特别是轴线尺寸、结构尺寸。

(2)校核桥梁桩位坐标与高程,可根据图纸提供的曲线要素(曲线要素也需要检查)逐个检查,对应桩号与高程是否一致,承台高程与地下管道是否有冲突,如若发现有误或承台与地下管道有冲突,应该及时上报项目工程部,由工程部妥善解决。

(3)校核墩顶、台帽、盖梁坐标与高程,其高程应该根据桥面设计纵横断面图提供的设计高程逐层减去桥面铺装层厚、箱梁高度、支座垫石厚度,如果发现与图纸对应不上应该及时上报工程部,让工程部协调处理。

(4)校核桥梁各平面尺寸及结构尺寸,检查其距离是否与对应坐标有出入。

(5)校核挡墙顶及挡墙基础顶面高程,应该根据匝道路面纵横断面图对应计算并以计算高程为准,如发现有出入的地方应上报工程部。

(6)校核两匝道会车口及出车口处对应桩号的高程是否一致,如果不符则应该上报工程部,交由工程部处理。

(7)校核地下管道高程,如电缆入孔井、雨水与给水井与设计路面是否有冲突,如有问题应该上报工程部。

(8)校核图纸是工程测量的重要一步,它直接、间接地影响了工程质量与安全,图纸有问题了,如没有及时发现,等到施工在即或施工完成才发现,为时以晚,质量受影响不说,更是延误工期,损失人力、财力。所以,图纸校核应在施工前及早进行。另外,如发现有图纸仅有细小出入,可自行进行调整,如若变化出入较大应上报监理工程部或设计院。

由于工程规模较大,兼地形、工程结构的复杂,测量工作任务也较大,为保证测量工作的顺利进行。保证工程顺利完工。如图8-36所示根据工程需要我们做施工测量方案测量总流程图(采用GNSS及全站仪进行测量放样,用电子水准仪进行高程控制测量)。

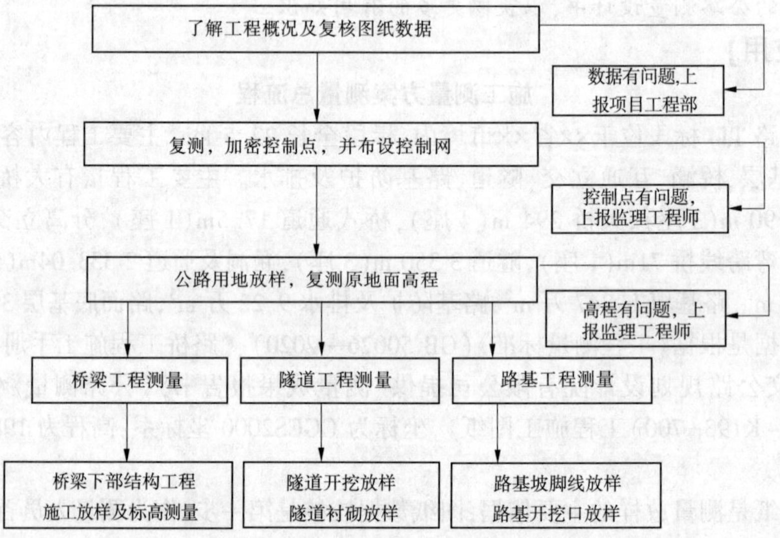

图8-36　施工测量方案测量总流程图

项目小结

本项目主要介绍了公路工程在勘测设计、施工和管理阶段所进行的测量工作。其主要任务是为线路工程设计提供地形图、断面图及其他基础测量资料;按设计要求将设计的线路、桥涵、隧道及其他附属物、构筑物的位置在实地标定,以指导施工、竣工验收为质量评定提供资料。

公路的勘测设计通常按其工作顺序可划分为三个阶段:可行性研究、初测、定测。初测工作主要是在小比例尺地形图上选定线路,然后测绘大比例尺带状地形图并进行纸上定线。

设计人员在初测的图纸上考虑各种综合因素后在图纸上设计出规则的图纸资料,将这些资料测设到实地的工作称为定测。

道路施工测量的主要任务包括:恢复中线测量,施工控制桩,测设边桩和竖曲线。在恢复中线后,要进行路基的放样,放样前首先要熟悉设计图纸和施工现场情况。了解设计意图及对测量的精度要求,掌握道路中线与边坡脚和边坡顶的关系,从中找出施测数据,再进行路基放线。

管道施工测量的主要任务,就是根据工程进度的要求,向施工人员随时提供中线方向和标高位置。

公路在竣工验收时的测量工作,称为竣工测量。在施工过程中,由于修改设计变更了原来的设计中线的位置或者是增加了新的建(构)筑物,如涵洞、人行通道等,使建(构)筑物的竣工位置往往与设计位置不完全一致。为了公路运营后改建工作、扩建工作和管理养护中提供可靠的资料和图纸,需测绘公路竣工总图。

竣工测量的内容与线路测设基本相同,包括中线测量、纵横断面测量和竣工总图的编绘。

复习和思考题

8-1 在公路定测和初测阶段分别有哪些测量工作?

8-2 试述测角放线法和拨角放线法的主要步骤。作业中如何检核或调整定线中的错误?

8-3 什么叫断链?如何处置断链后的情况?

8-4 如何确定曲线的横断面?

8-5 如何设置施工控制桩?

【技能训练】

一、技能训练题目及训练目的

在学习完本项目的理论学习内容后,请学生利用课余和周末的时间,以校区道路工程为例分析其恢复测量的方法、步骤和技术要求,掌握路线交点、转点测量,路线中线测量,路线纵横断面测量。对学生巩固教学成果、熟练掌握测量仪器、了解线路测量知识打下基础。

二、技能训练要求

1. 教师给学生配备全站仪、脚架、棱镜、棱镜杆、小钢尺。
2. 教师给学生提供校园内足够数量的已知点数据。
3. 学生根据自己的学习情况分组练习。
4. 如有问题则向教师请教或与任课教师共同探讨。
5. 技能训练总结。

【知识拓展】

道路放样-数据导入　道路中边桩放样　道路边坡放样　道路放样-数据导出

道路检核　涵洞放样　自由边坡

项目 9　曲线测设

项目概述

通过本项目的学习,了解公路和铁路的线路由于受地形、地质或其他原因的影响,经常要改变方向。为了满足行车方面的要求,需要在两直线段之间插入平面曲线把它们连接起来。线路上采用的平面曲线通常有圆曲线、综合曲线、回头曲线、复曲线。不论是哪一种曲线,都是由圆曲线、缓和曲线构成的。因此,平面曲线按其性质可分为两类,即圆曲线、缓和曲线。竖曲线是一种设置在竖直面内的曲线,按顶点位置可分为凸形竖曲线和凹形竖曲线,我国普遍采用的是圆曲线型竖曲线。

学习目标

◆知识目标

1. 了解交点 JD 里程的意义,会用交点的里程推算其他各主点的里程;
2. 了解困难地段的曲线、复曲线、回头曲线的测设要求和方法;
3. 能阐述圆曲线、缓和曲线元素的名称和意义;
4. 掌握圆曲线主点里程和细部点的计算方法;
5. 会进行交点 JD 里程的校核。

◆技能目标

1. 能正确使用全站仪用偏角法进行圆曲线主点和细部点的测设;
2. 会用全站仪极坐标法测设综合曲线的细部点;
3. 能操作全站仪进行任意设站法测设曲线;
4. 能操作 GNSS-RTK 进行曲线放样;
5. 能模拟测设竖曲线。

◆素质目标

通过引导学生理解曲线测设在公路和铁路测设中的不可替代作用,增强学生的职业荣誉感,培养学生的创新实践能力。

【课程导入】

学习本项目必须了解交点 JD 里程的意义,并会用交点的里程推算其他各主点的里程;了解困难地段的曲线、复曲线、回头曲线的测设要求和方法;会进行圆曲线主点和细部点的测设,极坐标法测设综合曲线的细部点,GNSS-RTK 曲线放样;竖曲线计算与测设。

任务 1　圆曲线的测设

当路线由一个方向转到另一个方向时,必须用曲线来连接。曲线的形式较多,其中,圆曲线(又称单曲线)是最常用的曲线形式。圆曲线的测设一般分为两步进行:首先是圆曲线主点的测设,即圆曲线的起点(直圆点 ZY)、中点(曲中点 QZ)和终点(圆直点 YZ)的测设;然后在各主点之间进行加密,按照规定桩距测设曲线的其他各桩点,称为圆曲线的详细测设。

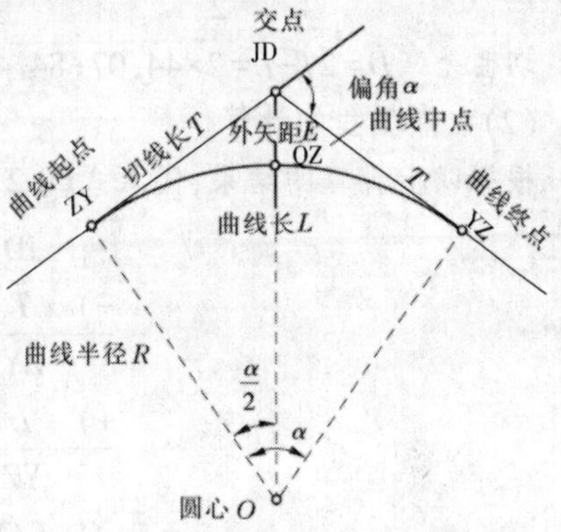

图 9-1　圆曲线示意图

1　圆曲线元素的计算

如图 9-1 所示,已知数据为路线中线交点(JD)的偏角为 α 和圆曲线的半径为 R,要计算的圆曲线的元素有切线长 T、曲线长 L、外矢距 E 和切线长度与曲线长度之差(切曲差)D。各元素可以按照以下公式计算:

$$
\left.\begin{aligned}
&\text{切线长} && T = R\tan\frac{\alpha}{2}\\
&\text{曲线长} && L = R\alpha\frac{\pi}{180^\circ}\\
&\text{外矢距} && E = R\left(\sec\frac{\alpha}{2} - 1\right)\\
&\text{切曲差} && D = 2T - L
\end{aligned}\right\} \qquad (9\text{-}1)
$$

2　圆曲线主点里程的计算

曲线上各点的里程都是从一已知里程的点开始沿曲线驻点推算的。一般已知交点 JD 的里程,它是从前一直线段推算而得,再由交点的里程推算其他各主点的里程。由于路线中线不经过交点,所以圆曲线的终点、中点的里程必须从圆曲线起点的里程沿着曲线长度推算。根据交点的里程和曲线测设元素,就能够计算出各主点的里程,如图 9-1 所示。

$$
\left.\begin{aligned}
&\text{ZY 点里程} = \text{JD 点里程} - T\\
&\text{YZ 点里程} = \text{ZY 点里程} + L\\
&\text{QZ 点里程} = \text{YZ 点里程} - \frac{L}{2}\\
&\text{JD 点里程} = \text{QZ 点里程} + \frac{D}{2}(\text{校核})
\end{aligned}\right\} \qquad (9\text{-}2)
$$

【例 9-1】　已知某交点的里程为 K3+135.12 m,测得偏角 $\alpha_{右} = 40^\circ 20'$,圆曲线的半径 $R = 120$ m,求圆曲线的元素和主点里程。

解:(1)圆曲线的元素。

将各参数代入式(9-1),可得:

切线长 $T=R\tan\dfrac{\alpha}{2}=120\times\tan 20°10'=44.07(\mathrm{m})$

曲线长 $L=R\alpha\dfrac{\pi}{180°}=120\times 40°20'\times\dfrac{\pi}{180°}=84.47(\mathrm{m})$

外矢距 $E=R(\sec\dfrac{\alpha}{2}-1)=120(\sec 20°10'-1)=7.84(\mathrm{m})$

切曲差 $D=2T-L=2\times 44.07-84.47=3.67(\mathrm{m})$

(2)主点里程的计算。

根据以上计算的结果,代入式(9-2),可得

	JD	K3+135.12
−)	T	44.07
	ZY	K3+091.05
+)	L	84.47
	YZ	K3+175.52
−)	$L/2$	42.24
	QZ	K3+133.28
+)	$D/2$	1.84
	JD	K3+135.12

通过对交点 JD 的里程校核,说明计算正确。

3 圆曲线主点的测设

在圆曲线元素及主点里程计算无误后,即可进行主点测设,如图 9-2 所示,其测设步骤如下:

(1)测设圆曲线起点(ZY)和终点(YZ)。安置全站仪在交点 JD_2 上,后视中线方向的相邻点 JD_1,自 JD_2 沿着中线方向测出切线长度 T 的水平距离,得曲线起点 ZY 点位置,插上测钎;逆时针转动照准部,测设水平角$(180°-\alpha)$得 YZ 点方向,然后从 JD_2 出发,沿着确定的直线方向测出切线长度 T 的水平距离,得曲线终点 YZ 点位置,也插上测钎。再用全站仪检查插测钎点与最近的直线桩点距离,如果两者的水平长度之差在允许的范围内,则在插测钎处打下 ZY 桩与 YZ 桩。如果误差超出允许的范围,则应该找出原因,并加以改正。

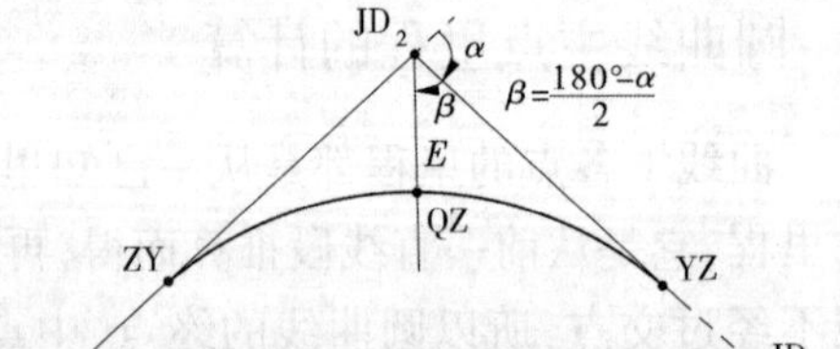

图 9-2 圆曲线主点测设示意图

(2)测设圆曲线的中点(QZ)。全站仪在交点 JD_2 上照准前视点 JD_3 不动,水平度盘置零,顺时针转动照准部,使水平度盘读数为$\beta[\beta=(180°-\alpha)/2]$,得曲线中点的方向,在该方向从上交点 JD_2 测量外矢距 E,插上测钎。同样按照以上方法测量与相邻桩点距离进行校核,如果误差在允许的范围内,则在插测钎处打下 QZ 桩。

4 圆曲线的详细测设

当地形变化比较小,而且圆曲线的长度小于40 m时,测设圆曲线的3个主点就能够满足设计与施工的需要。当圆曲线较长,或地形变化比较大时,则在完成测定3个圆曲线的主点以后,还需要按照表9-1中所列的桩距,在曲线上测设整桩与加桩。这就是圆曲线的详细测设。

表9-1 中桩间距

直线/m		曲线/m			
平原微丘区	山岭重丘区	不设超高的曲线	$R>60$	$30<R\leqslant 60$	$R\leqslant 30$
≤50	≤25	25	20	10	5

注:表中 R 为平曲线的半径,以m计。

圆曲线详细测设的方法比较多,下面仅介绍以下常用的两种方法。

4.1 偏角法

偏角法测设圆曲线上的细部点是以圆曲线的起点ZY或终点YZ作为测站点,计算出测站点到圆曲线上某一特定的细部点 P_i 的弦线与切线 T 的偏角——弦切角 Δ_i 和弦长 c_i 来确定 P_i 点的位置。按照整桩号法测设细部点时,该细部点就是圆曲线上的里程桩。可以根据曲线的半径 R 按照表9-1来选择桩距(弧长)为 l 的整桩。R 越小,则 l 也越小。

用偏角法测设圆曲线的细部点,因测设距离的方法不同,分为长弦偏角法和短弦偏角法两种。长视距法是测设ZY或YZ点至细部点的距离(长弦);短弦偏角法是从ZY点开始,沿选定的桩点,逐点迁移仪器进行测设。

4.1.1 测设数据的计算

为便于计算工程量和施工方便,细部点的点位通常采用整桩号法,从ZY点出发,将曲线上靠近起点ZY的第一个桩的桩号凑整成大于ZY桩号且是桩距 l 的最小倍数的整桩号,然后按照桩距 l 连续向圆曲线的终点YZ测设桩位,这样设置桩的桩号均为整数。按照整桩号法测设细部点时,该细部点就是圆曲线上的里程桩。可以根据曲线的半径 R 按照表9-1来选择桩距(弧长)为 l 的整桩。R 越小,则 l 也越小。

如图9-3所示,P_1 为圆曲线上的第一个整桩,它与圆曲线起点的弧长为 $l_1(l_1<l)$,P_1 点以后各相邻点之间的弧长为 l,圆曲线的最后一个整桩到圆曲线的终点的弧长为 l_{n+1}。若 l_1 对应的圆心角为 φ_1,$\varphi_1=\dfrac{l_1}{R}\dfrac{180°}{\pi}$,$l$ 对应的圆心角为 φ,$\varphi=\dfrac{l}{R}\dfrac{180°}{\pi}$。$l_{n+1}$ 对应的圆心角为 φ_{n+1},同时,弦切角是同弧所对应的圆心角的一半,可以按下式计算(角度单位为度):

(1)长弦偏角法。

$$\left.\begin{aligned}\varphi_i&=\varphi_1+(i-1)\varphi\\ \delta_i&=\frac{\varphi_i}{2}\\ c_i&=\varphi_i\frac{\pi}{180°}\times R\end{aligned}\right\}\tag{9-3}$$

(2)短弦偏角法。

第一个点:

$$\left.\begin{aligned}\delta_1 &= 180° - \frac{\varphi_1}{2}\\ c_1 &= 2R\sin\frac{\varphi_1}{2}\end{aligned}\right\}\tag{9-4}$$

其余各点:

$$\left.\begin{aligned}\delta &= 180° - \varphi\\ c &= 2R\sin\frac{\varphi}{2}\end{aligned}\right\}\tag{9-5}$$

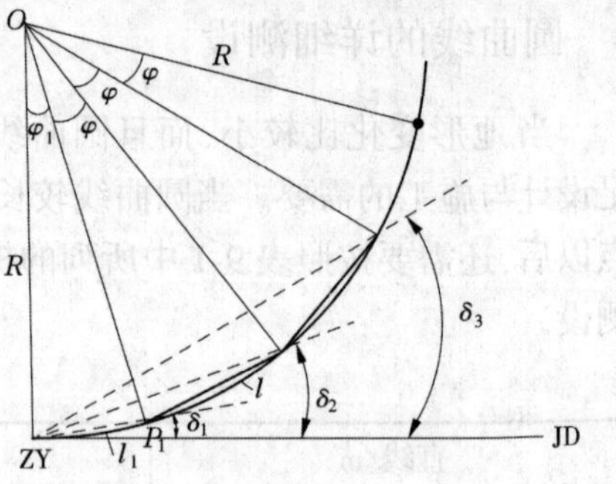

图 9-3　偏角法详细测设圆曲线

根据最后一个整桩再次测设终点,以作检核:

$$\left.\begin{aligned}l_{n+1} &= L - l_1 - (n-1)l\\ \varphi_{n+1} &= \frac{l_{n+1}}{R}\frac{180°}{\pi}\\ c_{n+1} &= 2R\sin\frac{\varphi_{n+1}}{2}\\ \delta_{n+1} &= 180° - \frac{\varphi+\varphi_{n+1}}{2}\end{aligned}\right\}\tag{9-6}$$

【例9-2】　仍按上例,已知 JD 的桩号为 K3+135.12,偏角 $\alpha=40°20'$,设计圆曲线半径 $R=120$ m,桩距 $l_0=20$ m。求用偏角法测设该圆曲线的测设元素。

解:(1)采用长弦偏角法计算。

$$\varphi_1 = \frac{l_1}{R}\frac{180°}{\pi} = \frac{8.95}{120}\times\frac{180°}{\pi} = 4°16'24''$$

$$\varphi_0 = \frac{l_0}{R}\frac{180°}{\pi} = \frac{20}{120}\times\frac{180°}{\pi} = 9°32'57''$$

依据式(9-3)计算测设数据如表 9-2 所示。

表 9-2　长弦偏角法圆曲线细部点测设数据($R=120$ m)

曲线里程桩桩号	相邻桩点间弧长 l_i/m	偏角 δ_i (°　′　″)	弦长 c_i/m
ZY　K3+091.05		0　00　00	0
	8.95		
P_1　K3+100.00		2　08　12	8.95
	20.00		
P_2　K3+120.00		6　54　41	28.88
	20.00		
P_3　K3+140.00		11　41　09	48.61
	20.00		
P_4　K3+160.00		16　27　38	68.01
	15.52		
YZ　K3+175.52			82.74

(2)采用短弦偏角法计算。

依据式(9-4)和式(9-5),计算测设数据如表 9-3 所示。

4.1.2　测设方法

4.1.2.1　长弦偏角法

仍按上例,具体测设步骤如下:

(1)安置全站仪于曲线起点(ZY)上,瞄准交点(JD),使水平度盘读数设置为 0°00′00″。

表 9-3　圆曲线细部点短弦偏角法测设数据(R=120 m)

曲线里程桩桩号	相邻桩点间弧长 l_i/m	偏角 δ_i (°　′　″)	相邻桩点弦长 c_i/m
ZY　K3+091.05		0　00　00	
	8.95		8.95
P_1　K3+100.00		177　51　48	
	20.00		19.98
P_2　K3+120.00		170　27　03	
	20.00		19.98
P_3　K3+140.00		170　27　03	
	20.00		19.98
P_4　K3+160.00		171　31　31	
	15.52		15.51
YZ　K3+175.52			

(2)水平转动照准部,使度盘读数为 2°08′12″,沿此方向测设弦长 c_1 = 8.95 m,定出 P_1 点。

(3)再水平转动照准部,使度盘读数为 6°54′41″,沿此方向测设弦长 c_2 = 28.88 m,定出 P_2 点;以此类推,测设 P_3、P_4 点。

(4)测设至曲线终点(YZ)作为检核:水平转动照准部,使度盘读数为 20°10′00″。在方向上测设弦长 c_{YZ} = 82.74 m,定出一点。此点如果与 YZ 不重合,其闭合差一般应按如下要求:半径方向(路线横向),不超过 0.1 m;切线方向(路线纵向):不超过 L/1 000(L 为曲线长)。

4.1.2.2　短弦偏角法

仍按上例,具体测设步骤如下:

(1)安置全站仪于曲线起点(ZY)上,瞄准交点(JD),使水平度盘读数设置为 0°00′00″。

(2)水平转动照准部,使度盘读数为 2°08′12″,沿此方向测设弦长 c_1 = 8.95 m,定出 P_1 点。

(3)将仪器安置在 P_1 点,后视 ZY 点,再逆时针水平转动照准部,拨角 170°27′03″,沿此方向测设弦长 19.98 m,定出 P_2 点。以此类推,在 P_2 点后视 P_1 点定出 P_3 点,在 P_3 点后视 P_2 点定出 P_4 点。

(4)在 P_4 点后视 P_3 点测设至曲线终点(YZ)作为检核,其闭合差要求同前。

4.2　切线支距法

切线支距法又称直角坐标法,是以圆曲线的起点 ZY 或终点 YZ 为坐标原点,以切线 T 为 x 轴,以通过原点的半径为 y 轴,建立独立坐标系,按照圆曲线上特定点在直角坐标系中的坐标(x_i,y_i)来对应细部点 P_i。

4.2.1　测设数据的计算

如图 9-4 所示,细部点的点位仍采用整桩号法。则该点坐标可以按下式计算:

$$
\left.\begin{aligned}
\varphi_1 &= \frac{l_1}{R} \times \frac{180^\circ}{\pi} \\
\varphi &= \frac{l}{R} \times \frac{180^\circ}{\pi} \\
\varphi_i &= \varphi_1 + (i-1)\varphi \\
x_i &= R\sin\varphi_i \\
y_i &= R(1-\cos\varphi_i)
\end{aligned}\right\} \tag{9-7}
$$

4.2.2　切线支距法测设步骤

(1)如图 9-4 所示,安置全站仪在交点位置,定出 JD 到 ZY 和 JD 到 YZ 两条直线段的方向。

(2)自 ZY 点出发沿着到 JD 的方向,依次测量 P_i 点的横坐标 x_i,得到在横坐标轴上的垂足 N_i。

(3)在各个垂足点上用全站仪标定出与切线垂直的方向,然后在该垂直方向上依次测出对应的纵坐标,就可以确定对应的碎部点 P_i。

(4)在该曲线段的放样完成后,应测出各个相邻桩点之间的距离与计算出的弦长 c 进行比较,如果两者之间的差异在允许的范围之内,则曲线测设合格,在各点打上木桩。如果超出限差,应及时找出原因并加以纠正。

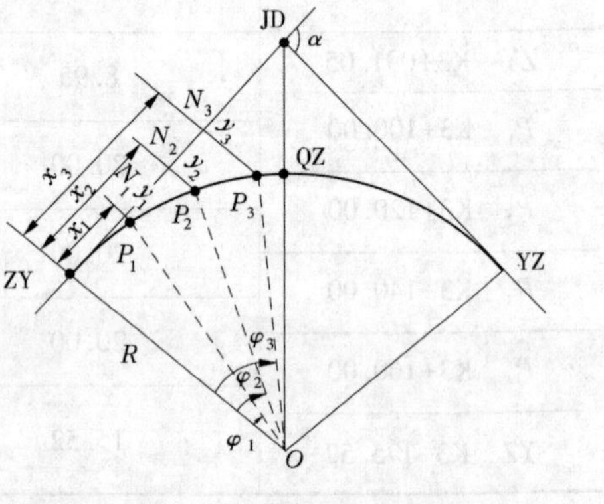

图 9-4　切线支距法详细测设圆曲线

(5)采用同样方法可以进行从 YZ 点到 QZ 点之间曲线段的细部点的测设工作,完成后也应该进行校核。

该方法适用于平坦开阔地区,各个测点之间的误差不易累积,但是对通视要求较高,在测距范围内应没有障碍物,如果地面起伏比较大,或各个测设主点之间的距离过长,会对测距带来较大的影响。

4.3　弦线支距法

弦线支距法又称为长线支距法,也是一种直角坐标法。此法以每段圆曲线的起点为原点,以每段曲线的弦长为横轴,以垂直于弦的方向为纵轴,曲线上各点用该段的纵横坐标值来测设。实际工作中,可以是 ZY 至 YZ 之间的距离,也可以是任意的,如图 9-5 中以 ZY 至 A,A 应根据实地需要选择。

4.3.1　测设所需数据的计算

测设所需数据的计算公式如下:

$$
\left.\begin{aligned}
x_i &= L_i - \frac{\left(\frac{L}{2}\right)^3 - \left(\frac{L}{2} - L_i\right)^3}{6R^2} \\
y_i &= \frac{\left(\frac{L}{2}\right)^2 - \left(\frac{L}{2} - L_i\right)^2}{2R} - \frac{\left(\frac{L}{2}\right)^4 - \left(\frac{L}{2} - L_i\right)^4}{24R^3} \\
c &= 2R\sin\frac{\gamma}{2}
\end{aligned}\right\} \tag{9-8}
$$

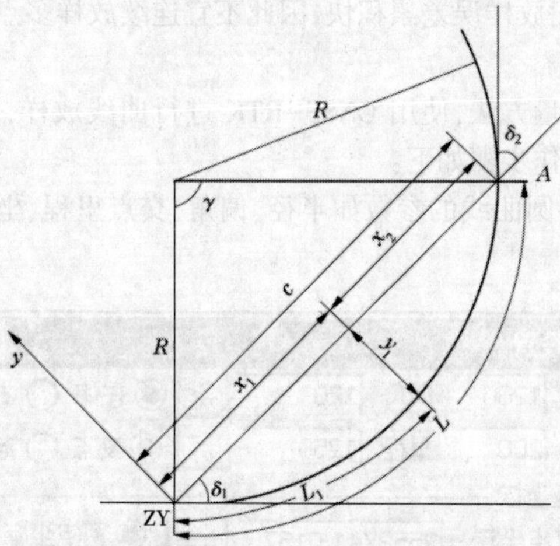

图 9-5　弦线支距法测设圆曲线

式中　L_i——置仪点至测设点 i 的圆曲线长；

L——分段的圆曲线长。

4.3.2　弦线支距法的测设步骤

(1)安置仪器于 ZY(YZ)点，后视交点，拨角 δ_1 定出圆曲线第一段弦的方向，在弦的方向上按 x_i、y_i 值测设圆曲线上各点。

(2)若圆曲线较长，则置仪 A_i 点，后视 ZY 点或 YZ 点，拨角 δ_2 定出第二段弦的方向，按同样方法继续测设圆曲线上其他点。

4.4　弦线偏距法

这是一种适用于隧道等狭窄场地测设曲线的方法。如图 9-6 所示，PA 为中线的直线段，A 为圆曲线的起点，要求每隔 c m 放样一个细部点 P_1、P_2、P_3 等。则放样步骤如下：

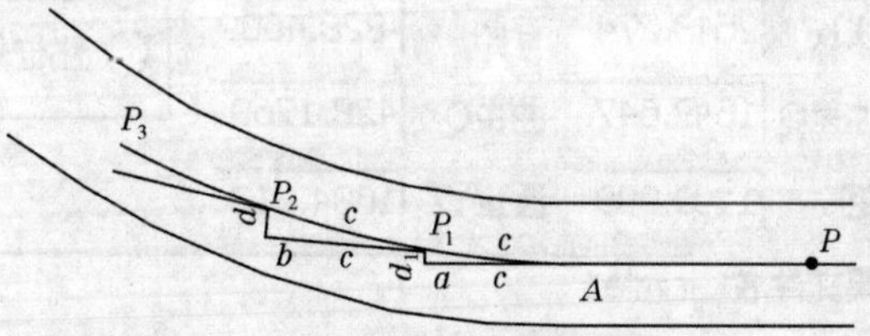

图 9-6　弦线偏距法测设圆曲线

(1)延长 PA 至 a 点，使 $Aa=c$。

(2)由 a 点测设 d_1，由 A 点测设 c，两距离交会定出细部点 P_1。

(3)延长 AP_1 至 b，使 $P_1b=c$。

(4)由 b 点测设 d，由 P_1 点测设 c，两距离交会定出细部点 P_2。

(5)如此反复，以 d、c 两距离交会定出其余各细部点。交会距离计算公式如下：

$$\left.\begin{aligned} d_1 &= 2c\sin\frac{c}{4R} \\ d &= 2c\sin\frac{c}{2R} \end{aligned}\right\} \tag{9-9}$$

这种方法的精度较低,放样误差累积快,因此不宜连续放样多点。

4.5　GNSS-RTK 放样

除了传统的仪器和测量方法,使用 GNSS-RTK 进行曲线放样,可以很好地解决曲线放样的精度及效率问题。操作步骤如下:

(1)曲线参数设置:将圆曲线的参数如半径、偏角、交点里程、坐标以及中线桩间距输入到手簿中,如图 9-7 所示。

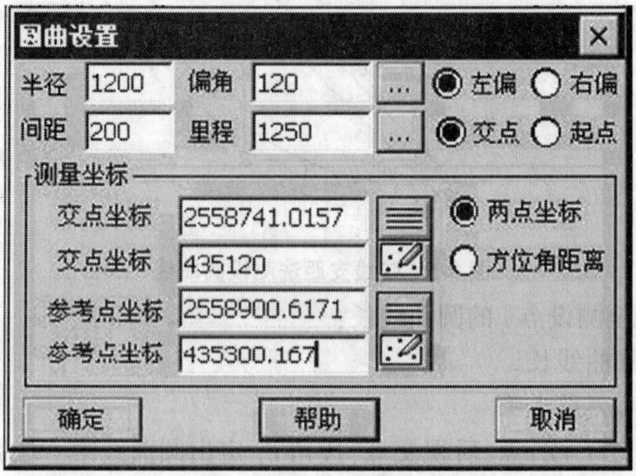

图 9-7　“圆曲设置”对话框

(2)曲线计算:输入曲线参数后,单击“确定”,则完成曲线的计算,如图 9-8 所示。单击“确定”后将曲线结果进行保存。

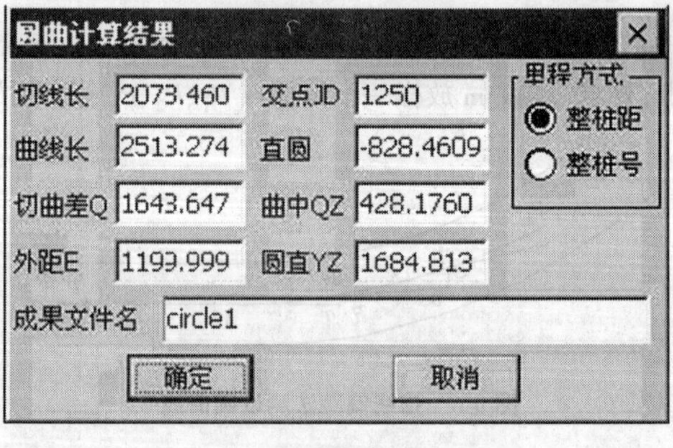

图 9-8　“圆曲计算结果”对话框

(3)曲线设计:RTK 手簿利用自身软件便可以进行线路曲线的设计,并把需要放样的点及图形显示在手簿的屏幕上。

(4)选择放样点,进行放样。用光笔选择屏幕上的待放样点后,该点的坐标、里程等信息就可以在屏幕下方查看到。

同样,GNSS-RTK 在缓和曲线、纵横断面等测量中也具有很大的优越性。

利用 GNSS-RTK 技术进行线路工程测量,在满足 GNSS-RTK 的工作条件下,GNSS-RTK 对测区内每个点施测精度相同,其数据安全可靠性,没有误差积累,精度较稳定,能够满足线路工程施工的需要。

【小贴士】

本任务主要介绍圆曲线的测设。主要涉及圆曲线元素的计算、圆曲线主点里程的计算、圆曲线主点的测设、圆曲线的详细测设。采用的测设方法有偏角法、切线支距法、弦线支距法、弦线偏距法和 GNSS-RTK 放样法。通过该任务的学习，学生应能掌握偏角法、切线支距法和 GNSS-RTK 法测设圆曲线。

任务2 综合曲线的测设

车辆在曲线路段行驶时，由于受到离心力的影响，车辆容易向曲线的外侧倾倒，直接影响车辆的安全行驶以及舒适性。为了减少离心力对行驶车辆的影响，在曲线段路面的外侧必须有一定的超高，而在曲线段内侧要有一定量的加宽。这样就需要在直线段与圆曲线之间、两个半径不同的圆曲线之间插入一条起过渡作用的曲线，这样的曲线称为缓和曲线。因此，缓和曲线是在直线段与圆曲线、圆曲线与圆曲线之间设置的曲率半径连续渐变的曲线。由缓和曲线和圆曲线组成的平面曲线称为综合曲线。

1 缓和曲线点的直角坐标

缓和曲线可以采用回旋线(辐射螺旋线)、三次抛物线、双纽线等线型。我国现行的《公路工程技术标准》(JTG B01—2014)规定：缓和曲线采用回旋线，如图9-9所示。从直线段连接处起，缓和曲线上各点单位曲率半径ρ和该点离缓和曲线起点的距离l成反比，即$\rho=\frac{c}{l}$，c是一个常数，称为缓和曲线变更率。在与圆曲线连接处，l等于缓和曲线全长l_0，ρ等于圆曲线半径R，故$c=Rl_0$，c一经确定，缓和曲线的形状也就确定。c愈小，半径变化愈快；c愈大，半径变化愈慢，曲线也就愈平顺。当c为定值时，缓和曲线长度视所连接的圆曲线半径而定。

由上述可知，缓和曲线是按线性规则变化的，其任意点的半径为

$$\rho=\frac{c}{l_i}=\frac{Rl_0}{l_i}$$

缓和曲线上各点的直角坐标为

$$\left.\begin{aligned}x_i&=l_i-\frac{l_i^5}{40R^2l_0^2}=l_i-\frac{l_i^5}{40c^2}\\ y_i&=\frac{l_i^3}{6Rl_0}=\frac{l_i^3}{6c}\end{aligned}\right\}\quad(9\text{-}10)$$

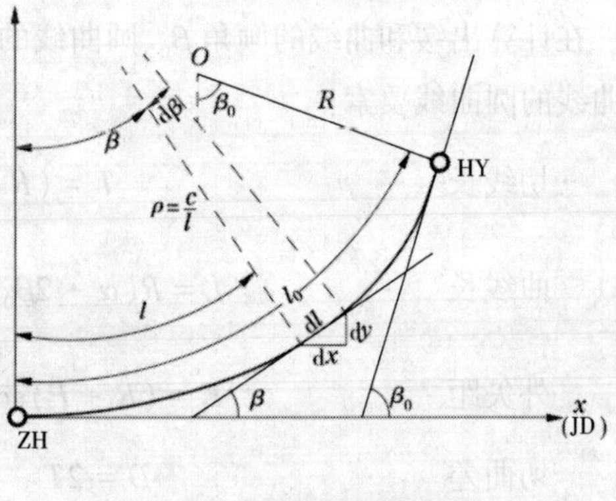

图9-9 缓和曲线示意图

缓和曲线终点的坐标为(取$l_i=l_0$，并顾及$c=Rl_0$)

$$\left.\begin{aligned}x_0&=l_0-\frac{l_0^3}{40R^2}\\ y_0&=\frac{l_0^2}{6R}\end{aligned}\right\}\quad(9\text{-}11)$$

2　有缓和曲线的圆曲线要素计算

综合曲线的基本线型是在圆曲线与直线之间加入缓和曲线，成为具有缓和曲线的圆曲线，如图 9-10 所示，图中虚线部分为一转向角为 α、半径为 R 的圆曲线 AB，今欲在两侧插入长度为 l_0 的缓和曲线。圆曲线的半径不变而将圆心从 O'移至 O 点，使得移动后的曲线离切线的距离为 P。曲线起点沿切线向外侧移至 E 点，设 $DE=m$，同时将移动后圆曲线的一部分(图中的 $C\sim F$)取消，从 E 点到 F 点之间用弧长为 l_0 的缓和曲线代替，故缓和曲线大约有一半在原圆曲线范围内，另一半在原直线范围内，缓和曲线的倾角 β_0 即为 $C\sim F$ 所对的圆心角。

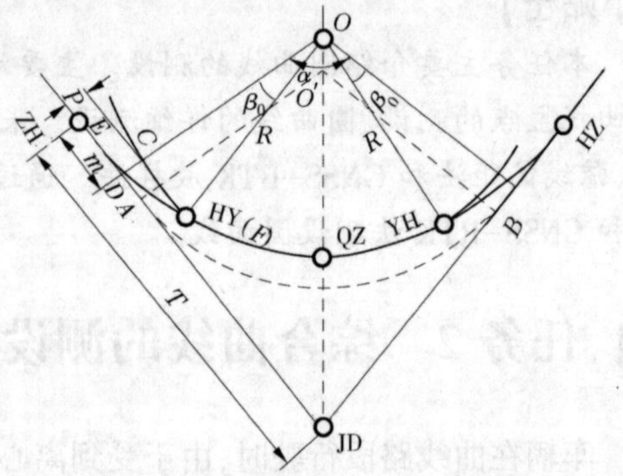

图 9-10　具有缓和曲线的圆曲线

2.1　缓和曲线常数的计算

缓和曲线的常数包括缓和曲线的倾角 β_0、圆曲线的内移值 P 和切线外移量 m，根据设计部门确定的缓和曲线长度 l_0 和圆曲线半径 R，其计算公式如下：

$$\left.\begin{aligned}\beta_0&=\frac{l_0}{2R}\cdot\frac{180^\circ}{\pi}=\frac{l_0}{2R}\rho''\\P&=\frac{l_0^2}{24R}-\frac{l_0^4}{2\,688R^3}\approx\frac{l_0^2}{24R}\\m&=\frac{l_0}{2}-\frac{l_0^3}{240R^2}\approx\frac{l_0}{2}\end{aligned}\right\}\tag{9-12}$$

2.2　有缓和曲线的圆曲线要素计算

在计算出缓和曲线的倾角 β_0、圆曲线的内移值 P 和切线外移量 m 后，就可计算具有缓和曲线的圆曲线要素：

$$\left.\begin{aligned}&\text{切线长}\quad &T&=(R+P)\tan\frac{\alpha}{2}+m\\&\text{曲线长}\quad &L&=R(\alpha-2\beta_0)\times\frac{\pi}{180^\circ}+2l_0=R\alpha\frac{\pi}{180^\circ}+l_0\\&\text{外矢距}\quad &E&=(R+P)\sec\frac{\alpha}{2}-R\\&\text{切曲差}\quad &D&=2T-L\end{aligned}\right\}\tag{9-13}$$

3　综合曲线上圆曲线段细部点的直角坐标

在计算出缓和曲线常数之后，从图 9-10 不难看出，圆曲线部分细部点的直角坐标计算公式为

$$\left.\begin{aligned}x_i&=R\sin\varphi_i+m\\y_i&=R(1-\cos\varphi_i)+P\end{aligned}\right\}\tag{9-14}$$

式中　φ_i——$\varphi_i=\dfrac{180°}{\pi R}(l_i-l_0)+\beta_0$;

β_0、P、m——前述的缓和曲线常数;

l_i——细部点到 ZH 或 HZ 的曲线长;

l_0——缓和曲线全长。

4　曲线主点里程的计算和主点的测设

具有缓和曲线的圆曲线主点包括直缓点 ZH、缓圆点 HY、曲中点 QZ、圆缓点 YH、缓直点 HZ。

4.1　曲线主点里程的计算

曲线上各点的里程从一已知里程的点开始沿曲线逐点推算。一般已知 JD 的里程,它是从前一直线段推算而得,再从 JD 的里程推算各控制点的里程。

$$\left.\begin{aligned}ZH_{里程}&=JD_{里程}-T\\HY_{里程}&=ZH_{里程}+l_0\\QZ_{里程}&=HY_{里程}+(L/2-l_0)\\YH_{里程}&=QZ_{里程}+(L/2-l_0)\\HZ_{里程}&=JD_{里程}+T-D\end{aligned}\right\}\tag{9-15}$$

计算检核条件为:$HZ_{里程}=JD_{里程}+T-D$。

4.2　曲线主点的测设

4.2.1　ZH、QZ、HZ 点的测设

ZH、QZ、HZ 点可采用圆曲线主点的测设方法。全站仪安置在交点(JD),瞄准第一条直线上的某已知点(D_1),水平度盘置零。由 JD 出发沿视线方向测设 T,定出 ZH 点。全站仪向曲线内转动$\dfrac{\alpha}{2}$,得到分角线方向,在该方向线上沿视线方向从 JD 出发测设 E,定出 QZ 点。继续转动$\dfrac{\alpha}{2}$,在该线上测设 T,定出 HZ 点。如果第二条直线已经确定,则该点就应位于该直线上。

4.2.2　HY、YH 点的测设

ZH 和 HZ 点测设好后,分别以 ZH 和 HZ 点为原点建立直角坐标系,利用式(9-14)计算出 HY、YH 点的坐标,采用切线支距法确定出 HY、YH 点的位置。

通过式(9-14)计算出 HY、YH 点的坐标,在 ZH、HZ 点确定后,可以采用切线支距法进行放样。如以 ZH~JD 为切线,ZH 为切点建立坐标系,按计算的直角坐标放样出 HY 点,同样可以测设出 YH 点的具体位置。

在以上主点确定后,应及时复核距离,然后分别设立对应的里程桩。

【例 9-3】　如图 9-11 中综合曲线,已知 JD=K5+324.00,$\alpha_{右}=22°00'$,$R=500$ m,缓和曲线长 $l_0=60$ m。求算缓和曲线诸元素、曲线主点里程桩桩号。

解:(1)计算综合曲线元素。

缓和曲线的倾角　$\beta=\dfrac{l_0}{2R}\cdot\dfrac{180°}{\pi}=3°26.3'$

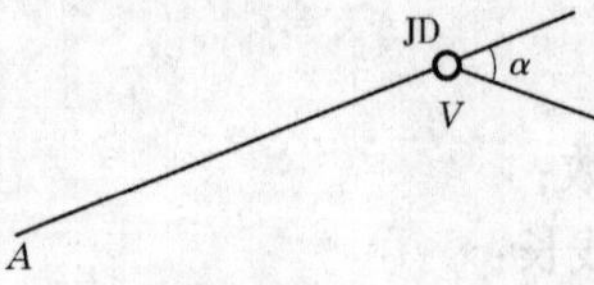

图 9-11　综合曲线计算

圆曲线的内移值　$P=\frac{l_0^2}{24R}-\frac{l_0^4}{2\ 688R^3}\approx\frac{l_0^2}{24R}=0.3(\text{m})$

切线外移量　$m=\frac{l_0}{2}-\frac{l_0^3}{240R^2}\approx\frac{l_0}{2}=30.00(\text{m})$

切线长　$T=(R+P)\tan\frac{\alpha}{2}+m=127.24(\text{m})$

曲线长　$L=R(\alpha-2\beta_0)\frac{\pi}{180°}+2l_0=251.98(\text{m})$

外矢距　$E=(R+P)\sec\frac{\alpha}{2}-R=9.66(\text{m})$

切曲差　$D=2T-L=2.5(\text{m})$

(2)计算曲线主点里程桩桩号。

JD	K5+324.00
$-T$	127.24
ZH	K5+196.76
$+l_0$	60.00
HY	K5+256.76
$+(L-2l_0)/2$	65.99
QZ	K5+322.75
$+(L-2l_0)/2$	65.99
YH	K5+388.74
$+l_0$	60.00
HZ	K5+448.74

校核计算：

JD	K5+324.00
$+T$	127.24
$-D$	2.50
HZ	K5+448.74

【小贴士】

由缓和曲线和圆曲线组成的平面曲线称为综合曲线。本任务主要介绍综合曲线的测设,实际上是综合曲线元素和曲线主点里程的计算。通过该任务的学习,学生应能计算缓和曲线点的直角坐标,有缓和曲线的圆曲线要素、缓和曲线常数、圆曲线段细部点的直角坐标,最后进行综合曲线主点的测设。

任务 3　综合曲线详细测设

当地形变化比较小,而且综合曲线的长度小于 40 m 时,测设综合曲线的几个主点就能够满足设计与施工的需要,无须进行详细测设。如果综合曲线较长,或地形变化比较大,则在完成测定曲线的主点以后,还需要按照表 9-1 中所列的桩距,在曲线上测设整桩与加桩。

这就是曲线的详细测设。

按照选定的桩距在曲线上测设桩位,通常有两种方法:

(1)整桩号法。从 ZH(或 ZY)点出发,将曲线上靠近起点 ZH 点(或 ZY)的第一个桩的桩号凑整成大于 ZH 点(或 ZY)桩号的且是桩距的最小倍数的整桩号,然后按照桩距连续向圆曲线的终点 HZ 点(或 YZ)测设桩位,这样设置的桩的桩号均为整数。

(2)整桩距法。从综合曲线的起点 ZH 点(或 ZY)和终点 HZ 点(或 YZ)出发,分别向圆曲线的中点 QZ 以桩距连续设桩,由于这些桩均为零桩号,因此应及时设置百米桩和公里桩。

综合曲线详细测设的方法比较多,下面仅介绍几种常用的方法。

1 切线支距法

切线支距法是以曲线起点 ZY(或终点 YZ)为独立坐标系的原点,切线为 x 轴,通过原点的半径方向为 y 轴,根据独立坐标系中的坐标 x_i、y_i 来测设曲线上的细部点 P_i。在本项目任务 1 中已介绍过桩位采用整桩号法的圆曲线,如何进行切线支距法详细测设。这里介绍桩位采用整桩距法,进行带有缓和曲线的圆曲线的切线支距法详细测设。

1.1 测设数据的计算

如图 9-12 所示,从 ZH(或 HZ)点开始,缓和曲线段上各点坐标计算公式[见式(9-10)]为

$$\left.\begin{aligned} x_i &= l_i - \frac{l_i^5}{40R^2 l_0^2} = l_i - \frac{l_i^5}{40c^2} \\ y_i &= \frac{l_i^3}{6Rl_0} = \frac{l_i^3}{6c} \end{aligned}\right\}$$

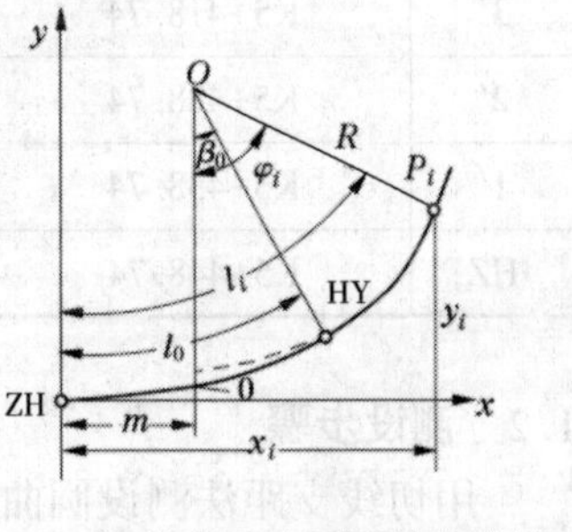

图 9-12 切线支距法测设综合曲线

式中 l_i——第 i 个细部点距 ZH(或 HZ)点的里程。

从 HY(或 YH)点开始至 QZ 点,即圆曲线段各点坐标计算公式为

$$\left.\begin{aligned} x_i &= R\sin\varphi_i + m \\ y_i &= R(1 - \cos\varphi_i) + P \end{aligned}\right\}$$

【例 9-4】 以例 9-3 综合曲线的数据为例,已知 JD = K5+324.00,$\alpha_{右} = 22°00'$,$R = 500$ m,缓和曲线长 $l_0 = 60$ m。求算缓和曲线切线支距法测设数据。

解:利用上述综合曲线坐标计算公式,计算测设数据,见表 9-4。

表 9-4 切线支距法测设综合曲线

点号	桩号	x/m	y/m	曲线说明	备注
ZH	K5+196.76	0.00	0.00	JD:K5+324.00	
1	K5+206.76	10.00	0.01	α:右 22°00′	l = 10 m
2	K5+216.76	20.00	0.04	R = 500 m	
3	K5+226.76	30.00	0.15	l_0 = 60 m	
4	K5+236.76	40.00	0.36		
5	K5+246.76	49.99	0.69	β_0 = 3°26.3′	

续表 9-4

点号	桩号	x/m	y/m	曲线说明	备注
HY	K5+256.76	59.99	1.20	$x_0=59.98$ m	
6	K5+276.76	79.91	2.80	$y_0=1.20$ m	$l=20$ m
7	K5+296.76	99.97	5.19	$P=0.30$ m	
8	K5+316.76	119.51	8.38	$m=30.00$ m	
QZ	K5+322.75	125.40	9.48		
8′	K5+328.73	119.51	8.38	$T=127.24$ m	
7′	K5+348.73	99.77	5.19	$L=251.98$ m	
6′	K5+368.73	79.91	2.80	$E=9.66$ m	
YH	K5+388.74	59.98	1.20	$D=2.50$ m	
5′	K5+398.74	49.99	0.69		
4′	K5+408.74	40.00	0.36		
3′	K5+418.74	30.00	0.15	$\varphi=2°17.5'$	$l=10$ m
2′	K5+428.74	20.00	0.04		
1′	K5+438.74	10.00	0.01		
HZ	K5+448.74	0.00	0.00		

1.2　测设步骤

用切线支距法测设圆曲线细部点的具体步骤如下：

(1)如图 9-12 所示，安置全站仪在交点位置，定出 JD 到 ZH 和 JD 到 HZ 两条直线段的方向。

(2)自 ZH 点出发沿着到 JD 的方向，测设 P_i 点的横坐标 x_i，得到在横坐标轴上的垂足 N_i；或自点 JD 出发沿着到 ZH 的方向，测设($L-x_i$)得到在横坐标轴上的垂足 N_i。

(3)在各个垂足点上用全站仪标定出与切线垂直的方向，然后在该确定的方向上依次测设对应的纵坐标，就可以确定对应的碎部点 P_i。

(4)采用同样方法可以进行从 YZ 点到 QZ 点之间曲线段的细部点的测设工作，完成后也应该进行校核。

该方法适用于平坦开阔或丘陵地区，各个测点之间的误差不易累积，但是对通视要求较高，在测距范围内应没有障碍物。

2　偏角法

采用偏角法测设综合曲线，通常是由 ZH(或 HZ)点测设缓和曲线部分，再由 HY(或 YH)测设圆曲线部分。因此，偏角值可分为缓和曲线上的偏角值和圆曲线上的偏角值。

2.1　测设数据的计算

2.1.1　缓和曲线上各点偏角值计算

如图 9-13 所示，P 为缓和曲线上一点，根据式(9-10)，缓和曲线上点的直角坐标：

$$\left.\begin{aligned} x_i &= l_i - \frac{l_i^5}{40R^2 l_0^2} = l_i - \frac{l_i^5}{40c^2} \\ y_i &= \frac{l_i^3}{6Rl_0} = \frac{l_i^3}{6c} \end{aligned}\right\}$$

则偏角

$$\delta_i \approx \tan\delta_i = \frac{y_i}{x_i} \approx \frac{l_i^2}{6Rl_0} \tag{9-16}$$

实际应用中,缓和曲线全长一般都选用 10 m 的整倍数。为计算和编制表格方便,缓和曲线上测设的点都是间隔 10 m 的等分点,即采用整桩距法。设 δ_1 为缓和曲线上第一个等分点的偏角,δ_i 为第 i 个等分点的偏角,则按式(9-16)可得:

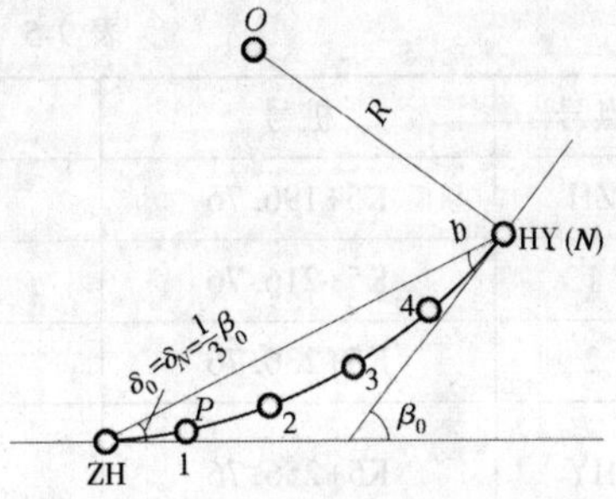

图 9-13　偏角法测设综合曲线

第 2 点偏角:$\delta_2 = 2^2\delta_1$

第 3 点偏角:$\delta_2 = 3^2\delta_1$

第 4 点偏角:$\delta_2 = 4^2\delta_1$

……

第 N 点即终点偏角:$\delta_N = N^2\delta_1 = \delta_0$

所以

$$\delta_1 = \frac{1}{N^2}\delta_0 \tag{9-17}$$

而

$$\delta_0 = \frac{l_0^2}{6Rl_0} = \frac{l_0}{6R} = \frac{1}{3}\beta_0$$

因此,由 $\beta_0 \to \delta_0 \to \delta_1$ 这样的顺序计算出 δ_1,然后按 2^2、3^2、…、N^2 的倍数乘以 δ_1 即可求出缓和曲线段各点的偏角。

另外,也可先计算出点的坐标,再反算偏角

$$\delta_i = \arctan\frac{y_i}{x_i} \tag{9-18}$$

这种计算方法较准确,但与前种方法计算结果相差不大,有时显得没有必要。

2.1.2　缓和曲线上各点弦长计算

偏角法测设时的弦长,严密的计算方法是用坐标反算而得,但较为复杂。由于缓和曲线半径一般较大,因此常以弧长代替弦长进行测设。

2.1.3　圆曲线段测设数据计算

圆曲线段测设时,通常以 HY(或 YH)点为坐标原点,以其切线方向为横轴建立直角坐标系,其测设数据计算与单纯圆曲线相同。

【例 9-5】　以例 9-3 综合曲线的数据为例,已知 JD = K5 + 324.00,$\alpha_{右} = 22°00'$,$R = 500$ m,缓和曲线长 $l_0 = 60$ m。求算偏角法测设综合曲线的测设数据。

解:(1)计算曲线副点之偏角。

缓和曲线上各副点之偏角

$$l_0 = 60\text{ m}, \Delta_H = \delta_0 = \frac{\beta_0}{3} = 1°08.8'$$

$$l_1=20\text{ m},\delta_1=\frac{1}{9}\Delta_H=0°07.6'$$

$$l_1=40\text{ m},\delta_1=\frac{4}{9}\Delta_H=0°30.6'$$

圆曲线上各副点之偏角Δ(弦长$C=20$ m)为

$$\Delta=\frac{C}{2R}\cdot\frac{180°}{\pi}$$

(2)偏角法测设综合曲线数据见表9-5。

表9-5　偏角法测设综合曲线数据计算

点号	桩号	总偏角	曲线说明	备注
ZH	K5+196.76	0°00.0′	JD:K5+324.00	
1	K5+216.76	0°07.6′	α:右22°00′	
2	K5+236.76	0°30.6′	$R=500$ m	
HY	K5+256.76	1°08.8′ (0°00.0′)	$l_0=60$ m	
3	K5+276.75	1°08.8′	$\beta_0=3°26.3'$	
4	K5+296.76	2°17.6′	$x_0=59.98$ m	
5	K5+316.76	3°26.3′	$y_0=1.20$ m	
QZ	K5+322.74	3°46.9′	$P=0.30$ m	
6	K5+336.76	4°35.0′	$m=30.00$ m	
7	K5+356.76	5°43.8′	$T=127.24$ m	
8	K5+376.76	6°52.5′	$L=251.98$ m	
YH	K5+388.73	7°37.7′ (358°51.2′)	$E=9.66$ m	
2′	K5+408.73	359°29.4′	$D=2.50$ m	
1′	K5+428.73	359°52.4′	$\alpha-2\beta_0=15°07.4'$	
HZ	K5+448.73	0°00.0′	$\Delta=1°08'45''$	

注:表中数字序号即为测设顺序。

2.2　综合曲线测设步骤

偏角法测设综合曲线步骤如下:

(1)如图9-13所示,在ZH点上安置全站仪,以切线方向定向,使度盘读数为零。

(2)拨偏角δ_1(缓和曲线上第1点偏角值),沿视线方向测设l_1长,定第1点。

(3)拨偏角δ_2(缓和曲线上第2点偏角值),由第1点量取l_1长,并使l_1的末端与视线方向相交,则交点即为第2点。

(4)按上述方法依次测设缓和曲线上以后各点直至HY点,并以主点(HY)进行检核。

(5)将仪器迁至HY点,以ZH点定向,度盘读数对($\beta_0-\delta_0=2\delta_0$)或($360°-2\delta_0$),纵转望远镜后,再转动照准部使水平度盘读数为零,此时望远镜视线方向即为该点切线方向。

(6)按本项目任务 1 所述圆曲线详细测设方法测设综合曲线上的圆曲线段。

(7)采用同样方法测设综合曲线的另一半。测设后要进行检核,并对闭合差进行调整,其方法与圆曲线的调整相同。

3 极坐标法

用极坐标法测设综合曲线的细部点是用全站仪进行路线测量的最合适的方法。仪器可以安置在任何控制点上,包括路线上的交点、转点等已知坐标的点,其测设的速度快、精度高。

用极坐标法进行测设前首先要计算各点的坐标,包括测站点、曲线主点和细部点的坐标,然后根据坐标反算测站点与放样点之间的坐标方位角和水平距离,最后根据计算的方位角和水平距离进行实地放样。

3.1 综合曲线细部点坐标计算

3.1.1 第一段缓和曲线部分

如图 9-14 所示,第一段缓和曲线部分,即 ZH 点到 HY 点之间,缓和曲线的参数方程为

$$\left.\begin{aligned} x_i &= l_i - \frac{l_i^5}{40R^2 l_0^2} \\ y_i &= \frac{l_i^3}{6Rl_0} = \frac{l_i^3}{6c} \end{aligned}\right\}$$

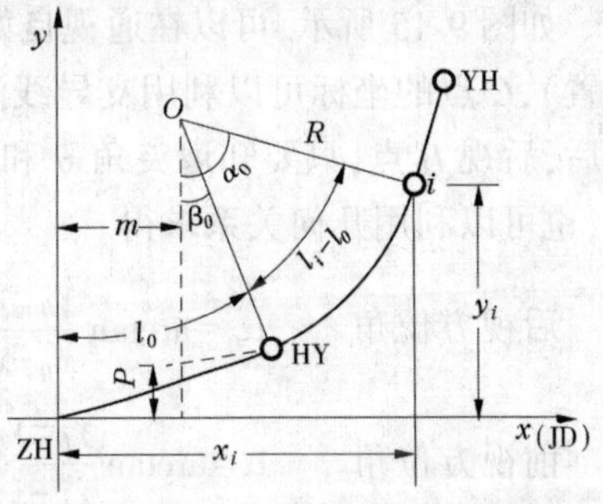

图 9-14 综合曲线细部点坐标计算

根据坐标转换平移公式将该参数方程转换为公路中线控制坐标系中的坐标为

$$\left.\begin{aligned} x_i &= x_{ZY} + \left(l_i - \frac{l_i^5}{40R^2 l_0^2}\right)\cos\alpha_0 - \left(\frac{l_i^3}{6Rl_0}\right)\sin\alpha_0 \\ y_i &= y_{ZY} + \left(l_i - \frac{l_i^5}{40R^2 l_0^2}\right)\sin\alpha_0 + \left(\frac{l_i^3}{6Rl_0}\right)\cos\alpha_0 \end{aligned}\right\} \tag{9-19}$$

式中 l_i——缓和曲线上某一点的桩号与直缓点(ZH)的桩号的里程之差;

l_0——缓和曲线的长度;

R——圆曲线半径;

α_0——缓和曲线切线的方位角。

3.1.2 圆曲线部分

如图 9-14 所示,仍采用推导缓和曲线建立的坐标系,设 i 是圆曲线上任意一点。依据式(9-14)可知,i 点的坐标(x_i, y_i)可表示为

$$\left.\begin{aligned} x_i &= R\sin\varphi_i + m \\ y_i &= R(1 - \cos\varphi_i) + P \\ \varphi_i &= \frac{180^\circ}{\pi R}(l_i - l_0) + \beta_0 \end{aligned}\right\}$$

式中 β_0、P、m——前述的缓和曲线常数;

l_i——细部点到 ZH 或 HZ 的曲线长;

l_0——缓和曲线全长；

R——圆曲线半径。

利用坐标轴旋转平移，可将该参数方程转化为测量坐标系下的参数方程

$$\left.\begin{aligned} x_i &= x_{ZH} + (R\sin\varphi_i + m)\cos(\alpha_0 + \beta_0) - [R(1 - \cos\varphi_i) + P]\sin(\alpha_0 + \beta_0) \\ y_i &= x_{ZH} + (R\sin\varphi_i + m)\sin(\alpha_0 + \beta_0) + [R(1 - \cos\varphi_i) + P]\cos(\alpha_0 + \beta_0) \end{aligned}\right\} \quad (9\text{-}20)$$

3.1.3　第二段缓和曲线上的中桩坐标计算

第二段缓和曲线(即 YH 点到 HZ 点)上的中桩坐标计算。首先，根据交点桩 JD 的坐标计算出缓直点 HZ 的坐标。然后，以 HZ 为原点，计算独立坐标系内第二段缓和曲线内各点坐标。其计算方法同第一段缓和曲线上的中桩计算方法。但是，坐标轴旋转的转角不再是 α_0，而是 $\alpha_0 \pm \alpha$。其中，α_0 为直缓点 ZH 至交点桩 JD 的方位角，α 为公路的转向角。

3.2　测设数据计算

如图 9-15 所示，可以在通视良好的地方选一点 C（C 点能够观测到所有要放中线桩的位置），C 点的坐标可以利用支导线测量的方法测出。欲放中线上的 D 点，在 C 点架设全站仪后，后视 B 点，只要知道夹角 θ 和距离 S 即可进行放线。D 点的坐标可以由设计单位给出，也可以利用几何关系求得。

后视方位角　$\alpha_0 = \arctan \dfrac{y_B - y_C}{x_B - x_C}$

前视方位角　$\alpha = \arctan \dfrac{y_D - y_C}{x_D - x_C}$

夹角　$\theta = \alpha_0 - \alpha$

前视距离　$S = \sqrt{(x_D - x_C)^2 + (y_D - y_C)^2}$

求出夹角 θ 和距离 S 后，就可以利用极坐标法进行放线。

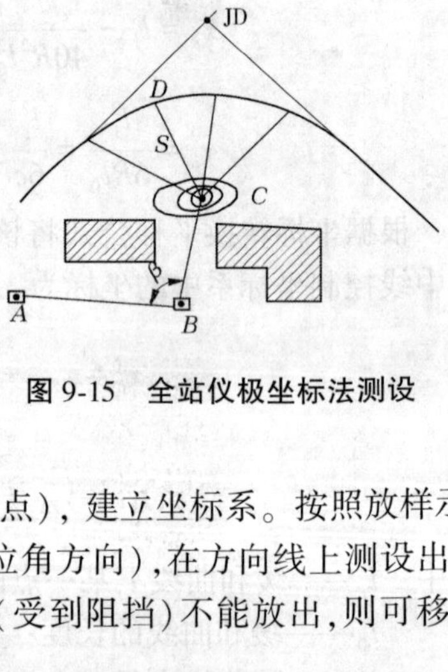

图 9-15　全站仪极坐标法测设

3.3　测设实施

在选定的测站点安置仪器，瞄准后视点(另一已知控制点)，建立坐标系。按照放样示意图上的数据，依次拨出一个角度，定出方向线(某点的方位角方向)，在方向线上测设出计算的距离，就定出各个放样点。如果某几点由于现场原因(受到阻挡)不能放出，则可移动仪器到另一测站点，重新计算测设数据，把各点都放样出来。

用全站仪测设完成后，则可用各点的坐标进行校核，在限差内，说明满足要求，可以在各点打下木桩；反之，应该查明原因及时进行改正。

4　不对称综合曲线的测设

由于地形条件的限制，或是因路线改动的需要，有时在平面设计中往往在圆曲线两端设置不等长的缓和曲线，如图 9-16 所示。

圆曲线始端缓和曲线长 l_1，终端长 l_2，圆曲线半径为 R，交点位于 J。则有：

切线长：

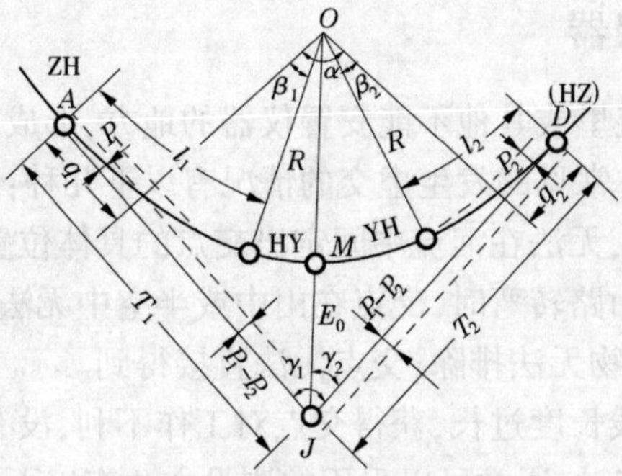

图 9-16 不对称综合曲线测设

$$\left.\begin{aligned}T_1 &= (R+P_1)\tan\frac{\alpha}{2}+q_1-\frac{P_1-P_2}{\sin\alpha}\\T_2 &= (R+P_2)\tan\frac{\alpha}{2}+q_2-\frac{P_1-P_2}{\sin\alpha}\end{aligned}\right\} \tag{9-21}$$

曲线长:

$$L=(\alpha-\beta_1-\beta_2)R\frac{\pi}{180^\circ}+l_1+l_2=\frac{\alpha\pi R}{180^\circ}+\frac{l_1+l_2}{2} \tag{9-22}$$

由于两边切线不等长,故曲线中点可取圆曲线的中点或全曲线的中点。为了计算和测设方便,可取交点与圆心的连线与圆曲线的交点 M 作为曲线中点(QZ),其要素按下式计算:

$$\left.\begin{aligned}\gamma_1 &= \arctan\frac{R+P_1}{T_1-q_1}\\\gamma_2 &= \arctan\frac{R+P_2}{T_2-q_2}\\E_0 &= \frac{R+P_1}{\sin\gamma_1}-R\end{aligned}\right\} \tag{9-23}$$

曲线要素计算出来后,主点与曲线的详细测设方法,与对称型曲线的测设并无区别。

【小贴士】

本任务主要介绍综合曲线的详细测设。主要有切线支距法、偏角法、极坐标法三种,当然也可以用 GNSS 法。通过该任务的学习,学生应了解并掌握切线支距法、偏角法、极坐标法的计算和放样方法。

任务 4 困难地段的曲线测设

在进行曲线的测设时,由于受到地物或地貌等条件的限制,经常会遇到各种各样的障碍,导致不能按照前述的方法进行曲线的测设,这时可以根据具体情况,提出具体的解决方法。

1　路线交点不能安置仪器

路线交点有时落在河流里或其他不能安置仪器的地方,形成虚交点,这时可通过设置辅助交点进行曲线主点测设。常见的发生虚交的情况有以下几种:

(1)交点落入河流中间,无法在河流中间定出交点的具体位置。

(2)道路依山修筑,在山路转弯时,交点在山中或半空中无法实际得到。

(3)路线中线上有障碍物无法排除,交点无法直接得到。

(4)路线转角较大,切线长度过长,获得交点对工作不利,没有意义。

在实际工作中遇到虚交时,通常可以采用的测设方法有以下几种。

1.1　圆外基线法

如图 9-17 所示,由于路线的交点落入河流中间,无法在交点设桩而形成虚交。这时可以在曲线的两切线上分别选择一个便于安置仪器的辅助点,如图中的 A、B,将经纬仪分别安置在 A、B 点,测量出两点连线与切线的交角 α_a 和 α_b,同时用钢尺往返丈量 A、B 间的水平距离,应注意测量角度和距离应分别满足规定的限差要求。

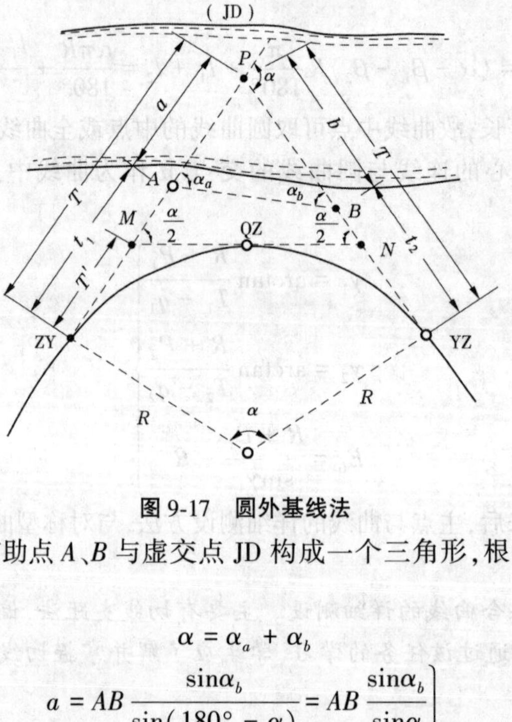

图 9-17　圆外基线法

在图中可以发现,辅助点 A、B 与虚交点 JD 构成一个三角形,根据几何关系,利用正弦定律可以得到:

$$\alpha = \alpha_a + \alpha_b$$

$$\left.\begin{aligned} a &= AB\frac{\sin\alpha_b}{\sin(180^\circ - \alpha)} = AB\frac{\sin\alpha_b}{\sin\alpha} \\ b &= AB\frac{\sin\alpha_a}{\sin(180^\circ - \alpha)} = AB\frac{\sin\alpha_a}{\sin\alpha} \end{aligned}\right\} \tag{9-24}$$

根据已知的偏角 α 和选定的半径 R,就可以按式(9-1)或式(9-13)计算出切线长 T 和弧线长 L,再结合 a 、b、T,计算出辅助点到圆曲线的 ZY、YZ 点之间的距离 t_1、t_2:

$$t_1 = T - a, t_2 = T - b \tag{9-25}$$

根据计算出的 t_1、t_2,就能定出圆曲线的 ZY 点和 YZ 点。如果计算出的 t_1、t_2 值出现负值,说明辅助点定在曲线内侧,而圆曲线的 ZY、YZ 点位于辅助点与虚交点之间。如果 A 点的里程确定以后,对应圆曲线主点的里程也可以推算出。

测设时,在切线方向上分别量取(根据计算的正负可以确定在切线上的方向)t_1、t_2,即可测设出圆曲线的ZY点和YZ点。曲中点QZ的测设可以采用中点切线法,如果过曲中点QZ的切线与过虚交点的两条切线的交点分别为M、N点,可以发现,$\angle PMN=\angle PNM=\alpha/2$,显然:

$$T'=R\tan\frac{\alpha}{4} \tag{9-26}$$

在确定了ZY点和YZ点后,沿着过该点的切线方向量取长度T'后就能定出M、N两点,从M或N点出发沿着MN量取长度T'就得到QZ点。该点同时也是MN的中点。

在圆曲线的主点确定后,就可以根据具体情况采用前述三种方法的一种进行圆曲线详细测设。

【例9-6】 如图9-17所示,测出$\alpha_a=15°18'$,$\alpha_b=18°22'$,选定圆曲线的半径$R=150$ m,$AB=54.68$ m,已知A点的里程桩号为K3+123.22。试计算测设主点的数据和主点的里程桩号。

解:根据$\alpha_a=15°18'$,$\alpha_b=18°22'$,有

$$\alpha=\alpha_a+\alpha_b=15°18'+18°22'=33°40'$$

根据$\alpha=33°40'$,$R=150$ m,参考式(9-1),计算切线长T和弧线长为

切线长 $$T=R\tan\frac{\alpha}{2}=150\times\tan\frac{33°40'}{2}=45.38(\text{m})$$

曲线长 $$L=R\alpha\frac{\pi}{180°}=150\times33°40'\times\frac{\pi}{180°}=88.14(\text{m})$$

又 $$a=AB\frac{\sin\alpha_b}{\sin\alpha}=54.68\times\frac{\sin18°22'}{\sin33°40'}=31.08(\text{m})$$

$$b=AB\frac{\sin\alpha_a}{\sin\alpha}=54.68\times\frac{\sin15°18'}{\sin33°40'}=26.03(\text{m})$$

因此

$$t_1=T-a=45.38-31.08=14.30(\text{m})$$

$$t_2=T-b=45.38-26.03=19.35(\text{m})$$

同时

$$T'=R\tan\frac{\alpha}{4}=150\times\tan\frac{33°40'}{4}=22.19(\text{m})$$

计算出主点的里程如下:

A点	K3+123.22
$-)t_1$	14.30
ZY	K3+108.92
$+)L$	88.14
YZ	K3+197.06
$-)L/2$	44.07
QZ	K3+152.99

在确定圆曲线的主点后,还应该按照前面所述,进行圆曲线的详细测设。

1.2　切基线法

如图9-18所示,由于受地形限制曲线出现虚交后,同时曲线通过GQ(公切)点,这样圆曲线被分为两个同半径的圆曲线L_1、L_2,其切线的长度分别为T_1、T_2,通过GQ点的切线AB是切基线。

在现场进行实际测设时,根据现场实际,在两通过虚交点的切线上选择点A、B,形成切基线AB,用往返丈量方法测量出其长度,并观测该两点连线与切线的交角α_1、α_2,有

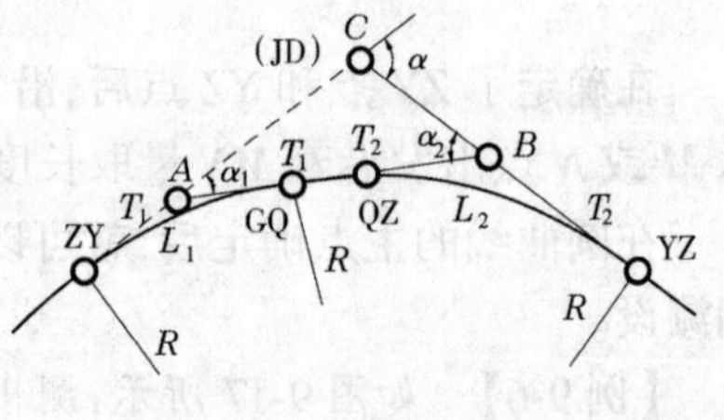

图9-18　切基线法

$$T_1 = R\tan\frac{\alpha_1}{2},T_2 = R\tan\frac{\alpha_2}{2}$$

同时有$AB = T_1 + T_2$,代入上式整理后有

$$R = \frac{AB}{\tan\frac{\alpha_1}{2} + \tan\frac{\alpha_2}{2}} = \frac{T_1 + T_2}{\tan\frac{\alpha_1}{2} + \tan\frac{\alpha_2}{2}} \tag{9-27}$$

在求得R后,根据R、α_1和α_2,代入式(9-1),可分别求得L_1、L_2和T_1、T_2,将L_1、L_2相加就得到曲线的总长L。

实际测设时,先在A点安置仪器,沿着切线方向分别丈量长度T_1,就定出圆曲线的ZY点和GQ点;在B点安置仪器,沿着切线方向分别丈量长度T_2,就定出圆曲线的YZ点和GQ点。其中GQ点可用作校核。

在选择用切基线法时,如果计算出的半径R不能满足规定的最小半径或不能适应地形变化,应将选定的参考点A、B进行调整,使切基线的位置合适。

在测定圆曲线的主点后,应该按照前述方法进行圆曲线的详细测设。

1.3　弦基线法

连接圆曲线的起点与终点的弦线,称为弦基线。该方法是当已经确定圆曲线的起点(或终点)时,运用"弦线两端的圆切角相等",来确定曲线的终点(或起点)。

如图9-19所示,如果A点是圆曲线的起点位置,而E点是其后视点,假设另一条直线的方向已知并且有初步确定的B'和前视点F,具体测设步骤如下:

(1)分别在A、B'点安置仪器,测量弦线AB'与切线的夹角$\angle E'AB'$、$\angle F'B'A$,显然两个角度一般不相等,但是两者之和就是偏角α。

(2)根据测量结果计算出偏角α,同时测站点的弦切角为偏角α的一半。

(3)在A点安置经纬仪,以AE'为起始方向,拨角$\alpha/2$,这时经纬仪的视线与直线FB'的交点就是B点的正确位置。

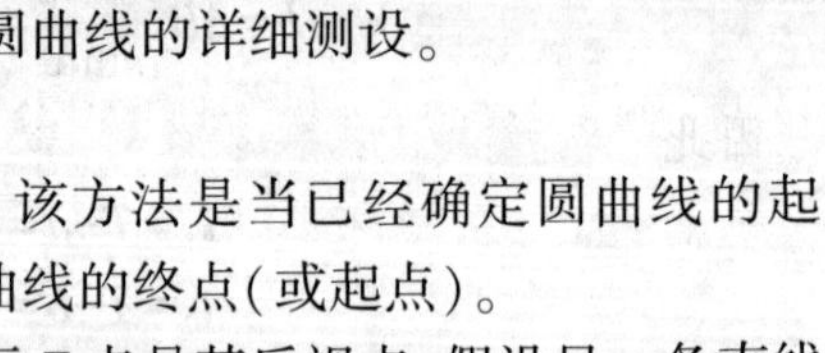

图9-19　弦基线法

(4)用往返丈量取平均值的方法测量改正后的AB长度。

(5)计算圆曲线的曲率半径R,有

$$R = \frac{AB}{2\sin\frac{\alpha}{2}} \tag{9-28}$$

(6)确定曲中点 QZ 的位置,可以先计算图中 CD 的长度,再确定 QZ 点的位置。

$$CD = R\left(1 - \cos\frac{\alpha}{2}\right) = 2R\sin^2\frac{\alpha}{4} \tag{9-29}$$

2　曲线起点或终点不能安置仪器

当曲线起点或终点不能到达时,可采用极坐标法测设曲线点。如图 9-20 所示,i 点位于测设的曲线点,在 JD 点安置仪器,以外矢距方向定向,拨 β_i 角,沿此方向量距 d_i,即得 i 点。

由图中可见:

$$\left.\begin{aligned} h_i &= R\sin\varphi_i \\ b_i &= R(1 - \cos\varphi_i) \\ \tan\beta_i &= \frac{h_i}{b_i + E} = \frac{\sin\varphi_i}{\left(\frac{E}{R} + 1\right) - \cos\varphi_i} \\ d_i &= \frac{h_i}{\sin\beta_i} = R\frac{\sin\varphi_i}{\sin\beta_i} \end{aligned}\right\} \tag{9-30}$$

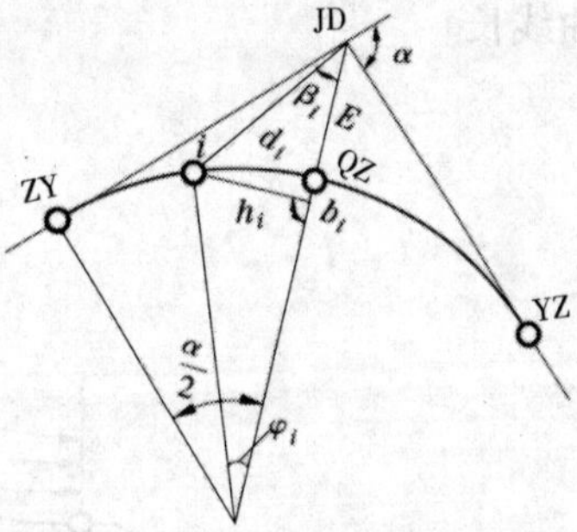

图 9-20　曲线起点或终点不能安置仪器的测设方法

β_i 和 d_i 值还可用坐标反算求得。

在测设时,为了避免以 QZ 点为后视时视线太短所带来的影响,可以在测设 QZ 点的同时,再沿外矢距较远处定一点,以作为后视点。或者以切线方向定向,使度盘读数为 $\alpha/2$,转动照准部使度盘读数为零时即为外矢距方向。

3　视线受阻时用偏角法测设圆曲线

如图 9-21 所示,由于在圆曲线的起点测设点 P_4 时视线受阻挡,可采用以下方法测设:

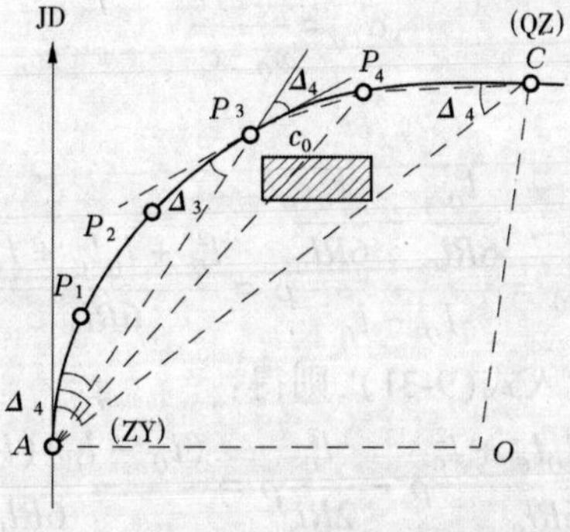

图 9-21　视线受阻时偏角法测设圆曲线

(1)由于在同一圆弧两端的偏角相等,如果在 P_4 点受阻,在 P_3 点测设完成后,可改为短弦偏角法,将测站迁移到 P_3,后视起点 A 并将度盘读数置零,纵转望远镜并顺时针转动照准部,当度盘读数为原先计算的 P_4 点的偏角时,该方向就是 P_3P_4 的方向,在该方向上丈量弦长 c_0,就能够得到 P_4 点,然后可以继续测设余下各点。

(2)可以应用同一圆弧段的弦切角与圆周角相等的原理,将仪器架设在中点 QZ,度盘置零后先后视 A 点,然后转动照准部到度盘读数为 P_4 原先计算出的偏角,确定 P_4QZ 方向,从 P_3 点出发丈量相应弦长 c_0 与视线相交,交点就是 P_4 点。同时可以确定其他各点。这种方法适用于在 P_3 点不利安置仪器的情况,但是对测距影响不大。

4 遇障碍物时用偏角法测设缓和圆曲线

如图 9-22 所示,H、C 两点为已知测设的缓和曲线点,Q 为欲测设的缓和曲线点,i_H 为后视偏角,i_Q 为前视偏角,β_C 为过 C 点的切线与 x 轴的夹角,l_H、l_C、l_Q 分别为 H、C、Q 点至起点的曲线长。

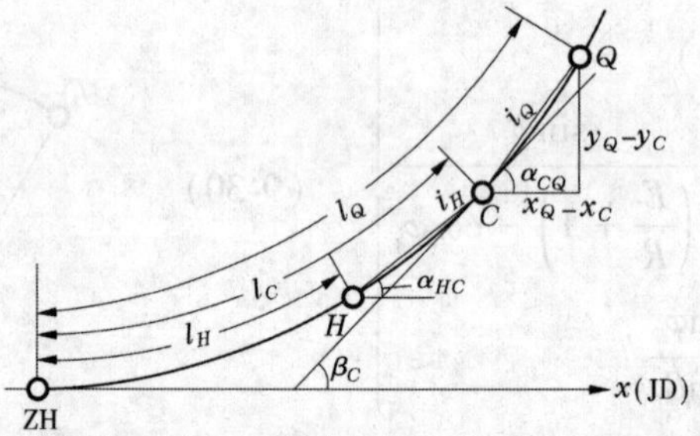

图 9-22 遇障碍物时偏角法测设缓和曲线

由图 9-22 可知,前视偏角应按下式计算:

$$i_Q = \alpha_{CQ} - \beta_C \tag{9-31}$$

由公式 $\beta = \dfrac{l_i^2}{2Rl_0}$ 可得:

$$\beta_C = \frac{l_C^2}{2Rl_0}\rho \tag{9-32}$$

而

$$\alpha_{CQ} = \frac{y_Q - y_C}{x_Q - x_C}$$

再结合式(9-12),可得

$$\alpha_{CQ} = \frac{\dfrac{l_Q^3}{6Rl_0} - \dfrac{l_C^3}{6Rl_0}}{l_Q - l_C}\rho = \frac{l_Q^2 + l_Ql_C + l_C^2}{6Rl_0}\rho \tag{9-33}$$

将式(9-32)和式(9-33)代入式(9-31),则得:

$$i_Q = \frac{l_Q^2 + l_Ql_C + l_C^2}{6Rl_0}\rho - \frac{l_C^2}{2Rl_0}\rho = \frac{(l_Q - l_C)(l_Q + 2l_C)}{6Rl_0}\rho$$

顾及 $\rho = \dfrac{180°}{\pi}$,则前视偏角为

$$i_Q = \frac{30°}{\pi Rl_0}(l_Q - l_C)(l_Q + 2l_C) \tag{9-34}$$

同理,可证明后视偏角为

$$i_H = \beta_C - \alpha_{HC}$$

$$i_H = \frac{30^\circ}{\pi R l_0}(l_C - l_H)(l_H + 2l_C) \tag{9-35}$$

若缓和曲线各点间弧长相等,且为 l_1,设 C、H、Q 为点的序号,则有 $l_C = Cl_1$、$l_H = Hl_1$、$l_Q = Ql_1$,此时,式(9-34)和式(9-35)可简化为

$$\left.\begin{aligned} i_Q &= \delta_1^0(Q - C)(Q + 2C) \\ i_H &= \delta_1^0(C - H)(H + 2C) \end{aligned}\right\} \tag{9-36}$$

式中 δ_1^0——仪器安置在缓和曲线起点时,测设第一点的偏角,$\delta_1^0 = \frac{l_1^2}{6Rl_0}\frac{180^\circ}{\pi}$。

在实际工作中,测设各点的偏角,可以 R 和 l_0 为引数,从《铁路曲线测设用表》中查取,或编制程序直接计算。

5 全站仪任意设站测设曲线

全站仪任意设站法是利用全站仪的优越性能在任何可架设仪器的地方设站进行直线段、曲线段的中线测量的方法。该方法适用于高等级公路的中线测量。因为高等级公路的中线位置大都用坐标表示。当设计单位提供的逐桩坐标或是控制桩(交点桩)的坐标时,经施工单位复测后,就可推算其他中线桩(里程桩、加桩)的坐标。

全站仪任意设站测设曲线,须首先计算出曲线上各拟测设点坐标,然后就可以利用全站仪在无任何障碍的地方安置仪器,用极坐标法测设曲线或直接根据细部点坐标进行测设。因此,该方法主要用于已计算曲线细部点坐标的情况下。

5.1 直线段中线桩的坐标计算

设直线段的方位角为 α_0,α_0 可用该直线段两端点交点桩 JD 的坐标求得,设 JD_i 交点坐标为(x_i, y_i),交点 JD_j 的坐标为(x_j, y_j),如图 9-23 所示。

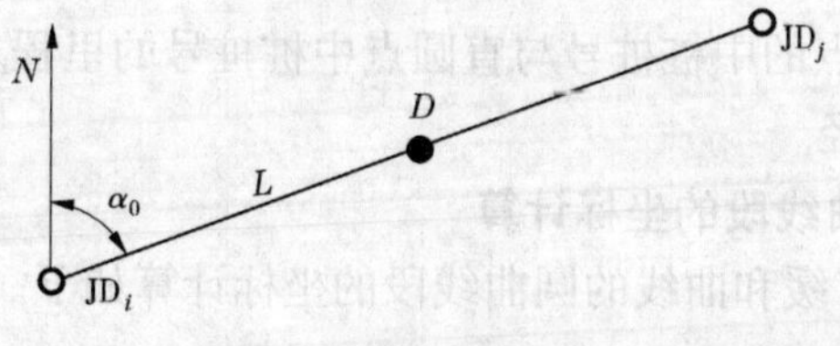

图 9-23 直线段坐标计算

$$\alpha_0 = \arctan\frac{y_j - y_i}{x_j - x_i}$$

则 D 点的坐标:

$$\left.\begin{aligned} x_D &= x_{\mathrm{JD}_i} + L\cos\alpha_0 \\ y_D &= y_{\mathrm{JD}_i} + L\sin\alpha_0 \end{aligned}\right\} \tag{9-37}$$

式中 L——D 点桩的桩号与交点桩 JD_x 的桩号的里程之差。

5.2 只有圆曲线段的坐标计算

如图 9-24 所示,以直圆点(ZY)或圆直点(YZ)为原点,以切线方向为 x 轴,以通过原点

的圆曲线半径方向为 y 轴,建立独立坐标系,D 点为圆曲线上的任意一点,在该坐标系中,圆曲线的参数方程为

$$\left.\begin{aligned} x_i &= l_i - \frac{l_i^3}{6R} + \frac{l_i^5}{120R^4} \\ y_i &= \frac{l_i^2}{2R} - \frac{l_i^4}{24R^3} + \frac{l_i^6}{720R^5} \end{aligned}\right\} \tag{9-38}$$

式中 l_i——圆曲线上的点到 ZY(或 YZ)点里程。

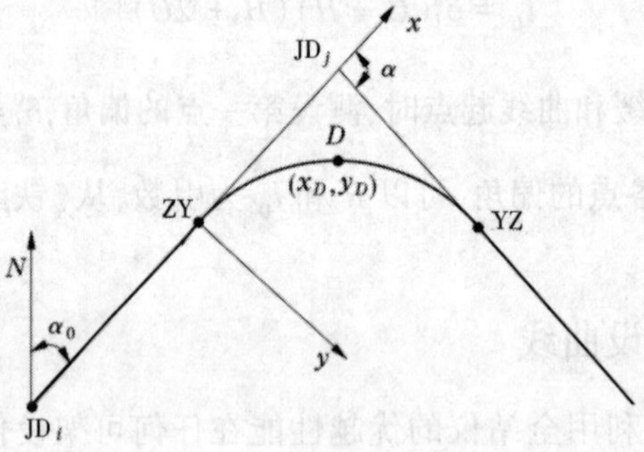

图 9-24 圆曲线坐标计算

设 JD_i 到 JD_j 的方位角为 α_0,在已经求出 ZY 点坐标(x_{ZY}, y_{ZY})的情况下,通过坐标轴的旋转平移公式,即可将上式独立坐标系中的参数方程转化为测量坐标系下的坐标公式,则 D 点的坐标为

$$\left.\begin{aligned} x_D &= x_{ZY} + \left(l_i - \frac{l_i^3}{6R} + \frac{l_i^5}{120R^4}\right)\cos\alpha_0 - \left(\frac{l_i^2}{2R} - \frac{l_i^4}{24R^3} + \frac{l_i^6}{720R^5}\right)\sin\alpha_0 \\ y_D &= y_{ZY} + \left(l_i - \frac{l_i^3}{6R} + \frac{l_i^5}{120R^4}\right)\sin\alpha_0 + \left(\frac{l_i^2}{2R} - \frac{l_i^4}{24R^3} + \frac{l_i^3}{720R^5}\right)\cos\alpha_0 \end{aligned}\right\} \tag{9-39}$$

式中 x_{ZY}、y_{ZY}——直圆点坐标,可按直线段坐标的计算方法算出;

l_i——圆曲线上 D 点的中桩桩号与直圆点中桩桩号的里程之差;

R——圆曲线的半径。

5.3 带有缓和曲线的圆曲线段的坐标计算

根据图 9-14 所示带有缓和曲线的圆曲线段的坐标计算如下。

5.3.1 第一段缓和曲线部分

坐标计算公式为

$$\left.\begin{aligned} x_i &= x_{ZY} + \left(l_i - \frac{l_i^5}{40R^2 l_0^2}\right)\cos\alpha_0 - \left(\frac{l_i^3}{6Rl_0}\right)\sin\alpha_0 \\ y_i &= y_{ZY} + \left(l_i - \frac{l_i^5}{40R^2 l_0^2}\right)\sin\alpha_0 + \left(\frac{l_i^3}{6Rl_0}\right)\cos\alpha_0 \end{aligned}\right\} \tag{9-40}$$

式中 l_i——缓和曲线上某一点的桩号与直缓点(ZH)的桩号的里程之差;

l_0——缓和曲线的长度;

R——圆曲线半径;

α_0——缓和曲线切线的方位角。

5.3.2 圆曲线部分

测量坐标系下的坐标公式为

$$\left.\begin{aligned} x_i &= x_{ZH} + (R\sin\varphi_i + m)\cos(\alpha_0 + \beta_0) - [R(1-\cos\varphi_i) + P]\sin(\alpha_0 + \beta_0) \\ y_i &= y_{ZH} + (R\sin\varphi_i + m)\sin(\alpha_0 + \beta_0) + [R(1-\cos\varphi_i) + P]\cos(\alpha_0 + \beta_0) \end{aligned}\right\} \tag{9-41}$$

$$\varphi_i = \frac{180°}{\pi R}(l_i - l_0) + \beta_0 \tag{9-42}$$

式中 β_0、P 和 m——前述的缓和曲线常数;

l_i——细部点到 ZH 或 HZ 的曲线长;

l_0——缓和曲线全长;

R——圆曲线半径。

5.3.3 第二段缓和曲线上的中桩坐标计算

首先,根据交点桩 JD 的坐标计算出缓直点 HZ 的坐标。然后,以 HZ 为原点,计算第二段缓和曲线内各点坐标。其计算方法同第一段缓和曲线上的中桩计算方法。但是,坐标轴旋转的转角不再是 α_0,而是 $\alpha_0 \pm \alpha$。其中,α_0 为直缓点 ZH 至交点桩 JD 的方位角,α 为公路的转向角。

【例 9-7】 如图 9-25 所示,已知 K10+000 桩的坐标为:x_b = 32 410.185,y_b = 29 612.102;K10+000 桩至交点 JD_5 的距离为 S_0 = 1 250.480 m,方位角(K10+000 至 JD_5)$\alpha_0 = 68°02'48''$,交点桩 JD_5 的偏转角(转折角)$\alpha = 28°18'22''$;圆曲线半径 R = 600 m,已知导线点 N_1 的坐标为(32 482.610,29 611.476),N_2 点的坐标为(32 182.786,30 652.220),观测角 $\beta = 118°12'24''$,N_2 至 M 点的距离 D = 128.500 m。注:M 点即为全站仪所架设的任意点。问:如何用极坐标法测设公路中线?

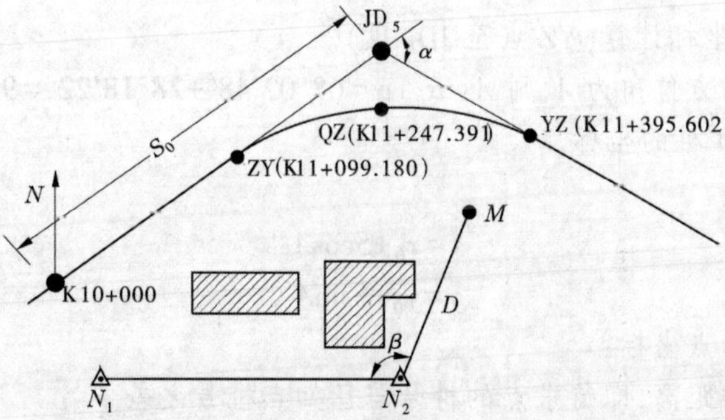

图 9-25 全站仪任意设站测设公路中线

解:(1)计算曲线元素。

切线长 $T = R\tan\dfrac{\alpha}{2} = 600 \times \tan\dfrac{28°18'22''}{2} = 151.300$(m)

曲线长 $L = R\alpha \cdot \dfrac{\pi}{180°} = 600 \times 28°18'22'' \times \dfrac{\pi}{180°} = 296.421$(m)

外矢距 $E = \dfrac{R}{\cos\alpha/2} - R = R(\sec\dfrac{\alpha}{2} - 1) = 18.783$(m)

(2)计算主点桩里程。

交点桩　$JD_5 = K10+000+S_0 = K10+000+1\ 250.480$

$= K11+250.480$

直圆点　$ZY = JD_5$ 里程$-T = K11+250.480-151.300$

$= K11+099.180$

曲中点　$QZ = ZY$ 里程$+0.5L = K11+099.180+0.5\times296.421$

$= K11+247.391$

圆直点　$YZ = QZ$ 里程$+0.5L = K11+247.391+0.5\times296.421$

$= K11+395.602$

直线段的里程及曲线细部点的里程计算略。

(3)计算中桩坐标。

①直线段坐标计算:(K10+000~K11+099.180)直线段的方位角 $\alpha_0 = 68°02'48''$。

例如:求直线上 K10+020 桩的坐标:

$$x = x_b + L_0\cos\alpha_0 = 32\ 410.185+20\times\cos68°02'48'' = 32\ 417.662(\text{m})$$

$$y = y_b + L_0\sin\alpha_0 = 29\ 612.102+20\times\sin68°02'48'' = 29\ 630.652(\text{m})$$

式中　L_0——待求里程桩坐标的桩号与具有已知点坐标的里程桩桩号之差。

②圆曲线段主点及细部点的计算(K11+099.180~K11+395.602)。

计算曲线段的坐标可用式(9-37)。

例如:求曲段上 K11+100 桩的坐标。

已知 $\alpha_0 = 68°02'48''$;$l_i = K11+100-K11+099.180 = 0.82$ m。

将 α_0、l_i 代入式(9-37),得

$$x_D = 32\ 821.422\ \text{m}$$

$$y_D = 30\ 632.340\ \text{m}$$

③另一直线段的坐标计算(YZ 点至 JD_6 段)。

设:另一直线段的方位角为 A,则 $A = \alpha_0 + \alpha = 68°02'48''+28°18'22'' = 96°21'10''$

例如:求 K11+400 桩的坐标。

由坐标正算公式:

$$x = x_0 + S\cos A$$

$$y = y_0 + S\sin A$$

式中　x_0、y_0——已知点坐标;

S——待求点的距离,即待求点的桩号与已知点桩号之差。

则有:$S =$ K11+400− K11+395.602 = 4.398 m(已知点为圆直点 YZ)

$$x = x_0 + S\cos A = 32\ 994.011+4.398\times\cos96°21'10'' = 32\ 993.524(\text{m})$$

$$y = y_0 + S\sin A = 30\ 922.282+4.398\times\sin96°21'10'' = 30\ 926.653(\text{m})$$

(4)放样元素计算。

导线点 N_1、N_2 由于障碍物而无法进行中线测量,故需选一点 M(M 点既能看到 N_2,又能放样出该段公路的中线),通过观测水平角 β 和距离 D,可以计算出 M 点的坐标。

N_1—N_2 的方位角　$\alpha_{N_1N_2} = \arctan\dfrac{y_{N_2}-y_{N_1}}{x_{N_2}-x_{N_1}} = 94°14'37''$

N_2—M 的方位角 $\alpha_{N_2M}=\alpha_{N_1N_2}+\beta-180°=32°27''01''$

M 点的坐标 $x_M=x_{N_2}+D\cos A=32\ 291.223(\text{m})$

$y_M=y_{N_2}+D\sin A=30\ 721.170(\text{m})$

将全站仪架设在 M 点上,后视导线点 N_2,则后视方位角为

$$\alpha_{MN_2}=\alpha_{N_2M}+180°=212°27'01''$$

若放样中桩(K11+099.180)即直圆点的平面位置,需计算:

①前视方位角 $\alpha_{前}=\arctan\dfrac{y_{ZY}-y_M}{x_{ZY}-x_M}=350°24'07''$

②放样角 θ $\theta=\alpha_{前}-\alpha_{MN_2}=137°57'06''$

③放样距离 D $D=\sqrt{(x_{ZY}-x_M)^2+(y_{ZY}-y_M)^2}=537.412(\text{m})$

在实际工作中,通常是先编好程序,然后用计算机进行计算。计算结束后,应编制放样元素表,以便放样时不发生错误,使放样工作井井有序。制表格式如表9-6所示。

表9-6 中桩坐标与测设元素放样表

里程桩号	坐标/m		测设元素	
	x	y	θ/(° ′ ″)	D/m
K10+000	32 410.185	29 612.102	63 40 19	1 115.430
K10+020	32 417.662	29 630.652	64 09 48	1 097.823
K10+040	32 425.139	29 649.202	64 40 14	1 080.300
K10+060	32 432.616	29 667.751	65 11 40	1 062.866
K10+080	32 440.093	29 686.300	65 44 09	1 045.522
⋮	⋮	⋮	⋮	⋮

【小贴士】

本任务主要介绍了困难地段的曲线测设。分路线交点不能安置仪器、曲线起点或终点不能安置仪器、视线受阻时用偏角法测设圆曲线、遇障碍物时用偏角法测设缓和圆曲线、全站仪任意设站测设曲线5种。通过该任务的学习,学生应掌握全站仪任意设站测设曲线的方法,该方法具有能在任何可架设仪器的地方设站进行直线段、曲线段测量的优越性。非常适用于高等级公路的中线测量。

任务5 复曲线的测设

由两个或两个以上的不同半径的同向曲线相连而成的曲线为复曲线。因其连接方式不同,分为三种:单纯由圆曲线直接相连组成的;两端由缓和曲线中间由圆曲线直接相连组成的;两端由缓和曲线中间也由缓和曲线连接组成的。

简单复曲线是由两个或两个以上不同半径的同向圆曲线组成的圆曲线。在测设时,应该先选定其中一个圆曲线的曲率半径,称为主曲线,其余的曲线称为副曲线。副曲线的曲率

半径可以通过主曲线的半径以及测量相关数据求得。常用的测设方法有两种:切基线法和弦基线法。

如图 9-26 所示,两个不同曲率半径的圆曲线同向相交,主、副曲线的交点分别为 A、B 点,两曲线相接于公切点 GQ。该点上的切线是两个圆曲线共同的切线,该切线就称为切基线。

首先在交点 A、B 分别安置经纬仪,测出两个圆曲线的转角 α_1、α_2,然后用钢尺进行往返丈量,得到 A、B 两点之间的水平距离 AB,显然它是两个圆曲线的切线长度之和。如果先行选定主曲线的曲率半径 R_1,就可以通过计算得到副曲线的半径 R_2 以及其他测设元素,其具体步骤如下:

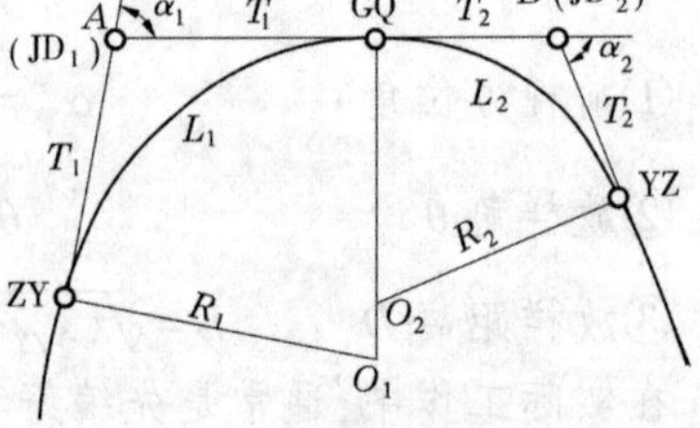

图 9-26　切基线法测设复曲线

(1)根据前述测定主曲线的转角和选定主曲线的曲率半径,按式(9-1),可以计算出主曲线的测设元素切线长 T_1、弧线长 L_1、外矢距 E_1 和切曲差 D_1。

(2)根据前述测量 AB 的水平距离以及主曲线的切线长度 T_1,可以按下式计算副曲线的切线长 T_2;

$$T_2 = AB - T_1 \tag{9-43}$$

(3)根据副曲线的转角 α_2 和副曲线的切线长度 T_2,可以用下式计算副曲线的曲率半径 R_2;

$$R_2 = \frac{T_2}{\tan\dfrac{\alpha_2}{2}} \tag{9-44}$$

(4)根据副曲线的转角 α_2 和副曲线的曲率半径 R_2,参照式(9-1),可以分别计算副曲线的测设元素切线长 T_2、弧线长 L_2、外矢距 E_2 和切曲差 D_2。

(5)在完成对应圆曲线主点的测设数据计算后,可以继续计算各对应圆曲线的详细测设数据,计算方法可以选用前述三种方法之一。

(6)在测设如图 9-26 所示的复曲线时,首先在交点 A 处架设仪器,沿着直线 AB 的方向逆时针拨出转角 α_1 并倒转望远镜定出指向起点的切线方向,然后在该方向线上测量切线长度 T_1 确定主曲线的起点 ZY;同时从 A 点出发沿公切线 AB 方向向 B 点丈量 T_1 得到 GQ 点;再在 A 点测设主曲线的分角线,在该线方向上丈量外矢距 E_1,得到主曲线的 QZ 点。同样在 B 点架设仪器,拨出转角 α_2 指向副曲线终点的切线方向,再丈量水平距离 T_2 得到 YZ 点,同时在 B 点测设副曲线的分角线方向上丈量外矢距 E_2,得到副曲线的 QZ 点。在测设完成复曲线的主点后,应在前述圆曲线详细测设的方法中选择合适的方法进行详细测设。

【例 9-8】　如图 9-26 所示,如果测得复曲线的转角 $\alpha_1 = 25°18'$,$\alpha_2 = 28°22'$,交点间距 $AB = 210.00$ m,选取主曲线的半径 $R_1 = 550$ m,计算复曲线的测设元素。

解:根据主曲线半径 $R_1 = 550$ m,可以计算主曲线的测设元素为

切线长　$$T_1 = R_1 \tan\frac{\alpha_1}{2} = 123.44\ \text{m}$$

曲线长　$$L_1 = R_1 \alpha_1 \frac{\pi}{180°} = 242.86\ \text{m}$$

外矢距 $$E_1=R_1(\sec\frac{\alpha_1}{2}-1)=13.68\ \text{m}$$

切曲差 $$D_1=2T_1-L_1=4.02\ \text{m}$$

然后计算副曲线的切线长度

$$T_2=AB-T_1=210.00-123.44=86.56\ \text{m}$$

接着计算副曲线的半径

$$R_2=\frac{T_2}{\tan\frac{\alpha_2}{2}}=\frac{86.56}{\tan\frac{28°22'}{2}}=342.50\ \text{m}$$

再由副曲线的半径 $R_2=342.50$ m 和转角 $\alpha_2=28°22'$，计算副曲线的测设元素为

切线长 $$T_2=R_2\tan\frac{\alpha_2}{2}=86.56\ \text{m}$$

曲线长 $$L_2=R_2\alpha_2\frac{\pi}{180°}=169.57\ \text{m}$$

外矢距 $$E_2=R_2(\sec\frac{\alpha_2}{2}-1)=10.77\ \text{m}$$

切曲差 $$D_2=2T_2-L_2=3.55\ \text{m}$$

【小贴士】

本任务主要介绍了复曲线的测设，有三种连接方式：单纯由圆曲线直接相连而成，两端由缓和曲线中间用圆曲线直接相连而成，两端由缓和曲线中间也由缓和曲线连接组成的。通过该任务的学习，学生应了解先选定其中一个圆曲线为主曲线，其余的曲线称为副曲线。然后用切基线法或弦基线法测设。

任务 6 回头曲线的测设

对于山区低等级公路，当路线跨越山岭时，为了克服越岭高差、减缓路面纵坡而设置的一种半径小、转角大、线形标准较低的曲线，称为回头曲线。回头曲线一般由主曲线和两个副曲线组成。主曲线为圆曲线，其转角可以小于、等于或大于 180°；副曲线分布在主曲线两侧各一个，为一般圆曲线，在主、副曲线之间主要用直线段连接。回头曲线测设的方法有几种，以下分别介绍主要的三种。

1 切基线法

如图 9-27 所示，路线的转角接近 180°，设曲线的上下线分别为 *DF*、*EG*，其中点 *D*、*E* 分别为副曲线的交点，当主曲线的交点很远无法获得时，如果可以获得直线段的方向点 *F*、*G*，就可以采用切基线的方法先确定主曲线的 QZ 和切线，具体测设方法如下：

(1) 根据现场的具体情况，在方向线 *DF*、*EG* 上确定切基线 *AB* 的初步位置 *AB′*，*A* 点为确定点，而 *B′* 点为初步假定点。

(2) 安置仪器在 *B′* 点上，观测出转折角 α_B，同时在 *B* 点概略位置沿直线 *EG* 定出骑马桩 *a*、*b*。

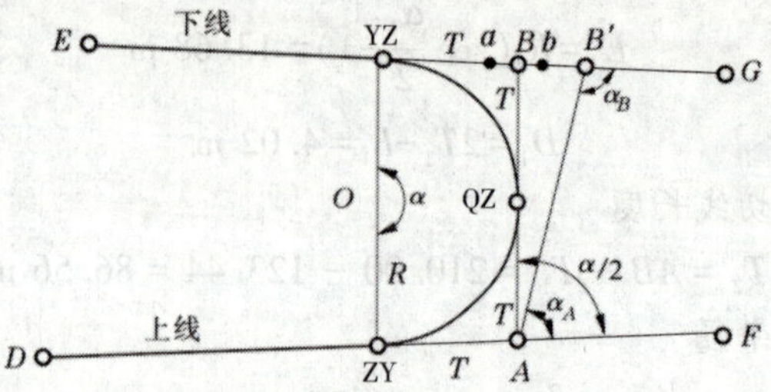

图 9-27　切基线法测设回头曲线

(3)安置仪器在 A 点,观测出转折角 α_A,路线的转角 $\alpha=\alpha_B+\alpha_A$,通过 QZ 点的切基线平分转折角,即切基线两边的转折角相等。可以后视方向点 F,逆时针拨角 $\alpha/2$,该视线与骑马桩 a、b 连线的交点就是 B 点。

(4)丈量切基线 AB 的长度,切线长 $T=AB/2$。从 A 点分别沿 AD、AB 丈量直线长度 T,定出 ZY 点与 QZ 点,同时从 B 点沿 BE 方向丈量长度 T 确定 YZ 点。

(5)计算出主曲线的半径 $R=T/\tan(\alpha/4)$,同时根据 R 和转角 α 计算出曲线的长度 L,以 A 点的里程为基准,计算出主曲线主点的里程。

(6)在主点测设完成后,可以采用相同的方法进行曲线的详细测设。

2　弦基线法

如图 9-28 所示,设 EF、GH 为主曲线的上下线,E、H 分别是主曲线与副曲线的交点,而 F、G 为确定点,四点已经在选线时确定。如果主曲线的 ZY、YZ 点的连接 AB 也能确定,就能解决问题。

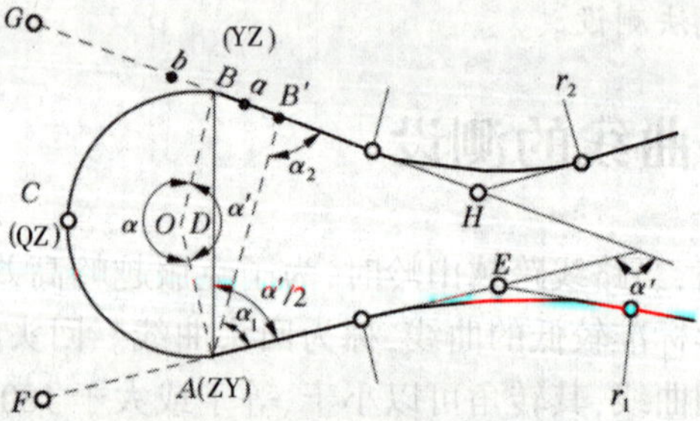

图 9-28　弦基线法测设回头曲线

具体的方法如下:

(1)根据现场的具体情况,在方向线 EF、GH 上确定弦基线 AB 的初步位置 AB',A 点为确定点,而 B'点为初步假定点。

(2)安置仪器在 B'点上,观测出转折角 α_2,同时在 B 点概略位置沿直线 GH 定出骑马桩 a、b。

(3)安置仪器在 A 点,观测出转折角 α_1,路线的转角 $\alpha'=\alpha_1+\alpha_2$,通过 QZ 点的切基线平分转折角,可以后视方向点 F,拨角 $\alpha'/2$,该视线与骑马桩 a、b 连接的交点就是 B 点。

(4)丈量弦基线 AB 的长度,根据式(9-44)计算主曲线的半径 R,则

$$R=\frac{T}{\tan\frac{\alpha}{2}} \tag{9-45}$$

(5)主曲线对应的圆心角 $\alpha=360°-\alpha'$，同时根据 R 和圆心角 α 计算出曲线的长度 L，以 A 点的里程为基准，计算出主曲线的主点里程。

(6)曲线的QZ可以按弦线支距法设置，在主点测设完成后，可以用相同的方法进行曲线的详细测设。

3 推磨法与辐射法

如图9-29所示，在山坡比较平缓、曲线内侧障碍物较少时设置小半径回头曲线，可以采用该方法。

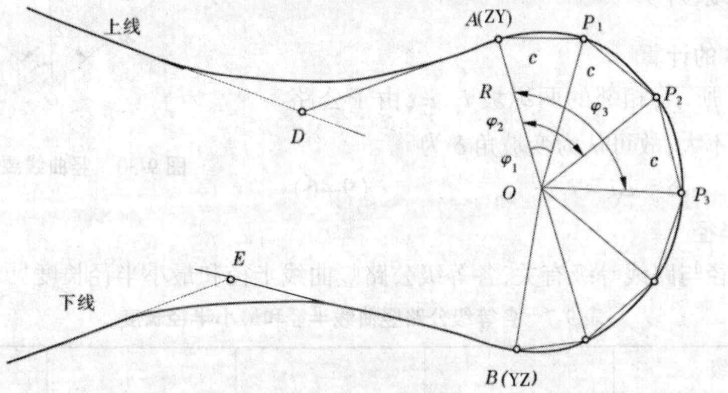

图9-29 推磨法与辐射法测设回头曲线

具体的方法如下：

(1)确定副曲线的交点位置 D、E，然后选定主曲线的起点 A 与终点 B。

(2)在起点 A 用全站仪瞄准点 D，定出该方向的垂直方向并量取半径 R，定出圆心 O。

(3)如采用推磨法，安置仪器在圆心 O，从 A 点出发，用半径 R 与弦长 c 进行连续的距离交会，依次定出点 P_1、P_2、…曲线各点。

如采用辐射法，安置仪器在圆心 O，计算各段弦长 c 对应的圆心角，依次测设该角定出直线方向，然后在该方向上丈量长度 R 定出 P_1、P_2、…曲线各点。

(4)曲线各点定出后，可以检查曲线位置是否符合设计要求，如果不合适，可以调整点 A、O 位置以及 R 的大小，重新按以上步骤测设到满足要求。

(5)在 B 点用仪器瞄准 O 点，测设垂直方向并检查是否对准点 E，如果不满足，则应沿曲线前后移动 B 点使视线通过 E 点，再确定点 B。

(6)在 O 点架设仪器，测设 AB 对应的圆心角，根据半径 R 与圆心角计算曲线长，并与实测值比较，符合要求后，进行里程的计算与确定。

【小贴士】

本任务主要介绍了回头曲线的测设。回头曲线一般由主曲线和两个副曲线组成，主要服务于山区低等级公路，是一种半径小、转角大、线形标准较低的曲线。通过该任务的学习，学生应了解切基线法、弦基线法、推磨法与辐射法测设回头曲线的方法。

任务7　竖曲线的测设

线路纵断面是由许多不同坡度的坡段连接成的。当相邻不同坡度的坡段相交时,就出现了变坡点。为了缓和坡度在变坡点处的急剧变化,保证车辆安全、平稳地通过变坡点,可在两相邻坡度段以竖向曲线连接,称为竖曲线。当变坡点在曲线的上方时,称为凸形竖曲线;反之,称为凹形竖曲线。竖曲线可以用圆曲线或二次抛物线。目前,在我国公路建设中一般采用圆曲线型的竖曲线,这是因为圆曲线的计算和测设比较简单方便。

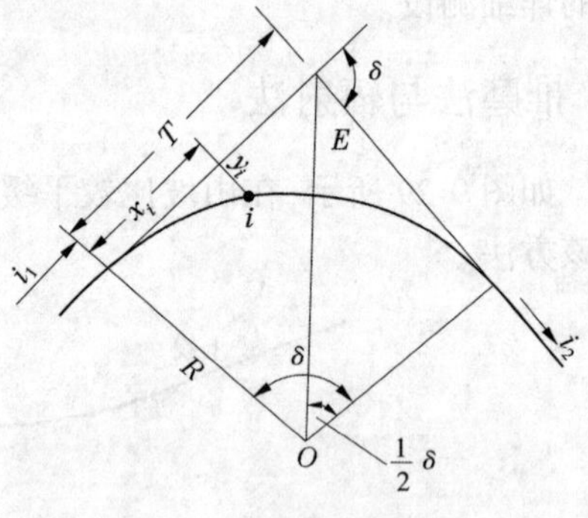

图 9-30　竖曲线要素计算

1　竖曲线要素计算

1.1　变坡角 δ 的计算

如图 9-30 所示,相邻的两纵坡 i_1、i_2,由于公路纵坡的允许值不大,故可认为变坡角 δ 为

$$\delta = \Delta i = i_1 - i_2 \tag{9-46}$$

1.2　竖曲线半径

竖曲线半径与路线等级有关,各等级公路竖曲线半径和最小半径长度见表 9-7。

表 9-7　各等级公路竖曲线半径和最小半径长度　　单位:m

公路等级		一		二		三		四	
地形		平原微丘	山岭重丘	平原微丘	山岭重丘	平原微丘	山岭重丘	平原微丘	山岭重丘
凹形竖曲线半径	一般最小值	10 000	2 000	4 500	700	2 000	500	700	200
	极限最小值	6 500	1 400	3 000	450	1 400	250	450	100
凸形竖曲线半径	一般最小值	4 500	1 500	3 000	700	1 500	400	700	200
	极限最小值	3 000	1 000	2 000	450	1 000	250	450	100
竖曲线最小长度		85	50	70	35	50	25	35	20

选用竖曲线半径的原则:在不过分增加工程量的情况下,宜选用较大的竖曲线半径,前后两纵坡的代数差小时,竖曲线半径更应选用大半径,只有当地形限制或其他特殊困难时,才能选用极小半径。选用竖曲线半径时应以获得最佳的视觉效果为标准。

1.3　切线长 T 的计算

由图 9-30 可知,切线长 T 为

$$T = R\tan\frac{\delta}{2}$$

由于 δ 很小,可认为

$$\tan\frac{\delta}{2} = \frac{\delta}{2} = \frac{1}{2}(i_1 - i_2)$$

故 $$T=\frac{1}{2}R(i_1-i_2) \tag{9-47}$$

1.4 曲线长 L 的计算

由于变坡角 δ 很小,可认为:

$$L=2T \tag{9-48}$$

1.5 外矢距 E 的计算

由于变坡角 δ 很小,可认为 y 坐标与半径方向一致,它是切线上与曲线上的高程差。从而得:

$$(R+y)^2=R^2+x^2$$

展开得

$$2Ry=x^2-y^2$$

又因 y^2 与 x^2 相比较,y^2 的值很小,略去 y^2,则

$$2Ry=x^2$$

即 $$y=\frac{x^2}{2R} \tag{9-49}$$

当 $x=T$ 时,y 值最大,约等于外矢距 E,所以

$$E=\frac{T^2}{2R} \tag{9-50}$$

2 竖曲线的测设

竖曲线的测设就是根据纵断面图上标注的里程及高程,以附近已放样出的整桩为依据,向前或向后测设各点的水平距离 x 值,并设置竖曲线桩。然后测设各个竖曲线桩的高程。其测设步骤如下:

(1)计算竖曲线元素 T、L 和 E。

(2)推算竖曲线上各点的桩号:

曲线起点桩号 = 变坡点桩号 - 竖曲线的切线长 (9-51)

曲线终点桩号 = 曲线起点桩号 + 竖曲线长 (9-52)

(3)根据竖曲线上细部点距曲线起点(或终点)的弧长,求相应的 y 值,然后,按下式求得各点高程

$$H_i=H_{坡}\pm y_i \tag{9-53}$$

式中 H_i——竖曲线细部点 i 的高程;

$H_{坡}$——细部点 i 的坡段高程。

当竖曲线为凹形时,式中取“+”;竖曲线为凸形时,式中取“-”。

(4)从变坡点沿路线方向向前或向后丈量切线长 T,分别得竖曲线的起点和终点。

(5)由竖曲线起点(或终点)起,沿切线方向每隔 5 m 在地面上标定一木桩(竖曲线上一般每隔 5 m 测设一个点)。

(6)测设各个细部点的高程,在细部点的木桩上标明地面高程与竖曲线设计高程之差(挖或填的高度)。

【例 9-9】 设竖曲线半径 $R=3\ 000$ m,相邻坡段的坡度 $i_1=+3.1\%$,$i_2=+1.1\%$,变坡点

的里程桩号为 K16+770,其高程为 396.67 m。如果曲线上每隔 10 m 设置一桩,试计算竖曲线上各桩点的高程。

解:(1)计算竖曲线测设元素。

按式(9-47)、式(9-48)和式(9-50)计算可得:

$$T=\frac{1}{2}R(i_1-i_2)=\frac{1}{2}\times 3\ 000\times(3.1-1.1)\times\frac{1}{100}=30$$

$$L=2T=2\times 30=60$$

$$E=\frac{T^2}{2R}=\frac{30^2}{2\times 3\ 000}=0.15$$

(2)计算竖曲线起点、终点号及坡道高程。

起点桩号　　K16+(770-30)=K16+740

起点高程　　396.67-30×3.1%=395.74

终点桩号　　K16+(770+30)=K16+800

终点高程　　396.67+30×1.1%=397.00

(3)计算各桩竖曲线高程。

由于两坡道的坡度均为正值,且 $i_1>i_2$,故为凸形竖曲线,y 取"-"号,计算结果见表 9-8。

表 9-8　竖曲线各桩高程计算

桩号	至竖曲线起点或终点的平距 x/m	高程改正值 y/m	坡道高程/m	竖曲线高程/m	备注
起点 K16+740	0	0.00	395.74	395.74	
K16+750	10	-0.02	396.05	396.03	
K16+760	20	-0.07	396.36	396.29	
变坡点 K16+770	30	-0.15	396.67	396.52	
K16+780	20	-0.07	396.78	396.71	
K16+790	10	-0.02	396.89	396.87	
终点 K16+800	0	0.00	397.00	397.00	

计算出竖曲线各桩的高程后,即可在实地进行竖曲线的测设。

【小贴士】

本任务主要介绍凸形竖曲线和凹形竖曲线的计算和测设。通过该任务的学习,学生应会计算竖曲线元素 T、L 和 E,推算竖曲线上各点的桩号并进行竖曲线的测设。以巩固所学知识。

【知识链接】

学习本项目时,学生应结合教师的讲解思考为什么全站仪和 GNSS 接收机是最适用的曲线测设仪器设备。了解本校配备的全站仪和 GNSS 接收机的具体型号、精度要求,了解哪些适应曲线测设、哪些不适应曲线测设,自行到网上下载相应的说明书,以获取更多的有用知识。

【阅读与应用】

RTK 道路曲线放样

公路、铁路、渠道、输电线以及其他管道工程都属于线型工程,线型工程的中线通称为线路。线路实际上是由空间的直线段和曲线段组合而成的。在线路方向发生变化的地段,连接转向处的曲线称为平曲线。平曲线有圆曲线和缓和曲线两种。圆曲线是有一定曲率半径的圆弧。

一般曲线放样方法是首先放样曲线主要点,即 ZY(直圆点)、QZ(曲中点)、YZ(圆直点)。再根据线路偏角 α,圆曲线半径等要素计算出切线长、曲线长、外矢距及切曲差四项曲线要素。根据曲线要素放样出曲线主点,再用已放样出的主点放样出其他点,由于放样时是依据已放样的主点,容易造成误差的累积。通常进行道路测量时,设计者会给提供一个曲线要素表,如表 9-9 所示。

表 9-9　直线、曲线及转角表

交点号	交点坐标/m		交点桩号	转角值	曲线要素值/m					
	N(*X*)	E(*Y*)			半径	缓和曲线长度	缓和曲线参数	切线长度	曲线长度	外矢距
1	2	3	4	5	6	7	8	9	10	11
JD	3 452 113. 208	474 750. 699	K49+927. 513							
JD	3 453 417. 461	474 013. 560	K51+408. 494	21°41′18″	2 800			536. 363	1 059. 886	50. 910
JD	3 456 157. 270	473 638. 932	K54+160. 958	22°13′56″	4 000			785. 937	1 552. 102	76. 481
JD	3 458 388. 030	474 213. 609	K56+444. 779	23°43′42″	1 680	170	534. 415	438. 077	865. 751	37. 404

表 9-9 所示为交点法的要素表(一部分),利用 RTK 测量时,可以方便快捷地把这些要素文件编辑为仪器可读入格式,然后可以预览平面、进行里程坐标检查,如图 9-31 所示。

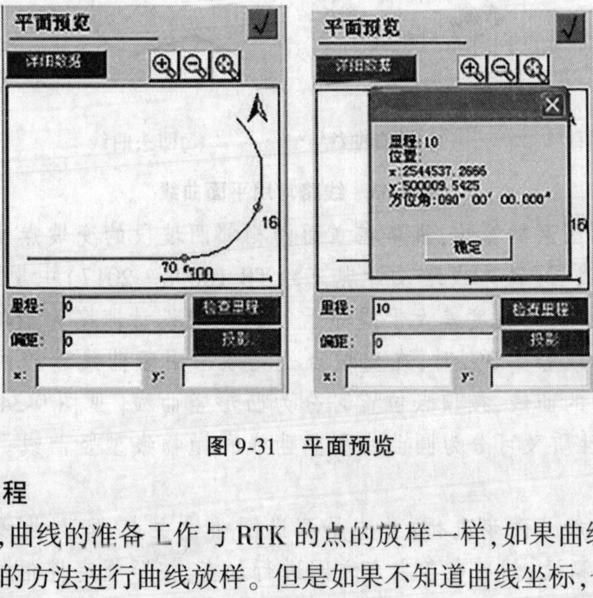

图 9-31　平面预览

1　RTK 曲线放样过程

用 RTK 放样时,曲线的准备工作与 RTK 的点的放样一样,如果曲线各点的坐标是已知数据,则可按放样点的方法进行曲线放样。但是如果不知道曲线坐标,也可以将曲线要素输入手簿,由手簿解算主点和细部点的坐标进行放样。如南方 RTK 所提供的解算软件是按一定的里程进行解算坐标的,待坐标解算完毕后就可按点的放样方法进行放样。

当检查各项数据无误后,便可以进行道路放样,按照设计数据和纵断面的各项要求放出纵断面中桩并把它测量记录下来。如图 9-32 所示,仪器会直接告诉我们偏距和方向,测量放样起来方便快捷。

2 曲线放样精度分析

用 RTK 进行测设,曲线的点位误差、横向和纵向偏差完全可以满足工程的要求,由于 RTK 放样不存在误差累计,所以比常规仪器测设的精度高。

如有误差超限的点,可以根据测量的条件,判断出误差的来源,对于放样点在市区的工程,误差多为“信号干扰误差”,对于接近水域的地区,则为“多路径误差”。

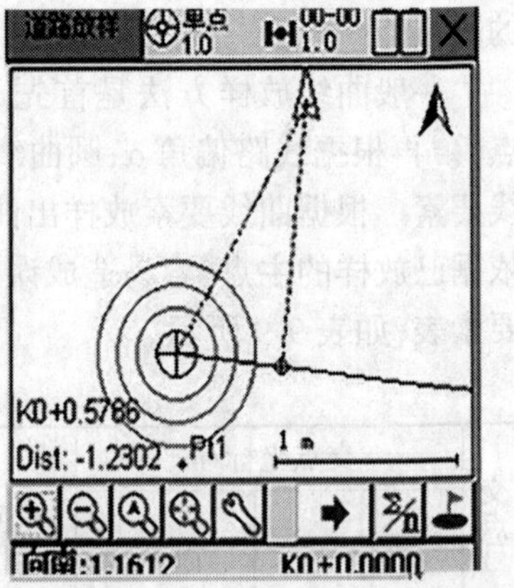

图 9-32 道路放样

项目小结

本项目主要介绍了圆曲线、综合曲线、困难地段的曲线、复曲线、回头曲线和竖曲线的测设。

线路上采用的平面曲线通常有圆曲线[见图 9-33(a)]、综合曲线[见图 9-33(b)]、回头曲线[见图 9-33(c)]、复曲线[见图 9-33(d)]。平面曲线按其性质可分为两类,即圆曲线和缓和曲线。在线路上选用的连接曲线的种类应取决于线路的等级、曲线半径及地形因素等。例如,二级公路上,在平原地区的曲线半径大于 2 500 m,山岭重丘地区的曲线半径大于 600 m 时,可只采用圆曲线。但线路转向角接近 180°时,常采用回头曲线。

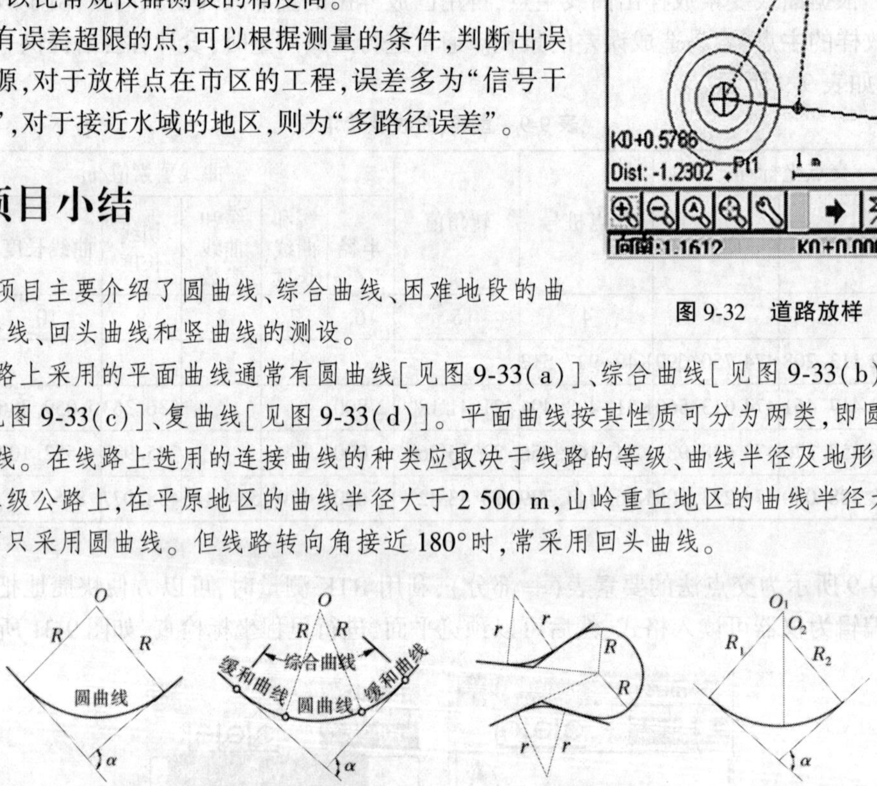

(a)圆曲线 (b)综合曲线 (c)回头曲线 (d)复曲线

图 9-33 线路常用平面曲线

由于线路受地形因素的影响,线路在立面内相邻两坡段的变坡点处坡度发生变化。为保证行车安全平稳,我国《铁路线路设计规范》(TB 10098—2017)中规定:在高速铁路和城际铁路上,正线相邻坡段的坡度差大于或等于 1‰时;或设计速度为 160 km/h 以下的,当相邻坡段的坡度差大于或等于 3‰时,在变坡点处必须采用竖曲线连接两个坡段。竖曲线是一种设置在竖直面内的曲线,按顶点位置可分为凸形竖曲线[见图 9-34(a)]和凹形竖曲线[见图 9-34(b)];按性质又可分为圆曲线型竖曲线和抛物线型竖曲线。我国普遍采用圆曲线型竖曲线。

圆曲线的测设一般分两步进行:首先是测设圆曲线主点,即圆曲线的起点(ZY)、中点(QZ)和终点(YZ)的测设;然后在各主点之间进行加密,按照规定桩距测设曲线的其他各桩点,称为圆曲线的详细测设。圆曲线详细测设的方法比较多,常用的方法有偏角法、切线支距法和弦线支距法。

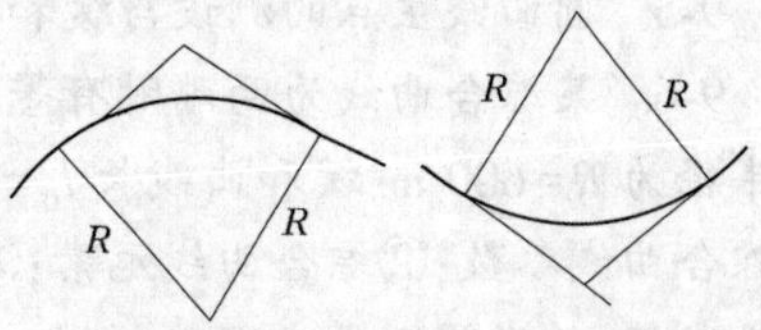

(a)凸形竖曲线 (b)凹形竖曲线

图9-34 线路常用竖曲线

缓和曲线是在直线段与圆曲线之间、两个半径不同的圆曲线之间插入一条起过渡作用的曲线,是在直线段与圆曲线、圆曲线与圆曲线之间设置的曲率半径连续渐变的曲线。综合曲线的基本线型是在圆曲线与直线之间加入缓和曲线,成为具有缓和曲线的圆曲线。

具有缓和曲线的圆曲线主点包括直缓点(ZH)、缓圆点(HY)、曲中点(QZ)、圆缓点(YH)、缓直点(HZ)。

当地形变化比较小,而且综合曲线的长度小于40 m时,测设几个主点就能够满足设计与施工的需要,无须进行详细测设。如果综合曲线较长,或地形变化比较大,则在完成测定曲线的主点以后,还需要进行曲线的详细测设。

综合曲线详细测设的方法较多,有切线支距法、偏角法和极坐标法几种。其中,用极坐标法测设综合曲线的细部点是用全站仪进行路线测量的最合适的方法。全站仪可安置在任何控制点上,包括路线上的交点、转点等已知坐标的点,其测设的速度快、精度高。

曲线测设时,因受地物、地貌等条件的限制,经常会遇到各种障碍,当路线交点不能安置仪器时,可采用圆外基线法、切基线法和弦基线法;曲线起点或终点不能安置仪器时可采用极坐标法测设曲线点;视线受阻时可用偏角法测设圆曲线;遇障碍物时用偏角法测设缓和曲线;也可用全站仪任意设站法测设曲线。全站仪任意设站法可在任何可架设仪器的地方设站进行直线段、曲线段的中线测量。

用两个或两个以上不同半径的同向曲线相连而成的曲线为复曲线。因其连接方式不同可分为三种:单纯由圆曲线直接相连组成的;两端由缓和曲线中间由圆曲线直接相连组成的;两端由缓和曲线中间也由缓和曲线连接组成的。可用切基线法和弦基线法测设。

当路线跨越山岭时,为了克服越岭高差、减缓路面纵坡而设置的一种半径小、转角大、线形标准较低的曲线,称为回头曲线。也可用切基线法和弦基线法测设。

线路纵断面是由许多不同坡度的坡段连接成的。当相邻不同坡度的坡段相交时,就出现了变坡点。为了缓和坡度在变坡点处的急剧变化,保证车辆安全、平稳地通过变坡点,可在两相邻坡度段以竖向曲线连接,称为竖曲线。当变坡点在曲线的上方时,称为凸形竖曲线;反之,称为凹形竖曲线。目前,在我国公路建设中一般采用圆曲线型的竖曲线。

复习和思考题

9-1 何谓圆曲线主点?曲线元素如何计算?何谓点的桩号?

9-2 已知:某条公路穿越山谷处采用圆曲线,设计半径 $R=800$ m,转向角 $\alpha_{右}=11°26'$,曲线转折点JD的里程为K11+295。试求:①该圆曲线元素;②曲线各主点里程桩号;③当采用桩距10 m的整桩号时,试选用合适的测设方法,计算测设数据,并说明测设步骤。

9-3 常见综合曲线由哪些曲线组成?主点有哪些?

9-4 什么是缓和曲线?在圆曲线与直线之间加入缓和曲线应如何设计缓和曲线特征参数?

9-5　圆曲线主点的测设与缓和曲线主点的测设有何不同？

9-6　某综合曲线为两端附有等长缓和曲线的圆曲线，JD 的转向角为 $\alpha_{左}=41°36'$，圆曲线半径为 $R=600$ m，缓和曲线长 $l_0=120$ m，整桩间距 $l=20$ m，JD 桩号 K50+512.57。试求：①综合曲线参数；②综合曲线元素；③曲线主点里程；④列表计算切线支距法测设该曲线的测设数据，并说明测设步骤。

9-7　在题 9-6 中，若直缓点坐标 ZH 点坐标为(6 354.618，5 211.539)，ZH 到 JD 坐标方位角为 $\alpha_0=64°52'34''$。附近另有两控制点 M、N，坐标为 M(6 263.880，5 198.221)、N(6 437.712，5 321.998)。试求：在 M 点设站、后视 N 点时该综合曲线的测设数据，并说明测设步骤。

9-8　如图 9-16 所示为一两端带有不等长缓和曲线的圆曲线，$\alpha_{左}=81°36'$，缓和曲线 $l_1=160$ m，$l_2=120$ m，圆曲线半径 $R=500$ m，JD 桩号 K32+472.23。试求：①综合曲线参数；②综合曲线元素；③曲线主点里程；④按间距 $l=20$ m 的整桩号，列表计算直角坐标法测设该曲线的测设数据，并说明测设步骤。

9-9　何谓复曲线？常见复曲线有哪些形式？有哪些测设方法？

9-10　何谓回头曲线？有什么特点？测设方法有哪些？

9-11　图 9-26 所示为由两圆曲线组成的复曲线，已知：主曲线半径 $R_1=500$ m，$\alpha_1=76°52'36''$，$\alpha_2=68°17'24''$，$AB=668.119$ m，ZY 点里程为 K11+298。试求：①复曲线各主点里程；②取桩距 20 m，计算切线支距法测设该复曲线的测设数据，并说明测设步骤。

9-12　设竖曲线半径 $R=2\ 800$ m，相邻坡段的坡度 $i_1=-2.1\%$，$i_2=+1.1\%$，变坡点的里程桩号为 K10+780，其高程为 229.67 m。试求：①竖曲线元素；②竖曲线起点和终点的桩号；③曲线上每隔 10 m 设置一桩时，竖曲线上各桩点的高程。

9-13　全站仪在曲线测设中有哪些应用？有什么特点？

【技能训练】

一、技能训练题目及训练目的

在学习完本项目的理论学习内容之后，教师组织学生分组，以组为单位到实训场地，进行偏角法圆曲线测设；切线支距法测设圆曲线；偏角法测设带有缓和曲线的圆曲线；全站仪测设带有缓和曲线的圆曲线；竖曲线测设。并现场评定观测质量。

二、技能训练要求

1. 教师给学生配备全站仪、脚架、棱镜、棱镜杆、小钢尺。
2. 教师给学生配备 GNSS 接收机并开通校园 CORS 站。
3. 学生分组在校园实训场自定交点 JD 的位置。
4. 学生分组练习各种平曲线和竖曲线测设。
5. 学生若有问题则应及时向教师请教。

【知识拓展】

圆曲线测设

项目 10　工业与民用建筑施工测量

项目概述

工业与民用建筑施工测量的目的是把图纸上设计的建(构)筑物的平面位置和高程,按照设计要求的精度测设在地面上或不同的建筑施工部位,并设置明显标志作为施工依据,以及在施工过程中进行一系列测量工作,以指导各施工阶段的施工。

学习目标

◆知识目标

1. 了解施工控制网的特点以及建筑基线的类型;
2. 能简要说明建筑平面设计总图与地形图的关系;
3. 能阐述基础标高的控制方法和首层楼房墙体施工测量的方法。

◆技能目标

1. 掌握建筑基线和建筑方格网的测设、观测、平差计算、布设和施测;
2. 熟练掌握点位放样的各种方法和两种场地平整测量计算方法;
3. 能进行建筑物定位与放线。能进行建筑物墙体施工测量。

◆素质目标

通过了解大兴机场的建设体会我国的建设者高超的技艺和精湛的技能,增强学生的民族自豪感,培养学生严谨、细致、专注、负责的工作态度和精雕细琢、精益求精的工作理念,以及对职业的认同感、责任感、荣誉感和使命感。

【课程导入】

如何进行工业与民用建筑工程施工测量呢?首先建立控制范围小、精度要求高的建筑施工控制网,在建筑施工控制网的基础上布设建筑基线或建筑方格网,必要时还要进行场地平整、建筑物的定位与放线、基础施工测量和墙体施工测量,若有高层建筑,则还要进行建筑物定位、基础施工、轴线投测和高程传递等方面的测量工作。在工业建筑施工测量中,还应进行以下几个方面的工作:厂房矩形控制网的测设、厂房柱列轴线放样、杯形基础施工测量、厂房构件及设备安装测量等。

任务1　建筑工程施工控制测量

专为工程建设和工程放样而布设的测量控制网,称为施工控制网。施工控制网不仅是施工放样的依据,也是工程竣工测量的依据,同时还是建筑物沉降观测以及将来建筑物改建、扩建的依据。

施工控制网的建立应遵循"先整体,后局部"的原则,由高精度到低精度进行建立。即首先在施工现场,根据建筑设计总平面图和现场的实际情况,以原有的测图控制点为定位条件,建立起统一的施工平面控制网和高程控制网。然后以此为基础,测设建筑物的主轴线,再根据主轴线测设建筑物的细部。

1　施工控制网的特点

建筑施工控制网与测图控制网比较而言,具有以下两个特点。

1.1　控制点密度大、控制范围小、精度要求高

施工控制网的精度要求应以建筑限差来确定,而建筑限差又是工程验收的标准。因此,施工控制网的精度要比测图控制网的精度高。

通常建筑场地比测图范围小,在小范围内,各种建筑物分布错综复杂,放样工作量大,这就要求施工控制点要有足够的密度,且分布合理,以便放样时有机动选择使用控制点的余地。

1.2　受干扰性大,使用频繁

现代化的施工常常采用立体交叉作业的方式,施工机械的频繁活动、人员的交叉往来、施工标高相差悬殊,这些都造成了控制点间通视困难,使控制点容易碰动,不易保存。此外,建筑物施工的各个阶段都需要测量定位,控制点使用频繁。这就要求控制点必须埋设稳固,使用方便,易于长久保存,长期通视。

2　施工控制网的布设形式

施工控制网的布设形式,应以经济、合理和适用为原则,根据建筑设计总平面图和施工现场的地形条件来确定。对于地形起伏较大的山区建筑场地,则可充分扩展原有的测图控制网,作为施工定位的依据。对于地形较平坦而通视较困难的建筑场地,可采用导线网。对于地形平坦而面积不大的建筑小区,常布置一条或几条建筑基线,组成简单的图形,作为施工测量的依据。对于地形平坦,建筑物多为矩形且布置比较规则的密集的大型建筑场地,通常采用建筑方格网。总之,施工控制网的布设形式应与建筑设计总平面的布局相一致。

当施工控制网采用导线网时,若建筑场地大于1 km^2 或重要工业区,需按一级导线建立;若建筑场地小于1 km^2 或一般性建筑区,可按二、三级导线建立。当施工控制网采用原有测图控制网时,应进行复测检查,无误后方可使用。

3　施工控制点的坐标换算

供工程建设施工放样使用的平面直角坐标系,称为施工坐标,也称为建筑坐标。由于建筑设计是在总体规划下进行的,因此建筑物的轴线往往不能与测图坐标系的坐标轴相平行或垂直,此时施工坐标系通常选定独立坐标系,这样可使独立坐标系的坐标轴与建筑物的

主轴线方向相一致,坐标原点 O 通常设置在建筑场地的西南角上,纵轴记为 A 轴,横轴记为 B 轴,用 A、B 坐标确定各建筑物的位置。由此建筑物的坐标位置计算简便,而且所有坐标数据均为正值。

施工坐标系与测图坐标系之间的关系,如图 10-1 所示,xoy 为测图坐标系,$AO'B$ 为施工坐标系,则 P 点的测图坐标为 x_P、y_P,P 点的施工坐标为 A_P、B_P,施工坐标原点 O' 在测图坐标系中的坐标为 $x_{O'}$、$y_{O'}$,α 角为测图坐标系纵轴 x 与施工坐标系纵轴 A 之间的夹角。

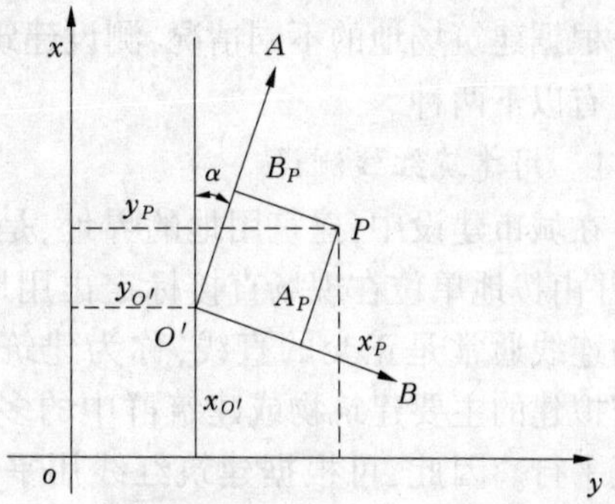

图 10-1　施工坐标系与测图坐标系之间的关系

将 P 点的施工坐标换算成测图坐标,其公式为

$$\left.\begin{aligned} x_P &= x_{O'} + A_P\cos\alpha - B_P\sin\alpha \\ y_P &= y_{O'} + A_P\sin\alpha + B_P\cos\alpha \end{aligned}\right\} \tag{10-1}$$

若将 P 点的测图坐标换成施工坐标,其公式为

$$\left.\begin{aligned} A_P &= (x_P - x_{O'})\cos\alpha + (y_P - y_{O'})\sin\alpha \\ B_P &= -(x_P - x_{O'})\sin\alpha + (y_P - y_{O'})\cos\alpha \end{aligned}\right\} \tag{10-2}$$

式(10-2)中,$x_{O'}$、$y_{O'}$ 与 α 的数值是常数,可在设计资料中查找,或在建筑设计总平面图上用图解的方法求得。

4　建筑基线

4.1　建筑基线的布置

建筑场地的施工控制基准线, 称为建筑基线。建筑基线的布置, 主要根据建筑物的分布、场地的地形和原有测图控制点的情况而定。建筑基线的布设形式,如图 10-2 所示。其中,图 10-2(a)为三点直线形,图 10-2(b)为三点直角形,图 10-2(c)为四点丁字形,图 10-2(d)为五点十字形。

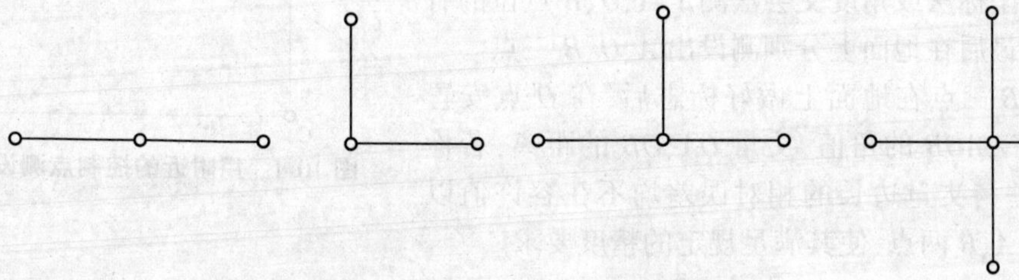

图 10-2　建筑基线

建筑基线布设的位置,应尽量临近建筑场地中的主要建筑物,且与其轴线相平行,以便采用直角坐标法进行放样。为了便于检查建筑基线点位有无变动,基线点不得少于 3 个。基线点位应选在通视良好且不受施工干扰的地方。为能使点位长期保存,要建立永久性标志。

4.2　测设建筑基线的方法

根据建筑场地的不同情况,测设建筑基线的方法主要有以下两种。

4.2.1　用建筑红线测设

在城市建设中,建筑用地的界址,是由规划部门确定,并由拨地单位在现场直接标定出用地边界点,边界点的连线通常是正交的直线,称为建筑红线。建筑红线与拟建的主要建筑物或建筑群中的多数建筑物的主轴线平行。因此,可根据建筑红线用平行线推移法测设建筑基线。

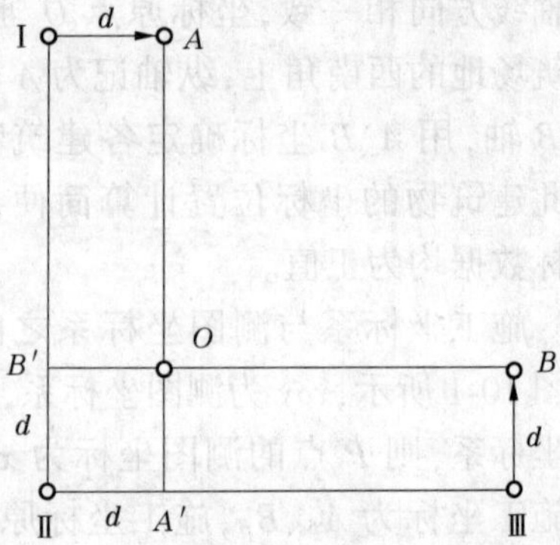

图 10-3　根据建筑红线测设建筑基线

如图 10-3 所示,Ⅰ—Ⅱ和Ⅱ—Ⅲ是两条互相垂直的建筑红线,A、O、B 三点是欲测的建筑基线点。其测设过程:从Ⅱ点出发,沿Ⅱ—Ⅰ和Ⅱ—Ⅲ方向分别量取 d 长度得出 B'和 A'点;再过Ⅰ、Ⅲ两点分别作建筑红线的垂线,并沿垂线方向分别量取 d 的长度得出 A 点和 B 点;然后,将 AA'与 BB'连线,则交会出 O 点。A、O、B 三点即为建筑基线点。

当把 A、O、B 三点在地面上做好标志后,将经纬仪安置在 O 点上,精确观测 $\angle AOB$,若 $\angle AOB$ 与 90°之差不在容许值以内,应进一步检查测设数据和测设方法,并应对 $\angle AOB$ 按水平角精确测设法来进行点位的调整,使 $\angle AOB=90°$。

如果建筑红线完全符合作为建筑基线的条件,可将其作为建筑基线使用,即直接用建筑红线进行建筑物的放样,既简便又快捷。

4.2.2　用附近的控制点测设

在非建筑区,没有建筑红线作依据时,就需要在建筑设计总平面图上,根据建筑物的设计坐标和附近已有的测图控制点来选定建筑基线的位置,并在实地采用极坐标法或角度交会法把基线点在地面上标定出来。

如图 10-4 所示,Ⅰ、Ⅱ点为附近已有的测图控制点,A、O、B 三点为欲测设的建筑基线点。测设过程:先将 A、O、B 三点的施工坐标,换算成测图坐标;再根据 A、O、B 三点的测图坐标与原有的测图控制点Ⅰ、Ⅱ的坐标关系,推算出极坐标法或角度交会法测定 A、O、B 点位的有关放样数据;最后在地面上分别测设出 A、O、B 三点。

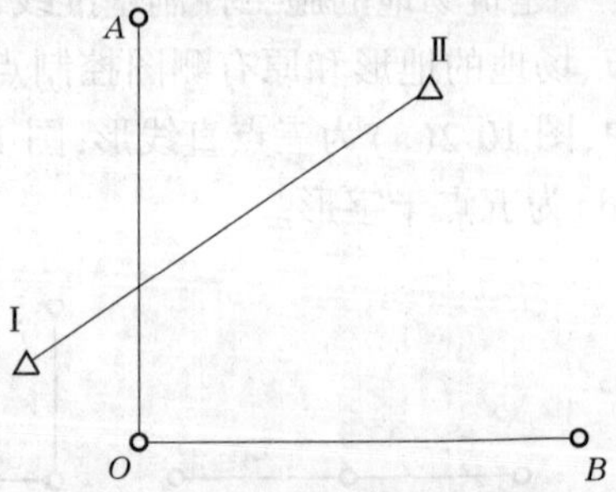

图 10-4　用附近的控制点测设

当 A、O、B 三点在地面上做好标志后,在 O 点安置经纬仪,测量 $\angle AOB$ 的角值,丈量 OA、OB 的距离,若检查角度的误差与丈量边长的相对误差均不在容许值以内,就要调整 A、B 两点,使其满足规定的精度要求。

5　建筑方格网

5.1　建筑方格网的布置

由正方形或矩形的格网组成的建筑场地的施工控制网,称为建筑方格网,其适用于大型的建筑场地。建筑方格网的布置,应根据建筑设计总平面图上各种建筑物、道路、管线的分布情况,并结合现场地形情况而拟定。布置建筑方格网时,先要选定两条互相垂直的主轴线,如图 10-5 中的 AOB 和 COD,再全面布设格网。格网的形式,可布置成正方形或矩形。

当建筑场地占地面积较大时，通常是分两级布设，首级为基本网，先测设十字形、口字形或田字形的主轴线，再加密次级的方格网。当场地面积不大时，尽量布置成全面方格网。

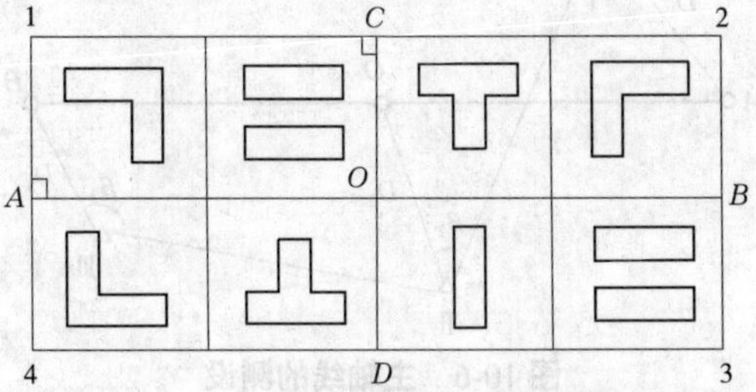

图 10-5 建筑方格网

方格网的主轴线，应布设在整个建筑场地的中央，其方向应与主要建筑物的轴线平行或垂直，并且长轴线上的定位点不得少于3个。主轴线的各端点应延伸到场地的边缘，以便控制整个场地。主轴线上的点位，必须建立永久性标志，以便长期保存。

当方格网的主轴线选定后，就可根据建筑物的大小和分布情况而加密格网。在选定格网点时，应以简单、实用为原则，在满足测角、量距的前提下，格网点的点数应尽量减少。方格网的转折角应严格为90°，相邻格网点要保持通视，点位要能长期保存。

建筑方格网的主要技术要求，可参见表10-1的规定。

表 10-1 建筑方格网的主要技术要求

等级	边长/m	测角中误差/(″)	边长相对中误差
Ⅰ级	100~300	5	≤1/30 000
Ⅱ级	100~300	8	≤1/20 000

5.2 建筑方格网的测设

建筑方格网的测设方法，可采用布网法或轴线法。当采用布网法时，宜增测方格网的对角线；当采用轴线法时，长轴线的定位点不得少于3个，点位偏离直线应在180°±5″以内，短轴线应根据长轴线定向，其直角偏差应在90°±5″以内。水平角观测的测角中误差不应大于2.5″。

5.2.1 主轴线的测设

由于建筑方格网是根据场地主轴线布置的，因此在测设时，应首先根据场地原有的测图控制点，测设出主轴线的3个主点。

如图10-6所示，Ⅰ、Ⅱ、Ⅲ三点为附近已有的测图控制点，其坐标已知；A、O、B三点为选定的主轴线上的主点，其坐标可算出，则根据3个测图控制点Ⅰ、Ⅱ、Ⅲ，采用极坐标法就可测设出A、O、B三个主点。

测设三个主点的过程：先将A、O、B三点的施工坐标换算成测图坐标；再根据它们的坐标与测图控制点Ⅰ、Ⅱ、Ⅲ的坐标关系，计算出放样数据β_1、β_2、β_3和D_1、D_2、D_3，如图10-6所示；然后用极坐标法测设出三个主点A、O、B的概略位置为A'、O'、B'。

当三个主点的概略位置在地面上标定出来后，要检查三个主点是否在一条直线上。由于测量误差的存在，使测设的三个主点A'、O'、B'不在一条直线上，如图10-7所示，故安置全站仪于O'点上，精确检测$\angle A'O'B'$的角值β，如果检测角β的值与180°之差超过了表10-1

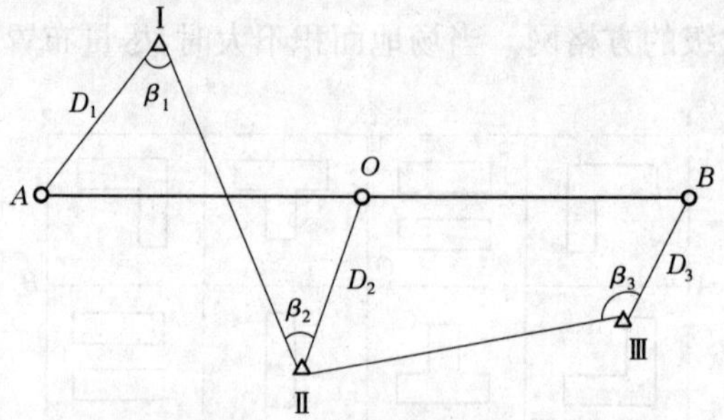

图 10-6　主轴线的测设

规定的容许值,则需要对点位进行调整。

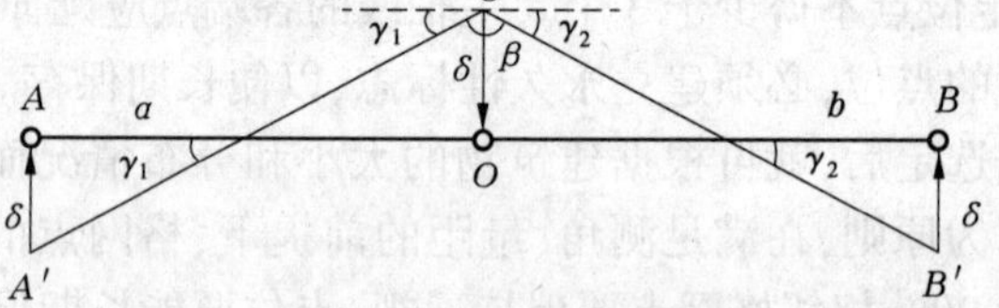

图 10-7　主轴线的调整

调整三个主点的位置时,应先根据三个主点间的距离 a 和 b 按下列公式计算调整值 δ,即

$$\delta = \frac{ab}{a+b}\left(90^\circ - \frac{\beta}{2}\right)\frac{1}{\rho} \tag{10-3}$$

将 A'、O'、B'三点沿与轴线垂直方向移动一个改正值 δ,但 O'点与 A'、B'两点移动的方向相反,移动后得 A、O、B 三点。为了保证测设精度,应再重复检测∠AOB,如果检测结果与180°之差仍旧超过限差,须再进行调整,直到误差在容许值以内。

除调整角度外,还要调整三个主点间的距离。先丈量检查 AO 及 OB 间的距离,若检查结果与设计长度之差的相对误差大于表 10-1 的规定,则以 O 点为准,按设计长度调整 A、B 两点。调整须反复进行,直到误差在容许值以内。

当主轴线的三个主点 A、O、B 定位好后,就可测设与 AOB 主轴线相垂直的另一条主轴线 COD。如图 10-8 所示,将全站仪安置在 O 点上,照准 A 点,分别向左、向右测设 90°;并根据 CO 和 OD 间的距离,在地面上标定出 C、D 两点的概略位置为 C'、D';然后分别精确测出∠AOC'及∠AOD'的角值,其角值与 90° 之差为 ε_1 和 ε_2,若 ε_1 和 ε_2 大于表 10-1 的规定,则按下列公式求改正数 l,即

$$l = L\varepsilon/\rho \tag{10-4}$$

式中　L——OC'或 OD'的距离;

ε——角度,(″);

ρ——206 265″。

根据改正数,将 C'、D'两点分别沿 OC'、OD'的垂直方向移动 l_1、l_2,得 C、D 两点。然后检测∠COD,其值与 180°之差应在规定的限差之内,否则需要再次进行调整。

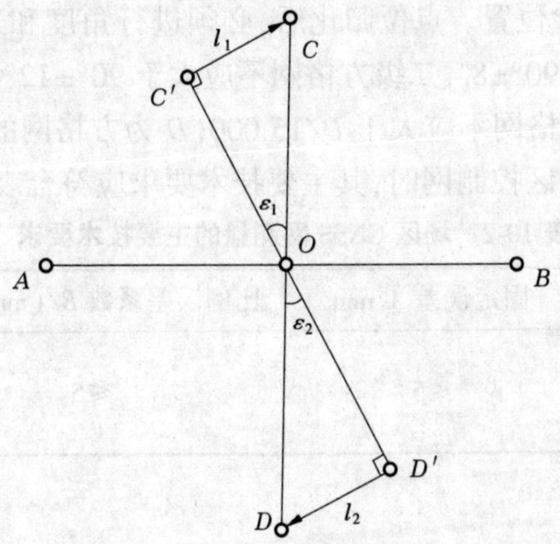

图 10-8 测设另一条主轴线 COD

5.2.2 方格网点的测设

方格网点应埋设顶面为标志板的标石，标石形式、规格及埋设应符合图 10-9 的规定，标石顶面宜低于地面 20~40 cm，并砌筑井筒加盖保护。方格网点平面标志采用镶嵌铜芯表示，铜芯直径应为 1~2 mm。

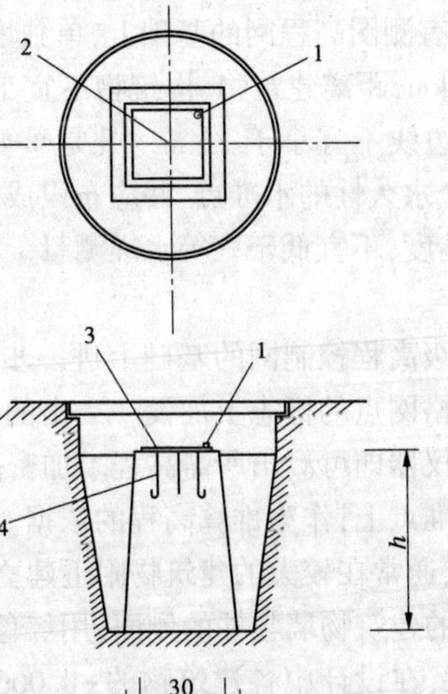

1—直径 20 mm 铜质半圆球高程标志；2—直径 1~2 mm 铜芯平面标志；

3—200 mm×200 mm×5 mm 标志钢板；4—钢筋爪；

h—埋设深度（根据地冻线和场地平整的设计高程确定）。

图 10-9 建筑方格网点标志规格、形式及埋设 （单位：cm）

方格网的水平角观测可采用 2″级全站仪方向观测法，方格网的边长宜往返观测各 1 测回，并应进行气象和仪器加、乘常数改正。

观测数据经平差处理后，应将测量坐标与设计坐标进行比较，确定归化数据，并在标石标志板上将点位归化到设计位置。点位归化后,必须进行角度和边长的复测检查。角度偏差值,一级方格网不应大于 90°±8″,二级方格网不应大于 90°±12″;距离偏差值,一级方格网不应大于 D/25 000,二级方格网不应大于 D/15 000(D 为方格网的边长)。

当采用 GNSS 网作为场区控制网时,其主要技术要求应符合表 10-2 的规定。

表 10-2　场区 GNSS 网测量的主要技术要求

等级	边长/m	固定误差 A/mm	比例误差系数 B/(mm/km)	边长相对中误差
Ⅰ级	300~500	≤5	≤5	≤1/40 000
Ⅱ级	100~300			≤1/20 000

6　高程控制测量

由于测图高程控制网在点位分布和密度方面均不能满足施工测量的需要,因此在施工场地建立平面控制网的同时还必须重新建立施工高程控制网。

施工高程控制网的建立,与施工平面控制网一样。当建筑场地面积不大时,一般按四等水准测量或等外水准测量来布设。当建筑场地面积较大时,可分为两级布设,即首级高程控制网和加密高程控制网。首级高程控制网,采用三等水准测量测设,在此基础上,采用四等水准测量测设加密高程控制网。

首级高程控制网,应在原有测图高程网的基础上,单独增设水准点,并建立永久性标志。场地水准点的间距,宜小于 1 km,距离建筑物、构筑物不宜小于 25 m,距离振动影响范围以外不宜小于 5 m,距离回填土边线不宜小于 15 m。凡是重要的建筑物附近均应设水准点。整个建筑场地至少要设置三个永久性的水准点,并应布设成闭合水准路线或附合水准路线,以控制整个场地。高程测量精度,不宜低于三等水准测量。其点位要选择恰当,不受施工影响,并便于施测,又能永久保存。

加密高程控制网,是在首级高程控制网的基础上进一步加密而得,一般不能单独埋设,要与建筑方格网合并,即在各格网点的标志上加设一突出的半球状标志,各点间距宜在 200 m 左右,以便施工时安置一次仪器即可测出所需高程。加密高程控制网,要按四等水准测量进行观测,并要附合在首级水准点上,作为推算高程的依据。

为了测设方便,减少计算,通常在较大的建筑物附近建立专用的水准点,即±0. 000 标高水准点,其位置多选在较稳定的建筑物墙与柱的侧面,用红色油漆绘成上顶成为水平线的倒三角形,如"▼"。但必须注意,在设计中各建筑物的±0. 000 高程不是相等的,应严格加以区别,防止用错设计高程。

当施工中高程控制点标桩不能保存时,应将其高程引测至稳固的建筑物或构筑物上,引测的精度,不应低于四等水准。

【小贴士】

在工程勘测设计阶段,为测绘地形图而建立的平面和高程控制网,在精度方面主要考虑满足测图的要求,而没有考虑工程建设的需要;在控制点位的分布方面主要考虑测图的方便,而没有考虑建筑物的放样需要。因此,原有的测图控制点,在精度和密度分布方面都难以同时满足测图与施工定位两个方面的要求。为了保证建筑物的放样精度,必须在施工之前,重新建立施工控制网。

任务2 场地平整测量

在工业与民用建筑工程中,通常要对拟建地区的自然地貌加以改造,整理为水平或倾斜的场地,使改造后的地貌适于布置和修建建筑物,便于排泄地面水,满足交通运输和敷设地下管线的需要,这些工作称为平整场地。在平整场地中,为了使场地的土石方工程合理,应满足挖方与填方基本平衡,同时要概算出挖或填土石方工程量,并测设出挖、填土石方的分界线。场地平整的计算方法很多,其中设计等高线法是应用最广泛的一种,下面着重介绍这种方法。

1 设计成水平场地

图10-10所示为1:1 000比例尺的地形图,拟在图上将40 m×40 m的场地平整为某一设计高程的水平场地。要求挖、填土石方量基本平衡,并计算出土石方量。设计计算步骤如下。

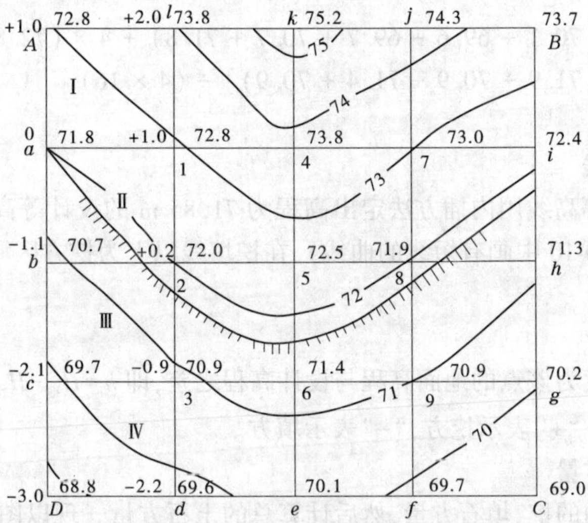

图10-10 设计成水平场地 (单位:m)

1.1 绘制方格网

在地形图上的拟建场地内绘制方格网。方格网的大小取决于地形的复杂程度和土石方概算精度,通常为10 m×10 m或20 m×20 m,图10-10中为10 m×10 m方格网。

1.2 计算设计高程

首先根据地形图上的等高线,计算出每个方格角点的地面高程,标注在相应点的右上方,再计算出每个方格的平均高程,最后把所有方格平均高程加起来除以方格总数 n,得到设计高程的公式为

$$H_{设计} = \left(\frac{H_A + H_a + H_1 + H_l}{4} + \frac{H_a + H_b + H_2 + H_1}{4} + \cdots\right) \div n \qquad (10\text{-}5)$$

式中 H_A、H_a、…— 相应方格角点的高程;

n——总方格数。

实际计算时,可根据方格角点的地面高程及方格角点在计算每格平均高程时出现的次数来进行计算。图中场地四周的角点 A、B、C、D 的地面高程,在计算平均高程中只出现一次,边线上的点 a、b、c、…、l 在计算中用到两次,中间的点 1、2、3、…、9 用到四次。将上式按各方格点在计算中出现的次数进行整理为

$$H_{设计}=\frac{\sum H_{\mathrm{I}}+2\sum H_{\mathrm{II}}+4\sum H_{\mathrm{IV}}}{4n}$$

若场地某方格不是矩形,在计算设计高程时,有的方格将用到三次,场地的设计高程计算式改写为

$$H_{设计}=\frac{\sum H_{\mathrm{I}}+2\sum H_{\mathrm{II}}+3\sum H_{\mathrm{III}}+4\sum H_{\mathrm{IV}}}{4n}$$

式中 H_{I}、H_{II}、H_{III}、H_{IV}——计算中出现 1、2、3、4 次方格的高程。

用上式计算图 10-10 的设计高程:

$$\begin{aligned}H_{设计}=&[(72.8+73.7+69.0+68.8)+2\times(73.8+75.2+74.3+72.4+71.3+\\&70.2+69.7+70.1+69.6+69.7+70.7+71.8)+4\times(72.8+73.8+73.0+\\&72.0+72.5+71.9+70.9+71.4+70.9)]\div(4\times16)\\=&71.85(\mathrm{m})\end{aligned}$$

1.3 绘出挖、填边界线

在地形图上根据等高线用内插方法定出高程为 71.85 m 的设计等高点。连接各点,即为挖填边界线(见图 10-10 中画有短线的曲线),在挖填线以上为挖方区域,在挖填线以下为填方区域。

1.4 计算挖、填高度

各方格点挖填高度为该点的地面高程与设计高程之差,即 $h=H_{地}-H_{设计}$。将 h 计算值填于各方格点的左上角。"+"表示挖方,"-"表示填方。

1.5 计算挖、填土石方量

首先计算各方格内的挖、填石方量,然后计算总的土石方量。现以图 10-10 中Ⅰ、Ⅱ、Ⅳ方格为例来说明计算方法。

方格Ⅰ全为挖方,则

$$V_{\mathrm{I}挖}=\frac{1}{4}\times(1.0+2.0+1.0+0)\times A_{\mathrm{I}挖}=1.0A_{\mathrm{I}挖}(\mathrm{m}^3)$$

方格Ⅱ既有挖方,又有填方,则

$$V_{\mathrm{II}挖}=\frac{1}{4}\times(0+1.0+0.2+0)\times A_{\mathrm{II}挖}=0.3A_{\mathrm{II}挖}(\mathrm{m}^3)$$

$$V_{\mathrm{II}填}=\frac{1}{3}\times(0+0-1.1)\times A_{\mathrm{II}填}=-0.37A_{\mathrm{II}填}(\mathrm{m}^3)$$

方格Ⅳ全为填方,则

$$V_{\mathrm{IV}填}=\frac{1}{4}\times(-2.1-3.0-2.2-0.9)\times A_{\mathrm{IV}填}=-2.05A_{\mathrm{IV}填}(\mathrm{m}^3)$$

式中 $A_{\mathrm{I}挖}$、$A_{\mathrm{II}挖}$、$A_{\mathrm{II}填}$、$A_{\mathrm{IV}填}$——相应挖、填方面积,同法计算其他方格的挖、填方量,然后按

挖、填方量分别计算总和,即为总的挖、填土石方量。

2 设计成一定坡度的倾斜地面

若将上述地面,根据地貌的自然坡度,将地面设计成从上向下(北到南)坡度为-8%的倾斜地面,要求挖、填方量平衡。设计计算步骤如下:

(1)绘制方格网。

(2)根据挖、填平衡,确定场地重心点的设计高程。按水平场地的设计计算方法,计算出场地重心的设计高程为 71.85 m。

(3)确定倾斜面最高和最低点的设计高程。

如图 10-11 所示,按设计要求,场地从上到下(北至南)以-8%为最大坡度,则 AB 为场地的最高边线,CD 为场地的最低边线。已知 AD 边长为 40 m,则 A、D 两点的设计高差为

$$h_{DA} = D_{AD}i = 40 \times 8\% = 3.2(\mathrm{m})$$

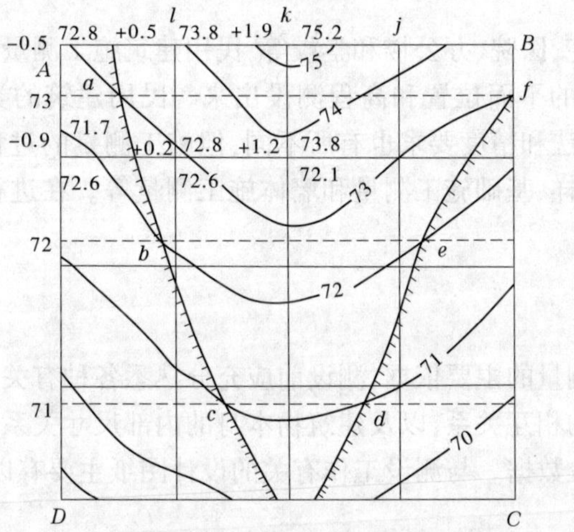

图 10-11 设计成一定坡度的倾斜地面 (单位:m)

由于场地中心(图形的中心)的设计高程定为 71.85 m,且 AD、BC 均为最大坡度方向,所以 71.85 m 也是 AD 及 BC 边线的中心点的设计高程,那么 A、D 两点的设计高程分别为

$$H_{A设} = 71.85 + \frac{3.2}{2} = 73.45(\mathrm{m})$$

$$H_{D设} = 71.85 - \frac{3.2}{2} = 70.25(\mathrm{m})$$

同理可计算出

$$H_{B设} = 73.45\ \mathrm{m}$$

$$H_{C设} = 70.25\ \mathrm{m}$$

(4)确定挖、填边界线。

在 AD 边线上,根据 A、D 的设计高程内插出 71 m、72 m、73 m 的设计等高线的位置。通过这些点分别作 AB 的平行线(见图 10-11 中的虚线),这些虚线就是坡度为-8%的设计等高线。设计等高线与图上同高程的原等高线相交 a、b、c、d、e、f 点,这些交点的连线即为挖填边界线(画有短线的曲线)。图中两连线 abc、def 之间为挖方范围,其余为填方范围。

(5)确定方格角点的挖、填高度。

根据原图的等高线按内插法求出各方格角点的地面高程,并注在角点的右上方。同法,根据设计等高线求出各方格角点的设计高程,注在角点的右下方。按式 $h=H_{地}-H_{设计}$ 计算出各角点的挖、填高度,并注在角点的左上方。

(6)计算挖、填方量。

根据方格角点的挖、填高度,可按前述介绍的方法分别计算各方格内的挖、填土石方量及整个场地的总挖、填土石方量。

【小贴士】

本任务介绍了工业与民用建筑工程中的场地平整测量,主要为了使场地的土石方工程合理,满足挖方与填方基本平衡的要求。分两种形式:①设计成水平场地;②设计成一定坡度的倾斜地面。通过该任务的学习,学生应该能熟练掌握两种场地平整测量计算方法。

任务3 民用建筑施工测量

民用建筑是指住宅、医院、办公楼和学校等,民用建筑施工测量就是按照设计要求,配合施工进度,将民用建筑的平面位置和高程测设出来。民用建筑的类型、结构和层数各不相同,因而施工测量的方法和精度要求也有所不同,但施工测量的过程基本一样,主要包括建筑物定位、细部轴线放样、基础施工测量和墙体施工测量等。在进行施工测量前,应做好以下准备工作。

1 熟悉图纸

设计图纸是施工测量的主要依据,测设前应充分熟悉各种有关的设计图纸,以便了解施工建筑物与相邻地物的相互关系,以及建筑物本身的内部尺寸关系,准确无误地获取测设工作中所需要的各种定位数据。与测设工作有关的设计图纸主要有以下几种。

1.1 建筑总平面图

建筑总平面图给出了建筑场地上所有建筑物和道路的平面位置及其主要点的坐标,标出相邻建筑物之间的尺寸关系,注明各栋建筑物室内地坪高程,是测设建筑物总体位置和高程的重要依据,如图10-12所示。要注意其与相邻建筑物、用地红线、道路红线及高压线等的间距是否符合要求。

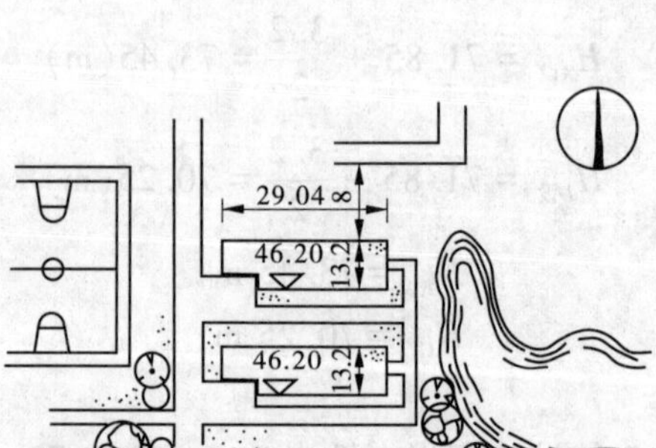

图10-12 建筑总平面图 (单位:m)

1.2 建筑平面图

建筑平面图标明了建筑物首层、标准层等各楼层的总尺寸,以及楼层内部各轴线之间的尺寸关系,如图10-13所示。它是测设建筑物细部轴线的依据,要注意其尺寸是否与建筑总平面图的尺寸相符。

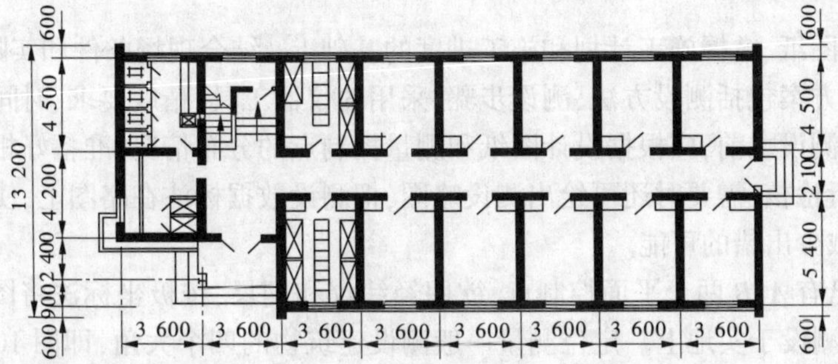

图 10-13 建筑平面图 （单位：mm）

1.3 基础平面图及基础详图

基础平面图及基础详图标明了基础形式、基础平面布置、基础中心或中线的位置、基础边线与定位轴线之间的尺寸关系、基础横断面的形状和大小、基础不同部位的设计标高等，它是测设基槽（坑）开挖边线和开挖深度的依据，也是基础定位及细部放样的依据，如图 10-14 所示。

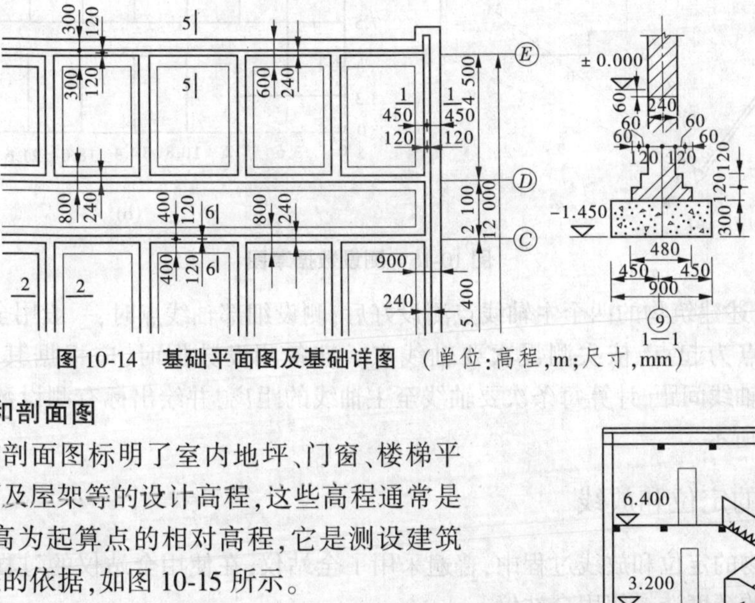

图 10-14 基础平面图及基础详图 （单位：高程，m；尺寸，mm）

1.4 立面图和剖面图

立面图和剖面图标明了室内地坪、门窗、楼梯平台、楼板、屋面及屋架等的设计高程，这些高程通常是以±0.000 标高为起算点的相对高程，它是测设建筑物各部位高程的依据，如图 10-15 所示。

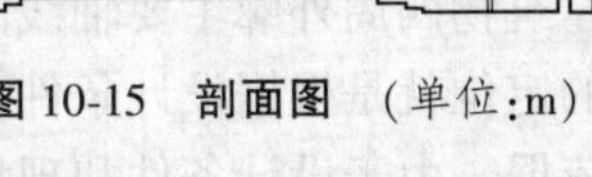

图 10-15 剖面图 （单位：m）

在熟悉图纸的过程中，应仔细核对各种图纸上相同部位的尺寸是否一致、同一图纸上总尺寸与各有关部位尺寸之和是否一致，以免发生错误。

2 现场踏勘

为了解施工现场上地物、地貌以及现有测量控制点的分布情况，应进行现场踏勘，以便根据实际情况考虑测设方案。

3　确定测设方案和准备测设数据

在熟悉设计图纸、掌握施工计划和施工进度的基础上，结合现场条件和实际情况，拟订测设方案。测设方案包括测设方法、测设步骤、采用的仪器工具、精度要求、时间安排等。

在每次现场测设之前，应根据设计图纸和测量控制点的分布情况，准备好相应的测设数据，并对数据进行检核，需要时还可绘出测设略图，把测设数据标注在略图上，使现场测设时更方便快速，并减少出错的可能。

例如，现场已有 A、B 两个平面控制点，欲用经纬仪和钢尺，按极坐标法将图 10-13 所示两栋设计建筑物测设于实地上。定位测量一般测设建筑物的四个大角，即图 10-16(a)所示的 1、2、3、4 点，其中第 4 点是虚点，应先根据有关数据计算其坐标。此外，应根据 A、B 的已知坐标和 1~4 点的设计坐标，计算各点的测设角度值和距离值，以备现场测设之用。如果是用全站仪按极坐标法测设，由于全站仪能自动计算方位角和水平距离，则只需准备好每个角点的坐标即可。

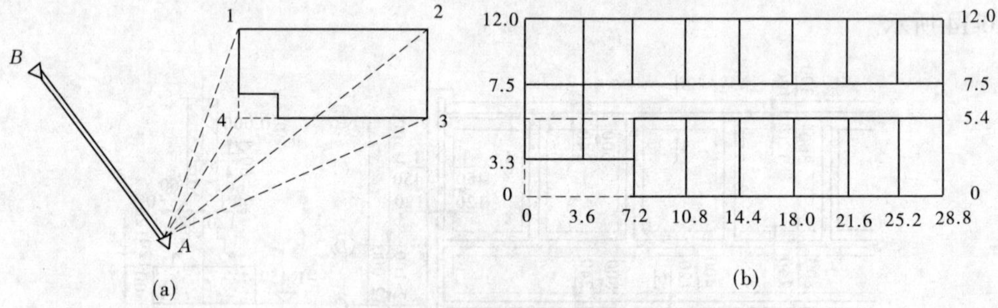

图 10-16　测设数据草图

再如，上述建筑物的四个主轴线点测设好后，测设细部轴线点时，一般用全站仪定线，然后以主轴线点为起点，依次测设次要轴线点。准备测设数据时，应根据其建筑平面(见图 10-13)的轴线间距，计算每条次要轴线至主轴线的距离，并绘出标有测设数据的草图，如图 10-16(b)所示。

4　建筑物的定位和放线

在建筑物的定位和放线过程中，普遍采用了全站仪，在使用全站仪的过程中，必须根据定位和放线的精度选择使用全站仪。

4.1　建筑物的定位

建筑物四周外廓主要轴线的交点决定了建筑物在地面上的位置，称为定位点或角点，建筑物的定位就是根据设计条件，将这些轴线交点测设到地面上，作为细部轴线放线和基础放线的依据。由于设计条件和现场条件不同，建筑物的定位方法也有所不同，下面介绍三种常见的定位方法。

4.1.1　根据控制点定位

如果待定位建筑物的定位点设计坐标是已知的，且附近有高级控制点可供利用，可根据实际情况选用极坐标法、角度交会法或距离交会法来测设定位点。在这三种方法中，极坐标法适用性最强，是用得最多的一种定位方法。

4.1.2 根据建筑方格网和建筑基线定位

如果待定位建筑物的定位点设计坐标是已知的，且建筑场地已设有建筑方格网或建筑基线，可利用直角坐标法测设定位点，当然也可用极坐标法等其他方法进行测设，但直角坐标法所需要的测设数据的计算较为方便，在使用全站仪或经纬仪和钢尺实地测设时，建筑物总尺寸和四大角的精度容易控制和检核。

4.1.3 根据与原有建筑物和道路的关系定位

如果设计图上只给出新建筑物与附近原有建筑物或道路的相互关系，而没有提供建筑物定位点的坐标，周围又没有测量控制点、建筑方格网和建筑基线可供利用，可根据原有建筑物的边线或道路中心线，将新建筑物的定位点测设出来。

具体测设方法随实际情况的不同而不同，但基本过程是一致的，就是在现场先找出原有建筑物的边线或道路中心线，再用全站仪或经纬仪和钢尺将其延长、平移、旋转或相交，得到新建筑物的一条定位轴线，然后根据这条定位轴线，用经纬仪测设角度(一般是直角)，用钢尺测设长度，得到其他定位轴线或定位点，最后检核四个大角和四条定位轴线长度是否与设计值一致。下面分两种情况说明具体测设的方法。

4.1.3.1 根据与原有建筑物的关系定位

如图10-17(a)所示，拟建建筑物的外墙边线与原有建筑的外墙边线在同一条直线上，两栋建筑物的间距为10 m，拟建建筑物四周长轴为40 m，短轴为18 m，轴线与外墙边线间距为0.12 m，可按下述方法测设四个轴线交点：

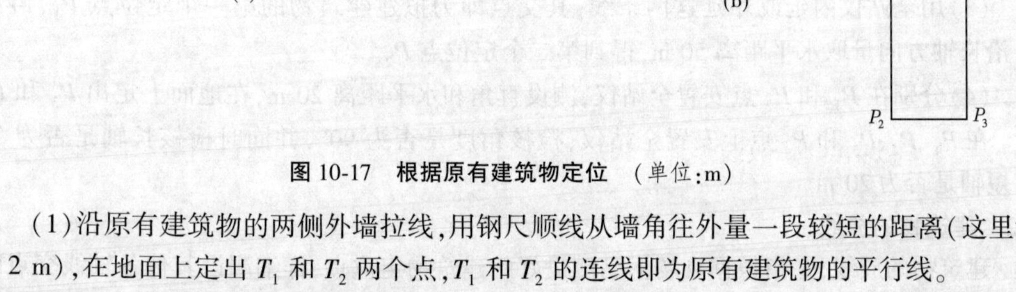

图10-17 根据原有建筑物定位 (单位:m)

(1)沿原有建筑物的两侧外墙拉线，用钢尺顺线从墙角往外量一段较短的距离(这里设为2 m)，在地面上定出 T_1 和 T_2 两个点，T_1 和 T_2 的连线即为原有建筑物的平行线。

(2)在 T_1 点安置全站仪，照准 T_2 点，测出 T_1 到 T_2 的水平距离，然后从 T_2 点沿视线方向加测10 m+0.12 m，在地面上定出 T_3 点，再从 T_3 点沿视线方向加测40 m，在地面上定出 T_4 点，T_3 和 T_4 的连线即为拟建建筑物的平行线，其长度等于长轴尺寸。

(3)在 T_3 点安置全站仪，照准 T_4 点，逆时针测设90°，在视线方向上测2 m+0.12 m，在地面上定出 P_1 点，再从 P_1 点沿视线方向测20 m，在地面上定出 P_4 点。同理，在 T_4 点安置全站仪，照准 T_3 点，顺时针测设90°，在视线方向上测2 m+0.12 m，在地面上定出 P_2 点，再从 P_2 点沿视线方向测20 m，在地面上定出 P_3 点。则 P_1、P_2、P_3 和 P_4 点即为拟建建筑物的四个定位轴线点。

(4)在 P_1、P_2、P_3 和 P_4 点上安置全站仪,检核四个大角是否为 90°,检核长轴是否为 40 m,短轴是否为 18 m。

如果是图 10-17(b)所示的情况,则在得到原有建筑物的平行线并延长到 T_3 点后,应在 T_3 点测设 90°并测距,定出 P_1 和 P_2 点,得到拟建建筑物的一条长轴,再分别在 P_1 和 P_2 点测设 90°并测距,定出另一条长轴上的 P_4 和 P_3 点。注意,不能先定短轴的两个点(如 P_1 和 P_4 点),再在这两个点上设站测设另一条短轴上的两个点(如 P_2 和 P_3 点),否则误差容易超限。

4.1.3.2　根据与原有道路的关系定位

轴线与道路中心线的距离如图 10-18 所示,拟建建筑物的轴线与道路中心线平行,测设方法如下:

(1)在每条道路上选两个合适的位置,分别用钢尺测量该处道路宽度,其宽度的 1/2 处即为道路中心点,如此得到路一中心线的两个点 C_1 和 C_2,同理得到路二中心线的两个点 C_3 和 C_4。

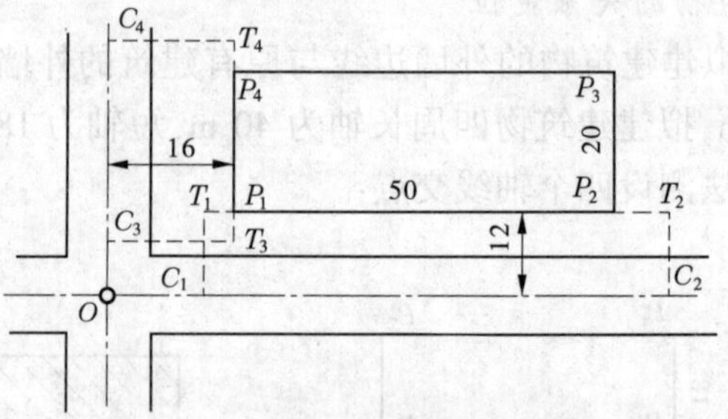

图 10-18　根据与原有道路的关系定位

(2)分别在路一的两个中心点上安置全站仪,测设 90°,用钢尺测设水平距离 16 m,在地面上得到路一的平行线 T_1-T_2,同理做出路二的平行线 T_3-T_4。

(3)用全站仪内延或外延这两条线,其交点即为拟建建筑物的第一个定位点 P_1,再从 P_1 沿长轴方向量取水平距离 50 m,得到第二个定位点 P_2。

(4)分别在 P_1 和 P_2 点安置全站仪,测设直角和水平距离 20 m,在地面上定出 P_3 和 P_4 点。在 P_1、P_2、P_3 和 P_4 点上安置全站仪,检核角度是否为 90°,并同时检核长轴是否为 50 m,短轴是否为 20 m。

4.2　建筑物的放线

建筑物的放线,是指根据现场上已测设好的建筑物定位点,详细测设其他各轴线交点的位置,并将其延长到安全的地方做好标志。然后以细部轴线为依据,按基础宽度和放坡要求用白灰撒出基础开挖边线。

4.2.1　测设细部轴线交点

如图 10-19 所示,A 轴、E 轴、①轴和⑦轴是建筑物的四条外墙主轴线,其交点 $A1$、$A7$、$E1$ 和 $E7$ 是建筑物的定位点,这些定位点已在地面上测设完毕并打好桩点,各主次轴线间隔见图 10-19,现欲测设次要轴线与主轴线的交点。

在 $A1$ 点安置全站仪,照准 $A7$ 点,把钢尺的零端对准 $A1$ 点,沿视线方向测量水平距离,

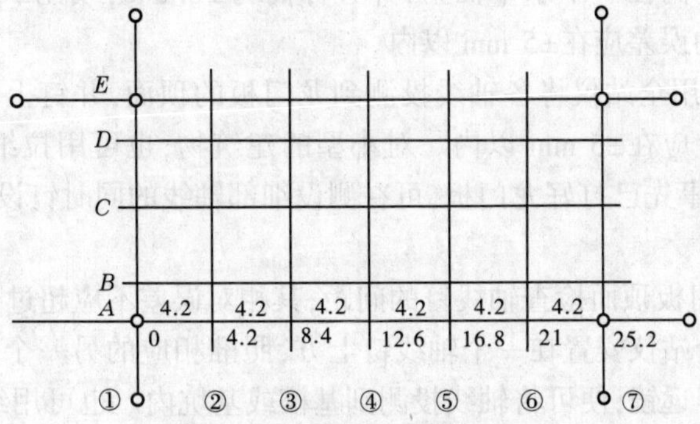

图 10-19 测设细部轴线交点

读取等于①轴和②轴间距(4.2 m)的地方打下木桩,打桩的过程中要经常用全站仪检查桩顶是否偏离视线方向,如有偏移要及时调整。打好桩后,用全站仪视线指挥在桩顶上画一条纵线,在读数等于轴间距处画一条横线,两线交点即 A 轴与②轴的交点 A2。

在测设 A 轴与③轴的交点 A3 时,方法同上,读数应为①轴和③轴间距(8.4 m)。如此依次测设 A 轴与其他有关轴线的交点。测设完最后一个交点后,再检查各相邻轴线桩的间距是否等于设计值,误差应小于 1/3 000。

测设完 A 轴上的轴线点后,用同样的方法测设 E 轴、①轴和⑦轴上的轴线点。

4.2.2 引测轴线

在基槽或基坑开挖时,定位桩和细部轴线桩均会被挖掉,为了使开挖后各阶段施工能准确地恢复各轴线位置,应把各轴线延长到开挖范围以外的地方并做好标志,这个工作称为引测轴线,具体有设置龙门板和轴线控制桩两种形式。

4.2.2.1 龙门板法

(1)如图 10-20 所示,在建筑物四角和中间隔墙的两端,距基槽边线约 2 m 以外,牢固地埋设大木桩,称为龙门桩,并使桩的一侧平行于基槽。

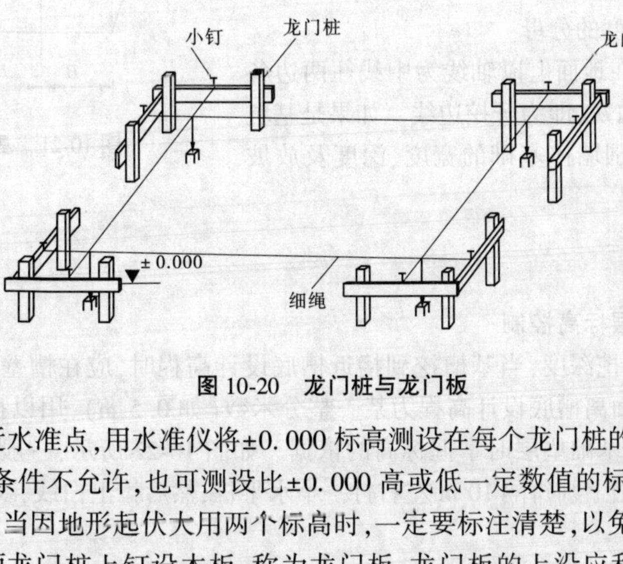

图 10-20 龙门桩与龙门板

(2)根据附近水准点,用水准仪将±0.000 标高测设在每个龙门桩的外侧上,并画出横线标志。如果现场条件不允许,也可测设比±0.000 高或低一定数值的标高线,同一建筑物最好只用一个标高,当因地形起伏大用两个标高时,一定要标注清楚,以免使用时发生错误。

(3)在相邻两龙门桩上钉设木板,称为龙门板,龙门板的上沿应和龙门桩上的横线对齐,使龙门板的顶面标高在一个水平面上,并且标高为±0.000,或比±0.000高低一定的数值,龙门板顶面标高的误差应在±5 mm以内。

(4)根据轴线桩,用全站仪将各轴线投测到龙门板的顶面,并钉上小钉作为轴线标志,称为轴线钉,投测误差应在±5 mm以内。对小型的建筑物,也可用拉细线绳的方法延长轴线,再钉上轴线钉,如事先已打好龙门板,可在测设细部轴线的同时钉设轴线钉,以减少重复安置仪器的工作量。

(5)用钢尺沿龙门板顶面检查轴线钉的间距,其相对误差不应超过1/3 000。

恢复轴线时,将全站仪安置在一个轴线钉上方,照准相应的另一个轴线钉,其视线即为轴线方向,往下转动望远镜,便可将轴线投测到基槽或基坑内。也可用细线绳将相对的两个轴线钉连接起来,借助于垂球,将轴线投测到基槽或基坑内。

4.2.2.2　轴线控制桩法

由于龙门板需要较多木料,而且占用场地,使用机械开挖时容易被破坏,因此也可以在基槽或基坑外各轴线的延长线上测设轴线控制桩,作为以后恢复轴线的依据。即使采用了龙门板,为了防止被碰动,对主要轴线也应测设轴线控制桩。

轴线控制桩一般设在开挖边线4 m以外的地方,并用水泥砂浆加固。最好是附近有固定建筑物和构筑物,这时应将轴线投测在这些物体上,使轴线更容易得到保护,但每条轴线至少应有一个控制桩是设在地面上的,以便今后能安置全站仪来恢复轴线。

轴线控制桩的引测主要采用全站仪法,当引测到较远的地方时,要注意采用盘左和盘右两次投测取中法来引测,以减少引测误差和避免错误的出现。

4.2.3　撒开挖边线

先按基础剖面图给出的设计尺寸,计算基槽的开挖宽度 $2d$,如图10-21所示。

$$d = B + mh \qquad (10\text{-}6)$$

式中　B——基底宽度,可由基础剖面图查取;

h——基槽深度;

m——边坡坡度的分母。

根据计算结果,在地面上以轴线为中线往两边各量出 d,拉线并撒上白灰,即为开挖边线。如果是基坑开挖,则只需按最外围墙体基础的宽度、深度及放坡确定开挖边线。

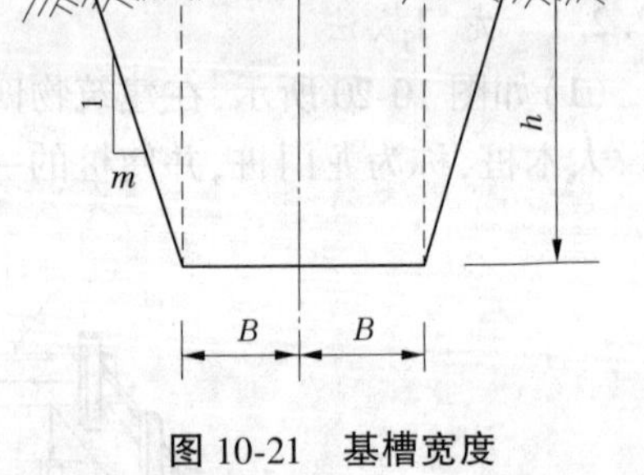

图10-21　基槽宽度

5　基础施工测量

5.1　开挖深度和垫层标高控制

为了控制基槽开挖深度,当基槽挖到接近槽底设计高程时,应在槽壁上测设一些水平桩,使水平桩的上表面离槽底设计高程为某一整分米数(如0.5 m),用以控制挖槽深度,也可作为槽底清理和打基础垫层时掌握标高的依据。如图10-22所示,一般在基槽各拐角处均应打水平桩,在直槽上则每隔10 m左右打一个水平桩,然后拉上白线,线下0.5 m即为槽底设计高程。

水平桩可以是木桩也可以是竹桩,测设时,以画在龙门板或周围固定地物的±0.000标

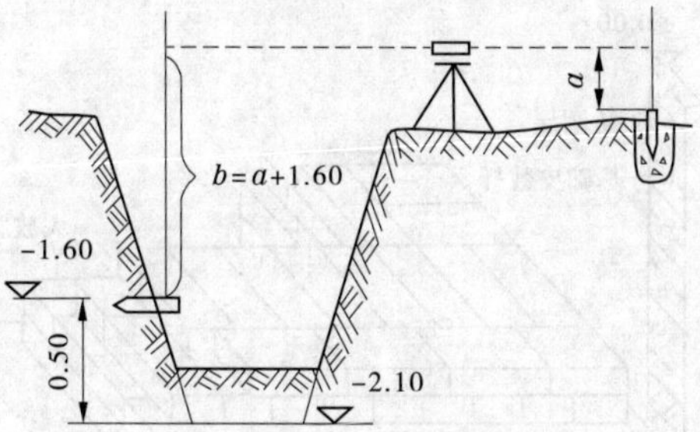

图 10-22 基槽水平桩测设 （单位:m）

高线为已知高程点,用水准仪进行测设,小型建筑物也可用连通水管法进行测设。水平桩上的高程误差应在±10 mm 以内。

例如:设龙门板顶面标高为±0.000,槽底设计标高为-2.1 m,水平桩高于槽底 0.5 m,即水平桩高程为-1.6 m,用水准仪后视龙门板顶面上的水准尺,读数 a=1.286 m,则水平桩上标尺的应有读数为

$$0+1.286-(-1.6)=2.886(\text{m})$$

测设时沿槽壁上下移动水准尺,当读数为 2.886 m 时沿尺底水平地将桩打进槽壁,然后检核该桩的标高,如超限便进行调整,直至误差在规定范围以内。

垫层面标高的测设可以水平桩为依据在槽壁上弹线,也可在槽底打入垂直桩,使桩顶标高等于垫层面的标高。如果垫层需安装模板,可以直接在模板上弹出垫层面的标高线。

如果是机械开挖,一般是一次挖到设计槽底或坑底的标高,因此要在施工现场安置水准仪,边挖边测,随时指挥挖土机调整挖土深度,使槽底或坑底的标高略高于设计标高(一般为 10 cm,留给人工清土)。挖完后,为了给人工清底和打垫层提供标高依据,还应在槽壁或坑壁上打水平桩,水平桩的标高一般为垫层面的标高。当基坑底面积较大时,为便于控制整个底面的标高,应在坑底均匀地打一些垂直桩,使桩顶标高等于垫层面的标高。

5.2 在垫层上投测基础中心线

垫层打好后,根据龙门板上的轴线钉或轴线控制桩,用全站仪或用拉线挂锤球的方法,把轴线投测到垫层面上,并用墨线弹出基础中心线和边线,以便砌筑基础或安装基础模板。

5.3 基础标高控制

基础墙的标高一般是用基础皮数杆来控制的,皮数杆是用一根木杆做成的,在杆上注明±0.000 的位置,按照设计尺寸将砖和灰缝的厚度,分皮从上往下一一画出来,此外还应注明防潮层和预留洞口的标高位置。

如图 10-23 所示,立皮数杆时,可先在立杆处打一木桩,用水准仪在木桩侧面测设一条高于垫层设计标高某一数值(如 0.2 m)的水平线,然后将皮数杆上标高相同的一条线与木桩上的水平线对齐,并用铁钉把皮数杆和木桩钉在一起,这样立好皮数杆后,即可作为砌筑基础墙的标高依据。

对于采用钢筋混凝土的基础,可用水准仪将设计标高测设于模板上。

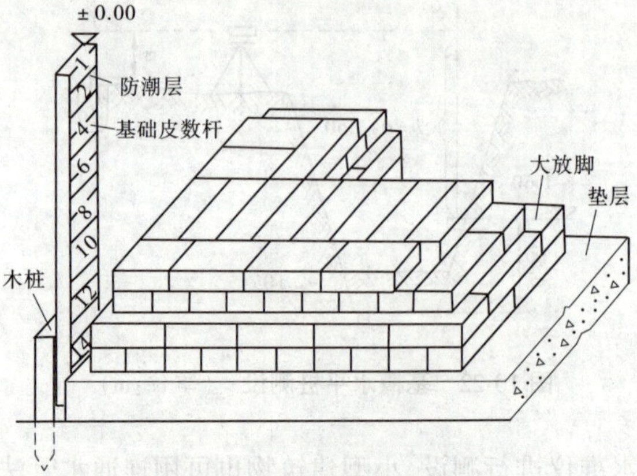

图 10-23　基础皮数杆

6　墙体施工测量

6.1　首层楼房墙体施工测量

6.1.1　墙体轴线测设

基础工程结束后,应对龙门板或轴线控制桩进行检查复核,以防基础施工期间发生碰动移位。复核无误后,可根据轴线控制桩或龙门板上的轴线钉,用经纬仪法或拉线法,把首层楼房的墙体轴线测设到防潮层上,并弹出墨线,然后用钢尺检查墙体轴线的间距和总长是否等于设计值,用经纬仪检查外墙轴线 4 个主要交角是否等于 90°。符合要求后,把墙轴线延长到基础外墙侧面上并弹线和做出标志,作为向上投测各层楼墙体轴线的依据。同时还应把门、窗和其他洞口的边线,也在基础外墙侧面上做出标志,如图 10-24 所示。

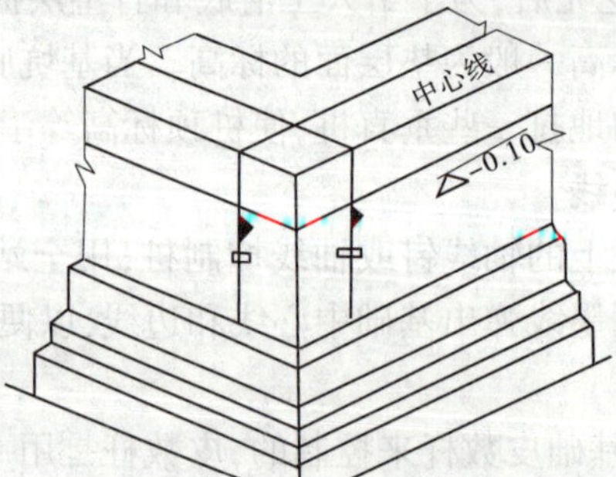

图 10-24　墙体轴线与标高线

墙体砌筑前,根据墙体轴线和墙体厚度,弹出墙体边线,照此进行墙体砌筑。砌筑到一定高度后,用吊锤线将基础外墙侧面上的轴线引测到地面以上的墙体上,以免基础覆土后看不见轴线标志。如果轴线处是钢筋混凝土柱,则在拆柱模后将轴线引测到桩身上。

6.1.2　墙体标高测设

墙体砌筑时,其标高用墙身皮数杆控制。如图 10-25 所示,在皮数杆上根据设计尺寸,按砖和灰缝厚度画线,并标明门、窗、过梁、楼板等的标高位置。杆上标高注记从±0.000 向上增加。

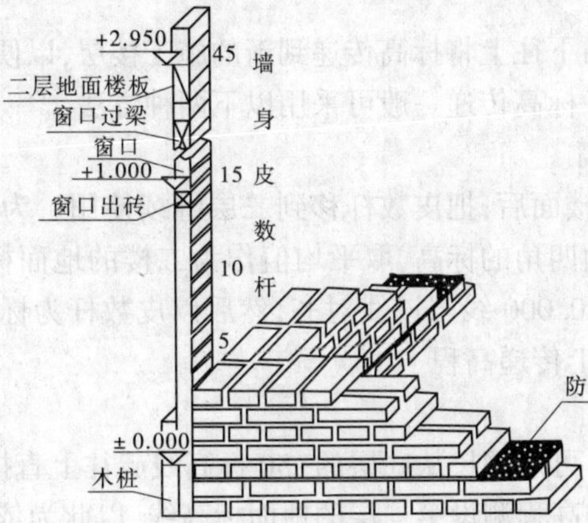

图 10-25　墙身皮数杆

墙身皮数杆一般立在建筑物的拐角和内墙处,固定在木桩或基础墙上。为了便于施工,采用里脚手架时,皮数杆立在墙的外边;采用外脚手架时,皮数杆应立在墙里边。立皮数杆时,先用水准仪在立杆处的木桩或基础墙上测设出±0.000 标高线,测量误差在±3 mm 以内,然后把皮数杆上的±0.000 线与该线对齐,用吊锤校正并用钉钉牢,必要时可在皮数杆上加两根斜撑,以保证皮数杆的稳定。

墙体砌筑到一定高度后(1.5 m 左右),应在内、外墙面上测设出+0.50 m 标高的水平墨线,称为"+50 线"。外墙的+50 线作为向上传递各楼层标高的依据,内墙的+50 线作为室内地面施工及室内装修的标高依据。

6.2　二层以上楼房墙体施工测量

6.2.1　墙体轴线投测

每层楼面建好后,为了保证继续往上砌筑墙体时,墙体轴线均与基础轴线在同一铅垂面上,应将基础或首层墙面上的轴线投测到楼面上,并在楼面上重新弹出墙体的轴线,检查无误后,以此为依据弹出墙体边线,再往上砌筑。在这个测量工作中,从下往上进行轴线投测是关键,一般多层建筑常用吊锤线法。

将较重的锤球悬挂在楼面的边缘,慢慢移动,使锤球尖对准地面上的轴线标志,或者使吊锤线下部沿垂直墙面方向与底层墙面上的轴线标志对齐,吊锤线上部在楼面边缘的位置就是墙体轴线位置,在此画一条短线作为标志,便在楼面上得到轴线的一个端点,同法投测另一端点,两端点的连线即为墙体轴线。

一般应将建筑物的主轴线都投测到楼面上来,并弹出墨线,用钢尺检查轴线间的距离,其相对误差不得大于 1/3 000,符合要求之后,再以这些主轴线为依据,用钢尺内分法测设其他细部轴线。在困难的情况下至少要测设两条垂直相交的主轴线,检查交角合格后,用全站仪和钢尺测设其他主轴线,再根据主轴线测设细部轴线。

吊锤线法受风的影响较大,楼层较高时风的影响更大,因此应在风小的时候作业,投测时应等待吊锤稳定下来后再在楼面上定点。此外,每层楼面的轴线均应直接由底层投测上来,以保证建筑物的总竖直度,只要注意这些问题,用吊锤线法进行多层楼房的轴线投测的精度是有保证的。

6.2.2　墙体标高传递

多层建筑物施工中,要由下往上将标高传递到新的施工楼层,以便控制新楼层的墙体施工,使其标高符合设计要求。标高传递一般可采用以下两种方法:

(1)利用皮数杆传递标高。

一层楼墙体砌完并建好楼面后,把皮数杆移到二层继续使用。为了使皮数杆立在同一水平面上,用水准仪测定楼面四角的标高,取平均值作为二楼的地面标高,并在立杆处绘出标高线,立杆时将皮数杆的±0.000线与该线对齐,然后以皮数杆为标高的依据进行墙体砌筑。如此用同样方法逐层往上传递高程。

(2)利用钢尺传递标高。

在标高精度要求较高时,可用钢尺从底层的+50标高线起往上直接丈量,把标高传递到第二层,然后根据传递上来的高程测设第二层的地面标高线,以此为依据立皮数杆。在墙体砌到一定高度后,用水准仪测设该层的+50标高线,再往上一层的标高可以此为准用钢尺传递,依次类推,逐层传递标高。

7　高层建筑施工测量

在高层建筑工程施工测量中,由于高层建筑的体形大、层数多、高度高、造型多样化、建筑结构复杂、设备和装修标准高,因此在施工过程中对建筑物各部位的水平位置、轴线尺寸、垂直度和标高的要求都十分严格,对施工测量的精度要求也高。为确保施工测量符合精度要求,应事先认真研究和制订测量方案,拟定出各种误差控制和检核措施,所用的测量仪器应符合精度要求,并按规定认真检校。此外,由于高层建筑工程量大、机械化程度高、各工种立体交叉大、施工组织严密,因此施工测量应事先做好准备工作,密切配合工程进度,以便及时、快速和准确地进行测量放线,为下一步施工提供平面和标高依据。

高层建筑施工测量的工作内容很多,下面主要介绍建筑物定位、基础施工、轴线投测和高程传递等方面的测量工作。

7.1　高层建筑定位测量

7.1.1　测设施工方格网

根据设计给定的定位依据和定位条件,进行高层建筑的定位放线,是确定建筑物平面位置和进行基础施工的关键环节,施测时必须保证精度,因此一般采用测设专用的施工方格网的形式来定位,因为施工方格网精度有保证,检核条件多,使用也方便。

施工方格网是测设在基坑开挖范围以外一定距离,平行于建筑物主要轴线方向的矩形控制网,如图10-26所示,*MNPQ*为拟建高层建筑的四大角轴线交点,*M′N′P′Q′*为施工方格网的四个角点。施工方格网一般在总平面布置图上进行设计,先根据现场情况确定其各条边线与建筑轴线的间距,再确定四个角点的坐标,然后在现场根据城市测量控制网或建筑场地上测量控制网,用极坐标法或直角坐标法,在现场测设出来并打桩。最后还应在现场检测方格网的四个内角和四条边长,并按设计角度和尺寸进行相应的调整。

7.1.2　测设主轴线控制桩

在施工方格网的四边上,根据建筑物主要轴线与方格网的间距,测设主要轴线的控制桩。如图10-26所示的1_S、1_N为轴线*MP*的控制桩,8_S、8_N为轴线*NQ*的控制桩,A_W、A_E为轴线*MN*的控制桩,H_W、H_E为轴线*PQ*的控制桩,测设时要以施工方格网各边的两端控制点为

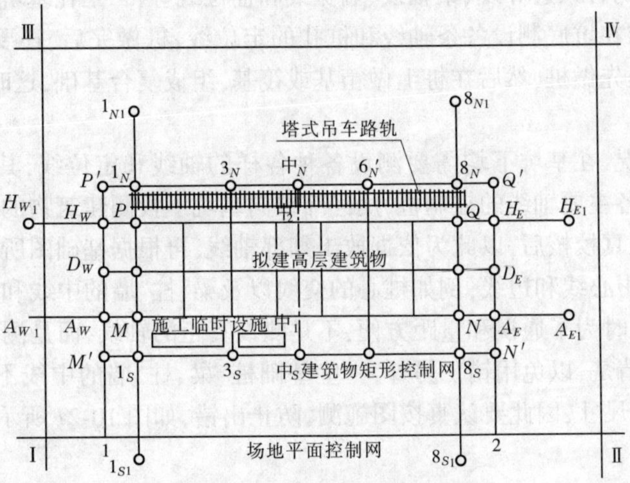

图 10-26　高层建筑定位测量

准,用经纬仪定线,用钢尺拉通尺量距来打桩定点。测设好这些轴线控制桩后,施工时便可方便准确地在现场确定建筑物的四个主要角点。

因为高层建筑的主轴线上往往是柱或剪力墙,施工中通视和量距困难,为了便于使用,实际上一般是测设主轴线的平行线。由于其作用和效果与主轴线完全一样,为方便起见,这里仍统一称为主轴线。除四廓的轴线外,建筑物的中轴线等重要轴线也应在施工方格网边线上测设出来,与四廓的轴线一起,称为施工控制网中的控制线,一般要求控制线的间距为30~50 m。控制线的增多,可为以后测设细部轴线带来方便,也便于校核轴线偏差。如果高层建筑是分期分区施工,为满足某局部区域定位测量的需要,应把对该局部区域有控制意义的轴线在施工方格网边线上测设出来。施工方格网控制线的测距精度不低于 1/10 000,测角精度不低于±10″。

如果高层建筑准备采用全站仪或经纬仪法进行轴线投测,还应把应投测轴线的控制桩往更远处安全稳固的地方引测,例如图 10-26 中,四条外廓主轴线是今后要往高处投测的主轴线,用经纬仪引测,得到 H_{W1}、H_{E1} 等八个轴线控制桩,这些桩与建筑物的距离应大于建筑物的高度,以免用经纬仪投测时仰角太大。

7.2　高层建筑基础施工测量

7.2.1　测设基坑开挖边线

高层建筑一般都有地下室,因此要进行基坑开挖。开挖前,先根据建筑物的轴线控制桩确定角桩,以及建筑物的外围边线,再考虑边坡的坡度和基础施工所需工作面的宽度,测设出基坑的开挖边线并撒出灰线。

7.2.2　基坑开挖时的测量工作

高层建筑的基坑一般都很深,需要放坡并进行边坡支护加固,开挖过程中,除用水准仪控制开挖深度外,还应经常用经纬仪或拉线检查边坡的位置,防止出现坑底边线内收,致使基础位置不够。

7.2.3　基础放线及标高控制

7.2.3.1　基础放线

基坑开挖完成后,有三种情况:一是直接打垫层,然后做箱形基础或筏板基础,这时要求在垫层上测设基础的各条边界线、梁轴线、墙宽线和柱位线等;二是在基坑底部打桩或挖孔,做桩基础,这时要求在坑底测设各条轴线和桩孔的定位线,桩做完后,还要测设桩承台和承重梁的中心线;三是先做桩,然后在桩上做箱基或筏基,组成复合基础,这时的测量工作是前两种情况的结合。

不论是哪种情况,在基坑下均需要测设各种各样的轴线和定位线,其方法是基本一样的。先根据地面上各主要轴线的控制桩,用经纬仪向基坑下投测建筑物的四大角、四廓轴线和其他主轴线,经认真校核后,以此为依据放出细部轴线,再根据基础图所示尺寸,放出基础施工中所需的各种中心线和边线,例如桩心的交线以及梁、柱、墙的中线和边线等。

测设轴线时,有时为了通视和量距方便,不是测设真正的轴线,而是测设其平行线,这时一定要在现场标注清楚,以免用错。另外,一些基础桩、梁、柱、墙的中线不一定与建筑轴线重合,而是偏移某个尺寸,因此要认真按图施测,防止出错,如图10-27所示。

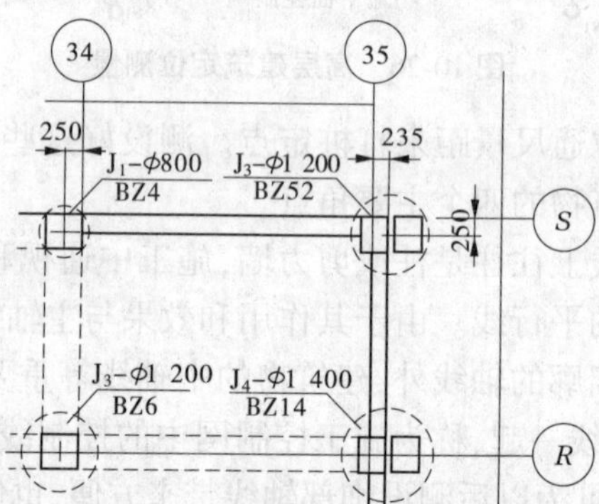

图10-27 有偏心桩的基础平面图

如果是在垫层上放线,可把有关轴线和边线直接用墨线弹在垫层上,由于基础轴线的位置决定了整个高层建筑的平面位置和尺寸,因此施测时要严格检核,保证精度。如果是在基坑下做桩基,则测设轴线和桩位时,宜在基坑护壁上设立轴线控制桩,以便能保留较长时间,也便于施工时用来复核桩位和测设桩顶上的承台和基础梁等。

从地面往下投测轴线时,一般是用经纬仪投测法,由于俯角较大,为了减小误差,每个轴线点均应盘左、盘右各投测一次,然后取中数。

7.2.3.2 基础标高测设

基坑完成后,应及时用水准仪根据地面上的±0.000水平线,将高程引测到坑底,并在基坑护坡的钢板或混凝土桩上做好标高为负的整米数的标高线。由于基坑较深,引测时可多设几站观测,也可用悬吊钢尺代替水准尺进行观测。在施工过程中,如果是桩基,要控制好各桩的顶面高程;如果是箱基和筏基,则直接将高程标志测设到竖向钢筋和模板上,作为安装模板、绑扎钢筋和浇筑混凝土的标高依据。

7.3 高层建筑的轴线投测

当高层建筑的地下部分完成后,根据施工方格网校测建筑物主轴线控制桩后,将各轴线测设到做好的地下结构顶面和侧面上,又根据原有的±0.000水平线,将±0.000标高(或某整分米数标高)也测设到地下结构顶部的侧面上,这些轴线和标高线是进行首层主体结构施工的定位依据。

随着结构的升高,要将首层轴线逐层往上投测,作为施工的依据。此时建筑物主轴线的投测最为重要,因为它们是各层放线和结构垂直度控制的依据。随着高层建筑物设计高度的增加,施工中对竖向偏差的控制要求就越高,轴线竖向投测的精度和方法就必须与其适应,以保证工程质量。

有关规范对于不同结构的高层建筑施工的竖向精度有不同的要求,见表 10-3(H 为建筑总高度)。为了保证总的竖向施工误差不超限,层间垂直度测量偏差不应超过 3 mm,建筑全高垂直度测量偏差不应超过 $3H/10\ 000$,且不应大于:

表 10-3 高层建筑竖向及标高施工偏差限差

结构类型	竖向施工偏差限差/mm		标高偏差限差/mm	
	每层	全高	每层	全高
现浇混凝土	8	$H/1\ 000$(最大 30)	±10	±30
装配式框架	5	$H/1\ 000$(最大 20)	±5	±30
大模板施工	5	$H/1\ 000$(最大 30)	±10	±30
滑模施工	5	$H/1\ 000$(最大 50)	±10	±30

$30\ m<H\leqslant 60\ m$ 时,±10 mm

$60\ m<H\leqslant 90\ m$ 时,±15 mm

$90\ m<H$ 时,±20 mm

下面介绍几种常见的投测方法。

7.3.1 全站仪法

当施工场地比较宽阔时,可使用此法进行竖向投测,如图 10-28 所示,安置全站仪于轴线控制桩上,严格对中整平,盘左照准建筑物底部的轴线标志,往上转动望远镜,用其竖丝指挥在施工层楼面边缘上画一点,然后盘右再次照准建筑物底部的轴线标志,同法在该处楼面边缘上画出另一点,取两点的中间点作为轴线的端点。其他轴线端点的投测与此法相同。

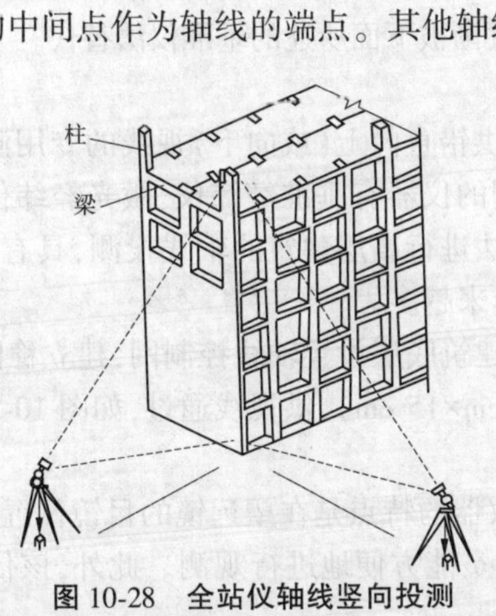

图 10-28 全站仪轴线竖向投测

当楼层建得较高时,全站仪投测时的仰角较大,操作不方便,误差也较大,此时应将轴线控制桩用经纬仪引测到远处(大于建筑物高度)稳固的地方,然后继续往上投测。如果周围场地有限,也可引测到附近建筑物的房顶上。如图 10-29 所示,先在轴线控制桩 A_1 上安置全站仪,照准建筑物底部的轴线标志,将轴线投测到楼面上 A_2 点处,然后在 A_2 上安置全站仪,照准 A_1 点,将轴线投测到附近建筑物屋面上 A_3 点处,以后就可在 A_3 点安置全站仪,投测更高楼层的轴线。注意,上述投测工作均应采用盘左盘右取中法进行,以减少投测误差。

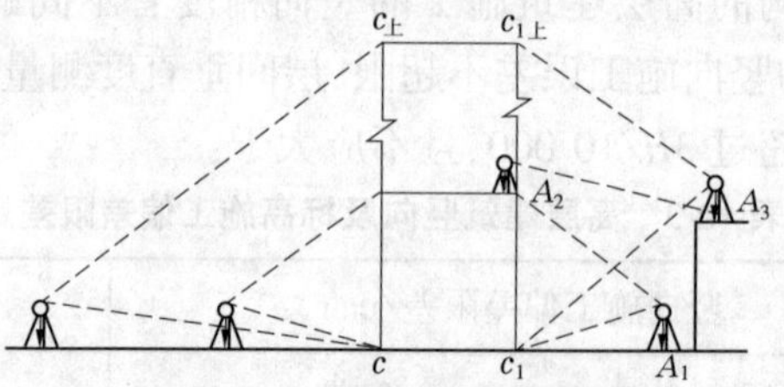

图 10-29　减小全站仪投测角

所有主轴线投测上来后,应进行角度和距离的检核,合格后再以此为依据测设其他轴线。

7.3.2　吊线坠法

当周围建筑物密集,施工场地窄小,无法在建筑物以外的轴线上安置全站仪时,可采用此法进行竖向投测。该法与一般的吊锤线法的原理是一样的,只是线坠的质量更大,吊线(细钢丝)的强度更高。此外,为了减少风力的影响,应将吊锤线的位置放在建筑物内部。

如图 10-30 所示,事先在首层地面上埋设轴线点的固定标志,轴线点之间应构成矩形或十字形等,作为整个高层建筑的轴线控制网。各标志的上方每层楼板都预留孔洞,供吊锤线通过。投测时,在施工层楼面上的预留孔上安置挂有吊线坠的十字架,慢慢移动十字架,当吊锤尖静止地对准地面固定标志时,十字架的中心就是应投测的点,在预留孔四周做上标志即可,标志连线交点,即为从首层投上来的轴线点。同理测设其他轴线点。

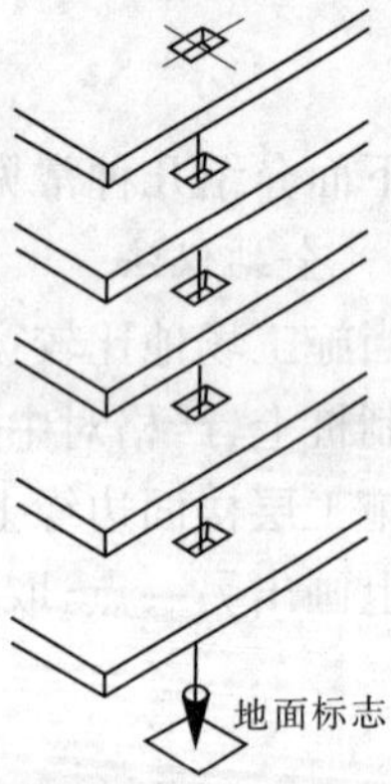

图 10-30　吊线坠法投测

使用吊线坠法进行轴线投测,经济、简单又直观,精度也比较可靠,但投测时费时费力,正逐渐被下面所述的垂准仪法替代。

7.3.3　垂准仪法

垂准仪法就是利用能提供铅直向上(或向下)视线的专用测量仪器,进行竖向投测。常用的仪器有垂准经纬仪、激光经纬仪和激光垂准仪等。用垂准仪法进行高层建筑的轴线投测,具有占地小、精度高、速度快的优点,在高层建筑施工中用得越来越多。

垂准仪法也需要事先在建筑底层设置轴线控制网,建立稳固的轴线标志,在标志上方每层楼板都预留孔洞(大于 15 cm×15 cm),供视线通过,如图 10-31 所示。

7.3.3.1　垂准经纬仪

如图 10-32(a)所示,该仪器的特点是在望远镜的目镜位置上配有弯曲成 90°的目镜,使仪器铅直指向正上方时,测量员能方便地进行观测。此外,该仪器的中轴是空心的,使仪器也能观测正下方的目标。

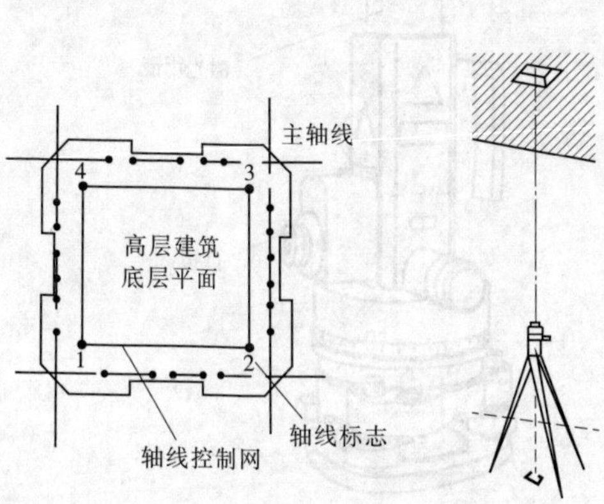

图 10-31　轴线控制桩与投测孔

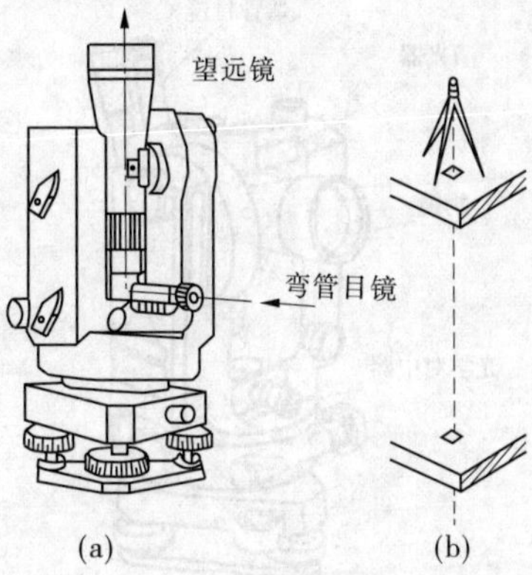

图 10-32　垂准经纬仪

使用时，将仪器安置在首层地面的轴线点标志上，严格对中整平，由弯管目镜观测，当仪器水平转动一周时，若视线一直指向一点，说明视线方向处于铅直状态，可以向上投测。投测时，视线通过楼板上预留的孔洞，将轴线点投测到施工层楼板的透明板上定点。为了提高投测精度，应将仪器照准部水平旋转一周，在透明板上投测多个点，这些点应构成一个小圆，然后取小圆的中心作为轴线点的位置。同法用盘右再投测一次，取两次的中点作为最后结果。由于投测时仪器安置在施工层下面，因此在施测过程中要注意对仪器和人员的安全采取保护措施，防止落物击伤。

如果把垂准经纬仪安置在浇筑后的施工层上，将望远镜调成铅直向下的状态，视线通过楼板上预留的孔洞，照准首层地面的轴线点标志，也可将下面的轴线点投测到施工层上来，如图 10-32(b)所示。该法较安全，也能保证精度。

该仪器竖向投测方向观测中误差不大于±6″，即 100 m 高处投测点位误差为±3 mm，相当于约 1/30 000 的铅垂度，能满足高层建筑对竖向的精度要求。

7.3.3.2　激光经纬仪

如图 10-33 所示为装有激光器的苏州第一光学仪器厂生产的 J2-JDE 激光经纬仪，它是在望远镜筒上安装一个氦氖激光器，用一组导光系统把望远镜的光学系统联系起来，组成激光发射系统，再配上电源，便成为激光经纬仪。为了测量时观测目标方便，激光束进入发射系统前设有遮光转换开关。遮去发射的激光束，就可在目镜(或通过弯管目镜)处观测目标，而不必关闭电源。

激光经纬仪用于高层建筑轴线竖向投测，其方法与配弯管目镜的经纬仪是一样的，只不过是用可见激光代替人眼观测。投测时，在施工层预留孔中央设置用透明聚酯膜片绘制的接收靶，在地面轴线点处对中整平仪器，起辉激光器，调节望远镜调焦螺旋，使投射在接收靶上的激光束光斑最小，再水平旋转仪器，检查接收靶上光斑中心是否始终在同一点，或画出一个很小的圆圈，以保证激光束铅直，然后移动接收靶使其中心与光斑中心或小圆圈中心重合，将接收靶固定，则靶心即为欲投测的轴线点。

7.3.3.3　激光垂准仪

如图 10-34 所示为苏州第一光学仪器厂生产的 DJJ2 激光垂准仪，主要由氦氖激光器、竖轴、水准管、基座等部分组成。

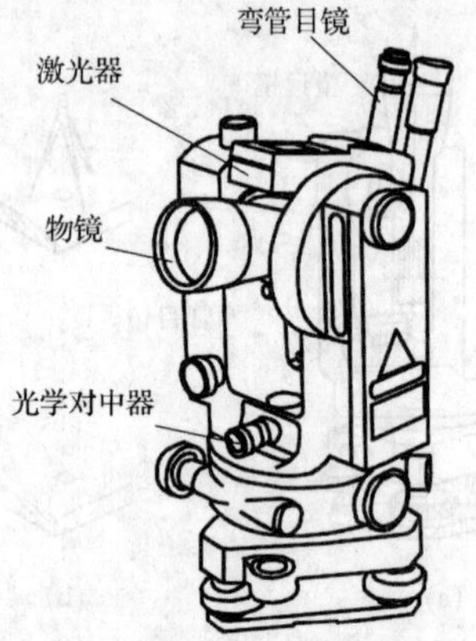

图 10-33　激光经纬仪

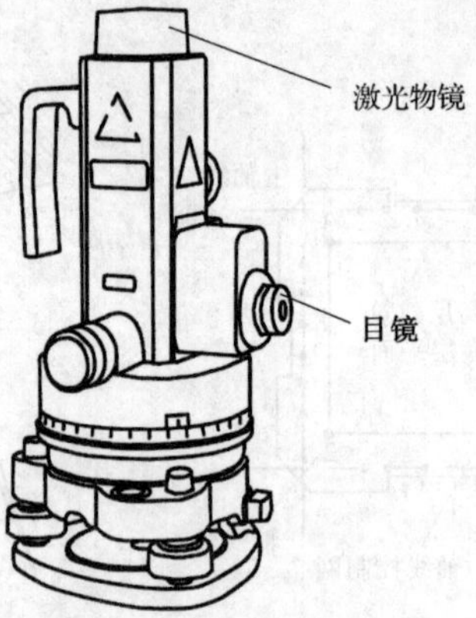

图 10-34　激光垂准仪

激光垂准仪用于高层建筑轴线竖向投测时,其原理和方法与激光经纬仪基本相同,主要区别在于对中方法。激光经纬仪一般用光学对中器进行对中,而激光垂准仪用激光管尾部射出的光束进行对中。

7.4　高层建筑的高程传递

高层建筑各施工层的标高,是由底层±0.000 标高线传递上来的。高层建筑施工的标高偏差限差见表 10-3。

传递点的数目,应根据建筑物的大小和高度确定。规模较小的工业建筑物或多层民用建筑,宜从 2 处分别向上传递;规模较大的工业建筑物或高层民用建筑物,宜从 3 处分别向上传递。

7.4.1　用钢尺直接测量

一般用钢尺沿结构外墙、边柱或楼梯间,由底层±0.000 标高线向上竖直量取设计高差,即可得到施工层的设计标高线。用这种方法传递高程时,应至少由三处底层标高线向上传递,以便于相互校核。由底层传递到上面同一施工层的几个标高点,必须用水准仪进行校核,检查各标高点是否在同一水平面上,其误差应不超过±3 mm。合格后以其平均标高为准,作为该层的地面标高。若建筑高度超过一尺段(30 m 或 50 m),可每隔一个尺段的高度精确测设新的起始标高线,作为继续向上传递高程的依据。

7.4.2　悬吊钢尺法

在外墙或楼梯间悬吊一根钢尺,分别在地面和楼面上安置水准仪,将标高传递到楼面上。用于高层建筑传递高程的钢尺,应经过检定,量取高差时尺身应铅直和用规定的拉力,并应进行温度改正。

【小贴士】

本任务主要介绍了民用建筑施工测量各个阶段的工作内容。通过该任务的学习,学生应能按照设计要求,对一般的民用建筑,根据施工进度,进行建筑物的定位、细部轴线放样、基础施工测量和墙体施工测量,在高层建筑施工测量中,还要进行基础施工、轴线投测和高程传递等方面的测量工作。

任务 4 工业建筑施工测量

1 概述

工业建筑主要以厂房为主,而工业厂房多为排柱式建筑,跨距和间距大、隔墙少、平面布置简单,而且其施工测量精度又明显高于民用建筑,故其定位一般是根据现场建筑基线或建筑方格网,采用由柱轴线控制桩组成的矩形方格网作为厂房的基本控制网。

厂房有单层和多层、装配式和现浇整体式之分。单层工业厂房以装配式为主,采用预制的钢筋混凝土柱、吊车梁、屋架、大型屋面板等构件,在施工现场进行安装。为保证厂房构件就位的正确性,施工测量中应进行以下几个方面的工作:厂房矩形控制网的测设;厂房柱列轴线放样;杯形基础施工测量;厂房构件及设备安装测量等。

因此,工业建筑施工测量除做好与民用建筑施工测量相同的准备工作外,还需做好下列工作。

1.1 制订厂房矩形控制网的测设方案及计算测设数据

工业建筑厂房测设的精度要求高于民用建筑,而厂区原有的控制点的密度和精度又不能满足厂房测设的要求,因此对于每个厂房还应在原有控制网的基础上,根据厂房的规模大小,建立满足精度要求的独立矩形控制网,作为厂房施工测量的基本控制。

对于一般中、小型厂房,可测设一个单一的厂房矩形控制网,即在基础的开挖边线以外,测设一个与厂房轴线平行的矩形控制网 $RSPQ$,可满足测设的需要。如图 10-35 所示,L、M、N 等为建筑方格网点,厂房外廓各轴线交点的坐标为设计值,P、Q、R、S 为布置在厂房基坑开挖范围以外的厂房矩形控制网的四个交点。对于大型厂房或设备基础复杂的厂房,为保证厂房各部分精度一致,需先测设一条主轴线,然后以此主轴线测设出矩形控制网。

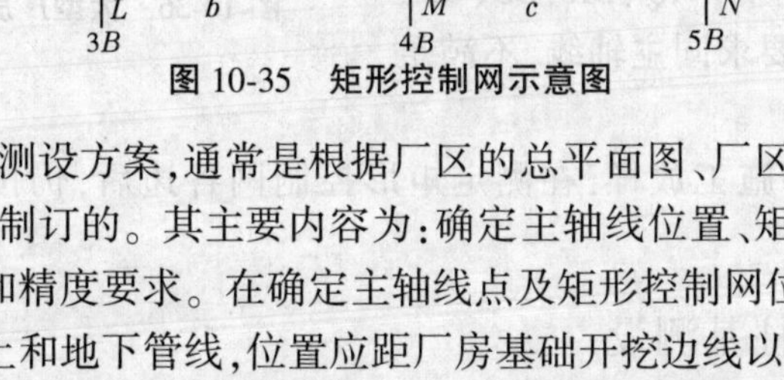

图 10-35 矩形控制网示意图

厂房矩形控制网的测设方案,通常是根据厂区的总平面图、厂区控制网、厂房施工图和现场地形情况等资料来制订的。其主要内容为:确定主轴线位置、矩形控制网位置、距离指标桩的点位、测设方法和精度要求。在确定主轴线点及矩形控制网位置时,要考虑到控制点能长期保存,应避开地上和地下管线,位置应距厂房基础开挖边线以外 1.5~4 m。距离指标桩即沿厂房控制网各边每隔若干柱间距埋设一个控制桩,故其间距一般为厂房柱距的倍数,但不要超过所用钢尺的整尺长。

1.2　绘制测设略图

根据厂区的总平面图、厂区控制网、厂房施工图等资料,按一定比例绘制测设略图,为测设工作做好准备。

2　厂房矩形控制网的测设

2.1　中小型工业厂房控制网的建立

对于单一的中小型工业厂房而言,测设一个简单的矩形控制网即可满足放样的要求。矩形控制网的测设可以采用直角坐标法、极坐标法和角度交会法等,现以直角坐标法为例,介绍依据建筑方格网建立厂房控制网的方法。

如图10-35所示,根据测设方案与测设略图,将经纬仪安置在建筑方格网点M上,分别精确照准L、N点。自M点沿视线方向分别量取$Mb=36.00$ m和$Mc=29.00$ m,定出b、c两点。然后,将经纬仪分别安置于b、c两点上,用测设直角的方法分别测出bS、cP方向线,沿bS方向测设出R、S两点,沿cP方向测设出Q、P两点,分别在P、Q、R、S四个点上钉上木桩,做好标志。最后检查控制桩P、Q、R、S各点的直角是否符合精度要求,一般情况下其误差不应超过±10″,各边长度相对误差不应超过1/10 000~1/25 000。

然后,可按放样略图测设距离指标桩,以便对厂房进行细部放样工作。

2.2　大型工业厂房控制网的建立

对于大型工业厂房、机械化程度较高或有连续生产设备的工业厂房,需要建立有主轴线的较为复杂的矩形控制网。主轴线一般应与厂房某轴线方向平行或重合,如图10-36所示,主轴线AOB和COD分别选定在厂房柱列轴线Ⓒ轴和③轴上,P、Q、R、S为控制网的四个控制点。

测设时,首先按主轴线测设方法将AOB测设于地面上,再以AOB轴为依据测设短轴COD,并对短轴方向进行改正,使轴线AOB与COD正交,限差为±5″。主轴线方向确定后,以O点为中心,用精密丈量的方法测定纵、横轴端点A、B、C、D位置,主轴线长度相对精度为1/5 000。主轴线测设后,可测设矩形控制网,测设时分别将经纬仪安置在A、B、C、D四点,瞄准O点测设90°方向,交会定出P、Q、R、S四个角点,精密丈量AP、AQ、BR、BS、CP、CS、DQ、DR长度,精度要求同主轴线,不满足时应进行调整。

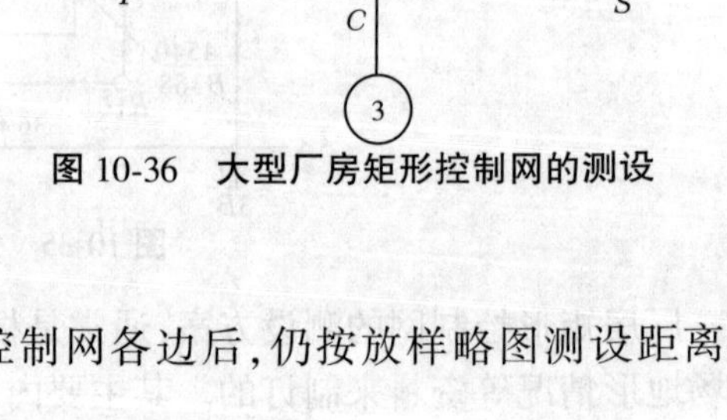

图10-36　大型厂房矩形控制网的测设

为了便于厂房细部施工放样,在测定矩形控制网各边后,仍按放样略图测设距离指标桩。

3　厂房柱列轴线与柱基测设

厂房的纵、横柱列轴线,又称定位轴线。纵向轴线的距离表示厂房的跨度,横向轴线的距离表示厂房的柱距。在进行柱基测设时,应注意定位轴线不一定是柱的中心线,一个厂房的柱基类型很多,尺寸不一,放样时应特别注意。

3.1 厂房柱列轴线的测设

在厂房控制网建立以后,即可按柱列间距和跨距用钢尺从靠近的距离指标桩量起,沿矩形控制网各边定出各柱列轴线桩的位置,并在桩顶上钉入小钉,作为桩基放线和构件安置的依据,如图 10-37 所示。

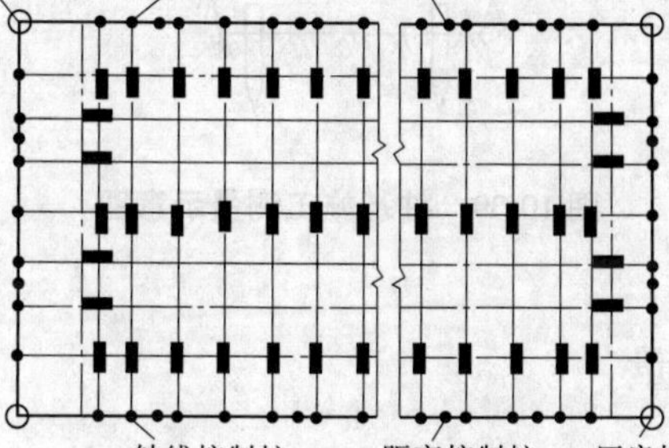

图 10-37　厂房柱列轴线的测设

3.2 柱基测设

柱基的测设应以柱列轴线为基线,按基础施工图中基础与柱列轴线的关系尺寸进行。现以图 10-38 所示©轴与⑤轴交点处的基础详图为例,说明柱基的测设方法。

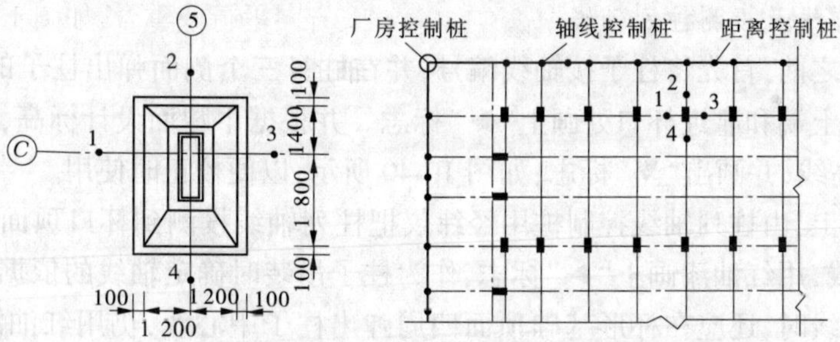

图 10-38　柱基测设示意图　(单位:mm)

首先将两台经纬仪分别安置在©轴与⑤轴一端的轴线控制桩上,瞄准各自轴线另一端的轴线控制桩,交会定出轴线交点作为该基础的定位点(注意,该点不一定是基础中心点)。沿轴线在基础开挖边线以外 1~2 m 处的轴线上打入四个小木桩 1、2、3、4,并在桩上用小钉标明位置。木桩应钉在基础开挖线以外一定位置,留有一定空间以便修坑和立模。再根据基础详图的尺寸和放坡宽度,量出基坑开挖的边线,并撒上石灰线,此项工作称为柱列基线的放线。

3.3 柱基施工测量

当基坑挖到一定深度后,用水准仪在坑壁四周离坑底 0. 3~0. 5 m 处测设几个水平桩,用作检查坑底标高和打垫层的依据,如图 10-39 所示。图中垫层标高桩在打垫层前测设。

基础垫层做好后,根据基坑旁的定位小木桩,用拉线吊锤球法将基础轴线投测到垫层上,弹出墨线,作为柱基础立模和布置钢筋的依据。

立模板时,将模板底线对准垫层上的定位线,并用锤球检查模板是否垂直。最后将柱基顶面设计高程测设在模板内壁。

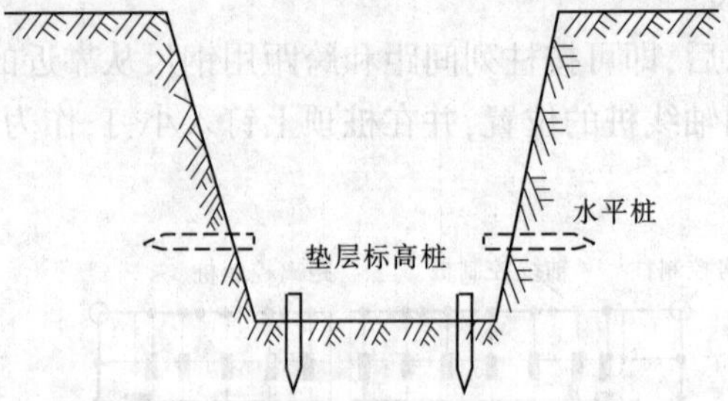

图 10-39 柱基施工测量示意图

4 厂房预制构件安装测量

在装配式工业厂房的构件安装测量中,精度要求较高,特别是柱的安装就位是关键,应引起足够重视。

4.1 柱的安装测量

4.1.1 柱吊装前的准备工作

柱的安装就位及校正,是利用柱身的中心线、标高线和相应的基础顶面中心定位线、基础内侧标高线进行对位来实现的,故在柱就位前须做好以下准备工作。

4.1.1.1 柱身弹线及投测柱列轴线

在柱子安装之前,首先将柱子按轴线编号,并在柱身三个侧面弹出柱子的中心线,并且在每条中心线的上端和靠近杯口处画上"▶"标志。并根据牛腿面设计标高,向下用钢尺量出-60 cm 的标高线,并画出"▼"标志,如图 10-40 所示,以便校正时使用。

在杯形基础上,由柱列轴线控制桩用经纬仪把柱列轴线投测到杯口顶面上,如图 10-41 所示,并弹出墨线,用红油漆画上"▶"标志,作为柱子吊装时确定轴线的依据。当柱子中心线不通过柱列轴线时,还应在杯形基础顶面四周弹出柱子中心线,仍用红油漆画上"▶"标志。同时用水准仪在杯口内壁测设一条-60 cm 标高线,并画"▼"标志,用以检查杯底标高是否符合要求。然后用 1:2水泥砂浆放在杯底进行找平,使牛腿面符合设计高程。

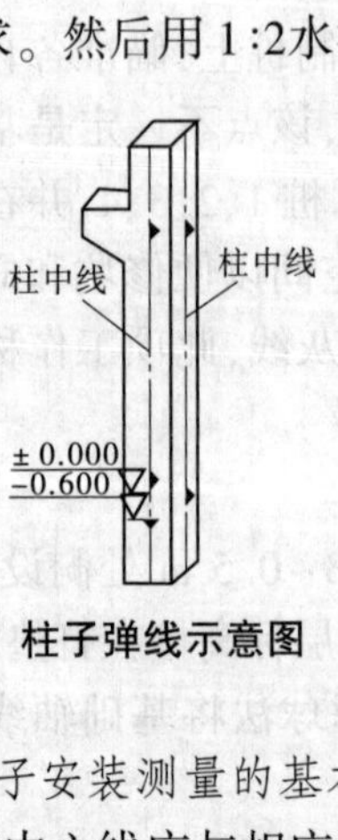

图 10-40 柱子弹线示意图 (单位:m)

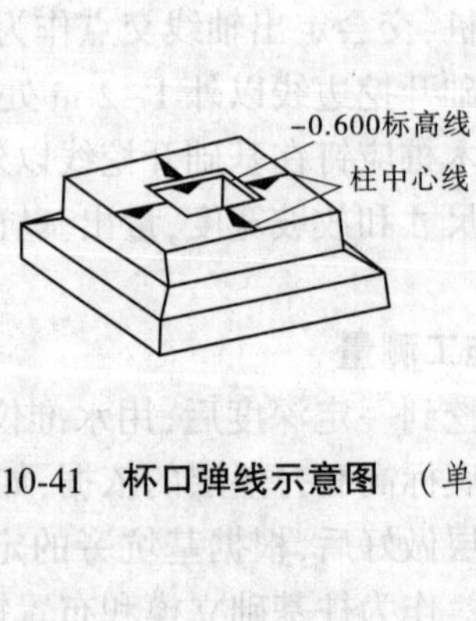

图 10-41 杯口弹线示意图 (单位:m)

4.1.1.2 柱子安装测量的基本要求

(1)柱子中心线应与相应的柱列中心线一致,其允许偏差为±5 mm。

(2)牛腿顶面及柱顶面的实际标高应与设计标高一致,其允许偏差为:当柱高≤5 m 时应不超过±5 mm；当柱高>5 m 时应不超过±8 mm。

(3)柱身垂直允许误差：当柱高≤5 m 时应不超过±5 mm；当柱高在 5~10 m 时应不超过±10 mm；当柱高超过 10 m 时，限差为柱高的 1‰，且不超过 20 mm。

4.1.2 柱子安装时的测量工作

柱子被吊装进入杯口后，先用木楔或钢楔暂时进行固定。用铁锤敲打木楔或者钢楔，使柱脚在杯口内平移，直到柱中心线与杯口顶面中心线平齐，并用水准仪检测柱身已标定的标高线。

然后用两台经纬仪分别在相互垂直的两条柱列轴线上，相对于柱子的距离为 1.5 倍柱高处同时观测，如图 10-42 所示，进行柱子校正。观测时，将经纬仪照准柱子底部中心线上，固定照准部，逐渐向上仰望远镜，通过校正使柱身中心线与十字丝竖丝相重合。

柱子校正时的注意事项如下所述：

(1)校正用的经纬仪事前应经过严格校正，因为校正柱子垂直度时，往往只用盘左或盘右观测，仪器误差影响很大。操作时还应注意使照准部水准管气泡严格居中。

(2)柱子在两个方向的垂直度都校正好后，应再复查平面位置，看柱子下部的中心线是否仍对准基础的轴线。

(3)为了提高工作效率，一般可以将经纬仪安置在轴线的一侧，与轴线成 10°左右的方向线上(为保证精度，与轴线角度不得大于 15°)，一次可以校正几根柱子，如图 10-43 所示。当校正变截面柱子时，经纬仪必须放在轴线上进行校正，否则容易出现差错。

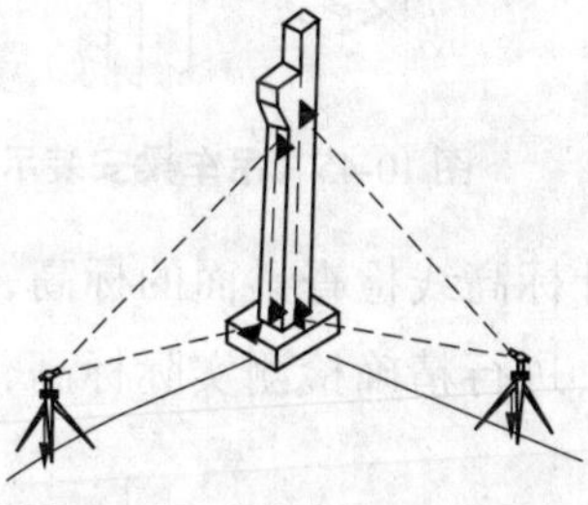

图 10-42 柱子校正示意图

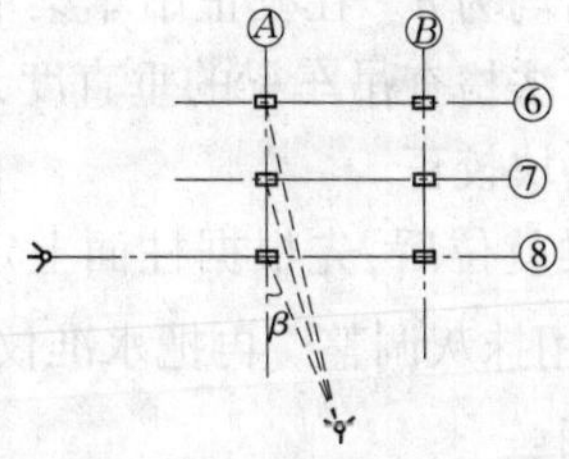

图 10-43 多根柱子校正示意图

(4)考虑到过强的日照将使柱子产生弯曲，使柱顶发生位移，当对柱子垂直度要求较高时，柱子垂直度校正应尽量选择在早晨无阳光直射或阴天时进行。

4.2 吊车梁及屋架的安装测量

吊车梁安装时，测量工作的任务是使柱子牛腿上的吊车梁的平面位置、顶面标高及梁端中心线的垂直度都符合要求。屋架安装测量的主要任务同样是使其平面位置及垂直度符合要求。

4.2.1 准备工作

首先在吊车梁顶面和两端弹出中心线，再根据柱列轴线把吊车梁中心线投测到柱子牛腿侧面上，作为吊装测量的依据。投测方法如图 10-44 所示，先计算出轨道中心线到厂房纵向柱列轴线的距离 e，再分别根据纵向柱列轴线两端的控制桩，采用平移轴线的方法，在地面上测设出吊车轨道中心线 A_1A_1 和 B_1B_1。将经纬仪分别安置在 A_1A_1 和 B_1B_1 端的控制点上，严格对中、整平，照准另一端的控制点，仰视望远镜，将吊车轨道中心线投测到柱子的牛腿侧面上，并弹出墨线。

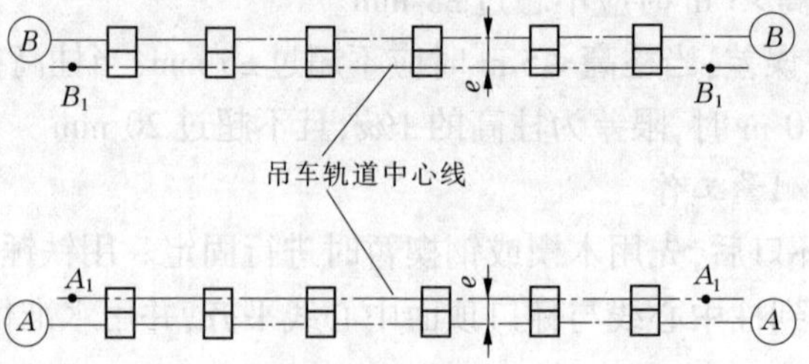

图 10-44　吊车梁中心线投测示意图

同时根据柱子±0.000 位置线,用钢尺沿柱侧面量出吊车梁顶面设计标高线,画出标志线作为调整吊车梁顶面标高用。

4.2.2　吊车梁吊装测量

如图 10-45 所示,吊装吊车梁应使其两个端面上的中心线分别与牛腿面上的梁中心线初步对齐,再用经纬仪进行校正。校正方法是根据柱列轴线用经纬仪在地面上放出一条与吊车梁中心线相平行的校正轴线,水平距离为 d。在校正轴线一端点处安置经纬仪,固定照准部,上仰望远镜,照准放置在吊车梁顶面的横放直尺,对吊车梁进行平移调整,使吊车梁中心线上任一点距校正轴线水平距离均为 d。在校正吊车梁平面位置的同时,用吊锤球的方法检查吊车梁的垂直度,不满足时在吊车梁支座处加垫块校正。

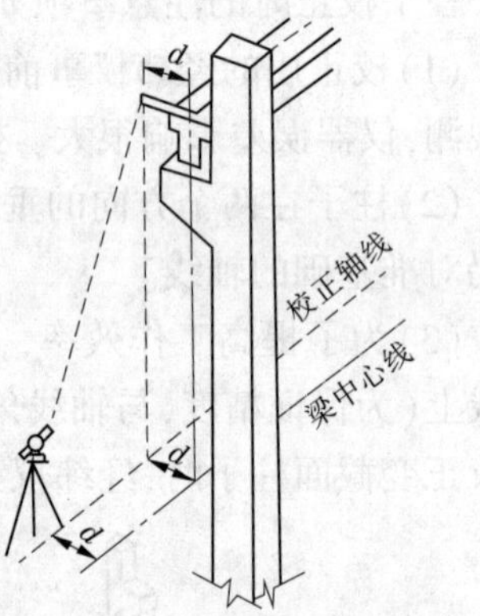

图 10-45　吊车梁安装示意图

在吊车梁就位后,先根据柱面上定出的吊车梁设计标高线检查梁面的标高,并进行调整,不满足时用抹灰调整。再把水准仪安置在吊车梁上,进行精确检测实际标高,其误差应在±3 mm 以内。

4.2.3　屋架的安装测量

如图 10-46 所示,屋架的安装测量与吊车梁安装测量的方法基本相似。屋架的垂直度是靠安装在屋架上的三把卡尺,通过经纬仪进行检查、调整的。屋架垂直度允许误差为屋架高度的 1/250。

5　烟囱施工放样

烟囱是典型的高耸构筑物,其特点是:基础小、筒身高、抗倾覆性能差,其对称轴通过基础圆心的铅垂线。因而施工测量的工作主要是严格控制其中心位置,确保主体竖直。按施工规范规定:筒身中心轴线垂直度偏差最大不得超过 110 mm;当筒身高度 $H>100$ m 时,其偏差不应超过 $0.05\%H$,烟囱圆环的直径偏差不得大于 30 mm。其放样方法和步骤如下。

5.1　烟囱基础施工测量

首先按照设计施工平面图的要求,根据已知控制点或原有建筑物与基础中心的尺寸关系,在施工场地上测设出基础中心位置 O 点。如图 10-47 所示,在 O 点上安置经纬仪,任选一点 A 作为后视点,同时在此方向上定出 a 点,然后,顺时针旋转照准部依次测设 90°直角,

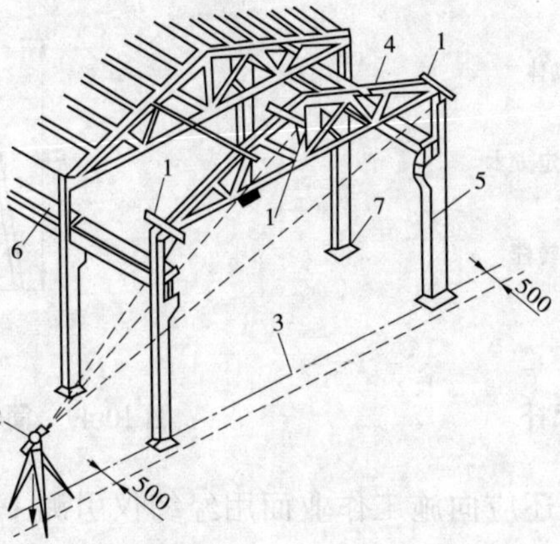

1—卡尺;2—经纬仪;3—定位轴线;4—屋架;5—柱;6—吊木架;7—基础。

图 10-46 屋架安装示意图 (单位:mm)

测出 OC、OB、OD 方向上的 C、c、B、b、D、d 各点,并转回 OA 方向归零校核。其中,A、B、C、D 各控制桩至烟囱中心的距离应大于其高度的 1~1.5 倍,并应妥善保护。a、b、c、d 四个定位桩,应尽量靠近所建构筑物但又不影响桩位的稳固,用于修坑和恢复其中心位置。

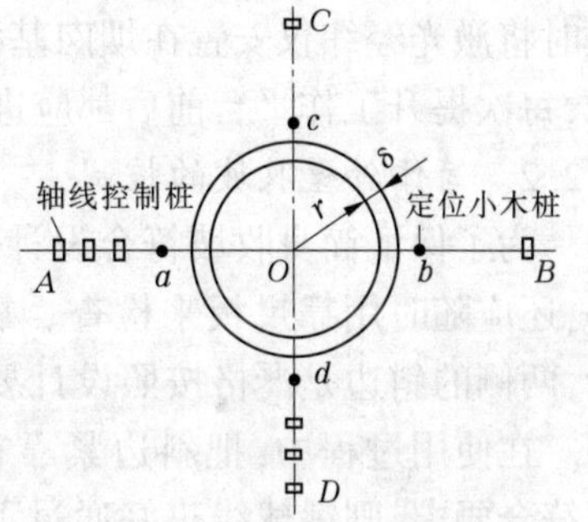

图 10-47 烟囱基础定位放线图

然后,以基础中心点 O 为圆心,以 $r+\delta$ 为半径(δ 为基坑的放坡宽度,r 为构筑物基础的外侧半径)在场地上画圆,撒上石灰线以标明土方开挖范围,如图 10-47 所示。

当基坑开挖快到设计标高时,可在基坑内壁测设水平桩,作为检查基础深度和浇筑混凝土垫层的依据。

浇筑混凝土基础时,应在基础中心位置埋设钢筋作为标志,并在浇筑完毕后把中心点 O 精确地引测到钢筋标志上,刻上“+”线,作为筒体施工时控制筒体中心位置和筒体半径的依据。

5.2 烟囱筒身施工测量

5.2.1 引测筒体中心线

筒体施工时,必须将构筑物中心引测到施工作业面上,以此为依据,随时检查作业面的中心是否在构筑物的中心铅垂线上。通常是每施工一个作业面高度引测一次中心线。具体引测方法是:先在施工作业面上横向设置一根控制方木和一根带有刻度的旋转尺杆,如图 10-48 所示,尺杆零端铰接于方木中心。方木的中心下悬挂质量为 8~12 kg 的锤球。平移方木,将锤球尖对准基础面上的中心标志,如图 10-49 所示,即可检核施工作业面的偏差,并在正确位置继续进行施工。

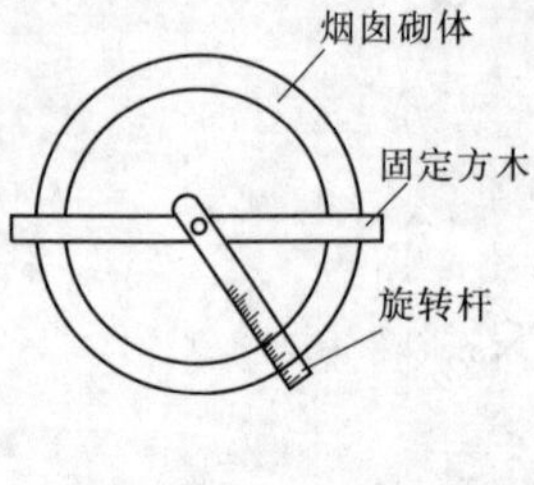

图 10-48 旋转尺杆

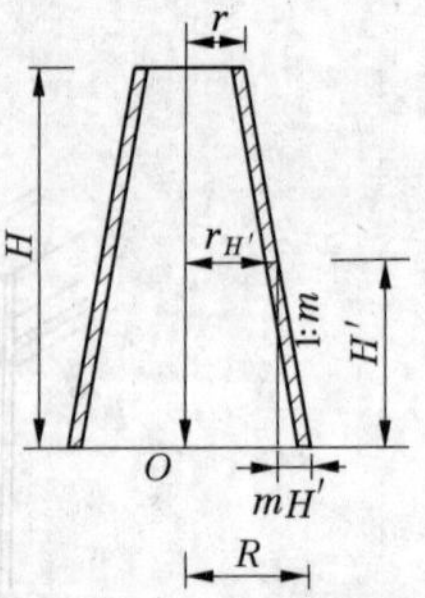

图 10-49 筒体中心线引测示意图

筒体每施工 10 m 左右,还应向施工作业面用经纬仪引测一次中心,对筒体进行检查。检查时,把经纬仪安置在各轴线控制桩上,瞄准各轴线相应一侧的定位小木桩 a、b、c、d,将轴线投测到施工面边上,并做标记,然后将相对的两个标记拉线,两线交点为烟囱中心线。如果有偏差,应立即进行纠正。

对高度较高的混凝土烟囱,为保证精度要求,可采用激光经纬仪进行烟囱铅垂定位。定位时将激光经纬仪安置在烟囱基础的"+"字交点上,在工作面中央处安放激光铅垂仪接收靶,每次提升工作平台前后都应进行铅垂定位测量,并及时调整偏差。

5.2.2 筒体外壁收坡的控制

为了保证筒身收坡符合设计要求,除用尺杆画圆控制外,还应随时用靠尺板来检查。靠尺板形状如图 10-50 所示,两侧的斜边是严格按照设计要求的筒壁收坡系数制作的。在使用过程中,把斜边紧靠在筒体外侧,如筒体的收坡符合要求,则锤球线正好通过下端的缺口。如收坡控制不好,可通过坡度靠尺板上小木尺读数反映其偏差大小,以便使筒体收坡及时得到控制。

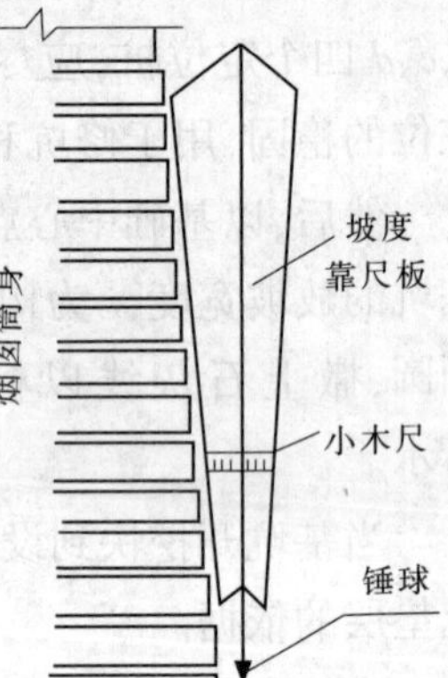

图 10-50 靠尺板示意图

在筒体施工的同时,还应检查筒体砌筑到某一高度时的设计半径。如图 10-49 所示,某高度的设计半径 $r_{H'}$ 可由图示计算求得:

$$r_{H'} = R - mH' \tag{10-7}$$

式中 R——筒体底面外侧设计半径;

m——筒体的收坡系数。

收坡系数的计算公式为

$$m = \frac{R - r}{H} \tag{10-8}$$

式中 r——筒体顶面外侧设计半径;

H——筒体的设计高度。

5.3 筒体的标高控制

筒体的标高控制是用水准仪在筒壁上测出+0.500 m(或任意整分米)的标高控制线,然后以此线为准用钢尺量取筒体的高度。

【小贴士】

本任务主要介绍了工业建筑施工测量的工作过程。通过该任务的学习,学生应该能对装配式工业厂房矩形控制网的测设、厂房柱列轴线测设、柱基的测设、杯形基础施工测量、厂房构件及设备安装测量、烟囱施工测量有更进一步的了解。

【知识链接】

学习本项目时,学生应结合教师的讲解思考为什么要建立控制范围小、精度要求高的建筑施工控制网,它与曾经学习过的测图控制网有何区别?自行到网上下载相应的文章,进一步了解施工坐标系与测图坐标系之间的关系,以获取更多的有用知识。

【阅读与应用】

视觉 RTK 放样,一杆到位到底有多爽

视觉 RTK 产品自 2022 年 2 月推出以来,在测绘领域收获不俗反响,其在测量员群体中因简单、直观、一杆到位的放样体验得到广泛好评。实测结果显示,利用视觉 RTK 能够实现施工测量 50%以上效率提升,快速缩短测量小白与老测工的实践差距。这样的优秀表现,究竟是如何实现的?

如图 10-51 所示,视觉 RTK 是一款长"眼睛"的 RTK,在每一台视觉 RTK 的机头下方,都有一颗不惧弱光环境的高清摄像头。依靠这只"眼睛",视觉 RTK 能够实现高动态的实景影像和辅助虚拟影像融合,在 RTK 手簿上显示直观明了的第一视角实景放样指引。如此一来,放样更具"沉浸感",找点跟着"导航"走,对手感和经验的依赖便大大降低。

图 10-51　长"眼睛"的 RTK

在视觉辅助以外,这款 RTK 同时具备听觉辅助——一旦放样人员靠近放样点,设备就会发出类似倒车雷达的声音提醒,越近声音越密,直到一杆戳中。视觉与听觉的结合,使快速辨识东南西北的高超方向感不再是放样的必须。

值得一提的是,视觉 RTK 支持就近点放样功能,能够自动选择最近点进行指引(见图 10-52),省去了"万里挑一"的烦琐甄别。

如图 10-53 所示,在实现独到放样优势的同时,视觉 RTK 能够在恶劣环境下快速固定,避免在树林、墙角等场景遭遇有点遮挡就浮动的烦恼。

通过内置的基带射频一体化 SOC 芯片,视觉 RTK 的信号灵敏度较此前提升 15%。利用窄带抗干扰技术,带内噪声可以得到有效抑制,保证整机数据质量进一步提升。而多频双差解算则能做到有效检测周跳,让固定精度更准。

图 10-52　自动选择最近点进行指引

图 10-53　恶劣环境下快速固定

此外,在软件层面,视觉 RTK 还能够全面满足带图作业的各种需要,让带图作业不再难。如图 10-54 所示,可以让 CAD 图形的操作流畅度较此前提升 52%。换句话说,200 Mb 大小的 CAD 图纸眨眼之间就能打开,刷新速度能到毫秒级,放样人员再也不用为加载图纸而苦苦等待。

图 10-54　完美兼容主流 CAD 文件

同时,完美兼容主流 CAD 文件,图纸几乎都能导,导了之后就能用。打开外部参照、切换图纸坐标系、设置图纸长度单位及高效编辑、标注、量算等功能也一应俱全。

项目小结

本项目主要学习了在各种建筑工程中施工测量的方法和手段,了解施工控制网不仅是施工放样的依据,也是工程竣工测量的依据,同时还是建筑物沉降观测以及将来建筑物改建、扩建的依据。施工控制网与测图控制网相比较,具有控制点密度大、控制范围小、精度要求高和受干扰性大、使用频繁等特点。

建筑基线的布置,主要根据建筑物的分布、场地的地形和原有测图控制点的情况而定。建筑方格网的布置,是根据建筑设计总平面图上各种建筑物、道路、管线的分布情况,并结合现场地形情况拟定。

施工高程控制网一般按四等水准测量或等外水准测量来布设。当建筑场地面积较大时,可分为两级布设,即首级高程控制网采用三等水准测量测设,加密高程控制网采用四等水准测量测设。

民用建筑施工测量主要包括建筑物定位、细部轴线放样、基础施工测量和墙体施工测量。

工业建筑施工测量主要包括厂房控制网、厂房柱列轴线与柱基测设,厂房预制构件安装测量等。

烟囱是典型的高耸构筑物,其施工测量的工作主要是严格控制其中心位置,确保主体竖直。

最后,为了确切地反映工程竣工后的现状,为工程验收和以后的管理、维修、扩建、改建、事故处理提供依据,还须开展竣工测量和竣工总平面图的编绘。

复习和思考题

10-1　在工业厂房施工测量中,为什么要建立独立的厂房控制网? 在控制网中距离指标桩是什么? 其设立的目的是什么?

10-2　如何进行柱子吊装的竖直校正工作? 应注意哪些具体要求?

10-3　高耸构筑物测量有何特点? 在烟囱筒身施工测量中如何控制其垂直度?

10-4　简述工业厂房柱列轴线的测设方法。它的具体作用是什么?

10-5　简述吊车梁的安装测量工作。

10-6　简述工业厂房柱基的测设方法。

10-7　民用建筑施工测设前有哪些准备工作?

10-8　设置龙门板或引桩的作用是什么? 如何设置?

10-9　一般民用建筑条形基础施工过程中要进行哪些测量工作?

10-10　一般民用建筑墙体施工过程中,如何投测轴线? 如何传递标高?

10-11　在高层建筑施工中,如何控制建筑物的垂直度和传递标高?

10-12　简述施工控制网的布设形式和特点。

10-13　建筑基线的常用形式有哪几种? 基线点为什么不能少于3个?

10-14　建筑方格网如何布置? 主轴线应如何选定?

10-15　用极坐标法如何测设主轴线上的3个定位点? 试绘图说明。

10-16　建筑方格网的主轴线确定后,方格网点该如何测设?

10-17 施工高程控制网如何布设？布设时应满足什么要求？

10-18 设计成一定坡度的倾斜地面上挖填边界线如何确定？

【技能训练】

一、技能训练题目及训练目的

在学习完本项目的理论学习内容后，请学生在业余时间到某建筑施工现场参观，了解该工地建筑施工测量的全过程，增强建筑物墙体施工方法的理解；然后以一个生活小区或某学校为例，根据建筑特点，分析其建筑基线的布设、施测的工作过程，如何进行场地平整，结合现代测量方法选出测量方案，有条件时可在学校实训场地进行平整场地的测量和建筑基线的测设。

二、技能训练要求

1. 教师给学生配备全站仪、脚架、棱镜、棱镜杆、小钢尺或GNSS接收机1套。
2. 任课教师应给学生分组并提供校园内足够数量的已知点数据。
3. 学生每人单独计算场地平整和建筑基线测设数据。
4. 学生分组练习场地平整或建筑基线的测设。
5. 学生若有问题，则应向教师请教或探讨。
6. 学生上交实训成果。

【知识拓展】

北京大兴机场建设

项目11 桥梁施工测量

项目概述

道路通过河流或跨越山谷时需要架设桥梁,城市交通的立体化也需要建造桥梁,如立交桥、高架桥等。不同类型的桥梁其施工测量的方法和精度要求不相同,但总体而言,其内容大同小异。桥梁按平面形状可分为直线桥和曲线桥两种,按结构类型则可分为梁式桥、悬索桥、斜拉桥、拱桥等。

学习目标

◆知识目标

1. 了解桥梁施工控制网的布设形式和复测;
2. 理解国家坐标系、抵偿坐标系、桥轴坐标系之间的联系和区别;
3. 了解在大型桥梁施工中,采用抵偿坐标系的时间;
4. 理解要定期复测控制网的原因。

◆技能目标

1. 能正确使用全站仪根据施工需要加密或补充控制点;
2. 能操作全站仪进行直线桥梁墩、台定位和墩、台的纵横轴线;
3. 能操作全站仪进行各种桥型的上部结构中线及细部尺寸放样;
4. 能进行桥梁施工各阶段的高程放样。

◆素质目标

通过引导学生理解我国桥梁建设的辉煌成就凝聚着中华民族的智慧,是我国综合国力的真实体现,培养学生的民族自豪感,增强学生的职业荣誉感。

【课程导入】

桥梁施工测量的目的是把图上所设计的结构物的位置、形状、大小和高低,在实地标定出来,作为施工的依据。施工测量将贯穿整个桥梁施工全过程,是保证施工质量的一项重要工作。不同类型的桥梁其施工测量的方法和精度要求不相同。主要有:

(1)检查、核对所有桩位、水准点及测量资料;

(2)建立施工控制网,对已建好的施工控制网进行复测;

(3)根据施工需要加密或补充控制点;

(4)测定墩(台)基础桩的位置;

(5)进行构造物的平面和高程放样,将设计标高及几何尺寸测设于实地;

(6)施工变形观测;

(7)测定并检查施工结构物的位置和标高;

(8)竣工测量。

任务1　桥梁施工控制网

桥梁施工开始前,必须在桥址区建立统一的施工控制基准,布设施工控制网。桥梁施工控制网主要用于桥墩基础定位放样的主梁架设,因此必须结合桥梁的桥长、桥型、跨度,以及工程的结构、形状和施工精度要求布设合理的施工控制网。

桥梁施工控制网分为施工平面控制网和施工高程控制网两个部分。

1　桥梁施工控制网的技术要求

在建立控制网时,既要考虑三角网本身的精度,即图形强度,又要考虑以后施工的需要。所以,在布网之前,应对桥梁的设计方案、施工方法、施工机具及场地布置、桥址地形及周围的环境条件、精度要求等方面进行研究,然后在桥址地形图上拟订布网方案,在现场选定点位。点位应选在施工范围以外,且不能位于淹没或土质松软的地区。

控制网应力求满足下列要求:

(1)图形应具有足够的强度,使测得的桥轴线长度的精度能满足施工要求,并能利用这些三角点以足够的精度放样桥墩。当主网的三角点数目不能满足施工需要时,能方便地增设插点。在满足精度和施工要求的前提下,图形应力求简单。

(2)为使控制网与桥轴线连接起来,在河流两岸的桥轴线上应各设一个三角点,三角点距桥台的设计位置也不应太远,以保证桥台的放样精度。放样桥墩时,仪器可安置在桥轴线上的三角点上进行交会,以减少横向误差。

(3)控制网的边长一般在50%~150%河宽的范围内变动。由于控制网的边长较短,可直接丈量控制网的一条边作为基线。基线长度不宜小于桥轴线长度的70%,一般应在两岸各设一条,以提高三条网的精度及增加检核条件。通常丈量两条基线边、两岸各一条。基线如用钢尺直接丈量,以布设成整尺段的倍数为宜。基线场地应选在土质坚实、地势平坦的地段。

(4)三角点均应选在地势较高、土质坚实稳定、便于长期保存的地方,而且三角点的通视条件要好,要避免旁折光和地面折光的影响。要尽量避免造标。

(5)桥梁施工的高程控制点即水准点,每岸至少埋设三个,并与国家水准点联测。水准点应采用永久性的固定标石,也可利用平面控制点的标石。同岸的三个水准点,两个应埋设在施工范围以外,以免受到破坏,另一个应埋设在施工区内,以便直接将高程传递到所需要的地方。同时还应在每一个桥台、桥墩附近设立一个临时施工水准点。

2 桥梁施工平面控制网

2.1 桥梁施工平面控制网的基本要求

2.1.1 平面控制网的布设形式

测量仪器的更新、测量方法的改进,特别是高精度全站仪的普及,给桥梁平面控制网的布设带来了很大的灵活性,也使网形趋于简单化。桥梁施工平面控制网可采用GNSS网、三角形网和导线网等形式。

桥梁三角网的基本图形为大地四边形和三角形,并以控制跨越河流的正桥部分为主。图11-1为桥梁三角网最为常见的图形。图11-1(a)所示图形适用于桥长较短且需要交会的水中墩、台数量不多的一般桥梁的施工放样;图11-1(b)、(c)、(d)三种图形的控制点数多、图形坚强、精度高,适用于大型、特大型桥。图11-1(e)所示为利用江河中的沙洲建立控制网的情况,说明一切都应从实际出发,选择最适宜的网形。

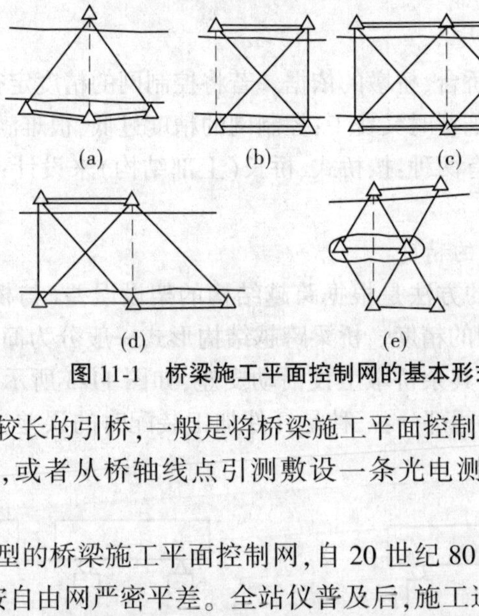

图11-1 桥梁施工平面控制网的基本形式

特大型桥通常有较长的引桥,一般是将桥梁施工平面控制网向两侧延伸,增加几个点构成多个大地四边形网,或者从桥轴线点引测敷设一条光电测距精密导线,导线宜采用闭合环。

对于大型和特大型的桥梁施工平面控制网,自20世纪80年代以来已广泛采用边角网或测边网的形式,并按自由网严密平差。全站仪普及后,施工通常采用坐标放样和检测,在桥轴线上设有控制点的优势已不明显,因此,在首级控制网设计中,可以不在桥轴线上设置控制点。从20世纪90年代至今,由于全球卫星定位系统的出现,用GNSS测量大型和特大型的桥梁施工平面控制网已成为现实。如南京长江三桥首级平面控制网作为跨江斜拉桥的专用控制网,既要为勘察设计阶段服务,又要为工程施工期的放样和运营期的变形监测服务,桥位跨江宽度约1.8 km,共计布设12点,江南、江北各6点,如图11-2所示,主要采用5台GNSS接收机和DI2002测距仪观测,采用基线处理软件GAMIT(Ver 10.05)。利用精密星历,采用双差观测值解算,基线解的相对精度能达到10^{-9}左右。控制网处理时采用IGS精密星历,其轨道精度达到0.05 m。选取的全球站为武汉、北京、上海。平差结果显示,相对于武汉、上海站的平面精度大约在±7 mm,高程精度大约在±10 mm。由此可见,南京长江三桥整网的平差精度,各点的地心坐标精度均较高。南京长江三桥首级GNSS平面控制测量,首次实现了在高精度工程控制网中将多种常规测量数据与GNSS数据联合平差计算,在平差软件中加入方差检验、合理定出不同观测值的权,克服了GNSS数据与常规测量数据互不兼容性,取得了预期的效果。

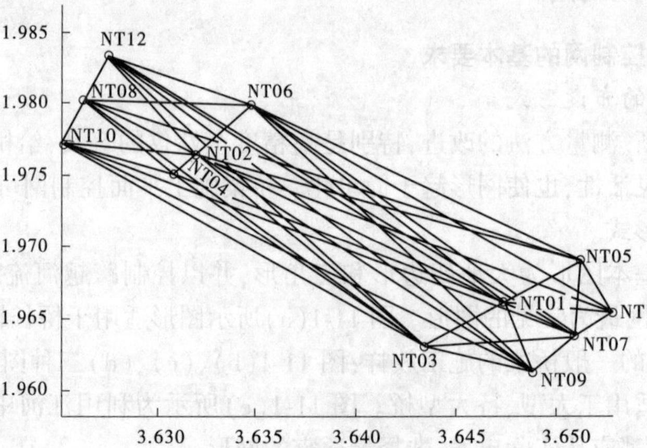

图 11-2　南京长江三桥首级平面控制网

2.1.2　桥梁控制网的精度确定

桥梁施工控制网是放样桥台、桥墩的依据。若将控制网的精度定得过高,虽能满足施工的要求,但控制网施测困难,既费时又费工;控制网的精度过低,很难满足施工的要求。目前常用确定控制网精度的方式有两种:按桥式、桥长(上部结构)来设计;按桥墩中心点位误差(下部结构)来设计。

2.1.2.1　按桥式确定控制网的精度

按桥式确定控制网精度的方法是根据跨越结构的架设误差(与桥长、跨度大小及桥式有关)来确定桥梁施工控制网的精度。桥梁跨越结构形式一般分为简支梁和连续梁。简支梁在一端桥墩上设固定支座,其余桥墩上设活动支座,如图 11-3 所示。在钢梁的架设过程中,它的最后长度误差来源于两部分:一种是杆件加工装配时的误差,另一种是安装支座的误差。

图 11-3　桥梁跨越结构的形式

根据《铁路钢桥制造规范》(QCR 9211—2015)的有关规定,钢桁梁节间长度制造容许误差为±2 mm,两组孔距误差±0.5 mm,则每一节间的制造和拼装误差为 $\Delta l=\pm\sqrt{0.5^2+2^2}=\pm2.06$(mm),当杆件长 16 m 时,其相对容许误差为

$$\frac{\Delta l}{l}=\frac{2.06}{16\,000}=\frac{1}{7\,767}$$

由 n 根杆件铆接的桁式钢梁的长度误差为

$$\Delta L=\pm\sqrt{n\Delta l^2}$$

设固定支座安装容许误差为 δ,则每跨钢梁安装后的极限误差为

$$\Delta d = \pm \sqrt{\Delta L^2 + \delta^2} = \pm \sqrt{n\Delta l^2 + \delta^2} \tag{11-1}$$

δ 的值可根据固定支座中心里程的纵向容许偏差大小和梁长与桥式来确定,目前一般取 $\delta = \pm 7$ mm。

由上述分析,即可根据各桥跨求得其全长的极限误差

$$\Delta L = \pm \sqrt{\Delta d_1^2 + \Delta d_2^2 + \cdots + \Delta d_N^2} \tag{11-2}$$

式中 N——桥的跨数。

当等跨时,有:

$$\Delta L = \pm \Delta d \sqrt{N}$$

取 $\frac{1}{2}$ 的极限误差为中误差,则全桥轴线长的相对中误差为

$$\frac{m_L}{L} = \frac{1}{2} \frac{\Delta L}{L}$$

表 11-1 是根据上述铁路规范列举出的以桥式为主结合桥长来确定控制网的精度要求;表 11-2 是根据《公路桥涵施工技术规范》(JTG/T 3650—2020)列举出的以桥长为主来确定控制网测设的精度。显而易见,铁路规范比公路规范要求高。在实际应用中,尤其是对特大型公路桥,应结合工程需要确定首级网的等级和精度,例如南京长江二桥南汊桥虽为公路桥,按《公路桥涵施工技术规范》(JTG/T 3650—2020)要求可只布设四等三角网,但考虑其为大型斜拉桥,要求放样精度较高。因此,采取了按国家规范二等三角网的要求来布设其首级施工控制网,除按全组合法进行测角外,同时还进行了测边,平差后其精度高于国家二等三角网的要求。

表 11-1　铁路规范规定的桥位三角网精度要求

等级	测角中误差/(″)	桥轴线相对中误差	最弱边相对中误差
一	±0.7	1/175 000	1/150 000
二	±1.0	1/125 000	1/100 000
三	±1.8	1/75 000	1/60 000
四	±2.5	1/50 000	1/40 000
五	±4.0	1/30 000	1/25 000

表 11-2　公路规范规定的桥位三角网精度要求

等级	桥轴线桩间距离/m	测角中误差/(″)	桥轴线相对中误差	基线相对中误差	三角形最大闭合差/(″)
二	≥5 000	±1.0	1/130 000	1/260 000	±3.5
三	2 001~5 000	±1.8	1/70 000	1/140 000	±7.0
四	1 001~2 000	±2.5	1/40 000	1/80 000	±9.0
五	501~1 000	±5.0	1/20 000	1/40 000	±15.0
六	201~500	±10.0	1/10 000	1/20 000	±30.0
七	≤200	±20.0	1/5 000	1/10 000	±60.0

2.1.2.2　按桥墩放样的容许误差确定平面控制网的精度

在桥墩的施工中,从基础至墩台顶部的中心位置要根据施工进度随时放样确定,因为放样的误差使得实际位置与设计位置存在着一定的偏差。

根据桥墩设计理论,当桥墩中心偏差在±20 mm内时,产生的附加力在容许范围内。因此,目前在相关规程中,对桥墩支座中心点与设计里程纵向容许偏差做了规定,对于连续梁和跨度大于60 m的简支梁,其容许偏差为±10 mm。

上述容许偏差,即可作为确定桥梁施工控制网的必要精度时的依据。在桥墩的施工放样过程中,引起桥墩点位误差的因素包括两部分:一部分是控制测量误差的影响,另一部分是放样测量过程中的误差。它们可用下式表示:

$$\Delta^2 = m_{控}^2 + m_{放}^2 \tag{11-3}$$

式中　$m_{控}$——控制点误差对放样点处产生的影响;

$m_{放}$——放样误差。

进行控制网的精度设计,就是根据 Δ 的实际施工条件,按一定的误差分配原则,先确定 $m_{控}$ 和 $m_{放}$ 的关系,再确定具体的数值要求。

结合桥梁施工的具体情况,在建立施工控制网阶段,施工工作尚未展开,不存在施工干扰,有比较充裕的时间和条件进行多余观测以提高控制网的观测精度;而在施工放样时,现场测量条件差、干扰大、测量速度要求快,不可能有充裕的时间和条件来提高测量放样的精度。因此,控制点误差 $m_{控}$ 要远小于放样误差 $m_{放}$。不妨取 $m_{控}^2 = 0.2m_{放}^2$,按式(11-3)可求得:$m_{控} = 0.4\Delta$。

当桥墩中心测量精度要求 $\Delta = \pm 20$ mm时,$m_{控} = \pm 8$ mm。当以此作为控制网的最弱边长精度要求时,即可根据设计控制网的平均边长(或主轴线长度、或河宽)确定施工控制网的相对边长精度要求。如南京长江二桥南汊桥要求桥轴线边长相对中误差≤1/180 000,最弱边边长相对中误差≤1/130 000,起始边边长相对中误差1/300 000。

2.1.3　平面控制网的坐标系统

2.1.3.1　国家坐标系

桥梁建设中都要考虑与周边道路的衔接,因此,平面控制网应首先选用国家统一坐标系统。但在大型和特大型桥梁建设中,选用国家统一坐标系统时应具备的条件是:①桥轴线位于高斯正形投影统一3°带中央子午线附近;②桥址平均高程面应接近于国家参考椭球面或平均海水面。

2.1.3.2　抵偿坐标系

由计算可知,当桥址区的平均高程大于160 m或其桥轴线平面位置离开统一的3°带中央子午线东西方向的距离(横坐标)大于45 km时,其长度投影变形值将会超过25 mm/km(1/40 000)。此时,对于大型或特大型桥梁施工来说,仍采用国家统一坐标系统就不适宜了。通常的做法是人为地改变归化高程,使距离的高程归化值与高斯投影的长度改化值相抵偿,但不改变统一的3°带中央子午线进行的高斯投影计算的平面直角坐标系统,这种坐标系称为抵偿坐标系。所以,在大型桥梁施工中,当不具备使用国家统一坐标系时,通常采用抵偿坐标系。

2.1.3.3　桥轴坐标系

在特大型桥梁的主桥施工中,尤其是桥面钢构件的施工,定位精度要求很高,一般小于

5 mm,此时选用国家统一坐标系和抵偿坐标系都不适宜,通常选用高斯正形投影任意带(桥轴线的经度作为中央子午线)平面直角坐标系,称为桥轴坐标系,其高程归化投影面为桥面高程面,桥轴线作为 X 轴。

在实际应用中,常常会根据具体情况共用几套坐标系。比如,在南京长江二桥建设中就使用了桥轴坐标系、抵偿坐标系。

2.1.4 平面控制网的加密

桥梁施工首级控制网由于受图形强度条件的限制,其岸侧边长都较长。例如,当桥轴线长度在 1 500 m 左右时,其岸侧边长大约在 1 000 m,则当交会半桥长度处的水中桥墩时,其交会边长达到 1 200 m 以上。这对于在桥梁施工中用交会法频繁放样桥墩是十分不利的,而且桥墩愈靠近本岸,其交会角就愈大。从误差椭圆的分析中得到,过大或过小的交会角,对桥墩位置误差的影响都较大。此外,控制网点远离放样物,受大气折光、气象干扰等因素影响也增大,将会降低放样点位的精度。因此,必须在首级控制网下进行加密,这时通常是在堤岸边上合适的位置上布设几个附点作为加密点,加密点除考虑其与首级网点及放样桥墩通视外,更应注意其点位的稳定可靠及精度。结合施工情况和现场条件,可以采用如下的加密方法:

(1)由 3 个首级网点以 3 个方向前方交会或由 2 个首级网点以 2 个方向进行边角交会的形式加密。

(2)在有高精度全站仪的条件下,可采用导线法,以首级网两端点为已知点,构成附合导线的网形。

(3)在技术力量许可的情况下,也可将加密点纳入首级网中,构成新的施工控制网,这对于提高加密点的精度行之有效。

加密点是施工放样使用最频繁的控制点,且多设在施工场地范围内或附近,受施工干扰、临时建筑或施工机械极易造成不通视或破坏而失去效用,在整个施工期间,常常要多次加密或补点,以满足施工的需要。

2.1.5 平面控制网的复测

桥梁施工工期一般都较长,限于桥址地区的条件,大多数控制点(包括首级网点和加密点)多位于江河堤岸附近,其地基基础并不十分稳定,随着时间的变化,点位有可能发生变化。此外,桥墩钻孔桩施工、降水等也会引起控制点下沉和位移。因此,在施工期间,无论是首级网点还是加密点,必须进行定期复测,以确定控制点的变化情况和稳定状态,这也是确保工程质量的重要工作。控制网的复测周期可以采用定期进行的办法,如每半年进行一次;也可根据工程施工进度、工期,并结合桥墩中心检测要求情况确定。一般应在下部结构施工期间,要对首级控制网及加密点进行至少两次复测。

第一次复测宜在桥墩基础施工前期进行,以便据以精密放样或测定其墩台的承台中心位置。第二次复测宜在墩、台身施工期间进行,并宜在主要墩、台顶帽竣工前完成,以便为墩、台顶帽位置的精密测定提供依据。而这个顶帽竣工中心即作为上部建筑放样的依据。

复测应采用不低于原测精度的要求进行。由于加密点是施工控制的常用点,在复测时通常将加密点纳入首级控制网中观测,整体平差,以提高加密点的精度。

值得提出的是,在未经复测前要尽量避免采用极坐标法进行放样,否则应有检核措施,以免产生较大的误差。无论是复测前或复测后,在施工放样中,除后视一个已知方向外,应加测另一个已知方向(或称双后视法),以观察该测站上原有的已知角值与所测角值有无超出观测误差范围的变化。这个办法也可避免在后视点距离较长时,特别是气候不好、视线不甚良好时发生观测错误的影响。

2.2 桥梁 GNSS 网

2.2.1 GNSS 控制网的布设

2.2.1.1 首级 GNSS 平面控制网基本要求

首级 GSNS 平面控制网要求按《公路勘测规范》(JTG C10—2007)和《全球定位系统(GPS)测量规范》(GB/T 18314—2009)中 GPS B 级网的精度指标要求,对外业施测和内业数据处理等技术环节均适当提高技术指标。在外业数据采集时,采用高精度双频 GPS 接收机静态相对定位作业模式。在 GPS 观测的同时,采用精密测距仪加测同岸可通视的较短基线边长,用以检核 GPS 基线尺度。

2.2.1.2 桥位 GNSS 控制网布设

当桥位两岸无法通视时,采用全球卫星定位技术布设大桥平面控制网,测量方式采用高精度静态相对定位模式。同时,利用常规测量手段相辅助。由于两岸跨度大,设立的桥位控制点既要满足布网要求,同时还须满足施工放样的要求,势必形成布网长短边相差较大的现象(跨杭州湾水面的 GPS 边长有 30 km 左右,同岸满足施工放样要求的 GPS 边长为 2 km 左右,边长相差较大),此比例达到 1/15,构成的网不利于提高点位精度。利用常规测量方法作为辅助手段,用高精度测距仪加测部分边长,检核 GPS 基线,验证 GPS 基线尺度,可直观地反映测量的元素及精度。

2.2.2 桥位 GPS 控制网的施测

2.2.2.1 选点

根据布设网形进行实地选点,选点时应带测绘器具进行现场踏勘选点。选点须遵循以下几个原则:

(1)按 GNSS 观测要求,保证卫星信号的正常接收,要减弱信号干扰。远离大功率无线电发射源,注意避开电视转播台、无线电微波站、大功率雷达站,另外尽量避开高压线,确保观测质量。

(2)控制点要布设在四周开阔的区域,在地面高度角大于 15°范围内不应有障碍物,避免控制点周围有强反射面,尽可能与大面积水域保持一定距离。若确实无法避开,则须通过提高卫星观测高度角等有效措施,保证观测质量。

(3)点位应有利于安全作业、长期保存。选点时应根据甲方提供的桥位设计平面图与施工平面布置图,根据施工特点与施工计划等情况,在甲方的协助下,准确估计施工区范围,避免施工时点被破坏。若有需要,点位也可选择在基础稳定、结构坚固的平面房顶上。

(4)当大桥初步设计的桥轴线为曲线时,两岸桥轴线上的控制点尽量布设在两岸轴线两端的切线或两岸桥位桩延长线的附近。

(5)绘制点之记、委托保管书。

(6)控制点位须作为等级水准点使用,须符合等级水准点埋设的有关要求进行选埋。

(7)首级控制点点位初步选定后,先用木桩及测旗标示桩位。然后由建设单位请有关施工单位派专家检查、认可后,才最后确定具体点位。

2.2.2.2 埋石

为了提高平面控制点的精度、减少对中误差、方便施工放样及形变观测，桥区靠近桥轴线的控制点须建立强制对中的钢筋混凝土观测墩，观测墩顶部埋设不锈钢强制对中基盘。

GNSS点点位选择与墩标埋设须同时满足水准测量的有关要求。根据地质资料和现场勘查，桥区两岸地基较松软。为了增强点位的稳定性，在埋标时需对观测墩进行基础打桩处理：在点位底座下打入1个直径为50 cm的混凝土桩或4个直径较小混凝土桩，打入的深度根据各点的地质或土质条件。

3 桥梁施工高程控制

3.1 桥梁施工高程控制网的布设

3.1.1 高程控制网的精度

无论是公路桥、铁路桥或公铁两用桥，在测设桥梁施工高程控制网前都必须收集两岸桥轴线附近国家水准点资料。对城市桥还应收集有关的市政工程水准点资料；对铁路及公铁两用桥还应收集铁路线路勘测或已有铁路的水准点资料，包括其水准点的位置、编号、等级、采用的高程系统及其最近测量日期等。

桥梁高程控制网的起算高程数据是由桥址附近的国家水准点或其他已知水准点引入。这只是取得统一的高程系统，而桥梁高程控制网仍是一个自由网，不受已知高程点的约束，以保证网本身的精度。

由于放样桥墩、台高程的精度除受施工放样误差的影响，控制点间高差的误差亦是一个重要的影响因素，因此高程控制网必须要有足够高的精度。对于水准网，水准点之间的联测及起算高程的引测一般采用三等。跨河水准测量当跨河距离小于800 m时采用三等，大于800 m则应采用二等。

3.1.2 水准点的布设

水准点的选点与埋设工作一般都与平面控制网的选点与埋石工作同步进行，水准点应包括水准基点和工作点。水准基点是整个桥梁施工过程中的高程基准，因此在选择水准点时应注意其隐蔽性、稳定性和方便性。即水准基点应选择在不致被损坏的地方，同时要特别避免地质不良、过往车辆影响和易受其他振动影响的地方。此外还应注意其不受桥梁和线路施工的影响，又要考虑其便于施工应用。在埋石时应尽量埋设在基岩上。在覆盖层较浅时，可采用深挖基坑或用地质钻孔的方法使之埋设在基岩上；在覆盖层较深时，应尽量采用加设基桩（开挖基坑后打入若干根大木桩的方法）以增加埋石的稳定性。水准基点除了考虑其在桥梁施工期间使用，要尽可能做到在桥梁施工完毕交付运营后能长期用作桥梁沉降观测之用。

在布设水准点时，对于桥长在200 m以内的大、中桥，可在河两岸各设置一个。当桥长超过200 m时，由于两岸联测起来比较困难，而且水准点高程发生变化时不易复查，因此每岸至少应设置两个水准点。对于特大桥，每岸应选设不少于三个水准点，当能埋设基岩水准点时，每岸也应不少于两个水准点；当引桥较长时，应不大于1 km设置一个水准点，并且在引桥端点附近应设有水准点。为了施工时便于使用，还可设立若干个施工水准点。

水准点应设在距桥中线50~100 m范围内，坚实、稳固、能够长久保留，便于引测使用的地方，且不易受施工和交通的干扰。相邻水准点之间的距离一般不大于500 m。此外，在桥墩较高、两岸陡峭的情况下,应在不同高度设置水准点,以便于放样桥墩的高程。

在桥梁施工过程中,单靠水准基点,难以满足施工放样的需要,因此在靠近桥墩附近再设置水准点,通常称为工作基点。这些点一般不单独埋石,而是利用平面控制网的导线点或三角网点的标志作为水准点。采用强制对中观测墩时,则是将水准标志埋设在观测墩旁的混凝土中。

3.2　跨河水准测量

跨河水准测量是桥梁施工高程控制网测设工作中十分重要的一环。这是因为桥梁施工要求其两岸的高程系统必须是统一的。同时,桥梁施工高程精度要求高,因此即使两岸附近都有国家或其他部门的高等级水准点资料,也必须进行高精度的跨河水准测量,使与两岸自设水准点一起组成统一的高精度高程控制网。

图11-4为南京长江三桥首级施工高程控制网,其中有两处跨河水准测量,a_1、a_2 和 b_1、b_2 为4个跨河水准点分别位于桥轴线上、下游约500 m的位置上,跨河视线长度分别为1 894 m和1 840 m,采用2台T3经纬仪,按经纬仪倾角法,以二等跨河水准测量要求进行施测。

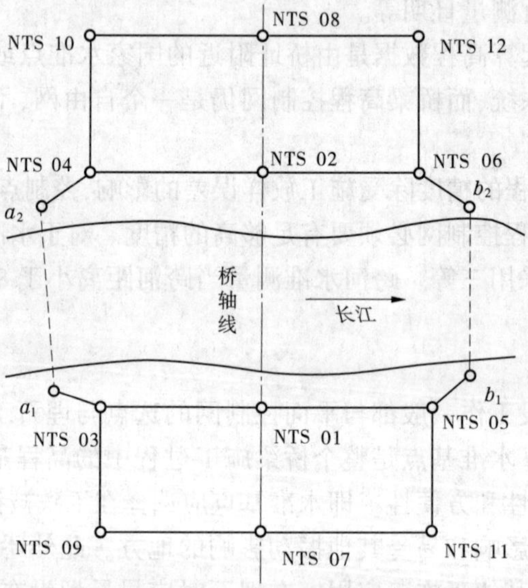

图11-4　南京长江三桥施工首级高程控制网

3.3　水准测量及联测

桥梁高程控制网应与路线采用同一个高程系统,因而要与路线水准点进行联测,但联测的精度可略低于施测桥梁高程控制网的精度。因为它不会影响到桥梁各部高程放样的相对精度。

桥梁施工高程控制网测量的大部分工作量在跨河水准测量上。在进行跨河水准测量前,应对两岸高程控制网,按设计精度进行测量,并联测将用于跨河水准测量的临时(或永久)水准点。同时将两岸国家水准点或部门水准点的高程引测到桥梁施工高程控制网的水准点上来,并比较其两岸已知水准点高程是否存在问题,以确定是否需要联测到其他已知高程的水准点上。但最后均采用由一岸引测的高程来推算全桥水准点的高程,在成果中应着重说明其引测关系及高程系统。

桥梁施工高程控制网复测一般配合平面控制网复测工作一并进行。复测时应采用不低于原测精度的方法。当水中已有建成或即将建成的桥墩时,可予以利用,以缩短其跨河视线的长度。

【小贴士】

本任务主要介绍如何在桥梁施工开始前,建立统一的施工控制基准,并结合桥梁的桥长、桥型、跨度,以及工程的结构、形状和施工精度要求布设施工控制网。桥梁施工控制网分为施工平面控制网和施工高程控制网两部分。通过该任务的学习,学生应该能对用 GNSS 测量桥梁施工平面控制网有进一步的了解。

任务 2 直线桥梁施工测量

1 桥梁施工前的复测与施工控制点加密

1.1 路线中线复测

由于桥梁墩、台定位精度要求很高,而墩、台位置又与路线中线的测设精度密切相关,所以必须对路线中线进行复测检查。

当桥梁位于直线上时,应复测该直线上所有的转点。位于桥跨上的转点,应在其上安置经纬仪测出右角(右角)β_i,并测量转点间距离 S_i,如图 11-5 所示。以桥梁中线方向为纵坐标方向,根据右角 β_i 和转点间距离 S_i 计算出各转点相对于桥轴线的坐标,以此调整桥跨内转点的位置。

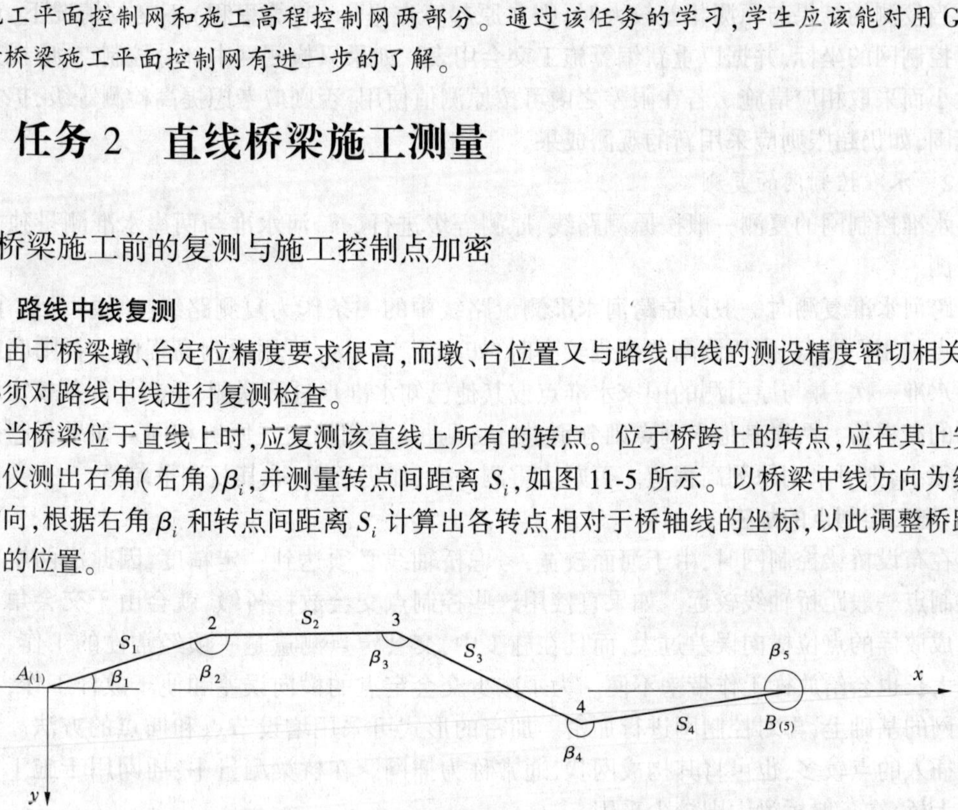

图 11-5 桥梁位于直线上转点的复测

当桥梁位于曲线上时,应对整个曲线进行复测。

曲线转角的测定方法有多种,若以桥梁三角网或导线网作为控制,则可利用路线交点坐标进行计算与测设,若在现场用全站仪直接测定,须在测定之前首先检查交点位置的正确性。在转角测定后,应按实测的转角重新计算曲线元素,并测设曲线控制桩。

曲线桥与直线桥一样,也要在桥的两端的路线上埋设两个控制桩,用以校核墩、台定位的精度以及作为测设墩、台中心位置的依据。这两个控制桩的测设精度,要满足桥轴线精度的要求。

控制桩测设时,如果控制桩位于曲线上,通常是根据曲线切线方向,用切线支距法进行测设,这就要求切线的测量精度高于桥轴线精度,所以应先精密测量切线的长度,然后根据控制桩的切线支距 x、y,将其钉设在地面上。两控制点之间的距离可用全站仪测量。其长度相对精度应符合规范有关规定。

1.2 桥梁控制网的复测

1.2.1 平面控制网的复测

平面控制网的复测一般包括基线的复测、角度的复测、成果的复算及对比等。复测应尽可能保持原测网的图形。复测精度一般仍按原测的精度要求进行。基线可只复测一条,并以复测结果为准。当标石设有护桩时,应同时检查标石的位移情况。标石顶部测有高程的,应进行水准测量以检查标石有无沉陷和变动。

当复测的结果与原测相差较大时,则在原起算点坐标(起算里程)不变的情况下,重新计算控制网的坐标,并据以重新编算施工交会用表。如果只检测网中部分控制点,应视其变位大小而采取相应措施。若在限差之内可按原测值使用,否则应考虑提高检测等级,扩大检测范围,如仍超限则应采用新的观测成果。

1.2.2 水准控制网的复测

水准控制网的复测一般按原测路线、原测等级进行。跨河水准与两岸水准测量独立进行复测。

跨河水准复测时一般以原跨河水准测量路线中的一条作为复测路线,单线过河。两岸水准点仍用原测点,当所测高差变化较小时,如小于 10 mm,可用原测高程值。否则应重测跨河水准一次,并与原引测的国家水准点或其他已知水准点进行联测,重新计算并核定最后采用的高程值。两岸其他水准点则分别进行复测,其观测精度与原测相同。如果复测高差变化很小,则可采用原测高程值。否则应重测一次,如仍超限,取其复测平差值。

1.3 施工控制点的加密

在布设桥梁控制网时,由于河面较宽,考虑桥轴线必须达到一定精度,因此沿两岸布设的控制点一般距桥轴线较远。如果直接用这些控制点交会放样桥墩,就会由于交会角不好而造成放样的点位横向误差过大,而且在施工中,交会定点测量是一项经常性的工作,观测视线太长也会给放样工作带来不便。为了减少交会定点的横向误差和便于放样工作,在原控制网的基础上,再对控制网进行加密。加密的形式可采用增设节点和插点的方法。如果需要插入的点较多,也可将其构成网状,通常称为插网。在桥梁测量中,插网用于施工复杂的特大桥,在一般桥梁中则较少采用。

此外,由于施工现场的情况经常变化,在观测中常会出现一些意想不到的事情,如施工机具或堆放的材料遮挡住观测视线,因此常会根据需要随时加密控制点,以满足施工放样的需要。

1.3.1 节点的设置

节点是在桥梁平面控制网布设基线的同时设置的,即是在基线中间适当部位设置的点。在基线测量时,顺便测出节点至基线端点的距离。由于其方向与基线方向一致,所以在解算出控制网坐标后,节点坐标即可算出。由此看来,设置节点除需埋设标志外,不会增加太多的观测工作量。

图 11-6 为桥梁控制网,在基线测量的同时,在两基线的中间各设置了一个节点 A 和 B,用以放样与节点居于同一侧附近的桥墩。

由于节点必须位于基线上,因此设点位置受到一定限制。

1.3.2 插点

插点的方法是将新增设的点与控制网中的若干点构成一个三角网,在测出各个角值或边长以后,利用控制点的已知坐标,即可推算出新增设的点的坐标。

桥梁控制网插点的位置多设在岸边,当河中有陆洲时亦可布设插点。为了使插点时的图形坚强,多数情况下是利用插点的对岸控制点进行交会。插点时可采用前方交会、侧方交会、后方交会和测边交会等。常用的图形如图 11-7 所示。

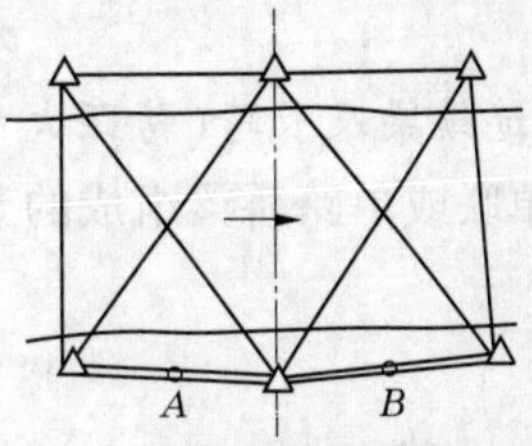

图 11-6　桥梁控制网基线上设节点

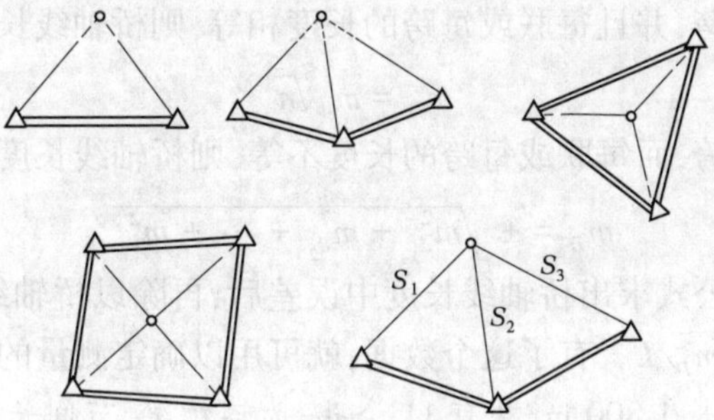

图 11-7　桥梁控制网插点常用的交会方法

2　桥轴线测定

2.1　桥轴线测量精度的估算

桥梁的中心线称为桥轴线。桥轴线两岸控制桩 A、B 间的水平距离称为桥轴线长度,如图 11-8 所示。由于桥梁施工测量的主要任务之一是正确地测设出墩、台的位置,而桥轴线长度又是设计与测设墩、台位置的依据,因此必须保证桥轴线长度的测量精度。下面按桥型给出桥轴线精度的估算方法。

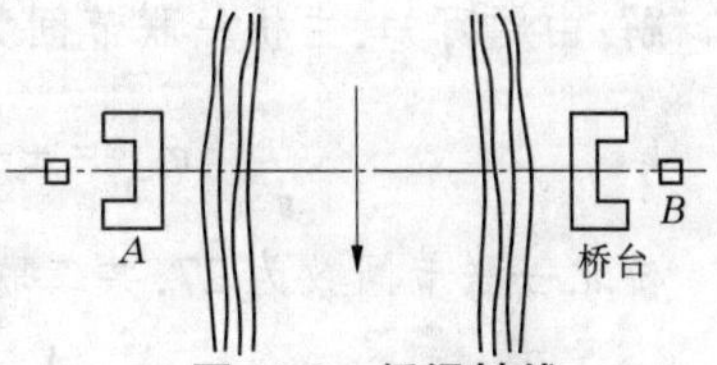

图 11-8　桥梁轴线

2.1.1　混凝土梁与钢筋混凝土梁

设墩中心点位的放样限差为 ΔL,全桥共有 n 跨,则桥轴线长度中误差为

$$m_D = \frac{\Delta L}{\sqrt{2}}\sqrt{n} \tag{11-4}$$

ΔL 一般取±10 mm。

2.1.2　钢板梁与短跨(跨距不大于 64 m)简支钢桁梁

设钢梁的梁长为 l,其制造限差为 1/5 000,支座的安装限差为 δ,则单跨桥梁的桥轴线长度中误差为

$$m_d = \pm\frac{1}{2}\sqrt{\left(\frac{l}{5\,000}\right)^2 + \delta^2} \tag{11-5}$$

δ 一般取±7 mm。

当桥梁为多跨且跨距相等时,则桥轴线长度中误差为

$$m_D = m_d\sqrt{n} \tag{11-6}$$

当桥梁为多跨而跨距不等时,则桥轴线长度中误差为

$$m_D = \pm\sqrt{m_{d_1}^2 + m_{d_2}^2 + \cdots + m_{d_n}^2} \tag{11-7}$$

2.1.3　连续梁及长跨(跨距大于 64 m)简支钢桁梁

设单联或单跨桥梁组成的节间数为 N，一个节间的拼装限差为 Δl，则其桥轴线长度中误差为

$$m_d = \pm\frac{1}{2}\sqrt{N\Delta l^2 + \delta^2} \tag{11-8}$$

Δl 一般取±2 mm。

当桥梁为多联或多跨，并且每联或每跨的长度相等，则桥轴线长度中误差为

$$m_D = m_d\sqrt{n} \tag{11-9}$$

当桥梁为多联或多跨，而每联或每跨的长度不等，则桥轴线长度中误差为

$$m_D = \pm\sqrt{m_{d_1}^2 + m_{d_2}^2 + \cdots + m_{d_n}^2} \tag{11-10}$$

在根据以上各估算公式求出桥轴线长度中误差后，再除以桥轴线长度 L，即得桥轴线长度应具有的相对中误差 m_D/L。有了这个数据，就可用以确定测量的等级和方法。

【例 11-1】　某桥桥长 1 800 m，共有 11 个孔，为连续梁，节间长度为 18 m。主桥共 3 孔为一联，孔长为 180 m+216 m+180 m。桥北也是 3 孔为一联，共二联，二联的孔长均为 162 m+162 m+162 m。桥南共一联 2 孔，孔长为 126 m+126 m。欲求测定该桥桥轴线长度应具有的精度。

解：由题可知，主桥一联节间数为 32，按式(11-8)可得

$$m_{d_1} = \pm\frac{1}{2}\sqrt{32\times 2^2 + 7^2} = \pm 6.65(\text{mm})$$

桥北一联节间数为 27，共二联，按式(11-8)和式(11-9)可得

$$m_{d_2} = \pm\frac{1}{2}\sqrt{27\times 2^2 + 7^2}\times\sqrt{2} = \pm 8.86(\text{mm})$$

桥南一联节间数为 14，按式(11-8)可得

$$m_{d_3} = \pm\frac{1}{2}\sqrt{14\times 2^2 + 7^2} = \pm 5.12(\text{mm})$$

桥轴线长度中误差，按式(11-10)可得

$$m_D = \pm\sqrt{6.65^2 + 8.86^2 + 5.12^2} = \pm 12.2(\text{mm})$$

桥轴线长度相对中误差为

$$m_D/L = \frac{12.2}{1\ 800\ 000} = \frac{1}{147\ 000}$$

2.2　桥轴线测量方法

使用全站仪能直接测定桥轴线长度。但若桥墩的施工要采用交会法定位，则可将桥轴线长度作为一条边，布设成双闭合环导线，如图 11-9 所示。在此情况下，采用全站仪进行观测尤为方便，测距和测角可同时进行。

在布设导线时，应考虑导线点的位置尽可能选在高处，以便于对桥墩进行交会定位及减少水面折光对测距的影响，而且使交会角尽可能接近 90°。在岸上的导线边长不宜过短，以免降低测角的精度。在选好的导线点上，一般应埋设混凝土桩志。

在实测之前,应按规范中规定的检验项目对全站仪进行检验,以确保观测的质量。观测应选在大气稳定、透明度好的时间段进行。测距时应同时测定温度、气压及竖直角,用来对测得的斜距进行气象改正和倾斜改正。每一条边均应进行往返观测。如果反射棱镜常数不为零,还要对距离进行修正。

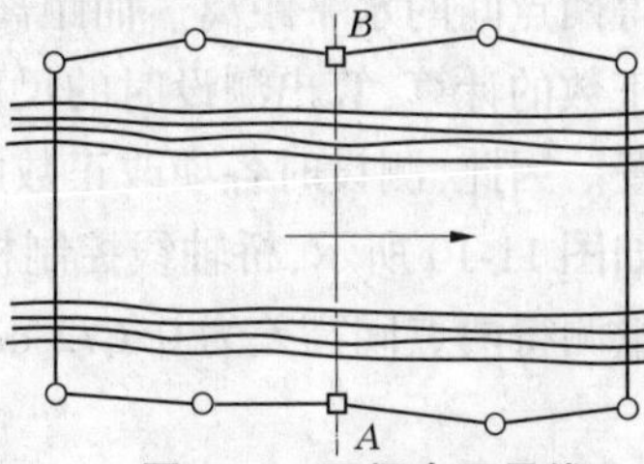

图 11-9 双闭合环导线

导线点的精度要根据施工时桥墩的定位方法而定,如果施工时桥墩的基础部分用交会法定位,则当桥墩修出水面之后,即用测距仪直接测距定位,则导线的精度要求可适当降低。

2.3 三角网或边角网法

特大型桥的桥轴线测定一般采用三角测量的方法。选点时将桥轴线作为三角网的一条边长,在精确测定三角网的 1~2 条边长(称为基线),观测所有角度后,即可解算桥轴线长度。若在三角网的基础上加测若干边长,称为边角网,其精度一般优于三角网,但外业工作量及平差工作的难度都比三角网大。

3 直线桥梁的墩、台定位

在桥梁施工测量中,测设墩、台中心位置的工作称为桥梁墩、台定位。

直线桥梁的墩、台定位所依据的原始资料为桥轴线控制桩的里程和桥梁墩、台的设计里程。根据里程可以算出它们之间的距离,并由此距离定出墩、台的中心位置。

如图 11-10 所示,直线桥梁的墩、台中心都位于桥轴线的方向上,已知桥轴线控制桩 A、B 及各墩、台中心的里程,由相邻两点的里程相减,即可求得其间的距离。墩、台定位的方法,可视河宽、河深及墩、台位置等具体情况而定。根据条件可采用直接丈量、光电测距及交会法。

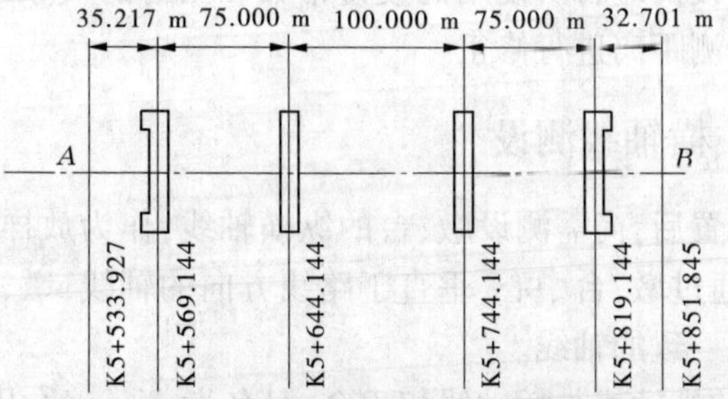

图 11-10 直线桥梁墩、台布置图

3.1 直接丈量

当桥梁墩、台位于无水河滩上,或水面较窄,用钢尺可以跨越丈量时,可采用钢尺直接丈量。丈量所使用的钢尺必须经过检定,丈量的方法与测定桥轴线的方法相同,但由于是测设设计的长度(水平距离),所以应根据现场的地形情况将其换算为应测设的斜距,还要进行尺长改正和温度改正。

最后应该指出的是,距离测设不同于距离丈量。距离丈量是先用钢尺量出两固定点之间的尺面长度(根据尺面分划注记所得),然后加上钢尺的尺长、温度及倾斜等项改正数,最后求得两点间的水平距离。而距离测设则是根据给定的水平距离,结合现场情况,先进行各项改正数的计算,算出测设时的尺面长度,然后按这一长度从起点开始,沿已知方向定出终点位置。因此,测设时各项改正数的符号,与丈量时恰好相反。

如图11-10所示,桥轴线控制桩A至桥台的距离为35.217 m,在现场概量距离后,用水准测量测得两点间高差为0.672 m,测设时的温度为30 ℃。所用钢尺经过检定的尺长方程式为

$$l = 50\ \text{m} - 0.007\ \text{mm} + 0.000\ 012(t - 20\ ℃)\text{m}$$

三项改正数分别如下所述:

尺长改正数 $$\Delta l_d = -\frac{-0.007}{50} \times 35.217 = +0.004\ 9(\text{m})$$

温度改正数 $$\Delta l_t = -0.000\ 012 \times (30 - 20) \times 35.217 = -0.004\ 2(\text{m})$$

倾斜改正数 $$\Delta h = \frac{0.672^2}{2 \times 35.217} = 0.006\ 4(\text{m})$$

则测设时的尺面读数应为

$$35.217 + 0.004\ 9 - 0.004\ 2 + 0.006\ 4 = 35.224\ 1(\text{m})$$

3.2 全站仪测距

用全站仪进行直线桥梁墩、台定位,简便、快速、精确,只要墩、台中心处可以安置反射棱镜,而且仪器与棱镜能够通视,即使其间有水流障碍亦可采用。

测设时最好将仪器置于桥轴线的一个控制桩上,瞄准另一控制桩,此时望远镜所指方向为桥轴线方向。在此方向上移动棱镜,通过测距以定出各墩、台中心。这样测设可有效地控制横向误差。如在桥轴线控制桩上测设遇有障碍,也可将仪器置于任何一个控制点上,利用墩、台中心的坐标进行测设。为确保测设点位的准确,测后应将仪器迁至另一控制点上再测设一次进行校核。

值得注意的是,在测设前应将所使用的棱镜常数和当时的气象参数——温度和气压输入仪器,仪器会自动对所测距离进行修正。

4 直线桥梁墩、台纵、横轴线测设

在设出墩、台中心位置后,尚需测设墩、台的纵横轴线,作为放样墩、台细部的依据。所谓墩、台的纵轴线,是指通过墩、台中心,垂直于路线方向的轴线;墩、台的横轴线,是指通过墩、台中心与路线方向相一致的轴线。

在直线桥上,墩、台的横轴线与桥轴线相重合,且各墩、台一致,因而就利用桥轴线两端的控制桩来标志横轴线的方向,一般不再另行测设。

墩、台的纵轴线与横轴线垂直,在测设纵轴线时,在墩、台中心点上安置经纬仪,以桥轴线方向为准测设90°,即为纵轴线方向。由于在施工过程中经常需要恢复墩、台的纵横轴线的位置,因此需要用标志桩将其准确标定在地面上,这些标志桩称为护桩,如图11-11所示。

为了消除仪器轴系误差的影响,应该用盘左、盘右测设两次而取其平均位置。在设出的轴线方向上,应于桥轴线两侧各设置2~3个护桩。这样在个别护桩丢失、损坏后也能及时恢复,并在墩、台施工到一定高度影响到两侧护桩的通视时,也能利用同一侧的护桩恢复轴线。护桩的位置应选在离开施工场地一定距离、通视良好、地质稳定的地方。标志桩视具体

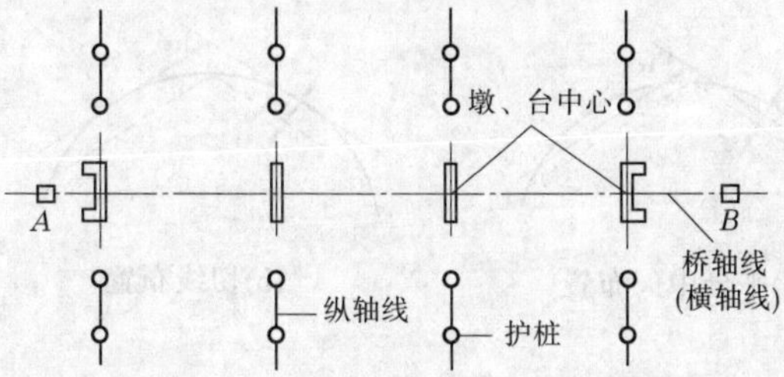

图 11-11　用护桩标定墩、台纵、横轴线位置

情况可采用木桩、水泥包桩或混凝土桩。

位于水中的桥墩，由于不能安置仪器，也不能设护桩，可在初步定出的墩位处筑岛或建围堰，然后用交会或其他方法精确测设墩位并设置轴线。如果是在深水大河上修建桥墩，一般采用沉井、围囹管柱基础，此时往往采用前方交会进行定位，在沉井、围囹落入河床之前，要不断地进行观测，以确保沉井、围囹位于设计位置上。当采用光电测距仪进行测设时，亦可采用极坐标法进行定位。

【小贴士】

本任务主要介绍直线桥梁施工测量施工前的复测与施工控制点加密。通过该任务的学习，学生应该能了解当桥梁位于直线上时，应复测该直线上所有的转点。当桥梁位于曲线上时，应对整个曲线进行复测。平面控制网的复测一般包括基线的复测、角度的复测、成果的复算、对比等。

任务 3　曲线桥梁施工测量

1　曲线桥梁的墩、台定位

由于曲线桥的路线中线是曲线，而所用的梁是直的，因此路线中线与梁的中线不能完全吻合，如图 11-12 所示。梁在曲线上的布置，是使各跨梁的中线连接起来，成为与路线中线基本相符的折线，这条折线称为桥梁的工作线。墩、台中心一般就位于这条折线转折角的顶点上。测设曲线墩、台中心，就是测设这些顶点的位置。

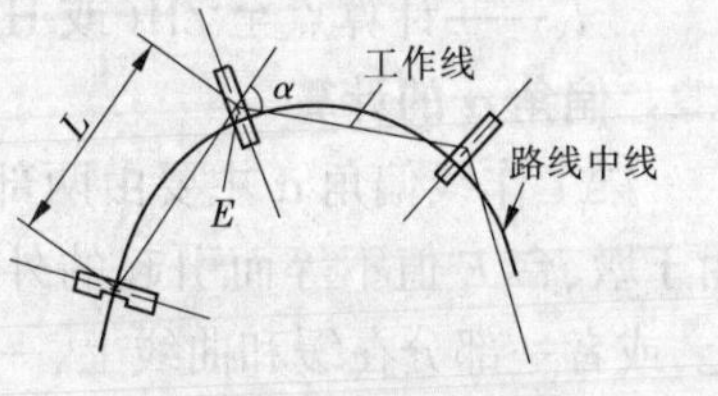

图 11-12　桥梁工作线

如图 11-12 所示，在桥梁设计中，梁中心线的两端并不位于路线中线上，而是向外侧移动了一段距离 E，这段距离 E 称为偏距。如果偏距 E 为梁长为弦线的中矢值的一半，这种布梁方法称为平分中矢布置。如果偏距 E 等于中矢值，称为切线布置。两种布置参看图 11-13。

此外，相邻两跨梁中心线的交角 α 称为偏角。每段折线的长度 L 称为桥墩中心距。偏角 α、偏距 E 和墩中心距 L 是测设曲线桥墩、台位置的基本数据。

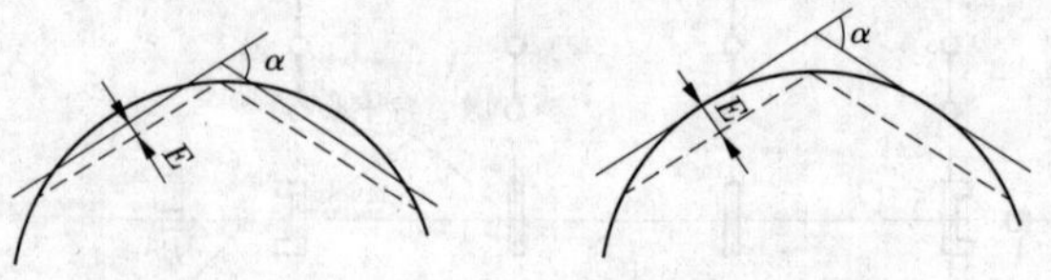

(a)平分中矢布置　　(b)切线布置

图 11-13　桥梁的布梁方法

2　偏距 E 和偏角 α 的计算

2.1　偏距 E 的计算

(1)当梁在圆曲线上时,切线布置:

$$E = \frac{L^2}{8R} \tag{11-11}$$

平分中矢布置:

$$E = \frac{L^2}{16R} \tag{11-12}$$

(2)当梁在缓和曲线上时,切线布置:

$$E = \frac{L^2}{8R} \cdot \frac{l_T}{l_S} \tag{11-13}$$

平分中矢布置:

$$E = \frac{L^2}{16R} \cdot \frac{l_T}{l_S} \tag{11-14}$$

式中　L——桥墩中心距;

R——圆曲线半径;

l_T——缓和曲线长;

l_S——计算点至ZH(或HZ)的长度。

2.2　偏角 α 的计算

梁工作线偏角 α 主要由两部分组成,一是工作线所对应的路线中线的弦线偏角;二是由于墩、台 E 值不等而引起的外移偏角。另外,当梁一部分在直线上,一部分在缓和曲线上,或者一部分在缓和曲线上,一部分在圆曲线上时,还须考虑其附加偏角。

计算时,可将弦线偏角、外移偏角和其他附加偏角分别计算,然后取其和。

【小贴士】

本任务主要介绍曲线桥梁墩、台定位的施工测量。通过该任务的学习,学生应该能对曲线桥的路线中线是曲线,而所用的梁是直的,因此路线中线与梁的中线不能完全吻合有所了解,梁在曲线上的布置,是使各跨梁的中线联结起来,成为与路线中线基本相符的折线,这条折线即称为桥梁的工作线。墩、台中心一般就位于这条折线转折角的顶点上。我们要做的工作,就是使用全站仪测设曲线墩、台中心,也就是测设这些顶点的位置。

任务4 普通桥梁施工测量

1 普通桥梁施工测量的主要内容

目前最常见的桥梁结构形式,是采用小跨距等截面的混凝土连续梁或简支梁(板),如大型桥梁的引桥段、普通中小型桥梁等。普通型桥梁结构仅由桥墩和等截面的平板梁或变截面的拱梁构成。虽然在桥梁设计上,为考虑美观(如城市高架桥中常见的鱼腹箱梁)会采用形式多样、特点各异的桥墩和梁结构,但在施工测量方法和精度上基本上大同小异。本任务所要介绍的构造物是指其桥墩(台)和梁,其施工测量的主要工作内容有:

(1)基坑开挖及墩台扩大基础的放样。

(2)桩基础的桩位放样。

(3)承台及墩身结构尺寸、位置放样。

(4)墩帽及支座垫石的结构尺寸、位置放样。

(5)各种桥型的上部结构中线及细部尺寸放样。

(6)桥面系结构的位置、尺寸放样。

(7)各阶段的高程放样。

在现代普通桥梁建设中,过去传统的施工测量方法已较少采用,常用的方法是全站仪二维或三维直角坐标法和极坐标法。

用全站仪施工放样前,可以在室内将控制点及放样点坐标储存在全站仪文件中,实地放样时,只要定位点能够安置反光棱镜,仪器可以设在施工控制网的任意控制点上,且与反光棱镜通视,即可实施放样。在桥梁施工测量中,控制点坐标是要反复使用的,应利用全站仪的存储功能,在全站仪中建立控制点文件,便于测量中控制点坐标的反复调用,这样既可以减少大量的输入工作,也可以避免差错。

2 桥梁下部构造的施工测量

桥梁下部构造是指墩台基础及墩身、墩帽,其施工放样是在实地标定好墩位中心的基础上,根据施工的需要,按照设计图,自下而上分阶段地将桥墩各部位尺寸放样到施工作业面上,属施工过程中的细部放样。下面将其各主要部分的放样介绍如下。

2.1 水中钢平台的搭设

水中建桥墩,首先要搭设钢平台来支撑灌注桩钻孔机械的安置。

(1)平台钢管支撑桩的施打定位。平台支撑桩的施工方法一般是利用打桩船进行水上沉桩。测量定位的方法是全站仪极坐标法。施工时仪器架设在控制点上进行三维控制。一般沉桩精度控制在:平面位置,±10 cm;高程位置,±5 cm;倾斜度,1/100。

(2)平台的安装测量。支撑桩施打完毕后,用水准仪抄出桩顶标高供桩帽安装,用全站仪在桩帽上放出平台的纵横轴线进行平台安装。

2.2 桩基础钻孔定位放样

根据施工设计图计算出每个桩基中心的放样数据,设计图纸中已给出的数据也应经过复核后方可使用,施工放样采用全站仪极坐标法进行。

2.2.1　水上钢护筒的沉放

用极坐标法放出钢护筒的纵横轴线,在定位导向架的引导下进行钢护筒的沉放。沉放时,在两个互相垂直的测站上布设二台经纬仪,控制钢护筒的垂直度,并监控其下沉过程,若发现偏差随时校正。高程利用布设在平台上的水准点进行控制。护筒沉放完毕后,用制作的十字架测出护筒的实际中心位置。精度控制:平面位置,±5 cm;高程,±5 cm;倾斜度,1/150。

2.2.2　陆地钢护筒的埋设

用极坐标法直接放出桩基中心,进行护筒埋设,若不能及时护筒埋设则要用护桩固定。护筒埋设精度:平面位置偏差,±5 cm;高程,±5 cm;倾斜度,1/150。

2.3　钻机定位及成孔检测

用全站仪直接测出钻机中心的实际位置,如有偏差,通过调节装置进行调整,直至满足规范要求。然后用水准仪进行钻机抄平,同时测出钻盘高程。桩基成孔后,灌注水下混凝土前,在桩附近要重新抄测标高,以便正确掌握桩顶标高。必要时还应检测成孔垂直度及孔径。

2.4　承台施工放样

用全站仪极坐标法放出承台轮廓线特征点,供安装模板用,通过吊线法和水平靠尺进行模板安装,安装完毕后,用全站仪测定模板四角顶口坐标,直至符合规范和设计要求。用水准仪进行承台顶面的高程放样,其精度应达到四等水准要求,用红油漆标示出高程相应位置。

2.5　墩身放样

桥墩墩身形式多样,大型桥梁一般采用分离式矩形薄壁墩。墩身放样时,先在已浇筑承台的顶面上放出墩身轮廓线的特征点,供支设模板用(首节模板要严格控制其平整度),用全站仪测出模板顶面特征点的三维坐标,并与设计值相比较,直到差值满足规范和设计要求。

2.6　支座垫石施工放样和支座安装

用全站仪极坐标法放出支座垫石轮廓线的特征点,供模板安装。安装完毕后,用全站仪进行模板四角顶口的坐标测量,直至符合规范和设计要求。用水准仪以吊钢尺法进行支座垫石的高程放样,并用红漆标示出相应位置。待支座垫石施工完毕后,用全站仪极坐标法放出支座安装线供支座定位。

2.7　墩台竣工测量

全桥或标段内的桥墩竣工后,为了查明墩台各主要部分的平面位置及高程是否符合设计要求,需要进行竣工测量。竣工测量的主要内容有:

(1)通过控制点用全站仪极坐标法来测定各桥墩台中心的实际坐标,并计算桥墩台中心间距。用带尺丈量拱座或垫石的尺寸和位置以及拱顶的长和宽。这些尺寸与设计数据的偏差不应超过2 cm。

(2)用水准仪进行检查性的水准测量,应自一岸的永久水准点经过桥墩闭合到对岸的永久水准点,其高程闭合差应不超过$\pm 4\sqrt{n}$ mm(n为测站数)。在进行该项水准测量时,应测定墩顶水准点、拱座或垫石顶面的高程,以及墩顶其他各点的高程。

(3)根据上述竣工测量的资料编绘墩台竣工图、墩台中心距离一览表、墩顶水准点高程一览表等,为下阶段桥梁上部构造的安装和架设提供可靠的原始数据。

3 沉井定位

所谓沉井基础,就是在墩位处按照基础的外形尺寸设置一井筒,然后在井内挖土或吸泥,当原来支撑井筒的泥土被挖掉以后,沉井就会由于自重而逐步下沉。沉井是分节浇筑的,当一节下沉完之后,再接高一节,直至下沉到设计高程。沉井基础如图 11-14 所示。

根据河水的深浅,沉井基础可采用筑岛浇筑或浮运的施工方法。

3.1 筑岛浇筑及沉井的放样

3.1.1 筑岛及沉井定位

先用交会法或光电测距仪测出墩中心的位置,在此处用小船放置浮标,在浮标周围即可填土筑岛。岛的尺寸应大于沉井底部 5~6 m,以便在岛上设出桥墩的纵、横轴线。

在岛筑成后,再精确地定出桥墩中心点位置及纵、横轴线,并用木桩标志,如图 11-15 所示,据以设放沉井的轮廓线。

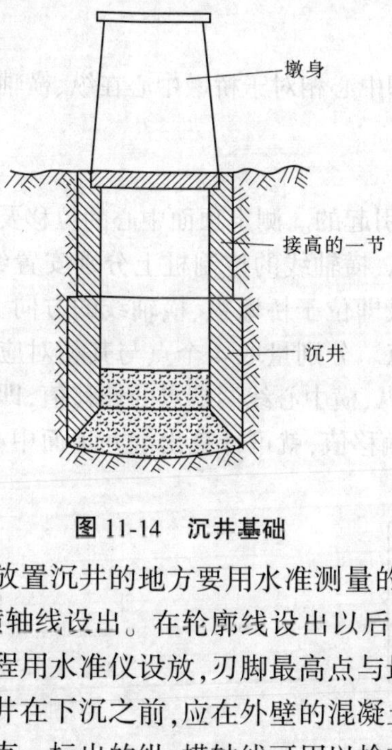

图 11-14 沉井基础

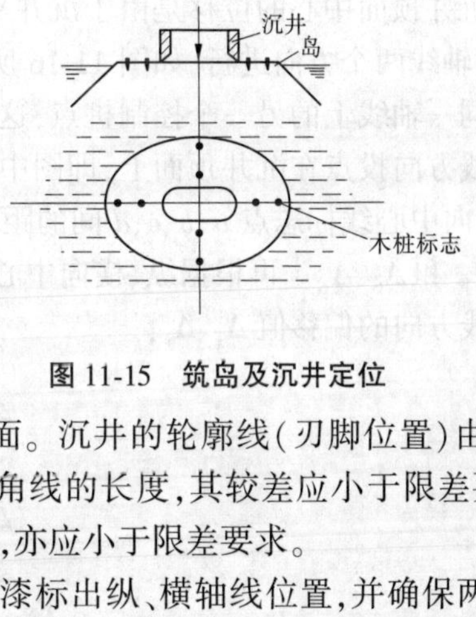

图 11-15 筑岛及沉井定位

在放置沉井的地方要用水准测量的方法整平地面。沉井的轮廓线(刃脚位置)由桥墩的纵、横轴线设出。在轮廓线设出以后,应检查两对角线的长度,其较差应小于限差要求。刃脚高程用水准仪设放,刃脚最高点与最低点的高差,亦应小于限差要求。

沉井在下沉之前,应在外壁的混凝土面上用红油漆标出纵、横轴线位置,并确保两轴线相互垂直。标出的纵、横轴线可用以检查沉井下沉中的位移,也可供沉井接高时作为下一节定位的参考。

为了观测沉井在下沉时所发生的倾斜,还应用水准仪测出第一节沉井顶面四角的高程,取其平均值作为顶面高度的基准面,并求出四点相对于基准面的高差,以便在下沉过程中进行修正。

3.1.2 沉井的倾斜观测

沉井在下沉过程中必然会产生倾斜,为了及时掌握沉井的倾斜情况以便进行校正,故应经常测定。常用的沉井倾斜的观测方法有以下几种:

(1)用经纬仪观测。将经纬仪安置在纵、横轴线控制桩上,直接观测标于沉井外壁上的沉井中线是否垂直。

(2)用水准仪测定。用水准仪观测沉井四角或轴线端点之间的高差 Δh,再根据相应两点间的距离 D,即可求得倾斜率:

$$i = \frac{\Delta h}{D} \tag{11-15}$$

当 Δh 为零时,则沉井已垂直。

(3)用悬挂锤球线的方法。在沉井内壁或外壁纵、横轴线方向先标出沉井的中心线,然后悬挂锤球直接观察沉井是否倾斜。

(4)用水准管测量。在沉井内壁相互垂直的方向上预设两个水准管,观测气泡偏移的格数,根据水准管的分划值,即可求得倾斜率。

以上无论何种方法,都必须从相互垂直的两个方向(如两轴线方向)进行观测,这样才能保证沉井完全垂直。

如果发现倾斜严重,应及时开挖较高一侧进行调整,以防由于倾斜而使沉井的位移超过限值。

3.1.3　沉井的位移观测

沉井的位移观测,是要测出沉井顶面中心及刃脚中心相对于桥墩中心在纵、横轴线上的位移值。

3.1.3.1　沉井顶面中心的位移观测

沉井顶面中心的位移是由于沉井平移和倾斜而引起的。测定顶面中心的位移要从桥墩纵、横轴线两个方向进行,如图 11-16 所示,在桥墩纵、横轴线的控制桩上分别安置经纬仪,照准同一轴线上的另一个控制桩点,这时望远镜视线即位于桥墩枞、横轴线的方向上,然后按视线方向投点在沉井顶面上,即图中的 1、2、3、4 点。分别量取 4 个点与其相对应的沉井纵、横向中心线标志点 a、b、c、d 间的距离,即得沉井纵、横中心线两端点的偏移值,即图中的 $\Delta_{上}$、$\Delta_{下}$ 和 Δ_S、Δ_N。再根据纵、横向中心线两端点的偏移值,就可计算出沉井顶面中心在纵、横轴线方向的偏移值 Δ_x、Δ_y:

$$\left.\begin{aligned} \Delta_x &= \frac{\Delta_N + \Delta_S}{2} \\ \Delta_y &= \frac{\Delta_{上} + \Delta_{下}}{2} \end{aligned}\right\} \tag{11-16}$$

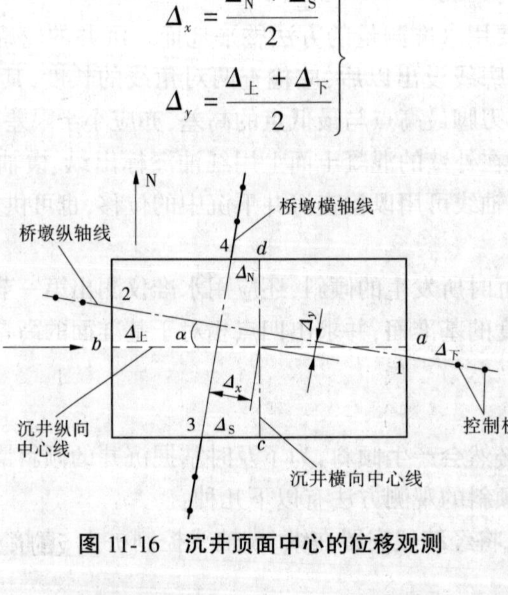

图 11-16　沉井顶面中心的位移观测

在按式(11-16)计算时,Δ_N、Δ_S 和 $\Delta_上$、$\Delta_下$ 的正负号取决于沉井纵、横方向中心线端点 a、b 和 c、d 偏离桥墩纵、横轴线的方向。

沉井纵、横向中心线与桥墩纵、横轴线间的夹角 α 称为扭角,可通过偏移值 Δ_N、Δ_S 和 $\Delta_上$、$\Delta_下$进行校正。

3.1.3.2 沉井刃脚中心的位移观测

欲求沉井刃脚中心的位移值,除需测得沉井顶面中心位移值 Δ_x、Δ_y 外,尚需测定倾斜位移值 $\Delta_{x斜}$、$\Delta_{y斜}$。

如图 11-17 所示,在用水准仪测得沉井纵、横向中心线两端点间的高差之后,即可按下列公式计算纵、横方向因倾斜而产生的位移值:

$$\left.\begin{aligned}\Delta_{x斜} &= \frac{h_x}{D_x}H\\ \Delta_{y斜} &= \frac{h_y}{D_y}H\end{aligned}\right\} \tag{11-17}$$

式中 h_x、h_y——沉井纵、横向中心线两端点间的高差;

D_x、D_y——沉井在纵、横向的长度;

H——沉井的高度。

由图 11-18 可知,沉井刃脚中心在纵、横方向上的位移值 $\Delta_{x刃}$、$\Delta_{y刃}$为

$$\left.\begin{aligned}\Delta_{x刃} &= \Delta_{x斜} \pm \Delta_x\\ \Delta_{y刃} &= \Delta_{y斜} \pm \Delta_y\end{aligned}\right\} \tag{11-18}$$

式中,当 $\Delta_{x斜}(\Delta_{y斜})$与 $\Delta_x(\Delta_y)$偏离方向相同时取正号,相反时则取负号。

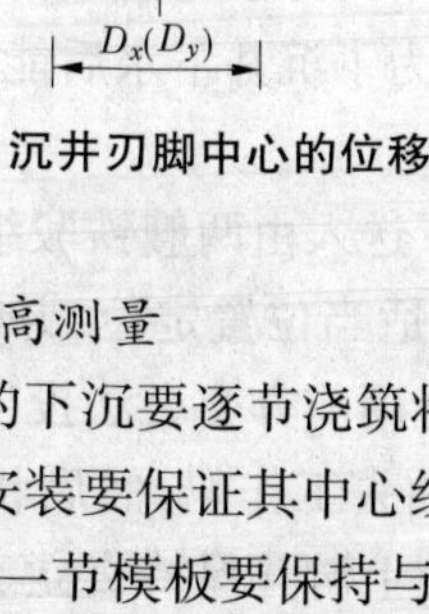

图 11-17 沉井刃脚中心的位移观测

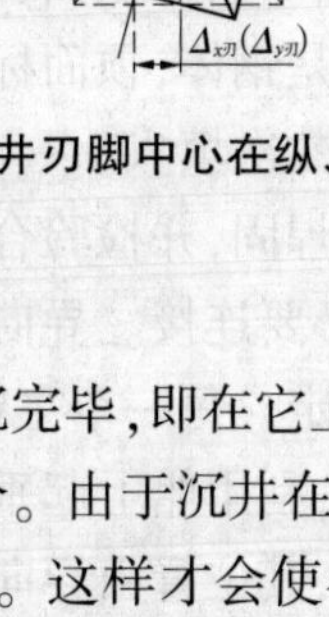

图 11-18 沉井刃脚中心在纵、横方向上的位移值

3.1.4 沉井接高测量

随着沉井的下沉要逐节浇筑将其接高。当前一节下沉完毕,即在它上面安装模板,继续浇筑。模板的安装要保证其中心线与已浇筑好的完全重合。由于沉井在下沉过程中会产生倾斜,则要求下一节模板要保持与前一节有相同的倾斜率。这样才会使各节中心点连线为一直线,在对倾斜进行校正之后,各节都处于铅垂位置。

为了在立模时使前、后两节的纵、横中心线重合,不能以桥墩纵、横轴线进行投放,而应根据前一节上纵、横中心线标志,用锤球或经纬仪将其引至模板的顶面。为保持与前一节有同样的倾斜率,如图 11-19 所示,还需在纵、横方向上将投在模板顶面之点分别移动一个

$\Delta_{x斜}$、$\Delta_{y斜}$。其值可按下式求得：

$$\left.\begin{aligned}\Delta_{x斜} &= \frac{h_x}{D_x}H \\ \Delta_{y斜} &= \frac{h_y}{D_y}H\end{aligned}\right\} \qquad (11\text{-}19)$$

式中 h_x、h_y——前一节沉井由于倾斜在纵、横方向所引起的高差；

D_x、D_y——沉井在纵、横向的长度；

H——沉井接高的高度。

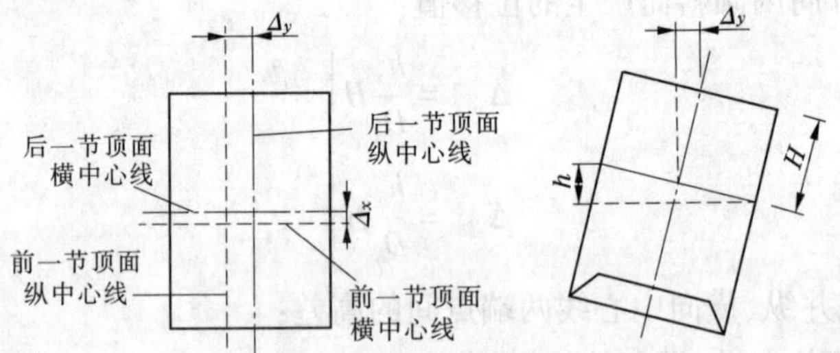

图 11-19 沉井的接高测量

3.2 浮运沉井的施工放样

深水河流沉井基础一般采用浮运施工定位放样，沉井底节钢刃脚在拼装工作船上拼装。工作船有一个能支承一定质量的宽大平面甲板。在拼装前先在平面甲板上测设沉井纵、横中心线，轮廓线和向外加宽的检查线以及零基准面。

因工作船在水上会受水流波动影响而摆动，故测设工作尽可能选在风平浪静、船体相对平稳时进行。基准面的测设，可将水准仪安置在工作船附近适当位置，对纵、横中心线四端点或四角点上水准尺快速进行观测，反复进行零位调整，使其在同一平面上，作为零基准面。然后据此在沉井轮廓线上放出零基准面其他各点。

当在工作船平面甲板上完成沉井底节放样后，施工拼装即按轮廓线和零基准面点进行。虽然拼装与筑岛沉井基本相同，但应注意控制工作船的相对稳定，方能取得较好成果。拼装完成后，应对其检查以及在顶面设出纵、横中心线位置，采用的方法与前接高测量相同。

浮运沉井一般是钢体，顶面标志可直接刻划在其上。为了沉井下水后能保持悬浮，钢体内部的混凝土可分数次填入。

沉井底节拼装焊固，并检验合格后，在工作船的运载下送入由两艘铁驳组成的导向船中间，并用联结梁作必要连接。导向船由拖轮拖至墩位上游适当位置定位，并在上、下游抛主锚和两侧抛边锚固定。每一个主锚和边锚都按照设计位置用前方交会法投出。

导向船固定后，利用船上起垂设备将沉井底节吊起，抽去工作船，然后将沉井底节下放入水并悬浮于水中，其位置由导向船的缆绳控制，处在墩位上游并保持直立。随着沉井逐步接高下沉，上游主锚绳放松，下游主锚绳收紧，并适当调整边锚绳，使导向船及沉井逐步向下游移动，直到沉井底部接近河床时，沉井也达到墩位。沉井从下水、接高、下沉，达到河床稳定深度，需要较长的工期。在此期间，应对沉井不断进行检测和定位。

当沉井下沉到河床以后，施工放样工作就与筑岛浇筑施工基本相同。

4 普通桥梁架设的施工测量

普通型桥梁,尽管跨度小,但形式多样,其分类见表11-3。

表11-3 普通型桥梁分类

分类方法	桥梁类型	备注
按材料分	钢梁	
	混凝土梁	
按支承受力分	简支梁	
	连续梁	
按结构形式分	平板梁	
	T形梁	有些较大型梁还常常采用变截面、变高度箱梁
	箱梁	
按架梁的方法分	预制(式)梁	
	现浇(式)梁	采用支架现浇,或滑模现浇

因桥梁上部构造和施工工艺的不同,其施工测量的内容及方法也各异。但不论采用何种方法,架梁过程中细部放样的重点是要精确控制梁的中心和标高,使最终成桥的线形和梁体受力满足设计要求。对于吊装的预制梁,要精确放样出桥墩(台)的设计中心及中线,并精确测定墩顶的实际高程;对于现浇梁,首先要放样出梁的中线,并通过中线控制模板(上腹板、下腹板、翼缘板)的水平位置,同时控制模板标高使其精确定位。

现仅就预应力混凝土简支梁及现浇混凝土箱梁施工的测量工作略作介绍。

4.1 预应力简支梁架设施工测量

前面介绍的桥墩(台)竣工测量主要的目的是为架梁做准备,在竣工测量中,已将桥墩的中心标定了出来,并将高程精确地传递到了桥墩顶。这为梁的架设提供了基准。

架梁前,首先通过桥墩的中心放样出桥墩顶面十字线及支座与桥中线的间距平行线,然后精确地放样出支座的位置。由于施工、制造和测量都存在误差,梁跨的大小不一,墩跨间距的误差也有大有小,架梁前还应对号将梁架在相应墩的跨距中,做细致的排列工作,使误差分配得最相宜,这样梁缝也能相应地均匀。

4.2 架梁前的检测工作

4.2.1 梁的跨度及全长检查

预应力简支梁架梁前必须将梁的全长作为梁的一项重要验收资料,必须实测以期架到墩顶后保证梁间缝隙的宽度。

梁的全长检测一般与梁跨复测同时进行,由于混凝土的温胀系数与钢尺的温胀系数非常接近,故量距计算时,可不考虑温差改正值。检测工作宜在梁台座上进行,先丈量梁底两侧支座座板中心翼缘上的跨度冲孔点在制梁时已冲好的跨度,然后用小钢尺,从该跨度点量至梁端边缘。梁的顶面全长也必须同时量出,以检查梁体顶、底部是否等长。方法是从上述两侧的跨度冲孔点用弦线做出延长线,然后用线绳投影至梁顶,得出梁顶的跨度线点,从该点各向梁端边缘量出短距,即可得出梁顶的全长值,如图11-20所示。

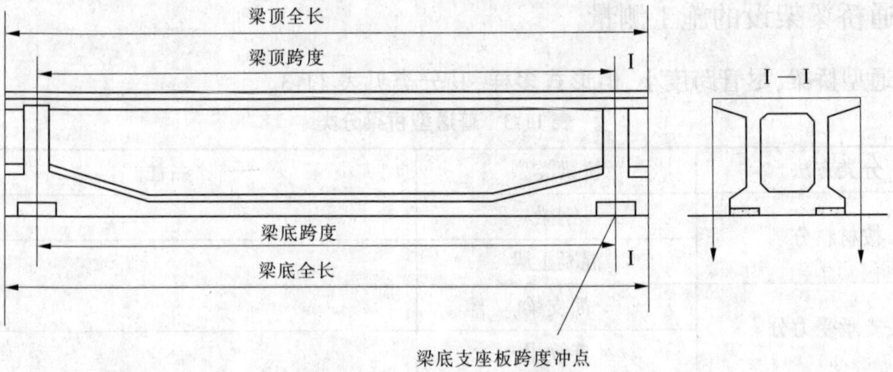

图 11-20 梁结构示意图

4.2.2 梁体的顶宽及底宽检查

顶宽及底宽检查,一般检查两个梁端、跨中、1/4 跨距、3/4 跨距共 5 个断面即可,除梁端可用钢尺直接丈量读数外,其他三个断面,读数时要注意以最小值为准,保证检测断面与梁中线垂直。

4.2.3 梁体高度检查

检查的位置与检查梁宽的位置相同,用样需测 5 个断面,一般采用水准仪正、倒尺读数法求得,如图 11-21 所示。梁高 $h=h_1+h_2$,h_1 为尺的零端置于梁体底板面上的水准尺读数,h_2 为尺的零端置于梁顶面时在水准尺上的读数。

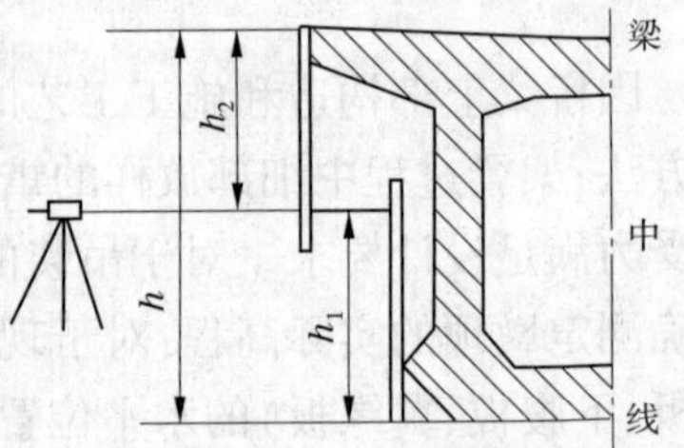

图 11-21 梁体高度测量

当然,当底板底面平整,也可采用在所测断面的断面处贴底紧靠一根刚性水平尺,从梁顶悬垂钢卷尺来直接量取 h 值求得梁高。

4.3 梁架设到桥墩上后的支座高程测算

4.3.1 确定梁的允许误差

梁的实测全长 L 和梁的实测跨度 l_P 应满足:

$$\left.\begin{aligned} L &= l \pm \Delta_1 \\ L_P &= l_P \pm \Delta_2 \end{aligned}\right\} \tag{11-20}$$

式中 l——两墩中心间距的设计值;

Δ_1——两墩实测中心间距与设计间距的差值,两墩实测中心间距小于设计间距时,Δ_1 取“-”号,反之取“+”号;

l_P——梁的设计跨度;

Δ_2——架设前箱梁跨度实测值与设计值的差值,大于设计值时,取负号,反之则取正号。

支承垫石标高允许偏差为±ΔH。

4.3.2 下摆和坐板的安装测量

下摆是指固定支座的下摆,坐板是指活动支座的坐板。安装铸钢的固定支座前,应在砂浆抹平的支承垫石上放样出支座中心的十字线位置,同时应将坐板或支座下摆的中心事先分中，用冲钉冲成小孔眼，以便对接安装。

设计规定，固定支座应设在箱梁下坡的一端，活动支座安装在箱梁上坡的一端，如图 11-22 所示。

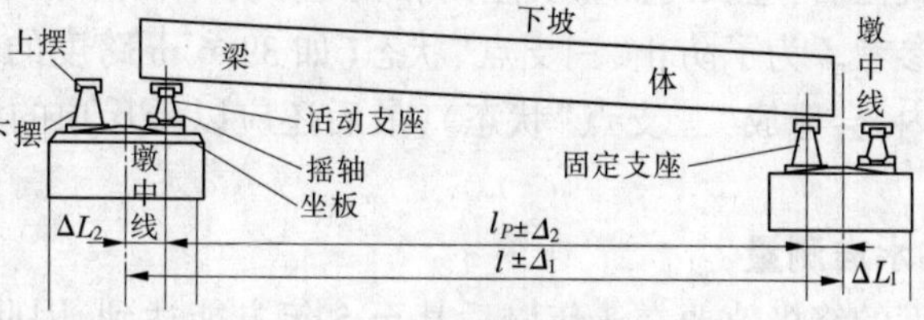

图 11-22 支座安装方法

4.3.3 计算固定支座调整值 ΔL_1

固定支座调整值，以墩中线为准来放样，故有：

$$\Delta L_1 = L_0 \pm \frac{\Delta_1}{2} \pm \frac{\Delta_2}{2} + \frac{\delta_{n1}}{2} + \frac{\delta_{n2}}{2} + \Delta_3 + \frac{\delta_t}{2} \tag{11-21}$$

式中 L_0——墩中心至支座下摆中心的设计值（一般为 550 mm）；

δ_{n1}——梁体混凝土收缩引起的支座调整值；

δ_{n2}——梁体混凝土徐变引起的支座调整值；

Δ_3——曲线区段增加的支座调整值；

δ_t——架梁时的温度与当地平均温度的温差造成的支座位移改正数；

Δ_1、Δ_2 的含义同式(11-20)。

当为摆式支座时，用实测若干片梁的收缩徐变量的平均值来放样下摆的中心，较为可靠。

4.3.4 计算活动支座调整值 ΔL_2

活动支座的坐板中心调整值计算，ΔL_2 也从墩中线出发放样，其值与 ΔL_1 值相同。

4.3.5 计算温差影响调整值 ΔL_3

活动支座上摆与摇轴上端中心到摇轴下端中心距离的计算，当安装支座时的温度等于设计时采用当地的平均温度，且梁体张拉后有 3 年以上的龄期时，则上摆中心与摇轴中心及其坐板位置的中心应在一条铅垂线上。但实际安装时，很难等待此温度，故必然会产生温差改正值 δ_t，而且架梁时，也不可能等所有的梁在张拉后达到 3 年龄期再来进行。因此，必须求得在任何时候与任何温度条件下，上摆与摇轴下端中心（也就是坐板中心）的距离，见图 11-23。

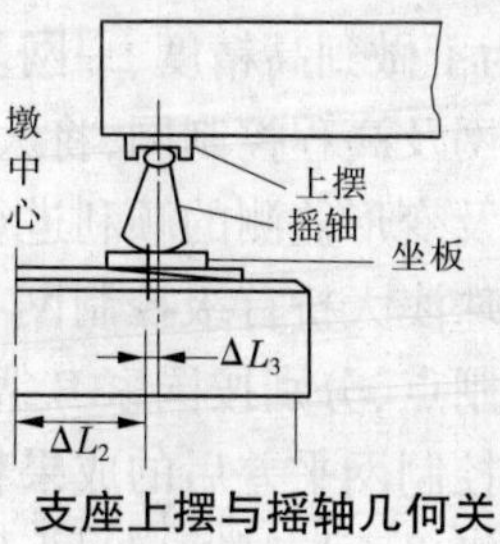

图 11-23 支座上摆与摇轴几何关系图

活动支座上摆在架梁前已连接到上摆锚栓上，在发现梁端底不平时，应用薄垫板调整。

$$\delta_t = \alpha \Delta_t l_p \tag{11-22}$$

$$\Delta L_3 = \pm \delta_t + \delta_{n1} + \delta_{n2} \tag{11-23}$$

架梁时的温度大于当地平均温度时，δ_t 取正值，向跨中方向移动；反之，δ_t 取负值，向梁端方向移动。

从上面的计算和测量可知，固定支座在架梁时，是一次安装完毕后就不再移动的。而活动支座端,则通过温度的调整以及由于存在的测量误差,由 ΔL_1 与 ΔL_2 值各自放样坐板的中心位置,理论上应在同一点上,若发现误差较大,则应以实际的上摆中心投影后,通过 ΔL_3 来调整支座的座板位置为准。

在支座平面位置就位后,应及时测量支座间和支座本身平面的相对高差,读数精度应估读至 0.2 mm,供施工参考。为了防止“三支点”状态(如 39.6 m 跨度的箱形梁为四点支承,若四点不在同一平面内,会造成“三支点”状态),最后还应以千斤顶的油压作为控制,使四个支座均同时受力。

4.4　桥面系的中线和水准测量

对于箱梁的上拱度的终极值要在 3 年以后甚至 5 年方能达到,因此设计规定桥面承轨台的混凝土应尽可能放在后期浇筑。这样可以消除全部近期上拱度和大部分远期上拱度的影响。即要求将预应力梁全部架设完毕后进行一次按线路设计坡度的高程放样,再立模浇筑承轨台混凝土,则能更好地保证工程质量。当墩台发生沉降时,则在支座上设法抬高梁体,保证桥面的坡度。可以通过最先制造好的梁的实测结果来解决桥面系高程放样的问题。

【小贴士】

本任务主要介绍普通桥梁施工测量的主要内容和方法。通过该任务的学习,学生应该能了解目前最常见的桥梁结构形式以及施工测量的主要工作内容,并能使用全站仪对各种桥型的上部结构中线及细部尺寸进行施工放样。

【知识链接】

学习本项目时,学生应结合教师的讲解思考为什么在桥梁施工开始前,必须在桥址区建立统一的施工控制基准,布设施工控制网。它与曾经学习过的测图控制网有何区别与联系?为什么现在的施工平面控制网均用 GNSS 接收机施测?为什么在测设出墩、台中心位置后,还需测设墩、台的纵横轴线,作为放样墩、台细部的依据?请学生自行到网上下载相应的案例学习,以获取更多的有用知识。

【阅读与应用】

港珠澳大桥首级控制网的布测

港珠澳大桥属特大型跨海桥隧工程,它跨越粤、港、澳三地,三地的坐标及高程系统互不相同,为了做到高精度、一网多用、长期保持大桥测量基准的稳定和统一,首先要建立首级平面控制网及高程控制网,将大桥的测量基准全部统一到该网基础之上,以保证后续勘测、施工测量及变形监测的顺利进行。

港珠澳大桥首级控制网于 2008 年 9 月开始至 2009 年 2 月间完成,共布设 16 个 GNSS 平高控制点,分别按国家 B 级 GPS 控制网和国家一、二等水准测量的精度要求进行设计和测量。控制网平差后的成果精度,均达到了技术设计书规定的精度指标。

首级平面控制网(见图 11-24)中,CGCS2000 坐标系下最弱点 GZA08 的二维点位中误差为±3.8 mm,最弱边 GZA04—GZA06 的相对中误差为 1/764 013;工程独立坐标系下最弱点 GZA08 的二维点位中误差为±3.5 mm,最弱边 GZA04—GZA06 的相对中误差为 1/837 388。

首级高程控制网(见图 11-25)中,一等水准测量每公里往返测高差中数的偶然中误差为±0.36 mm,二等水准测量每公里往返测高差中数的偶然中误差分别为±0.48 mm(香港测区)和±0.26 mm(澳门测区)。

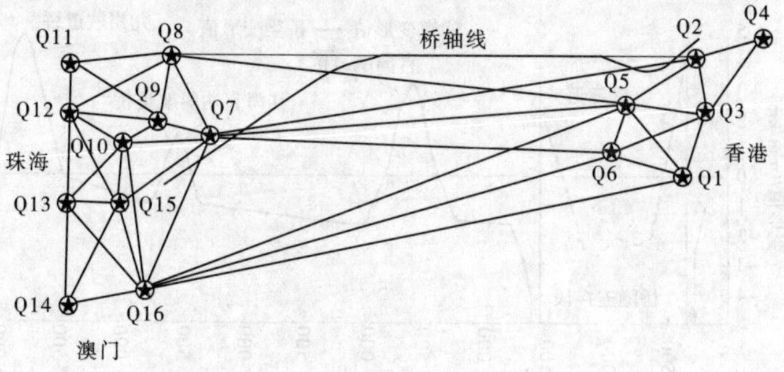

图 11-24　港珠澳大桥首级平面控制网

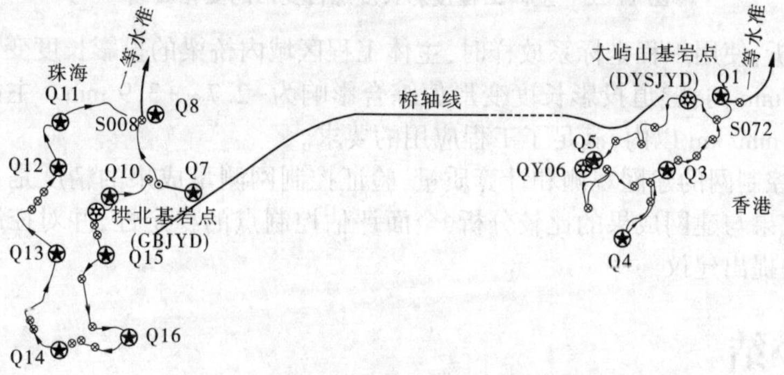

图 11-25　港珠澳大桥首级高程控制网

由于大桥呈近似东西走向、占线长、经度跨越范围大、工程路面高程变化大(41.7~56.0 m),国家或地方坐标系在工程区域内存在较大的投影长度变形,为此,必须建立投影变形满足施工需要的工程独立坐标系。又因桥梁和隧道的平均高程面差距较大,且沉管隧道施工对测量定位的精度要求高,故需分别建立桥梁工程坐标系和隧道工程坐标系(见表 11-4)。

表 11-4　工程坐标系设计参数

名称	桥梁工程坐标系	隧道工程坐标系
坐标框架	ITRF2005 框架,2010.0 历元	
参考椭球参数	WGS-84 椭球参数	
中央子午线	工程中央经线	
投影方法	具有高程抵偿面的任意带高斯正形投影	
投影高程面	桥梁高程抵偿面	隧道高程抵偿面
起算点	*A* 在 1954 年北京坐标系中的坐标	
起算方位角	*A*-*B* 在 1954 年北京坐标系中的坐标方位角	

注:*A*、*B* 为港珠澳大桥首级 GNSS 控制点,*A* 位于珠海,*B* 位于香港。

港珠澳大桥工程坐标系采用高程抵偿面的任意带高斯正形投影方法,目的是最大限度地减小坐标投影的长度变形。因全桥中线处在不同的经度位置,中线各处的桥面高程不一,因此按统一的中央子午线和平均高程面设计的工程坐标系,对工程施工的影响不可能完全消除投影变形,只能降至最低。主体工程投影长度综合变形的变化曲线如图 11-26 所示。

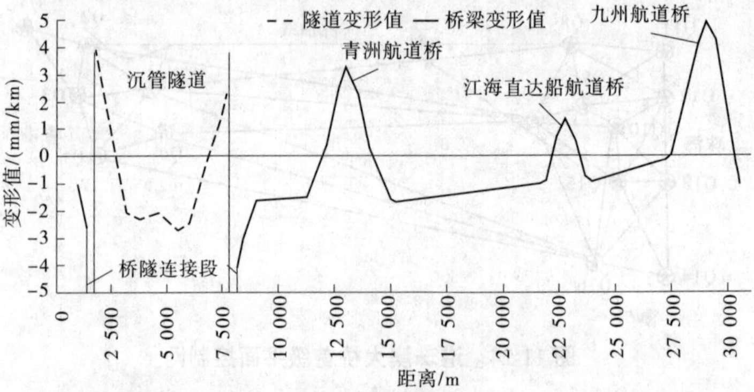

图 11-26　主体工程投影长度综合变形的变化曲线

经计算分析:使用工程坐标系放样时,主体工程区域内桥梁的投影长度变形值综合影响为-4.0~+4.9 mm 内;隧道投影长度变形值综合影响为-2.7~+3.9 mm。主体工程投影长度变形均在±5 mm/km 以内,满足了工程应用的要求。

为了复核控制网的建网观测和计算质量,验证控制网测量成果的精度是否达到规定要求,通过复测成果与建网成果的比较分析,全面评估控制点的稳定性,并对控制网检测与复测、控制点保护提出建议。

项目小结

本项目主要介绍了桥梁施工测量、直线桥梁施工测量、普通桥梁施工测量的方法和手段。我们知道,各种道路通过河流或跨越山谷时都需要架设桥梁,城市交通的立体化也需要建造桥梁,如立交桥、高架桥等。

桥梁施工开始前,必须在桥址区建立统一的施工控制基准,布设施工控制网。桥梁施工控制网的作用主要用于桥墩基础定位放样的主梁架设,因此必须结合桥梁的桥长、桥型、跨度,以及工程的结构、形状和施工精度要求布设施工控制网。桥梁施工控制网分为平面控制网和高程控制网两部分。

测量仪器的更新、测量方法的改进,特别是高精度全站仪和 GNSS 的普及,给桥梁平面控制网的布设带来了很大的灵活性,也使网形趋于简单化。用 GNSS 测量大型和特大型的桥梁施工平面控制网已成为现实。

平面控制网应首先选用国家统一坐标系统。当桥址区的平均高程大于 160 m 或其桥轴线平面位置离开统一的 3°带中央子午线东西方向的距离(横坐标)大于 45 km 时,其长度投影变形值将会超过 25 mm/km(1/40 000)。此时,对于大型或特大型桥梁施工来说,仍采用国家统一坐标系统就不适宜了。通常的做法是人为地改变归化高程,使距离的高程归化值与高斯投影的长度改化值相抵偿,但不改变统一的 3°带中央子午线进行的高斯投影计算的平面直角坐标系统,这种坐标系称为抵偿坐标系。所以,在大型桥梁施工中,当不具备使用国家统一坐标系时,通常采用抵偿坐标系。

在特大型桥梁的主桥施工中,定位精度要求一般小于 5 mm,此时选用国家统一坐标系和抵偿坐标系都不适宜,通常选用高斯正形投影任意带(桥轴线的经度作为中央子午线)平面直角坐标系,称为桥轴坐标系,其高程归化投影面为桥面高程面,桥轴线作为 X 轴。

桥梁高程控制网的起算高程数据是由桥址附近的国家水准点或其他已知水准点引入

的。这只是取得统一的高程系统,而桥梁高程控制网仍是一个自由网,不受已知高程点的约束,以保证网本身的精度。

水准点的选点与埋设工作一般都与平面控制网的选点与埋石工作同步进行,水准点应包括水准基点和工作点。水准基点是整个桥梁施工过程中的高程基准,因此在选择水准点时应注意其隐蔽性、稳定性和方便性。

在桥梁位于干涸或浅水或河面较窄的河段,有良好的丈量条件,宜采用直接丈量法测量桥轴线长度。

直线桥梁的墩、台定位所依据的原始资料为桥轴线控制桩的里程和桥梁墩、台的设计里程。根据里程可以算出它们之间的距离,并由此距离定出墩、台的中心位置。

在测设出墩、台中心位置后,尚需测设墩、台的纵横轴线,作为放样墩、台细部的依据。目前最常见的桥梁结构形式,是采用小跨距等截面的混凝土连续梁或简支梁(板),如大型桥梁的引桥段、普通中小型桥梁等。

复习和思考题

11-1 简述桥梁施工测量的主要内容。

11-2 桥梁施工控制网的技术要求有哪些?

11-3 如何确定桥梁控制网的精度要求?

11-4 桥梁平面控制网的布设有哪些形式?

11-5 普通桥梁施工测量的主要内容有哪些?

【技能训练】

一、技能训练题目及训练目的

在学习完本项目的理论学习内容和配套实训之后,请学生务必利用课余和周末的时间,在校园实训场内操作 GNSS 接收机直接测定桥轴线长度。

二、技能训练要求

1. 教师给每组学生配备 GNSS 接收机一套。
2. 教师给学生提供校园内足够数量的已知点数据。
3. 学生根据自己的学习情况设计一条直线型桥轴线。
4. 学生分组测定桥轴线控制桩及各墩、台中心的里程。
5. 学生应记录碰到的问题并及时向教师请教或与任课教师共同探讨。
6. 学生上交计算成果。

【知识拓展】

火箭造桥技术

项目12　地下工程施工测量

项目概述

地下工程主要有隧道工程(包括铁路和公路隧道以及水利工程的输水隧洞)、城市地铁工程、人防工程、地下厂房仓库、地下车场、机场、地下环形粒子加速器工程以及地下矿山的井巷工程等。地下工程施工测量的主要内容和作用是:①地面平面与高程控制;②将地面控制点坐标、方向和高程传递到地下的联系测量;③地下洞内平面与高程控制测量;④根据洞内控制点进行施工放样,以指导隧道的正确开挖、衬砌与施工;⑤在地下进行设备安装与调校测量;⑥竣工测量。

学习目标

◆**知识目标**

1. 能根据地下工程的特点进行地面控制测量的各种方法以及方案布设、观测、平差计算;
2. 掌握地面、地下各种联系方式传递坐标、方向和高程的方法;
3. 通过比较一井定向与两井定向,总结出各自的特点;
4. 了解GAT高精度磁悬浮陀螺全站仪的功能和作用。

◆**技能目标**

1. 能操作GNSS接收机进行平面控制网的观测、记录、计算;
2. 能进行洞口投点及线路进洞数据的计算;
3. 能操作全站仪进行隧道内的腰线放样;
4. 会进行贯通误差的测定与调整。

◆**素质目标**

通过具体工程实例,向学生展示我国地下工程取得的辉煌成就,培养学生的民族自豪感和职业认同感,并培养学生严谨、细致、专注、负责的工作态度和精雕细琢、精益求精的工作理念。

【课程导入】

由于工程性质和地质条件的不同,地下工程的施工方法和精度也不相同。例如,浅埋的隧道可以采用明挖法,对于软土地层的浅埋地下工程多采用盾构法开挖;而硬质地层则采用矿山法(凿岩爆破)或使用盾构机等。不同的施工方法,对其施工测量方法亦不相同。因此,隧道工程施工测量责任重大,测量周期长,要求精度高,安全问题突出,不能有一时的疏忽和粗差，各项测量工作必须认真仔细做好，并采取多种措施反复核对，以便及时发现粗差并加以改正。所有这些测量工作的作用是标出隧道设计中心线与高程，为开挖、衬砌与洞内施工确定方向和位置，保证相向开挖的隧道按设计要求准确贯通，保证设备的正确安装，并为设计和管理部门提供竣工资料。

任务 1　地面控制测量

隧道地面的控制测量，应在隧道开挖以前完成，它包括平面控制测量和高程控制测量，它的任务是测定地面各洞口控制点的平面位置和高程，作为向地下洞内引测坐标、方向及高程的依据，并使地面和地下在同一控制系统内，从而保证隧道的准确贯通。

平面控制网一般布设为独立网的形式，可根据隧道的长度、地形、现场和精度要求，采用不同的布设方法，例如布设成 GNSS 定位网、三角形网、精密导线网等；而高程控制网一般采用水准测量、三角高程测量等。

平面控制测量的等级，应根据隧道的长度按表 12-1 选取。

表 12-1　隧道洞外平面控制测量的等级

洞外平面控制类别	洞外平面控制网等级	测角中误差/(″)	隧道长度 L/km
GNSS 网	二等	—	$L>5$
	三等	—	$L\leqslant 5$
三角形网	二等	1.0	$L>5$
	三等	1.8	$2<L\leqslant 5$
	四等	2.5	$0.5<L\leqslant 2$
	一级	5	$L\leqslant 0.5$
导线网	三等	1.8	$2<L\leqslant 5$
	四等	2.5	$0.5<L\leqslant 2$
	一级	5	$L\leqslant 0.5$

注：三角形网是由一系列相连的三角形构成的测量控制网。它是对三角网、三边网和边角网的统称。

1　地面 GNSS 测量

采用 GNSS 定位技术建立隧道地面平面控制网，它只需在洞口处布点。对于直线隧道，洞口点应选在隧道中线上。另外，在洞口附近布设至少 2 个定向点，并要求洞口点与定向点间通视，以便于全站仪观测，而定向点间不要求通视。对于曲线隧道，除洞口点外，还应把曲线上的主要控制点（如曲线的起、终点）包括在网中。GNSS 选点和埋石与常规方法相同，但应注意使所选的点位的周围环境适宜 GNSS 接收机测量。图 12-1 为采用 GNSS 定位技术布设的隧道地面平面控制网方案。该方案每个点均有 3 条独立基线相连，可靠性较好。由于不需要点位间通视，经济节省，速度快，自动化程度高，故已被广泛采用。

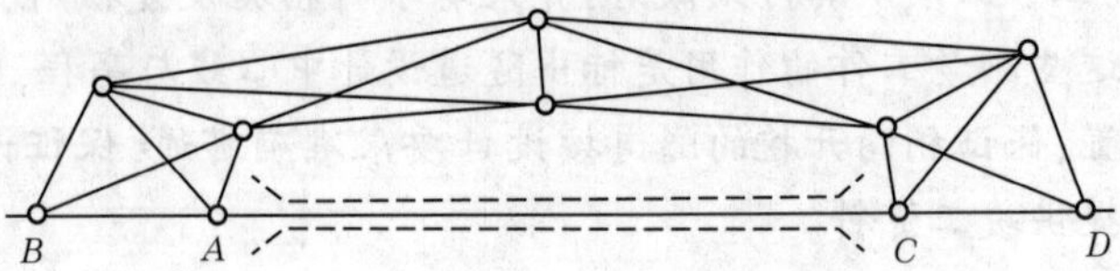

图 12-1　地面 GNSS 平面控制网

2　地面导线测量

在隧道施工中,地面导线测量可以作为独立的地面控制,也可用以进行三角网的加密,将三角点的坐标传递到隧道的入口处。这里讨论的是第一种情况。地面导线测量主要技术要求见表 12-2、表 12-3。

表 12-2　地面导线测量主要技术要求(铁路隧道)

等级	隧道适用长度/km	测角中误差/(″)	边长相对中误差
二	8~20	±1.0	1/20 000
	6~8		
三	4~6	±1.8	1/20 000
四	2~4	±2.5	1/20 000
五	<2	±4.0	1/20 000

表 12-3　地面导线测量主要技术要求(公路隧道)

两开挖洞口间长度/km		测角中误差/(″)	边长相对中误差		导线边最小边长/m	
直线隧道	曲线隧道		直线隧道	曲线隧道	直线隧道	曲线隧道
4~6	2.5~4.0	±2.0	1/5 000	1/15 000	500	150
3~4	1.5~2.5	±2.5	1/3 500	1/10 000	400	150
2~3	1.0~1.5	±4.0	1/3 500	1/10 000	300	150
<2	<1.0	±10.0	1/2 500	1/10 000	200	150

在直线隧道,为了减少导线测距对隧道横向贯通的影响,应尽可能将导线沿着隧道中线敷设,导线点数不宜过多,以减少测角误差对横向贯通的影响;对于曲线隧道而言,导线亦应沿着两端洞口连线方向布设成直伸形,但应将曲线的起始点和终点以及切线上的两点包括在导线中,这样,曲线转折点上的总偏角便可根据导线测量的结果计算出来,据此便可将定测时所测得的总偏角加以修正,从而获得较精确的数值,以便用以计算曲线要素。在有平洞、斜井和竖井的情况下,导线应经过这些洞口,以利于洞口投点。

为了增加检核条件、提高导线测量精度,一般导线应使其构成闭合环线,可采用主、副导线闭合环。其中,副导线只观测水平角而不测距,为了便于检查,保证导线测量精度,应考虑每隔 1~3 条主导线边与副导线联系,形成增加小闭合环系数,以减少闭合环中的导线点数,以便将闭合差限制在较小范围内。另外,导线边不宜短于300 m,相邻边长之比不应超过1∶3。图12-2所示为主、副导线闭合环,对于长隧道地面控制,宜采用多个闭合环的闭合导线网(环)。

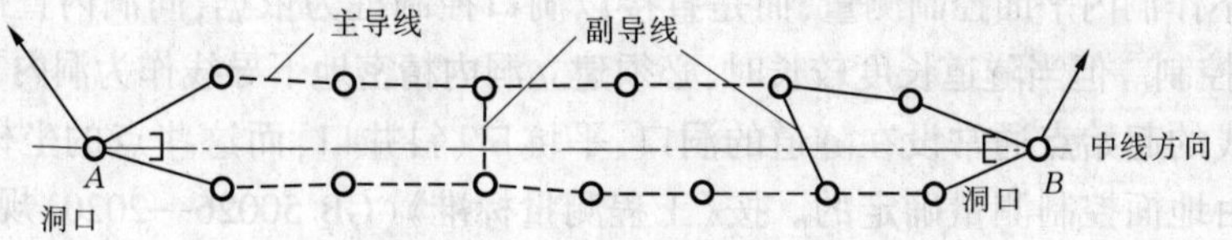

图12-2 主、副导线地面控制测量

导线测量的优点是选点布网较自由、灵活,对地形的适应性较好。目前,光电测距导线已成为隧道平面控制测量的主要布设方案。我国已建成的长达14 km的大瑶山铁路隧道和8 km长的军多山隧道,都是采用导线法作为地面平面控制测量。

3 地面水准测量

隧道地面高程控制测量主要采用水准测量的方法,利用线路定测时的已知水准点作为高程起算数据,沿着拟订的水准路线在每个洞口至少埋设2个水准点,水准路线应构成闭合环线或者2条独立的水准路线,由已知水准点从一端测至另一端洞口。

水准测量的等级,应分别根据洞外水准路线的长度和隧道长度按表12-4选取。

表12-4 隧道洞外、洞内高程控制测量的等级

高程控制网类别	等级	每千米高差全中误差/mm	洞外水准路线长度或两开挖洞口间长度 S/km
水准网	二等	2	$S>16$
	三等	6	$6<S\leqslant16$
	四等	10	$S<6$

目前,光电测距三角高程测量方法已广泛应用,用全站仪进行精密导线三维测量,其所求的高程可以代替三、四等水准测量。

【小贴士】

本任务主要介绍了地面控制测量的任务。主要是测定地面各洞口控制点的平面位置和高程,作为向地下洞内引测坐标、方向及高程的依据,并使地面和地下在同一控制系统内,从而保证隧道的准确贯通。通过该任务的学习,学生应能对某一隧道工程进行GNSS平面控制网的布设。

任务2 地下控制测量

地下洞内的施工控制测量包括地下导线测量和地下水准测量,它们的目的是以必要的精度,按照与地面控制测量统一的坐标系统,建立地下平面与高程控制,用以指示隧道开挖方向,并作为洞内施工放样的依据,保证相向开挖隧道在精度要求范围内贯通。

1 地下导线测量

隧道内平面控制测量,通常有两种形式:当直线隧道长度小于1 000 m,曲线隧道长度小于500 m时,可不作洞内平面控制测量,而是直接以洞口控制桩为依据,向洞内直接引测隧道中线,作为平面控制。但当隧道长度较长时,必须建立洞内精密地下导线作为洞内平面控制。

地下导线的起始点通常设在隧道的洞口、平坑口、斜井口,而这些点的坐标是通过联系测量或直接由地面控制测量确定的。按《工程测量标准》(GB 50026—2020)规定,隧道洞外平面控制测量的等级,应根据隧道两开挖洞口间长度按表12-5选取。

表12-5 隧道洞内平面控制测量的等级

洞内平面控制网类别	洞内导线网测量等级	导线测角中误差/(″)	两开挖洞口间长度 L/km
导线网	三等	1.8	$L\geqslant5$
	四等	2.5	$2\leqslant L<5$
	一级	5	$L<2$

1.1 地下导线的特点和布设

(1)地下导线由隧道洞口投点(插点)为起始点沿隧道中线或沿隧道两侧布设成直伸的长边导线或狭长多环导线。在隧道施工期间,只能布设成支导线形式,随隧道的开挖而逐渐向前延伸。

(2)地下导线一般采用分级布设的方法:先布设精度较低、边长较短(边长为25~50 m)的施工导线;当隧道开挖到一定距离后,布设边长为50~100 m的基本导线;随着隧道开挖延伸,还可布设边长为150~800 m的主要导线,如图12-3所示。三种导线的点位可以重合,有时基本导线这一级可以根据情况舍去,即直接在施工导线的基础上布设长边主要导线。长边主要导线的边长在直线段不宜短于200 m,曲线段不短于70 m,导线点力求沿隧道中线方向布设。对于大断面的长隧道,可布设成多边形闭合导线或主副导线环,如图12-4所示。有平行导坑时,应将平行导坑单导线与正洞导线联测,以资检核。

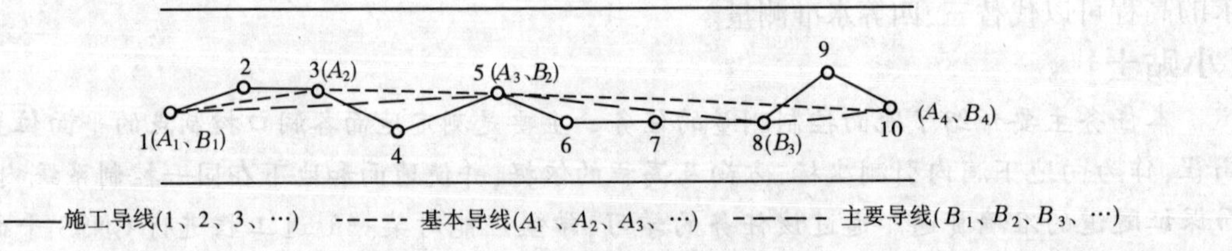

图12-3 洞内导线分级布设

(3)洞内地下导线点应选在顶板或底板岩石等坚固、安全、测设方便与便于保存的地方。控制导线(主要导线)的最后一点应尽量靠近贯通面,以便于实测贯通误差。对于地下坑道的相交处,也应埋设控制导线点。

(4)洞内地下导线应采用往返观测,由于地下导线测量的间歇时间较长且又取决于开挖面进展速度,故洞内导线(支导线)采取重复观测的方法进行检核。

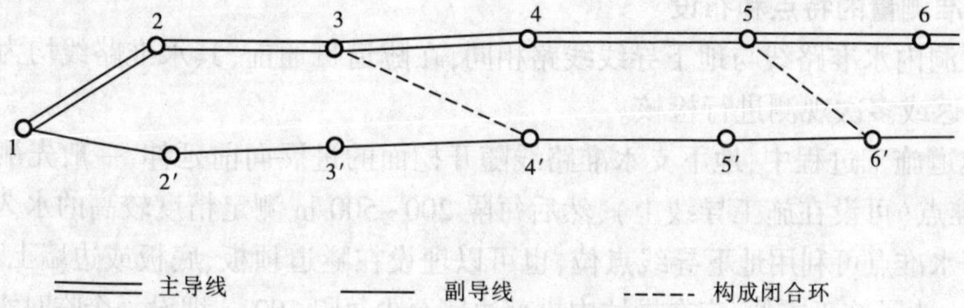

图 12-4　主副导线环形式

1.2　地下导线观测及注意事项

(1)每次建立新导线点时,都必须检测前一个"旧点",确认没有发生位移后,才能发展新点。

(2)对于有条件的地段,主要导线点应埋设带有强制对中装置的观测墩或内外架式的金属吊篮,并配有灯光照明,以减少对中与照准误差的影响,这有利于提高观测精度。

(3)使用 2″级仪器观测角度,施工导线观测 1~2 测回,测角中误差在±6″以内,控制长边导线宜采用全站仪(Ⅰ、Ⅱ级)观测,左、右角两测回,测角中误差在±5″以内,圆周角闭合差在±6″以内。边长往返两测回,往返测平均值小于 7 mm。

(4)如导线长度较长,为限制测角误差积累,可使用陀螺经纬仪加测一定数量导线边的陀螺方位角。一般加测一个陀螺方位角时,宜加测在导线全长的 2/3 处的某导线边上;若加测两个以上陀螺方位角,宜以导线长度均匀分布。根据精度分析,加测陀螺方位角数量以 1~2 个为好,对横向精度的增益较大。

(5)对于布设如图 12-4 所示的主副导线环,一般副导线仅测角度,不测边长。对于螺旋形隧道,由于难以布设长边导线,每次施工导线向前引伸时,都应从洞外复测。对于长边导线(主要导线)的测量,宜与竖井定向测量同步进行,重复点的重复测量坐标与原坐标较差应小于 10 mm,并取加权平均值作为长边导线引伸的起算值。

(6)当隧道封闭采用气压施工时,对观测距离必须作相应的气压改正。

2　地下水准测量

地下水准测量应以通过水平坑道、斜井、或竖井传递到地下洞内水准点作为起算依据,然后随隧道向前延伸,测定布设在隧道内的各水准点高程,作为隧道施工放样的依据,并保证隧道在高程(竖向)准确贯通。

地下水准测量的等级和使用仪器主要根据两开挖洞口间洞外水准路线长度确定,参见表 12-6 中的有关规定。

表 12-6　地下水准测量主要技术要求

测量等级	两洞口间水准路线长度/km	水准仪型号	水准尺类型	备注
二	>32	S_{05}、S_1	线条式因瓦水准尺	按精密二等水准测量要求
三	11~32	S_3	区格式木质水准尺	按三等水准测量要求
四	5·11	S_3	区格式木质水准尺	按四等水准测量要求

2.1　地下水准测量的特点和布设

(1)地下洞内水准路线与地下导线线路相同,在隧道贯通前,其水准路线均为支水准路线,因而需往返或多次观测进行检核。

(2)在隧道施工过程中,地下支水准路线随开挖面的进展向前延伸,一般先测定精度较低的临时水准点(可设在施工导线上),然后每隔 200~500 m 测定精度较高的永久水准点。

(3)地下水准点可利用地下导线点位,也可以埋设在隧道顶板、底板或边墙上,点位应稳固,便于保存。为了施工方便,应在导坑内拱部边墙至少每隔 100 m 埋设一个临时水准点。

2.2　观测与注意事项

(1)地下水准测量的作业方法与地面水准测量相同。由于洞内通视条件差,视距不宜大于 50 m,并用目估法保持前、后视距相等;水准仪可安置在三脚架上或安置在悬臂的支架上,水准尺可直接立在洞内底板水准点(导线点)上,有时也可用倒尺法顶立在洞顶水准点标志上,如图 12-5 所示。

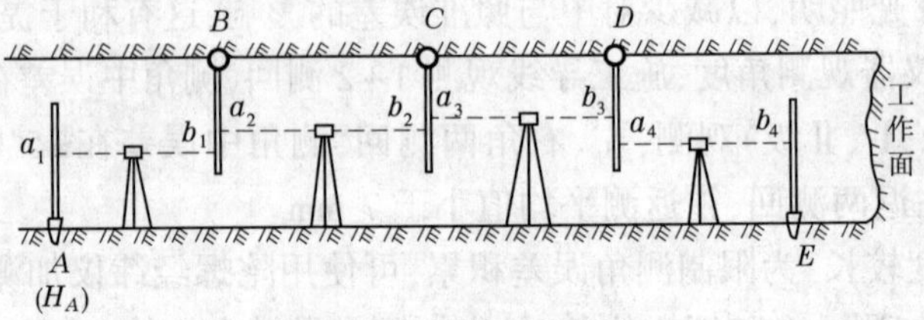

图 12-5　地下水准测量

此时,每一测站高差计算仍为 $h=a-b$,但对于倒尺法,其读数应作为负值计算,图 12-5 中各测站高差分别为

$$h_{AB}=a_1-(-b_1)$$
$$h_{BC}=(-a_2)-(-b_2)$$
$$h_{CD}=(-a_3)-(-b_3)$$
$$h_{DE}=(-a_4)-b_4$$

则:

$$h_{AE}=h_{AB}+h_{BC}+h_{CD}+h_{DE}$$

(2)在开挖工作面向前推进的过程中,对布设的支水准路线,要进行往返观测,其往返测不符值应在限差以内,取平均值作为最后成果,用于推算各洞内水准点高程。

(3)为检查地下水准点的稳定性,还应定期根据地面近井水准点进行重复水准测量,将所得高差成果进行分析比较。若水准标志无变动,则取所有高差平均值作为高差成果;若水准标志变动,则应取最后一次的测量成果。

(4)当隧道贯通后,应根据相向洞内布设的支水准路线,测定贯通面处高程(竖向)贯通误差,并将两支水准路线连成附合于两洞口水准点的附合水准路线。要求对隧道未衬砌地段的高程进行调整。高程调整后,所有开挖、衬砌工程均应以调整后高程指导施工。

【小贴士】

本任务主要介绍了地下控制测量的方法,通过该任务的学习,学生应了解地下水准测量的作业方法与地面水准测量相同,但可使用倒尺法测洞顶水准点标志。应熟练掌握地下导线测量和地下水准测量的点位布设和施测。

任务 3　竖井联系测量

对于山岭铁路隧道或公路隧道、过江隧道或城市地铁工程,为了加快工程进度,除在线路上开挖横洞斜井增加工作面外,还可以用开挖竖井的方法增加工作面,此时为了保证相向开挖隧道能准确贯通,就必须将地面洞外控制网的坐标、方向及高程,经过竖井传递至地下洞内,作为地下控制测量的依据,这项工作称为竖井联系测量。其中将地面控制网坐标、方向传递至地下洞内,称为竖井定向测量。

通过竖井联系测量,使地面和地下有统一的坐标与高程系统,为地下洞内控制测量提供起算数据,所以这项测量工作精度要求高,需要非常仔细地进行。

根据地面控制网与地下控制网的形式不同,定向测量形式可分为:

(1)经过一个竖井定向(一井定向);

(2)经过两个竖井定向(两井定向);

(3)经过平洞与斜井定向;

(4)应用陀螺经纬仪定向等。

每种定向形式也有不同的定向方法。

1　单井定向测量(一井定向)

对于山岭隧道或过江隧道,以及矿山坑道,由于隧道竖井较深,一井定向大多采用联系三角形法进行定向测量,如图 12-6 所示。

图 12-6 中,地面控制点 C 为连接点,D 为近井点,它与地面其他控制点通视(如图中 E 方向),实际工作中至少有 2 个控制点通视。C'为地下连接点,D'为地下近井点,它与地下其他控制点通视(如图中 E'方向)。O_1、O_2 为悬吊在井口支架上的两根细钢丝,钢丝下端挂上重锤,并将重锤置于机油桶中,使之稳定。

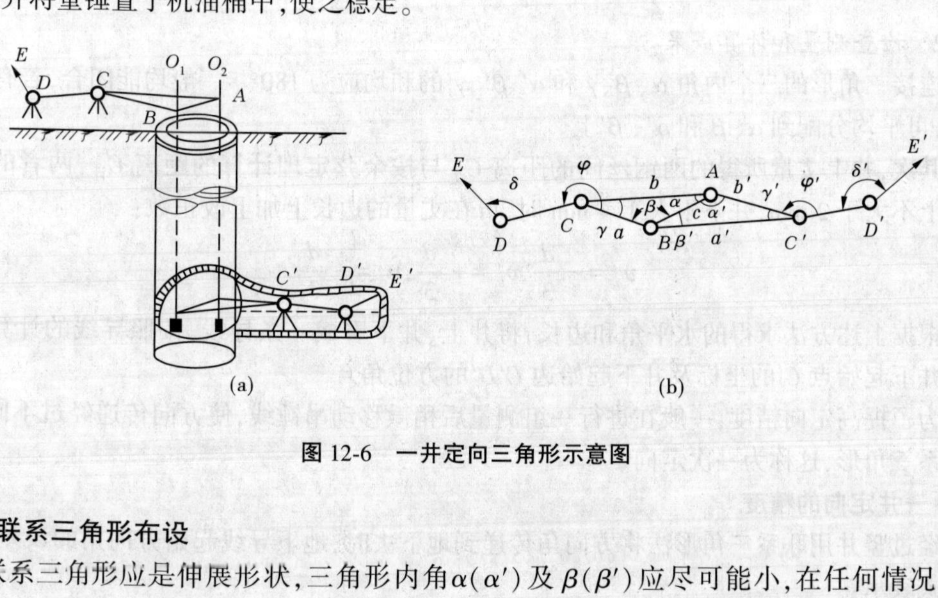

图 12-6　一井定向三角形示意图

1.1　联系三角形布设

联系三角形应是伸展形状,三角形内角$\alpha(\alpha')$及$\beta(\beta')$应尽可能小,在任何情况下,α

(α')角都不能大于3°;联系三角形边长$\frac{b}{a}$($\frac{b'}{a'}$)的比值应小于1.5;两吊锤线(O_1—O_2)的间距$a(a')$,应尽可能选择最大的数值。

1.2 **投点**

所谓投点,就是在井筒中悬挂重锤线至定向水平,然后利用悬挂的两钢丝将地面的点位坐标和方位角传递到井下。投点的设备如图12-7所示。

1.3 **联系三角形测量**

一般使用J_2级经纬仪或全站仪观测地面和地下联系三角形角度$\alpha(\alpha')$、$\delta(\delta')$、$\varphi(\varphi')$各4~6个测回;测角精度,地面联系三角形控制在±4″以内,地下联系三角形应控制在±6″以内;使用经检定的具有毫米刻划的钢尺施加一定拉力悬空水平丈量地面、地下联系三角形边长a、b、c和a'、b'、c',每边往返丈量4次,估读至0.1 mm;边长丈量精度m_s=±0.8 mm;地面与地下实量两吊锤间距离a与a'之差不得超过±2 mm,同时实量值a与由余弦定理计算值之差也应该小于2 mm。

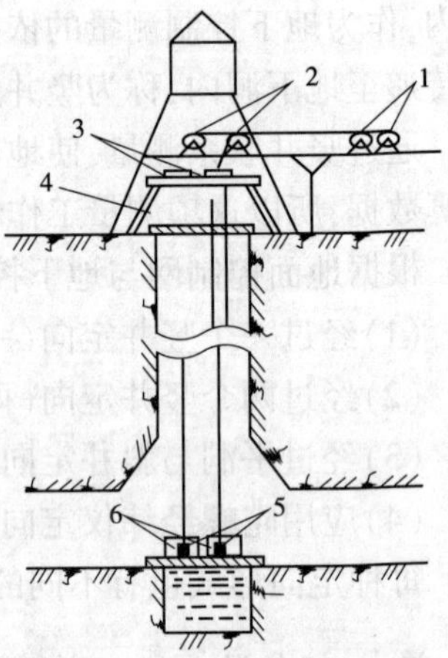

1—小绞车;2—钢丝;3—定线板
4—支架;5—锤球;6—大水桶。

图12-7 一井定向的设备

1.4 **内业计算**

1.4.1 解算三角形

在图12-6(b)中,在三角形ABC和三角形$A'B'C'$中,可按正弦定理求α'、β'和α、β角即

$$\sin\alpha=\frac{a\sin\alpha}{c},\sin\beta=\frac{b\sin\gamma}{c} \tag{12-1}$$

$$\sin\alpha'=\frac{a'\sin\alpha}{c'},\sin\beta'=\frac{b'\sin\gamma'}{c'} \tag{12-2}$$

1.4.2 检查测量和计算成果

连接三角形的三个内角α、β、γ和α'、β'、γ'的和均应为180°,一般均能闭合,若有少量残差,可平均分配到α、β和α'、β'上。

其次,井上丈量所得的两钢丝间的距离$C_{丈}$与按余弦定理计算的距离$C_{计}$,两者的差值d,井上不大于2 mm,井下不大于4 mm时,可在丈量的边长上加上改正数:

$$v_a=-\frac{d}{3},v_b=+\frac{d}{3},v_c=-\frac{d}{3} \tag{12-3}$$

根据上述方法求得的水平角和边长,将井上、井下看成一条导线,按照导线的计算方法求出井下起始点C'的坐标及井下起始边$C'D'$的方位角。

为了提高定向精度,一般在进行一组测量后稍微移动吊锤线,使方向传递经过不同的三组联系三角形,这称为一次定向。

1.5 **一井定向的精度**

经过竖井用联系三角形法将方向角传递到地下去时,地下导线起始方向角的误差,可以用下式表示:

$$m_0{}^2=(m_0)_s{}^2+(m_0)_\beta{}^2+(m_0)_p{}^2 \tag{12-4}$$

式中 $(m_0)_s$——边长丈量误差所引起的计算角度的误差；

$(m_0)_\beta$——角度观测误差的影响；

$(m_0)_p$——用吊锤投点误差的影响。

为了确定边长丈量误差所引起的计算角度的误差，可由图12-6写出下列公式：

$$\sin\beta = \frac{b\sin\gamma}{c} \tag{12-5}$$

将上式微分并变换为中误差即得：

$$m_\beta^2 = \tan^2\beta\left(\frac{m_b^2}{b^2} + \frac{m_a^2}{a^2}\right)\rho^2 + \frac{b^2}{a^2}\cdot\frac{\cos^2\alpha}{\cos^2\beta}m_\alpha^2 \tag{12-6}$$

同理可得：

$$m_{\beta 1}^2 = \tan^2\beta_1\left(\frac{m_{b1}^2}{b_1^2} + \frac{m_{a1}^2}{a_1^2}\right)\rho^2 + \frac{b_1^2}{a_1^2}\cdot\frac{\cos^2\alpha_1}{\cos^2\beta_1}m_{\alpha_1}^2 \tag{12-7}$$

以上两式的右边第一项分别表示地面及地下丈量边长误差对 β 和 β_1 的影响，当 $m_a = m_b = m_{a1} = m_{b1} = m_s$ 时，可以写成下式：

$$(m_0)_s^2 = m_s^2\rho^2\left(\frac{a^2+b^2}{a^2b^2}\tan^2\beta + \frac{a_1^2+b_1^2}{a_1^2b_1^2}\tan^2\beta_1\right) \tag{12-8}$$

在联系三角形中，一般 α、β 均小于3°，故可认为

$$\tan\beta = \frac{b}{c}\tan\gamma$$

由此，式(12-8)可写为

$$(m_0)_s^2 = m_s^2\rho^2\left(\frac{a^2+b^2}{a^4}\tan^2\alpha + \frac{a_1^2+b_1^2}{a_1^4}\tan^2\alpha_1\right) \tag{12-9}$$

当地面与地下联系三角形的形状相似时，即得

$$(m_0)_s = \frac{m_s\rho\tan\alpha}{a^2}\sqrt{2(a^2+b^2)} \tag{12-10}$$

如果 $m_s = 0.8$ mm，$\alpha = 3°$，$a = 4.5$ m，$\frac{b}{a} = 1.5$，则

$$(m_0)_s = \pm 4.6''$$

现在再来研究联系三角形角度观测的误差对定向精度的影响。

由图12-6可写出，由地面传递方位角至地下时，地下导线起始边的方位角为

$$\alpha_{A_1M} = \alpha_{AT} + \omega + \beta - \beta_1 \pm i180° \tag{12-11}$$

式中 i——某一整数；

α_{AT}——地面上的起始方位角。

将其变换为中误差，并以 m 表示地面上观测方向的中误差，m_1 表示地下观测的中误差，则得

$$\begin{aligned}(m_0)_\beta^2 &= m^2 + \left(1+\frac{b}{a}\right)m^2 + \left(\frac{b}{a}\right)m^2 + \left(1+\frac{b_1}{a_1}\right)m_1^2 + \left(\frac{b_1}{a_1}\right)m_1^2 + m_1^2 \\ &= 2m^2\left(1+\frac{b}{a}+\frac{b^2}{a^2}\right) + 2m_1^2\left(1+\frac{b_1}{a_1}+\frac{b_1^2}{a_1^2}\right)\end{aligned} \tag{12-12}$$

当地上和地下联系三角形的形状相似时,式(12-12)可写成

$$(m_0)_\beta^2 = 2(m^2 + m_1^2)\left(1 + \frac{b}{a} + \frac{b^2}{a^2}\right) \tag{12-13}$$

在实际工作中,可以认为地下方向观测的误差约等于地面上方向观测误差的 1.5 倍,即 $m_1 = 1.5\ m$。若再取 $\frac{b}{a} = 1.5$,则

$$(m_0)_\beta^2 = 2[m^2 + (1.5\ m)^2](1 + 1.5 + 1.5^2) = 30.9\ m^2$$

$$(m_0)_\beta = 5.5\ m$$

如前所述地面测角中误差规定为±4″,于是方向中误差 $m = \pm 2.8''$,故得

$$(m_0)_\beta = \pm 15.4''$$

当竖井深度约为 80 m 时,吊锤线间的距离为 5 m 时,其投点误差引起的方向误差,大约为 $(m_0)_p = \pm 8''$。

将以上数据代入式(12-4)中,得地下导线起始方向角的误差为

$$m_0 = \pm\sqrt{(m_0)_s^2 + (m_0)_\beta^2 + (m_0)_p^2} = \pm\sqrt{4.6^2 + 15.4^2 + 8^2} = \pm 18''$$

在进行竖井定向时,一般均要移动吊锤线,使方向传递经过不同的三组联系三角形,进行定向称为一次定向。则平均中误差为 $\pm\frac{18''}{\sqrt{3}} = 10.4''$。

2　两井定向测量(两井定向)

在隧道施工时,为了通风和施工方便,往往在竖井附近增加一通风井和施工竖井。此时,联系测量可采用两井定向法,以克服一井定向时的某些不足,有利于提高方向传递的精度。其方法有如下两种形式。

2.1　吊锤线与全站仪联合定向法

2.1.1　外业工作

如图 12-8 所示,若地面上采用导线测量测定两吊锤线的坐标,在地下使地下导线的两端点分别与两吊锤线联测,这样就组成一个闭合图形,在这个图形中,两吊锤线处缺少两个连接角,这样的地下导线是无起始方向角的,故称为无定向导线。

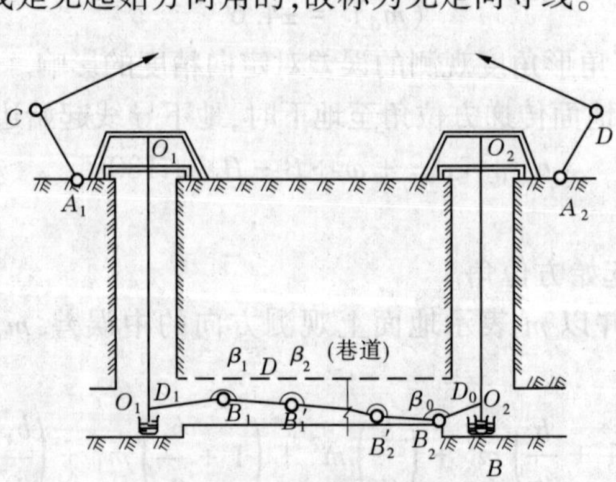

图 12-8　两井定向

两井定向外业工作包括投点、地面连接测量与地下连接测量。

(1)投点。投点所用设备与一井定向相同。两竖井的投点与联测工作可以同时进行或单独进行。

(2)地面连接测量。根据地面已知控制点的分布情况,可采用导线测量或插点的方法建立近井点,由近井点开始布设导线与两竖井中的 A、B 吊锤线连接。

(3)地下连接测量。在地下沿两竖井之间的坑道布设导线。根据现场情况尽可能地布设长边导线,减少导线点数,以减少测角误差的影响。作连接测量时,先将吊锤线悬挂好,然后在地面与地下导线点上分别与吊锤线联测。地面与地下导线中的角度与边长可在另外的时间进行测量。

2.1.2 内业计算

两井定向的内业计算过程如下:

(1)计算两吊锤线在地面坐标系的方向角与距离:

$$\alpha_{AB} = \arctan\frac{Y_B - Y_A}{X_B - X_A} \tag{12-14}$$

$$S_{AB} = \sqrt{(X_B - X_A)^2 + (Y_B - Y_A)^2} \tag{12-15}$$

式中 X_A、Y_A、X_B、Y_B——两吊锤线在地面坐标系中测定的坐标。

(2)计算地下导线点在假定坐标系中的坐标。设吊锤线 A 点为原点,其坐标为 $X'_A = Y'_A = 0$,$A1$ 边为 X'轴方向,其方位角 $\alpha'_{A1} = 0$。利用地下导线的测量成果,可计算出导线点在假定坐标系中的坐标,即

$$X'_i = \sum S_i \cos\alpha'_i \tag{12-16}$$

$$Y'_i = \sum S_i \sin\alpha'_i \tag{12-17}$$

其中

$$\alpha'_i = \alpha'_{A1} + \sum_{i=1}^{n-1}(\beta_i - 180°) \quad (i = 1,2,\cdots,n-1)$$

由上式求得 B 点的坐标

$$X'_B = \Delta X'_{AB}$$

$$Y'_B = \Delta Y'_{AB}$$

由 A、B 两点再假定坐标系中坐标,反算其方位角与距离,可得

$$\alpha'_{AB} = \arctan\frac{Y'_B}{X'_B}$$

$$S_{AB} = \sqrt{X'^2_B + Y'^2_B}$$

由地面与地下计算得到的 S_{AB} 及 S'_{AB},必须投影到同一投影面上才能进行检核。在隧道施工中,竖井深度一般不太深,通常取地面与地下坑道高程的平均高程作为投影面,这样,可以使地面与地下导线边的投影改正数很小或可以忽略不计。但是,由于测量误差的影响,$S_{AB} \neq S'_{AB}$,其差值为

$$\Delta S = S_{AB} - S'_{AB} \tag{12-18}$$

在矿山测量中,有时取地面与地下导线的平均高程面作为投影面,这时,应对 S'_{AB}施加投影改止,然后才能对 S_{AB} 及 S'_{AB}进行检核。由于测量误差的影响,其差值为

$$\Delta S = S_{AB} - (S'_{AB} + \frac{H}{R}S_{AB}) \tag{12-19}$$

式中　$\frac{H}{R}S_{AB}$——投影到地面导线平均高程面的长度改正数；

H——地下 A、B 两吊锤线高程平均值；

R——地球平均曲率半径，取 R=6 371 km。

当上述 ΔS 值不超过规则(或规程)中规定的允许值时，就可以计算地下导线各点在地面坐标系中的坐标。

(3)计算地下导线各点在地面坐标系中的坐标，即

$$\begin{pmatrix} X_i \\ Y_i \end{pmatrix} = \begin{pmatrix} X_A \\ Y_B \end{pmatrix} + \begin{pmatrix} \cos\alpha_i & -\sin\alpha_i \\ \sin\alpha_i & \cos\alpha_i \end{pmatrix} \begin{pmatrix} X'_i \\ Y'_i \end{pmatrix} \tag{12-20}$$

式中　α_i——地下导线各边在地面坐标系中的方向角，$\alpha_i=\alpha'_i+\Delta\alpha$，而 $\Delta\alpha=\alpha_{AB}-\alpha'_{AB}$。

(4)两竖井间地下导线的平差。由于测量误差的影响，使得 $\alpha_{AB}\neq\alpha'_{AB}$，因而，地下导线在地面坐标系中算得的 B 点坐标 $X_{B下}$、$Y_{B下}$ 与地面上所计算的 B 点坐标 X_B、Y_B 也不相等，其坐标闭合差为

$$f_X = X_{B下} - X_B;\ f_Y = Y_{B下} - Y_B \tag{12-21}$$

$$f = \sqrt{f_X^2 + f_Y^2} \tag{12-22}$$

而全长相对闭合差为

$$K = \frac{f}{[S]} = \frac{1}{[S]/f} \tag{12-23}$$

当 K 满足规定要求时，可将 f_X、f_Y 反号按边长成比例分配到地下导线各坐标增量上，再由 A 点推算各导线点的坐标值。

此法与一井定向法比较，外业工作较为简单，占用竖井时间较短，同时由于两吊锤线间距离增大，可减小由投点误差引起的方向误差，有利于提高地下导线的精度。

2.1.3　精度分析

当进行两井定向，则无定向导线最后一条边的方位角中误差 m_{α_n} 为

$$m_{\alpha_n} = m_\beta\sqrt{(n-1.5)/3} \tag{12-24}$$

式中　n——导线边数。

如果不作两井定向，按支导线推算最后一条边的方位角中误差 m'_{α_n}(不考虑起始方位角误差)为

$$m'_{\alpha_n} = m_\beta\sqrt{n-1} \tag{12-25}$$

例如：当布设 n=5 时，测角中误差 m_β 相同，两者比较：

$$\frac{m'_{\alpha_n}}{m_{\alpha_n}} = \frac{\sqrt{n-1}}{\sqrt{(n-1.5)/3}} \approx 2$$

即

$$m_{\alpha_n} = \frac{1}{2}m'_{\alpha_n}$$

由此表明，采用两井定向(无定向导线)能明显提高导线最后一条边的方位角精度。

2.2 铅垂仪与全站仪联合定向法

上述方法在竖井中是悬挂吊锤线，如果竖井深及重锤不稳，其垂准误差对地下定向边的方位角精度影响较大，且在竖井中悬挂吊锤线也不方便，有时会影响施工。现在，可以用激光铅垂仪代替悬挂吊锤线，不仅方便，而且可提高垂准精度。这种方法基本原理与计算同上述相同，此处不再详述。现以南京地铁一号线某车站应用此法定向测量的工程实例加以说明。

如图 12-9 所示，利用车站电梯井与预留井孔进行定向，两井之间的连接通道就是该车站二层站台，两洞孔相距 205 m。

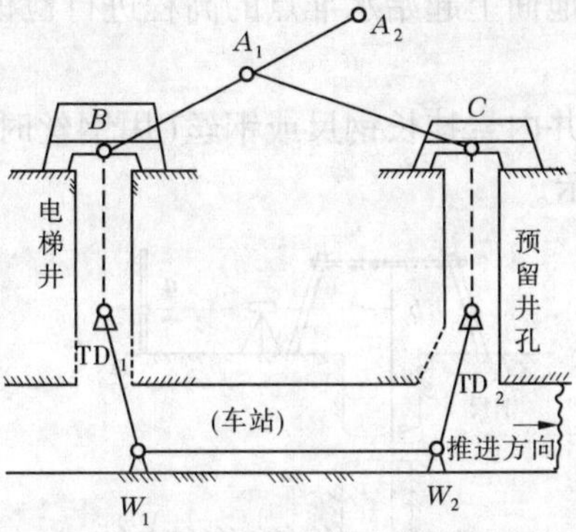

图 12-9 铅垂仪与全站仪联合定向法

图中 A_1、A_2 为地面平面网控制点，B、C 为投测竖井上方内外式支架的内架中心，在 B、C 处焊有一个 20 cm×20 cm 铜板，上方有一孔径略大于经纬仪基座螺旋直径的孔洞。地下 TD_1、TD_2、W_1、W_2 等点埋设具有强制对中装置的固定观测墩，注意在埋设时应使 B 点与 TD_1 点、C 点与 TD_2 点位于同一铅垂线上，以便于向上投测。

使用 2″级以上的激光铅垂仪，安置在 TD_1、TD_2 固定观测墩上，整平后按操作要求向上投测，在井口上方内架 B、C 处安置基座，根据铅垂仪红光点的位置指挥井上微动基座，使基座中心刚好位于红光点处，固定基座，安上照准标牌（棱镜），朝向 A_1 方向。在地面控制点安置全站仪，瞄准 B、C 方向测角与测距。然后全站仪分别安置在地下定向边的导线点 W_1、W_2 上，测角与测距，用 1″级全站仪观测角度 4 测回（左、右角），边长往返 4 测回。

地下定向边 W_2W_1 的坐标方位角计算及 W_2 坐标计算的方法同前所述。

经过无定向单导线平差计算，地下定向边 W_2W_1 的坐标方位角中误差 $m_{\alpha_{W_2W_1}}=\pm1.27''$，地下定向边定向点 W_2 的横向中误差 $m_{W_2}=\pm1.23$ mm。

以上定向测量成果，经南京地铁指挥部监理中心复核：定向边 W_2W_1 的坐标方位角的较差为 $-0.39''$，定向点 W_1、W_2 的坐标较差为 2~5 mm 以内。监理中心复核后认为成果合格，满足规范要求，可用于指导施工。

使用这一成果，指导盾构机单向推进，在另一车站洞门口贯通，其横向贯通误差为 9.5 mm（限差为±50 mm），表明这种定向测量方法也是实用可靠的。

3 通过竖井传递高程

将地面高程传递到地下洞内时，随着隧道施工布置的不同，应采用不同的方法。这些方

法是:

(1)经由横洞传递高程;

(2)通过斜井传递高程;

(3)通过竖井传递高程。

通过洞口或横洞传递高程时,可由洞口外已知高程点,用水准测量的方法进行传递与引测。当地上与地下用斜井联系时,按照斜井的坡度和长度的大小,可采用水准测量或三角高程测量的方法进行传递高程。上述这些测量方法,在测量学和控制测量学中都已叙述过,这里不再重复。现在我们来讨论通过竖井传递高程。

在传递高程之前,必须对地面上起始水准点的高程进行检核。

3.1　水准测量方法

在传递高程时,应该在竖井内悬挂长钢尺或钢丝(用钢丝时井上需有比长器)与水准仪配合进行测量,如图 12-10 所示。

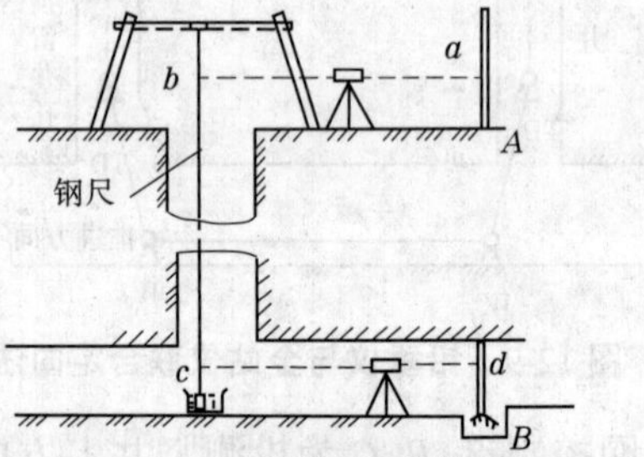

图 12-10　竖井高程传递(一)

首先将经检定的长钢尺悬挂在竖井内,钢尺零端朝下,下端挂重锤,并置于油桶里,使之稳定。在井上、井下各安置一台水准仪,精平后同时读取钢尺上读数 b、c,再分别读取井上、井下水准尺读数 a、d,测量时用温度计量井上和井下的温度。由此可求取井下水准点 B 的高程 H_B 为

$$\left.\begin{aligned} H_B &= H_A + a - \left(b - c + \sum \Delta l\right) - d \\ \sum \Delta l &= \Delta l_d + \Delta l_t + \Delta l_p + \Delta l_c \\ \Delta l_d &= \frac{\Delta l}{L_0} \times (b - c) \\ \Delta l_t &= 1.25 \times 10^{-5} \times (b - c) \times (t - t_0) \\ \Delta l_p &= \frac{l(P - P_0)}{EF} \\ \Delta l_c &= \frac{\gamma}{E} l\left(L_0 - \frac{l}{2}\right) \end{aligned}\right\} \tag{12-26}$$

式中　H_A—地面近井水准点的已知高程;

Δl_d——尺长改正数;

Δl_t——温度改正数;

Δl_p——拉力改正数;

Δl_c——重力改正数;

Δl——钢尺经检定后的一整尺的尺长改正数；

L_0——钢尺名义长度；

t——井上、井下温度平均值；

t_0——检定时温度(一般为 20 ℃)；

γ——钢的单位体积质量，即 7.8 g/cm^3；

E——钢的弹性系数，取 2×10^6 kg/cm^2；

F——钢尺的横断面积；

P——施加锤球的总重，km；

P_0——标准拉力；

l——$l=b-c$。

注意：如果悬挂的是钢丝，则($b-c$)值应在地面上设置的比长器上求取；同时，地下洞内一般宜埋设 2~3 个水准点，并应埋在便于保存、不受干扰的位置；地面上应通过 2~3 个水准点将高程传递到地下洞内，传递时应用不同仪器高，求得地下洞内同一水准点高程互差不超过 5 mm。

3.2　**光电测距仪与水准仪联合测量法**

当竖井较深或其他原因不便悬挂钢尺(或钢丝)时，可用光电测距仪代替钢尺的办法，既方便又准确地将地面高程传递到井下洞内。当竖井深度超过 50 m 以上时，尤其显示出此方法的优越性。

如图 12-11 所示，在地上井架内架中心上安置精密光电测距仪，装配一托架，使仪器照准头直接瞄准井底的棱镜，测出井深 D，然后在井上、井下分别使用同 1 台水准仪，测定井上水准点 A 与测距仪照准头中心的高差($a-b$)、井下水准点 B 与棱镜面中心的高差($c-d$)。由此可得到井下水准点 B 的高程 H_B 为

$$H_B = H_A + a - b - D + c - d \tag{12-27}$$

式中　H_A——地面井上水准点已知高程；

a、b——井上水准仪瞄准水准尺上的读数；

c、d——井下水准仪瞄准水准尺上的读数；

D——井深(由光电测距仪直接测得)。

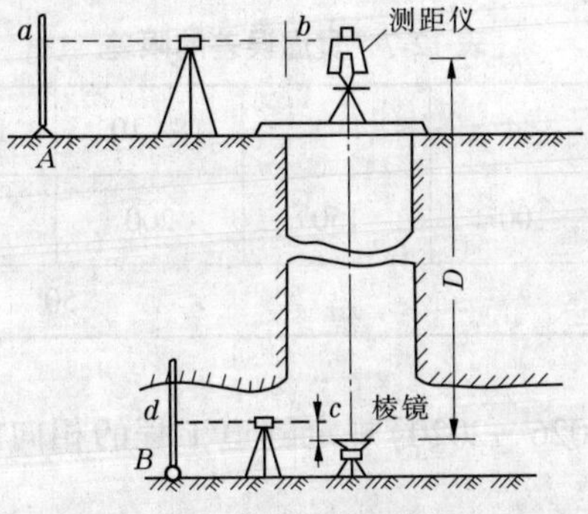

图 12-11　竖井高程传递(二)

注意：水准仪读取 b、c 读数时，由于 b、c 值很小，也可用钢卷尺竖立代替水准尺。本法也可以用激光干涉仪(采用衍射光栅测量)来确定地上至地下垂距 D。这些都可以作为高

精度传递高程的有效手段。

【小贴士】

本任务主要介绍了竖井联系测量的方法,通过该任务的学习,学生应能掌握一井定向的测量和计算方法,对两井定向的外业工作、通过竖井传递高程的测量过程有更进一步的了解。

任务4　施工控制网的精度

1　隧道贯通误差的分类

在隧道施工中,地面控制测量、联系测量、地下控制测量以及细部放样的误差,使得两个相向开挖的工作面的施工中线不能理想地衔接,而产生错开现象,即所谓贯通误差。其在线路中线方向的投影长度称为纵向贯通误差(简称纵向误差),在垂直于线路中线方向的投影长度称为横向贯通误差(简称横向误差),在高程方向上的投影长度称为高程贯通误差(简称高程误差),它们分别用δ、δ_l、δ_q和δ_h表示,如图12-12所示。

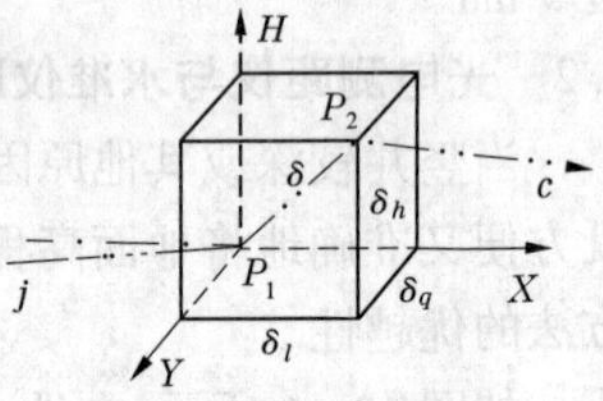

图12-12　贯通误差

对于铁路山岭隧道来说,纵向误差影响隧道中线的长度,只要它不大于定测中线的误差,能够满足铺轨的要求即可,这是容易做到的。高程误差影响隧道的坡度,而且应用水准测量的方法也容易达到所需的要求。因此,在实际上最重要的、议论最多的是横向误差。因为横向误差如果超过了一定的范围,就会引起隧道中线几何形状的改变,甚至洞里建筑物侵入限界而使已衬砖部分拆除重建,给工程造成损失。

各项贯通误差的限差(用Δ表示)一般取中误差的2倍。对于纵向误差,通常都是按定测中线的精度要求,即

$$\Delta l = 2m_l \leqslant \frac{1}{2\,000}L \tag{12-28}$$

式中　L——隧道两开挖洞口间的长度。

对于横向贯通误差和高程贯通误差的限差,按《铁路测量技术规则》根据两开挖洞口间的长度确定,如表12-7所示。

表12-7　贯通误差的限差

两开挖洞口间长度/km	<4	4~8	8~10	10~13	13~17	17~20
横向贯通限差/mm	100	150	200	300	400	500
高程贯通限差/mm	50					

《工程测量标准》(GB 50026—2020)规定隧道工程的相向施工中线在贯通面上的贯通误差,不应大于表12-8的规定。

表 12-8 隧道工程的贯通限差

类别	两开挖洞口间长度/km	贯通误差限差/mm
横向	$L<4$	100
	$4\leqslant L<8$	150
	$8\leqslant L<10$	200
高程	不限	70

2 贯通误差的来源和分配

贯通误差主要来源于洞内外控制测量和竖井(斜井)联系测量的误差,由于施工中线和贯通误差是由洞内导线测量确定的,所以施工误差和放样误差对贯通的影响可忽略不计。

在我国,铁路隧道施工中的地面控制测量与洞内测量,往往由不同单位担任,故应将上述的容许贯通误差加以适当分配。一般来说,对于平面控制测量而言,地面上的条件要较洞内为好,故对地面控制测量的精度要求可高一些,而将洞内导线测量的精度要求则适当降低。将地面控制测量的误差作为影响隧道贯通误差的一个独立因素,而将地下两相向开挖的坑道中导线测量的误差各为一个独立因素。这样一来,设隧道总的横向贯通中的误差的允许值为 M_q,按照等影响原则,则得地面控制测量的误差所引起的横向贯通中的误差的允许值(以下简称为影响值)为

$$m_q = \pm\frac{M_q}{\sqrt{3}} = \pm 0.58M_q \tag{12-29}$$

对于高程控制测量而言,一方面洞内的水准线路程的高差变化小,这些条件比地面的好,但另一方面,洞内有烟尘、水气、光亮度差以及施工干扰等不利因素,所以将地面与地下水准测量的误差对于高程贯通误差的影响,按相等的原则分配。设隧道总的高程贯通中误差的允许值为 M_h,则地面水准测量的误差所引起的高程贯通中误差的允许值为

$$m_h = \pm\frac{M_h}{\sqrt{2}} = \pm 0.71M_h \tag{12-30}$$

按照上述原理所算得的隧道洞内、洞外控制测量误差,《工程测量标准》(GB 50026—2020)规定隧道控制测量对贯通中误差的影响值,不应大于表 12-9 的规定。

表 12-9 隧道控制测量对贯通中误差影响值的限值

两开挖洞口间的长度/km	横向贯通中误差/mm				高程贯通中误差/mm	
	洞外控制测量	洞内控制测量		竖井联系测量	洞外	洞内
		无竖井的	有竖井的			
$L<4$	25	45	35	25		
$4\leqslant L<8$	35	65	55	35	25	25
$8\leqslant L<10$	50	85	70	50		

对于通过竖井开挖的隧道,横向贯通误差受竖井联系测量的影响也较大,通常将竖井联

系测量的误差也作为一个独立因素,且按等影响原则分配。这样,当通过两个竖井和洞口开挖时,地面控制测量误差对于横向贯通中误差的影响值则为

$$m_q = \pm \frac{M_q}{\sqrt{5}} = \pm 0.45M_q \tag{12-31}$$

当通过一个竖井和洞口开挖时,影响值则为

$$m_q = \pm \frac{M_q}{\sqrt{4}} = \pm 0.50M_q \tag{12-32}$$

在进行地面、洞内控制测量设计时,一般取最小的 m_q 值作为精度测量估算或优化设计的依据。

对于通过平行坑道建筑的隧道,通常每隔 100~200 m 就有一个横向坑道,实际上贯通面很多,如果每个贯通面上的横向贯通中误差都允许为 m_q,则将使整个隧道中线的几何形状零乱。因此,为了保证整个隧道的贯通精度和使隧道中线符合设计的几何形状,对于通过平行导轨开挖的隧道,虽然中间通过横向坑道使开挖面贯通的地方很多,但仍按只有一个贯通面考虑。这时,按照式(12-29),地下导线测量的横向中误差允许值为 M_q,它们对于横向贯通的影响值为$\sqrt{2}m_q$。如果整个隧道通过横向坑道进行贯通的贯通面有 n 个,则每个贯通面上允许容许的横向贯通中误差的允许值可规定为

$$m_k = \pm \frac{\sqrt{2}m_q}{\sqrt{n}} = \pm \frac{0.82}{\sqrt{n}}M_q \tag{12-33}$$

以上的讨论是就我国铁路山岭隧道施工的情况来说的。对于城市地下铁道、水下隧道以及地下工程,有时在洞口处就要先开挖竖井至一定深度,然后按涉及的方向开拓工作面,这时就要考虑竖井联系测量误差对贯通的影响。

3　施工控制测量误差对横向贯通精度的影响

隧道施工控制网的主要作用是保证地下相向开挖工作面能正确贯通。它们的精度要求,主要取决于隧道贯通精度的要求、隧道的长度与形状、开挖面的数量以及施工方法等。为了找出地面控制测量的误差与隧道贯通误差(主要是横向误差)的关系,先讨论测角误差与测距误差对横向贯通精度的影响,然后介绍几种控制测量误差对横向贯通误差的影响值的计算方法。

导线测量误差对横向贯通精度的影响分为以下几种情况。

3.1　测角误差引起的横向贯通误差

如图 12-13 所示,沿着曲线隧道在地面上布设了支导线 A、B、C、D、E 及 F,以测定它的两个洞口 A 和 F 的相对位置,则由导线测角误差而引起的横向贯通误差可以表示为

$$m_{y_\beta} = \pm \frac{m_\beta}{\rho}\sqrt{\sum R_x^2} \tag{12-34}$$

式中　m_β——导线测角的中误差,以秒(″)计;

$\sum R_x^2$——测角的各导线点至贯通面的垂直距离的平方和;

ρ——$\rho = 206\ 265''$。

式(12-34)是根据这样的原理推导的,如图 12-14 所示,当在 A 点测角时,产生一个测角

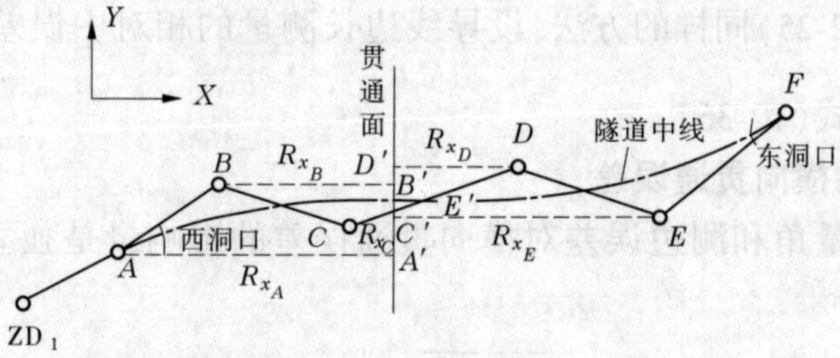

图 12-13　导线测量误差对横向贯通精度的影响

误差 m_{β_A}，因此使导线在贯通面上的 K 点产生一个位移值（误差值）KK'，而至 K' 点，这个位移值在贯通面上的投影（亦即对于横向贯通误差的影响）为

$$m_{y_{\beta_A}} = \overline{KN} = \overline{KK'}\cos\theta$$

$$\overline{KK'} = \frac{m''_{\beta_A}}{\rho''}S$$

故

$$m_{y_{\beta_A}} = \frac{m''_{\beta_A}}{\rho''}R_{x_A} \tag{12-35}$$

上面分析的是在导线点 A 上的测角中误差对横向贯通的影响。实际测量过程中，每个导线点上都有测角中误差 m''_β。应用误差传播定律，就得出式（12-34）。

3.2　**测边误差所引起的横向贯通误差**

如图 12-15 所示，导线量边所引起的横向贯通误差可用下式计算：

$$m_{y_l} = \pm\frac{m_l}{l}\sqrt{\sum d_y^2} \tag{12-36}$$

式中　$\frac{m_l}{l}$——导线边长的相对中误差；

$\sum d_y^2$——各导线边在贯通面上投影长度平方的总和。

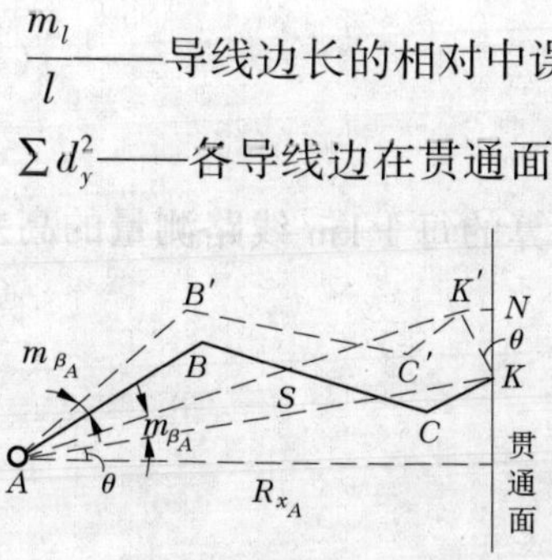

图 12-14　测角误差引起的横向贯通误差

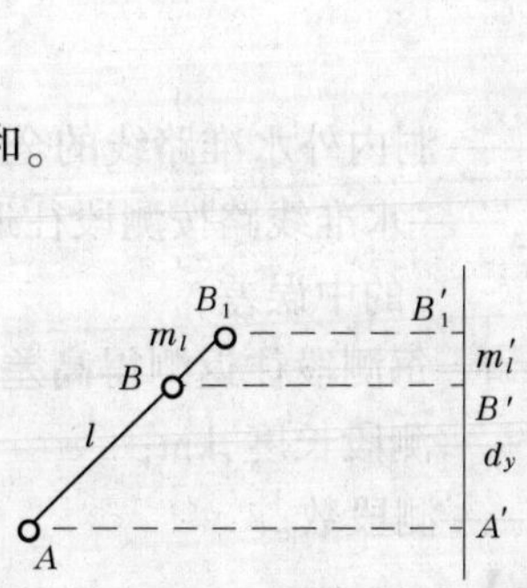

图 12-15　测边误差引起的横向贯通误差

为了推求公式，我们可以参看图 12-15。这时，如果在测量导线边 l 时产生了误差 m_l，从图中可以看出，这一误差所引起的横向贯通误差为

$$m_{y_l} = \overline{B'B_1} = \frac{m_l}{l}d_y \tag{12-37}$$

式中　l——导线长度。

采用与处理式(12-25)同样的方法,设导线边长测量的相对中误差均为 $\frac{m_l}{l}$,则其对横向贯通的总影响即为式(12-36)。

3.3　测量误差引起的横向贯通误差

可以认为导线测量角和测边误差对横向贯通误差的影响量是独立的,由式(12-34)和式(12-36)可得:

$$m_q = \pm\sqrt{m_{y_\beta}^2 + m_{y_l}^2} = \pm\sqrt{\left(\frac{m_\beta}{\rho}\right)^2 \sum R_x^2 + \left(\frac{m_l}{l}\right)^2 \sum d_y^2} \tag{12-38}$$

上式即为导线测量误差对横向贯通误差的影响值的近似公式。因为它是按支导线推导的,而实际工作中,总是要布设为环形或网形,通过平差,测角测边精度都会产生增益,故按上式进行横向贯通误差估算将偏于安全。

对于等边直伸的地下导线来说,导线的测角误差引起横向误差,而量边误差与横向误差无关。因地下导线一般为支导线,由测角引起的横向贯通误差可表示为

$$m_q = \pm\sqrt{\left(\frac{nSm_\beta}{\rho}\right)^2\left(\frac{n+1.5}{3}\right)} \tag{12-39}$$

式中　m_q——横向贯通误差,m;

S——导线边长,m;

n——洞内导线的边数。

4　水准测量误差对高程贯通的影响

水准测量的误差,对于隧道高程贯通误差的影响,可以按下式计算:

$$m_h = \pm m_\Delta\sqrt{L} \tag{12-40}$$

$$m_\Delta = \pm\sqrt{\frac{1}{4n}\left[\frac{\Delta\Delta}{R}\right]} \tag{12-41}$$

式中　L——洞内外水准路线的全长,km;

m_Δ——水准线路按测段往返测的高差不符值所计算的每1 km线路测量的高差中数的中误差;

Δ——每测段往返测得高差不符值,mm;

R——测段长度,km;

n——测段数。

【小贴士】

本任务主要介绍了施工控制网的精度。通过该任务的学习,了解纵向贯通误差、横向贯通误差、高程贯通误差对隧道贯通的影响,学生应该能对实际上最重要的横向贯通误差有更进一步的认识。横向误差如果超过了一定的范围,就会引起隧道中线几何形状的改变,甚至洞里建筑物侵入限界而使已衬砖部分拆除重建,给工程造成损失。

任务5 隧道施工测量

在隧道施工过程中，根据洞内布设的地下导线点，经坐标推算而确定隧道中心线方向上有关点位，以准确知道较长隧道的开挖方向和便于日常施工放样。

1 中线放样

确定开挖方向时，根据施工方法和施工顺序，一般常用的有中线法和串线法。

当隧道用全断面开挖法进行施工时，通常采用中线法。其方法是首先用经纬仪根据导线点设置中线点，如图12-16所示，图中P_4、P_5为导线点，A为隧道中线点，已知P_4、P_5的实测坐标及A的设计坐标和隧道的设计中线的设计方位角α_{AD}，根据上述已知数据，即可推算出放样中线点所需的有关数据β_5、L及β_A：

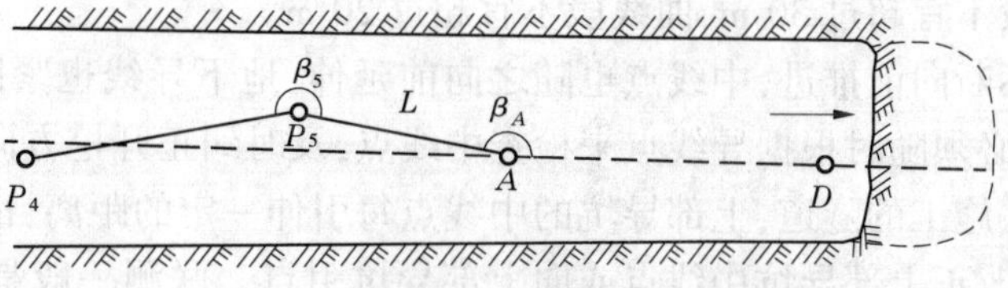

图12-16 中线法

$$\alpha_{P_5A} = \arctan\frac{Y_A - Y_{P_5}}{X_A - X_{P_5}} \tag{12-42}$$

$$\beta_5 = \alpha_{P_5A} - \alpha_{P_5P_4} \tag{12-43}$$

$$\beta_A = \alpha_{AD} - \alpha_{AP_5} \tag{12-44}$$

$$L = \sqrt{(Y_A - Y_{P_5})^2 + (X_A - X_{P_5})^2} \tag{12-45}$$

求得有关数据后，即可将全站仪置于导线点P_5上，后视P_4点，拨角度β_5，并在视线方向上丈量距离L，即得中线点A。在A点上埋设与导线点相同的标志。标定开挖方向时可将仪器置于A点，后视导线点P_5，拨角度β_A，即得中线方向。随着开挖面向前推进，A点距开挖面越来越远，这时，便需要将中线点向前延伸，埋设新的中线点，如图12-16中的D点。此时，可将仪器置于D点，后视A点，用正倒镜或转180°的方法继续标定出中线方向，指导开挖。AD之间的距离在直线段不宜超过100 m，在曲线段不宜超过50 m。

当中线点向前延伸时，在直线上宜采用正倒镜延长直线法；曲线上则需要用偏角法或弦线偏距法来测定中线点，用两种方法检测延伸的中线点时，其点位横向较差不得大于5 mm，超限时应以相邻点来逐点检测至不超限的点位，并向前重新定正中线。

对于大型掘进机械施工的长距离隧道，宜采用激光指向仪、激光经纬仪或陀螺仪导向。中线法指导开挖时，可在中线A、D等点上设置激光导向仪，则更方便、更直观地指导隧道的掘进工作。

当隧道采用开挖导坑法施工时，可用串线法指导开挖方向。此法是利用悬挂在两临时中线点上的锤球线，直接用肉眼来标定开挖方向（见图12-17）。使用这种方法时，首先需用类似前述设置中线点的方法,设置三个临时中线点(设置在导坑顶板或底板),两临时中线点的间距不宜小于5 m。标定开挖方向时,在三点上悬挂锤球线,一人在B点指挥,另一人在工作面持手电筒(可看成照准标志),使其灯光位于中线点B、C、D的延长线上,然后用红油漆标出灯光位置,即得中线位置。

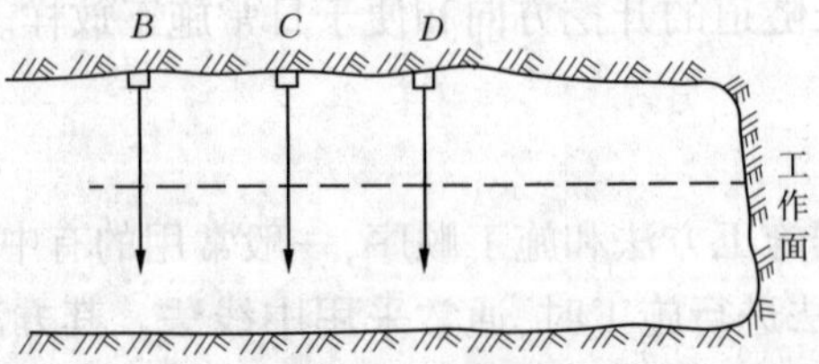

图12-17　串线法

利用这种方法延伸中线方向时,因用肉眼来定向时,误差较大,所以B点到工作面的距离不宜超过30 m。当工作面继续向前推进后,可继续用经纬仪将临时中线点向前延伸,再引测两临时中线点,继续用串线法来延伸中线,指导开挖方向,用串线法标定临时中线时,其标定距离在直线段不宜超过30 m,曲线段不宜超过20 m。

随着开挖面不断向前推进,中线点也随之向前延伸,地下导线也紧跟着向前敷设,为保证开挖方向正确,必须随时根据导线点来检查中线点,及时纠正开挖方向。

用上下导坑法施工的隧道,上部导坑的中线点每引伸一定的距离,都要和下部导坑的中线联测一次,用以改正上部导坑中线点或向上部导坑引点。联测一般是通过靠近上部导坑掘进面的漏斗口进行的,用长线锤球、垂直对点器或经纬仪的光学对点器将下导坑的中线点引到上导坑的顶板上。如果隧道开挖的后部工序跟得较紧,中层开挖较快,可不通过漏斗口而直接用下导坑向上导坑引点,其距离的传递可用钢卷尺或2 m因瓦横基尺。

2　坡度放样

为了控制隧道坡度和高程的正确性,通常在隧道岩壁上每隔5~10 m,标出比洞底地坪高出1 m的抄平线,又称腰线,腰线与洞底地坪的设计高程线是平行的。施工人员根据腰线可以很快地放样出坡度和各部位高程,如图12-18所示。

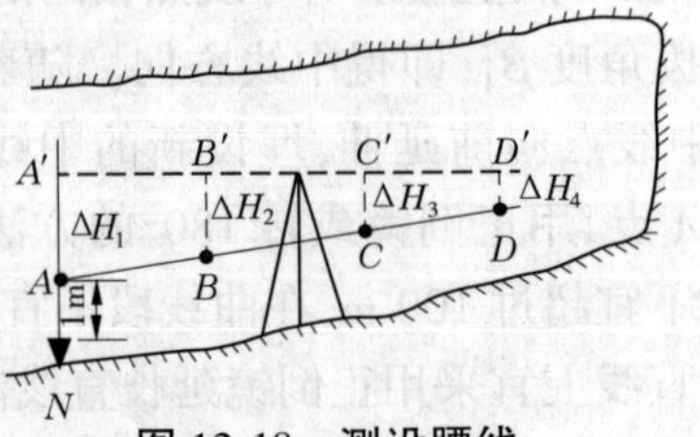

图12-18　测设腰线

首先,根据洞外水准点的高程和洞口底板的设计高程,用高程放样的方法,在洞口点处测设N点,该点是洞口底板的设计标高。然后,从洞口开始,向洞内测设腰线。设洞口底板的设计标高$H_N = 172.76$ m,隧道底板的设计坡度$i = +5‰$,腰线距底板的高度为1.0 m,要求每隔5 m在隧道岩壁侧墙上标定一个腰线点。具体工作步骤如下:

(1)根据洞外水准点放样洞口底板的高程,得N点。

(2)在洞内适当地点安置水准仪,读得N点水准尺$a = 1.437$ m(若以N点桩顶为隧道设计高程的起算点，a 即为仪器高）。

（3）从洞口点 N 开始，在隧道岩壁侧墙上，每隔 5 m 用红漆标定视线高的点 B'、C'和 D'。

（4）从洞口点的视线高处向下量取

$$\Delta H_1 = 1.437 - 1.0 = 0.437(\mathrm{m})$$

得洞口处的腰线点 A。

（5）由于洞轴线设计坡度+5‰，腰线每隔 5 m 升高 5×5‰=0.025（m），所以在离洞口 5 m 远的视线高 B'点往下量垂直距离 $\Delta H_2 = 1.437-(1+5\times5‰)=0.412(\mathrm{m})$得腰线点 B。在 C'点（该点离洞口 10 m）垂直向下量 $\Delta H_3 = 1.437-(1+10\times5‰)=0.387(\mathrm{m})$得腰线点 C。同法可得 D 点。用红漆把 4 个腰线点 A、B、C 和 D 连为直线，即得洞口附近的一段腰线。

当开挖面推进一段距离后，按照上述方法，继续测设新的腰线。

3　断面放样

每次开挖钻爆前，应在开挖断面上根据中线和规定高程标出预计开挖断面轮廓线。为使导坑开挖断面较好地符合设计断面，在每次掘进前，应在两个临时中线点吊垂线，以目测瞄准（或以仪器瞄准）的方法，在开挖面上从上而下绘出线路中线方向，然后根据这条中线，按开挖的设计断面尺寸，同时应把施工的预留宽度考虑在内，绘出断面轮廓线，断面的顶和底线都应将高程定准，最后按此轮廓线和断面中线布置炮眼位置，进行钻爆作业。

隧道施工在拱部扩大和马口开挖工作完成后，需要根据线路中线和附近地下水准点进行开挖断面测量，检查隧道内轮廓是否符合设计要求，并用来确定超挖或欠挖工程量。一般采用极坐标法、直角坐标法及交会法进行测量。

4　隧道贯通误差的测定与调整

隧道贯通后，应及时地进行贯通测量，测定实际的横向、纵向和竖向贯通误差。若贯通误差在允许范围之内，就认为测量工作达到了预期目的。但是，由于存在贯通误差，它将影响隧道断面扩大及衬砌工作的进行。因此，我们应该采用适当的方法将贯通误差加以调整，从而获得一个对行车没有不良影响的隧道中线，并作为扩大断面、修筑衬砌以及铺设钢轨的依据。

4.1　测定贯通误差的方法

4.1.1　延伸中线法

采用中线法测量的隧道，贯通后，应从相向测量的两个方向各纵向贯通面延伸中线，并各钉一临时桩 A、B，如图 12-19 所示。

丈量 A、B 之间的距离，即得到隧道实际的横向贯通误差。A、B 两临时桩的里程之差，即为隧道的实际纵向贯通误差。

4.1.2　坐标法

采用洞内地下导线作为隧道控制时，可由进测的任一方向，在贯通面附近钉设临时桩 A，然后由相向开挖的两个方向，分别测定临时桩 A 的坐标，如图 12-20 所示。这样，可以得到两组不同的坐标值（x'_A, y'_A）、（x''_A, y''_A），则实际贯通误差为 $y'_A\ \ y''_A$，实际纵向贯通误差为 $x'_A\ \ x''_A$。

在临时桩点 A 上安置经纬仪测出夹角 β，以便计算导线的角度闭合差，即方位角贯通误差。

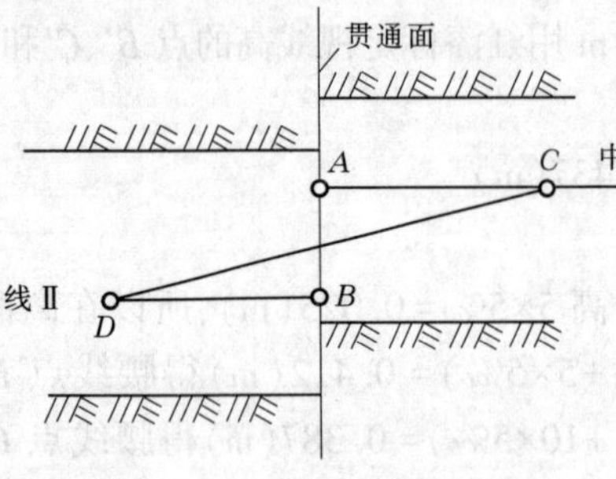

图 12-19　延伸中线法调整贯通误差

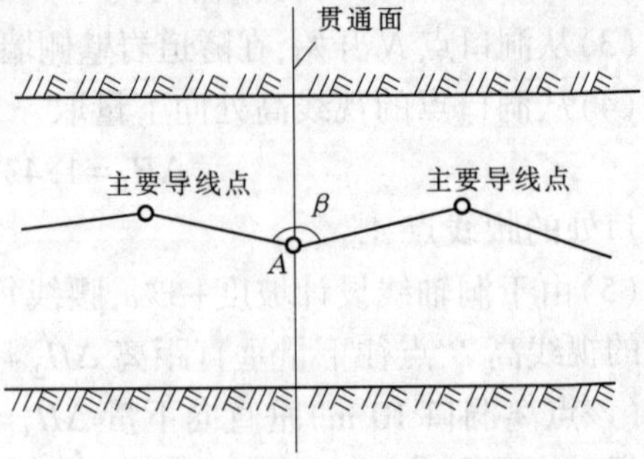

图 12-20　坐标法测定贯通误差

4.1.3　水准测量法

由隧道两端口附近水准点向洞内各自进行水准测量,分别测出贯通面附近的同一水准点的高程,其高程差即为实际的高程贯通误差。

4.2　贯通误差的调整

隧道中线贯通后,应将相向量两方向测设的中线各自向前延伸一段适当的距离。如贯通面附近到曲线始点(或终点)时,则应延伸至曲线以外的直线上一段距离,以便调整中线。

调整贯通误差的工作,原则上应在隧道未衬砌地段上进行,不再牵动已衬砌地段的中线,以防减少限界而影响行车。对于曲线隧道还应注意不改变曲线半径和缓和曲线长度,否则需上级批准。在中线调整以后,所有未衬砌的工程,均应以调整后的中线指导施工。

4.2.1　直线隧道贯通误差的调整

直线隧道中线调整可采用折线法调整,如图 12-21 所示。如果由于调整贯通误差而产生的转折角在 5′以内,可作为直线线路考虑。当转折角在 5′~25′时,可不加设曲线,但应以转角 α 的顶点 C、D 内移一个外矢距 E 值,得到中线位置。各种转折角的内移外矢距如表 12-10 所示。当转折角大于 25′时,则以半径为 4 000 m 的圆曲线加设反向曲线。

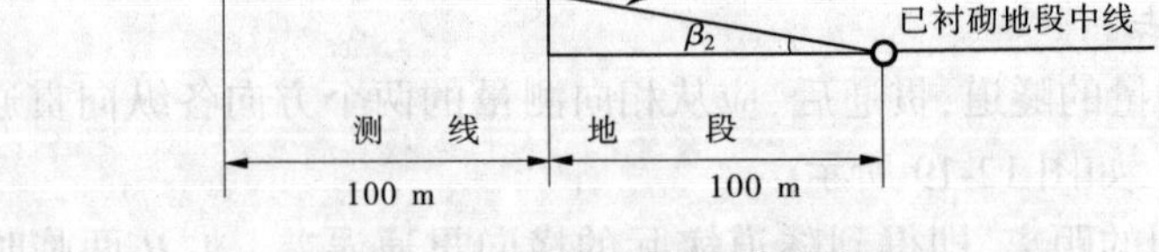

图 12-21　折线法调整贯通误差

表 12-10　各种转折角 α 的内移外矢距 E 值

转折角 α/(′)	5	10	15	20	25
内移外矢距 E 值/mm	1	4	10	17	26

对于用地下导线精密测得实际贯通误差的情况,当在规定的限差范围内时,可将实测的

导线角度闭合差平均分配到该段贯通导线各导线角,按简易平差后的导线角计算该段导线各导线点的坐标,求出坐标闭合差。根据该段贯通导线各边的边长按比例分配坐标闭合差,得到各点调整后的坐标值,并作为洞内未衬砌地段隧道中线点放样的依据。

4.2.2 曲线隧道贯通误差的调整

当贯通面位于圆曲线上,调整地段又全在圆曲线上时,可由曲线两端向贯通面按长度比例调整中线,也可用调整偏角法进行调整。也就是说,在贯通面两侧每 20 m 弦长的中线点上,增加或减少 10″~60″的切线偏角,如图 12-22 所示。

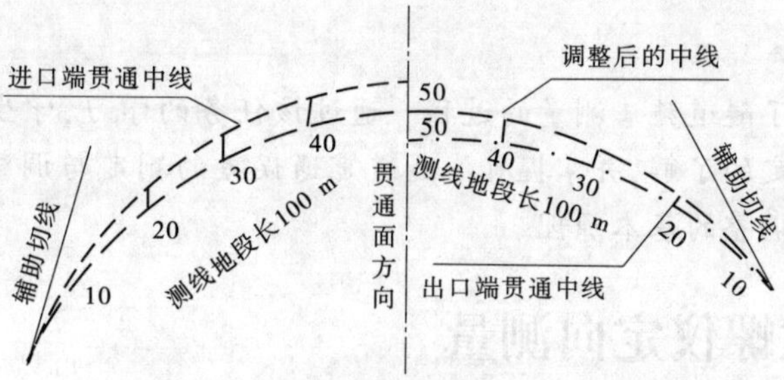

图 12-22 曲线隧道贯通误差的调整

当贯通面位于曲线始(终)附近时,如图 12-23 所示,可由隧道一端经过 E 点测至圆曲线的终点,而另一端经由 A、B、C 诸点测至 D'点,D 点与 D'点不相重合。再自 D'点作圆曲线的切线至 E'点,DE 与 $D'E'$既不平行也不重合。为了调整贯通误差,可先采用“调整圆曲线长度法”使 DE 与 $D'E'$平行,即在保持曲线半径不变,缓和曲线长度不变和曲线 A、B、C 段不受牵动的情况下,将圆曲线缩短(或增长)一段 CC',使 DE 与 $D'E'$平行。CC'的近似值可按下式计算:

$$CC' = \frac{EE' - DD'}{DE} R \tag{12-46}$$

式中 R——圆曲线的半径。

CC'曲线长度对应圆心角 δ 为

$$\delta = CC' \frac{360°}{2\pi R} \tag{12-47}$$

式中 CC'——圆曲线长度变动值。

经过调整圆曲线长度后,已使 DE 与 $D'E'$平行,但仍不重合,如图 12-24 所示,此时可采用“调整曲线始终点法”调整,即将曲线的始点 A 沿着切线向顶点方向移动到 A'点,使 $AA' = FF'$,这样 DE 就与 $D'E'$重合了。然后由 A'点进行曲线测设,将调整的曲线标定在实地上。

曲线始点 A 移动的距离可按下式计算:

$$AA' = FF' = \frac{DD'}{\sin\alpha} \tag{12-48}$$

式中 α——曲线的总偏角。

4.2.3 高程贯通误差的调整

高程贯通误差测定后,如在规定限差范围以内,则对于洞内未衬砌地段的各个地下水准点高程,可根据水准路线的长度对高程贯通误差按比例分配,得到调整后的各个水准点高程,以此作为施工放样的高程依据。

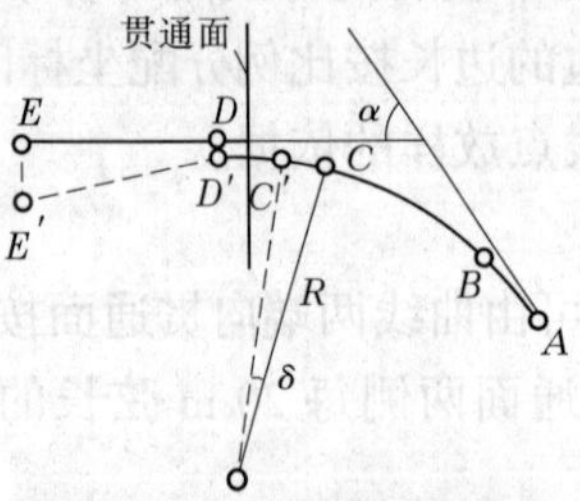

图 12-23　调整圆曲线长度法

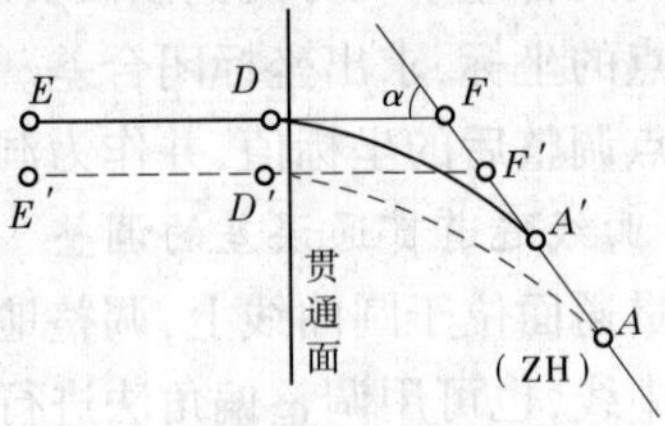

图 12-24　调整曲线始终点法

【小贴士】

本任务主要介绍了隧道施工测量的过程。通过该任务的学习,学生应能对一般常用的中线法和串线法有一定的了解,并掌握直线隧道贯通误差的测定与调整。并能理解曲线隧道贯通误差的测定与调整的基本原理。

任务 6　陀螺仪定向测量

1　陀螺经纬仪

陀螺经纬仪主要应用于隧道施工测量,以及盾构掘进中的水平及真北方向测量,可大大弥补导线过长所造成的精度损失。在隧道等挖掘工程中,坑内的中心线测量一般采用难以保证精度的长距离导线。特别是进行盾构挖掘的情况,从立坑的短基准中心线出发必须有很高的测角精度和移站精度,测量中还要经常进行地面和地下的对应检查,以确保测量的精度。陀螺经纬仪主要由一个高速旋转的转子支承在一个或两个框架上而构成。具有一个框架的称为二自由度陀螺仪;具有内外两个框架的称为三自由度陀螺仪。经纬仪上安置悬挂式陀螺仪,是利用其指北性确定真子午线北方向,再用经纬仪测定出真子午线北方向至待定方向所夹的水平角,即真方位角。确定真子午线北方向的常用方法,有中天法和逆转点法。

对于悬挂式的陀螺仪,其结构分为以下几个部分:

(1)灵敏部:包括悬带、导流丝、陀螺马达、陀螺房以及反光镜或光学给向器元件。

(2)自准管或光学观测系统:主要用来观测灵敏部的摆动或用它来跟踪灵敏部。

(3)锁紧装置:主要用来固定灵敏部,使其在不用时悬带不受力,以便于搬运。有时也有阻尼装置或限幅装置。

(4)机体外壳:主要附有防爆屏层和其他一些附属于机体的元件、导线插头等。

(5)电源:一般与仪器分开(也有将电源装在仪器内部的),包括蓄电池和逆变器。

图 12-25 为陀螺仪的基本结构示意图,其中,陀螺马达装在密封充氢的陀螺房内,陀螺马达转速为 21 500 r/min。陀螺房通过悬挂柱由悬挂带悬挂起来,用两根导流丝和悬挂带及旁路结构供电给陀螺马达。在悬挂柱上装有反光镜,它们共同构成了陀螺灵敏部。与陀螺仪支架固连在一起的光标线经反光镜反射后,再通过物镜组成像在目镜分划板上。光标像在目镜视场内的摆动反映了陀螺灵敏部的摆动。为锁紧限幅装置。转动仪器外部的手轮,通过凸轮带动锁紧限幅装置的升降,使陀螺灵敏部托起(锁紧)或下放(摆动)。仪器外壳内壁和底部装有磁屏蔽罩,用来防止外界磁场的干扰。陀螺仪和经纬仪的连接靠经纬仪上部

桥形支架及螺纹压环的压紧来实现。二者连接的稳定性是通过桥形支架顶部三个球形顶针插入陀螺仪底部三条向心 V 形槽达到强制归心。平时,不用陀螺仪时可由桥形支架上取下。

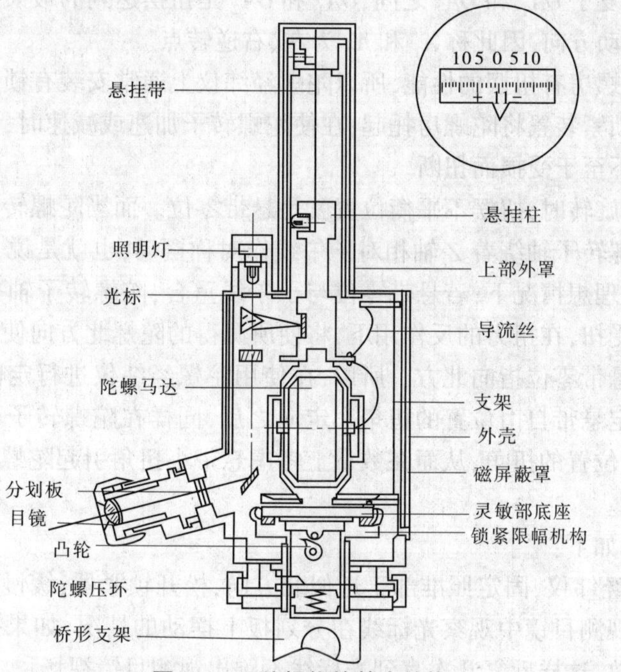

图 12-25 陀螺仪的基本结构

徐州光学仪器厂生产的 JT15 陀螺经纬仪的电源逆变器是一个直流变交流的电子设备,输出 24 V 的直流电。面板上以电压电流表头为界线,左半边为逆变器,右半边为充电器。表头与下边的开关钮为二者共用。当开关钮扳至左边时,表头指示的是电池电压,只有指针位于红区内,表示电池电压充足,可以正常工作。指针位于黑区,表示电池电压不足,陀螺马达不能止常工作,应及时制动和充电。当开关钮扳到右边时,表头指示的是充电电流。充电时,当开关钮扳至“充电Ⅰ”时,表头指针指在“Ⅰ”位置,表示此挡充电电流为 300 mA。当开关钮扳到“充电Ⅱ”时,表头指针在“Ⅱ”位置,表示此挡充电电流为 600 mA。

在利用陀螺经纬仪定向观测之前,首先将电源逆变器的后盖打开,取出一根导线,该导线一根插头已插在电池组输出插座上,平时,一般不将此插头取出。导线另一端插在面板的“输入”插座上,这时已将蓄电池与逆变器接通。当波段开关从“关”旋至“照明”,开关钮扳至“电池电压”一侧时,表头指针应指在红区内,表示与电池已经接通。

另外,将第二根导线的一端插入面板的“输出”插座,而另一端与陀螺顶部插座相连接。此时,波段开关悬至“照明”位置,开关钮扳至“电池电压”一侧时,表头的指针应在红区内。从陀螺仪目镜中观察,分划板与光标像已经照亮。以上所述是定向观测前的准备工作。

2 陀螺经纬仪定向测量

2.1 悬带零位测定、零位校正与零位改正

2.1.1 零位测定

由于悬挂陀螺房的悬带具有弹性,就是在陀螺转子不旋转时,陀螺房绕 Z 轴也作往复

地扭摆运动。如图12-26所示,若在陀螺房上取一条OA作为观测准线,当OA在OA_0的位置时,悬带上完全没有扭力(此位置称为悬带零位或称无扭力位置),扭摆开始后若不考虑空气阻尼,OA则往复于OA_1和OA_2之间,OA_1和OA_2是扭摆达到的最大振幅,扭摆到最大振幅之后,OA改变运动方向,因此称A_1和A_2为左、右逆转点。

因为悬挂的陀螺房有扭摆的性能,所以陀螺经纬仪上通常安装有锁紧装置,在不使用或搬运仪器时,拧紧锁紧装置将陀螺房托起;在使陀螺转子加速或减速时,也将陀螺房托起,以使悬带上不受力,不至于受损而扭断。

当陀螺转子不旋转时,扭摆不平衡位置就是悬带零位。而当陀螺转子高速旋转时,在指向力矩作用下,陀螺转子轴绕着Z轴相对子午线作对称摆动,也就是说,子午线是转子轴摆动的平衡位置。在理想情况下,若悬带零位与子午线重合,陀螺转子轴指向北方时,悬带不受扭力;否则悬带受扭,在扭力的反作用下,将使所测得的陀螺北方向使数值带有误差,为了消除此误差,应该悬带零位指向北方。所以,在使用陀螺经纬仪进行定向之前,在转子没有启动的情况下,测定悬带自由位置的扭角。定向之后,同样在陀螺转子不旋转的情况下,再一次测定悬带自由位置的扭角,从而在数量上考虑悬带小扭角引起陀螺转子轴方向的变化,亦即施加零位改正。

零位观测方法如下:

(1)置平陀螺经纬仪,固定照准部于近似北方向,松开锁紧器,缓慢地释放灵敏部,待其完全放下时,可由观测目镜中观察光标线在分划板上摆动的情况,如果摆幅很大,就要重新抬起灵敏部,再释放,这样反复几次直到光标线不跑出观测目镜视场。

(2)连续观测光标线左、右逆转点,在分划板上读数,其顺序如图12-27所示。

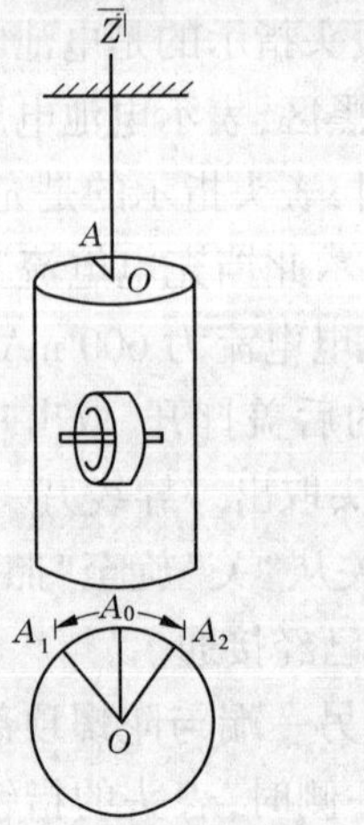

图12-26　往复扭摆运动

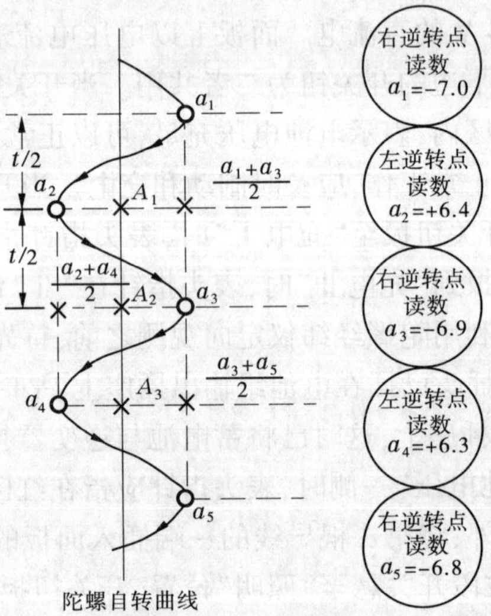

图12-27　零位观测

根据摆幅读数按下式计算零位:

$$A=\frac{A_1+A_2+\cdots+A_n}{n} \tag{12-49}$$

其中,

$$A_1=\frac{1}{2}\left(\frac{a_1+a_2}{2}+a_2\right)$$

$$A_2=\frac{1}{2}\left(\frac{a_2+a_4}{2}+a_3\right)$$

……

将图 12-27 中所示数字代入上式得：

$$A_1=\frac{1}{2}\times\left[\frac{(-7.0)+(-6.9)}{2}+(+6.4))\right]=-0.28(\text{格})$$

$$A_2=\frac{1}{2}\times\left[\frac{(+6.4)+(+6.3)}{2}+(-6.9)\right]=-0.28(\text{格})$$

$$A_3=\frac{1}{2}\times\left[\frac{(-6.9)+(-6.8)}{2}+(+6.3)\right]=-0.28(\text{格})$$

$$A=\frac{(-0.28)+(-0.28)+(-0.28)}{3}=-0.28(\text{格})$$

(3)观测完毕后，当光标线游动到分划板上零刻划线附近时，将灵敏部托起拧紧锁紧器，这时在观测目镜中可以看到光标线又回到了分划板零刻划线上。

2.1.2　零位校正

在零位校正之前，应将陀螺马达开动几分钟，然后切断电源待陀螺马达静止后，将陀螺房慢慢放下，按前述方法测定零位。对于 JT15 型陀螺经纬仪，若零位变动不超过分划板上 0.5 格，不必作零位校正。当作零位校正时，将外壳上部圆筒取下，其顶端侧面露出一组校正螺钉。校正时先旋松顶部固定螺钉，然后对拧校正螺钉。当零位偏"+"时，先松右边螺钉，后紧左边螺钉；当零位偏"-"时，则反之。反复进行几次，可达到要求。每次调整后应固紧顶部固定螺钉。

2.1.3　零位改正

悬带零位虽然经过校正，但不可能完全消除，而且在定向观测过程中，悬带零位通常会发生变化，一般在定向观测时，测前、测后均需测定悬带零位。对于精密定向观测，零位变化超过±0.5 格时，应取测前、测后零位观测值，对陀螺北方向的观测值施加零位改正，其计算公式如下：

$$\Delta\alpha=-\frac{D_B}{D_R}\tau\delta=-\lambda\tau\delta \tag{12-50}$$

式中　δ——零位值，以格为单位；

τ——目镜分划板的分划值；

λ——零位改正系数。

λ 是悬带扭力矩系数 D_B 与指向力矩系数 D_R 的比值，此值一般在仪器说明书中给出。当仪器更换了悬带或陀螺马达时，应重新测定，然后，按下式计算：

$$\lambda=\frac{T_A^2-T_B^2}{T_B^2} \tag{12-51}$$

式中　T_A——跟踪摆动周期；

T_B——不跟踪摆动周期。

2.2　测定仪器常数

对于 KT1 型陀螺经纬仪只需要测定仪器常数 Δ，而 JT15 型陀螺经纬仪除测定仪器常数

Δ 外,还需要测定比例常数 C。

在理想的情况下,测线的陀螺方位角应与地理方位角一致,这时仪器常数为零。但是,陀螺轴、经纬仪望远镜视准轴和观测目镜的光轴不在同一竖直面内,因此使仪器测得的陀螺方位角不一致,其差值称为仪器常数,故

$$\text{地理方位角} = \text{陀螺方位角} + \text{仪器常数} \tag{12-52}$$

仪器常数测定的方法,通常是在已知地理方位角的边上实测陀螺方位角。由两者之差求得仪器常数。例如:已知地理方位角 = 19° 22′18″,实测陀螺方位角 = 19°20′00″,仪器常数 = +2′18″。

当已知地理方位角大于陀螺方位角时,仪器常数为正,否则为负。

有的地区因为已知地理方位角的精度不高,或已知地理方位角距施测地区较远,此时可用天文测量方法测定一条边的天文方位角,然后实测该边的陀螺方位角,同样可得仪器常数。

在仪器保存得好时,仪器常数可保持不变,但是经过一段时间后,可能会慢慢地变化,因此在进行重要的定向观测的前后,应分别在同一条已知地理方位角的边上,进行多次(一般应不少于 3 次)的测定,取测前、测后的平均值,作为仪器常数的最或是值。当仪器经过长途搬运、震动或撞击后以及更换悬带后,仪器常数可能有较大变化,应及时进行检核观测。地区与地区之间由于地理方位角的测定精度不同,对仪器常数也有影响,因此各地区间不应通用一个仪器常数,应分别独立的测定。

在中天法观测中,用 3 个连续中天时间计算近似北方向的改正值 ΔN 时,需要比例常数 C,其测定方法如下:

将仪器安置好,用中天法分别独立地观测两组,第一次,近似北方向在水平度盘上的读数为 N'_1,第一组中天法观测后可得

$$N = N'_1 + \Delta N_1 \tag{12-53}$$

或

$$N = N'_1 + Ca_1 \Delta t_1 \tag{12-54}$$

第二次,近似北方向在水平度盘上的读数为 N'_2,第二组中天法观测后,又得

$$N = N'_2 + \Delta N_2 \tag{12-55}$$

或

$$N = N'_2 + Ca_2 \Delta t_2 \tag{12-56}$$

由式(12-54)和式(12-56)得

$$N'_1 + Ca_1 \Delta t_1 = N'_2 + Ca_2 \Delta t_2 \tag{12-57}$$

解得

$$C = \frac{N'_2 - N'_1}{a_1 \Delta t_1 - a_2 \Delta t_2} \tag{12-58}$$

例如:

第一次近似北方向读数 $N'_1 = 359°37'$;

第二次近似北方向读数 $N'_2 = 0°8'$;

第一组平均摆幅 $a_1 = 10.05$;

第二组平均摆幅 $a_2 = 10.53$;

第一组中天之间的时间差数 $\Delta t_1=+33.4$ s；

第二组中天之间的时间差数 $\Delta t_2=-31.7$ s。

将上述数值代入式(12-58)中得

$$C=\frac{0°8'-359°37'}{33.4\times10.05+31.7\times10.53}=\frac{31'}{336+334}=0.046'/\mathrm{s}$$

比例常数 C 测定后，可以长期使用，经过一定时间之后，需要检核一下，不必每次使用仪器时都重新测定。

2.3 陀螺经纬仪的定向方法

应用陀螺经纬仪进行定向测量有两种情况：一种情况是在地面上测定某一条边的陀螺方位角，另一种情况是地下坑道内测定地下导线起始边的方位角，在测站上必须观测欲测边的方向值 M 和测定陀螺北方向值 N。这时，可得陀螺方位角 $=M-N$。由此可见，外业的主要工作是测定陀螺北方向值。

用陀螺经纬仪观测陀螺北方向时，首先将仪器置于测站上，对中整平，并且使经纬仪盘左位置时的视准轴大致指向北方向。然后，进行粗略定向，确定近似北方向，使视准轴置于近似北方向上，在此基础上进行精密定向，确定测站的陀螺北方向值。

2.3.1 粗略定向

在实际作业中，除利用磁罗盘与已知方位的目标外，也可以直接应用陀螺经纬仪进行粗略定向。目前应用较多的有两种粗略定向方法。

2.3.1.1 两逆转点法

将经纬仪望远镜大致安置在北方向上，启动陀螺马达到额定转速时，放下陀螺，松开经纬仪水平制动螺旋，由观测目镜中观察光标线移动的方向和速度，用手扶住照准部进行跟踪，使光标线与分划板零刻划线随时重合。当光标线游动速度减慢时，表明已接近逆转点，在光标线快要停下来的时候，拧紧水平制动螺旋，用水平微动螺旋继续跟踪，跟踪到第一个逆转点时，光标线停顿片刻，此时读水平度盘读数 u_1。然后，松开水平制动螺旋，继续用手跟踪，同法读出第二个逆转点的读数 u_2。测完后，锁紧陀螺且进行减速。取两次读数的平均值，即得近似北方向在读盘上的读数：

$$N'=\frac{1}{2}(u_1+u_2) \tag{12-59}$$

将照准部安置在读数 N' 的位置下，这时，望远镜光轴就指向近似北方向。

图 12-28 是两逆转点粗略定向示意图，按图中所示数字计算得

$$N'=\frac{1}{2}\times(352°40.2'+7°14.4')=179°57.3'$$

2.3.1.2 四分之一周期法

图 12-29 为四分之一周期法粗略定向示意图。

启动陀螺马达到额定转速后，放下陀螺，用手扶住照准部跟踪一段时间，当光标线游动速度变慢快接近逆转点时，将分划板零刻线超前于光标线，拧紧水平制动螺旋，固定照准部，等到光标线和分划板零刻划线重合时，启动跑表，光标线继续前进到达逆转点后，又反向往回游动，当光标线再与分划板零刻划线重合时，在不停跑表的情况下，读出表面时间 t，同时松开水平制动螺旋用手扶住照准部继续跟踪，并且计算出 $\frac{t}{2}+\frac{T_u}{4}$ 的时间（T_u 为摆动周期，和

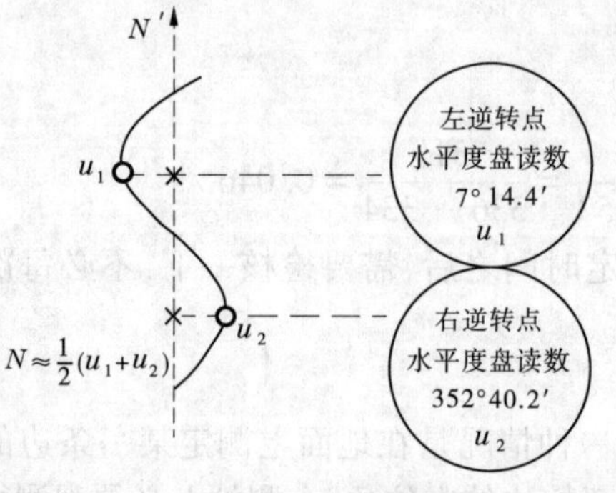

图 12-28　两逆转点法

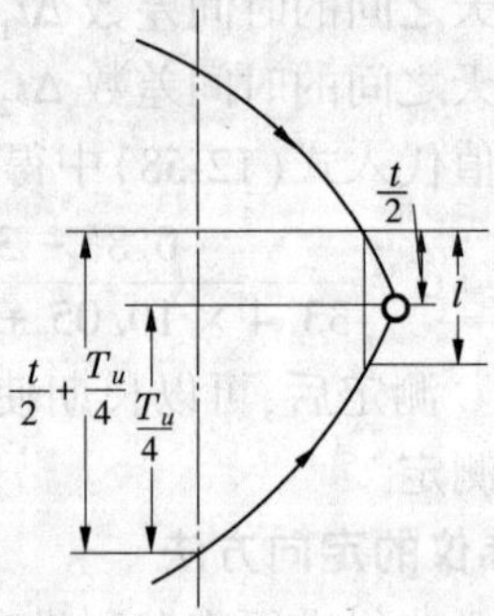

图 12-29　四分之一周期法

纬度有关，$T_u=T_{u_0}(\cos\varphi)^{-\frac{1}{2}}$，$T_{u_0}$ 为赤道上的摆动周期，一般在仪器说明书中有此数据)。当跟踪到表面时间为$\frac{t}{2}+\frac{T_u}{4}$时，停止跟踪，此时望远镜就指向近似北方向。

2.3.2　精密定向

精密测定陀螺北方向的方法可分为两大类：一类是经纬仪照准部处于跟踪状态，悬带不受扭是无扭观测，目前在国内外广泛采用跟踪逆转点法；另一类是照准部固定不动，如中天法、时差法、改化摆幅法、记时摆幅法、记时法等，目前普遍采用的是中天法。

首先将经纬仪严格对中整平，然后安置好陀螺仪。此时将经纬仪水平微动螺旋旋至中间位置，松开制动螺旋，使经纬仪视准轴位于近似北方向。启动陀螺，达到额定转速后，下放陀螺，并限幅。然后用水平微动螺旋平稳地跟踪，也就是通过观测目镜使分划板零刻划线与光标线时时重合，保持上述跟踪状态，达到逆转点时，停止跟踪，读取水平度盘读数，随即用水平微动螺旋反向跟踪，达到逆转点时，在水平度盘上再读取一个逆转点的读数。通常观测2个周期，依次可连续取5个逆转点在水平度盘上的读数，如图12-30所示。最后托起陀螺并制动陀螺马达。

若不考虑悬带零位改正时，由5个逆转点读数 u_i 所求得的舒勒平均值 N，即为陀螺北方向值，其计算公式为

$$N_1=\frac{1}{2}\left(\frac{u_1+u_3}{2}+u_2\right)=\frac{1}{4}(u_1+2u_2+u_3) \tag{12-60}$$

$$N_2=\frac{1}{2}\left(\frac{u_2+u_4}{2}+u_3\right)=\frac{1}{4}(u_2+2u_3+u_4) \tag{12-61}$$

$$N_3=\frac{1}{2}\left(\frac{u_3+u_5}{2}+u_4\right)=\frac{1}{4}(u_3+2u_4+u_5) \tag{12-62}$$

然后，取平均值得

$$N=\frac{1}{3}(N_1+N_2+N_3) \tag{12-63}$$

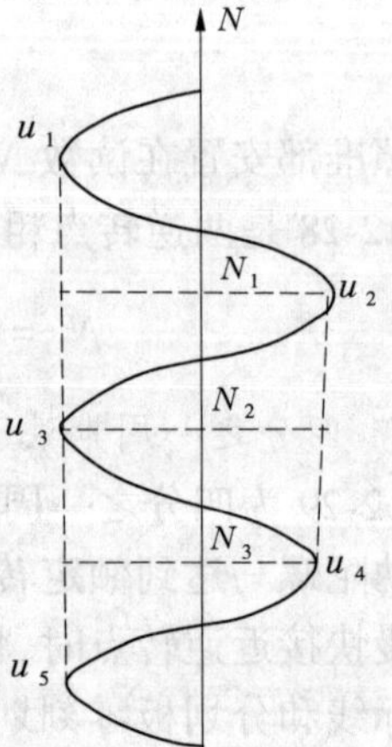

图 12-30　跟踪逆转点法

当在地面与地下测定陀螺方位角时,有时零位值变化较大,因此应该在测得的陀螺北方向值上施加零位改正值 $\Delta\alpha$,这样可提高地下定向边的定向精度。

3 井下定向测量程序

某地下工程,经由洞口与竖井开挖。在地面上建立了三角网,地下敷设了导线,通过竖井可将地面控制点的坐标传递到地下导线起始点上,利用陀螺经纬仪测定地下导线的起始方位角。为了检核地下导线的角度观测与减少其误差积累,在以后敷设长的地下导线时可加测中间边的陀螺方位角。

在定向观测之前,首先在地面上选择一条三角网边,该边力求长些、方位角的精度高些,同时在地下选择一条定向边,应选较长的边,且在该边的两端便于安置仪器进行观测。准备工作结束后,即可进行定向测量。

由观测成果计算定向边的坐标方位角是较简单的。在图12-31中,设 A_0 和 A 分别为地面三角边和地下定向边的地理方位角;γ_0 和 γ 分别是地面三角边和地下定向边的子午线的收敛角;M_0 和 M 分别为地面三角边与地下定向边的陀螺方位角;α_0 和 α 分别是地面三角边与地下定向边的坐标方位角,Δ 为仪器常数;ⅠG 和 P_1G' 分别为地面与地下的陀螺北方向。

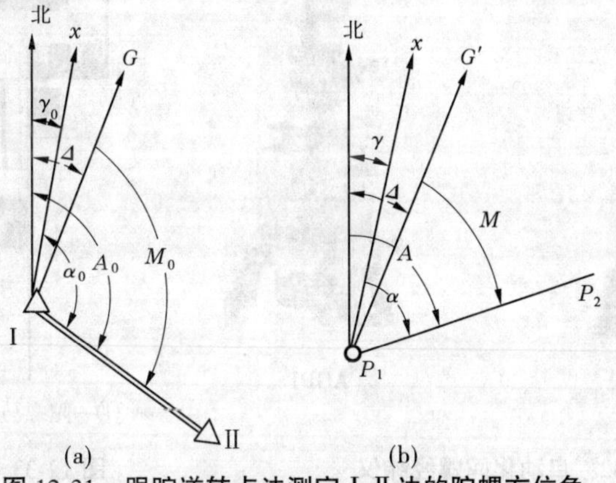

图12-31 跟踪逆转点法测定ⅠⅡ边的陀螺方位角

由图12-31可得:

$$\alpha = A-\gamma = M+\Delta-\gamma$$

因为

$$\Delta = A_0-M_0 = \alpha_0+\gamma_0-M_0$$

故

$$\alpha = \alpha_0 + (M - M_0) + \zeta_\gamma \tag{12-64}$$

$$\zeta_\gamma = \mu(Y_1 - Y_{P1}) \tag{12-65}$$

式中 $\zeta_\gamma=\gamma_0-\gamma$——地面与地下测站点的子午线收敛角的差值,(″);

μ——$\mu=32.3\tan\omega$,(″)/km;

ω——当地的纬度;

Y_1、Y_{P1}——地面和地下定向地点的横坐标,km。

4 全自动陀螺经纬仪定向测量

以往的光学陀螺经纬仪一般以人工的方式按逆转点法或中天法进行。由于人工观测,对观测员的操作技术要求较高,并且存在效率低、易出错等缺陷。随着科学技术的发展,20世纪80年代以来,世界上开始研制并使用全自动的陀螺经纬仪。目前,自动化陀螺经纬仪的主要产品有德国的Gyromat2000和日本的AGP1等(见图12-32)。

自动化陀螺经纬仪在无需人工干预的情况下可快速高精度地实现定向观测。如Gyromat2000陀螺经纬仪,在不到10 min的时间内可达到优于±3.2″的定向精度。

4.1　陀螺经纬仪的基本结构

自动陀螺经纬仪一般由自动陀螺仪和电子经纬仪组成。陀螺经纬仪按灵敏部的结构方式,可分为悬挂式、液体漂浮式及混合式,近代陀螺经纬仪大都采用悬挂式(见图12-33)。对于悬挂式的陀螺经纬仪按结构可分为两类:一类是陀螺仪架在经纬仪之上,陀螺仪作为上架附件,不定向时可将其卸下,经纬仪可单独使用;另一类是将陀螺仪安装在经纬仪的下部,两者紧密相连,经纬仪不能单独使用。

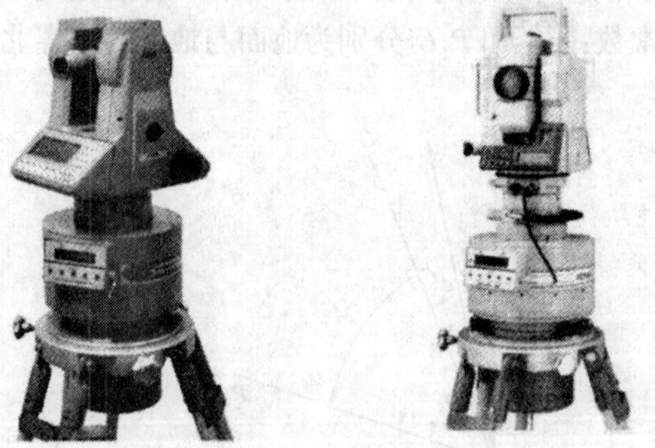

Gyromat2000　　AGP1

图12-32　自动化陀螺经纬仪

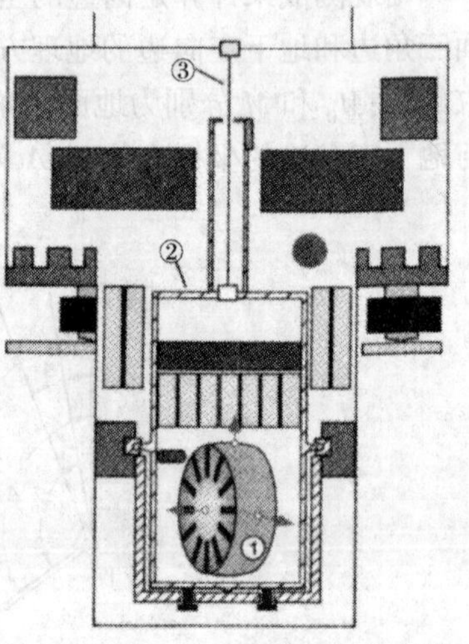

①—陀螺马达;②—灵敏部;③—悬挂带。

图12-33　陀螺仪悬挂结构示意图

4.2　自动定向原理简介

自动化陀螺仪一般通过数据电缆与电子经纬仪连接,并在计算机程序的控制下自动完成定向的整个操作过程。下面以Gyromat3000为例,介绍陀螺自动定向的基本原理。

Gyromat3000陀螺经纬仪的自动定向主要依靠步进测量(概略寻北)和自动积分测量系统实现。步进测量的目的是减小陀螺在静态摆动下的摆幅,使摆动的信号处于光电检测元件的感光区内,同时在陀螺启动状态下也使摆动平衡位置最终接近于北。设在某一时刻,悬挂带扭力零位与摆动逆转点重合,这时悬带不受扭力,弹性位能为零。但因陀螺轴偏离北方向,因此在指北力矩的作用下陀螺向北进动,陀螺摆动半周期后达到另一逆转点,由于扭力零位还在前一逆转点位置,因此这时悬带受扭,弹性位能最大而动能最小。此时通过马达伺服驱动使被平面轴系支撑的整个陀螺仪和经纬仪一起快速步进一步,使悬挂带零位步进到这一逆转点上,这时弹性位能又变为零,而这一位置的指北位能的绝对值小于前一位置。经过几次步进后,陀螺的摆幅减小,使扭力零位最终逼近于北,此时就可以进行自动积分测量。

Gyromat3000自动陀螺经纬仪定向的主要操作步骤如下:

(1)将陀螺经纬仪安置到三脚架上,对中、整平。

(2)连接自动陀螺仪与电子经纬仪之间的数据通信电缆。

(3)经纬仪开机,陀螺仪开机。

(4)启动测量程序进行定向测量:①将仪器从任意初始位置依靠步进测量自动实现概略寻北;②测定测前悬带零位;③仪器预定向,使概略指北方向小于0.05 gon(2′42″);④按积分测量精确定向,并显示照准部零位与真北方向的偏角。

(5)经纬仪照准测线目标,盘左、盘右观测两测回,将结果输入到陀螺仪中,即可计算并显示测线方位角。

5 磁悬浮陀螺全站仪定向测量

陀螺全站仪是一种通过敏感地球自转,自主测定任意目标地理北方位的全能型惯性测量仪器。国内外传统陀螺仪普遍采用基于一根悬挂带将高速旋转的陀螺马达吊起来,通过自由摆动原理而敏感地球自转,测量过程容易造成悬挂带断裂,存在扭力矩与悬挂带零位误差大诸多技术瓶颈。而磁悬浮陀螺全站仪实现了以磁悬浮支承技术为基本构架的静态寻北模式,即将24 000 r/min的陀螺马达悬浮在准真空腔,通过光电力矩反馈闭环系统,来测定静态悬浮的陀螺灵敏部件敏感地球自转力矩值,从而实现寻北定向。这一技术无论是原理还是体系构成等都是对传统陀螺仪器的颠覆性变革。

GAT陀螺全站仪是由长安大学和航天十六所联合研制、具有独立知识产权的国内首台高精度磁悬浮全自动陀螺定向仪器。该仪器用磁悬浮替代传统吊带技术,实现多项关键技术攻关,能无依托、全自动、快速测定真北及坐标方位角,实现准确贯通和精确定向,具有较强的环境适应性。借助于独立开发的软件包实现系统与外界的数据采集、存储、自动计算及贯通误差预计与模拟控制。磁悬浮陀螺全站仪是一个全新的技术体系,该体系吸收了国内外陀螺技术的优势,克服了传统陀螺固有的技术瓶颈,因此显示了良好的系统稳定性和操作便捷性。

高精度磁悬浮陀螺全站仪是一项技术复杂、光机电集成程度极高的高科技惯性测量仪器。GAT高精度磁悬浮陀螺全站仪具有测量精度高、速度快、性能强和操作简便等特点,首次将磁悬浮技术成功应用于高精度陀螺全站仪系统的构建,提高了陀螺定向的稳定性和可靠性,解决了常规陀螺定向中吊带(丝)易损坏、抗干扰性差和人工操作烦琐等问题;首次将精密测角、回转技术和无接触式光电力矩反馈技术应用于陀螺全站仪系统中,减少了干扰和摩擦,实现了敏感元件的无接触角度测量,提高了测量精度。

5.1 GAT磁悬浮陀螺全站仪的基本结构

GAT磁悬浮陀螺全站仪,如图12-34所示,主要由磁悬浮陀螺仪、全站仪、外部控制器、数据电缆、特制三脚架、强制对中工装等部分组成。采用全站仪在上、陀螺仪在下的结构将两者集成连接,通过两根数据传输电缆线将陀螺仪与外部控制器连接。在程序控制下,陀螺仪可以自动完成寻北测量工作,并将寻北结果显示在屏幕上,同时配合全站仪的观测数据即可确定外部测线的陀螺方位角。GAT磁悬浮陀螺全站仪主要部件的结构如图12-35所示,各部分结构名称如表12-11所示。

其中,1~11号部件构成了全站仪照准测量系统,主要用于获取外部测线的方位,建立陀螺寻北结果与外部测线方位之间的角度联系,同时具有一般全站仪的测角测距功能;12~32号部件构成了陀螺定向系统,主要用于精确测定测站点处的真北方位,并将该方位以与陀螺内部固定轴线方向(北向标识方向)的夹角形式给出;14~17 号部件构成了陀螺定向系统中的回转子系统;19~21 号部件构成了陀螺定向系统中的锁定系统;22~28 号部件构成了陀螺定向系统中的陀螺灵敏部(悬浮部件)。在使用过程中,除按照常规仪器的架设方法进行整平、对中外,还需要将仪器的北向标识大致指向北方向,以满足仪器的粗略寻北要求。

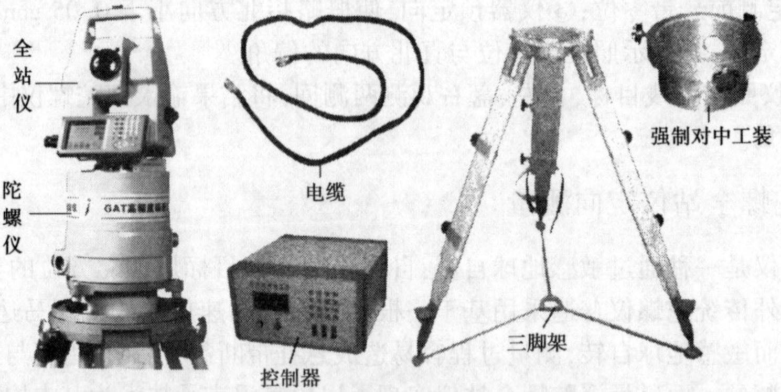

图 12-34　GAT 磁悬浮陀螺全站仪部件

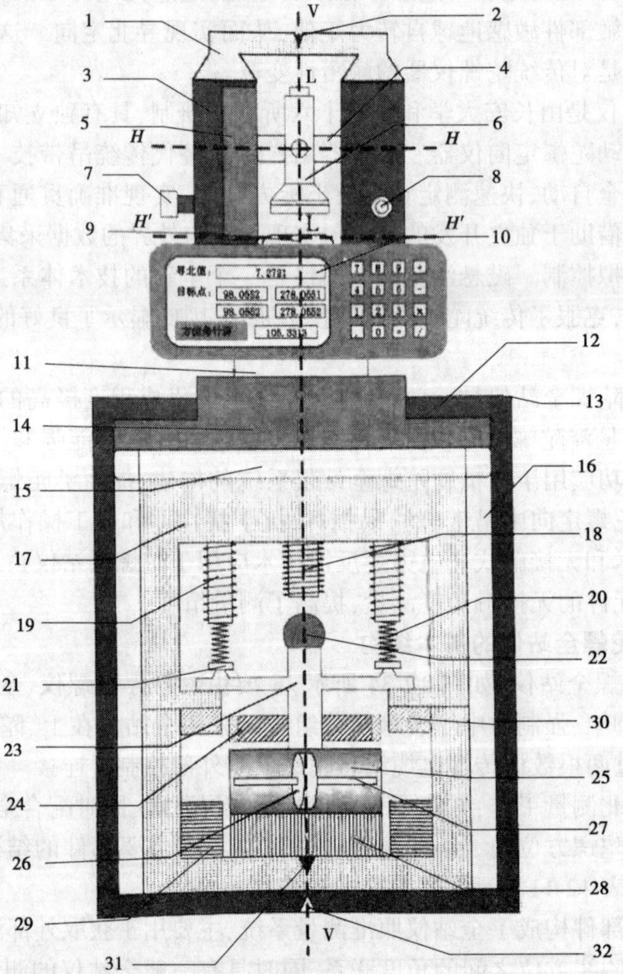

图 12-35　GAT 磁悬浮陀螺全站仪主要部件的结构

表 12-11 GAT 磁悬浮陀螺全站仪部件名称对照表

编号	部件名称	编号	部件名称	编号	部件名称
1	上对中支架	12	外壳	23	连接杆
2	上对中标识	13	北向标识	24	反射棱镜组
3	照准部支架	14	水平角测角系统	25	陀螺房
4	竖直旋转轴	15	回转马达	26	陀螺马达
5	内置竖直度盘	16	回转轴	27	陀螺马达轴
6	望远镜	17	灵敏部壳体	28	力矩器转子
7	水平制动螺旋	18	电感线圈 1	29	力矩器定子
8	竖直制动螺旋	19	电感线圈 2	30	光电传感器
9	水准管	20	弹簧	31	回落稳定槽
10	微型计算机	21	压片	32	下对中标识
11	水平旋转轴	22	磁浮球		

5.2 GAT 磁悬浮陀螺全站仪一个测站的基本测量过程

如图 12-36 所示，GAT 磁悬浮陀螺全站仪一个测站的基本测量过程为：①全站仪与陀螺仪同时开机，陀螺仪等待，全站仪进行数据输入、开始角度测量；②全站仪测量完毕，给陀螺仪发出指令“Measure”，陀螺仪应答“OK”并开始测量，全站仪等待；③陀螺仪测量完毕，发送数据传送指令“Send”，全站仪准备接收数据并应答“OK”，陀螺仪发送数据，全站仪收到数据发送确认指令“Over”；④陀螺仪等待新指令。为保证测量数据的可靠性，通常至少需要测量 2 个测回。

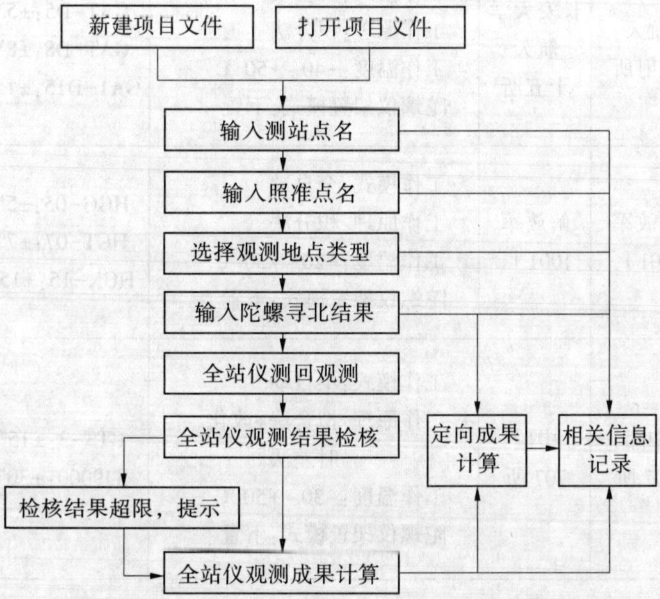

图 12-36 GAT 磁悬浮陀螺全站仪一测回自动化程序

目前GAT高精度磁悬浮陀螺全站仪定向精度稳定在3.5~5.0 s,各项指标稳定可靠,和世界最好的德国Gyromat3000精度相当。GAT系列仪器采用磁悬浮吊带等技术,能无依托、自主式寻北测定目标的方位角,除架设调平及瞄准外,整个测量过程无需手工操作,测量结束后,自动给出瞄准目标的法线与真北方位角,据此可以确定任意方向线的坐标方位角,实现定向和贯通。现已经成功应用于我国铁路第一长隧——青藏铁路关角隧道(32.6 km)、我国第一个海底隧道——厦门海底隧道、世界深埋超长第一隧——陕西引汉济渭秦岭越岭隧道(98.3 km)、我国南水北调TBM穿黄隧道、陕西引红济石超长输水隧道(19.7 km)、西安地铁、成都地铁、重庆地铁、昆明地铁及世界第一长沉管隧道——港珠澳大桥海底隧道沉管等40余项国家重大工程的贯通与对接测控。

用GAT磁悬浮陀螺全站仪进行矿山的联系测量工作,无需矿山停产,2个工作人员8 min就可以完成一个测回的工作,方位测量精度优于5 s。

5.3　国内外部分陀螺全站仪相关技术指标

陀螺全站仪的主要性能指标见表12-12。

表12-12　国内外部分陀螺全站仪相关技术指标

序号	仪器	国家	厂家	研制单位	技术特征	一测回观测中误差	定向时间	陀螺支承方式
1	GAT磁悬浮系列	中国	中国航天科技集团公司7171厂	长安大学航天十六所	工作模式:全自动 工作原理:静态力矩闭环反馈 工作温度:-40~+50 ℃ 陀螺仪架置模式:下置	±(3.5″~5.0″)	8 min	磁悬浮
2	GAT-D系列(BTJ系列)	中国	航天发射所	长安大学航天十五所	工作模式:全自动 工作原理:积分法 工作温度:-40~+50 ℃ 陀螺仪架置模式:下置	GAT-D5:±5″ GAT-D8:±8″ GAT-D15:±15″	9 min	悬挂带
3	1001厂HG系列	中国	解放军1001厂	解放军1001厂	工作模式:全自动 工作原理:积分法 工作温度:-20~+50 ℃ 陀螺仪架置模式:下置	HGG-05:±5″ HGT-07:±7″ HGK-15:±15″	9~20 min	悬挂带
4	天津中船重工GT3系列	中国	中船707所	中船707所	工作模式:半自动 工作原理:拟合法+改化时差法 工作温度:-30~+50 ℃ 陀螺仪架置模式:下置	GT3-3:±15″ TJ9000:±30″	9~15 min	悬挂带

续表 12-12

序号	仪器	国家	厂家	研制单位	技术特征	一测回观测中误差	定向时间	陀螺支承方式
5	Gyromat 3000	德国	德国 DMT 公司	德国 DMT 公司	工作模式:全自动 工作原理:积分法 工作温度:-20°~+50 ℃ 陀螺仪架置模式:下置	±(3.0″~5.0″)	9~12 min	悬挂带
6	索佳 Gyrox 系列	日本	日本索佳测量仪器公司	日本索佳测量仪器公司	工作模式:半自动 工作原理:逆转点法 陀螺仪架置模式:上置	±15″	>19 min	悬挂带
7	GAK1	瑞士	瑞士 WILD 厂	瑞士、WILD 厂	工作模式:人工 工作原理:中天法、逆转点法 工作温度:-30~+50 ℃	±20″	>30 min	悬挂带

注:表中所列参数均来源于各厂家资料。

【小贴士】

本任务主要介绍了陀螺仪定向测量,介绍了一般陀螺仪、全自动陀螺仪和磁悬浮陀螺仪的使用方法,通过该任务的学习,学生应能对国内外部分陀螺仪的工作模式,了解中天法、逆转点法、微分法、静态力矩闭环反馈法的工作原理,熟悉 GAT 磁悬浮陀螺全站仪一个测站的基本测量过程。

【知识链接】

学习本项目时,学生应结合教师的讲解思考为什么隧道贯通后,应及时地进行贯通测量,测定实际的横向、纵向和竖向贯通误差,为什么要调整贯通误差。了解一井定向和两井定向的区别。地下水准测量与地上水准测量有何区别与联系?学生应自行到网上下载相应的地下工程施工测量案例,以获取更多的有用知识。

【阅读与应用】

港珠澳大桥沉管隧道贯通测量

港珠澳大桥属特大型跨海桥隧工程,它跨越粤、港、澳三地,如果全部建成桥梁,就必须要修建一座桥面高度超过 80 m、桥塔高度达到 200 m 的超级大桥。又因港珠澳大桥的路线经过伶仃洋海域中最繁忙的主航道,近期可通航 10 万 t 级、远期可通航 30 万 t 油轮。同时该处临近香港国际机场,航空领域的建筑物高度(88 m)限定使得该区域无法实现大跨径、高塔结构物。另外,还要考虑对海洋环境的影响、台风的因素和 10%阻水率的要求。所以,隧道成为唯一可行的方案。为了实现桥梁与隧道之间的转换,故在隧道两端修建人工岛。于是,这就构成了港珠澳大桥的桥岛隧相结合的建设方式。

港珠澳大桥沉管隧道平面示意如图 12-37 所示。

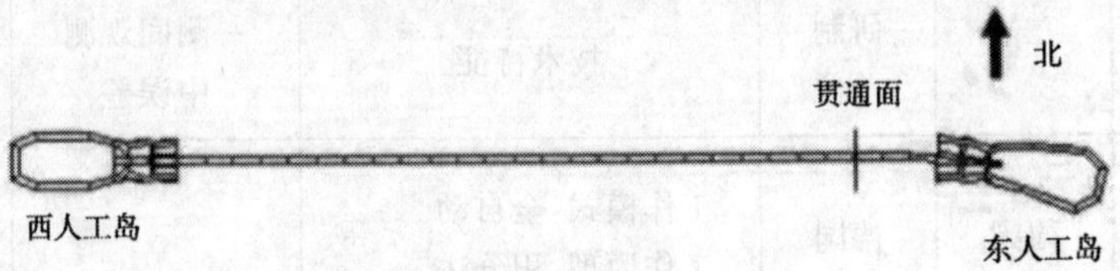

图 12-37　港珠澳大桥沉管隧道平面示意图

工程建设内容包括港珠澳大桥主体工程、香港口岸、珠海口岸、澳门口岸、香港接线以及珠海接线。大桥的主航道位置采用隧道形式,由两个人工岛提供桥隧转换设施,确保不影响与广州和深圳港口主航道的通行来往。大桥主体工程采用桥隧组合方式,大桥主体工程全长约 29.6 km,海底隧道长约 6.7 km。是世界上规模最大的沉管隧道,不仅代表了中国最高水平,也反映了世界最高水平。

隧道内控制网布设方案如图 12-38 所示。

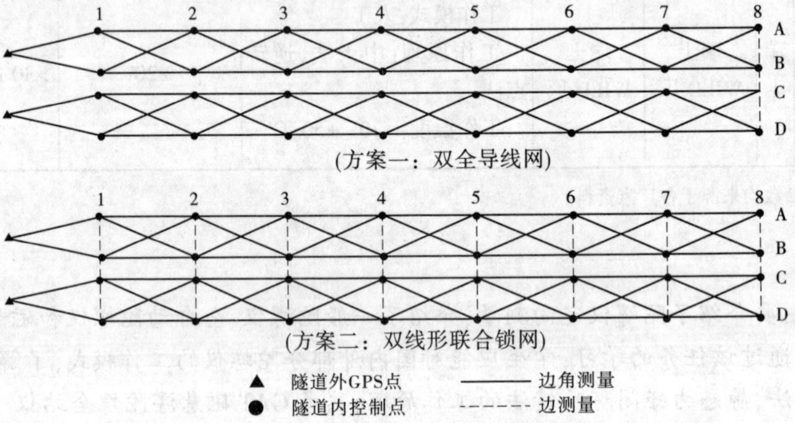

图 12-38　隧道内控制网布设方案

和陆地隧道相比,海上沉管隧道是由预制管节水下对接而成的,受环境条件的限制,隧道口控制点布设困难,观测条件更差。

沉管隧道不仅要对不同施工面的最终贯通偏差进行控制,还要评估每一个管节的安装效果,为后续管节的安装提供指导,这无疑对贯通测量提出了更高的技术要求。沉管安装测量定位流程如图 12-39 所示。

为此,测量工作者创新性地提出了针对沉管隧道的双线形联合锁网布测方法。通过陆上 1:1模拟试验和工程实测数据分析,验证了双线形联合锁网的精度和可靠性。与全导线网相比,双线形联合锁网精度提高了 15%~30%,可靠性也有小幅提升。

双线形联合锁网,两个全导线网的每一对控制点都进行短边联系测量。短边角度测量受仪器本身的误差、对中误差和觇标照准误差影响较大,角度观测值误差易超限,只进行边长测量。

三维激光扫描仪在隧道施工中的应用

常见的三维激光扫描仪如图 12-40 所示,凭借着其高效率、高精度、无接触、测距长的硬件优势,在测绘行业内被广泛认可和赞许;高精度的数据拼接和传统高精度控制点的完美结

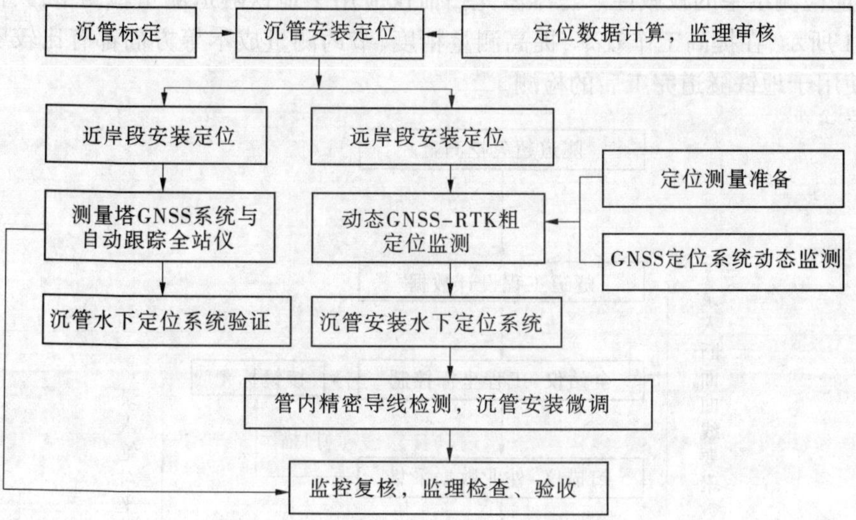

图 12-39　沉管安装测量定位流程示意图

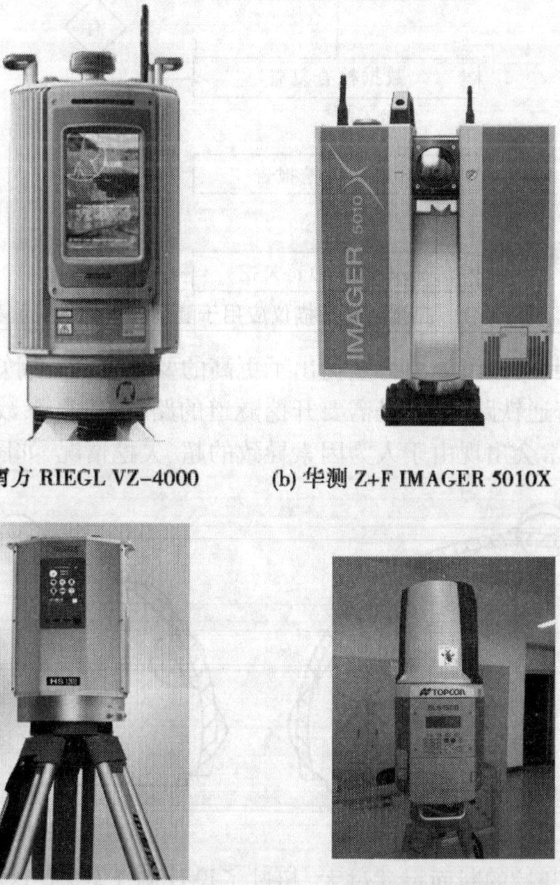

(a) 南方 RIEGL VZ-4000　(b) 华测 Z+F IMAGER 5010X

(c) 中海达 HS1200　(d) 拓普康 GLS-1500

图 12-40　常见的三维激光扫描仪

合可以保证检测结果的权威性。三维激光扫描仪应用于地铁隧道测量检测中,其作业流程如图 12-41 所示,在提高工作效率、提高测量精度、节约测量成本等方面都有比较明显的优势,可以使用于地铁隧道完工后的检测。

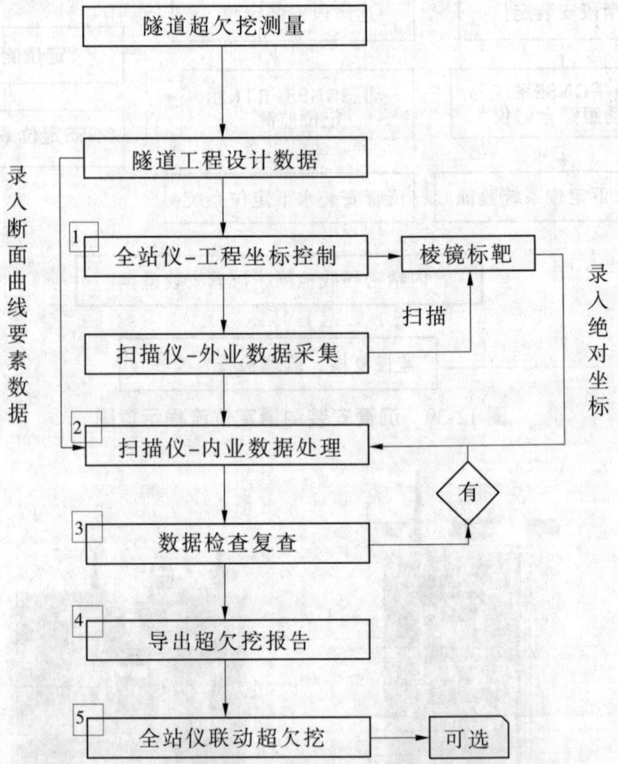

图 12-41　三维激光扫描仪应用于隧道测量的作业流程

高铁的快速发展,对建设施工行业提出了更高的要求。众所周知,高铁的建设标准和施工难度要远远大于普通铁路,尤其是需要开挖隧道的路段,难度系数更是成倍增长,因为在隧道开挖过程中,常常会出现由于人为因素导致的超、欠挖情况,如图 12-42、图 12-43 所示。

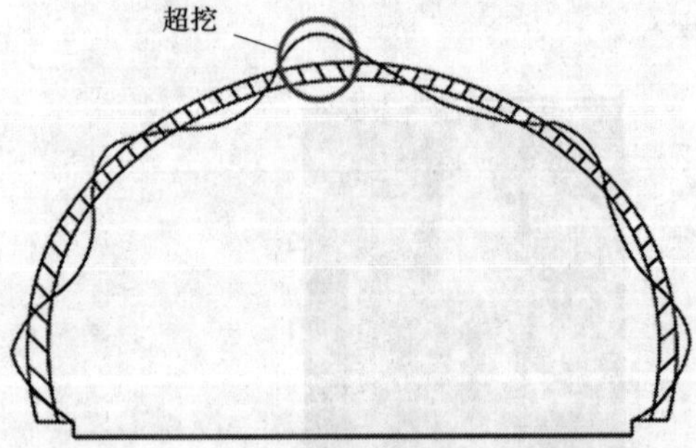

图 12-42　超挖

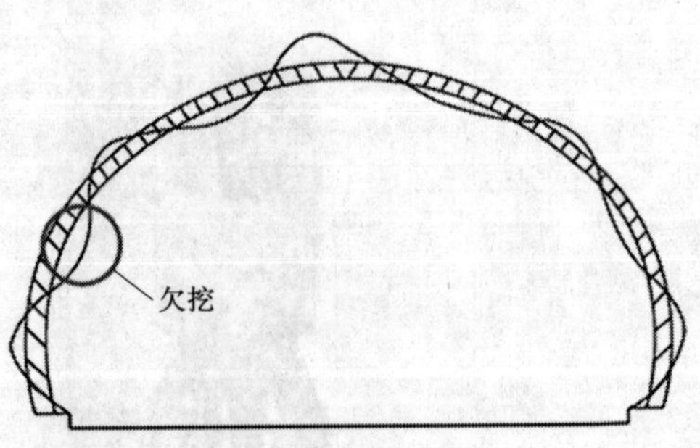

图 12-43　欠挖

超挖,就是实际开挖的断面尺寸过大,超过了设计施工轮廓,这将会影响隧道围岩的稳定性。欠挖则相反,如果实际开挖断面尺寸小于设计尺寸,那么势必会影响二衬的厚度,从而造成工程隐患。过去常用的检测方式是用全站仪进行抽检式的断面测量。虽然全站仪的单点精度可以满足施工要求,但无法进行全面检测,因此未被检测出来的超、欠挖区域将会给之后的工程带来安全隐患。

使用三维激光扫描仪既能满足断面检测的精度要求，又能实现全面检测，同时效率还高。

(1)外业数据采集。三维激光扫描仪是利用激光测距的原理，通过记录被测物体表面大量的密集的点的三维坐标、反射率和纹理等信息，可快速复建出被测目标的三维模型及线、面、体等各种图件数据。三维激光扫描仪的数据采集配置如图12-44所示。

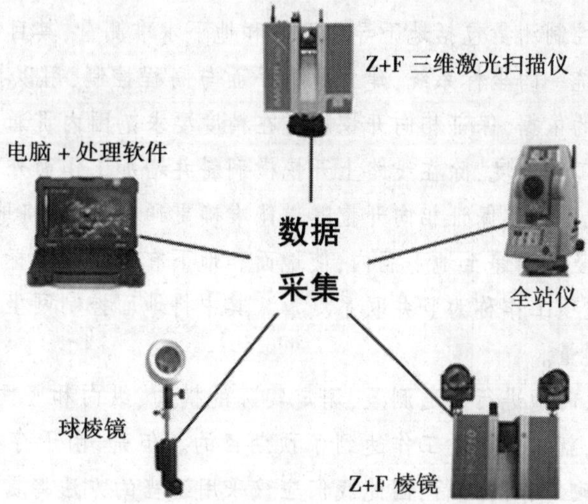

图12-44　三维激光扫描仪的数据采集配置

(2)数据预处理。将采集的数据导入到软件中，可自动寻找球棱镜的位置，后视定向快速完成点云定位定向。同时可自动进行点云降噪，清洗无效数据，使测量数据更加精准可靠。

(3)数据检查复查。数据预处理完成后，就可以进行点云分析。主要采用的方式为2D分析和3D分析。2D分析结果通过色谱图的形式反映该段里程上隧道的超、欠挖情况，并能实时显示当前里程的超、欠挖数据。点云3D视图的分析结果更为直观，红色表示欠挖，绿色表示超挖。

(4)导出超欠挖报告。断面里程、实测和参考断面面积、超欠挖面积等关键信息在报告清晰可见，并可根据实际需求定制化格式。导出的超欠挖分析报告，一方面可以作为评估和控制施工质量的重要依据；另一方面在智能放样这个模块中可以用来指导后续施工工作。

(5)全站仪联动超欠挖联合测量机器人直观放样出隧道超欠挖的位置和数值，实现"点哪儿指哪儿"。经过大量点的精度对比发现，三维激光扫描仪最大偏差在毫米级别，完全满足超欠挖检测的精度要求。三维激光扫描仪不仅单站测量速度遥遥领先，而且同等时间内获取的点数量、断面数也远远超过全站仪和断面仪。

所以，以三维激光扫描仪为核心的隧道超欠挖检测方案，不仅精度满足隧道超欠挖检测的要求，而且比传统检测方式的效率更高；不仅可以应用于高铁隧道的安全监测，还可应用于包括地铁隧道、水利隧道、公路隧道等其他地下空间施工阶段的安全监测领域。

项目小结

地下建筑工程主要有隧道工程(包括铁路和公路隧道以及水利工程的输水隧洞)、城市地铁工程、人防工程、地下厂房仓库、地下车场、机场、地下环形粒子加速器工程以及地下矿山的井巷工程等。

地下洞内的施工控制测量包括地下导线测量和地下水准测量,其目的是以必要的精度,按照与地面控制测量统一的坐标系统,建立地下平面与高程控制,用以指示隧道开挖方向,并作为洞内施工放样的依据,保证相向开挖隧道在精度要求范围内贯通。

为了加快隧道的工程进度,除在线路上开挖横洞斜井增加工作面外,还可以用开挖竖井的方法增加工作面,此时为了保证相向开挖隧道能准确贯通,就必须将地面洞外控制网的坐标、方向及高程,经过竖井传递至地下洞内,使地面和地下有统一的坐标与高程系统,作为地下控制测量的依据,这项工作称为竖井联系测量。其中将地面控制网坐标、方向传递至地下洞内,称为竖井定向测量。

隧道贯通后,应及时地进行贯通测量,测定实际的横向、纵向和竖向贯通误差。若贯通误差在允许范围之内,就认为测量工作达到了预期目的。但是,由于存在贯通误差,它将影响隧道断面扩大及衬砌工作的进行,因此我们应该采用适当的方法将贯通误差加以调整。

复习和思考题

12-1 坑道施工测量的内容是什么?作用是什么?

12-2 地面控制网常用的方法是什么?

12-3 地下导线的特点是什么?地下水准测量的特点是什么?

12-4 何为一井定向?两井定向内业计算的主要步骤是什么?

12-5 何为贯通误差?其如何分类?

12-6 陀螺定向原理是什么?逆转法定向测量一测回的工作内容是什么?

12-7 简述 GAT 高精度磁悬浮陀螺全站仪的优点。

【技能训练】

一、技能训练题目及训练目的

在学习完本项目的理论学习内容后,请学生务必利用课余和周末的时间,在校园实训场练习,使用水准仪练习倒尺法测量在洞顶的水准点标志的高程,同时练习用水准仪和水准尺在墙上标定出一定坡度的腰线。

二、技能训练要求

1. 教师给学生配备水准仪、脚架、水准尺、小钢尺。

2. 教师给学生提供校园内足够数量的已知点数据和设计数据。

3. 学生分组在实训场中房屋周边的墙上定一条水平线,按设计坡度+5‰,间隔 5 m 用钢尺量取至腰线的垂直距离。

4. 学生分组在实训场中测出房屋梁上控制点的高程。

5. 学生若遇到问题，则应及时向教师请教。

【知识拓展】

不开挖地面铺设管道　　盾构施工　　隧道新奥法施工　　一井定向测量

项目 13　水工建筑物的施工放样和安装测量

项目概述

水利工程一般由若干水工建筑物组成,一般将这些建筑物分为挡水、泄水、通航、电站等,挡水建筑物即拦河大坝,是主要的水工建筑物,按照建筑材料和结构可分为土石坝、混凝土重力坝、拱坝等。通过本项目的学习,学生应能根据各种类型大坝的施工程序,布设平面和高程施工控制网,确定坝轴线,放样清基开挖线,进行坝体细部放样、会进行水闸等构筑物的施工放样,会进行各种闸门的安装测量。

学习目标

◆知识目标

1. 能简要说明水闸的组成和水闸施工放样的过程;
2. 能阐述土坝的特点以及土坝施工放样的主要内容;
3. 能简要说明直线型坝体和重力式拱坝的放样过程;
4. 掌握本项目各种水工建筑物的安装测量。

◆技能目标

1. 会用全站仪进行水闸主要轴线,闸底板、闸墩、下游溢流面的放样;
2. 会用全站仪测定坝轴线里程桩位置,放样清基开挖线;
3. 会用全站仪测设直线型坝体的放样线;
4. 会进行平面闸门的安装测量。

◆素质目标

通过具体的水电站建设实例,培养学生的民族自豪感,并培养学生严谨细致的工作态度,树立实事求是、精益求精的职业精神。

【课程导入】

水闸、大坝、水电站厂房、船闸和泄水建筑物等,其施工放样程序也是由整体到局部,即先布设施工控制网,进行主轴线放样,然后放样辅助轴线及建筑物的细部。

水工建筑物除土建部分的放样工作外,还有金属结构与机电设备安装测量。它包括闸门安装、钢管安装、拦污栅安装、水轮发电机组安装和起重机轨道安装测量等。

任务 1　水闸的施工放样

如图 13-1 所示,水闸是由闸墩、闸门、闸底板、两边侧墙、闸室上游防冲板和下游溢流面等结构物所组成的。

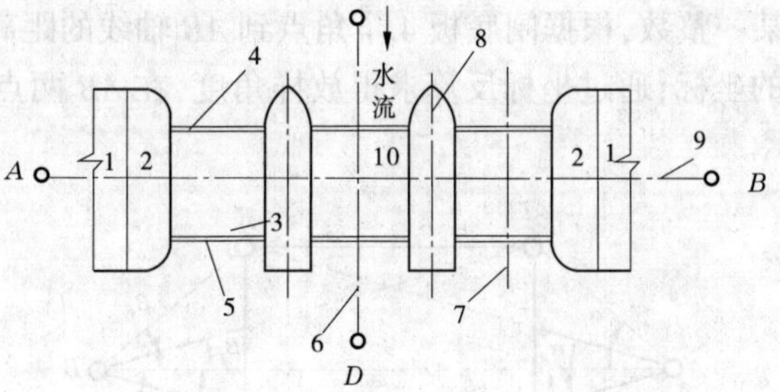

1—坝体;2—侧墙;3—闸墩;4—检修闸门;5—工作闸门;
6—水闸中线;7—闸孔中线;8—闸墩中线;9—水闸中心轴线;10—闸室。

图 13-1　水闸平面位置示意图

水闸的施工放样如图 13-1 所示,包括测设水闸的轴线 AB 和 CD、闸墩中线、闸孔中线、闸底板的范围以及各细部的平面位置和高程等。其中,AB 和 CD 是水闸的主要轴线。其他中线是辅助轴线,主要轴线是辅助轴线和细部放样的依据。

1　水闸主要轴线的放样

水闸主要轴线的放样,就是在施工现场标定轴线端点的位置,如图 13-2 中的 A、B 和 C、D 点的位置。主要轴线端点的位置,可根据端点施工坐标换算成测图坐标,利用测图控制点进行放样。对于独立的小型水闸,也可在现场直接选定端点位置。

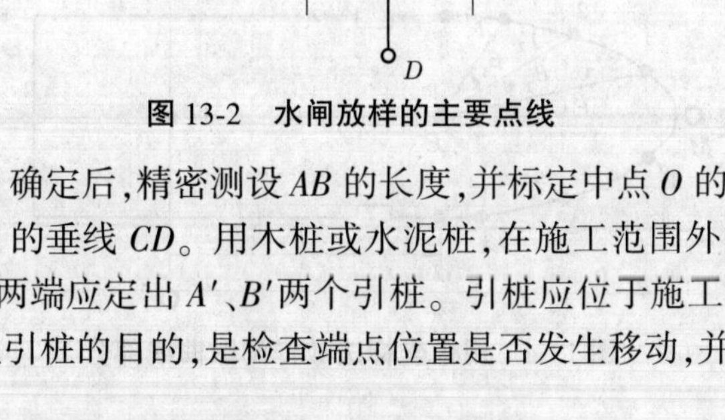

图 13-2　水闸放样的主要点线

主要轴线端点 A、B 确定后,精密测设 AB 的长度,并标定中点 O 的位置。在 O 点安置全站仪,测设中心轴线 AB 的垂线 CD。用木桩或水泥桩,在施工范围外能够保存的地点标定 C、D 两点。在 AB 轴线两端应定出 A'、B' 两个引桩。引桩应位于施工范围外、地势较高、稳固易保存的位置。设立引桩的目的,是检查端点位置是否发生移动,并作为恢复端点位置的依据。

2　闸底板的放样

如图 13-2 所示,根据底板设计尺寸,由主要轴线的交点 O 起,在 CD 轴线上,分别向上、下游各测设底板长度的一半,得 G、H 两点。在 G、H 点分别安置经纬仪,测设与 CD 轴线相垂直的两条方向线。两条方向线分别与边墩中线的交点 E、F、I、K、即为闸底板的4个角点。

如果施工场地测设距离比较困难,也可利用水闸中心轴线的端点 A、B 作为控制点,同时假设 A 点的坐标为某一整数,根据闸底板4个角点到 AB 轴线的距离及 A、B 的长度,可推算出 B 点及4个角点的坐标,通过坐标反算求得放样角度,在 AB 两点用前方交会法放出4个角点,如图 13-3 所示。

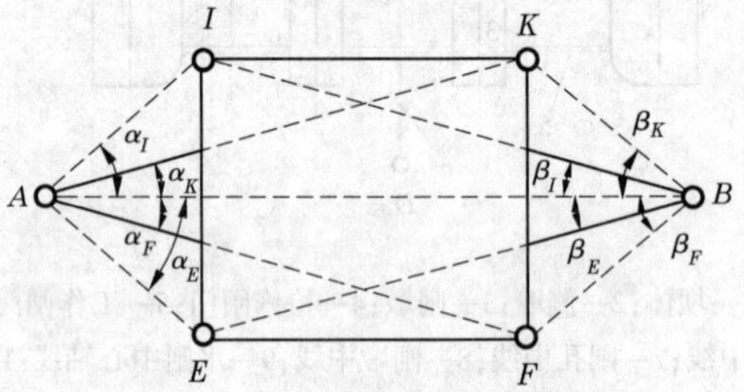

图 13-3　用前方交会法放样闸底板

闸底板的高程放样是根据底板的设计高程及临时水准点的高程,采用水准测量法,根据水闸的不同结构和施工方法,在闸墩上标志出底板的高程位置。

3　闸墩的放样

闸墩的放样,是先放样闸墩中线,再以中线为依据放样闸墩的轮廓线。

放样前,根据水闸的基础平面图,计算有关的放样数据。放样时,以水闸主要轴线 AB 和 MN 为依据,在现场定出闸孔中线、闸墩中线、闸墩基础开挖线以及闸底板的边线等。待水闸基础打好混凝土垫层后,在垫层上再精确地放出主要轴线和闸墩中线等。根据闸墩中线放出闸墩平面位置的轮廓线。

闸墩平面位置的轮廓线分为直线和曲线。直线部分可根据平面图上设计的有关尺寸,用直角坐标法放样。闸墩上游一般设计成椭圆曲线,如图 13-4 所示。放样前,应按设计的椭圆方程式,计算曲线上相隔一定距离点的坐标,由各点坐标可求出椭圆的对称中心点 P 至各点的放样数据 β_i 和 l_i。

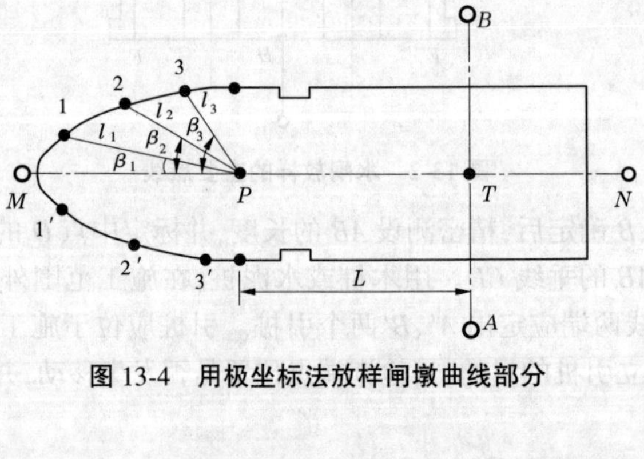

图 13-4　用极坐标法放样闸墩曲线部分

根据已标定的水闸轴线 AB、闸墩中线 MN 定出两轴线的交点 T，沿闸墩中线测设距离 L 定出 P 点。在 P 点安置经纬仪，以 PM 方向为后视，用极坐标法放样 1、2、3 点等。由于 PM 两侧曲线是对称的，左侧的曲线点 1′、2′、3′点等，也按上述方法放出。施工人员根据测设的曲线放样线立模。闸墩椭圆部分的模板，若为预制块并进行预安装，只要放出曲线上几个点，即可满足立模的要求。

闸墩各部位的高程，根据施工场地布设的临时水准点，按高程放样方法在模板内侧标出高程点。随着墩体的增高，有些部位的高程不能用水准测量法放样，这时，可用钢卷尺从已浇筑的混凝土高程点上直接丈量放出设计高程。

4　下游溢流面的放样

为了减小水流通过闸室下游时的能量，常把闸室下游溢流面设计成抛物面。由于溢流面的纵剖面是一条抛物线，因此纵剖面上各点的设计高程是不同的。抛物线的方程式注写在设计图上，根据放样要求的精度，可以选择不同的水平距离。通过计算求出纵剖面上相应点的高程。才能放出抛物面，所以溢流面的放样步骤如下：

(1)如图 13-5 所示，采用局部坐标系，以闸室下游水平方向线为 x 轴，以闸室底板下游高程为溢流面的起点，该点称为变坡点，也就是局部坐标系的原点 O。通过原点的铅垂方向为 y 轴，即溢流面的起始线。

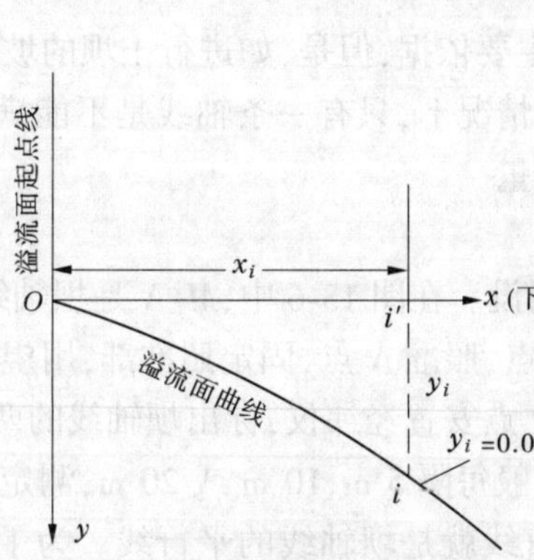

图 13-5　溢流面局部坐标系

(2)沿 x 轴方向每隔 1~2 m 选择一点，则抛物线上各相应点的高程可按下式计算：

$$H_i = H_0 - y_i \tag{13-1}$$

$$y_i = 0.006x^2$$

式中　H_i —— i 点的设计高程；

H_0——下游溢流面的起始高程，可从设计的纵断面图上查得；

y_i ——与 O 点相距水平距离为 x_i 的 y 值，由图可见，y 值就是高差。

(3)在闸室下游两侧设置垂直的样板架，根据选定的水平距离，在两侧样板架上作一垂线。再用水准仪按放样已知高程点的方法，在各垂线上标出相应点的位置。

(4)将各高程标志点连接起来，即为设计的抛物面与样板架的交线，该交线就是抛物线。施工员根据抛物线安装模板，浇筑混凝土后即为下游溢流面。

【小贴士】

本任务主要介绍了水闸的施工放样，通过该任务的学习，学生应能掌握水闸主要轴线，闸底板、闸墩、下游溢流面的放样方法。

任务2 土坝的施工放样

土坝具有就地取材、施工简便等特点。因此,中小型水坝常修筑成土坝。为了确保按设计要求施工,必须将图上设计的位置,正确地测设到施工场地。土坝施工放样的主要内容包括坝轴线的测设、坝身控制测量、清基开挖线的放样、坡脚线和坝体边坡线的放样,以及修坡桩的标定等。现将各项工作介绍如下。

1 坝轴线的测设

小型土坝的轴线位置,一般由工程设计和有关人员根据坝址的地质和地形情况,在现场直接选定,可用大木桩或混凝土桩标定轴线的端点。

大、中型土坝或与混凝土坝连接的土坝(称为副坝),其轴线位置必须根据设计的坝轴线端点的坐标,通过坐标系换算,利用坝址附近的测图控制点放出坝轴线的端点,并用永久性标志确定端点位置。

2 坝身控制测量

坝轴线是土坝施工放样的主要依据,但是,如进行土坝的坡脚线、坝坡面、马道等坝体各细部的放样,在施工干扰较大的情况下,只有一条轴线是不能满足施工需要的,因此坝轴线确定后,还必须进行坝身控制测量。

2.1 平面控制测量

(1)平行于坝轴线的直线测设。在图13-6中,M、N是坝轴线的两个端点,M'、N'是坝轴线的引桩。将全站仪安置在M点,照准N点,固定照准部,用望远镜向河床两岸较平坦处投设A、B两点。然后,分别在A、B点安置经纬仪,标出坝轴线的两条垂线CF和DE,在垂线上按建筑物的尺寸和施工需要,一般每隔5 m、10 m或20 m,测定其距离,定出a、b、c、…点和a_1、b_1、c_1、…点,aa_1、bb_1、cc_1、…直线就是坝轴线的平行线。为了施工放样,应将全站仪分别安置在a、b、c和a_1、b_1、c_1等点,将各条平行线投测到河床两岸的山坡上,并用混凝土桩标定。

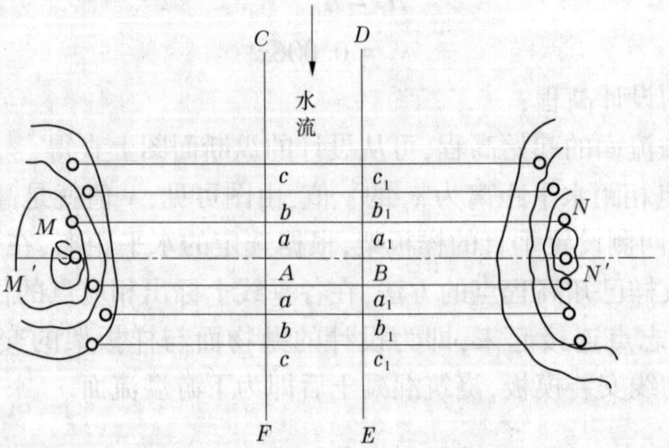

图13-6 平行于坝轴线的直线

(2)垂直于坝轴线的直线。通常将坝轴线上与坝顶设计高程一致的地面点作为坝轴线里程桩的起点,称为零号桩。从零号桩起,每隔一定距离分别设置一条垂直于坝轴线的直线。垂直线的间距随坝址地形条件而定。一般每隔 10~20 m 设置一条垂直线,地形复杂时,间距还可以小些。

测设零号里程桩的方法,如图 13-7 所示,在坝轴线的 M 点附近安置水准仪,后视水准点上的水准尺,得读数为 a,根据求前视尺应有读数的原理,零号桩上的应有读数为

$$b=(H_0+a)-H_{顶} \tag{13-2}$$

式中 H_0—水准点的高程;

H_0+a——视线高程;

$H_{顶}$——坝顶的设计高程。

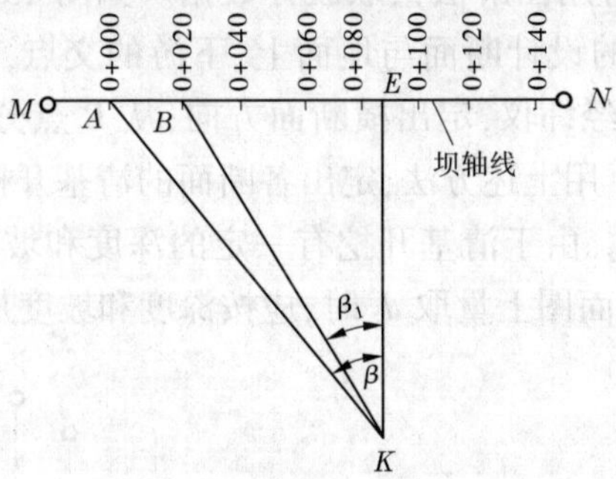

图 13-7　用间接法测定坝轴线里程桩

在坝轴线的另一个端点 N 上安置经纬仪,照准 M 点,固定照准部。扶尺员持水准尺在全站仪视线方向沿山坡上、下移动,当水准仪中丝读数为 b 时,该立尺点即为坝轴线上零号桩的位置。

坝轴线上零号桩位置确定后,沿坝轴线方向,测设需要设置垂线的里程桩位置。若坝轴线方向坡度太陡,测设距离较为困难,可在坝轴线上选择一个适当的 E 点。该点应位于向下游或上游便于测距的地方。然后,在 E 点安置全站仪测量垂线 EK,并测量 EK 的水平距离,观测水平角 β,计算 AE 的距离为

$$\overline{AE}=\overline{EK}\cdot\tan\beta \tag{13-3}$$

若要确定 B 点(桩号为 0+020),可按式(13-4)计算 β_1 角值,即

$$\beta_1=\arctan\frac{\overline{AE}-20}{\overline{EK}} \tag{13-4}$$

再用两台全站仪,分别安置于 K 和 N 点。设在 N 点的仪器照准 M 点,固定照准部;设在 K 点的仪器测设 β_1 角;两台仪器视线的交点即为 B 点。其他里程桩可按上述方法放样。

在各里程桩上分别安置全站仪,照准坝轴线上较远的一个端点 M 或 N,照准部旋转 90°,即可得到一系列与坝轴线垂直的直线。将这些垂线也投测到围堰上或山坡上,用木桩或混凝土桩标志各垂直线的端点。这些端点桩称为横断面方向桩,它们是施测横断面以及放样清基开挖线、坝坡面的控制桩。

2.2 高程控制测量

为了进行坝体的高程放样,除在施工范围外布设三等或四等精度的永久性水准点外,还应在施工范围内设置临时性水准点。这些临时性水准点应靠近坝体,以便安置 1~2 次仪器就能放出需要的高程点。临时水准点应与永久性水准点构成附合或闭合水准路线,按五等精度施测。

3 清基开挖线的放样

清基开挖线就是坝体与地面的交线。为了使坝体与地面紧密结合,必须清除坝基自然表面的松散土壤、树根等杂物。在清理基础时,为了不超量开挖自然表土、节省人力物力,测量人员应根据设计图,结合地形情况放出清基开挖线,以确定施工范围。

放样清基开挖线,一般可用图解法量取放样数据。如图 13-8 所示,B 点在坝轴线上的里程为 0+080,A、C 为坝体的设计断面与地面上、下游的交点,量取图上 BA、BC 的距离为 d_1、d_2。放样时,在 B 点安置经纬仪,定出横断面方向,从 B 点分别向上、下游方向测设 d_1、d_2,标出清基开挖点 A 和 C。用上述方法,定出各断面的清基开挖点,各开挖点的连线,即为清基开挖线,如图 13-9 所示。由于清基开挖有一定的深度和坡度,所以应按估算的放坡宽度确定清基开挖线。当从断面图上量取 d_i 时,应按深度和坡度加上一定的放坡长度。

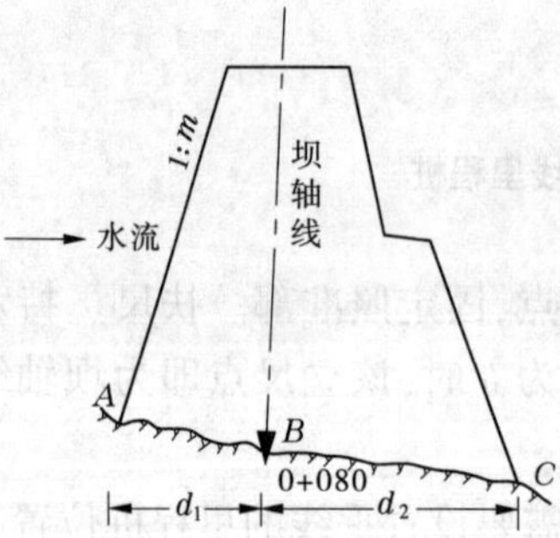

图 13-8　图解法求清基开挖点的放样数据

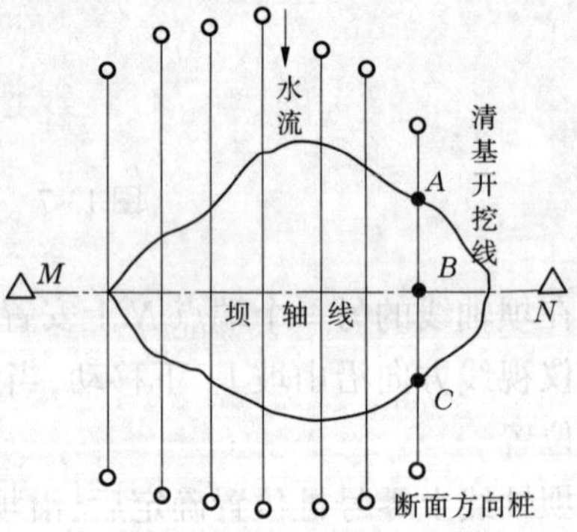

图 13-9　标定清基开挖线

4 坡脚线的放样

基础覆盖层清理后,应及时在清基后的地面上测定坝体与地面的交线,即坝体坡脚线,以便填土修筑坝体。清基后,各断面的形状已发生变化,用图解法量取的放样数据,其精度已不能满足坝体施工的要求,因此坝坡脚线可用下列方法放样。

4.1 平行线法

坝身控制测量时,设置的平行于坝轴线的直线,其与坝坡面相交处的高程可按式(13-5)计算,即

$$H_i = H_{顶} - \frac{1}{m}\left(d_i - \frac{b}{2}\right) \tag{13-5}$$

式中　H_i ——第 i 条平行线与坝坡面相交处的高程;

$H_{顶}$——坝顶的设计高程；

d_i——第 i 条平行线与坝轴线之间的距离，简称轴距；

b——坝顶的设计宽度；

$\frac{1}{m}$——坝坡面的设计坡度。

各条平行线与坝坡面相交处的高程计算后，即可在各平行线上，用高程放样的方法测设 H_i 的坡脚点，具体的施测方法与测定轴线上零号桩位置的方法相同。

各个坡脚点的连线，即为坝体的坡脚线。但是，为了确保坡面碾压密实，坡脚处填土的位置应比现场标定的坡脚线范围向外扩大一些。多余的填土部分称为余坡，余坡的厚度取决于土质及施工方法，一般为 0.3~0.5 m。

4.2　趋近法

清基完工后，应先恢复坝轴线上各里程桩的位置，并测定桩点地面高程，然后，将全站仪分别安置在各里程桩上，定出各断面方向，根据设计断面预估的距离，沿断面方向立尺，用视距法测定立尺点的轴距 d' 及高程 H'_A。如图 13-10 所示，A 点到 B 点的轴距 d，可按式(13-6)计算，即

$$d = \frac{b}{2} + m(H_{顶} - H'_A) \qquad (13\text{-}6)$$

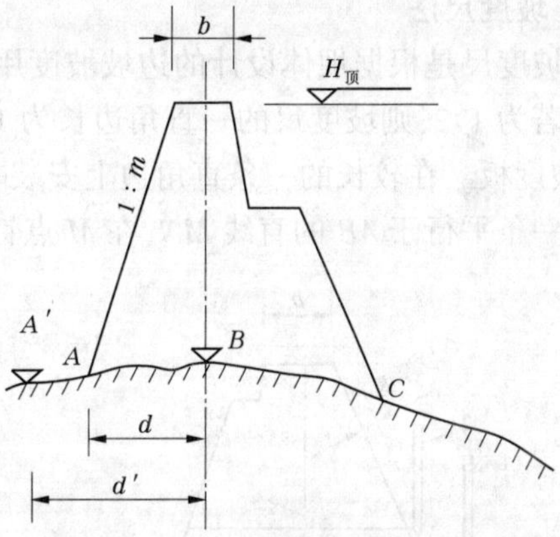

图 13-10　用趋近法测定坡脚点

式中　b——坝顶设计宽度；

m——坝坡面设计坡度的分母；

$H_{顶}$——坝顶设计高程；

H'_A——立尺点 A' 的高程。

若计算的轴距 d 与实测的轴距 d' 不等，说明该立尺点 A' 不是该断面设计的坡脚点。应沿断面方向移动立尺点的位置，重复上述的观测与计算。经几次试测，直至实测的轴距与计算的轴距之差在容许范围内，这时的立尺点即为设计的坡脚点。按上述方法，施测其他断面的坡脚点，用白灰线连接各坡脚点，即为坝体的坡脚线。坡脚线的形状类似清基开挖线。

5　坝体边坡线的放样

坝体坡脚线标定后，即可在坡脚线范围内填土。土坝施工时是分层上料，每层填土厚度约 0.5 m，上料后即进行碾压。为了保证坝体的边坡符合设计要求，每层碾压后应及时确定上料边界。各个断面上料桩的标定常用下列方法。

5.1　轴距杆法

根据土坝的设计断面，按式(13-6)计算坝坡面不同高程点至坝轴线的距离，该距离是坝体筑成后的实际轴距。放样上料桩时，必须加上余坡厚度的水平距离，图 13-11 中的虚线即为余坡的边线。

在施工中，由于坝轴线上的各里程桩不便保存，因此从里程桩起量取轴距标定上料桩极为困难。在实际工作中，常在各里程桩的横断面上、下游方向各预先埋设一根竹竿，这些竹

竿称为轴距杆。为了便于计算,轴距杆到坝轴线的距离一般应为 5 的倍数,即轴距 $d'_{轴}=5n$(n 取自然整数),以 m 为单位,其数值应根据坝坡面距里程桩的远近而定。

放样时,先测定已填筑的坝体边坡顶的高程,再加上待填土高度,即得上料桩的高程 H_i,按式(13-6)计算该断面上料桩的轴距 d_i。然后,按下式计算从轴距杆向坝体方向应丈量的距离:

$$\Delta d_i = d' - d_i$$

式中　d' ——轴距杆至坝轴线的距离;

　　　d_i ——上料桩至坝轴线的距离。

在断面方向上,从轴距杆向坝体内测设 Δd_i,即可定出该层的上料桩位置。一般用竹竿插在已碾压的坝体内,并在杆上涂红漆标明上料的高度。

5.2　坡度尺法

坡度尺是根据坝体设计的边坡坡度用木板制成的直角三角形尺。例如,坝坡面的设计坡度若为 1∶2,则坡度尺的一直角边长为 1 m,另一直角边长应为 2 m,这样就构成坡度为 1∶2的坡度板。在较长的一条直角边上安装一个水准管,若没有水准管,也可在直角边的木板上画一条平行于 AB 的直线 MN,在 M 点钉一小钉,在钉上挂一个锤球,如图 13-12 所示。

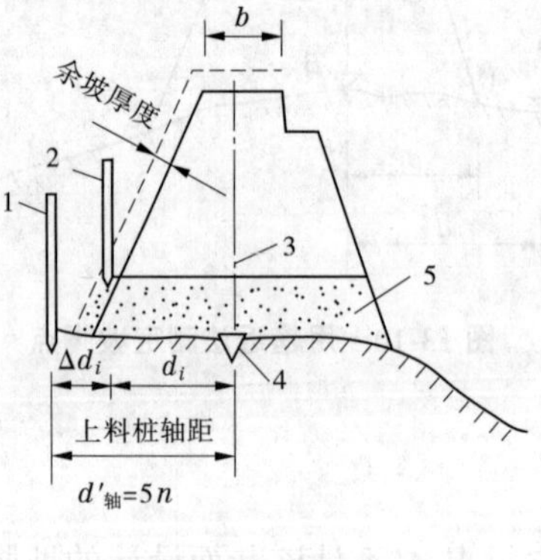

1—轴距杆;2—上料桩;3—坝轴线;
4—里程桩;5—第一层填土。

图 13-11　轴距杆法放样上料桩

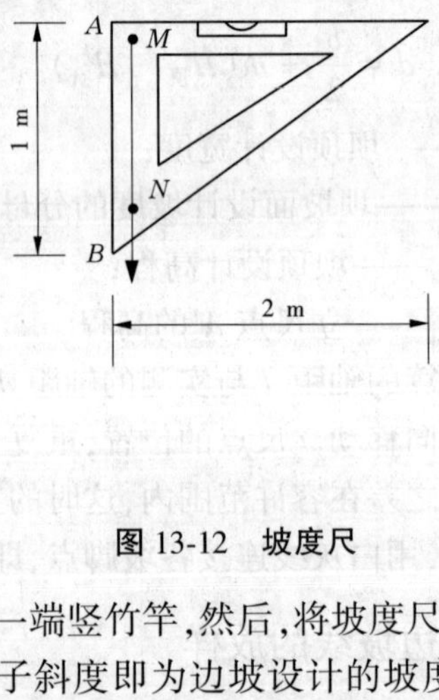

图 13-12　坡度尺

放样时,将绳子的一端系于坡脚桩上,在绳子的另一端竖竹竿,然后,将坡度尺的斜边紧贴绳子,当锤球线与尺子上 MN 直线重合时,拉紧的绳子斜度即为边坡设计的坡度,在竹竿上标明绳子一端的高度,如图 13-13 中的 A 点。由于拉紧的绳子影响施工,平时将绳子取下,当需要确定上料坡度时,再把绳子挂上即可。如果坡度尺上安装有水准管,当水准管气泡居中,坡度尺的斜边紧靠拉紧的绳子时,绳子的斜坡也就是设计的坡度。

6　修坡桩的标定

坝体修筑到设计高程后,要根据设计的坡度修整坝坡面。修坡是根据标明削去厚度的修坡桩进行的。修坡桩常用水准仪或经纬仪施测。下面介绍测定修坡桩的两种方法。

6.1　水准仪法

在已填筑的坝坡面上,定上若干排平行于坝轴线的木桩。木桩的纵、横间距都不易过

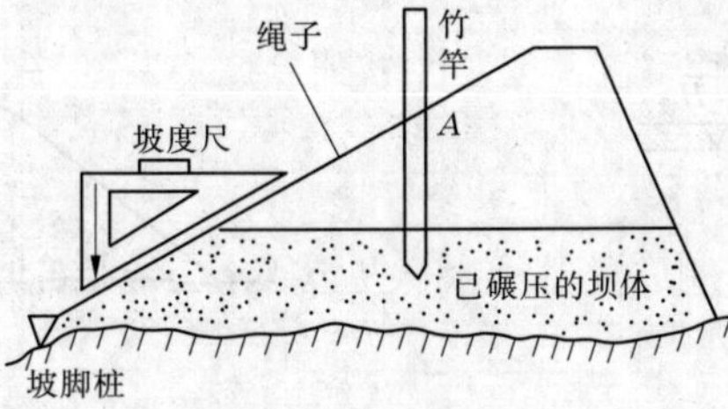

图 13-13 用坡度尺放样边坡

大,以免影响修坡质量。用钢卷尺丈量各木桩至坝轴线的距离,并按式(13-2)计算桩的坡面设计高程。

用水准仪测定各木桩的坡面高程,各点坡面高程与各点设计高程之差即为该点的削坡厚度。

6.2 全站仪法

先根据坡面的设计坡度计算坡面的倾角。例如,当坝坡面的设计坡度为 1∶2时,则坡面的倾角为

$$\alpha = \arctan \frac{1}{2} = 26°33'54''$$

在填筑的坝顶边缘上安置全站仪,量取仪器高度 i 。将望远镜视线向下倾斜 α 角,固定望远镜,此时视线平行于设计的坡面。然后,沿着视线方向每隔几米竖立标尺,设中丝读数为 L,则该立尺点的修坡厚度为

$$\delta = i - L$$

若安置全站仪地点的高程与坝顶设计高程不符,则计算削坡量时应加改正数,如图 13-14 所示。所以,实际的修坡厚度应按式(13-7)计算,即

$$\delta' = (i - L) + (H_{测} - H_{设}) \tag{13-7}$$

式中 i——经纬仪的仪器高度;

L——经纬仪的中丝读数;

$H_{测}$——安置仪器的坝顶实测高程;

$H_{设}$——坝顶的设计高程。

7 护坡桩的标定

坝坡面修整后,需要护坡,为此应标定护坡桩。护坡桩从坝脚线开始,沿坝坡面高差每隔 5 m 布设一排,每排都与坝轴线平行。在一排中每 10 m 定一木桩,使木桩在坝面上构成方格网形状,按设计高程测设于木桩上。然后,在设计高程处钉一小钉,称为高程钉。在大坝横断面方向的高程钉上拴一根绳子,以控制坡面的横向坡度;在平行于坝轴线方向系一活动线,当活动线沿横断面线的绳了上、下移动时,其轨迹就是设计的坝坡面,如图 13 15 所示。因此,可以活动线作为砌筑护坡的依据,如果是草皮护坡,高程钉一般高出坝坡面 5 cm;如果是块石护坡,应以设计要求预留铺盖厚度。

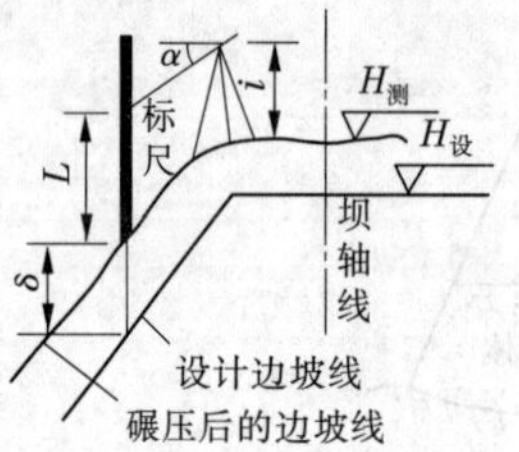

图 13-14 用经纬仪测定削坡量

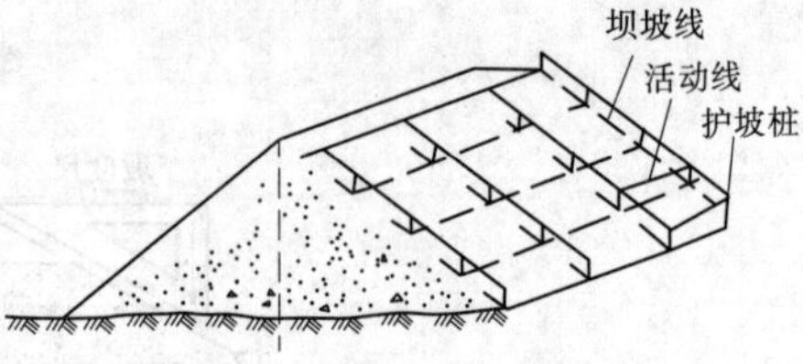

图 13-15 护坡桩的标定

【小贴士】

本任务主要介绍了土坝的施工放样,土坝具有就地取材、施工简便等特点。因此,中小型水坝常修筑成土坝。通过该任务的学习,学生应能掌握土坝的坝轴线测设、坝身控制测量、清基开挖线放样、坡脚线和坝体边坡线的放样,以及修坡桩的标定。

任务3 混凝土坝体放样线的测设

混凝土坝由坝体、闸墩、闸门、廊道、电站厂房和船闸等多种构筑物组成。因此,混凝土坝施工较复杂,要求也较高。不论是施工程序,还是施工方法,都与土坝有所不同。混凝土坝的施工测量,是先布设施工控制网、测设坝轴线,根据坝轴线放样各坝段的分段线,然后由分段线标定每层每块的放样线,再由放样线确定立模线。

坝体浇筑前,要清除坝基表面的覆盖层,直至裸露出新鲜基岩。混凝土坝基础开挖线的放样精度要求较高,用图解法求放样数据,不能达到精度要求,必须以坝基开挖图有关轮廓点的坐标和选择的定线网点,用角度交会法放样基础开挖线。

坝基开挖到设计高程后,要对新鲜基岩进行冲刷清理,才能开始浇筑混凝土坝体。由于混凝土的物理和化学特性,以及施工程序和施工机械的性能,坝体必须分层浇筑,每一层又要分段分块(或称分跨分仓)进行浇筑,如图13-16所示。每块的4个角点都有施工坐标,连接这些角点的直线称为立模线。但是,为了安装模板的方便和浇筑混凝土前检查立模的正确性,通常不是直接放样立模线,而是放出与立模线平行且与立模线相距0.5~1.0 m的放样线,作为立模的依据。

坝体放样线的测设,应根据坝型、施工区域地形及施工程序等,采用不同的方法。对于直线型水坝,用方向线交会法放样较为简便,拱坝则采用前方交会法较为有利。现将混凝土坝体放样线的测设方法介绍如下。

1 测设直线型坝体的放样线

在上、下游围堰工程完成后,直线型坝底部分的放样线,一般采用方向线交会法测设。如图13-17所示,根据坝块放样线的坐标,在围堰上及河床两岸适当地点布设一系列平行和垂直于坝轴线的方向线,这些方向线的端点叫作定向点。在定向点 A_1 和 B_1 分别安置全站仪,分别照准端点 A'_1 和 B'_1,固定照准部,两方向线的交点,即为 f 点的位置,其他角点 g、d、e 同样按上述方法确定。

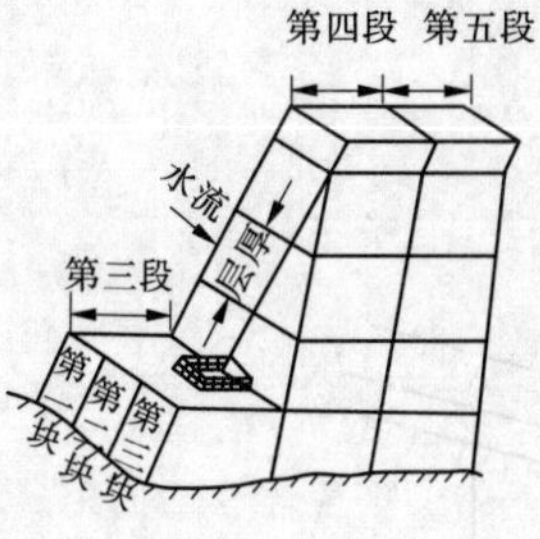

图 13-16　混凝土坝体分段分块

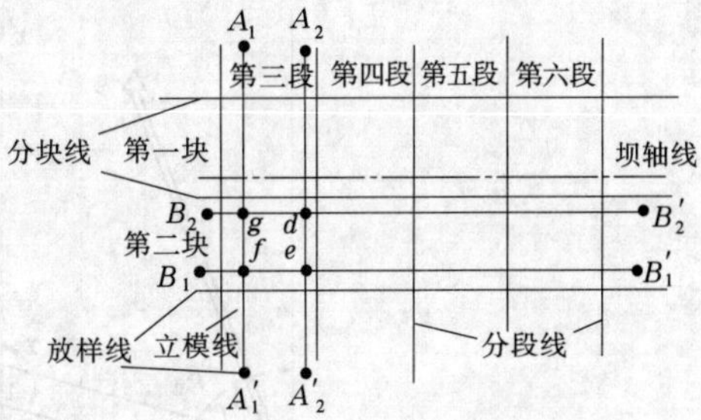

图 13-17　方向线交会法测设放样线

围堰与坝轴线不平行即相交，只要根据分段分块图测设定向点，就可用方向线交会法，迅速地标定放样线。现根据围堰与坝轴线的关系，分别说明设置定向点的方法。

1.1　围堰与坝轴线平行

（1）根据坝体分段分块图，在上游或下游围堰的适当位置选择一点 D。由施工控制网点 A、B、C 测定 D 点坐标，如图 13-18 所示。

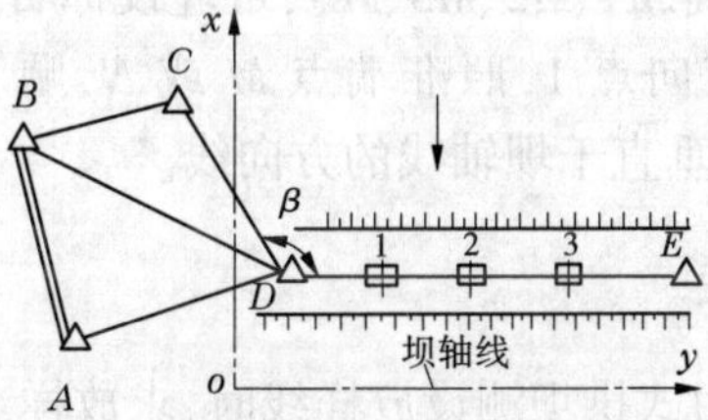

图 13-18　围堰与坝轴线平行时设置定向点

（2）由坝轴线的坐标方位角及 DC 边的坐标方位角，求出两个边的水平角 β，即 $\beta = \alpha_{DE} - \alpha_{DC}$。

（3）在 D 点安置全站仪，后视 C 点，测设 β 角，在围堰上定出平行于坝轴线的 DE 线。

（4）根据 D 点与各定向点的坐标差，求得相邻定向点的间距，从 D 点起，沿 DE 直线进行概量，定出各定向点的概略位置，如图 13-18 中的 1、2、3 点，并在各点埋设顶部有一块 10 cm×10 cm 钢板的混凝土标石。

（5）用上述方法精确地在各块钢板上刻画出 DE 方向线，再沿 DE 方向。精密测量定向点的间距，即可定出各定向点的正确位置。定向点的间距是根据坝体分段及分块的长度与宽度确定的。

1.2　围堰与坝轴线相交

如图 13-19 所示，围堰与坝轴线相交。设过围堰上 M 点作一条与坝轴线平行的直线 MN'（实际上地面不标定此线），根据已知控制点 M、A，反算出坐标方位角 α_{MA}，求出 β_1 角，观测 β_2 角，故 MN 与 MN' 直线的夹角为

$$\theta = \beta_1 - \beta_2 \tag{13-8}$$

式中　$\beta_1 = 90° - \alpha_{MA}$。

取 $M1'$、$M2'$、$M3'$、MN' 为任意整数，解算直角三角形，即可求出相应的直角三角形的斜边 $M1$、$M2$、$M3$、MN，即

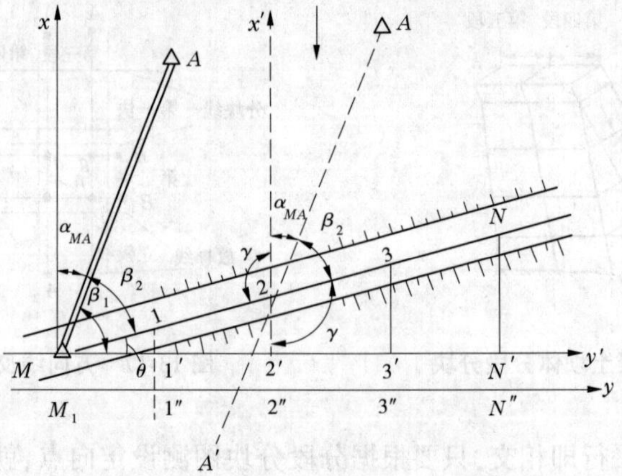

图 13-19　围堰与坝轴线相交时设置定向点

$$M1 = \frac{M1'}{\cos\theta}$$

然后，沿 MN 方向测量距离 $M1$、$M2$、$M3$、MN，可埋设标石，并精确标定 1、2、3、N 点。放样时，如果将经纬仪安置在定向点 1，照准端点 M 或 N，顺时针旋转照准部，使读数 $\gamma = 180° - (\beta_2 + \alpha_{MA})$，即可标出垂直于坝轴线的方向线。

2　测设重力式拱坝放样线

以图 13-20 为例，说明重力式拱坝测设放样线时，求放样点设计坐标的方法。

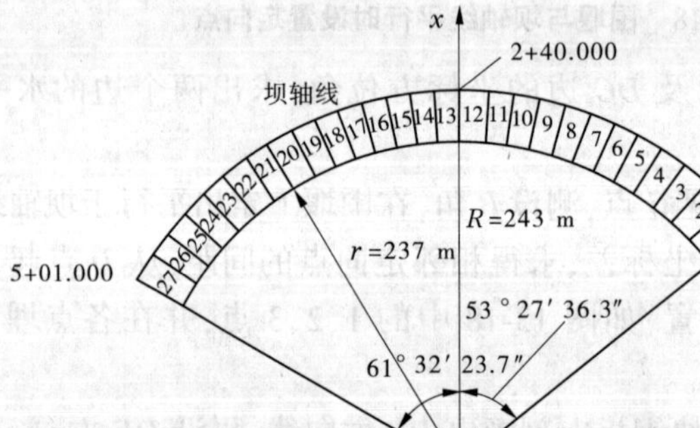

图 13-20　重力式拱坝平面图

图 13-20 为水利枢纽工程某拦河坝的平面图，该大坝系重力式空腹溢流坝，圆弧对应的夹角为 115°，坝轴线半径为 243 m，坝顶弧长为 487.732 m，里程桩号沿坝轴线计算。圆心 O 的施工坐标 x=500.000 m，y=500.000 m，以圆心 O 与 12~13 坝段分段线的连线为 x 轴，其里程桩号为 2+40.00。该坝共分 27 段，施工时分段分块浇筑。

图 13-21 为大坝第 20 段第一块(上游面)，高程为 170 m 时的平面图。为了使放样线保持圆弧形状，放样点的间距以 4~5 m 为宜。根据以上有关数据，可以计算放样点的设计坐标。现以放样点 1 为例，说明其计算过程与方法。

如图 13-22 所示，放样点 1 的里程桩号为 3+71，当高程为 170 m 时，该点所在圆弧的半径 $r=236.5$ m。根据放样点的桩号，可求出坝轴线上的弧长 L 和相应的圆心角 α。

$$L = 371 - 240 = 131(\mathrm{m})$$

$$\alpha = \frac{180°}{\pi r}L = \frac{180 \times 131}{\pi \times 243} = 30°53'16.3''$$

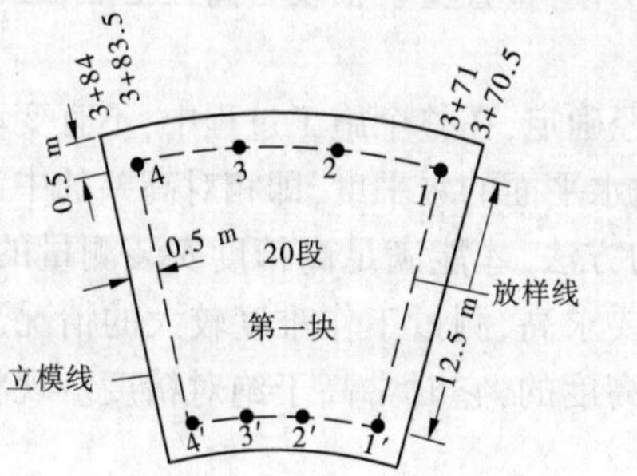

图 13-21　拱坝分段分块平面图

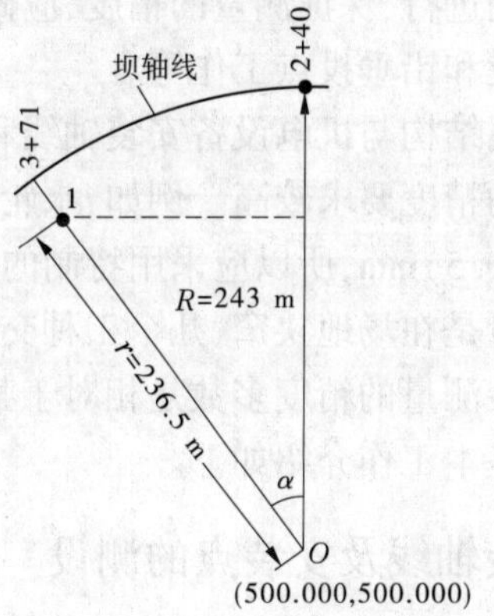

图 13-22　放样二点的有关数据

根据放样点的半径和圆心角 α，可求出放样点 1 对于圆心 O 点的坐标增量及 1 点的设计坐标（x_1, y_1），即

$$\begin{aligned}
\Delta x &= r\cos\alpha \\
&= 236.5\cos30°53'16.3'' = 202.958(\mathrm{m}) \\
\Delta y &= -r\sin\alpha \\
&= -236.5\sin30°53'16.3'' = -121.409(\mathrm{m}) \\
x_1 &= x_0 + \Delta x \\
&= 500.000 + 202.958 = 702.958(\mathrm{m}) \\
y_1 &= y_0 + \Delta y \\
&= 500.000 - 121.409 = 378.591(\mathrm{m})
\end{aligned}$$

3　高程放样

为了控制新浇混凝土坝块的高程，可先将高程引测到已浇坝块面上，从坝体分块图上查取新浇坝块的设计高程，待立模后，再从坝块上设置的临时水准点，用水准仪在模板内侧每隔一定距离放出新浇坝块的高程。

模板安装后，应该用放样点检查模板及预埋件安装的质量，符合规范要求时，才能浇筑混凝土。待混凝土凝固后，再进行上层模板的放样。

【小贴士】

本任务主要介绍了混凝土坝体放样线的测设方法。通过该任务的学习，学生应能掌握坝体放样线的测设，计算放样点设计坐标，根据放样点的桩号，求出坝轴线上的弧长 L 和相应的圆心角 α 的方法。

任务4 水工建筑物安装测量

在水闸、大坝等主要水工建筑物的土建施工时,有些预埋金属构件要进行安装测量;当土建施工结束后,还要进行闸门、钢管、水轮发电机组的安装测量。为使各种结构物的安装测量顺利进行,保证测量的精度,应做好下列基本工作:布置安装轴线与高程基点,进行安装点的测设和铅垂投点工作等。

金属结构与机电设备安装轴线和高程基点一经确定,在整个施工过程中,不宜变动。安装测量的精度要求较高。例如,水轮发电机座环上水平面的水平度,即相对高差的中误差为±(0.3~0.5)mm,所以应采用特制的仪器和严密的方法,才能满足高精度安装测量的要求。安装测量是在场地狭窄、几个工种交叉作业、精度要求高、测量工作难度较大的情况下进行的。安装测量的精度多数是相对于某轴线或某点高度的,它时常高于绝对精度。现将安装测量的基本工作介绍如下。

1 安装轴线及安装点的测设

安装轴线应利用该部位土建施工时的轴线。若原有土建施工轴线遭到破坏,则应由邻近的等级或加密的控制点重新测设。安装轴线的测设方法有单三角形法、三点前方交会法和三边测距交会法等。

在安装过程中,如原固定安装轴线点全部被破坏,应以安装好的构件轮廓线为准,恢复安装轴线。但是,恢复安装轴线的测量中误差,应为安装测量中误差的 $\sqrt{2}$ 倍。

由安装轴线点测设安装点时,一般用 J_2 级全站仪测设方向线。为了保证方向线的精度,应采用正倒镜分中法。照准时,应选择后视距离大于前视距离,并用细铅笔尖或锤球线作为照准目标。

由安装轴线点用钢卷尺测设安装点的距离时,应用检验过的钢尺,加入倾斜、尺长、温度、拉力及悬链改正等。测设的相对误差为1/10 000。

2 安装高程测量

安装的工程部位,应以土建施工时邻近布设的水准点作为安装高程控制点。若需重新布设安装高程控制点,则其施测精度应不低于四等水准。

每一安装工程部位,至少应设置两个安装高程控制点。各点间的高差,可根据该部位高程安装的精度要求,分别选用二、三等水准测量法测定。例如,水轮发电机有关测点应采用 S_1 级水准仪及因瓦水准尺测定;其他安装测量采用 S_3 级水准仪及红黑面水准尺观测,即可满足精度要求。高程测定后,应在点位上刻记标志或用红油漆画一符号。

3 铅垂投点

在垂直构件安装中,同一铅垂线上安装点的纵、横向偏差值,因不同的工程项目和构件而定。例如,人字闸门底顶枢同轴性的纵、横向中误差为±1 mm。水轮发电机各种预埋管道的纵、横向中误差则为±10 mm。

铅垂投点的方法有重锤投点法、全站仪投点法、天顶仪投点法与激光仪投点法等。

4 平面闸门的安装测量

平面闸门的安装测量包括底槛、门枕、门楣以及门轨的安装和验收测量等。门轨(主、侧、反轨等)安装的相对精度要求较高,应在一期混凝土浇筑后,采用二期混凝土固结埋件。闸门放样工作是在闸室内进行的,放样时以闸孔中线为基准,因此应恢复或引入闸孔中线,并将闸孔中线标志于闸底板上。

平面闸门埋件测点的测量中误差,底槛、主轨、侧轨、反轨等纵向测量中误差为±2 mm;门楣测量纵向中误差为±1 mm,竖向中误差为±2 mm。现将平面闸门有关构件的放样和安装测量介绍如下。

4.1 底槛和门枕放样

底槛是拦泥沙的设施,其中线与门槽中线平行。从设计图上可找出两者的关系,或者与坝轴线的关系,根据闸孔中线与坝轴线的交点,在底槛中线附近用经纬仪作一条靠近底槛中线的平行线,在平行线上每隔 1 m 投放一点于混凝土面上,注明距底槛中线的距离,以便安装。

门枕中线与门槽中线相垂直。放样时,先定出闸孔中线与门槽中线的交点,再定出门枕中心。然后,将门枕中线投测到门槽上、下游混凝土墙上,以便安装。

4.2 门轨安装测量

平面闸门的门槽高达几米,有时甚至几十米,要求闸门启闭时能沿门轨垂直升降,运行自如。因此,门轨面的平整度和钢轨接头处应保证足够的精度。为了保证安装要求,在安装前,应做好安装门轨的局部控制测量,然后进行门轨安装测量,其工作程序和方法如下。

4.2.1 门轨控制点的放样

底槛、门枕二期混凝土浇完后,根据闸孔中线与坝轴线交点,恢复门槽中线,求出闸孔中线与门槽中线的交点 A。然后,按照设计要求,用直角坐标法放样各局部控制点,如图 13-23 中的 1、2、3、…、14 点,并精确标志其点位。各局部控制点要尽量准确对称,容许误差为±1 mm,但不可小于设计数值。

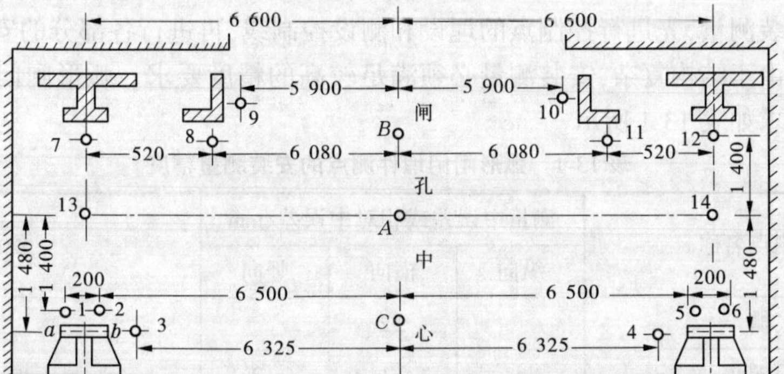

图 13-23 平面闸门局部控制点 (单位:mm)

4.2.2 门轨安装测量

门轨包括主轨、侧轨、反轨,它们是用槽钢焊接成的,每节槽钢长度为 2~3 m。安装后,要求轨面平整竖直。如图 13-23 所示,安装时,将经纬仪安置在 C 点,照准地面上控制点 1 或 2,根据控制点 1 至门轨面 a 及 b 的距离,用钢直尺量取距离,指导安装。门轨安装 1~2 节后,因仰角增大,经纬仪观测困难,再往上安装时,可改用吊锤球的方法,使锤球对准底部控制点 1 进行初步安装。再用 24 号钢丝吊 5~10 kg 重锤,将钢丝悬挂于坝顶的角铁支架上以校正门轨。每节门轨面用两根垂线校正,即在门轨的正、侧面各吊一根垂线,待锤球线稳定后,依据下部安装好的轨面作为起始点,量取门轨至垂线的距离,加上已安装门轨的误差,求出垂线至门轨的应有距离,以指导安装。

如图 13-24 所示,门轨面至控制点 1 的设计距离为 40 mm,下部已安装门轨面 a 至控制点 1 的距离为 40.2 mm,所以不符值为+0.2 mm,量得门轨面 a 至垂线的距离为 43.7 mm,故垂线至控制点 1 的水平距离为 43.7−40.2 = 3.5(mm),待安装门轨面至垂线的距离应为 43.5 mm。然后,根据改正的数值,用钢直尺丈量每节门轨的距离。门轨净宽应大于设计数值。当校正后,可将门轨电焊固定。检查验收后,再浇筑二期混凝土。

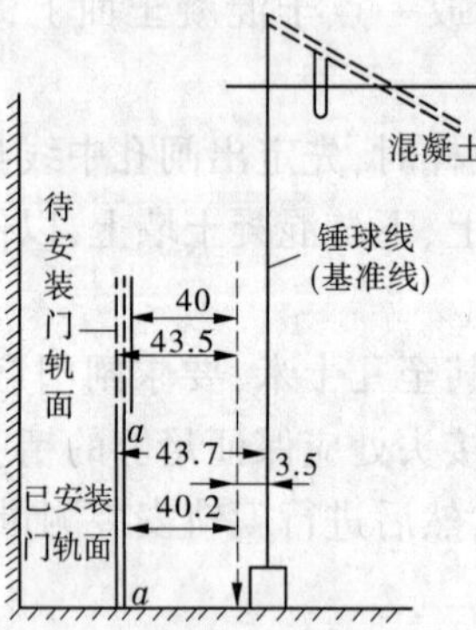

图 13-24 门轨安装图 (单位:mm)

5 弧形闸门的安装测量

弧形闸门是由门体、门铰、门楣、底槛及左右侧轨组成。其相互关系如图 13-25 所示。弧形闸门的安装测量,先进行控制点的埋设和测设控制线,再进行各部分的安装测量。

弧形闸门由于结构复杂,安装测量必须满足较高的精度要求。弧形闸门埋件测点的安装测量精度要求如表 13-1 所示。

表 13-1 弧形闸门埋件测点的安装测量精度

埋件测点名称	测量中误差或相对中误差/mm			备注
	纵向	横向	竖向	
底槛		±2		竖向测量中误差系指与底槛面的相对高差
门楣		±1	±2	
铰座钢梁中心		±1	±1	
铰座的基础螺旋中心	±1	±1	±1	

现将弧形闸门安装测量的主要工作介绍如下。

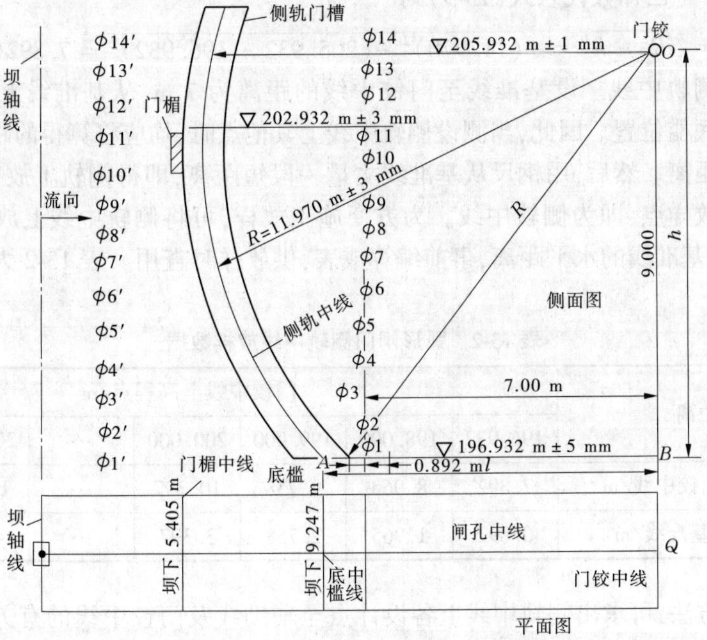

图 13-25 弧形闸门平面与侧面图

5.1 准备工作

(1)闸底板浇好后，要及时将闸孔中线与坝轴线的交点在预埋的钢板上精确标出，作为放样闸室内其他辅助轴线的依据。

(2)当混凝土坝体浇筑到门铰高程时，根据门铰的设计位置，在模板上设置一块带钢筋的铁板，用于精确标定门铰位置。另外，在门槽附近应设置临时水准点，作为高程放样的依据。

5.2 门檐底槛和门铰中线的放样

根据图上的设计距离，从坝轴线与闸孔中线的交点起，分别放出门楣、底槛和门铰中线。其中，门铰中线先用经纬仪投测在闸孔两侧预埋的铁板上，即先在铁板上画一短垂线；再用水准仪观测悬挂的钢卷尺，在短垂线上标定门铰中心的高程位置。

5.3 侧轨中线的放样

弧形闸门的左右侧轨，不仅是闸门启闭时的运行轨道，而且是主要的止水部位，因此在安装测量中具有重要意义。下面介绍侧轨中线的放样步骤和工作方法。

(1)在闸室地平面上，采用设置门铰中线的方法，先确定一条基准线和一条辅助线，然后，用经纬仪将它们投测在闸孔两侧的混凝土墙上，用细线标出。基准线至门铰中线的距离最好为一整数，在图 13-25 中，该数值为 7 m。采用水准仪观测悬挂钢卷尺的方法，在基准线和辅助线上每隔 0.5 m 或 1 m 测定一些高程点。

(2)计算侧轨中线上每一个高程点至门铰中线的水平距离，并换算侧轨中线至基准线的水平距离。由图 13-25 可见，在直角三角形 ABO 中，门铰中线至侧轨中线起点(底槛)的水平距离为

$$\overline{AB} = \sqrt{R^2 - h^2} \tag{13-9}$$

将图 13-25 中已知数代入式(13-9)则

$$\overline{AB}=\sqrt{R^2-h^2}=\sqrt{(11.970)^2-(205.932-196.932)^2}=7.892(\text{m})$$

(3)放样侧轨中线。设基准线至门铰中线的距离为 7 m,从基准线上 1 点向左丈量 0.892 m,即得底槛位置。因此,当测设侧轨中线上其他点时,均应将算得的距离减去基准线至门铰中线的距离。然后,用钢尺从基准线丈量一段短距离,即得侧轨上放样点,连接侧轨中线方向上的放样点,即为侧轨中线。为方便施工放样,可将侧轨中线上放样点至门铰中线、侧轨中线至基准线的水平距离,事前编算成表,供放样时查用。表 13-2 为用已知数编算的放样表。

表 13-2　弧形闸门侧轨中线放样数据

水平距离	门铰中线上高程点/m						备注
	196.932	198.000	199.000	200.000	…	205.932	
侧轨中线至门铰中线/m	7.892	8.965	9.758	10.397	…	11.970	
侧轨中线至基准线/m	0.892	1.965	2.758	3.397	…	4.970	

按照上述方法,可求出侧轨中线上各设计点至辅助线及门铰中线的有关水平距离。放样时,可用辅助线至侧轨中线的水平距离,校核侧轨中线,以提高放样精度。

6　人字闸门的安装测量

船闸的人字形闸门由上游导墙、进水段、桥墩段、上闸首、闸室、下闸首、泄水段和下游导墙等部分组成,如图 13-26 所示。

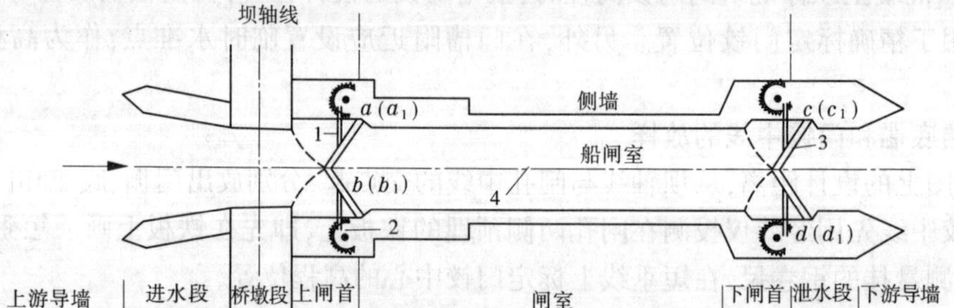

1—拉杆;2—启闭机;3—人字闸门;4—船闸中心线。

图 13-26　人字闸门平面图

闸门是上、下闸首的主要构件,也是船闸的关键部位。人字闸门由埋件部分、门体部分和传动部分组成。我国目前最大的船闸为葛洲坝水利枢纽的 2 号船闸,全长约 900 m,宽度百余米。安装的人字闸门,每扇门高度为 34 m,宽度为 19.7 m,厚度为 2.7 m,质量达 600 余 t。按照《水利水电工程施工测量规范》(SL 52—2015)规定:人字闸门安装测量的精度指标相对于安装轴线的平面允许偏差为±(2~3) mm、高程允许偏差为±(1~3) mm。由以上规定可见,为了保证人字闸门的安装精度,必须认真地进行精密测量。现将底顶枢中心点的定位及高程测量介绍如下。

6.1 **两底枢中心点的定位**

底枢中心点就是人字闸门旋转时的底部中心。两底枢中心点位置正确与否,将直接影响门体的安装质量。底枢中心点定位,可根据施工场地和仪器设备而定,一般多采用精密经纬仪投影,配合钢卷尺进行测设,具体操作方法如下:

(1)按照设计坐标,将两底枢中心点投测到闸首一期混凝土平面上,得到初测点 a_1、b_1,要求直线 a_1b_1 应与船闸中心线垂直平分。

(2)用检验过的钢卷尺,丈量 a_1、b_1 点间的距离,进行各项改正后得距离 $d_{测}$。

(3)根据 $d_{测}$ 与 $d_{设}$,计算 Δd:$\Delta d = d_{测} - d_{设}$。

(4)按 a_1b_1 方向,在 a_1、b_1 点上各量 $\Delta d/2$,改正后得 a、b 两点;同上法标定 c、d 两点,如图13-26所示。

(5)丈量 a、b 间的距离3~4测回,计算其中误差,若等于或小于容许误差,a、b 两点即为设计底枢点。否则,应反复测设并校正其位置,直至符合精度规定。

6.2 **两顶枢中心点的投测**

顶枢中心点是人字闸门旋转时顶部中心。底枢与顶枢应位于同一铅垂线上,但是,顶枢中心点是悬空的,因此定位时难度较大,是影响人字闸门安装测量精度的核心问题。

为了满足底顶枢同轴性的设计要求,可采用天顶投影仪,也可用经纬仪按下述方法投测。

6.2.1 准备工作

两底枢中心点测设后,应根据其中心位置安装底枢蘑菇头,并对中心点间的距离进行最后检查,投测顶枢中心时应以底枢蘑菇头的中心为准。为了标志顶枢中心点投影位置,必须先架设非常牢固的投影板,同时,应按规定检核投影用的经纬仪、画线用的直尺。另外,还应准备大头针、投影纸、黄油和磨尖的硬铅笔等物品。

6.2.2 测站点的选择

为了得到较好的投测效果,选定测站点时,首先,应满足经纬仪能同时直接照准底顶枢的要求,这样的点位一般选在坝顶上。其次,投测时的交会角,以60°为宜。

6.2.3 投测标定点位

正式投测前,可根据混凝土坝体的分缝线和闸室侧墙,标出顶枢中心的概略位置。正式投测时,先在投影用的钢板上涂一层薄薄的黄油,将投影纸粘在钢板上,严格安置经纬仪,正倒镜分别照准底枢中心点,将方向投测在投影纸上;每一测站均按两测回投测,取两测回正倒镜均值的平均位置。由于仪器误差、标点误差和自然界的影响,3条平均方向线可能不交于一点,出现示误三角形,其内切圆心即为所求之顶枢点。同上法,可得4个顶枢中心点,如图13-26中 a_1、b_1、c_1、d_1 点。

顶枢点不能长期保留在钢板上,应在顶枢附近的坝面上选择3个测站点,这3个观测点与顶枢点连线的夹角约为60°,然后,建造3个高度约1 m的混凝土观测墩。将经纬仪分别安置在观测墩上,照准顶枢点,在对面侧墙上用正倒镜分中法投点。安装人字闸门时,可在3个观测墩上安置经纬仪,恢复顶枢位置,指导安装方位。

6.2.4 检查底顶枢同轴性

在底枢中心位置上安放一木凳,凳上放一个盛有机油的小桶,将直径为0.3 mm的钢丝从顶枢中心垂下来。钢丝下端吊2.5~3.0 kg的锤球,浸入油桶内。待其稳定后,用经纬仪在互成90°的两个方向上设站,先照准油桶近处的钢丝,再向下投测,将顶枢中心投测于蘑菇头上,然后,丈量两投影点间的距离,并计算顶枢投影点相对于底枢中心点的偏离值,以及底顶枢纵、横向测量中误差。

6.3　高程测量

人字闸门各部位间相对高差的精度要求很高,而绝对高程只需与土建部分保持同精度。一般四等水准点或经过检查的工程水准点,即可作为底枢高程的控制点。在安装过程中,为了保证各部位间的高差精度,只能使用同一个高程基点。

门体全部组装后,需从水准基点连测出顶部高程,设为$H_{测}$,如果门体的设计高程为$H_{设}$,则高程误差为

$$\Delta h = H_{测} - H_{设} \tag{13-10}$$

高程误差Δh的大小,除与底顶枢选用的高程基点精度有关外,还与门体焊接的次数、焊接的工艺有关。

【小贴士】

本任务主要介绍了各种闸门的安装测量。通过该任务的学习,学生应该能掌握水工建筑物安装测量时如何进行安装轴线的投测,如何测设安装高程基准,如何进行平面闸门、弧形闸门、人字形闸门的安装测设。

【知识链接】

学习本项目时,学生应结合教师的讲解在各种水利水电工程中布设平面和高程施工控制网,确定坝轴线,放样清基开挖线,进行坝体细部放样,会进行水闸等构筑物的施工放样,会进行各种闸门的安装测量。

【阅读与应用】

白鹤滩水电站地下洞室群控制测量

白鹤滩水电站位于金沙江下游四川省宁南县和云南省巧家县境内,以发电为主,兼顾防洪、拦沙、改善下游航运条件和发展库区通航等综合利用效益,枢纽工程主要由混凝土双曲拱坝、二道坝及水垫塘、泄洪洞、引水发电系统等建筑物组成。

白鹤滩水电站地下工程施工测量控制网坐标系统、高程系统与白鹤滩水电站首级施工测量控制网一致,平面坐标系统为白鹤滩独立坐标系,高程系统为1985国家高程基准,边长投影面高程为680 m。

地下工程施工测量平面网以附合导线形式布设,并增设辅助导线,以增加闭合条件,提高控制网强度和点位精度、可靠性。白鹤滩地下工程施工测量控制网布设在左岸交通洞(或施工支洞)内,左右岸导线连接成网,均起、闭于地面二等平面控制网点。

导线全长约13.5 km,共布设导线点78个。平面施工测量控制网统一埋设为具有强制对中装置的混凝土观测墩。施工测量控制网外业数据采集使用徕卡TM30(0.5″级)智能全站仪自动观测,按二等导线技术要求观测。平差计算使用武汉大学的科傻平差软件,对平面网、三角高程网分别平差,并用清华山维平差软件进行校核。

控制网施测的特点是:

(1)布网覆盖范围大,涉及洞室多。整个控制网覆盖洞室多达12条,覆盖面积达464万m^2。

(2)网内点位多,线路长。为了保证施工作业的方便性和控制网的精度,每两个控制点

之间相距保持在 150 m 左右,整个控制网新增设 80 个强制观测墩,全部线路长 13.9 km,左、右岸组网观测,增设附合条件,保证地下控制网统一基准。

(3)施测时间久。由于布网范围大,穿过的洞室多,线路长,从 2014 年 4 月底控制网布网方案通过专家组评审后开始施测到 2014 年 8 月发布测量成果报告历时近 4 个月。

控制网施测的难点是:

(1)布网难度大。根据现场施工的需要,经过多次现场踏勘及方案优化,因必须保证网形的精度、稳定性,以及要覆盖到整个地下工程,还要兼顾考虑现场施工干扰。

(2)洞内环境差。地下洞室内烟尘大,能见度低,为保证观测的精度和作业人员的安全性,需要积极协调交通、施工等相关单位进行通风、降尘、对洞内交通进行临时管制,保证施测工作顺利开展。

(3)施工干扰大。地下洞室环境错综复杂,各种作业面交叉作业部位较多,施工车辆多,受烟尘或渗水的影响,目镜中观测到的施测目标抖动,增加照准误差。

白鹤滩水电站是目前世界上在建的最大的水电站工程,地下工程更是重中之重。本着对工程建设质量高度负责的态度,为了达到三等控制网的要求,从方案制订、现场踏勘、合理布局、精心观测、严密平差等每一步工作都经过多次论证。从成果来看本网绝对满足目前洞室开挖、混凝土衬砌、质量检测等对施工测量的需求,同时统一了各施工局、监理单位之间的坐标系统,为以后复杂洞室群的控制测量提供了借鉴作用。

项目小结

水闸是由闸墩、闸门、闸底板、两边侧墙、闸室上游防冲板和下游溢流面等结构物所组成的。水闸的施工放样,包括测设水闸的轴线、闸墩中线、闸孔中线、闸底板的范围以及各细部的平面位置和高程等。

土坝具有就地取材、施工简便等特点。因此,中小型水坝常修筑成土坝。为了确保按设计要求施工,必须将图上设计的位置,正确地测设到施工场地。土坝施工放样的主要内容包括坝轴线的测设、坝身控制测量、清基开挖线的放样、坡脚线和坝体边坡线的放样以及修坡桩的标定等。

水工建筑物的细部放样,包括测设各种建筑物的立模放样线、填筑轮廓点,对已架立的模板、预制件或埋件进行体形和位置的检查。立模放样线和填筑轮廓点可直接由等级控制点测设,也可由测设的建筑物纵横轴线点放样。放样点密度以建筑物的形状和建筑材料而不同。例如,混凝土直线形建筑物相邻放样点间的最长距离为 5~8 m,而曲线形建筑物相邻放样点间的最长距离为 4~6 m;在同一形状的建筑物中,混凝土建筑物上相邻放样点间的距离小于土石料建筑物放样点的间距。例如,当直线形混凝土建筑物相邻放样点的最长距离为 5~8 m 时,土石料建筑物放样点间的距离则为 10~15 m。对于曲线形建筑物细部放样点,除按建筑材料不同而规定相邻点间的最长距离外,曲线的起点、中点和折线的拐点必须放出;小半径的圆曲线,可加密放样点或放出圆心点;曲面预制模板,应酌情增放模板拼缝位置点。

水工建筑物除土建部分的放样工作外,还有金属结构与机电设备安装测量。它包括闸门安装、钢管安装、拦污栅安装、水轮发电机组安装和起重机轨道安装测量等。本项目将介绍主要水工建筑物的放样和几种闸门的安装测量。

复习和思考题

13-1　不同的水工建筑物放样点位中误差有何区别?

13-2　放样点的平面位置中误差与测站点及放样误差有何关系?

13-3　水闸轴线是怎样测设的?

13-4　说明闸墩的放样方法。

13-5　说明下游溢流面的放样方法。

13-6　说明土坝坝身控制测量的方法。

13-7　说明土坝清基线的放样方法。

13-8　说明标定修坡桩的方法。

13-9　说明用方向线交会法测设直线型坝体放样线的方法。

13-10　说明用前方交会法测设重力式拱坝放样线的方法。

13-11　安装轴线及安装点如何测设?

13-12　简述平面闸门的安装测量。

13-13　弧形闸门埋件测点包括哪些内容?怎样进行侧轨中线的放样?

13-14　人字闸门与平面闸门及弧形闸门安装测量的要求有何区别?

13-15　人字闸门的底顶枢中心点如何投测?

【技能训练】

一、技能训练题目及训练目的

在学习完本项目的理论学习内容和配套实训之后,学生可利用课余和周末的时间,在校园实训场练习用全站仪极坐标法放样闸墩,如图13-27所示。

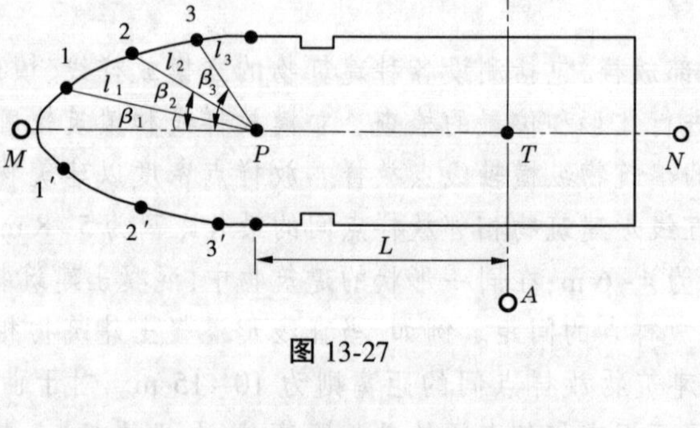

图13-27

二、技能训练要求

1. 教师给学生配备全站仪、脚架、棱镜、棱镜杆、小钢尺。

2. 教师给学生分成若干小组,提供校园内足够数量的已知点数据。

3. 学生每人计算一份成果,并在小组内互相检查成果,定出最后放样数据。

4. 学生分组进行闸墩的放样,先放出闸墩中线,再以中线为依据放样闸墩的轮廓线。

5. 放样的点位用粉笔标记在实训场的地面上，再用粉笔连接所有点位。

6. 学生应记录放样中遇到的问题并及时向教师请教或与任课教师共同探讨。

【知识拓展】

乌东德水电站建造过程

项目 14 工程建筑物变形监测

项目概述

工程建筑物在施工和运营过程中都会产生变形,如建筑物基础下沉、倾斜建筑物墙体及其构件挠曲就是变形的表现形式。变形超过一定的限度就会危害到人们的生命财产安全。因此,了解变形,研究其产生的根源、特征及其随空间与时间的变化规律,及时预测、预报,避免或尽可能减少损失,是变形观测的主要任务。工程建筑物变形监测的内容包括对各工程变形体进行水平位移、垂直位移的监测。对变形体进行偏移、倾斜、挠度、弯曲、扭转、裂缝等测量,主要指对所描述的变形体自身形变和位移的监测。

学习目标

◆知识目标

1. 能简要说明如何根据工程部位布设垂直位移监测点和水平位移监测点的方法;
2. 能阐述垂直位移、水平位移监测的观测要求和各种观测方法;
3. 会选择裂缝观测方案,掌握裂缝监测的方法和实施;
4. 掌握倾斜监测的方法、要求及实施。

◆技能目标

1. 能正确操作精密水准仪进行垂直位移监测;
2. 能正确操作精密全站仪进行水平位移监测;
3. 能根据裂缝观测方案选择仪器设备监测裂缝;
4. 能绘制变形过程曲线图,编写变形监测报告。

◆素质目标

通过本项目的学习,使学生理解变形监测的重要意义,培养学生严谨、细致、专注、负责的工作态度和精雕细琢、精益求精的工作理念,以及对职业的认同感、责任感、荣誉感和使命感。

【课程导入】

工程建筑物变形主要是自然条件及其变化、建筑物本身的荷重,建筑物的结构形式及力荷载的作用等影响。我们必须通过变形监测的手段来了解其变形。为此,在变形影响范围外设置稳定的测量基准点,在变形体上设置被观测的测量标志(变形监测点),从基准点出发,定期地测量监测点相对于基准点的变化量,从历次观测结果比较中了解变形随时间发展的情况。这个过程就称为变形监测。

任务 1　垂直位移监测

垂直位移包括地面垂直位移和建筑物垂直位移，也称沉降监测，是指工程建筑物上事先设置的沉降监测点对于高程基准点的高差变化量（沉降量）、沉降差及沉降速度，并根据需要计算基础倾斜、局部倾斜、构件倾斜及挠度，绘制沉降量随时间及荷载变化的曲线等。建筑物的垂直位移监测贯穿于整个施工过程和运营阶段，直至沉降现象整体趋于稳定。

1　水准点、观测点的标志与埋设

地面垂直位移指地面沉降或上升，其原因除地壳本身的运动外，主要是人为造成的。建筑物垂直位移观测是测定基础和建筑物本身在垂直方向上的位移。为了测定地面和建筑物的垂直位移，需要在远离变形区的稳定地点设置水准基点，并以它为依据来测定设置在变形区的观测点的垂直位移。

为了检查水准基点本身的高程有否变动，可将其成组地埋设，通常每组三个点，并形成一个边长约 100 m 的等边三角形，如图 14-1 所示。在三角形的中心，与三点等距的地方设置固定测站，由此测站上可以经常观测三点间的高差，这样就可以判断出水准基点的高程有无变动。

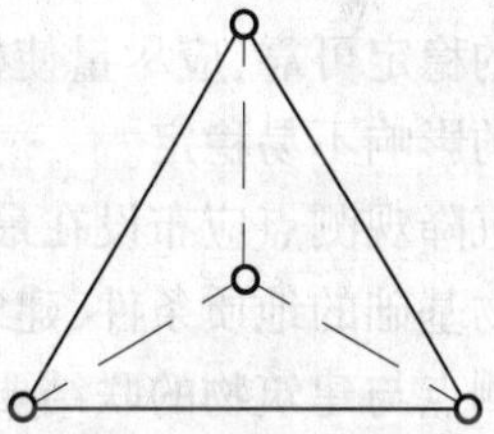

图 14-1　判断水准基点高程

水准基点是沉降观测的基准点，因此它的构造与埋设必须保证稳定不变和长久保存。水准基点应尽可能埋设在基岩上，此时，如地面的覆盖层很浅，则水准基点可采用如图 14-2 所示的地表岩石标类型。在覆盖层较厚的平坦地区，采用钻孔穿过土层和风化岩层达到基岩埋设钢管标志，这种钢管式基岩标如图 14-3 所示。

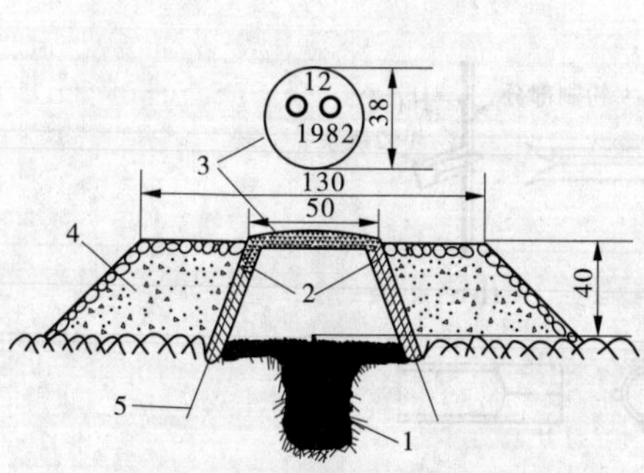

1—抗蚀金属制造的标志；2—钢筋混凝土井圈；
3—井盖；4—土丘；5—井圈保护层。

图 14-2　地表岩石标志　（单位：mm）

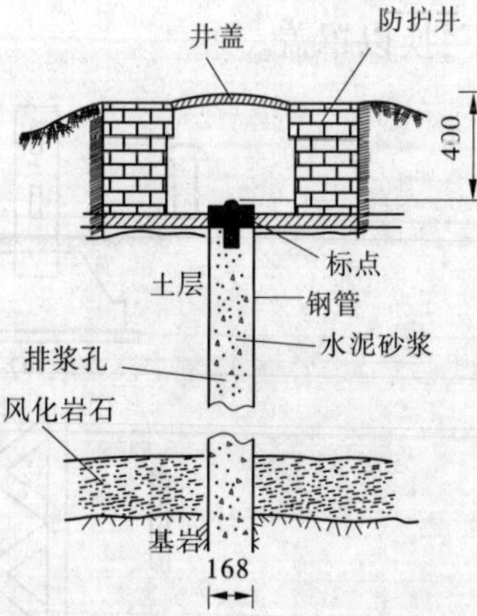

图 14-3　钢管式基岩标志　（单位：mm）

对于冲积层地区，覆盖层深达几百米，这时钢管内部不充填水泥砂浆，为防止钢管弯曲，可用钢丝索正（钢管内穿入钢丝束。钢丝索下端固定在钢管底部的基岩上，上端高出地面，用平衡锤平衡,使钢丝索处于伸张状态,钢管处于被钢丝束导正的状态)。另外,为避免钢管受土层的影响,外面套以比钢管直径稍大的保护管。在城市建筑区,亦可利用稳固的永久建筑物设立墙脚水准标志,如图 14-4 所示。

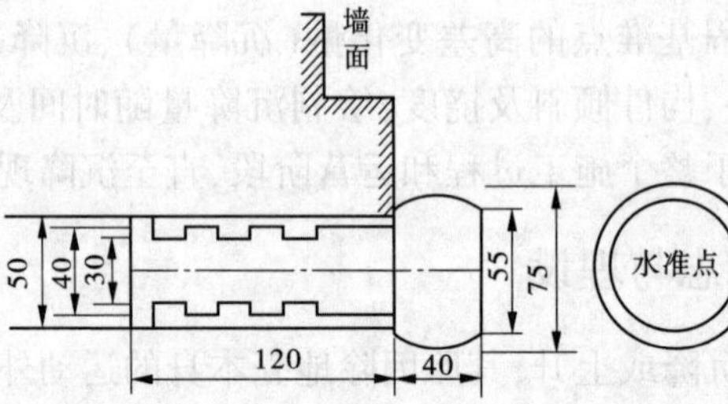

图 14-4　墙脚水准标志　（单位:mm）

水准基点可根据观测对象的特点和地层结构,从上述类型中选取。但为了保证基准点本身的稳定可靠,应尽量使标志的底部坐落在岩石上,因为埋设在土中的标志受土壤膨胀和收缩的影响不易稳定。

沉降观测点应布设在最有代表性的地方。对于建筑物沉降观测点的布设,不仅要考虑建筑物基础的地质条件、建筑结构、内部应力的分布情况,还要考虑便于观测等。埋设时注意观测点与建筑物的联结要牢靠,使得观测点的变化能真正反映建筑物的沉降情况。

对于工业与民用建筑物,常采用图 14-5 所示的各种观测标志。其中,图 14-5(a)为钢筋混凝土基础上的观测点,它是埋设在基础面上的直径为 20 mm、长 80 mm 的铆钉;图 14-5(b)为钢筋混凝土柱上的观测点,它是一根截面为 30 mm×30 mm×5 mm、长 150 mm 的角钢,以 60°的倾斜角埋入混凝土内;图 14-5(c)为钢柱上的标志,它是在角钢上焊一个铜头后再焊到钢柱上的;图 14-5(d)为隐藏式的观测标志,观测时将球形标志旋入孔洞内,用毕即将标志旋下,换以罩盖。

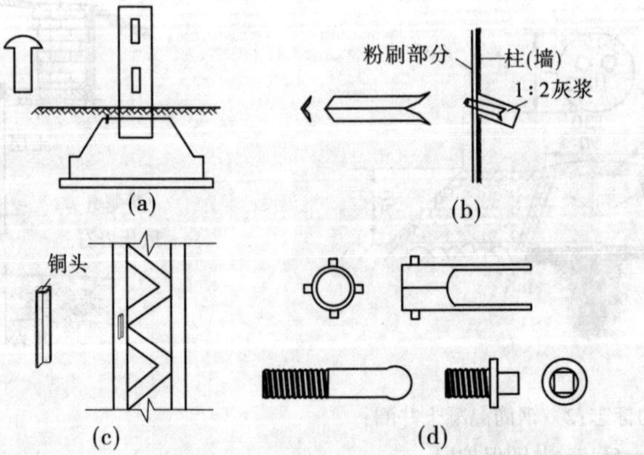

图 14-5　各种观测标志

2　沉降观测

2.1　沉降观测概述

2.1.1　沉降观测的目的

监测建筑物在垂直方向上的位移(沉降),以确保建筑物及其周围环境的安全。建筑物沉降观测应测定建筑物地基的沉降量、沉降差及沉降速度,并计算基础倾斜、局部倾斜、相对弯曲及构件倾斜。

2.1.2　沉降产生的主要原因

(1)自然条件及其变化,即建筑物地基的工程地质、水文地质、大气温度、土壤的物理性质等。

(2)与建筑物本身相联系的原因,即建筑物本身的荷重、建筑物的结构、形式及动载荷(如风力、震动等)的作用。

2.1.3　沉降观测的原理

定期地测量观测点相对于稳定的水准点的高差以计算观测点的高程,并将不同时间所得同一观测点的高程加以比较,从而得出观测点在该时间段内的沉降量:

$$\Delta H = H_i^{(j+1)} - H_i^{j} \tag{14-1}$$

式中　i——观测点点号;

j——观测期数。

2.1.4　沉降观测点的布置

沉降观测点的布置,应以能全面反映建筑物地基变形特征并结合地质情况及建筑结构特点确定。点位宜选设在下列位置:

(1)建筑物的四角、大转角处及沿外墙每 10~15 m 处或每隔 2~3 根柱基上。

(2)高低层建筑物、新旧建筑物、纵横墙等交接处的两侧。

(3)建筑物裂缝和沉降缝两侧、基础埋深悬殊处、人工地基与天然地基接壤处、不同结构的分界处及挖填方分界处。

(4)宽度大于等于 15 m 或小于 15 m 而地质复杂以及膨胀土地区的建筑物,在承重内隔墙中部设内墙点,在室内地面中心及四周设地面点。

(5)临近堆置重物处、受振动有显著影响的部位及基础下的暗浜(沟)处。

(6)框架结构建筑物的每个或部分柱基上或沿纵横轴线设点。

(7)片筏基础、箱形基础底板或接近基础的结构部分之四角及其中部位置。

(8)重型设备基础和动力设备基础的四角、基础形式或埋深改变处,以及地质条件变化处两侧。

(9)电视塔、烟囱、水塔、油罐、炼油塔、高炉等高耸建筑物,沿周边在与基础轴线相交的对称位置上布点,点数不少于 4 个。

2.1.5　沉降观测点的埋设

沉降观测的标志,可根据不同的建筑结构类型和建筑材料,采用墙(柱)标志、基础标志和隐蔽式标志(用于宾馆等高级建筑物)等形式。各类标志的立尺部位应加工成半球形或有明显的突出点,并涂上防腐剂。标志的埋设位置应避开如雨水管、窗台线、暖气片、暖气管、电气开关等有碍设标与观测的障碍物,并应视立尺需要离开墙(柱)面和地面一定距离。

普通观测点的埋设见图 14-6,隐蔽式沉降观测点标志的形式见图 14-7。

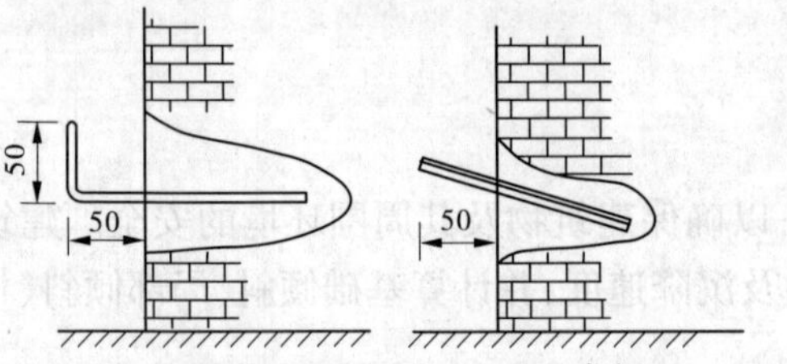

图 14-6 普通观测点的埋设 (单位:mm)

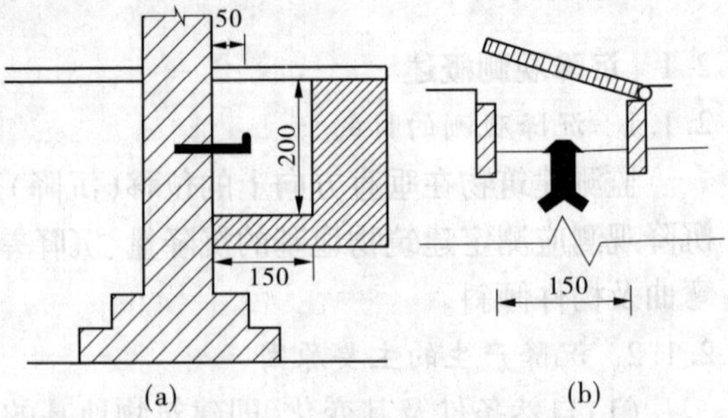

图 14-7 隐蔽式沉降观测点标志 (单位:mm)

2.1.6 观测精度要求

(1)先根据表 14-1,确定最终沉降量观测中误差。

表 14-1 最终沉降量值观测中误差的要求

序号	观测项目或观测目的	观测中误差的要求
1	绝对沉降(如沉降量,平均沉降量等)	(1)对于一般精度要求的工程,可按低、中、高压缩性地基土的类别,分别选±0.5 mm、±1.0 mm、±2.5 mm;(2)对于特高精度要求的工程可按地基条件,结合经验与分析具体确定
2	(1)相对沉降(如沉降差、地基倾斜、局部倾斜等)(2)局部地基沉降(如基坑回弹、地基土分层沉降),以及膨胀土地基变形	不应超过其变形允许值的 1/20
3	建筑物整体性变形(如工程设施的整体垂直挠曲等)	不应超过允许垂直偏差的 1/10
4	结构段变形(如平置构件挠度等)	不应超过允许值的 1/6
5	科研项目变形量的观测	可视所需提高观测精度的程度,将上列各项观测中误差乘以 1/5~1/2 系数后采用

(2)再以最终沉降量观测中误差估算单位权中误差 μ,估算公式为

$$\left.\begin{aligned}\mu &= m_s / \sqrt{2Q_H}\\ \mu &= m_{\Delta s} / \sqrt{2Q_h}\end{aligned}\right\} \tag{14-2}$$

式中 m_s——沉降量 s 的观测中误差,mm;

$m_{\Delta s}$——沉降差 Δs 的观测中误差,mm;

Q_H——网中最弱观测点高程(H)的权倒数;

Q_h——网中待求观测点间高差(h)的权倒数。

2.1.7 观测周期

沉降观测的周期和观测时间,可按下列要求并结合具体情况确定:

(1)建筑物施工阶段的观测,应随施工进度及时进行。一般建筑,可在基础完工后或地下室砌完后开始观测;大型、高层建筑,可在基础垫层或基础底部完成后开始观测。观测次数与间隔时间应视地基与加载情况而定。民用建筑可每加高1~2层观测一次;工业建筑可按不同施工阶段(如回填基坑、安装柱子和屋架、砌筑墙体、设备安装等)分别进行观测。如建筑物均匀增高,应至少在增加荷载的25%、50%、75%和100%时各测一次。施工过程中如暂时停工,在停工时、重新开工时应各观测一次。停工期间,可每隔2~3月观测一次。

(2)建筑物使用阶段的观测次数,应视地基土类型和沉降速度大小而定。除有特殊要求者外,一般情况下,要在第一年观测4次,第二年观测3次,第三年后每年1次,直至稳定。观测期限一般不少于如下规定:砂土地基2年,膨胀土地基3年,黏土地基5年,软土地基10年。

(3)在观测过程中,如有基础附近地面荷载突然增减、基础四周大量积水、长时间降雨等情况,均应及时增加观测次数。当建筑物突然发生大量沉降、不均匀沉降或严重裂缝时,应立即进行几天一次、或逐日、或一天几次的连续观测。

(4)沉降是否进入稳定阶段,有几种方法进行判断:①根据沉降量和时间关系曲线来定;②对于重点观测工程和科研观测工程,若最后三期观测中,每期沉降量均不大于$2\sqrt{2}$倍测量中误差,则可认为已进入稳定阶段;③对于一般观测工程,若沉降速度小于0.01~0.04 mm/d,可认为已进入稳定阶段,具体取值宜根据各地区地基土的压缩性确定。

2.1.8 沉降观测的工作方式

作为建筑物沉降观测的水准点一定要有足够的稳定性,水准点必须设置在受压、受震的范围以外。同时,水准点与观测点相距不能太近,但水准点和观测点相距太远会影响精度。为了解决这个矛盾,沉降观测一般采用“分级观测”方式。将沉降观测的布点分为三级:水准基点、工作基点和沉降观测点。图14-8为大坝沉降观测的测点布置图。在图14-8中,为了测定坝顶和坝基的垂直位移,分别在坝顶以及坝基处各布设了一排平行于坝轴线的垂直位移观测点。一般要在每个坝段布置一个观测点,重要部位则应适当增加,由于图14-8中4、5坝段处于最大坝高处,且地质条件较差,所以每坝段增设一点。此外,为了在该处测定大坝的转动角,在上游方向增设观测点,故4、5坝段内各布设了4个水平位移观测点。

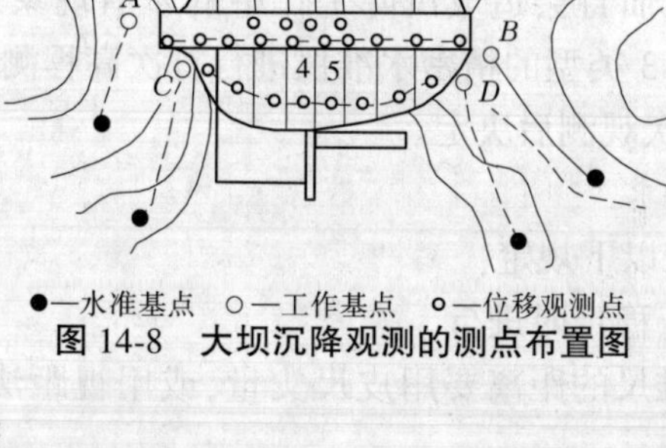

图14-8 大坝沉降观测的测点布置图

沉降观测分两级进行:

（1）水准基点——工作基点；

（2）工作基点——沉降观测点。

工作基点相当于临时水准点，其点位也应力求坚固稳定。定期由水准基点复测工作基点，由工作基点观测沉降点。

如果建筑物施工场地不大，则可不必分级观测，但水准点应至少布设3个，并选择其中最稳定的一个点作为水准基点。

2.1.9　确定沉降观测的路线并绘制观测路线图

在进行沉降观测时，因施工或生产的影响，造成通视困难，往往为寻找设置仪器的适当位置而花费时间。因此，对观测点较多的建筑物、构筑物进行沉降观测前，应到现场进行规划，确定安置仪器的位置，选定若干较稳定的沉降观测点或其他固定点作为临时水准点（转点），并与永久水准点组成环路。最后，应根据选定的临时水准点、设置仪器的位置以及观测路线，绘制沉降观测路线图（见图14-9），以后每次都按固定的路线观测。采用这种方法进行沉降测量，不仅避免了寻找设置仪器位置的麻烦，加快施测进度，而且由于路线固定，比任意选择观测路线可以提高沉降测量的精度。但应注意，必须在测定临时水准点高程的同一天内同时观测其他沉降观测点。

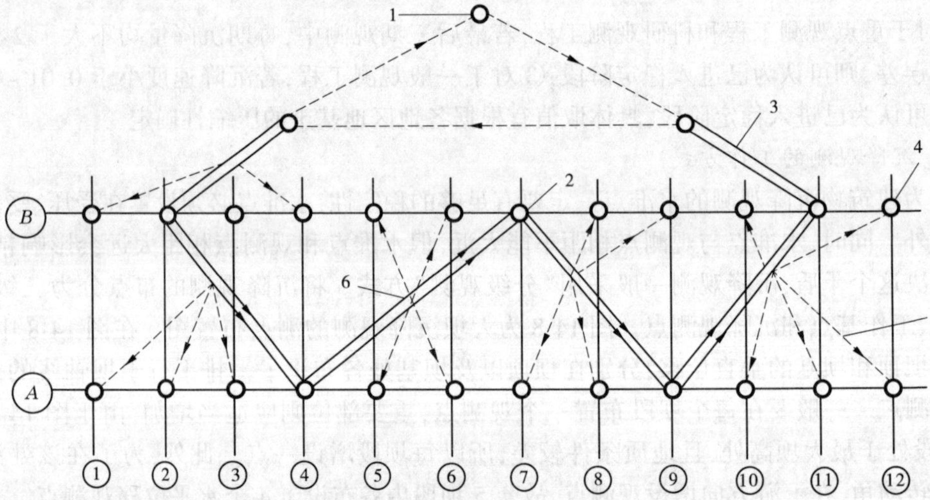

1—沉降观测水准点；2—作为临时水准点的观测点；3—观测路线；4—沉降观测点；5—前视线；6—置仪器位置

图14-9　沉降观测路线

沉降观测点首次观测的高程值是以后各次观测用以进行比较的根据，如初测精度不够或存在错误，不仅无法补测，而且会造成沉降工作中的矛盾现象，因此必须提高初测精度。如有条件，最好采用N2或N3类型的精密水准仪进行首次高程测定。同时每个沉降观测点首次高程，应在同期进行两次观测后决定。

2.1.10　沉降观测工作的要求

沉降观测作业中应遵守以下规定：

（1）观测应在成像清晰、稳定时进行。

（2）仪器离前、后视水准尺的距离要用皮尺丈量，或用视距法测量，视距一般不应超过

50 m。前、后视距应尽可能相等。

(3)前、后视观测最好用同一根水准尺。

(4)前视各点观测完毕以后,应回视后视点,最后应闭合于水准点上。

沉降观测是一项较长期的系统观测工作,为了保证观测成果的正确性,应尽可能做到"四定":

(1)固定人员观测和整理成果。

(2)固定使用的水准仪及水准尺。

(3)使用固定的水准点。

(4)按规定的日期、方法及路线进行观测。

2.1.11 提交成果

(1)沉降观测成果表。

(2)沉降观测点位分布图及各周期沉降展开图。

(3)u-t-s(沉降速度、时间、沉降量)曲线图。

(4)p-t-s(载荷、时间、沉降量)曲线图(视需要提交)。

(5)建筑物等沉降曲线图(如观测点数量较少可不提交)。

(6)沉降观测分析报告。

2.2 高程控制测量

2.2.1 高程控制的网点布设要求

(1)对于建筑物较少的测区,宜将控制点连同观测点按单一层次布设;对于建筑物较多且分散的大测区,宜按两个层次布网,即由控制点组成控制网、观测点与所联测的控制点组成扩展网。

(2)控制网应布设为闭合环、结点网或附合高程路线。扩展网亦应布设为闭合或附合高程路线。

(3)每一测区的水准基点不应少于3个;对于小测区,当确认点位稳定可靠时可少于3个,但连同工作基点不得少于3个。水准基点的标石,应埋设在基岩层或原状土层中。在建筑区内,点位与邻近建筑物的距离应大于建筑物基础最大宽度的2倍,其标石埋深应大于邻近建筑物基础的深度。在建筑物内部的点位,其标石埋深应大于地基土压缩层的深度。

(4)工作基点与联系点布设的位置应视构网需要确定。作为工作基点的水准点位置与邻近建筑物的距离不得小于建筑物基础深度的1.5~2.0倍。工作基点与联系点也可在稳定的永久性建筑物墙体或基础上设置。

(5)各类水准点应避开交通干道、地下管线、仓库堆栈、水源地、河岸、松软填土、滑坡地段、机器振动区,以及其他能使标石、标志易遭腐蚀和破坏的地点。

2.2.2 高程测量精度等级和方法的确定

(1)测量精度的确定。先根据表14-1确定最终沉降量观测中误差;再根据式(14-2)估算单位权中误差μ;最后根据μ与表14-1的规定选择高程测量的精度等级。

(2)测量方法的确定。高程控制测量宜采用几何水准测量方法。当测量点间的高差较大且精度要求较低时,亦可采用短视线光电测距三角高程测量方法。

2.2.3 几何水准测量的技术要求

几何水准测量的仪器精度要求、技术指标、限差分别见表14-2~表14-4。

表 14-2 仪器精度要求和观测方法

变形测量等级	仪器型号	水准尺	观测方法	仪器 i 角要求
特级	S05	因瓦合金标尺	光学测微法	≤10°
一级	S05	因瓦合金标尺	光学测微法	≤15″
二级	S05 或 S1	因瓦合金标尺	光学测微法	≤15″
三级	S1	因瓦合金标尺	光学测微法	≤20″
	S3	木质标尺	中丝读数法	

注:光学测微法和中丝读数法的每测站观测顺序和方法,应按现行国家水准测量规范的有关规定执行。

表 14-3 水准观测的技术指标 单位:m

等级	视线长度	前后视距差	前后视距累积差	视线高度
特级	≤10	≤0.3	≤0.5	≥0.5
一级	≤30	≤0.7	≤1.0	≥0.3
二级	≤50	≤2.0	≤3.0	≥0.2
三级	≤75	≤5.0	≤8.0	三丝能读数

表 14-4 水准观测的限差要求 单位:mm

等级		基辅分划(黑红面)读数之差	基辅分划(黑红面)所测高差之差	往返较差及附合或环线闭合差	单程双测站所测高差较差	检测已测测段高差之差
特级		0.15	0.2	$\leqslant 0.1\sqrt{n}$	$\leqslant 0.07\sqrt{n}$	$\leqslant 0.15\sqrt{n}$
一级		0.3	0.5	$\leqslant 0.3\sqrt{n}$	$\leqslant 0.2\sqrt{n}$	$\leqslant 0.45\sqrt{n}$
二级		0.5	0.7	$\leqslant 1.0\sqrt{n}$	$\leqslant 0.7\sqrt{n}$	$\leqslant 1.5\sqrt{n}$
三级	光学测微法	1.0	1.5	$\leqslant 3.0\sqrt{n}$	$\leqslant 2.0\sqrt{n}$	$\leqslant 4.5\sqrt{n}$
	中丝读数法	2.0	3.0			

注:n 为测站数。

2.3 基准点观测

现以大坝变形观测为例,介绍沉降观测分级观测的具体实施过程。首先介绍基准点观测,其后介绍沉降点观测。

2.3.1 观测内容

采用精密几何水准测量方法测量水准基点与工作基点之间的高差,水准路线宜构成闭合形式。

2.3.2 观测周期

基准点观测的周期一般为1年或半年,即1年观测1次或1年观测2次。

2.3.3 精度要求

精度要求为每千米水准测量高差中数的中误差不大于0.5 mm,即

$$m_o=\mu_{km}=\sqrt{\frac{[pdd]}{4n}}\leqslant 0.5\ \mathrm{mm}$$

$$p_i=1/R_i$$

式中 d——各测段往、返测高差之差值;

n——测段数;

p_i——各测段的权值;

R_i——各测段水准路线长度,以km为单位。

2.3.4 观测方法

采用国家一等水准测量方法,或参考有关规范,变形测量等级取“特级”或“一级”。

2.3.5 具体措施

(1)观测前,仪器、标尺应晾置30 min以上,以使其与作业环境相适应。

(2)各期观测应固定仪器、标尺和固定观测人员。

(3)各期观测应固定仪器位置,即安置水准仪时要对中。

(4)读数基辅差互差 $\Delta K\leqslant 0.15$ mm(特级),或 $\Delta K\leqslant 0.30$ mm(一级)。

2.4 沉降点观测

2.4.1 观测内容

采用精密几何水准测量方法测量工作基点与沉降观测点之间的高差,水准路线多构成闭合形式,或在多个工作基点之间构成附合形式。

2.4.2 观测周期

不同建筑物沉降观测的周期和观测时间,可根据建筑物本身的具体要求并结合具体情况确定。大坝变形观测是长期的,沉降观测的周期一般为30 d,即每月观测1次。

2.4.3 精度要求

大坝沉降观测最弱点沉降量的测量中误差应满足±1 mm的精度要求,即

$$m_{Hii}\leqslant \pm 1.0\ \mathrm{mm}$$

2.4.4 观测方法

采用国家二等水准测量方法,或参考表14-2,变形测量等级取“一级”或“二级”。

2.4.5 具体措施

大坝沉降观测大部分观测是在大坝廊道内进行的,有的廊道净空高度偏小,作业不便;有的廊道(如基础廊道)高低不平,坡度变化大,视线长度受限制,给精密水准测量带来了很大困难。为了保证精度,除执行国家规范的有关规定外,还根据生产单位的作业经验,对沉降观测补充如下具体措施:

(1)每次观测前(包括进出廊道前后),仪器、标尺应晾置30 min以上。

(2)各期观测应固定仪器、标尺和固定观测人员。

(3)设置固定的架镜点和立尺点,使每次往、返测量能在同一线路上进行。

(4)仪器至标尺的距离不宜超过40 m,每站的前后视距差不宜大于0.7 m,前后视距累积差不宜大于1.0 m,基辅差误差不得超过0.30 mm(一级),或0.50 mm(二级)。

(5)在廊道内观测时,要用手电筒以增强照明。

2.5　沉降观测数据处理

2.5.1　观测资料的整理

(1)校核:校核各项原始记录,检查各次变形观测值的计算有否错误。

(2)填表:对各种变形值按时间逐点填写观测数值表。

(3)绘图:绘制各种变形过程线、建筑物变形分布图等。

2.5.2　沉降观测中常遇到的问题及其处理

2.5.2.1　曲线在首次观测后即发生回升现象

在第二次观测时即发现曲线上升,至第三次后,曲线又逐渐下降。此种现象,一般都是由于首次观测成果存在较大误差所引起的。此时,如周期较短,可将第一次观测成果作废,而采用第二次观测成果作为首测成果。因此,为避免发生此类现象,作者建议首次观测应适当提高测量精度,认真施测,或进行2次观测,以资比较,确保首次观测成果可靠。

2.5.2.2　曲线在中间某点突然回升

发生此种现象的原因,多半是因为水准基点或沉降观测点被碰毁,如水准基点被压低,或沉降观测点被撬高,此时,应仔细检查水准基点和沉降观测点的外形有无损伤。如果众多沉降观测点出现此种现象,则水准基点被压低的可能性很大,此时可改用其他水准点作为水准基点来继续观测,并再埋设新水准点,以保证水准点个数不少于3个;如果只有一个沉降观测点出现此种现象,则多半是该点被撬高(如果采用隐蔽式沉降观测点,则不会发生此现象),如观测点被撬后已活动,则需另行埋设新点,若点位尚牢固,则可继续使用,对于该点的沉降量计算,则应进行合理处理。

2.5.2.3　曲线自某点起渐渐回升

此种现象一般是由于水准基点下沉所致。此时,应根据水准点之间的高差来判断出最稳定的水准点,以此作为新水准基点,将原来下沉的水准基点废除。另外,埋在裙楼上的沉降观测点,由于受主楼的影响,有可能会出现属于正常的渐渐回升的现象。

2.5.2.4　曲线的波浪起伏现象

曲线在后期呈现微小波浪起伏现象,一般是由测量误差所造成的。曲线在前期波浪起伏所以不突出,是因下沉量大于测量误差;但到后期,由于建筑物下沉极微或已接近稳定,因此在曲线上就出现测量误差比较突出的现象,此时,可将波浪曲线改成水平线。后期测量宜提高测量精度等级,并适当地延长观测的间隔时间。

2.5.2.5　曲线中断现象

由于沉降观测点开始是埋设在柱基础面上进行观测,在柱基础二次灌浆时没有埋设新点并进行观测;或者由于观测点被碰毁,后来设置的观测点绝对标高不一致,而使曲线中断。

为了将中断曲线连接起来,可按照处理曲线在中间某点突然回升现象的办法,估求出未作观测期间的沉降量;并将新设置的沉降点不计其绝对标高,而取其沉降量,一并加在旧沉降点的累计沉降量中去(见图14-10)。

【小贴士】

本任务主要介绍了垂直位移监测的方法和内容。通过该任务的学习,学生应能对垂直位移有一个深入的了解,垂直位移也称沉降,地面垂直位移指地面沉降或上升,其原因除地壳本身的运动外,主要是人为因素。建筑物垂直位移是指建筑物本身在垂直方向上的位移。为了测定地面和建筑物的垂直位移,需要在远离变形区的稳定地点设置水准基点,并以它为依据使用精密水准仪来测定设置在变形区观测点的垂直位移。

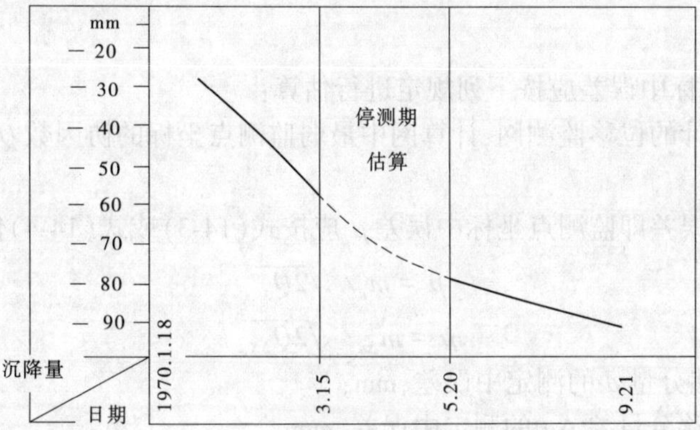

图 14-10　沉降曲线中断示意图

任务 2　水平位移监测

1　水平位移监测内容

建筑物水平位移监测包括位于特殊性土地区的建筑物地基基础水平位移监测、受高层建筑基础施工影响的建筑物及工程设施水平位移监测，以及挡土墙、大面积堆载等工程中所需的地基土深层侧向位移监测等，应测定在规定平面位置上随时间变化的位移量和位移速度。

建筑物的水平位移监测可以通过基准线法观测水平位移、交会法测定水平位移和导线测量法测定水平位移。我们的任务就是根据工程建筑物的特点和监测需要选择合适的方法进行水平位移监测。

2　观测点的布设

2.1　水平位移监测点位的选设

观测点的位置，对于建筑物应选在墙角、柱基及裂缝两边等处；地下管线应选在端点、转角点及必要的中间部位；护坡工程应按待测坡面成排布点；测定深层侧向位移的点位与数量，应按工程需要确定。控制点的点位应根据观测点的分布情况来确定。

2.2　水平位移监测点的标志和标石设置

建筑物上的监测点，可采用墙上或基础标志；土体上的监测点，可采用混凝土标志；地下管线的监测点，应采用窨井式标志。各种标志的形式及埋设，应根据点位条件和观测要求设计确定。

控制点的标石、标志，应按《建筑变形测量规范》(JGJ 8—2016)中的规定采用。对于如膨胀土等特殊性土地区的固定基点，亦可采用深埋钻孔桩标石，但须用套管桩与周围土体隔开。

3 精度要求

位移监测点坐标中误差应按下列规定进行估算:

(1)应按照设计的位移监测网,计算网中最弱监测点坐标的协因数 Q_X、待求监测点间坐标差的协因数 $Q_{\Delta X}$。

(2)单位权中误差即监测点坐标中误差 μ 应按式(14-3)或式(14-4)估算:

$$\mu = m_d / \sqrt{2Q_X} \tag{14-3}$$

$$\mu = m_{\Delta d} / \sqrt{2Q_{\Delta X}} \tag{14-4}$$

式中 m_d ——位移分量 d 的测定中误差,mm;

$m_{\Delta d}$ ——位移分量差 Δd 的测定中误差,mm。

(3)式(14-3)、式(14-4)中的 m_d 和 $m_{\Delta d}$ 应按下列规定确定:

①对建筑基础水平位移、滑坡位移等绝对位移,可按《建筑变形测量规范》(JGJ 8—2016)选取精度级别。

②受基础施工影响的位移、挡土设施位移等局部地基位移的测定中误差,不应超过其变形允许值分量的1/20。变形允许值分量应按变形允许值的1/2采用。

③建筑的顶部水平位移、工程设施的整体垂直挠曲、全高垂直度偏差、工程设施水平轴线偏差等建筑整体变形的测定中误差,不应超过其变形允许值分量的1/10。

④高层建筑层间相对位移、竖直构件的挠度、垂直偏差等结构段变形的测定中误差,不应超过其变形允许值分量的1/6。

⑤基础的位移差、转动挠曲等相对位移的测定中误差,不应超过其变形允许值分量的1/20。

⑥对于科研及特殊目的的变形量测定中误差,可根据需要将上述各项中误差乘以1/5~1/2系数后采用。

4 观测措施

(1)仪器:尽可能采用先进的精密仪器。

(2)采用强制对中:设置强制对中固定观测墩,使仪器强制对中,即对中误差为零。目前一般采用钢筋混凝土结构的观测墩。观测墩底座部分要求直接浇筑在基岩上,以确保其稳定性,并在观测墩顶面常埋设固定的强制对中装置,该装置能使仪器及觇牌的偏心误差小于0.1 mm。满足这一精度要求的强制对中装置式样很多,有采用圆锥、圆球插入式的,有采用埋设中心螺杆的,也有采用置中圆盘的。置中圆盘的优点是适用于多种仪器,对仪器没有损伤,但加工精度要求较高。

(3)照准觇牌:目标点应设置成(平面形状的)觇牌,觇牌图案应自行设计。视准线法的主要误差来源是照准误差,研究觇牌形状、尺寸及颜色对于提高视准线法的观测精度具有重要意义。一般来说,觇牌设计应考虑以下五个方面:

①反差大。用不同颜色的觇牌所进行的试验表明,以白色作底色、以黑色作图案的觇牌效果最好。白色与红色配合,虽然能获得较好的反差,但是它相对于前者而言容易使观测者产生疲劳。

②没有相位差。采用平面觇牌可以消除相位差,在视准线法观测中一般采用平面觇牌。

③图案应对称。

④应有适当的参考面积。为了精确照准,应使十字丝两边有足够的比较面积,图案间隔应根据观测点与目标点之间的距离来确定。同心圆环图案对精确照准是不利的。

⑤便于安置。所设计的觇牌希望能随意安置,即当觇牌有一定倾斜时仍能保证精确照准。

图 14-11 为部分觇牌设计图案。观测时,觇牌也应该强制对中。

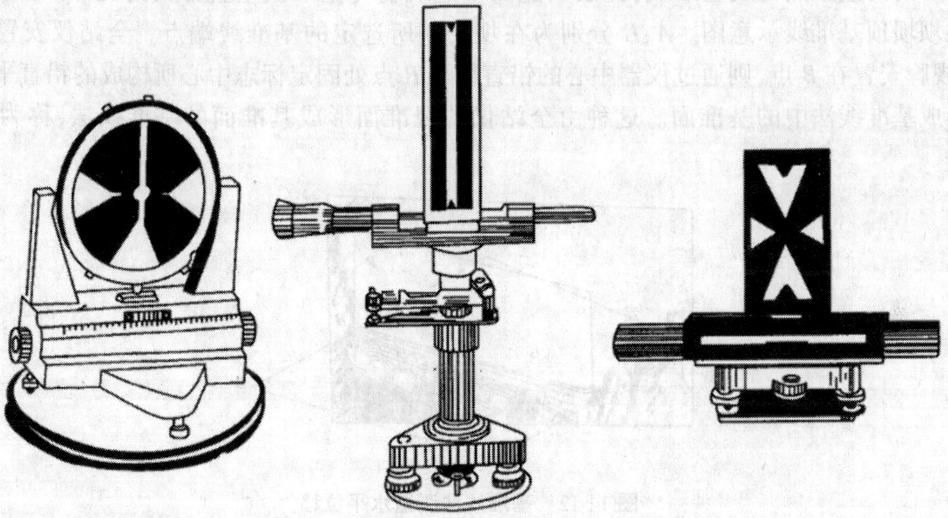

(a)　(b)　(c)

图 14-11　照准觇牌

5　观测方法

水平位移观测的主要方法有前方交会法、精密导线测量法、基准线法等,而基准线法又包括视准线法(测小角法和活动觇牌法)、激光准直法、引张线法等。水平位移的观测方法可根据需要与现场条件选用,见表 14-5。

表 14-5　水平位移观测方法的选用

序号	具体情况或要求	方法选用
1	测量地面观测点在特定方向的位移	基准线法(包括视准线法、激光准直法、引张线法等)
2	测量观测点任意方向位移	可视观测点的分布情况采用前方交会法或方向差交会法、精密导线测量法或近景摄影测量等方法
3	对于观测内容较多的大测区或观测点远离稳定地区的测区	宜采用三角、三边、边角测量与基准线法相结合的综合测量方法
4	测量土体内部侧向位移	可采用测斜仪观测方法

5.1　基准线法

5.1.1　概述

对于直线形建筑物的位移监测,采用基准线法具有速度快、精度高、计算简便等优点。

基准线法测量水平位移的原理是以通过大型建筑物轴线(例如大坝轴线、桥梁主轴线等)或者平行于建筑物轴线的固定不变的铅直平面为基准面,根据它来测定建筑物的水平位移。由两基准点构成基准线,此法只能测量建筑物与基准线垂直方向的变形。图 14-12 为某坝坝顶基准线示意图。A、B 分别为在坝两端所选定的基准线端点。全站仪安置在 A 点,觇牌安置在 B 点,则通过仪器中心的铅直线与 B 点处固定标志中心所构成的铅直平面 P 即形成基准线法中的基准面。这种由全站仪的视准面形成基准面的基准线法,称为视准线法。

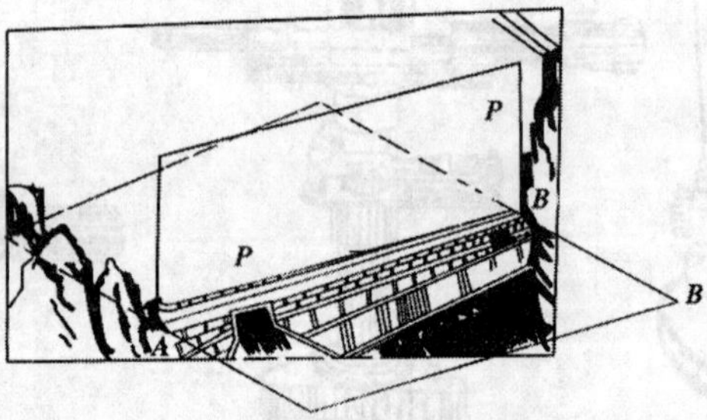

图 14-12　基准线法测量水平位移

视准线法按其所使用的工具和作业方法的不同,又可分为测小角法和活动觇牌法。测小角法是利用精密全站仪精确地测出基准线方向与置镜点到观测点的视线方向之间所夹的小角,从而计算出观测点相对于基准线的偏离值。活动觇牌法则是利用活动觇牌上的标尺,直接测定此项偏离值。

随着激光技术的发展,出现了由激光光束建立基准面的基准线法,根据其测量偏离值的方法不同,该法有激光经纬仪准直法和波带板激光准直法两种。

在大坝廊道的特定条件下,采用通过拉直的钢丝的竖直面作为基准面来测定坝体偏离值具有一定的优越性,这种基准线法称为引张线法。

由于建筑物的位移一般来说都很小,因此对位移值的观测精度要求很高(例如:混凝土坝位移观测的中误差要求小于±1 mm),因而在各种测定偏离值的方法中都要采取一些高精度的措施,对基准线端点的设置、对中装置构造、觇牌设计及观测程序等均进行了不断的改进。

5.1.2　分类

基准线法的分类见表 14-6。

表 14-6　基准线法的分类

序号	基准线法名称	说明
1	视准线法	又分为测小角法和活动觇牌法
2	激光准直法	有激光经纬仪准直法和波带板激光准直法两种
3	引张线法	—

5.1.3 激光准直法

激光准直法根据其测量偏离值的方法不同,可分为激光经纬仪准直法和波带板激光准直法,现分别简述如下。

5.1.3.1 激光经纬仪准直法

采用激光经纬仪准直时,活动觇牌法中的觇牌是由中心装有两个半圆的硅光电池组成的光电探测器。两个硅光电池各连接在检流表上,如激光束通过觇牌中心时,硅光电池左右两半圆上接收相同的激光能量,检流表指针在零位;反之,检流表指针就偏离零位。这时,移动光电探测器使检流表指针指零,即可在读数尺上读取读数。为了提高读数精度,通常利用游标卡尺,可读到 0.1 mm。当采用测微器时,可直接读到 0.01 mm。

激光经纬仪准直法的操作要点为:

(1)将激光经纬仪安置在端点 A 上,在另一端 B 上安置光电探测器。将光电探测器的读数置零,调整经纬仪水平度盘微动螺旋,移动激光束的方向,使在 B 点的光电探测器的检流表指针指零。这时,基准面即已确定,经纬仪水平度盘就不能再动。

(2)依次在每个观测点处安置光电探测器,将望远镜的激光束投射到光电探测器上,移动光束探测器,使检流表指针指零,就可以读取每个观测点相对于基准面的偏离值。

为了提高观测精度,在每一观测点上,探测器的探测须进行多次。

5.1.3.2 波带板激光准直法

波带板激光准直系统由三个部件组成:激光器点光源、波带板装置和光电探测器。用波带板激光准直系统进行准直测量如图 14-13 所示。

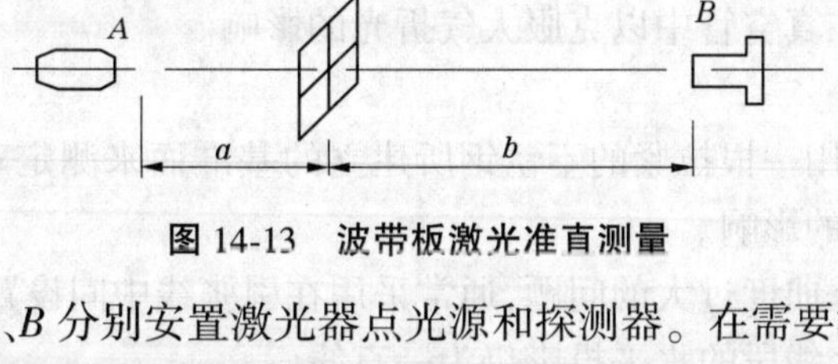

图 14-13 波带板激光准直测量

在基准线两端点 A、B 分别安置激光器点光源和探测器。在需要测定偏离值的观测点 C 上安置波带板。当激光管点燃后,激光器点光源就会发射出一束激光,照满波带板,通过波带板上不同透光孔的绕射光波之间的相互干涉,就会在光源和波带板连线的延伸方向线上的某一位置形成一个亮点(采用图 14-14 所示的圆形波带板)或十字线(采用图 14-15 所示的方形波带板)。根据观测点的具体位置,对每一观测点可以设计专用的波带板,使所成的像正好落在接收端点 B 的位置上。利用安置在 B 点的探测器,可以测出 AC 连线在 B 点处相对于基准面的偏离值 $\overline{BC'}$,则 C 点对基准面的偏离值(见图 14-16)为

$$l_C = \frac{S_C}{L}\overline{BC'}$$

波带板激光准直系统中,在激光器点光源的小孔光栏后安置一个机械斩波器,使激光束成为交流调制光,这样即可大大削弱太阳光的干涉,可以在白天成功地进行观测。

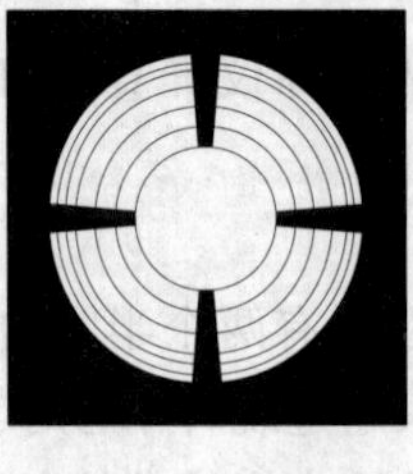

图 14-14　圆形波带板

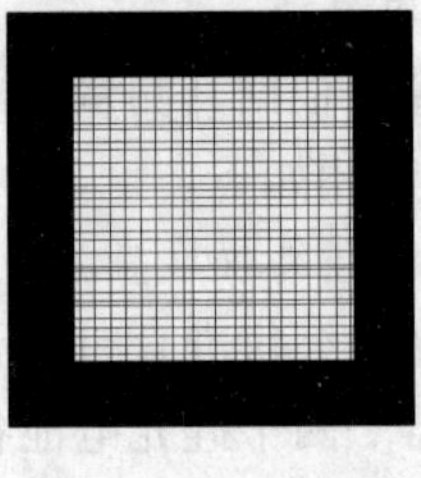

图 14-15　方形波带板

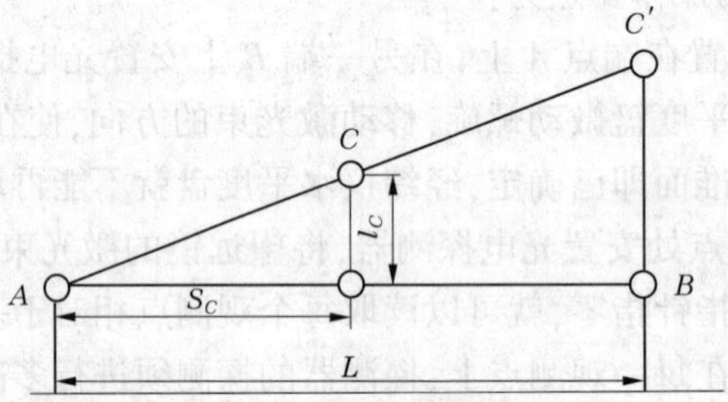

图 14-16　偏离值计算

尽管一些实验表明,激光经纬仪准直法在照准精度上可以比直接用经纬仪时提高 5 倍,但对于很长的基准线观测,外界影响(旁折射影响)已经成为精度提高的障碍,因而有的研究者建议将激光束包在真空管中以克服大气折光的影响。

5.1.4　引张线法

在坝体廊道内,利用一根拉紧的不锈钢所建立的基准面来测定观测点的偏离值的引张线法,可以不受旁折光的影响。

为了解决引张线垂曲度过大的问题,通常采用在引张线中间设置若干浮托装置,它使垂径大为减少且保持整个线段的水平投影仍为一直线。

5.1.4.1　引张线装置

引张线的装置由端点、观测点、测线(不锈钢丝)与测线保护管四部分组成。

(1)端点:由墩座、夹线装置、滑轮、垂线连接装置及重锤等部件组成(见图 14-17)。夹线装置是端点的关键部件,它起着固定不锈钢丝位置的作用。为了不损伤钢丝,夹线装置的 V 形槽底及压板底部镶嵌铜质类软金属。端点处用以拉紧钢丝的重锤,其质量视允许拉力而定,一般在 10~50 kg。

(2)观测点:由浮托装置、标尺、保护箱组成,如图 14-18 所示。浮托装置由水箱和浮船组成,浮船置入水箱内,用以支撑钢丝。浮船的大小(或排水量)可以依据引张线各观测点间的间距和钢丝的单位长度重量来计算。一般浮船体积为排水量的 1.2~1.5 倍,而水箱体积为浮船体积的 1.5~2 倍。标尺系用不锈钢制成,其长度为 15 cm 左右,标尺上的最小分划为 1 mm。它固定在槽钢面上,槽钢埋入大坝廊道内,并与之牢固结合。引张线各观测点的标尺基本位于同一高度面上,尺面应水平,尺面垂直于引张线,尺面刻划线平行于引张线。保护箱用于保护观测点装置,同时也可以防风,以提高观测精度。

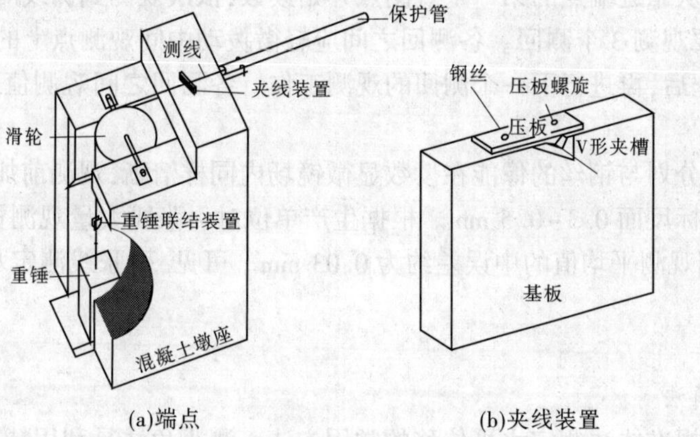

图14-17　引张线的端点

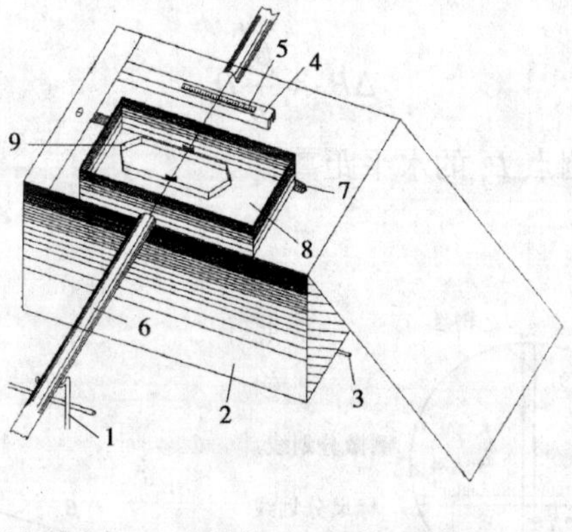

1—保护管支架;2—保护箱;3—钢筋;4—槽钢;5—标尺;
6—测线保护管;7—角钢;8—水箱;9—浮船。

图14-18　引张线观测点

(3)测线:测线一般采用直径为0.6~1.2 mm的不锈钢丝(碳素钢丝),在两端重锤作用下引张为一直线。

(4)测线保护管:保护管保护测线不受损坏,同时起防风作用。保护管可以用直径大于10 cm的塑料管,以保证测线在管内有足够的活动空间。

5.1.4.2　引张线读数

引张线法中假定钢丝两端点固定不动,因而引张线是固定的基准线,由于各观测点上的标尺是与坝体固连的,所以对于不同的观测周期,钢丝在标尺上的读数变化值,就直接表示该观测点的位移值。

观测钢丝在标尺上的读数的方法很多,现介绍读数显微镜法。该法是利用刻有测微分划线的读数显微镜进行的,测微分划线最小刻划为0.1 mm,可估读数到0.01 mm。由于通过显微镜后钢丝与标尺分划线的像都变得很粗大,所以采用测微分划线读数时,应采用读2个读数取平均值的方法。图14-19给出了观测情况与读数显微镜中的成像情形。如图14-20所示,钢丝左边缘读数为$a=62.00$ mm,钢丝右边缘读数为$b=62.20$ mm,故该观测结果为$\frac{a+b}{2}=62.10$ mm。

通常观测是从靠近端点的第一个观测点开始读数,依次观测到测线的另一端点,此为一个测回,每次需要观测3个测回。各测回之间应轻微拨动中间观测点上的浮船,使整条引张线浮动,待其静止后,再进行下一个测回的观测工作。各测回之间观测值互差的限差为0.2 mm。

为了使标尺分划与钢丝的像能在读数显微镜场内同样清晰,观测前加水时,应调节浮船高度到使钢丝距标尺面0.3~0.5 mm。根据生产单位对引张线大量观测资料进行统计分析的结果,3个测回观测平均值的中误差约为0.03 mm。可见,引张线测定水平位移的精度是较高的。

5.1.5　视准线法

5.1.5.1　测小角法

测小角法是视准线法测定水平位移的常用方法。测小角法是利用精密全站仪精确地测出基准线与置镜点到观测点(P_i)视线所夹的微小角度 β_i (见图14-20),并按下式计算偏离值:

$$\Delta P_i = \frac{\beta_i}{\rho} D_i \tag{14-5}$$

式中　D_i ——端点 A 到观测点 P_i 的水平距离;

ρ ——206 265″。

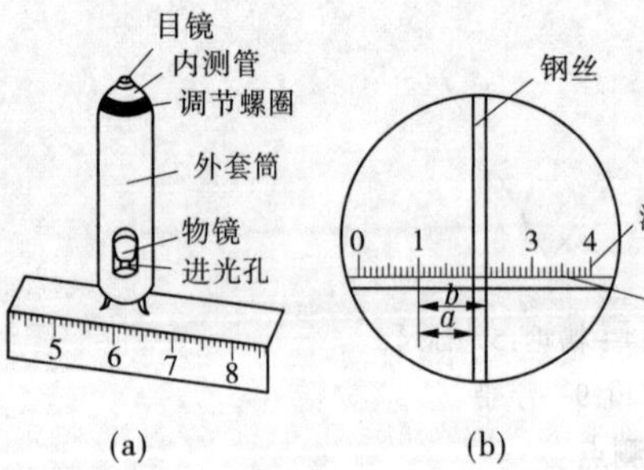

图14-19　引张线读数

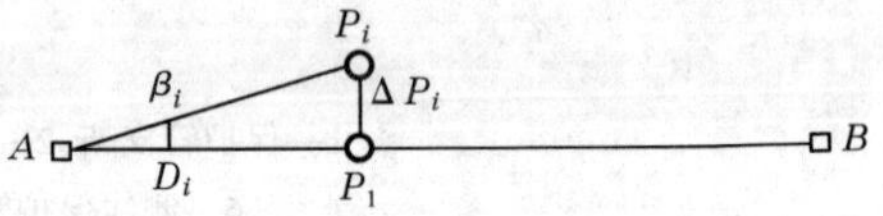

图14-20　视准线测小角法

5.1.5.2　活动觇牌法

活动觇牌法是视准线法的另一种方法。观测点的位移值是直接利用安置于观测点上的活动觇牌(见图14-21)直接读数来测算,活动觇牌读数尺上最小分划为1 mm,采用游标可以读数到0.1 mm。

观测过程如下:在 A 点安置精密全站仪,精确照准 B 点目标(觇标)后,基准线就已经建立好了,此时,仪器不能左右旋转了;然后,依次在各观测点上安置活动觇牌,观测者在 A 点用精密全站仪观看活动觇牌(注:仪器不能左右旋转),并指挥活动觇牌操作人员利用觇牌上的微动螺旋左右移动活动觇牌,使之精确对准全站仪的视准线,此时在活动觇牌上直接读数,同一观测点各期读数之差即为该点的水平位移值。

5.1.5.3　误差分析

由于视准线法观测中采用了强制对中设备,所以其主要误差来源是仪器照准觇牌的照准误差。测小角法对于距离 D_i 的观测精度要求不高,一般取相对精度的 $\frac{1}{2\ 000}$ 即可满足要求。所以,在测小角法中,边长只需丈量一次,并且在以后各周期观测中,此值可以认为不变。

对于照准误差,从实际观测来看,影响照准误差的因素很多,它不仅与望远镜放大倍率、人眼的视力临界角有关,而且与所用觇牌的图案形状、颜色也有关,另外,不同的视线长度、外界条件的影响等也会改变照准误差的数值。因此,要保证测小角法的精度,关键是提高照准精度。由于测小角法的主要误差为照准误差,故有:

$$m_\beta = m_V$$

$$m_V = \frac{60''}{V} \tag{14-6}$$

式中 m_V——照准误差,取肉眼的视力临界为 60″;

V——望远镜的放大倍数。

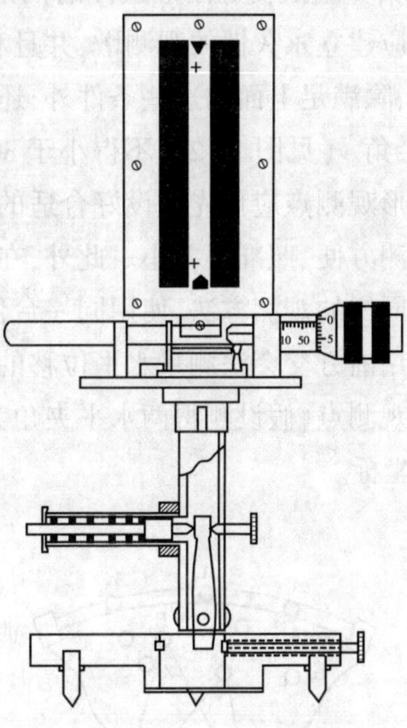

图 14-21 活动觇牌

测小角法测量小角度的精度要求可按下式估算,由式(14-5)对 β_i 全微分得:

$$m_{\beta_i} = \frac{\rho}{D_i} m_{\Delta p_i} \tag{14-7}$$

当已知 $m_{\Delta p_i}$,根据现场所量得的距离 D_i,即可计算对小角度观测的要求。

【例 14-1】 设某观测点到端点(置镜点)距离为 100 m,若要求测定偏离值的精度为 ±0.3 mm,试问用测小角法观测时,测量小角度的精度 m_β 应为多少?

解:将已知数值代入式(14-7),可求得:

$$m_\beta \leqslant \pm 0.62''$$

【例 14-2】 续例 14-1,若设 $m_V = \frac{60''}{V}$,则当采用望远镜放大倍数为 40 倍的 DJ_1 型精密全站仪观测时,小角度至少应观测几个测回?

解:由式(14-6)可计算得小角度观测一测回的中误差为

$$m_{\beta_1} = m_V = \frac{60''}{40} = 1.5''$$

所以,要使小角度达到±0.62″的测量精度,则小角度观测的测回数 n 应满足下式:

$$m_\beta = \frac{m_{\beta_1}}{\sqrt{n}} = \frac{1.5''}{\sqrt{n}} \leqslant \pm 0.62''$$

由上式求得 $n \geqslant 5.9$,即小角度应至少观测 6 个测回。

5.2 交会法测定水平位移

5.2.1 测量原理

图 14-22 所示为双曲线拱坝变形观测图。为精确测定 B_1、B_2、…、B_n 等观测点的水平位移,首先在大坝的下游面合适位置处选定供变形观测用的两个工作基准点 E 和 F;为对工作基准点的稳定性进行检核,应根据地形条件和实际情况,设置一定数量的检核基准点(如 C、

D、G 等),并组成良好图形条件的网形,用于检核控制网中的工作基点(如 E、F 等)。各基准点上应建立永久性的观测墩,并且利用强制对中设备和专用的照准觇牌。对 E、F 两个工作基点,除满足上面的这些条件外,还必须满足以下条件:用前方交会法观测各变形观测点时,交会角 γ(见图 14-22)不得小于 30°,且不得大于 150°。

变形观测点应预先埋设好合适的、稳定的照准标志,标志的图形和式样应考虑在前方交会中观测方便、照准误差小。此外,在前方交会观测中,最好能在各观测周期内由同一观测人员以同样的观测方法,使用同一台仪器进行。

利用前方交会法测量水平位移的原理如下:如图 14-23 所示,A、B 两点为工作基准点,P 为变形观测点,假设测得两水平夹角为 α 和 β,则由 A、B 两点的坐标值和水平角 α、β 可求的 P 点的坐标。

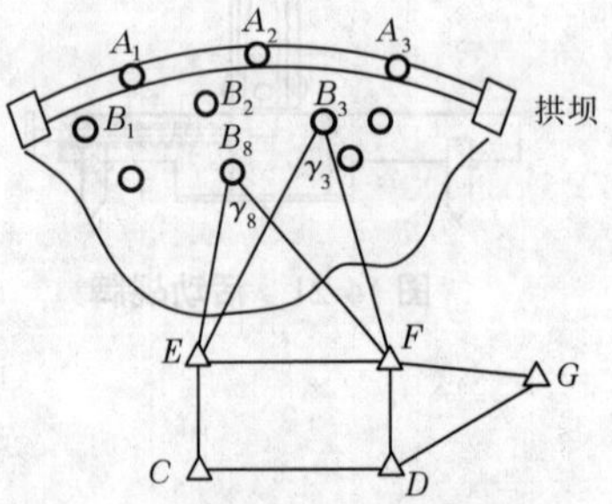

图 14-22　双曲线拱坝变形观测图

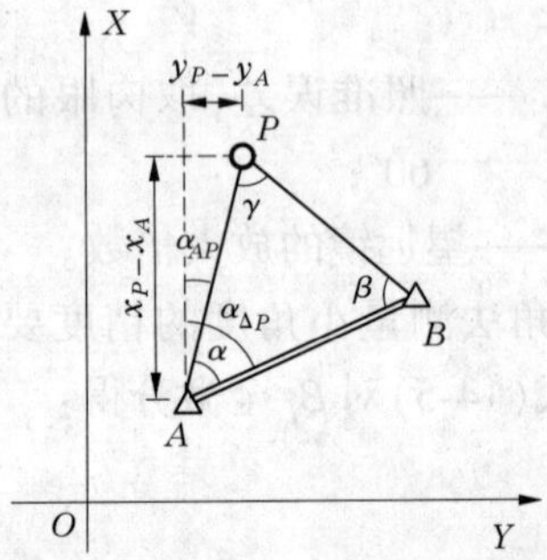

图 14-23　角度前方交会法测量原理

从图 14-23 可见

$$\left.\begin{aligned} x_P - x_A &= D_{AP}\cos\alpha_{AP} = \frac{D_{AB}\sin\beta}{\sin(\alpha+\beta)}\cos(\alpha_{AB}-\alpha) \\ y_P - y_A &= D_{AP}\sin\alpha_{AP} = \frac{D_{AB}\sin\beta}{\sin(\alpha+\beta)}\sin(\alpha_{AB}-\alpha) \end{aligned}\right\} \tag{14-8}$$

其中,D_{AB}、α_{AB} 可由 A、B 两点的坐标值通过"坐标反算"求得,经过对式(14-8)整理可得:

$$\left.\begin{aligned} y_P &= \frac{y_A\cot\beta + y_B\cot\alpha + x_A - x_B}{\cot\alpha + \cot\beta} \\ x_P &= \frac{x_A\cot\beta + x_B\cot\alpha - y_A + y_B}{\cot\alpha + \cot\beta} \end{aligned}\right\} \tag{14-9}$$

第一次观测时,假设测得两水平夹角为 α_1 和 β_1,由式(14-9)求得 P 点坐标值为(x_{P_1},y_{P_1}),第二次观测时,假设测得的水平夹角为 α_2 和 β_2,则 P 点坐标值变为(x_{P_2},y_{P_2}),那么在此两期变形观测期间,P 点的位移可按下式解算:

$$\Delta x_P = x_{P_2} - x_{P_1},\Delta y_P = y_{P_2} - y_{P_1}$$

$$\Delta P = \sqrt{\Delta x_P^2 + \Delta y_P^2}$$

P 点的位移方向 $\alpha_{\Delta P}$ 为

$$\alpha_{\Delta P} = \arctan\frac{\Delta y_P}{\Delta x_P}$$

5.2.2 前方交会法测量注意事项

(1)各期变形观测应采用相同的测量方法、固定测量仪器、固定测量人员。

(2)应对目标觇牌图案进行精心设计。

(3)采用角度前方交会法时,应注意交会角 γ 要大于 30°且小于 150°。

(4)仪器视线应离开建筑物一定距离(防止由于热辐射而引起旁折光影响)。

(5)为提高测量精度,有条件的最好采用边角交会法。

【例 14-3】 如图 14-24 所示,已知 x_A = 2 417.214 5 m, y_A = 6 324.287 1 m, x_B = 2 229.286 6 m, y_B = 6 509.906 3 m, S_{AB} = 304.932 1 m。(角度前方交会法)首次测量(角度)值:$\beta_1^0 = 60°31'25.5''$,$\beta_2^0 = 63°11'36.3''$。第 i 次测量(角度)值:$\beta_1^i = 60°31'29.8''$,$\beta_2^i = 63°11'41.3''$。试求第 i 次观测的位移值。

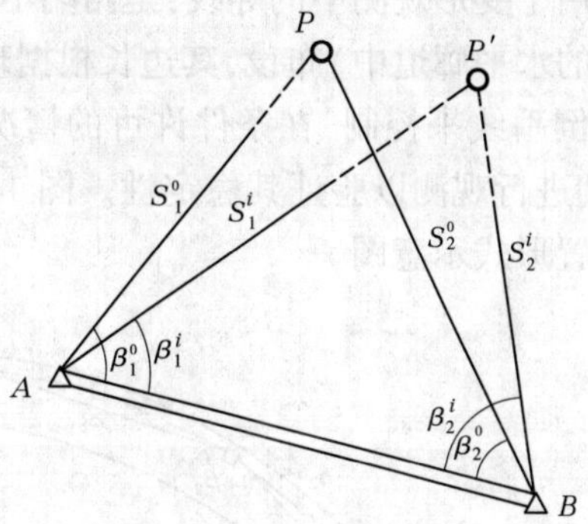

图 14-24 前方交会法测量水平位移

解:按式(14-9)计算,首次观测时,P 点坐标值为

$$x_P^0 = 2\ 516.870\ 8\ \text{m}, y_P^0 = 6\ 648.287\ 7\ \text{m}$$

同样按式(14-9)计算,第 i 次观测时,P 点坐标值为

$$x_P^i = 2\ 516.879\ 5\ \text{m}, y_P^i = 6\ 648.300\ 4\ \text{m}$$

所以,第 i 次观测的位移值为

$$\Delta x_P = x_P^i - x_P^0 = 8.7\ \text{mm}$$

$$\Delta y_P = y_P^i - y_P^0 = 12.7\ \text{mm}$$

$$\Delta P = \sqrt{\Delta x_P^2 + \Delta y_P^2} = 15.4\ \text{mm}$$

$$\alpha_{\Delta P} = \arctan\frac{\Delta y_P}{\Delta x_P} = 55°35'14''$$

【例 14-4】 如图 14-24 所示,起始数据同例 14-3。(测边前方交会法)首次测量(边长)值:S_1^0 = 327.201 6 m, S_2^0 = 319.145 8 m。第 i 次测量(边长)值:S_1^i = 327.214 1 m, S_2^i = 319.159 8 m。试求第 i 次观测的位移值。

解:按式(14-8)和式(14-9)计算,首次观测时,P 点坐标值为

$$x_P^0 = 2\ 516.870\ 8\ \text{m}, y_P^0 = 6\ 648.287\ 7\ \text{m}$$

同样按式(14-9)计算,第 i 次观测时,P 点坐标值为

$$x_P^i = 2\ 516.880\ 8\ \text{m}, y_P^i = 6\ 648.298\ 9\ \text{m}$$

所以,第 i 次观测的位移值为

$$\Delta x_P = x_P^i - x_P^0 = 10.0\ \text{mm}$$

$$\Delta y_P = y_P^i - y_P^0 = 11.2\ \text{mm}$$

$$\Delta P = \sqrt{\Delta x_P^2 + \Delta y_P^2} = 15.0\ \text{mm}$$

$$\alpha_{\Delta P} = \arctan \frac{\Delta y_P}{\Delta x_P} = 48°14'23''$$

5.3　导线测量法测定水平位移

对于非直线形建筑物,如重力拱坝、曲线形桥梁以及一些高层建筑物的位移观测,宜采用导线测量法、前方交会法以及地面摄影测量等方法。

与一般测量工作相比,由于变形测量是通过重复观测,由不同周期观测成果的差值而得到观测点的位移,因此用于变形观测的精密导线在布设、观测及计算等方面都具有其自身的特点。

5.3.1　导线的布设

应用于变形观测中的导线,是两端不测定向角的导线,可以在建筑物的适当位置(如重力拱坝的水平廊道中)布设,其边长根据现场的实际情况确定,导线端点的位移在拱坝廊道内可用倒垂线来控制,在条件许可的情况下,其倒垂点可与坝外三角点组成适当的联系图形,定期进行观测以验证其稳定性。图 14-25 为在拱坝水平廊道内进行位移观测而采用的导线布置形式示意图。

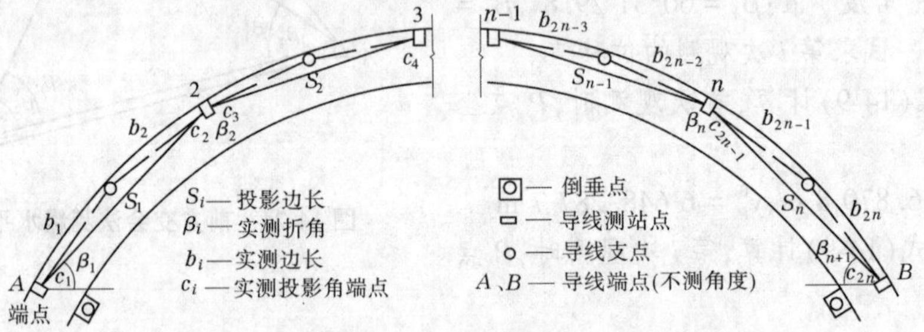

图 14-25　某拱坝位移观测的精密导线布置形式

导线点上的装置,在保证建筑物位移观测精度的情况下,应稳妥可靠。它由导线点装置(包括槽钢支架、特制滑轮拉力架、底盘、重锤和微型觇标等)及测线装置(为引张的铟瓦丝,其端头均有刻划,供读数用。固定因瓦丝的装置越牢固,则其读数越方便且读数精度稳定)等组成。其布置形式如图 14-26(a)所示。图中微型觇标供观测时照准用,当测点要架设仪器时,微型觇标可取下。微型觇标顶部刻有中心标志供边长丈量时用,如图 14-26(b)所示。

5.3.2　导线的观测

在拱坝廊道内,由于受条件限制,一般布设的导线边长较短,为减少导线点数,使边长较长,可由实测边长(b_i)计算投影边长 S_i(见图 14-25)。实测边长(b_i)应用特制的基线尺来测定两导线点间(两微型觇标中心标志刻划间)的长度。为减少方位角的传算误差、提高测角效率,可采用隔点设站的办法,即实测转折角(β_i)和投影角(c_i)(见图 14-25)。

5.3.3　导线的平差与位移值的计算

由于导线两端不观测定向角 β_i、β_{n+1}(见图 14-25),因此导线点坐标计算相对要复杂一些。假设首次观测精密地测定了边长 S_1、S_2、…、S_n 与转折角 β_2、β_3、…、β_n,则可根据无定向导线平差(有兴趣的读者可参看有关参考书),计算出各导线点的坐标作为基准值。以后各期观测各边边长 S'_1、S'_2、…、S'_n 及转折角 β'_2、β'_3、…、β'_n,同样可以求得各点的坐标,各点的坐标变化值即为该点的位移值。值得注意的是,端点 A、B 同其他导线点一样,也是不稳定的，每期观测均要测定 A、B 两点的坐标变化值（δ_{x_A}、δ_{y_A}、δ_{x_B}、δ_{y_B}），端点的变化对各导线点的坐标值均有影响，其具体计算方法请参考有关参考书。

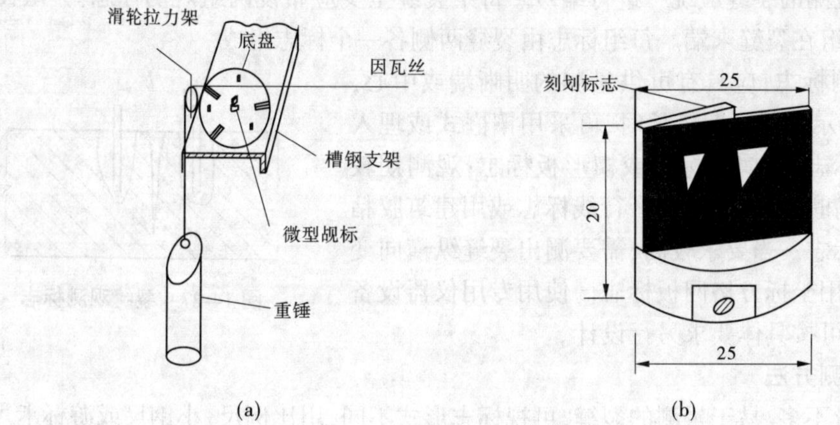

图 14-26 导线测量用的小觇标布设形式 （单位：mm）

6 观测周期

水平位移观测的周期，对于不良地基土地区的观测，可与同时进行的沉降观测协调考虑确定；对于受基础施工影响的位移观测，应按施工进度的需要确定，可逐日或隔数日观测一次，直至施工结束；对于土体内部侧向位移观测，应视变形情况和工程进展而定。

7 提交成果

(1)水平位移观测点位布置图。
(2)观测成果表。
(3)水平位移曲线图。
(4)地基土深层侧向位移图（视需要提交）。
(5)当基础的水平位移与沉降同时观测时，可选择典型剖面，绘制两者的关系曲线。
(6)观测成果分析资料。

【小贴士】

本任务主要介绍了水平位移监测的方法和内容。通过该任务的学习，学生应能掌握水平位移观测的方法。建筑物的水平位移监测可以通过 GNSS 法、基准线法、交会法和导线测量法测定水平位移。我们的任务就是根据工程建筑物的特点、形状和大小，选择合适的方法定期进行水平位移监测，以了解工程的水平位移情况。

任务3 裂缝和倾斜观测

1 裂缝观测

1.1 裂缝观测的内容

裂缝观测应测定建筑物上的裂缝分布位置，裂缝的走向、长度、宽度及其变化程度。观测的裂缝数量视需要而定,主要的或变化大的裂缝应进行观测。

1.2 裂缝观测点的布设

对需要观测的裂缝应统一进行编号。每条裂缝至少应布设两组观测标志:一组在裂缝最宽处;另一组在裂缝末端。每组标志由裂缝两侧各一个标志组成。

裂缝观测标志,应具有可供量测的明晰端或中心,如图14-27所示。观测期较长时,可采用镶嵌式或埋入墙面的金属标志、金属杆标志或楔形板标志;观测期较短或要求不高时,可采用油漆平行线标志或用建筑胶粘贴的金属片标志。当要求较高,需要测出裂缝纵横向变化值时,可采用坐标方格网板标志。使用专用仪器设备观测的标志,可按具体要求另行设计。

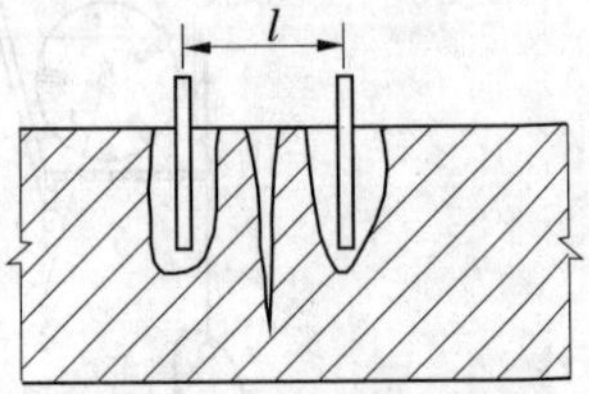

图14-27 裂缝观测标志

1.3 裂缝观测方法

对于数量不多,易于量测的裂缝,可视标志形式不同,用比例尺、小钢尺或游标卡尺等工具定期量出标志间距离求得裂缝变位值,或用方格网板定期读取“坐标差”计算裂缝变化值;对于较大面积且不便于人工量测的众多裂缝,宜采用近景摄影测量的方法;当须连续监测裂缝变化时,还可采用裂缝计或传感器自动测记方法观测。

裂缝观测中,裂缝宽度数据应量取至0.1 mm,每次观测应绘出裂缝的位置、形态和尺寸,注明日期,附必要的照片资料。

1.4 裂缝观测的周期

裂缝观测的周期应视裂缝变化速度而定。通常开始可半月测一次,以后一月左右测一次。当发现裂缝加大时,应增加观测次数,直至几天或逐日一次的连续观测。

1.5 提交成果

(1)裂缝分布位置图。

(2)裂缝观测成果表。

(3)观测成果分析说明资料。

(4)当建筑物裂缝和基础沉降同时观测时,可选择典型剖面绘制两者的关系曲线。

2 倾斜观测

建筑物产生倾斜的原因主要有:地基承载力不均匀;建筑物体型复杂,形成不同载荷;施工未达到设计要求,承载力不够;受外力作用结果,如风荷、地下水抽取、地震等。一般用水准仪、经纬仪或其他专用仪器来测量建筑物的倾斜度。

建筑物主体倾斜观测,应测定建筑物顶部相对于底部或各层间上层相对于下层的水平位移与高差,分别计算整体或分层的倾斜度、倾斜方向以及倾斜速度。对具有刚性建筑物的整体倾斜,亦可通过测量顶面或基础的相对沉降间接测定。

测定建筑物倾斜的方法较多,归纳起来可分为两类:一是直接测定建筑物的倾斜;二是通过测定建筑物基础相对沉陷来确定建筑物的倾斜。现将观测方法介绍如下。

2.1 倾斜观测点的布设

2.1.1 主体倾斜观测点位的布置

(1)观测点应沿对应测站点的某主体竖直线,对整体倾斜按顶部、底部布设,对分层倾斜按分层部位、底部上下对应布设。

(2)当从建筑物外部观测时,测站点或工作基点的点位应选在与照准目标中心连线呈接近正交或呈等分角的方向线上,距照准目标 1.5~2.0 倍目标高度的固定位置处;当利用建筑物内竖向通道观测时,可将通道底部中心点作为测站点。

(3)按纵横轴线或前方交会布设的测站点,每点应选设 1~2 个定向点;基线端点的选设应顾及其测距或丈量的要求。

2.1.2 主体倾斜观测点位的标志设置

(1)建筑物顶部和墙体上的观测点标志,可采用埋入式照准标志形式;有特殊要求时,应专门设计。

(2)不便埋设标志的塔形、圆形建筑物以及竖直构件,可以照准视线所切同高边缘认定的位置或用高度角控制的位置作为观测点位。

(3)位于地面的测站点和定向点,可根据不同的观测要求,采用带有强制对中设备的观测墩或混凝土标石。

(4)对于一次性倾斜观测项目,观测点标志可采用标记形式或直接利用符合位置与照准要求的建筑物特征部位;测站点可采用小标石或临时性标志。

2.2 倾斜观测的方法

倾斜观测的方法见表 14-7。

表 14-7 倾斜观测的方法

序号	倾斜观测内容	观测方法选取
1	测量建筑物基础相对沉降	1. 几何水准测量; 2. 液体静力水准测量
2	测量建筑物顶点相对于底点的水平位移	1. 前方交会法; 2. 投点法; 3. 吊锤球法; 4. 激光铅直仪观测法
3	直接测量建筑物的倾斜度	气泡倾斜仪

2.2.1 直接测定建筑物的倾斜

直接测定建筑物倾斜的方法中,最简单的是悬挂吊锤球的方法,根据其偏差值可直接确定建筑物的倾斜。但是,由于有时在建筑物上无法悬挂吊锤球,因此对于高层建筑物、水塔、烟囱等建筑物,通常采用经纬仪投影或观测水平角的方法来测定它们的倾斜。

2.2.1.1 全站仪投影法

如图 14-28(a)所示,根据建筑物的设计,A 与 B 点应位于同一铅垂线上,当建筑物发生倾斜时,则 A 点相对 B 点移动了数值 a,该建筑物的倾斜为

$$i = \tan\alpha = \frac{a}{h} \tag{14-10}$$

式中 a——顶点 A 相对丁底点 B 的水平位移量;

h——建筑物的高度。

为了确定建筑物的倾斜,必须测出 a 和 h 值,其中 h 值一般为已知数。当 h 未知时,则

可对着建筑物设置一条基线,用三角高程测量的方法测定。这时全站仪应设置在离建筑物1.5h以外的地方,以减少仪器竖轴不垂直的影响。对于a值的测定方法,可用全站仪将A'点投影到水平面上量得。投影时,全站仪严格安置在固定测站上,用全站仪分中法得A'点,然后量取A'点至中点A在视线方向的偏离值a_1,再将全站仪移到与原观测方向约成90°的方向上,用前述方法可量得偏离值a_2。然后根据偏离值,即可求得该建筑物顶底点的相对水平位移量a,如图14-28(b)所示。

2.2.1.2 观测水平角法

如图14-29所示,在离烟囱(1.5~2.0)h的地方,在互相垂直的方向上,选定2个固定标志作为测站。在烟囱顶部和底部分别标出1、2、3、…、8点,同时,选择通视良好的远方点M_1和M_2,作为后视目标,然后,在测站1测得水平角(1)、(2)、(3)和(4),并计算两角和的平均值$\frac{(2)+(3)}{2}$及$\frac{(1)+(4)}{2}$,它们分别表示烟囱上部中心a和勒脚部分中心b的方向。知道测站1至烟囱中心的距离,根据a与b的方向差,可计算偏离分量a_1。

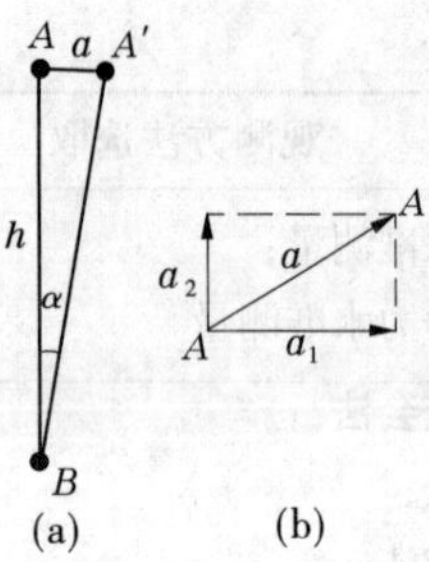

图14-28 经纬仪投影法

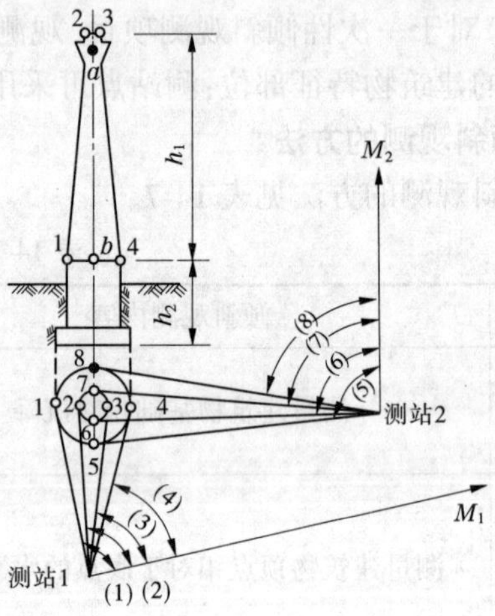

图14-29 观测水平角法

同样,在测站2上观测水平角(5)、(6)、(7)和(8),重复前述计算,得到另一偏离分量a_2,根据分量a_1和a_2,按矢量相加的方法求得合量a,即得烟囱上部相对于勒脚部分的偏离值。然后,利用式(14-10)可算出烟囱的倾斜度。

2.2.2 用基础相对沉陷确定建筑物的倾斜

以混凝土重力坝为例,由于各坝段基础的地质条件和坝体结构的不同,使得各部分的混凝土重量不相等,水库蓄水后,库区地壳承受很大的静水压力,使得地基失去原有的平衡条件,这些因素都会使坝的基础产生不均匀沉陷,因而使坝体产生倾斜。

倾斜观测点的位置往往与沉陷观测点M合起来布置。通过对沉陷观测点的观测,可以计算这些点的相对沉陷量,获得基础倾斜的资料。目前我国测定基础倾斜常用的方法如下。

2.2.2.1 水准测量法

用水准仪测出两个观测点之间的相对沉陷,由相对沉陷与两点间距离之比,可换算成倾斜角,即

$$K=\frac{\Delta h_a-\Delta h_b}{L}$$

或

$$\alpha=\frac{\Delta h_a-\Delta h_b}{L}\rho \tag{14-11}$$

式中 Δh_a、Δh_b——a、b 点的累积沉陷量；

L——a、b 两观测点之间的距离；

K——相对倾斜(朝向累积沉陷量较大的一端)；

α——倾斜角；

ρ——206 265″。

按二等水准测量施测，求得的倾斜角精度可达 1″~2″。

2.2.2.2 液体静力水准测量法

液体静力水准测量的原理，就是在相连接的两个容器中，盛有同类并具有同样参数的均匀液体，液体的表面处于同一水平面上，利用两容器内液体的读数可求得两观测点的高差，其与两点间距离之比，即为倾斜度。要测定建筑物倾斜度的变化，可进行周期性的观测。这种仪器不受倾斜度的限制，并且距离愈长，测定倾斜度的精度愈高。

如图 14-30 所示，容器 1 与 2 由软管联结，分别安置在欲测的平面 A 与 B 上，高差 Δh 可用液面的高度 H_1 与 H_2 计算：

$$\Delta h=H_1-H_2$$

或

$$\Delta h=(a_1-a_2)-(b_2-b_1) \tag{14-12}$$

式中 a_1、a_2——容器的高度或读数零点相对于工作底面的位置；

b_2、b_1——容器中液面位置的读数值，亦即读数零点至液面的距离。

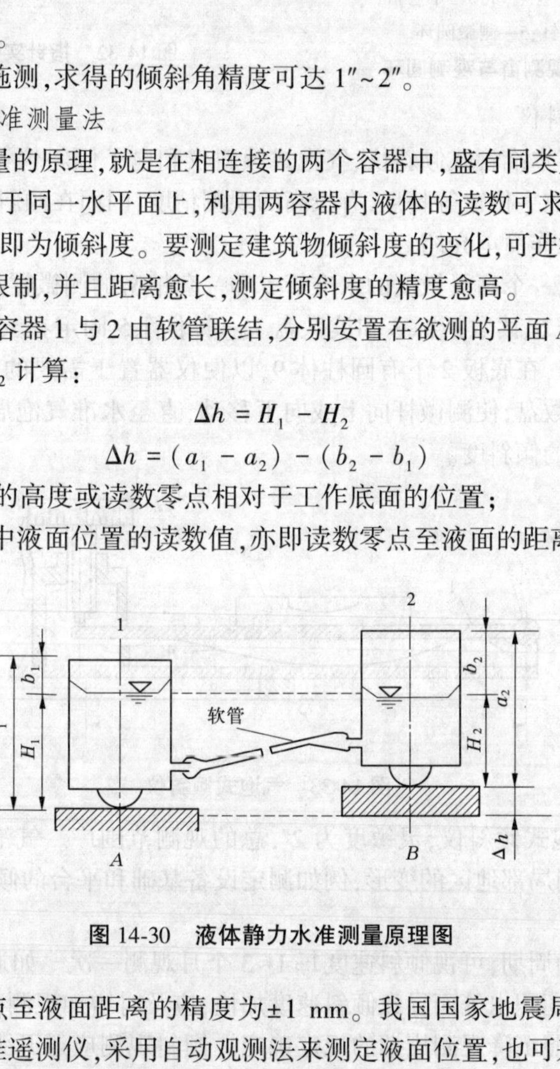

图 14-30 液体静力水准测量原理图

用目视法读取零点至液面距离的精度为±1 mm。我国国家地震局地震仪器厂制造的 JSY-1 型液体静力水准遥测仪，采用自动观测法来测定液面位置，也可采用目视接触来测定液面位置。

用目视接触法观测，如图 14-31 所示。转动测微圆环，使水位指针移动。当显微镜内所观测到的指针实像尖端与虚像尖端刚好接触时(见图 14-32)，即停止转动圆环，进行读数。每次连续观测 3 次，取其平均值。其互差不应大于 0.04 mm。每次观测完毕，应随即把分尖退到水面以下。目视接触法的仪器，能高精度地确定液面位置，精度可达±0.01 mm。

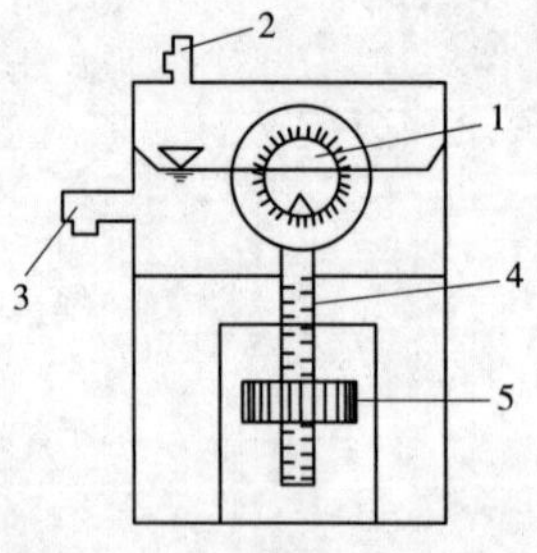

1—观测窗;2—上管口;3—下管口;
4—水位指针;5—测微圆环。

图 14-31 观测窗与观测圆环

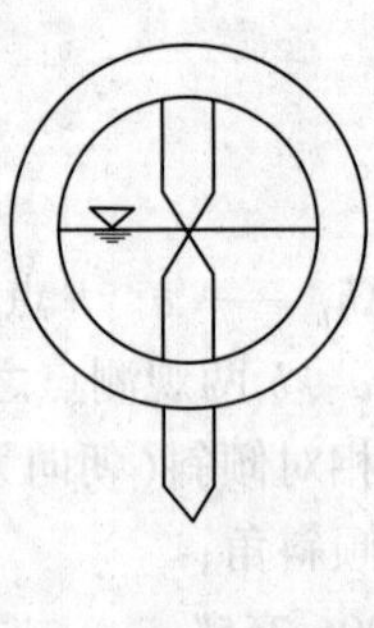

图 14-32 指针实像与虚像尖端接触

2.2.2.3 气泡式倾斜仪

常见的倾斜仪有水准管式倾斜仪、气泡式倾斜仪和电子倾斜仪等。倾斜仪一般具有连续读数、自动记录和数字传输等特点,有较高的观测精度,因而在倾斜观测中得到广泛应用。下面就气泡式倾斜仪作简单介绍。

气泡式倾斜仪由一个高灵敏度的水准管5和一套精密的测微器组成,如图14-33所示。测微器上包括测微杆6、读数指标8和读数盘7。水准管5固定在支架1上,1可绕3点转动,1下装一弹簧片4,在底板2下有圆柱体9,以便仪器置于需要的位置上。观测时,将倾斜仪放置后,转动读数盘,使测微杆向上或向下移动,直至水准气泡居中。此时在读数盘上读数,即可得出该处的倾斜度。

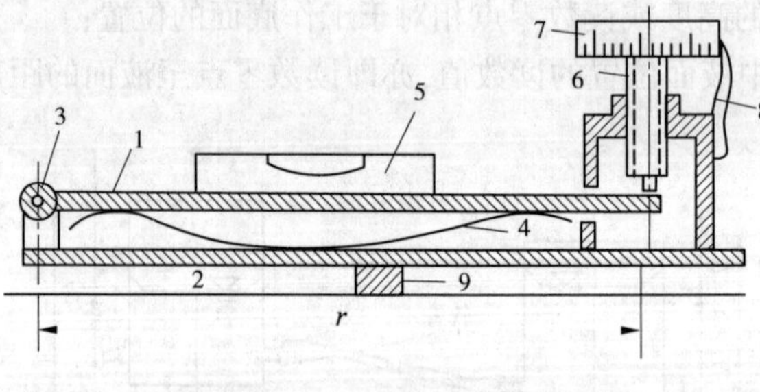

图 14-33 气泡式倾斜仪

我国制造的气泡式倾斜仪,灵敏度为2″,总的观测范围广。气泡式倾斜仪适用于观测较大的倾斜角或量测局部地区的变形,例如测定设备基础和平台的倾斜。

2.3 观测周期

主体倾斜观测的周期,可视倾斜速度每1~3个月观测一次。如遇基础附近因大量堆载或卸载、场地降雨长期积水等而导致倾斜速度加快,应及时增加观测次数。施工期间的观测周期,可根据要求参照沉降观测周期的规定确定。倾斜观测应避开强日照和风荷载影响大的时间段。

2.4 提交成果

(1)倾斜观测点位布置图。

(2)观测成果表、成果图。

(3)主体倾斜曲线图。

(4)观测成果分析资料。

【小贴士】

本任务主要介绍了裂缝观测应测定建筑物上的裂缝分布位置，以及裂缝的走向、长度、宽度及其变化程度。观测的裂缝数量视需要而定，主要的或变化大的裂缝应进行观测。建筑物产生倾斜的原因主要有：地基承载力不均匀；建筑物体型复杂，形成不同载荷；施工未达到设计要求，承载力不够；受外力作用结果等。

通过该任务的学习和后续配套的课间实验，学生应该能对学校所配备的全站仪进行常规项目的检验，并能巩固理解基本的检验原理。

任务 4　变形监测应用

1　工业与民用建筑变形监测

工业与民用建筑变形监测项目，应根据工程需要按表 14-8 选择。

表 14-8　工业与民用建筑变形监测项目

项目		主要监测内容		备注
场地		垂直位移		建筑施工前
基坑	支护边坡	不降水	垂直位移	回填前
			水平位移	
		降水	垂直位移	降水期
			水平位移	
			地下水位	
	地基	基坑回弹		基坑开挖期
		分层地基土沉降		主体施工期、竣工初期
		地下水位		降水期
建筑物	基础变形	基础沉降		主体施工期、竣工初期
		基础倾斜		
	主体变形	水平位移		竣工初期
		主体倾斜		
		建筑裂缝		发现裂缝初期
		日照变形		竣工后

拟建建筑物场地的沉降观测，应在建筑物施工前进行。变形观测，可采用四等监测精度，点位间距，宜为 30~500 m。

1.1　基坑的变形监测的精度

(1)基坑变形监测的精度，不宜低于三等。

(2)变形监测点的点位，应根据工程规模、基坑深度、支护结构和支护设计要求合理布设。普通建筑基坑,变形监测点点位宜布设在基坑的顶部周边,点位间距以10~20 m为宜;较高安全监测要求的基坑,变形监测点点位宜布设在基坑侧壁的顶部和中部;变形比较敏感的部位,应加测关键断面或埋设应力和位移传感器。

(3)水平位移监测可采用极坐标法、交会法等;垂直位移监测可采用水准测量方法、电磁波测距三角高程测量方法等。

(4)基坑变形监测周期,应根据施工进程确定。当开挖速度或降水速度较快引起变形速率较大时,应增加观测次数;当变形量接近预警值或事故征兆时,应持续观测。

(5)基坑开始开挖至回填结束前或在基坑降水期间,还应对基坑边缘外围1~2倍基坑深度范围内或受影响的区域内的建(构)筑物、地下管线、道路、地面等进行变形监测。

1.2 基坑回弹监测

对于开挖面积较大、深度较深的重要建(构)筑物的基坑,应根据需要或设计要求进行基坑回弹监测,并符合下列规定:

(1)回弹变形监测点,宜布设在基坑的中心和基坑中心的纵横轴线上能反映回弹特征的位置;轴线上距离基坑边缘外的2倍坑深处,也应设置回弹变形监测点。

(2)监测标志,应埋入基底面下10~20 cm。其钻孔必须垂直,并应观测保护管。

(3)基坑回弹变形观测精度等级,宜采用三等。

(4)回弹变形观测点的高程,宜采用水准测量方法,并在基坑开挖前、开挖后及浇灌基础前,各测定1次。对传递高程和辅助设备,应进行温度、尺长和拉力等项修正。

1.3 垂直位移观测

重要的高层建筑或大型工业建(构)筑物,应根据工程需要或设计要求,进行地基土的分层垂直位移观测,并符合下列规定:

(1)地基土分层垂直位移监测点位,应布设在建(构)筑物的地基中心附近。

(2)观测标志埋设的深度,最浅层应埋设在基础底面下50 cm,最深层应超过理论上的压缩层厚度。

(3)观测标志应由内管和保护管组成,内管顶部应设置半球状的立尺标志。

(4)地基土的分层垂直位移观测宜采用三等精度,且应在基础浇灌前开始。

1.4 地下水位监测

地下水位监测,应符合下列规定:

(1)监测孔(井)的布设,应顾及施工区至河流(湖、海)的距离、施工区地下水位、周边水域水位等因素。

(2)监测孔(井)的建立,可采用钻孔加井管进行,也可直接利用区域内的水井。

(3)水位量测宜与沉降观测同步,但不得少于沉降观测的次数。

1.5 水平位移监测

工业与民用建(构)筑物的水平位移监测,应符合下列规定:

(1)水平位移变形监测点,应布设在建(构)筑物的下列部位:

①建筑物的主要墙角和柱基上,以及建筑沉降缝的顶部和底部。

②当有建筑裂缝时,还应布设在裂缝的两边。

③大型构筑物的顶部、中部和下部。

(2)观测标志宜采用反射棱镜、反射片、照准觇牌或变径垂直照准杆。

(3)水平位移监测周期,应根据工程需要和场地的工程地质条件综合确定。

1.6 沉降监测

工业与民用建(构)筑物的沉降监测,应符合下列规定:

(1)沉降监测点,应布设在建(构)筑物的下列部位:

①建(构)筑物的主要墙角及沿外墙每10~15 m处或每隔2~3根柱基上。

②沉降缝、伸缩缝、新旧建(构)筑物或高低建(构)筑物接壤处的两侧。

③人工地基和天然地基接壤处、建(构)筑物不同结构分界处的两侧。

④烟囱、水塔和大型储藏罐等高耸构筑物基础轴线的对称部位,且每一构筑物不得少于4个点。

⑤基础底板的四角和中部。

⑥当建(构)筑物出现裂缝时,布设在裂缝两侧。

(2)沉降监测标志应稳固埋设,高度以高于室内地坪(±0.00)0.2~0.5 m为宜。对于建筑立面后期有贴面装饰的建(构)筑物,宜预埋螺栓式活动标志。

(3)高层建筑施工期间的沉降监测周期,应每增加1~2层观测1次;建筑物封顶后,应每3个月观测一次,观测一年。如果最后两个观测周期的平均沉降速率小于0.02 mm/d,可以认为整体趋于稳定;如果各点的沉降速率均小于0.02 mm/d,即可终止监测。否则,应继续每3个月观测一次,直至建筑物稳定。

工业厂房或多层民用建筑的沉降观测总次数,不应少于5次。竣工后的观测周期,可根据建(构)筑物的稳定情况确定。

1.7 建(构)筑物的主体倾斜监测

建(构)筑物的主体倾斜监测,应符合下列规定:

(1)整体倾斜监测点,宜布设在建(构)筑物竖轴线或其平行线的顶部和底部,分层倾斜监测点宜分层布设高低点。

(2)观测标志,可采用固定标志、反射片或建(构)筑物的特征点。

(3)观测精度,宜采用三等水平位移观测精度。

(4)观测方法,可采用经纬仪投点法、前方交会法、正垂线法、激光准直法、差异沉降法、倾斜仪测记法等。

1.8 日照变形监测

当建(构)筑物因日照引起的变形较大或工程需要时,应进行日照变形监测,且符合下列规定:

(1)变形监测点,宜设置在监测体受热面不同的高度处。

(2)日照变形的观测时间,宜选在夏季的高温天进行。一般观测项目,可在白天时间段观测,从日出前开始定时观测,至日落后停止。

(3)在每次监测的同时,应测出监测体向阳面与背阳面的温度,并测定即时的风速、风向和日照强度。

(4)观测方法,应根据日照变形的特点、精度要求、变形速率以及建(构)筑物的安全性等指标确定,可采用交会法、极坐标法、激光准直法、正倒垂线法等。

2 水工建筑物变形监测

水工建筑物及其附属设施的变形监测项目和内容,应根据水工建筑物结构及布局、基坑深度、水库库容、地质地貌、开挖断面和施工方法等因素综合确定。监测内容应在满足工程需要和设计要求的基础上,按表 14-9 进行选择。

表 14-9 水工建筑物变形监测项目

阶段	项目		主要监测内容
施工期	高边坡开挖稳定性监测		水平位移、垂直位移、挠度、倾斜、裂缝
	堆石体监测		水平位移、垂直位移
	结构物监测		水平位移、垂直位移、挠度、倾斜、接缝、裂缝
	临时围堰监测		水平位移、垂直位移、挠度
	建筑物基础沉降观测		垂直位移
	近坝区滑坡监测		水平位移、垂直位移、深层位移
运行期	坝体	混凝土坝	水平位移、垂直位移、挠度、倾斜、坝体表面接缝、应力、应变等
		土石坝	水平位移、垂直位移、挠度、倾斜、裂缝等
		灰坝、尾矿坝	水平位移、垂直位移
		堤坝	水平位移、垂直位移
	涵闸、船闸		水平位移、垂直位移、挠度、裂缝、张合变形等
	库首区、库区	滑坡体	水平位移、垂直位移、深层位移、裂缝
		地质软弱层	
		跨断裂(断层)	
		高边坡	

施工期变形监测的精度要求,不应超过表 14-10 的规定。

表 14-10 施工期变形监测的精度要求

项目名称	位移中误差/mm		说明
	平面	高程	
高边坡开挖	3	3	岩石边坡
稳定性监测	5	5	岩土混合或土质边坡
堆石体监测	5	5	
结构物监测	根据设计要求确定		
临时围堰监测	5	10	
建筑物基础沉降观测		3	
裂缝观测	1	—	混凝土构筑物、大型金属构件
	3	—	其他结构
近坝区滑坡监测	3	3	岩体滑坡体
	5~6	5	

注:1. 临时围堰位移量中误差是指相对于围堰轴线,裂缝观测是指相对于观测线,其他项目是指相对于工作基点而言的。

2. 垂直位移观测,应采用水准测量;受客观条件限制时,也可采用电磁波测距三角高程测量。

混凝土水坝变形监测的精度要求,不应超过表 14-11 的规定。

表 14-11 混凝土水坝变形监测的精度要求

<table>
<tr><th colspan="4">项目</th><th>测量中误差</th></tr>
<tr><td rowspan="6">水平位移/mm</td><td rowspan="3">坝体</td><td colspan="2">重力坝、支墩坝</td><td>1.0</td></tr>
<tr><td rowspan="2">拱坝</td><td>径向</td><td>2.0</td></tr>
<tr><td>切向</td><td>1.0</td></tr>
<tr><td rowspan="3">坝基</td><td colspan="2">重力坝、支墩坝</td><td>0.3</td></tr>
<tr><td rowspan="2">拱坝</td><td>径向</td><td>1.0</td></tr>
<tr><td>切向</td><td>0.5</td></tr>
<tr><td colspan="4">垂直位移/mm</td><td>1.0</td></tr>
<tr><td colspan="4">挠度/mm</td><td>0.3</td></tr>
<tr><td colspan="2" rowspan="2">倾斜/(″)</td><td colspan="2">坝体</td><td>5.0</td></tr>
<tr><td colspan="2">坝基</td><td>1.0</td></tr>
<tr><td colspan="4">坝体表面接缝、裂缝/mm</td><td>0.2</td></tr>
</table>

注：1. 中小型混凝土水坝的水平位移监测精度，可放宽 1 倍执行；土石坝，可放宽 2 倍执行。

2. 中小型水坝的垂直位移监测精度，小型混凝土水坝不应超过 2 mm，中型土石坝不应超过 3 mm，小型土石坝不应超过 5 mm。

2.1 水坝坝体变形监测点的布设

水坝坝体变形监测点的布设，应符合下列规定：

(1) 坝体的变形监测点，宜沿坝轴线的平行线布设。点位宜设置在坝顶和其他能反映坝体变形特征的部位；在关键断面、重要断面及一般断面上，应按断面走向相应布点。

(2) 混凝土坝每个坝段，应至少设立 1 个变形观测点；土石坝变形观测点，可均匀布设，点位间距不应超过 50 m。

(3) 有廊道的混凝土坝，可将变形监测点布设在基础廊道和中间廊道内。

(4) 水平位移与垂直位移变形监测点，可共用同一桩位。

2.2 水坝的变形监测周期

水坝的变形监测周期，应符合下列规定：

(1) 坝体施工过程中，应每半个月或每个月观测 1 次。

(2) 坝体竣工初期，应每个月观测 1 次；基本稳定后，宜每 3 个月观测 1 次。

(3) 土坝宜在每年汛前、汛后各观测 1 次。

(4) 当出现下列情况之一时，应及时增加观测次数：

①水库首次蓄水或蓄水排空；

②水库达到最高水位或警戒水位；

③水库水位发生骤变；

④位移量显著增大；

⑤对人坝变形影响较人的高低温气象天气；

⑥库区发生地震。

灰坝、尾矿坝的变形监测，可根据水坝的技术要求适当放宽执行。堤坝工程在施工期和运行期的变形监测内容、精度和观测周期,应根据堤防工程的级别、堤形、设计要求和水文、气象、地形、地质等条件合理确定。大型涵闸除进行位移监测外,还应进行闸门、闸墙的张合变形监测。监测中误差不应超过 1.0 mm。大型涵闸的变形观测点,应布设在闸墙两边和闸门附近等位置。

2.3　库首区、库区地质缺陷、跨断裂及地震灾害监测

库首区、库区地质缺陷、跨断裂及地震灾害监测,应符合下列规定:

(1)库首区、库区地质缺陷监测的对象包括滑坡体、地质软弱层、施工形成的高边坡等。

(2)跨断裂及地震灾害监测,应结合地震台网的分布及区域地质资料进行,并满足下列要求:

①监测点位,应布设在地质断裂带的两侧;点位间距,根据需要合理确定。必要时还应进行平洞监测。

②变形监测宜采用三角形网、GNSS 网、水准测量、精密测(量)距、裂缝观测等方法。重要监测项目,变形观测点的点位和高程中误差不应超过 1.0 mm;普通监测项目,精度可适当放宽。

③监测周期,应按不同监测区域的重要性和危害程度分别确定。对于重要的、变形速率较快的监测体,宜每周观测 1 次;变形速率较小时,其监测周期可适当加大。

3　地下工程变形监测

地下工程变形监测项目和内容,应根据埋深、地质条件、地面环境、开挖断面和施工方法等因素综合确定。监测内容应根据工程需要和设计要求,按表 14-12 选择。应力监测和地下水位监测选项,应满足工程监控和变形分析的需要。

3.1　变形监测的精度

地下工程变形监测的精度,应根据工程需要和设计要求合理确定,并符合下列规定:

(1)重要地下建(构)筑物的结构变形和地基基础变形,宜采用二等精度;一般的结构变形和基础变形,可采用三等精度。

(2)重要的隧道结构、基础变形,可采用三等精度;一般的结构、基础变形,可采用四等精度。

(3)受影响的地面建(构)筑物的变形监测精度,应符合《工程测量标准》(GB 50026—2020)的相关规定。地表沉陷和地下管线变形的监测精度,不低于三等。

3.2　变形监测的周期

地下工程变形监测的周期,应符合下列规定:

(1)地下建(构)筑物的变形监测周期,应根据埋深、岩土工程条件、建筑结构和施工进度确定。

(2)隧道变形监测周期,应根据隧道的施工方法、支护衬砌工艺、横断面的大小以及隧道的岩土工程条件等因素合理确定。

当采用新奥法施工时,新设立的拱顶下沉变形观测点,其初始观测值应在隧道下次掘进爆破前获取。变形观测周期,应符合表 14-13 的规定。

表 14-12 地下工程变形监测项目

阶段	项目			主要监测内容
地下工程施工阶段	地下建(构)筑物基坑	支护结构	位移监测	支护结构水平侧向位移、垂直位移
				立柱水平位移、垂直位移
			挠度监测	桩墙挠曲
			应力监测	桩墙侧向水土压力和桩墙内力、支护结构界面上侧向压力、水平支撑轴力
		地基	位移监测	基坑回弹、分层地基土沉降
			地下水	基坑内外地下水位
	地下建(构)筑物	结构、基础	位移监测	主要柱基、墩台的垂直位移、水平位移、倾斜
			挠度监测	桩墙(墙体)挠曲、梁体挠度
			应力监测	侧向地层抗力及地基反力、地层压力、静力压力及浮力
	地下隧道	隧道结构	位移监测	隧道拱顶下沉、隧道底面回弹、衬砌结构收缩变形
				衬砌结构裂缝
				围岩内部位移
			挠度监测	侧墙挠曲
			地下水	地下水位
			应力监测	围岩压力及支护间应力、锚杆内力和抗拔力、钢筋格栅拱架内力及外力、衬砌内应力及表面应力
	受影响的地面建(构)筑物、地表沉陷、地下管线	地表面、地面建(构)筑物、地下管线	位移监测	地表沉陷
				地面建筑物水平位移、垂直位移、倾斜
				地面建筑裂缝
				地下管线水平位移、垂直位移
				土体水平位移
			地下水	地下水位
地下工程运营阶段	地下建(构)筑物	结构、基础	位移监测	主要柱基、墩台的垂直位移、水平位移、倾斜
				连续墙水平侧向位移、垂直位移、倾斜
				建筑裂缝
				底板垂直位移
			挠曲监测	连续墙挠曲、梁体挠度
			地下水	地下水位
	地下隧道	结构基础	位移监测	衬砌结构变形
				衬砌结构裂缝
				拱顶下沉
				底板垂直位移
			挠度监测	侧墙挠曲

表 14-13　新奥法施工拱顶下沉变形监测的周期

阶段	0~15 d	16~30 d	31~90 d	>90 d
周期	每日观测 1~2 次	每 2 d 观测 1 次	每周观测 1~2 次	每月观测 1~2 次

当采用盾构法施工时,对不良地质构造、断层和衬砌结构裂缝较多的隧道断面的变形监测周期,在变形初期宜每天观测 1 次,变形相对稳定后可适当延长,稳定后可终止观测。

(3)对于基坑周围建(构)筑物的变形监测,应在基坑开挖或降水前进行初始观测,回填完成后可终止观测。其变形监测宜与基坑变形监测同步。

(4)对于受隧道施工影响的地面建(构)筑物、地表、地下管线等的变形监测,应在开挖面距前方监测体 $H+h$(H 为隧道埋深,单位为 m;h 为隧道高度,单位为 m)时进行初始观测。观测初期,宜每天观测 1~2 次,相对稳定后可适当延长监测周期,恢复稳定后可终止观测。

当采用新奥法施工时,其地面建(构)筑物、地表沉陷的观测周期应符合表 14-14 的规定。

表 14-14　新奥法施工地面建(构)筑物、地表沉陷的观测周期

监测体或监测断面距开挖工作面的前、后距离	$L<2B$	$2B \leqslant L<5B$	$L \geqslant 5B$
周期	每 2 d 观测 1 次	每周观测 1~2 次	每月观测 1~2 次

注:表中 L 为监测体或监测断面距开挖工作面的前、后距离,单位为 m;B 为开挖面宽度,单位为 m。

(5)地下工程施工期间,当监测体的变形速率明显增大时,应及时增加观测次数;当变形量接近预警值或有事故征兆时,应持续观测。

(6)地下工程在运营初期,第一年宜每季度观测一次,第二年宜每半年观测一次,以后宜每年观测 1 次,但在变形显著时,应及时增加观测次数。

3.3　地下建(构)筑物的变形监测

地下建(构)筑物的变形监测,应符合下列规定:

(1)水平位移观测的基准点,宜布设在地下建(构)筑物的出入口附近或地下工程的隧道内的稳定位置。工作基点,应设置在底板的稳定区域且不少于 3 点;变形观测点,应布设在变形比较敏感的柱基、墩台和梁体上;水平位移观测,宜采用交会法、视准线法等。

(2)垂直位移观测的基准点,应选在地下建(构)筑物的出入口附近不受沉降影响的区域,也可将基准点选在地下工程的隧道横洞内,必要时应设立深层钢管标,基准点个数不应少于 3 点;变形观测点应布设在主要的柱基、墩台、地下连续墙墙体、地下建筑底板上;垂直位移观测宜采用水准测量方法或静力水准测量方法,精度要求不高时也可采用电磁波测距三角高程测量方法。

3.4　隧道的变形监测

隧道的变形监测,应符合下列规定:

(1)应对距离开挖面较近的隧道断面、不良地质构造、断层和衬砌结构裂缝较多的隧道断面的变形进行监测。

(2)隧道内的基准点,应埋设在变形区外相对稳定的地方或隧道横洞内。必要时,应设立深层钢管标。

(3)变形观测点应按断面布设。当采用新奥法施工时,其断面间距宜为 10~50 m,点位应布设在隧道的顶部、底部和两腰,必要时可加密布设,新增设的监测断面宜靠近开挖面。当采用盾构法施工时,监测断面应选择并布设在不良地质构造、断层和衬砌结构裂缝较多的部位。

(4)隧道拱顶下沉和底面回弹,宜采用水准测量方法。

(5)衬砌结构收敛变形,可采用极坐标法测量,也可采用收敛计进行监测。

3.5 同步变形测量

地下建(构)筑物、地下隧道在施工和运营初期,还应对受影响的地面建(构)筑物、地表、地下管线等进行同步变形测量,并符合下列规定:

(1)地面建(构)筑物的垂直位移变形观测点应布设在建筑物的主要柱基上,水平位移变形观测点宜布设在建筑物外墙的顶端和下部等变形敏感的部位。点位间距以 15~20 m为宜。

(2)地表沉陷变形观测点应布设在地下工程的变形影响区内。新奥法隧道施工时,地表沉陷变形观测点,应沿隧道地面中线呈横断面布设,断面间距宜为 10~50 m,两侧的布点范围宜为隧道深度的 2 倍,每个横断面不少于 5 个变形观测点。

(3)变形区内的燃气、上水、下水和热力等地下管线的变形观测点,宜设立在管顶或检修井的管道上。变形观测点可采用抱箍式和套筒式标志;当不能在管线上直接设点时,可在管线周围土体中埋设位移传感器间接监测管线的变形。

(4)变形观测宜采用水准测量方法、极坐标法、交会法等。

地下工程变形监测的各种传感器,应布设在不良地质构造、断层、衬砌结构裂缝较多和其他变形敏感的部位,并与水平位移和垂直位移变形观测点相协调;地下工程运营期间,变形监测的内容可适当减少,监测周期也可相应延长,但必须满足运营安全监控的需要。其主要技术要求与施工期间相同。

4 桥梁变形监测

桥梁变形监测的内容,应根据桥梁结构类型按表 14-15 选择。

桥梁变形监测的精度,应根据桥梁的类型、结构、用途等因素综合确定,特大型桥梁的监测精度不宜低于二等;大型桥梁不宜低于三等;中小型桥梁可采用四等。变形监测可采用 GNSS 测量、极坐标法、精密测(量)距、导线测量、前方交会法、正垂线法、电垂直梁法、水准测量等。大型桥梁的变形监测,必要时应同步观测梁体和桥墩的温度、水位和流速、风力和风向。

桥梁变形观测点的布设,应满足下列要求:

(1)桥墩的垂直位移变形观测点,宜沿桥墩的纵、横轴线布设在外边缘,也可布设在墩面上。每个桥墩的变形观测点数,视桥墩大小布设 1~4 点。

(2)梁体和构件的变形观测点,宜布设在其顶板上。每块箱体或板块,宜按左、中、右分别布设 3 点;构件的点位宜布设在其 1/4、1/2、3/4 处。

表 14-15　桥梁变形监测的内容

类型	施工期主要监测内容	运营期主要监测内容
梁式桥	桥墩垂直位移 悬臂法浇筑的梁体水平、垂直位移 悬臂法安装的梁体水平、垂直位移 支架法浇筑的梁体水平、垂直位移	桥墩垂直位移 桥面水平、垂直位移
拱桥	桥墩垂直位移 装配式拱圈水平、垂直位移	桥墩垂直位移 桥面水平、垂直位移
悬索桥斜拉桥	索塔倾斜、塔顶水平位移、塔基垂直位移 主缆线性形变(拉伸变形) 索夹滑动位移 梁体水平、垂直位移 散索鞍相对转动 锚碇水平、垂直位移	索塔倾斜、垂直位移 桥面水平、垂直位移
桥梁两岸边坡	桥梁两岸边坡水平、垂直位移	桥梁两岸边坡水平、垂直位移

悬臂法浇筑或安装梁体的变形观测点,宜沿梁体纵向轴线或两侧边缘分别布设在每段梁体的前端和后端。支架法浇筑梁体的变形观测点,可沿梁体纵向轴线或两侧边缘布设在每个桥墩和墩间梁体的 1/2、1/4 处。装配式拱架的变形观测点,可沿拱架纵向轴线布设在每段拱架的两端和拱架的 1/2 处。

(3)索塔垂直位移变形观测点,宜布设在索塔底部的四角;索塔倾斜变形观测点,宜在索塔的顶部、中部和下部并沿索塔横向轴线对称布设。

(4)桥面变形观测点,应在桥墩(索塔)和墩间均匀布设,点位间距以 10~50 m 为宜。大型桥梁,应沿桥面的两侧布点。

桥梁两岸边坡变形观测点,宜成排布设在边坡的顶部、中部和下部,点位间距以 10~20 m 为宜。

桥梁施工期的变形监测周期,应根据桥梁的类型、施工工序、设计要求等因素确定。桥梁运营期的变形监测,每年应观测 1 次,也可在每年的夏季和冬季各观测 1 次。当洪水、地震、强台风等自然灾害发生时,应适当增加观测次数。

5　滑坡监测

滑坡监测的内容,应根据滑坡危害程度或防治工程等级,按表 14-16 进行选择。滑坡监测的精度,不应超过表 14-17 的规定。

表 14-16　滑坡监测内容

类型	阶段	主要监测内容
滑坡	前期	地表裂缝
	整治期	地形的水平位移和垂直位移、深部钻孔测斜、土体或岩体应力、水位
	整治后	地表的水平位移和垂直位移、深部钻孔测斜、地表测斜、地表裂缝、土体或岩体应力、水位

注：滑坡监测，必要时还应监测区域的降雨量和进行人工巡视。

表 14-17　滑坡监测精度

类型	水平位移监测的点位中误差/mm	垂直位移监测的高程中误差/mm	地表裂缝的观测中误差/mm
岩质	6	3.0	0.5
土质滑坡	12	10	5

滑坡水平位移观测，可采用交会法、极坐标法、GNSS 测量和多摄站摄影测量方法。深层位移观测，可采用深部钻孔测斜方法。垂直位移观测，可采用水准测量和电磁波测距三角高程测量方法。地表裂缝观测，可采用精密测(量)距方法。

滑坡监测变形观测点位的布设，应符合下列规定：

(1)对已明确主滑方向和滑动范围的滑坡，监测网可布设成十字形和方格形，其纵向应沿主滑方向，横向应垂直于主滑方向；对主滑方向和滑动范围不明确的滑坡，监测网宜布设成放射形。

(2)点位应选在地质、地貌的特征点上。

(3)单个滑坡体的变形观测点不宜少于 3 点。

(4)地表变形观测点，宜采用有强制对中装置的墩标，困难地段也应设立固定照准标志。

滑坡监测周期，宜每月观测一次，并可根据旱、雨季或滑移速度的变化进行适当调整。邻近江河的滑坡体，还应监测水位变化。水位监测次数，不应少于变形观测的次数。滑坡整治后的监测期限，当单元滑坡内所有监测点 3 年内变化不显著并预计若干年内周边环境无重大变化时，可适当延长监测周期或结束阶段性监测。工程边坡和高边坡监测的点位布设，可根据边坡的高度，按上中下成排布点。其监测方法、监测精度和监测周期与滑坡监测的基本要求一致。

【小贴士】

本任务主要介绍了工业与民用建筑、水工建筑物、地下工程、桥梁、滑坡等几种变形监测应用。通过该任务的学习，学生应该能对建筑物的基坑、基坑回弹、垂直位移、水平位移、主体倾斜的变形监测有所了解。

任务5　观测资料的整编

1　概述

变形观测除现场进行观测取得第一手资料外,还必须进行观测资料的整理分析。观测资料整理分析主要包括两个方面的内容:①观测资料的整理和整编:这一阶段的主要工作是对现场观测所取得的资料加以整编,编制成图表和说明,使它成为便于使用的成果。②观测资料的分析:这一阶段是分析归纳建筑变形过程、变形规律、变形幅度。分析变形的原因、变形值与引起变形因素之间的关系,找出它们之间的函数关系,进而判断建筑物的工作情况是否正常。在积累了大量观测数据后,又可以进一步找出建筑物变形的内在原因和规律,从而修正设计的理论以及所采用的经验系数。

建筑变形测量在完成记录检查、平差计算和处理分析后,应按下列规定进行成果的整理:

(1)观测记录手簿的内容应完整、齐全。

(2)平差计算过程及成果、图表和各种检验、分析资料应完整、清晰。

(3)使用的图式符号应规格统一、注记清楚。

建筑变形测量的观测记录、计算资料及技术成果均应由有关责任人签字,技术成果应加盖成果章。

根据建筑变形测量任务委托方的要求,可按周期或变形发展情况提交下列阶段性成果:

(1)本次或前1~2次观测结果。

(2)与前一次观测间的变形量。

(3)本次观测后的累计变形量。

(4)简要说明及分析、建议等。

当建筑变形测量任务全部完成后或委托方需要时,应提交下列综合成果:

(1)技术设计书或施测方案。

(2)变形测量工程的平面位置图。

(3)基准点与观测点分布平面图。

(4)标石、标志规格及埋设图。

(5)仪器检验与校正资料。

(6)平差计算、成果质量评定资料及成果表。

(7)反映变形过程的图表。

(8)技术报告书。

建筑变形测量技术报告书内容应真实、完整,重点应突出,结构应清晰,文理应通顺,结论应明确。技术报告书应包括下列内容:

(1)项目概况。应包括项目来源、观测目的和要求,测区地理位置及周边环境,项目完成的起止时间,实际布设和测定的基准点、工作基点、变形观测点点数和观测次数,项目测量单位,项目负责人、审核审定人等。

(2)作业过程及技术方法。应包括变形测量作业依据的技术标准、项目技术设计或施测方案的技术变更情况、采用的仪器设备及其检校情况、基准点及观测点的标志及其布设情况、变形测量精度级别、作业方法及数据处理方法、变形测量各周期观测时间等。

(3)成果精度统计及质量检验结果。

(4)变形测量过程中出现的变形异常和作业中发生的特殊情况等。

(5)变形分析的基本结论与建议。

(6)提交的成果清单。

(7)附图附表等。

建筑变形测量的观测记录、计算资料和技术成果应进行归档。

2 校核

校核各项原始记录,检查各次变形观测值的计算是否错误。

(1)原始观测记录应填写齐全,字迹清楚,不得涂改、擦改和转抄;凡划改的数字和超限划去的成果,均应注明原因,并注明重测结果所在页数。

(2)平差计算成果、图表及各种检验、分析资料,应完整、清晰、无误。

(3)使用的图式、符号,应统一规格,描绘工整,注记清楚。

(4)观测成果计算和分析中的数字取位要求见表 14-18。

表 14-18 观测成果计算和分析中的数字取位要求

等级	类别	角度/(″)	边长/mm	坐标/mm	高程/mm	沉降值/mm	位移值/mm
一级 二级	控制点	0.01	0.1	0.1	0.01	0.01	0.1
	观测点	0.01	0.1	0.1	0.01	0.01	0.1
三级	控制点	0.1	0.1	0.1	0.1	0.1	0.1
	观测点	0.1	0.1	0.1	0.1	0.1	0.1

注:特级的数字取位,根据需要确定。

3 变形观测资料的插补

当由于各种主、客观条件的限制,实测资料出现漏测时,或在数据处理时需要利用等间隔观测值时,则可利用已有的相邻测次或相邻测点的可靠资料进行插补工作。

(1)按内在物理联系进行插补。按照物理意义,根据对已测资料的逻辑分析,找出主要原因量之间的函数关系,再利用这种关系,将缺漏值插补出来。

(2)按数学方法进行插补。

①线性内插法:由某两个实测值内插此两值之间的观测值时,可按下式计算:

$$y = y_i + \frac{t - t_i}{t_{i+1} - t_i}(y_{i+1} - y_i) \tag{14-13}$$

式中 y——效应量;

t——时间。

②拉格朗日内插计算:对变化情况复杂的效应量,可按下式计算:

$$y = \sum_{i=1}^{n} y_i \sum_{j=1}^{n} \left(\frac{x - x_j}{x_i - x_j} \right) \tag{14-14}$$

式中　y——效应量；

x——自变量。

③用多项式进行曲线拟合，即

$$y = f(x) = a_0 + a_1 x + a_2 x^2 + \cdots + a_n x^n$$

式中，方次和拟合所用点数必须根据实际情况适当选择。

④周期函数的曲线拟合，即

$$y_t = a_0 + a_1 \cos\omega t + b_1 \sin\omega t + a_2 \cos 2\omega t + b_2 \sin 2\omega t + \cdots + a_n \cos n\omega t + b_n \sin n\omega t \tag{14-15}$$

式中　y_t——时刻 t 的期望值；

ω——频率，$\omega = 2\pi/M$；

M——在一个季度性周期中所包含的时段数，如以一年为周期，每月观测一次，则 $M = 12$。

⑤多面函数拟合法。多面函数拟合曲线的方法是美国 Hardy 教授于 1977 年提出并用于地壳形变分析的，任何一个圆滑的数学表面总可用一系列有规则的数学表面的总和以任意精度逼近，一个数学表面上点 (x, y) 处速率 $s(x, y)$ 可表达成：

$$s(x, y) = \sum_{j=1}^{u} a_j Q(x y x_j y_j) \tag{14-16}$$

式中　u——所取结点的个数；

$Q(x y x_j y_j)$——核函数；

a_j——待定系数。

核函数可以任意选用，为了简单，一般采用具有对称性的距离型，例如：

$$Q(x y x_j y_j) = [(x - x_j)^2 + (y - y_j)^2 + \delta^2]^{\frac{1}{2}} \tag{14-17}$$

式中　δ^2——光滑因子，称为正双曲面型函数。

4　填表

对各种变形值按时间逐点填写观测数值表，例如某大坝变形观测点，根据观测记录整理填写的位移数值表见表 14-19。

表 14-19　某大坝 5 号观测点 2018 年累计位移数值　　单位：mm

观测日期	1 月 10 日	2 月 11 日	3 月 10 日	4 月 11 日	5 月 10 日	6 月 10 日	7 月 11 日	8 月 11 日	9 月 10 日	10 月 11 日	11 月 11 日	12 月 10 日
累计位移值 ΔP	+4.0	+6.2	+6.5	+4.2	+4.3	+5.0	+2.2	+3.8	+1.5	+2.0	+3.5	+4.0

5　绘图

绘制各种变形过程线、建筑物变形分布图等。观测点变形过程线可明显地反映出变形的趋势、规律和幅度，对于初步判断建筑物的工作情况是否正常是非常有用的。图 14-34 是根据表 14-19 绘制的某大坝 5 号观测点的位移过程线。图中横坐标表示时间，纵坐标为观测点的累计位移值。

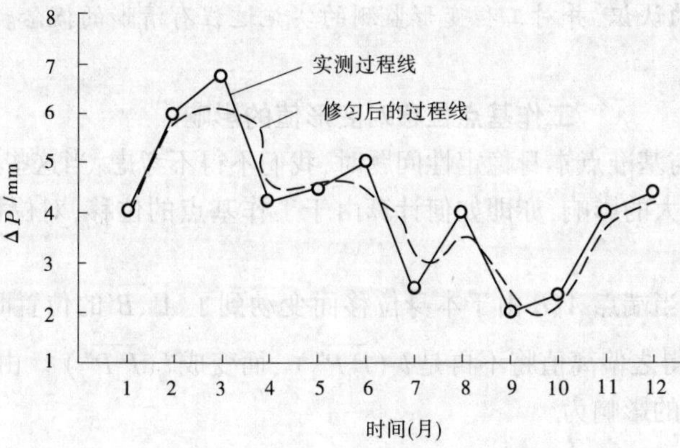

图 14-34　某大坝 5 号观测点的位移过程线

在实际工作中，为了便于分析，常在各种变形过程线上画出与变形有关因素的过程线，例如库水位过程线、气温过程线等。图 14-35 为某土石坝 160 m 高程处沉降观测点的沉降过程线，图上绘出了气温过程线。因为横坐标(时间)是两个过程线共用的，故画在两个过程线的中间。

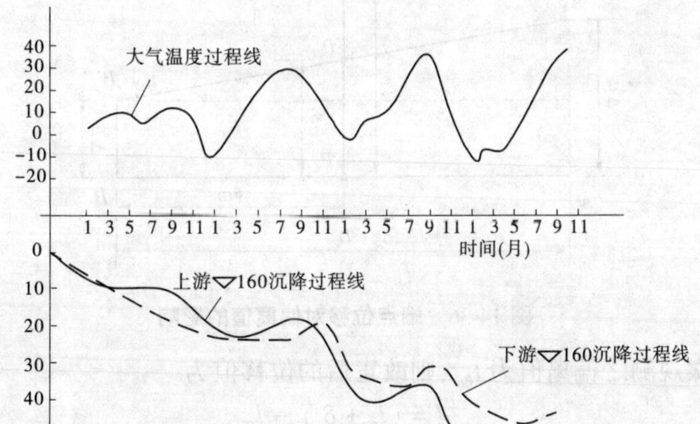

图 14-35　某土石坝 160 m 高程处沉降观测点的沉降过程线

【小贴士】

本任务主要介绍了观测资料的整理和整编。通过该任务的学习，学生应能分析归纳建筑变形过程、变形规律、变形幅度。分析变形的原因、变形值与引起变形因素之间的关系，找出它们之间的函数关系，进而判断建筑物的工作情况是否正常。在积累了大量观测数据后，又可以进一步找出建筑物变形的内在原因和规律，从而修正设计的理论以及所采用的经验系数。

【知识链接】

本项目介绍了变形及变形监测的概念、变形对工程建设的影响,以及进行工程变形监测的目的和意义。通过本项目的学习,学生应结合教师的讲解了解变形监测的基本内容,对变形分析与预报有一定的认识,并对工程变形监测的实施过程有清晰的概念。

【阅读与应用】

工作基点位移对变形值的影响

在谈到工作基点与基准点本身稳定性问题时,我们不得不考虑:当这些点确实存在位移时,对观测成果产生多大的影响,亦即如何计算由于工作基点的位移,对位移的观测值施加的改正数。

对于基准线观测,当端点 A、B 由于本身位移而变动到了 A'、B' 的位置时(见图 14-36),则对 P_i 点进行观测所得之偏离值将不再是 $l'_i(\overline{P_iP''_i})$,而变成 $l_i(\overline{P_iP''_i})$。由图 14-36 不难看出,端点位移对偏离值的影响为

$$\delta_i = l'_i - l_i = \frac{s_{iB}}{D}(\Delta a - \Delta b) + \Delta b \tag{14-18}$$

式中　Δa、Δb——基准线端点 A、B 的位移值;

D——基准线 AB 的长度;

s_{iB}——观测点 P_i 与端点 B 之间的距离。

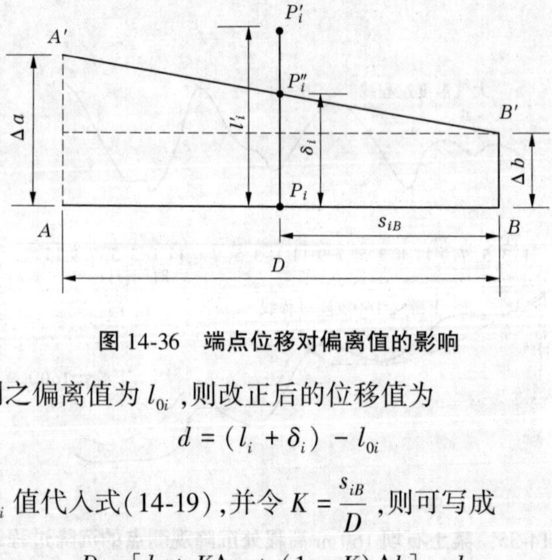

图 14-36　端点位移对偏离值的影响

设 P_i 点首次观测之偏离值为 l_{0i},则改正后的位移值为

$$d = (l_i + \delta_i) - l_{0i} \tag{14-19}$$

将式(14-18)的 δ_i 值代入式(14-19),并令 $K = \frac{s_{iB}}{D}$,则可写成

$$D = [l_i + K\Delta a + (1 - K)\Delta b] - l_{0i} \tag{14-20}$$

将式(14-20)微分,并写成中误差形式:

$$m_i^2 = m_{l_i}^2 + K^2 m_{\Delta a}^2 + (1 - K^2) m_{\Delta b}^2 + m_{l_{0i}}^2 \tag{14-21}$$

假设

$$m_{l0i} = m_{li} = m_{测}$$
$$m_{\Delta a} = m_{\Delta b} = m_{端}$$

则得

$$m_i^2 = 2m_{测}^2 + (2K^2 - 2K + 1)m_{端}^2 \tag{14-22}$$

当观测点在基准线中间,即 $K=\dfrac{1}{2}$ 时,有:

$$m_d^2 = 2m_{测}^2 + \frac{1}{2}m_{端}^2 \tag{14-23}$$

当观测点靠近端点,即 K 近似等于 1 或 0 时,有:

$$m_d^2 = 2m_{测}^2 + m_{端}^2 \tag{14-24}$$

从式(14-24)可以看出,端点位移测定误差对越靠近端点的观测点的影响越大。由于靠近端点的观测点一般处于非重点观测部位上,另外,由于这些点距端点较近,因而它们的偏离值测定精度较高($m_{测}$ 较小)。考虑到这些情况,可以采用位移值测定的精度要求±1 mm 作为端点位移测定的精度要求。此时,位移值测定的精度仍将接近±1 mm。

当前方交会的测站点产生位移时,可以将测站点的位移看作仪器偏心,而对各交会方向施加仪器归心的改正数,然后利用改正后的方向值来计算位移量。

溪洛渡水电站自动化安全监测系统

溪洛渡水电站(见图 14-37)位于四川省雷波县和云南省永善县接壤的金沙江峡谷段,左右岸电站各安装 9 台 77 万 kW 的巨型水轮发电机机组,总装机 1 386 万 kW,仅次于三峡和巴西伊泰普水电站,在世界在建和已建电站中居第三位。

图 14-37 溪洛渡水电站

溪洛渡水库正常蓄水位 600 m,死水位 540 m,水库总容量 128 亿 m^3,调节库容 64.6 亿 m^3,可进行不完全年调节。水库长约 200 km,平均宽度约 700 m,正常蓄水位 600 m 以下,库容 115.7 亿 m^3,水库总库容 126.7 亿 m^3,水库淹没涉及四川雷波、金阳、布拖、昭觉、宁南和云南永善、昭阳、鲁甸和巧家等 9 个县(区)。库区地质条件恶劣,地质灾害频发,在线监测系统尤为关键。

溪洛渡水电站安全监测自动化系统是国际、国内接入监测传感器数量(6 830 支、台、套)、种类最多,使用自动化采集装置(378 套 MCU)数量最多的大型监测自动化系统之一,是大规模使用智能大坝安全监测数据采集终端及软件平台的标志性工程。

以我国北斗导航系统为核心,结合多种传感器的大坝安全自动化监测系统是集成数据采集、传输、存储、分析、监测网络于一体的系统。实现了对监测工程动态数据的采集、传输、数据汇集及设备控制自动化,为用户的现场监控、异地监视提供方便、高效、快捷的服务,系统通过软件对监测参数进行定量分析,当监测参数超限时系统会自动报警,提醒相关人员采取措施,避免安全态继续向危险状态演变,从而达到消除事故隐患的目的。该项目使用的主要技术手段如下:①各分控中心独立运行,数据汇总到监测中心平台;②多参考站技术,10个基站+49个监测点;③太阳能供电。

根据监测范围确定共有6个滑坡体需要进行监测,监测系统共由10个参考站和49个监测点组成。其中,牛滚函滑坡体布设2个基站、7个监测点,花坪子滑坡体布设2个基站、7个监测点,麻地湾滑坡体布设2个基站、7个监测点,甘田坝滑坡体布设2个基站、11个监测点,大枫湾滑坡体与橄榄坪滑坡体共用2个基站,其中大枫湾滑坡体布设9个监测点,橄榄坪布设8个监测点,在各个监测点上安置N71 GNSS接收机。各接收机观测的数据通过无线网桥实时传输到控制中心,控制中心软件实时解算出各监测点的三位坐标并保存到数据库,最终通过数据分析软件自动分析各监测点的变化,对滑坡区整体的稳定性进行分析。

项目小结

本项目主要学习了工程建筑物变形监测的内容,包括对各工程变形体进行的水平位移、垂直位移的监测,对变形体进行偏移、倾斜、挠度、弯曲、扭转、裂缝等测量,主要指对所描述的变形体自身形变和位移的监测。了解变形,研究其产生的根源、特征及其随空间与时间的变化规律,及时预测、预报,避免或尽可能减少损失,是变形观测的主要任务。

变形观测按时间特性可分为静态式、运动式和动态式。根据变形观测的目的,变形观测工作由三部分组成:①根据不同观测对象、目的设置基准点及观测点;②进行多周期的重复观测;③进行数据整理与统计分析。不同观测对象变形观测的目的和内容也不同。

垂直位移包括地面垂直位移和建筑物垂直位移,也称沉降监测,是指工程建筑物上事先设置的沉降监测点对于高程基准点的高差变化量(沉降量)、沉降差及沉降速度,并根据需要计算基础倾斜、局部倾斜、构件倾斜及挠度,绘制沉降量随时间及荷载变化的曲线等。建筑物的垂直位移监测贯穿于整个施工过程和运营阶段,直至沉降现象整体趋于稳定。

水平位移观测包括:位于特殊性土地区的建筑物地基基础水平位移观测、受高层建筑基础施工影响的建筑物及工程设施水平位移观测,以及挡土墙、大面积堆载等工程中所需的地基土深层侧向位移观测等,应测定在规定平面位置上随时间变化的位移量和位移速度。

裂缝观测应测定建筑物上的裂缝分布位置,裂缝的走向、长度、宽度及其变化程度。观测的裂缝数量视需要而定,对主要的或变化大的裂缝应进行观测。

建筑物主体倾斜观测,应测定建筑物顶部相对于底部或各层间上层相对于下层的水平位移与高差,分别计算整体或分层的倾斜度、倾斜方向以及倾斜速度。对具有刚性建筑物的整体倾斜,亦可通过测量顶面或基础的相对沉降间接测定。

复习和思考题

14-1　变形测量分为哪几级?各级沉降观测各位移观测的中误差是如何规定的?

14-2　如何判断沉陷观测进入稳定阶段?

14-3　水平位移有哪几种观测方法?

14-4　对建筑物变形引起的裂缝如何进行观测？

14-5　倾斜观测有哪些方法？

14-6　变形观测需要提交哪些资料？

【技能训练】

一、技能训练题目及训练目的

在学习完本项目的理论学习内容和配套实训之后，请学生利用课余和周末的时间，在校园练习独立操作精密水准仪对实训场楼房进行沉降观测。

二、技能训练要求

1. 教师给每组学生配备精密水准仪、脚架、因瓦水准尺、扶尺杆、测绳。

2. 教师给学生指出实训场楼房的变形监测点位，并提供校园内足够数量的已知水准点数据。

3. 学生分组根据自己设定的变形监测路线观测楼房的变形监测点并记录。

4. 观测 2 次后进行数据比较，得出沉降结果。

5. 学生若有问题，则应向教师请教。

【知识拓展】

比萨斜塔和我国的斜塔

项目15　轨道控制网(CPⅢ)测量

项目概述

通过本项目7个学习任务(CPⅡ控制网加密测量、CPⅢ点的埋标与布设、CPⅢ平面控制网测量、CPⅢ高程控制网测量、CPⅢ控制网测量工作现场注意事项、CPⅢ控制网数据的整理和提交、CPⅢ控制网的复测与维护)的学习,应具备5项能力(CPⅡ控制网加密测量、CPⅡ加密控制网数据处理、CPⅢ平面和高程控制网测量、CPⅢ控制网数据处理、CPⅢ控制网的复测与维护)。其中,CPⅠ是基础平面控制网,为勘测、施工、运营维护提供坐标基准;CPⅡ是线路平面控制网,为勘测和施工提供控制基准。

学习目标

◆知识目标

1. 能理解CPⅡ控制网加密测量和CPⅢ控制网测量的技术要求;
2. 能够熟练掌握CPⅡ控制网加密测量和CPⅢ控制网测量的作业方法;
3. 能够进行CPⅡ控制网加密测量和CPⅢ控制网测量的数据处理。

◆技能目标

1. 能正确操作精密测量仪器进行CPⅡ控制网加密测量和CPⅢ控制网测量的外业观测,并进行参数设置;
2. 能熟练使用轨道工程精密控制测量软件进行CPⅡ控制网加密测量和CPⅢ控制网测量的数据处理。

◆素质目标

通过介绍我国铁路的发展历程,并根据工程实例,培养学生的民族自豪感,并培养学生的职业认同感、责任感、荣誉感和使命感。

【课程导入】

轨道控制网(CPⅢ)测量是高精度的三维坐标控制网,是轨道铺设阶段和运营维护阶段的工作基准,它不仅是轨道建设阶段的基础控制网,也是轨道运行维护阶段的基础控制网,其精度的好坏直接影响着线路的平顺性。作为一位测绘类专业毕业的学生,应该掌握轨道控制网(CPⅢ)测量这门技术。那么,CPⅢ网是由什么组成的?怎么观测?CPⅢ网数据怎么处理?这些问题都是学习本项目必须解决的。

任务 1　CPⅡ控制网加密测量

1　平面加密 CPⅡ测量

为了高效、准确地建立 CPⅢ控制网,应按照“线路两侧征地线范围内 CPⅡ点具有 400~800 m 的点间距”要求对既有 CPⅡ控制网进行加密测量。CPⅡ控制网加密的主要目的是满足 CPⅢ 网的观测条件,将线下控制网转移到线上,既有利于保护控制网,又有利于 CPⅢ控制网联测 CPⅡ点。

时速 200 km 以上的高速铁路 CPⅡ平面控制网按 GNSS 三等和导线三等要求测设,时速 200 km 的有砟轨道高速铁路 CPⅡ平面控制网按 GNSS 四等和导线四等要求测设。

1.1　CPⅡ加密点的布设

线上 CPⅡ加密点在桥梁部分,须布设于梁上,并沿线路前进方向埋设于桥梁的固定支座顶端的防撞墙顶面(纵横向均固定);在路基部分,应在征地界范围内,便于保护的部位设置 CPⅡ加密点,必须保证加密 CPⅡ点埋设稳定可靠,同时须满足必要的 GNSS 观测条件,并保证 CPⅢ测量时其能与 2~3 个自由测站通视;CPⅡ加密点在隧道口附近时应考虑 GNSS 观测条件及点的稳定性,并兼顾与洞内 CPⅡ测量的联测,以保证洞内外的顺接性;在隧道里,CPⅡ加密点应布设在隧道电缆槽顶面上;在站场范围内应避免埋设 CPⅡ加密点,必要时应根据现场条件选定合适的位置。考虑到 CPⅢ网联测的需要,CPⅡ加密点间距应为 400~800 m(宜为 600 m 左右)。

桥梁地段 CPⅡ加密点采用强制对中标志,强制对中标志包括预埋件、测量仪器连接盘两部分,如图 15-1 所示。

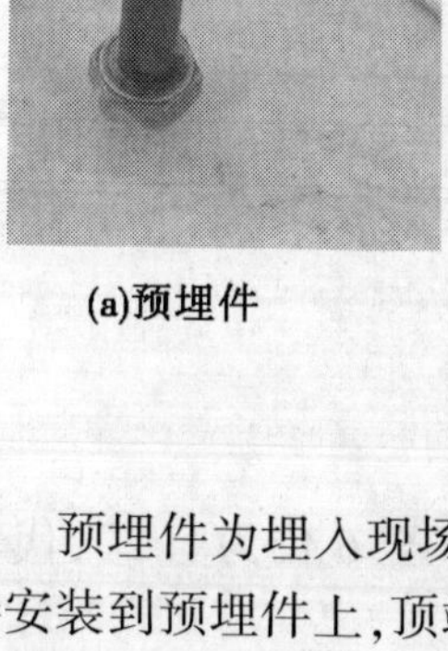

(a)预埋件

(b)连接件

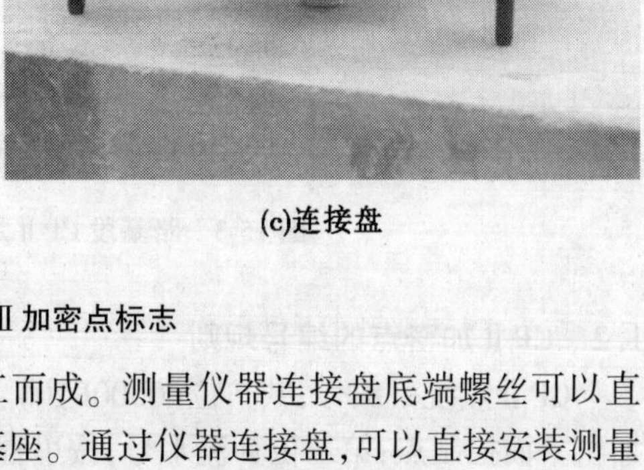

(c)连接盘

图 15-1　桥梁地段 CPⅡ加密点标志

预埋件为埋入现场的部分,用不锈钢材料加工而成。测量仪器连接盘底端螺丝可以直接安装到预埋件上,顶端螺丝用于连接测量仪器基座。通过仪器连接盘,可以直接安装测量仪器、GNSS 天线或棱镜,对中精度应优于 0.1 mm。强制对中标仪器安装示意图如图 15-2 所示。

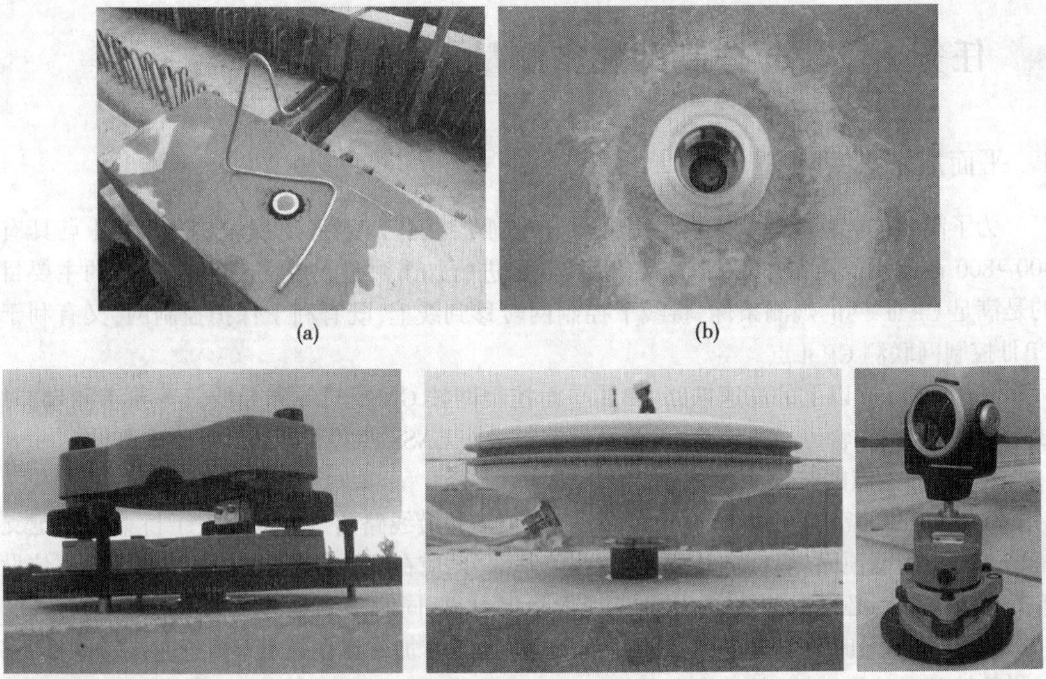
(a) (b) (c) (d) (e)

图 15-2 强制对中标仪器安装示意图

路基地段 CPⅡ加密点一般在两个接触网杆之间稳固可靠且不影响行车安全的地方设置加密桩,加密桩应高于轨面以保证 CPⅢ网联测需要,然后在加密桩顶面布设 CPⅡ加密点,且不可与 CPⅢ点共桩。加密桩的埋设规格如图 15-3 所示。

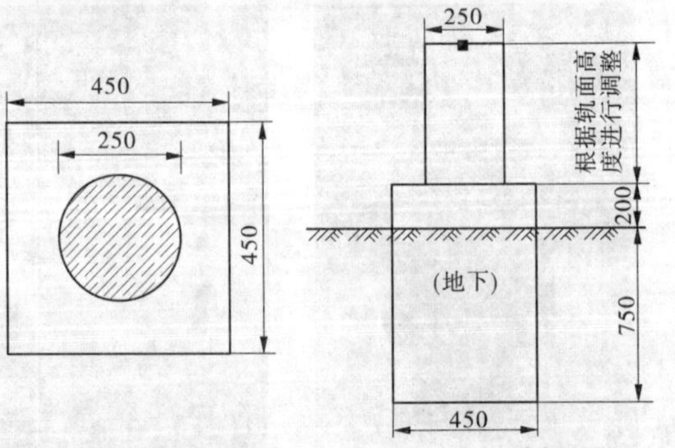

(a)俯视图 (b)剖面图

图 15-3 路基段 CPⅡ加密桩的埋设规格 (单位:mm)

1.2 CPⅡ加密点的编号规则

CPⅡ点统一编号,共 7 位(0000P20):前 4 位为线路里程数;第 5 至 6 位为“P2”,代表加密平面控制点;第 7 位为流水号,按里程增加方向依次增加。

例如:1456P21,其中“1456”代表里程数,“P2”代表 CPⅡ平面控制点,“1”代表 1 号点。

1.3 CPⅡ加密点外业测量

路基及桥梁段 CPⅡ点测量统一采用 GNSS 测量方法,尽量在同一时段观测采用同一个厂家、同一型号的大地测量型双频 GNSS 仪器设备,GNSS 标称精度不低于 5 mm±1 ×$10^{-6}D$(D 为基线边长,km),且架设仪器时宜采用经过检校的带管水准气泡的精密支架。

CPⅡ点进行施测时必须以边连或网连方式构网,并附合到两边相邻的 CPⅠ网上。GNSS 测量作业的基本技术要求如表 15-1 所示。观测时填写原始观测手簿。要求第一时段观测完成后,变换仪器高进行第二时段观测。

表 15-1 GNSS 测量作业的基本技术要求

项目		等级	
		三等	四等
静态测量	卫星截止高度角/(°)	≥15	≥15
	同时观测有效卫星数	≥4	≥4
	有效时段长度/min	≥60	≥45
	观测时段数	1~2	1~2
	数据采样间隔/s	10~20	10~20
	PDOP 或 GDOP 值	≤8	≤10

隧道内 CPⅡ控制网测量外业观测一般采用自由设站边角交会法和直接测量边角法两种方法。CPⅡ加密点采用测角精度不低于 1″,测距精度不低于 1 mm+2×$10^{-6}D$ 的全站仪施测。观测前应先将仪器开箱放置 20 min 左右,让仪器与现场温度基本一致。导线边观测时点间视距应离开障碍物 0.5 m 以上,并要求充分通风、现场无施工干扰。测距边的斜距应进行气象和仪器常数改正。气压、气温的读取应采用干湿温度计和空盒气压表,其中气压读数精确到 0.5 hPa,温度读数精确到 0.2 ℃。

1.3.1 自由设站边角交会法

隧道洞内 CPⅡ自由测站边角交会测量应符合以下规定:

(1)CPⅡ控制点沿隧道宜按 200~300 m 间隔成点对布设,对于小半径的单线隧道,点间距可以适当缩短,但不宜短于 150 m。

(2)洞内 CPⅡ自由测站边角交会测量宜采用如图 15-4 所示的构网形式。

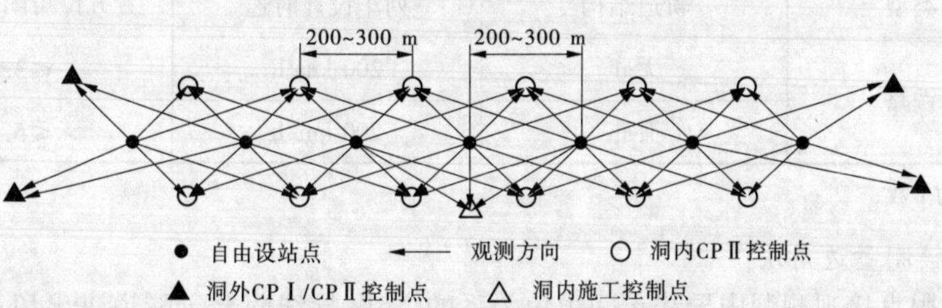

图 15-4 洞内 CPⅡ自由测站边角交会网示意图(一)

(3)当隧道进出口处自由测站不能同时观测到 2 个洞外平面控制点时,洞内 CPⅡ自由测站边角交会测量可以采用如图15-5所示的图形与洞外已知点联测。

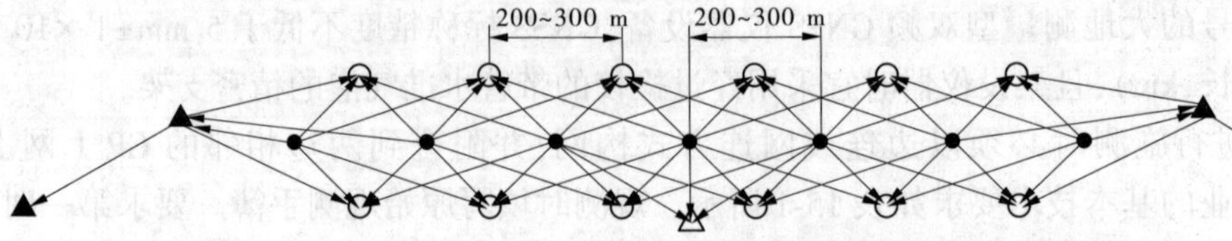

图15-5　洞内CPⅡ自由测站边角交会网示意图(二)

隧道洞内CPⅡ自由测站边角交会测量应采用全站仪按全圆方向观测法自动观测,其观测值包括自由测站到各控制点的水平方向值和水平距离。水平方向值和水平距离观测应满足下列要求:

(1)隧道洞内CPⅡ自由测站边角交会网水平方向观测,应满足表15-2的规定。

表15-2　隧道洞内CPⅡ自由测站边角交会网水平方向观测技术要求

仪器等级	测回数	半测回归零差/(″)	不同方向同一测回2C互差/(″)	测回间同一方向归零后方向值较差/(″)
0.5″	3	4	8	4
1.0″	4	6	9	6

(2)隧道洞内CPⅡ自由测站边角交会网距离观测,应满足表15-3的规定。

表15-3　隧道洞内CPⅡ自由测站边角交会网距离观测技术要求

测回数	半测回间距离较差/mm	测回间距离较差/mm
≥3	≤1.5	≤1.5

隧道洞内CPⅡ自由观测边角交会网平差前,附合在进出洞口两对CPⅠ或CPⅡ控制点上的自由测站边角交会网方位角闭合差,应满足表15-4规定。

表15-4　隧道洞内CPⅡ自由测站边角交会网方位角闭合差

铁路类型	轨道结构	列车设计时速	方位角闭合差/(″)
城际铁路	无砟	200 km/h	$\leqslant 3.6\sqrt{n}$
	有砟	200 km/h	$\leqslant 5.0\sqrt{n}$

注:n为角的个数。

1.3.2　直接测量边角法

(1)采用直接观测洞内导线点间边角关系的方法,导线附合于隧道进出口端的CPⅠ或CPⅡ控制点上。

(2)水平角及边长观测的测回数及限差应满足表15-5的规定。

表 15-5 隧道洞内导线测量水平角观测技术要求

等级	仪器等级	测回数	半测回归零差/(″)	一测回内 2C 互差/(″)	同一方向值各测回较差/(″)
二等	0.5″级仪器	6	4	8	4
	1″级仪器	9	6	9	6
三等	0.5″级仪器	4	4	8	4
	1″级仪器	6	6	9	6

(3)隧道洞内导线测量边长限差应满足表 15-6 的规定。

表 15-6 隧道洞内导线测量边长测量技术要求

等级	使用测距仪精度等级	每边测回数		一测回读数较差限值/mm	测回间较差限值/mm	往返观测平距较差限值
		往测	返测			
二等	Ⅰ	4	4	2	3	$2m_D$
	Ⅱ	4	4	5	7	
三等	Ⅰ	2	2	2	3	$2m_D$
	Ⅱ	4	4	5	7	

注:1. 一测回是全站仪盘左、盘右各测量一次的过程。

2. 测距仪精度等级划分如下:

Ⅰ级:$m_d \leqslant 2$ mm

Ⅱ级:2 mm<$m_d \leqslant 5$ mm。

其中,m_d 为每千米测距标准偏差。即按测距仪出厂标称精度的绝对值,归算到 1 km 的测距标准偏差。

3. $m_D = a + bD$。式中,m_D 为仪器测距中误差,mm;a 为标称精度中的固定误差,mm;b 为标称精度中的比例系数,mm/km;D 为测距长度,km。

4. 导线测量边长应进行气象和仪器参数改正。温度改正温度读数取位为 0.2 ℃,气压改正气压读数取位为 0.5 hPa。

5. 观测前应先将仪器开箱放置 20 min 左右,让仪器与隧道内温度基本一致。

6. 洞口测站观测宜在夜晚或阴天进行;隧道洞内观测应充分通风,避免尘雾。

7. 目标棱镜人工观测时应有足够的照明度,受光均匀柔和、目标清晰,避免光线从旁侧照射目标;采用自动观测时应尽量减少光源干扰。

1.4 CPⅡ加密点数据处理

1.4.1 采用 GNSS 方式加密 CPⅡ网的具体要求

加密 CPⅡ控制网原始观测数据应转换为标准 RINEX 数据格式,并应采用 TGO 或 LGO 进行基线向量解算,在对 CPⅡ加密点进行整体平差前应先对网中的原 CPⅠ和 CPⅡ点的稳定性进行分析。对不满足精度要求的原 CPⅠ和 CPⅡ进行剔除,满足要求的全部作为起算点。

1.4.1.1 基线解算

同一基线不同时段重复观测基线较差应满足下式的规定:

$$d_s \leqslant 2\sqrt{2}\sigma$$

由若干条独立基线边组成的独立环或附合路线各坐标分量(W_x、W_y、W_z)及全长 W_s 闭合差应满足下式的规定：

$$W_x \leqslant 3\sqrt{n}\sigma; W_y \leqslant 3\sqrt{n}\sigma; W_z \leqslant 3\sqrt{n}\sigma; W_s \leqslant 3\sqrt{3n}\sigma$$

式中 n——闭合环的边数；

σ——基线长度中误差 $\sigma = \pm\sqrt{a^2 + (bd)^2}$，其中固定误差 $a = 5$ mm，比例误差系数 $b = 1$ mm/km，d 为相邻点间的距离，km。

1.4.1.2 网平差

在基线的质量检验符合要求后，以所有基线向量及其相应的方差—协方差阵作为观测信息，以一个点的 WGS-84 的三维坐标为起算数据，进行无约束平差。

无约束平差基线向量改正数的绝对值应满足下式要求：

$$V_{\Delta x} \leqslant 3\sigma, V_{\Delta y} \leqslant 3\sigma, V_{\Delta z} \leqslant 3\sigma$$

GNSS 网无约束平差合格后，应固定网中联测的 CPⅠ 和 CPⅡ点坐标进行二维约束平差。约束平差前应对控制点进行稳定性和兼容性分析。同一基线约束平差后基线向量的改正数与无约束平差相应改正数的较差应满足下式要求：

$$\mathrm{d}V_{\Delta x} \leqslant 2\sigma, \mathrm{d}V_{\Delta y} \leqslant 2\sigma, \mathrm{d}V_{\Delta z} \leqslant 2\sigma$$

CPⅡ网数据处理时，平差后精度应满足表 15-7 的规定。

表 15-7 CPⅡ点 GNSS 测量的精度指标

控制网等级	基线边方向中误差	约束点间边长相对中误差	约束平差后最弱边相对中误差
三等	1.7″	1/180 000	1/100 000
四等	2.0″	1/100 000	1/70 000

1.4.2 采用自由测站边角交会 CPⅡ网的具体要求

洞内 CPⅡ自由测站边角交会网平差应满足表 15-8 的规定。

表 15-8 洞内 CPⅡ自由测站边角交会网无约束平差技术要求

方向改正数/(″)	距离改正数/mm
≤3	≤4

1.4.3 约束网平差技术要求

约束网平差技术要求应满足表 15-9 规定。

表 15-9 洞内 CPⅡ自由测站边角交会网约束平差技术要求

铁路类型	轨道结构	列车设计时速/(km/h)	自由测站与已知点联测边		自由测站与洞内 CPⅡ联测边	
			方向改正数/(″)	距离改正数/mm	方向改正数/(″)	距离改正数/mm
城际铁路	无砟	200	≤4	≤6	≤3	≤4
	有砟	200	≤5	≤8	≤4	≤5

1.4.4 采用导线测量方式加密 CPⅡ网的具体要求

采用导线测量方式加密 CPⅡ网应满足表 15-10 的规定。

表15-10　隧道洞内CPⅡ导线测量主要技术要求

控制网级别	附合长度/km	边长/m	测距中误差/mm	测角中误差/(″)	相邻点位坐标中误差/mm	导线全长相对闭合差限差	方位角闭合差限差/(″)	对应导线等级
CPⅡ	L≤2	300~600	3	1.8	7.5	1/55 000	$\pm3.6\sqrt{n}$	三等
CPⅡ	2<L≤7	300~600	3	1.8	7.5	1/55 000	$\pm3.6\sqrt{n}$	三等
CPⅡ	L>7	300~600	3	1.3	5.0	1/100 000	$\pm2.6\sqrt{n}$	隧道二等

2　水准基点加密测量

2.1　加密水准点编号

加密水准基点采用7位编号形式(0105BM1),具体说明如下:前4位为连续里程的公里数;第5、6位*BM*代表加密高程控制点;第7位为点号,由小里程向大里程方向顺次编号。

2.2　加密水准点的布设

为满足CPⅢ控制网高程测量的要求,沿线的线路水准基点应在CPⅢ控制网测量前加密完成并满足以下要求:

(1)路基段2 km应有一个线路水准基点。

(2)桥梁段线路水准基点应全部加密到桥上,点间距不超过2 km。

(3)隧道段线路水准基点的点间距不应超过2 km。

2.3　加密水准点的埋设

(1)路基段水准加密点按线路水准基点埋石要求单独埋设。

(2)桥梁段水准加密点选择布设在墩台顶部桥梁固定支座端上方。

(3)隧道段水准加密点布设在电缆沟及边墙交接处且方便立尺、便于保存的地方。

(4)水准加密点埋设完成后,应按要求绘制点之记。点之记包含点号、概略经纬度(现场采集)、所在地、交通情况、交通略图、点位通视情况及点位略图、选点情况及埋石情况。绘制时要符合要求,要素齐全,标识点位的距离用皮尺现场实测,交通路线图指向要齐全、清楚。

2.4　水准加密点外业测量

线路水准加密测量外业观测分为三部分,即线下水准联测、线上水准联测、桥上桥下水准联测(全站仪三角高程),具体外业要求如下。

2.4.1　桥上、桥下水准联测

(1)桥上、桥下水准联测使用二等水准的技术要求执行。

(2)高程控制网加密时,水准线路必须联测到线路两端各两个以上线路水准基点上,以检验联测水准点是否发生显著沉降或被破坏。高程控制网加密按二等水准测量的技术要求执行,作业前及作业过程中检查i角均应不超过15″;外业测量使用型号不低于DS_1的精密电子水准仪及配套的2 m或3 m因瓦条码水准尺进行观测;水准尺须采用辅助支撑进行安置,测量转点应安置尺垫,尺垫选择坚实的地方并踩实以防尺垫的下沉。

(3)水准线路采用往返观测,一条路线的往返测必须使用同一类型仪器和转点尺垫,并沿同一路线进行。每一测段均采用偶数站结束,往返观测在一日的不同时间段进行。

(4)观测技术要求。采用水准测量方式加密水准基点应满足表15-11、表15-12的规定。

表15-11 二等水准测量精度要求

等级	每千米高差偶然中误差 M_Δ/mm	每千米高差全中误差 M_W/mm	限差/mm		
			测段、路线往返测高差不符值	附合路线或环线闭合差	检测已测测段高差之差
二等	≤1	≤2	$\pm 4\sqrt{K}$	$\pm 4\sqrt{L}$	$\pm 6\sqrt{R}$

注:表中 K 为测段水准路线长度,单位为km;L 为水准路线长度,单位为km;R 为检测测段长度,单位为km;n 为测段水准测量站数。

表15-12 二等水准测量主要技术要求

等级	水准仪最低型号	水准尺类型	视距/m	前后视距差/m	测段的前后视距累积差/m	视线高度/m	数字水准仪重复测量次数
二等	DSZ_1、DS_1	因瓦	≥3且≤50	≤1.5	≤6.0	≤2.8且≥0.55	≥2次

2.4.2 三角高程测量

当桥面与地面间高差大于3 m,线路水准基点高程直接传递到桥面CPⅢ控制点上困难时,可采用不量仪器高和棱镜高的中间设站三角高程测量法传递,观测两遍,且要求仪器变换仪器高,每次要求手工观测4个测回。中间设站三角高程测量方法,就是在没有仪器高和棱镜高量取误差的情况下,求出点 A 和点 B 的高差。其测量原理,如图15-6所示。也可在同一侧设置观测点,如图15-7所示。

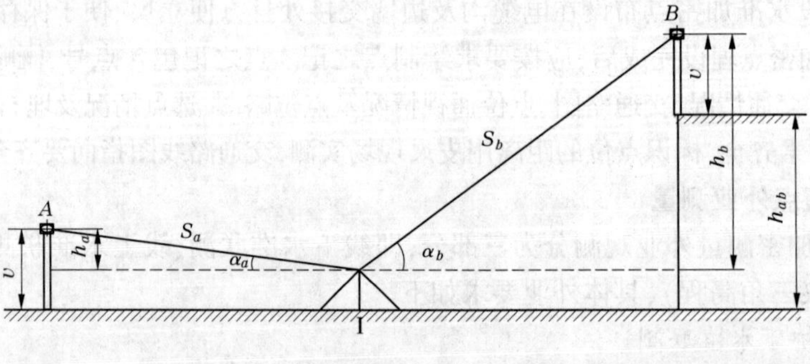

图15-6 不量仪器高、棱镜高的中间设站三角高程测量原理示意图

中间设站三角高程测量的主要技术要求,应满足表15-13的要求。测量中,前、后视必须是同一个棱镜。观测时,棱镜高不变;仪器与棱镜的距离不宜大于100 m,最大不应超过150 m。前、后视距应尽量相等,一般距离差值不宜超过5 m。观测时,要准确测量温度、气压值,以便进行边长改正。

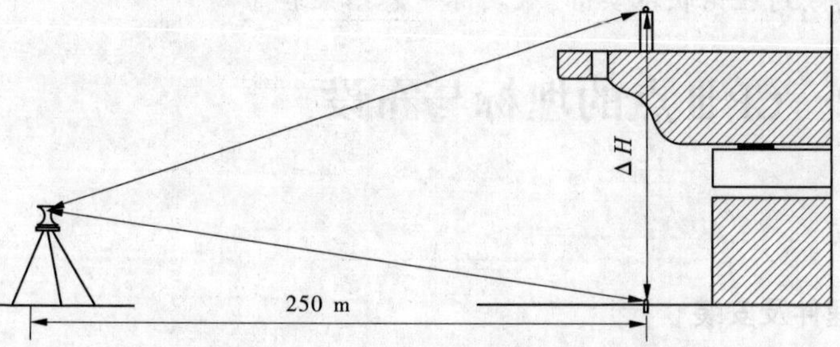

图 15-7 同侧设点三角高程测量原理示意图

表 15-13 中间设站三角高程测量的主要技术要求

垂直角测量				距离测量			
测回数	两次读数差/(″)	测回间指标差互差/(″)	测回差/(″)	测回数	每测回读数次数	4 次读数差/mm	测回差/mm
4	不超过±5.0	不超过±5.0	不超过±5.0	4	4	不超过±2.0	不超过±2.0

2.4.3 数据处理

线上加密水准点测量野外作业结束后,对所有的观测数据进行平差前的检查,对于观测遗漏或观测错误的数据应该及时补测或者重测。并计算以下精度指标:

(1)计算测段往返较差值,以原网相同的国家一、二等水准点为基准计算附合路线闭合差,其值应满足表 15-11 中相应指标要求。

(2)根据每条水准路线按测段往返测高差不符值计算每千米观测高差偶然中误差 M_Δ,其值应满足表 15-11 中相应指标要求。

(3)当附合(闭合)水准路线条(环)数超过 20 个时,按测段(环线)高差闭合差计算每公里观测高差全中误差 M_W,其值应满足表 15-11 中相应指标要求。

M_Δ 和 M_W 按下列公式计算:

$$M_\Delta = \sqrt{\frac{1}{4n}\left[\frac{\Delta\Delta}{L}\right]}$$

$$M_W = \sqrt{\frac{1}{N}\left[\frac{WW}{L}\right]}$$

式中 Δ——测段往返高差不符值,mm;

L——测段长,km;

n——测段数;

W——经过各项修正后的水准环线闭合差,mm;

N——水准环数。

【小贴士】

本任务主要介绍 CPⅡ控制网加密的作业方法和技术要求。通过该任务的学习,学生应该掌握 CPⅡ加密点和加密水准点的布设和编号规则、CPⅡ加密点和水准加密点外业测量方法、CPⅡ加密点和水准加密点数据处理。特别注意与后续的 CPⅡ控制网加密课外实习进行融会贯通,做到理论联系实际,从实际中总结经验。

任务 2　CPⅢ点的埋标与布设

1　CPⅢ标志

1.1　CPⅢ预埋件及安装

CPⅢ点应设置强制对中标志,标志几何尺寸的加工误差应不大于 0.05 mm,CPⅢ标志棱镜组件安装精度应符合表 15-14 的要求。

表 15-14　CPⅢ标志棱镜组件安装精度要求

CPⅢ标志	重复性安装误差/mm	互换性安装误差/mm
X	0.4	0.4
Y	0.4	0.4
H	0.2	0.2

CPⅢ通用预埋件样式如图 15-8 所示。

图 15-8　CPⅢ通用预埋件样式

CPⅢ预埋件埋设要求及方法如下:

在路基段 CPⅢ标志桩、桥梁段防撞墙、隧道电缆槽顶预留孔位或竖立钻孔。埋设时注意,预埋件应尽量竖直或横向钻孔,安放预埋件,并用化学凝固剂固定。待化学凝固剂凝固后进行复检,标志须稳固,不可晃动,标志内须无任何异物,并检查保护管是否正常。预埋件埋设完成及不使用时,必须加设防尘盖,以防异物进入预埋件内影响预埋件使用及其精度。

1.2　CPⅢ棱镜连接适配器

CPⅢ棱镜连接适配器用于连接 CPⅢ点测量棱镜,与 Leica GPR121 精密棱镜配套使用的 CPⅢ棱镜连接适配器样式如图 15-9 所示。

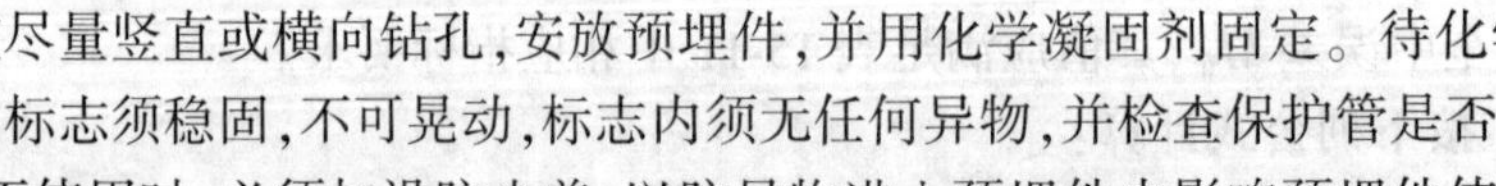

图 15-9　CPⅢ棱镜连接适配器样式

1.3　CPⅢ高程测量适配器

CPⅢ高程测量适配器用于 CPⅢ点高程测量,样式如图 15-10 所示。

1.4　CPⅢ精密棱镜

CPⅢ精密棱镜样式如图 15-11 所示。

图 15-10　CPⅢ高程测量适配器样式

1.5　CPⅢ标志的使用

1.5.1　CPⅢ平面测量

(1)选择和安装与预埋件配套一致的棱镜测量杆。

(2)CPⅢ平面测量时,把棱镜测量杆插入预先安置好的预埋件,使棱镜测量杆的突出横截面和预埋件管口严密连接。

(3)将棱镜安装在棱镜测量杆插头上,旋转棱镜头正对准全站仪。

(4)测量完用盖子将预埋件盖上。

图 15-11　CPⅢ精密棱镜样式

注意,CPⅢ平面测量点位随棱镜不同而变化,因此采用的仪器和棱镜必须配套,而且以后测量时尽量采用同样的仪器、棱镜。

1.5.2　CPⅢ高程测量

(1)选择和安装与预埋件配套一致的水准测量杆。

(2)CPⅢ高程测量时,把水准测量杆插入预先安置好的预埋件,使水准测量杆的突出横截面和预埋件管口严密连接。

(3)将因瓦钢水准标尺安置在水准测量杆球头上。

(4)测量完用盖子将预埋件盖上。

1.6　CPⅢ标志的日常管理和养护

(1)搬运、运输过程中应用纸包裹棱镜(水准)测量杆,防止相互碰撞、磨损。

(2)安装完成后,每次测量完应及时将防尘盖盖上。

(3)每 3 个月检查一次预埋件和塞子是否损坏,用小毛刷刷除预埋件内灰尘。竖立的预埋件如果灰尘积太厚,则用高压气枪吹净。

2　CPⅢ点和自由测站编号

2.1　CPⅢ点编号

CPⅢ点编号共 7 位数,前 4 位采用四位连续里程的公里数,第 5 位正线部分为“3”,第 6、7 位为流水号,01~99 号数循环。由小里程向大里程方向顺次编号,所有处于线路里程增大方向轨道左侧的标记点,编号为奇数,处于线路里程增大方向轨道右侧的标记点编号为偶数,在有长短链地段应注意编号不能重复。

2.2　自由设站编号

CPⅢ测量过程中的自由测站点编号根据里程和测站号等相关信息来进行编制,如 0613C01。前 4 位为里程;第 5 位 C 代表初次建网测量;B 代表补测,F 代表复测,J 代表竣工测量;第 6 位和第 7 位代表测站编号(各标段自行分配,标段连接处相邻标段的 CPⅢ测站编号不应相同),01~99 号数循环。

2.3　CPⅢ点和自由设站编号的喷绘

CPⅢ点编号路基地段标绘于辅助立柱内侧,标志正下方 0.02 m;桥梁地段统一标绘于防撞墙内,顶面下方 0.02 m;隧道地段标绘于标志正上方 0.02 m。

点号标志采用白色油漆抹底,红色油漆喷写点号。点号标牌规格为 30 cm×20 cm,注明工程线名简称,CPⅢ编号及“测量标志,严禁破坏”字样,喷写时使用统一规格的字模、字高,如图 15-12 所示。

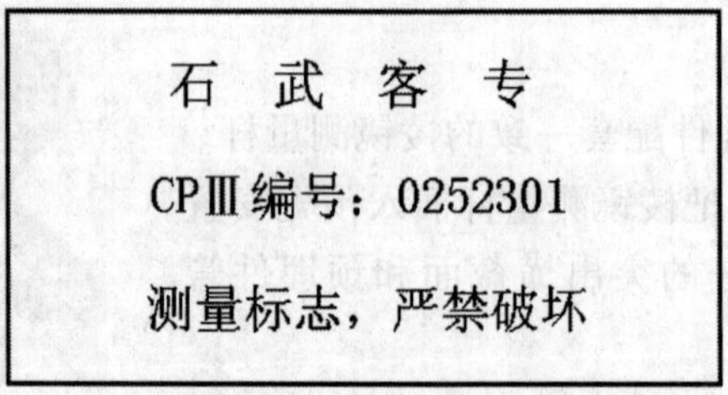

图 15-12　CPⅢ点号标识牌

3　CPⅢ点的布设

CPⅢ点沿线路走向成对布设,前后相邻两对点之间距离一般约为 60 m,应在 50~70 m,每对点之间里程差小于 1 m。CPⅢ点设置在稳固、可靠、不易破坏和便于测量的地方,并应防沉降和抗移动。控制点标识要清晰、齐全,便于准确识别。相邻 CPⅢ控制点应大致等高,其位置应高于设计轨道高程面 30 cm。

布点时要对点位进行详细描述,主要描述的内容包括位于线路里程(里程要准确,精确至 m)、外移距离、桩类型、具体设置位置和其他需要说明的情况等。

3.1　路基地段 CPⅢ点的布设

一般路基段 CPⅢ控制点布设在接触网杆基础上,须在接触网杆基础施工时,扩大接触网基础,并在基础上预留 CPⅢ控制桩的位置。CPⅢ基桩、CPⅢ基桩扩大基础及接触网原基础应一次施工完成。待基础稳定后,在基础使用水泥砂浆埋设 CPⅢ标志预埋部分。路基上 CPⅢ点布设如图 15-13、图 15-14 所示。

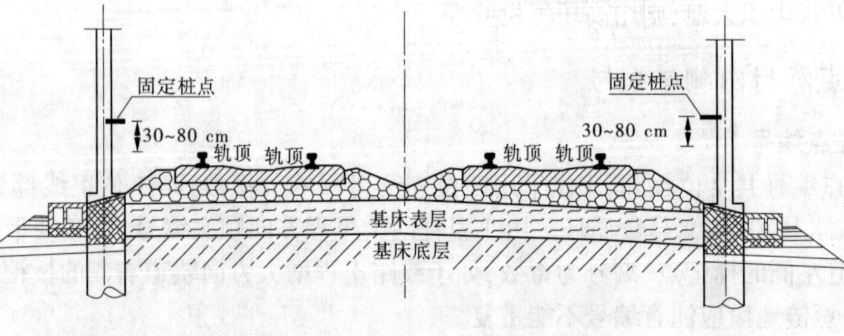

图 15-13　路基地段 CPⅢ点布置示意图

CPⅢ基桩不应侵入接触网定位钢板范围,以免影响接触网支柱的安装;CPⅢ基桩的内侧边缘距线路中心线的距离,不应小于接触网内侧边缘距离线路中心线的距离,同时应满足限界相关规范要求。

3.2　桥梁地段 CPⅢ点的布设

桥梁地段 CPⅢ点成对布设在墩台顶部桥梁固定支座端正上方的防撞墙顶中部,偏差不应大于 10 cm,如图 15-15、图 15-16 所示。

图15-14　路基地段CPⅢ点布置实物图

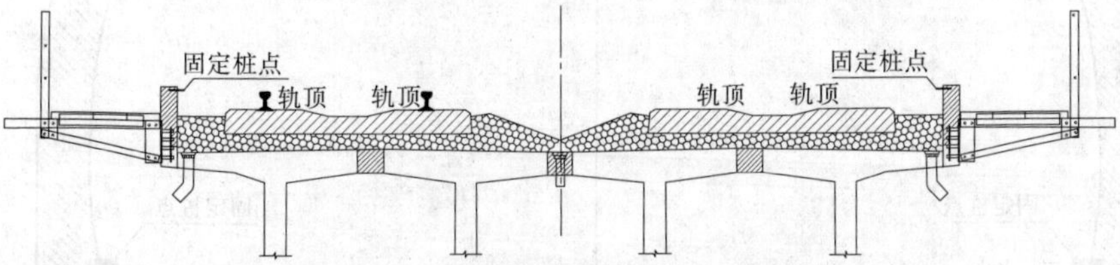

图15-15　桥梁地段CPⅢ点布置示意图

图15-16　桥梁地段CPⅢ点布置实物图

3.2.1　简支梁部分

对于24 m或32 m简支梁每2孔布设一对CPⅢ点，相邻两对CPⅢ点间距约为64 m(32 m+32 m)、56 m(32 m+24 m)或48 m(24 m+24 m)。对于连续24 m简支梁，根据实际情况也可每三孔布设一对CPⅢ点。

3.2.2　普通连续梁

对于连续梁，CPⅢ应优先布设于固定端上方。对于跨度超过80 m的连续梁，应在跨中

50~80 m间均匀布设一对或几对CPⅢ点,对跨中CPⅢ点对应尽可能保证施测与使用的外部环境相同,使用前应对整个连续梁段进行复核。

3.2.3　大跨连续梁和特殊结构

结合梁跨结构形式、跨度、材料的不同,按CPⅢ点对布设要求和间距进行布点,可适当增大相邻点对间距,但最长不超过90 m。整个段落要在较短的同一段时间、同一温度、环境下进行测量。测量CPⅢ的时间和铺板的时间尽量相隔短,且荷载没有大的变化。如果相隔时间较长或温度、环境、荷载有较大的变化,要进行重新复测后使用。铺板的时间段要和测量CPⅢ的时间、温度、环境一致。如尽量在夜间或阴天温度变化较小的时间段内进行。

3.3　隧道地段CPⅢ点的布设

隧道里一般布置在电缆槽上方30~50 cm的隧道边墙上(埋设横插基座)或外侧排水沟顶端(埋设立式基座),如图15-17、图15-18所示。

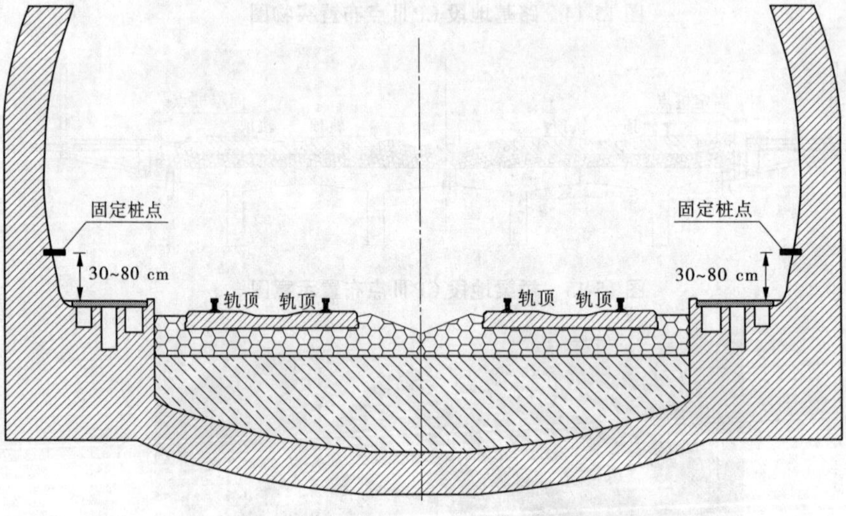

图15-17　隧道地段CPⅢ点布置示意图

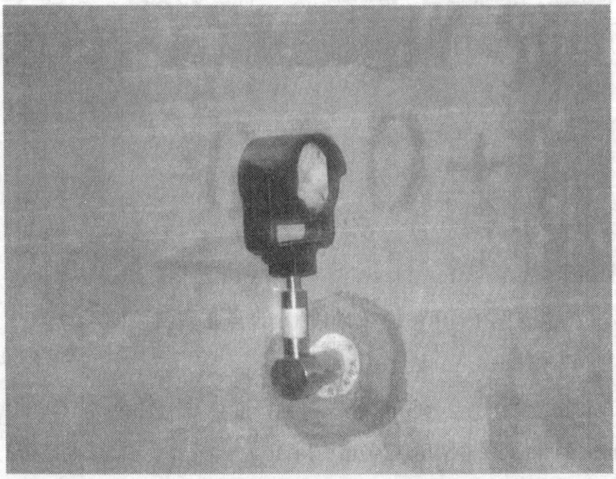

图15-18　隧道地段CPⅢ点布置实物图

3.4 车站内CPⅢ点的布设

在车站范围内因为股道多、同期施工的其他工程多,应根据站内具体情况将CPⅢ点设在站房雨棚柱基础上、站台侧面或单独埋设CPⅢ的标志桩,在同一个车站的CPⅢ标志桩形式应统一,要保证标志点的稳定性,不影响行车安全及其他专业要求。

车站内埋设在站台侧面廊檐上(埋设预埋件)的CPⅢ点布置,如图15-19所示。

图15-19 车站内埋设在站台侧面廊檐上CPⅢ点布置示意图

车站内单独埋设CPⅢ的标志桩,如图15-20所示。

图15-20 车站内单独埋设CPⅢ的标志桩布置示意图

【小贴士】

本任务主要介绍CPⅢ点位的布设。通过该任务的学习,学生应该了解CPⅢ预埋件、CPⅢ棱镜连接适配器、CPⅢ高程测量适配器、CPⅢ精密棱镜的样式和种类,掌握CPⅢ标志的使用方法、CPⅢ标志的日常管理和养护方法、CPⅢ点编号和自由设站编号方法、CPⅢ点的布设方法。

任务3　CPⅢ平面控制网测量

1　采用的仪器设备和观测软件

1.1　采用的仪器设备

(1)CPⅢ网测量使用的全站仪标称精度必须满足以下要求:

角度测量精度:≤±1″。

距离测量精度:≤±1 mm+2×10^{-6}D。

(2)全站仪应使用具有自动目标搜索、自动照准(ATR)、自动观测、自动记录功能的智能型全站仪。如 Leica TS15、Leica TS30 等。

(3)观测前须按要求对全站仪及其棱镜进行检校,作业期间仪器须在有效检定期内。

(4)CPⅢ测量棱镜采用 Leica GPR121 高精度金属外壳棱镜,棱镜相位中心稳定。每台全站仪应配 13 个棱镜,使用前应对棱镜进行必要的重复性和互换性检核。

1.2　采用的观测软件

在自由设站 CPⅢ测量中,测量时必须使用与全站仪能自动记录及计算的专用数据处理软件,采用软件必须通过铁道部相关部门正式鉴定,如中铁二院开发的 Survey Adjust V CPⅢ平差软件、中铁四院开发的“铁路工程精密控制测量数据处理系统”CPⅢ专用平差软件等。

2　CPⅢ平面平面控制网外业观测

CPⅢ控制网一般在无风(或微风)、无雾等条件较好的晚上进行测量。

每测站边长观测必须进行温度、气压等气象元素改正,温度读数精确至 0.2 ℃,气压读数精确至 0.5 hPa。

2.1　观测方法

CPⅢ平面网采用自由测站边角交会法施测,附合到 CPⅠ、CPⅡ控制点上,每 600 m 左右(400~800 m)联测一个 CPⅠ或 CPⅡ控制点,自由测站至 CPⅠ、CPⅡ控制点的观测边长不大于 300 m。

CPⅢ平面网观测的自由测站间距一般约为 120 m,测站内观测 12 个 CPⅢ点,全站仪前后方各 3 对 CPⅢ点,自由测站到 CPⅢ点的最远观测距离不应大于 180 m;每个 CPⅢ点至少应保证有 3 个自由测站的方向和距离观测量,并按要求填写观测手簿,记录测站信息。测站观测 12 个 CPⅢ点平面网构网示意图如图 15-21 所示。

因遇施工干扰或观测条件稍差时,CPⅢ平面控制网可采用如图 15-22 所示的构网形式,平面观测测站间距应为 60 m 左右,每个 CPⅢ控制点应有四个方向交会。

2.2　与 CPⅠ、CPⅡ控制点的联测方法

与 CPⅠ、CPⅡ控制点联测时,统一采用自由测站法。在 CPⅠ、CPⅡ点上架设棱镜时,必须检查光学对中器精度、并采用精密支架。应在 3 个或以上自由测站上观测 CPⅠ、CPⅡ控制点。联测 CPⅠ、CPⅡ控制点的观测网如图 15-23 所示。

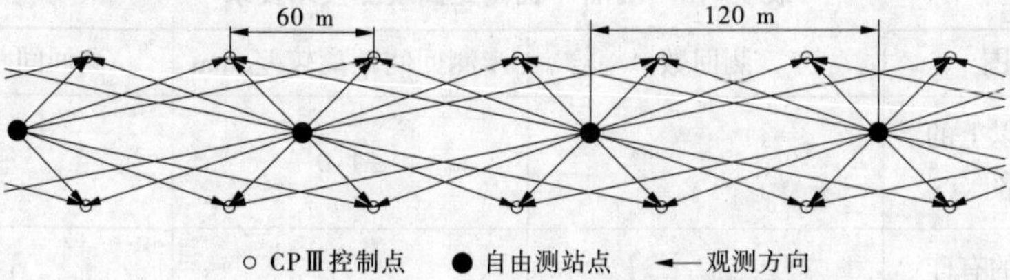

图 15-21　测站观测 12 个 CPⅢ点平面网构网示意图

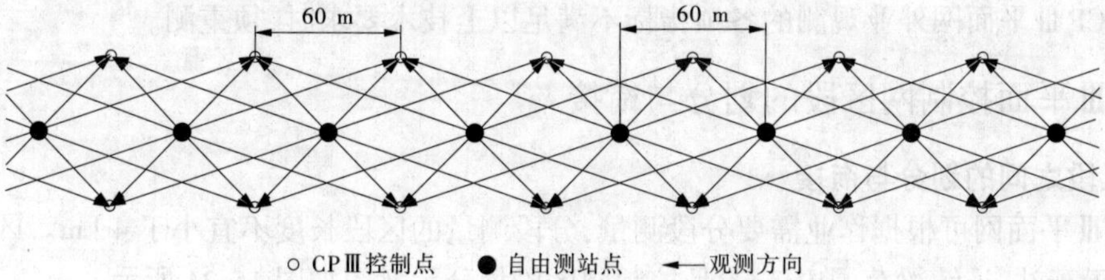

图 15-22　测站间距为 60 m 的 CPⅢ平面控制网构网形式

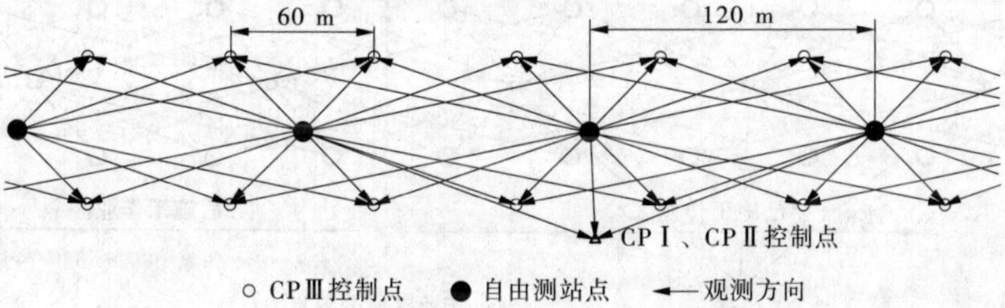

图 15-23　联测 CPⅠ、CP Ⅱ控制点的观测网

2.3　外业观测技术要求

水平方向采用全圆方向观测法进行观测，观测时必须满足表 15-15 的要求。

表 15-15　CPⅢ平面水平方向观测技术要求

控制网范围	仪器等级	测回数	半测回归零差	不同测回同一方向 2C 互差	同一方向归零后方向值较差
时速 200 km 以上的高速铁路	0.5″	2	6″	9″	6″
	1″	3	6″	9″	6″
时速 200 km 的有砟轨道高速铁路	≥1″	2	9″	15″	9″

注：当观测方向的垂直角超过±3°的范围时，该方向 2C 互差按相邻测回同方向进行比较，其值应满足表中一测回内 2C 互差的限值。

CPⅢ平面网距离观测应满足表 15-16 的要求。

表 15-16 CPⅢ平面网距离观测技术要求

控制网范围	测回数	半测回间距离较差/mm	测回间距离较差/m
时速 200 km 以上的高速铁路	2	±1.0	±1.0
时速 200 km 的有砟轨道高速铁路	2	±2.0	±2.0

当 CPⅢ平面网外业观测的各项指标不满足以上技术要求时,须重测。

3 CPⅢ平面控制网区段的划分与衔接

3.1 区段之间的划分与衔接

CPⅢ平面网可根据作业需要分段测量,分段测量的区段长度不宜小于 4 km。区段接头不应位于车站、连续梁范围内。CPⅢ控制网区段划分示意图如图 15-24 所示。

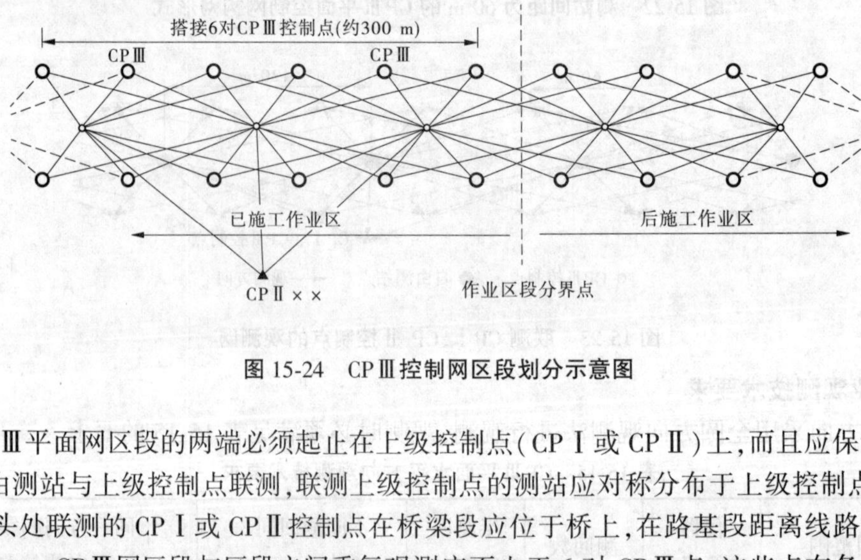

图 15-24 CPⅢ控制网区段划分示意图

CPⅢ平面网区段的两端必须起止在上级控制点(CPⅠ或 CPⅡ)上,而且应保证有至少 3 个自由测站与上级控制点联测,联测上级控制点的测站应对称分布于上级控制点的两侧。区段接头处联测的 CPⅠ或 CPⅡ控制点在桥梁段应位于桥上,在路基段距离线路中线不宜大于 50 m。CPⅢ网区段与区段之间重复观测应不少于 6 对 CPⅢ点,这些点在各自区段中的观测和平差计算,必须满足 CPⅢ网的精度要求。除此之外,还要满足各自区段平差后的公共点的平面坐标(X,Y)的较差应不超过±3.0 mm 的要求。满足该条件后,后一区段区 CPⅢ网平差时采用联测的 CPⅠ或 CPⅡ控制点及重叠区域内前一区段段落的连续的 1~3 对 CPⅢ点作为约束点进行平差计算。重叠的公共点的坐标(X,Y)的较差应不超过±1.0 mm,若坐标差值大于 1.0 mm,应查明原因,确认无误后,未约束的重叠点坐标应统一采用后一区段 CPⅢ网的平差结果。

3.2 标段之间 CPⅢ控制网的衔接

相邻标段之间也同样存在衔接的情况,标段之间 CPⅢ控制网的衔接方法与前述相同,如图 15-25 所示。

3.3 相邻投影带之间 CPⅢ控制网的衔接

相邻投影带衔接处 CPⅢ平面网计算时,分别采用换带处的 CPⅠ或 CPⅡ控制点的两个

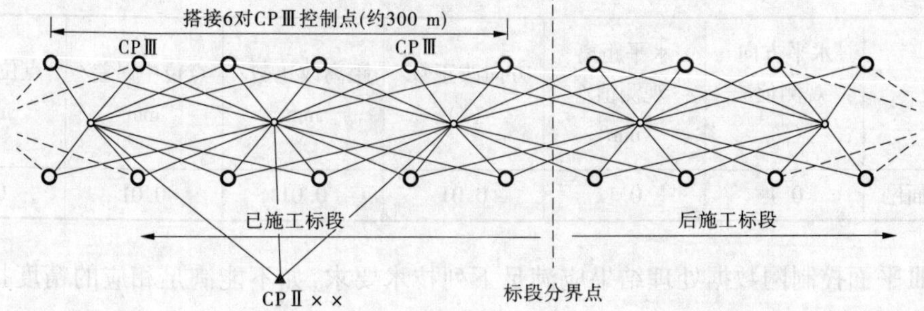

图15-25　相邻标段之间CPⅢ控制网的衔接示意图

投影带的坐标进行约束平差,平差完成后,分别提交相邻投影带两套CPⅢ平面网的坐标成果,两套坐标成果都应满足轨道控制网技术要求。提供两套坐标的CPⅢ区段长度不应小于800 m。相邻投影带之间CPⅢ控制网的衔接示意图如图15-26所示。

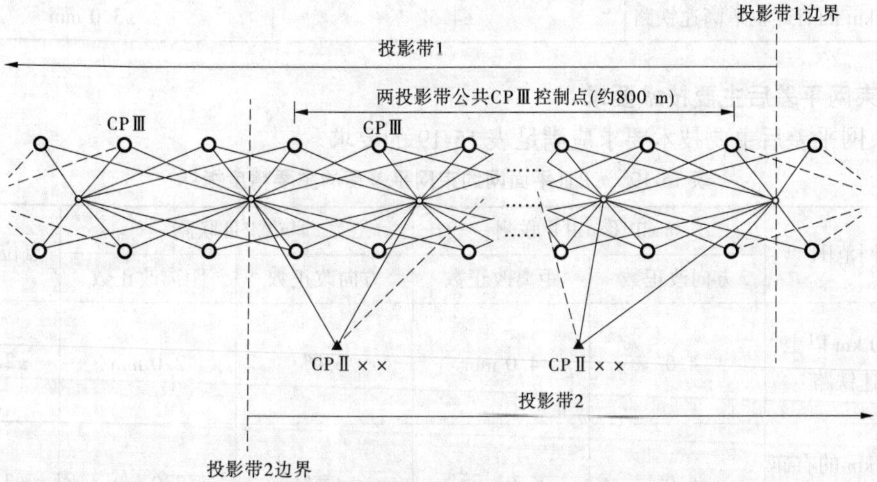

图15-26　相邻投影带之间CPⅢ控制网的衔接示意图

4　CPⅢ平面控制网数据处理

CPⅢ平面控制网数据处理软件应通过铁道部主管部门评定。

观测数据存储之前,必须对观测数据的质量进行检核。包括如下内容:仪器高、棱镜高;观测者、记录者、复核者签名;观测日期、天气等气象要素记录。检核方法可以采用手工或程序检核。观测数据经检核不满足要求时,及时提出重测;经检核无误并满足要求时,进行数据存储,提交给数据计算、平差处理。

CPⅢ平面网平差计算取位如表15-17所示。

表 15-17　CPⅢ平面控制网平差计算取位

等级	水平方向观测值/(″)	水平距离观测值/mm	方向改正数/(″)	距离改正数/mm	点位中误差/mm	点位坐标/mm
CPⅢ平面网	0.1	0.1	0.01	0.01	0.01	0.1

CPⅢ平面控制网数据处理结果应满足下列技术要求，如不能满足相应的精度指标时，应进行返工测量。

4.1　自由网平差后主要技术要求

自由网平差后主要技术要求应满足表 15-18 的要求。

表 15-18　CPⅢ平面自由网平差后方向和距离改正数限差

控制网范围	方向改正数	距离改正数
时速 200 km 以上的高速铁路	±3.0″	±2.0 mm
时速 200 km 的有砟轨道高速铁路	±4.5″	±3.0 mm

4.2　约束网平差后主要技术要求

约束网平差后主要技术要求应满足表 15-19 的要求。

表 15-19　CPⅢ平面网约束网平差后的主要精度指标

控制网范围	与 CPⅠ、CPⅡ联测		与 CPⅢ联测		点位中误差
	方向改正数	距离改正数	方向改正数	距离改正数	
时速 200 km 以上的高速铁路	4.0″	4.0 mm	3.0″	2.0 mm	±2.0 mm
时速 200 km 的有砟轨道高速铁路	6.0″	6.0 mm	4.5″	3.0 mm	±3.0 mm

4.3　CPⅢ平面网的主要技术要求

CPⅢ平面网的主要技术要求应满足表 15-20 的要求。

表 15-20　CPⅢ平面网的主要技术要求

控制网范围	方向观测中误差	距离观测中误差	相邻点的相对中误差
时速 200 km 以上的高速铁路	1.8″	1.0 mm	1.0 mm
时速 200 km 的有砟轨道高速铁路	2.5″	1.5 mm	1.5 mm

5 CPⅢ平面控制网外业记录

CPⅢ平面控制网观测手簿是CPⅢ平面测量的重要原始信息,其格式如表15-21所示。

表15-21 ××客专CPⅢ平面控制测量观测手簿

______标____工区(____测量组)　　　　　　　　______段　　　第__页(共__页)

天气:□晴 □阴 □雨　　　　　　　　　　　　　　□无风 □微风 □大风

仪器型号和编号: __/__　　　　　　　　　　　　　测量时段:□夜间 □上午 □下午

自由站编号		仪器高/m		温度:	气压:
测量点编号	棱镜高/m	备注	测量点编号	棱镜高/m	备注

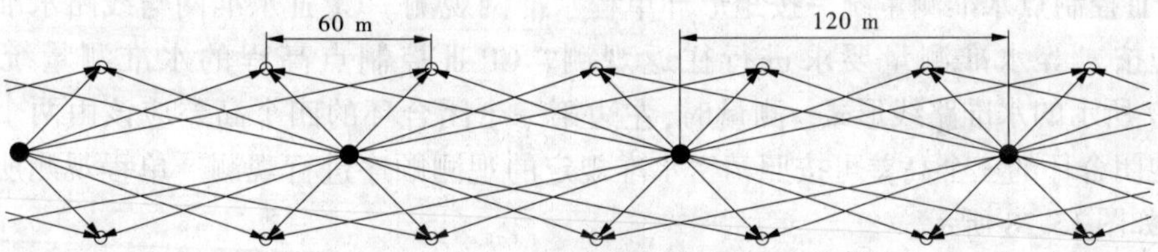

说明:将自由测站编号、CPⅢ点编号及CPⅡ点号与位置应在该示意图上标记出来

司镜:　　　　记录:　　　　监理:　　　　　　年　　月　　日

【小贴士】

本任务主要介绍CPⅢ平面控制网测量。通过该任务的学习,学生应该掌握CPⅢ平面控制网测量采用的仪器设备和观测软件,CPⅢ平面控制网外业观测方法和技术要求,与CPⅠ、CPⅡ控制点的联测方法,CPⅢ平面控制网区段的划分与衔接方法,CPⅢ平面控制网数据处理技术要求。通过后续的CPⅢ平面控制网测量课外实习进行融会贯通,做到理论联系实际,从实际中总结经验。

任务4 CPⅢ高程控制网测量

1 CPⅢ高程控制网水准观测

CPⅢ高程控制点与平面控制点共桩,在进行棱镜中心高程的水准测量时,只需直接将水准测量杆件插入套筒内即可测量。通过减去水准杆件球形的半径值即可方便地获得棱镜中心的精确高程。

CPⅢ控制点水准测量应附合于线路水准基点(桥梁段为按三角高程传递到桥上的CPⅢ点或桥上水准辅助点),按精密水准测量技术要求往返施测,水准路线附合长度不得大于3 km。

1.1 仪器设备要求

CPⅢ控制网高程测量应采用满足技术规范要求的电子水准仪及铟钢条码尺进行测量,高程上桥可采用具有自动照准功能的全站仪按不量仪器高和目标高的中间法三角高程测量方法进行。

高程测量采用的仪器设备应经过检定并在检定有效期内,作业之前应对仪器设备进行必要的检验和校准。

1.2 观测方法

CPⅢ控制点水准测量统一按矩形环单程水准网观测。CPⅢ水准网与线路水准基点联测时,应按二等水准测量要求进行往返观测。CPⅢ控制点高程的水准测量统一采用图15-27所示的水准路线形式。测量时,左边第一个闭合环的四个高差应该由两个测站完成,其他闭合环的三个高差可按照精密水准规定的观测顺序进行观测。单程观测所形成的闭合环如图15-28所示。

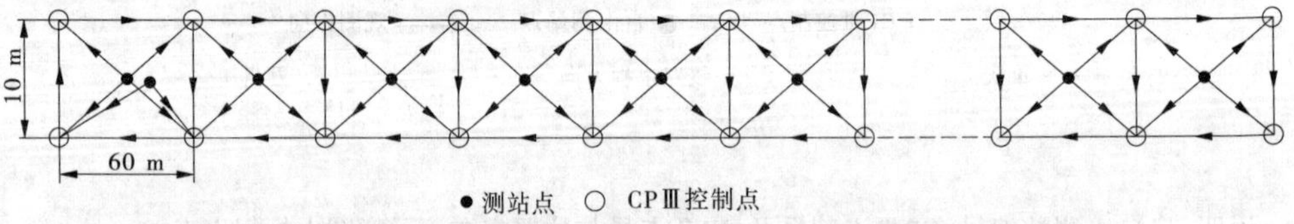

图15-27 矩形法CPⅢ水准测量原理示意图

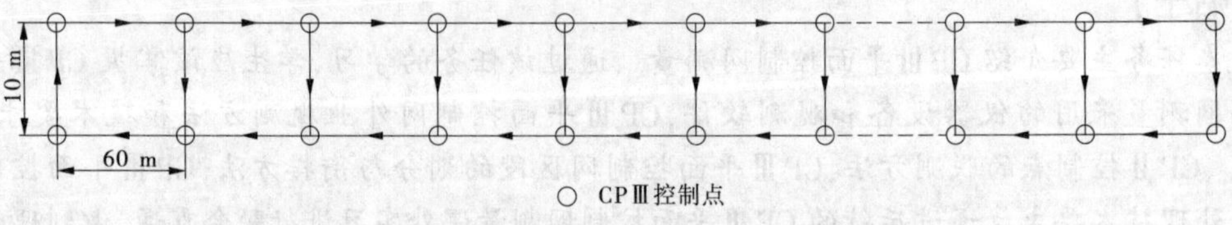

图15-28 CPⅢ水准网单程观测形成的闭合环示意图

1.3 观测技术要求

CPⅢ控制点水准测量应对相邻4个CPⅢ点所构成的水准闭合环进行环闭合差检核，相邻CPⅢ点的水准环闭合差不得大于1 mm。精密水准测量水准路线的精度应满足表15-22的要求。

表15-22 精密水准测量的精度要求

单位：mm

水准测量等级	每千米高差偶然中误差 M_Δ	每千米高差全中误差 M_W	限差			
			线路方向CPⅢ点对高差之差	往返测不符值	附合路线或环线闭合差	左右路线高差不符值
精密水准	≤2.0	≤4.0	$8\sqrt{L}$	$8\sqrt{L}$	$8\sqrt{L}$	$6\sqrt{L}$

注：表中L为往返测段、附合或环线的水准路线长度，单位km。

精密水准测量的观测方法应满足表15-23的要求。

表15-23 精密水准测量的观测方法

水准测量等级	附合路线长度/km	水准仪最低型号	水准尺	观测次数	
				与已知点联测	环线
精密水准	≤3	DS_1	因瓦	往返	单程

精密水准测量的技术要求应满足表15-24的要求。

表15-24 精密水准观测的主要技术要求

水准测量等级	水准尺类型	水准仪等级	视距/m	前后视距差/m	测段的前后视距累积差/m	视线高度/m
精密水准	因瓦	DS_1	≥3且≤60	≤2.0	≤6.0	≥0.45且≤2.8

在观测数据存储之前，必须对观测数据作各项限差检验。检验不合格时，对不合格测段整体重测，直至合格。

在下列情况下，CPⅢ高程网的外业观测值应该部分或全部重测：

(1)当CPⅢ高程网水准测量的测站数据质量不满足表15-24的要求时，该测站的数据应该重测。

(2)当CPⅢ高程网水准路线的限差超过表15-22的要求时，该水准路线的数据应该重测。

(3)当根据闭合环闭合差计算的每千米水准测量的高差全中误差超限时，首先应对闭合差较大的闭合路线进行重测，若重测后M_W仍超限，则整个CPⅢ高程网水准测量的数据都应该重测。

(4)当独立闭合环闭合差超过1 mm时重新观测该闭合环。

水准测量所使用的仪器及水准尺，应符合下列规定：

(1)水准仪视准轴与水准管轴的夹角,DS_1 级不应超过15″。

(2)水准尺上的米间隔平均长与名义长之差,对于因瓦水准尺,不应超过0.15 mm。

(3)精密水准测量采用数字水准仪观测,观测读数和记录的数字取位至0.01 mm。

2　CPⅢ高程控制网数据处理

2.1　数据检查

(1)点名编号必须统一,注意每站前、后点名衔接检查,避免数据预处理出错。

(2)数据中的点名不宜以数字或Z开头,否则软件将其当作转点对待,不能顺利进行计算。

(3)应按上面观测技术要求对观测数据进行各项限差检验,形成文本检查文件。

(4)检查附合路线高差闭合差是否符合要求;对相邻4个CPⅢ点所构成的水准闭合环进行闭合差检核,相邻CPⅢ点的水准环闭合差不得大于1 mm;由水准环闭合差计算的每公里水准测量的全中误差是否符合要求。

2.2　数据平差计算

(1)CPⅢ高程网水准测量的外业观测数据全部合格后,方可进行内业平差计算。CPⅢ高程网采用联测的稳定线路水准基点(或加密点)的高程作为起算数据进行固定数据平差计算。平差后,相邻CPⅢ点间高差中误差是否符合规范不大于0.5 mm的精度要求。

(2)注意CPⅢ高程区段接边处理,检查高程搭接点的高程较差是否满足要求。CPⅢ高程测量分段方式与CPⅢ平面测量分段方式保持一致,前后段接边时应联测另外一段4对CPⅢ点。段之间衔接时,前后区段独立平差重叠点高程差值应不超过±3 mm。满足该条件后,后一区段CPⅢ网平差,应采用本区段联测的线路水准基点及重叠段前一区段1~2对CPⅢ点高程成果进行约束平差。各项精度指标满足要求后,以其平差结果作为CPⅢ高程成果的采用值,CPⅢ高程成果取位应符合表15-25的要求。

表15-25　精密水准测量计算取位

往返测距离总和/km	往返测距离中数/km	各测站高差/mm	往返测高差总和/mm	往返测高差中数/mm	高程/mm
0.01	0.1	0.01	0.01	0.1	0.1

(3)注意水准连接杆顶面与棱镜中心的距离,应将水准高程换算到棱镜中心作为CPⅢ控制点的采用高程。

【小贴士】

本任务主要介绍CPⅢ高程控制网测量。通过该任务的学习,学生应该掌握CPⅢ高程控制网测量采用的仪器设备和观测软件、CPⅢ高程控制网外业观测方法和技术要求、CPⅢ高程控制网数据处理技术要求。通过后续的CPⅢ高程控制网测量课外实习进行融会贯通,做到理论联系实际,从实际中总结经验。

任务5　CPⅢ控制网测量工作现场注意事项

(1)如果现场在测量过程中起雾,在雾气较浓的情况下是无法顺利进行CPⅢ平面测量的,如雾短时间无法散去,不应观测。

(2)如果全站仪观测棱镜的方向上有人或物体遮挡(但没完全挡住,全站仪激光视线擦着人或障碍物边缘过去的),那就应该调整全站仪位置,远离障碍物,然后重新观测。

(3)如手簿总提示某一个点超限,则应先检查超限点的棱镜,先将镜面擦拭干净,然后重新调整棱镜镜面的左右方向,使其正对全站仪,再重新观测。

(4)全站仪设站位置应距离所测棱镜最小间距15 m以上,否则易发生2C互差超限的情况。

(5)全站仪已精确照准棱镜中心,却无法正常读数的情况,应将全站仪位置稍微挪动一下,向附近移动0.5 m或者1 m的距离,然后将全站仪重新精确整平后观测。

(6)如果在桥梁段测量时发现全站仪的电子水准气泡总是跳动(或电子水准气泡不稳定),则可将全站仪放在旁边轨道板上重新精确整平后观测。

(7)如在测量过程中,设站点附近发生轻微震动,造成全站仪的电子水准气泡偏差较大(超过15″),则应暂停测量,待重新将全站仪的电子水准气泡调整至9″之内后,再重新开始测量工作。

(8)设站观测CPⅢ前,应首先用全站仪寻找需要测量的目标点,寻找CPⅢ点目标时,应统一采用盘左位置,按照顺时针方向测量。

(9)在测量过程中,应尽量保证测量现场(特别是全站仪面向棱镜的测量方向)无灯光(特别不能有较强的光线),否则会造成现场测量时频繁发生2C互差超限的情况。

(10)现场测量CPⅢ平面控制网时,采用徕卡和天宝系列的全站仪,所设置的棱镜常数应有所区别。当采用徕卡系列的全站仪观测Leica GRP121棱镜时,应在仪器中将棱镜常数设置为0.0 mm,当采用天宝系列的全站仪观测Leica GRP121棱镜时,应在手簿中将棱镜常数设置为-34.4 mm。

(11)如在现场测量过程中遇到预埋件无法被CPⅢ测量杆插入的情况,则应先更换其他的CPⅢ测量杆尝试一下。若所有的CPⅢ测量杆都插不进去,且预埋件口变形不明显,可用随身携带的锉刀将其口扩开一些,保证CPⅢ测量杆可顺利插入。如果预埋件口被东西堵住了,在经过尽力尝试后,不能将堵塞的东西取出,则可将堵塞预埋件的物品捅到其最底部,且需保证CPⅢ测量杆插入后和预埋件能紧密贴合。

(12)在测量CPⅢ控制网之前,应对所使用的棱镜、棱镜杆和高程杆进行检查,确保其互换性精度。

(13)在连续梁区域进行CPⅢ控制网的测量或使用时,应尽量保证测量和使用的环境、时间一致,以减小CPⅢ点位在连续梁上随时间和温度的变化。

(14)在桥梁段埋设CPⅡ、CPⅢ点之前,须向制梁厂确认桥梁固定端的位置,埋设的点位一定要在固定端上方。

(15)埋设CPⅡ加密点和CPⅢ预埋件时,应注意保证预埋件顶部与周围平齐或略高出1 mm,且应尽量竖向垂直埋设;路基段埋设CPⅢ预埋件时应注意预埋件插口的顶部应略高于底部,大致呈30°的倾斜状态。

(16)三角高程上桥时应尽量在桥上下都采用埋设CPⅢ预埋件的方式进行上桥三角高程测量,且应记录保存上桥点的位置信息。

(17)应保证全线都能覆盖CPⅢ控制网,且与接轨线路进行衔接。

(18)注意对 CPⅢ控制点采取保护措施(特别在施工建设期间),主要可从以下几点着手:

①埋设 CPⅢ点时,尽量使预埋件顶部与周围平齐或仅略高出 1 mm。

②每次使用完 CPⅢ点后,一定要用保护盖将进口封住,以免异物进入。

③要求施工队伍不在 CPⅢ点上堆放杂物和施工材料,避免控制点损坏。

【小贴士】

本任务主要介绍 CPⅢ控制网测量工作现场注意事项。通过该任务的学习,学生应该了解 CPⅢ控制网测量工作现场应该注意哪些事项,避免返工测量。

任务6 CPⅢ控制网数据的整理和提交

1 数据整理归档

CPⅢ控制网数据整理包括平面部分和高程部分,数据量非常大,所以做好基础的原始数据管理工作很重要,必须按照统一的方式进行数据管理,以备存档、检查、评估提交时使用。

2 成果资料提交

(1)技术方案设计书(电子、纸质文档)。

(2)平面控制网联测示意图(电子、纸质文档)。

(3)平面外业观测原始数据和记录手簿(电子文档)。

(4)平面控制网平差计算手簿(电子、纸质文档)。

(5)平面控制网成果(平面、高程)表(电子、纸质文档)。

(6)水准路线示意图(电子、纸质文档)。

(7)水准外业观测的原始数据(电子文档)。

(8)测段高差统计表、水准路线闭合差统计表(电子、纸质文档)。

(9)仪器检定资料(含温度计、气压计)(电子、纸质文档)。

(10)CPⅢ标志检查记录(电子、纸质文档)。

(11)测量技术总结报告,技术总结应包含以下内容:

①测区概况、技术依据。

②测量日期、作业方法、人员、设备情况。

③CPⅡ加密及二等水准加密测量(含桥上下三角高程传递)过程及其精度分析。

④CPⅢ测量外业作业过程及内业数据处理方法、软件等。

⑤CPⅢ控制网测量精度统计分析:自由网平差距离及方向改正数统计分析;约束网平差距离及方向改正数统计分析;约束网平差相邻 CPⅢ点相对精度统计分析;自由网和约束网平差后的验后单位权中误差统计分析;水准测量测段间往返测较差、附合水准路线及环高差闭合差、水准路线每千米高差偶然中误差统计。

⑥需说明的其他问题。

(12)按文件管理要求整理的磁盘文件。

【小贴士】

本任务主要介绍CPⅢ控制网数据的整理和提交。通过该任务的学习,学生应该掌握CPⅢ控制网测量数据的整理、提交和归档内容及要求,使自己在作业过程中做到心中有数,按要求整理归档。

任务7　CPⅢ控制网的复测与维护

CPⅢ控制点一般布设于路基段专用控制桩、桥梁防撞墙和隧道边墙内衬上,比较容易受线下工程稳定性和施工等情况的影响。为了保证轨道施工的精度及运营期间轨道调整的精度,在施工过程和运营阶段应对CPⅢ网进行必要的复测工作。

1　复测频次

(1)在施工建设阶段,CPⅢ建网测量应在线上轨道结构施工前进行,在长轨精调和工程静态验收之前进行一次复测,在竣工验收前复测一次。

(2)在运营维护阶段,CPⅢ平面网复测周期不宜超过3年/次,CPⅢ高程网复测周期为1年/次。

(3)在区域沉降地区和地质条件复杂地区复测周期应根据现场情况加密。

2　CPⅢ控制网复测精度指标

2.1　CPⅢ平面控制网复测

(1)CPⅢ平面控制网复测采用的仪器设备、观测方法、控制网网形、精度指标、计算软件及联测上一级控制点CPⅠ、CPⅡ的方法和数量均应与原测相同。当CPⅠ、CPⅡ控制点破坏或不满足联测精度要求时,须采用稳定CPⅢ点原测成果进行约束平差。

(2)CPⅢ点复测与原测成果的坐标较差应不超过±3 mm,且相邻点的复测与原测坐标增量较差应不超过±2 mm。较差超限时应结合线下工程结构和沉降评估结论进行分析,判断超限原因,并根据分析结论采取补测或重测措施。确认复测成果无误后,应根据情况履行相关报批手续后更新CPⅢ点成果。坐标增量较差按下式计算:

$$\Delta X_{ij}=(X_j-X_i)_{复}-(X_j-X_i)_{原}$$
$$\Delta Y_{ij}=(Y_j-Y_i)_{复}-(Y_j-Y_i)_{原}$$

2.2　CPⅢ高程网复测

CPⅢ高程网复测采用的网形、精度指标、计算软件及联测上一级线路水准基点的方法和数量均应与原测相同。CPⅢ点复测与原测成果的高程较差应不超过±3 mm,且相邻点的复测高差与原测高差较差应不超过±2 mm时,采用原测成果。较差超限时应结合线下工程结构和沉降评估结论进行分析,判断超限原因,并根据分析结论采取补测或重测措施。确认复测成果无误后,应根据情况履行相关报批手续后更新CPⅢ点成果。高差较差应按下式计算:

$$\Delta H_{ij}=\Delta H_{ij复}-\Delta H_{ij原}$$

2.3　复测成果报告编制要求

复测完成后,应编写复测成果报告,对CPⅢ网复测精度进行评价,对复测数据和原测数据进行对比分析和评价，对超限的点位认真进行原因分析，确认点位移动原因，并在报告中予以说明。

复测成果报告编写应包括以下内容：

(1)任务依据、技术标准。

(2)测量日期，作业方法，人员、设备情况。

(3)复测控制点的现状及数量，复测外业作业过程及内业数据处理方法。

(4)复测控制网测量精度统计分析包括：平面观测的距离和方向残差、水准测量测段间往返测较差、附合水准路线高差闭合差、水准路线每千米高差偶然中误差。

(5)复测与原测成果的对比分析包括：平面控制网复测与原测坐标成果较差、坐标增量较差、相邻水准点复测与原测高差较差，高差较差、复测后成果，需说明的问题及结论、建议。

3　CPⅢ网的维护

由于CPⅢ网布设于桥梁防撞墙和路肩接触网基础辅助立柱上，施工会受线下工程的稳定性等原因的影响，为确保CPⅢ点的准确、可靠，各施工单位有义务对CPⅢ点进行保护。在使用CPⅢ点进行后续轨道安装测量时，每次都要与周围其他点进行校核，特别是要与地面上稳定的CPⅠ、CPⅡ点进行校核，以便及时发现和处理问题；同时应加强对永久CPⅢ点的维护，为高速铁路建成后的养护维修提供控制基准。维护工作要求如下所述：

(1)补设CPⅢ标志：在施工或运营过程中应检查标石的完好性，对丢失和破损较严重的标石应按原测标准，并在原标志附近重新埋设。并按初次测量要求做点位记录。

(2)补设CPⅢ点的编号：同新设CPⅢ编号一样，采用7位编号形式(0000400)，具体要求如下：为避免长短链地段编号重复的问题，前4位采用四位连续里程的千米数，第5位正线部分为“4”，第6、7位为流水号，01~99号数循环。由小里程向大里程方向顺次编号，下行线轨道前进方向左侧的标记点编号为奇数，处于下行线轨道右侧的标记点编号为偶数。CPⅢ布点时要对点位进行详细描述，主要描述内容包括位于线路里程(里程要准确，精确至m)、线路的左右侧、外移距离、桩类型、具体设置位置和其他需要说明的情况等。点位描述附在成果表里。丢失或破坏后补埋点，新点号一般可通过修改原点号中的第5位得到。例如，新设标第五位为“3”，第一次补设第五位为“4”，第二次补设第五位为“5”，依次类推。

(3)外业测量及数据处理：当有CPⅢ点丢失时，应补测此CPⅢ点临近的两个CPⅡ点之间的所有CPⅢ，并约束这两个CPⅡ点进行平差，平差后CPⅢ点复测与原测成果的坐标较差应不超过±3 mm，当满足3 mm要求后应约束此点周围的5个点和两端的CPⅡ点，并且保证各观测的方向与距离的残差满足相关规范要求，并且以本次平差结果作为该点的最后成果。如果不能满足上述要求，应结合具体情况分析；如果满足规范要求，可对其他点成果进行调整。

(4)补测成果报告应包括以下内容：技术标准，测量日期，作业方法，人员、设备情况，补测控制点的数量及补测原因，补测外业作业过程及内业数据处理方法，补测控制网测量精度统计分析，需说明的问题及复测结论。

【小贴士】

本任务主要介绍CPⅢ控制网的复测与维护。通过该任务的学习，学生应该掌握CPⅢ控制网复测采用的方法与原测相同，需要注意的是，对于超限的CPⅢ控制点采用同精度内插的方法进行更新;了解CPⅢ网维护过程中CPⅢ标志和标号的补设、外业测量及数据处理、补测成果报告的编写。

【知识链接】

学习本项目时,学生应结合教师的讲解思考为什么轨道控制网(CPⅢ)测量是轨道工程的基础控制网?为什么要建立高速铁路精密工程测量体系?轨道控制网(CPⅢ)测量的特点是什么?它与传统的铁路工程测量方法有何区别与联系?学生可以通过《高速铁路工程测量规范》(TB 10601—2009)、《铁路工程测量规范》(TB 10101—2018)等的学习,让自己对轨道控制网(CPⅢ)测量有更深刻的认识。

【阅读与应用】

某CPⅢ控制网测量技术方案设计工作流程图

某CPⅢ控制网测量技术方案设计工作流程见图15-29。

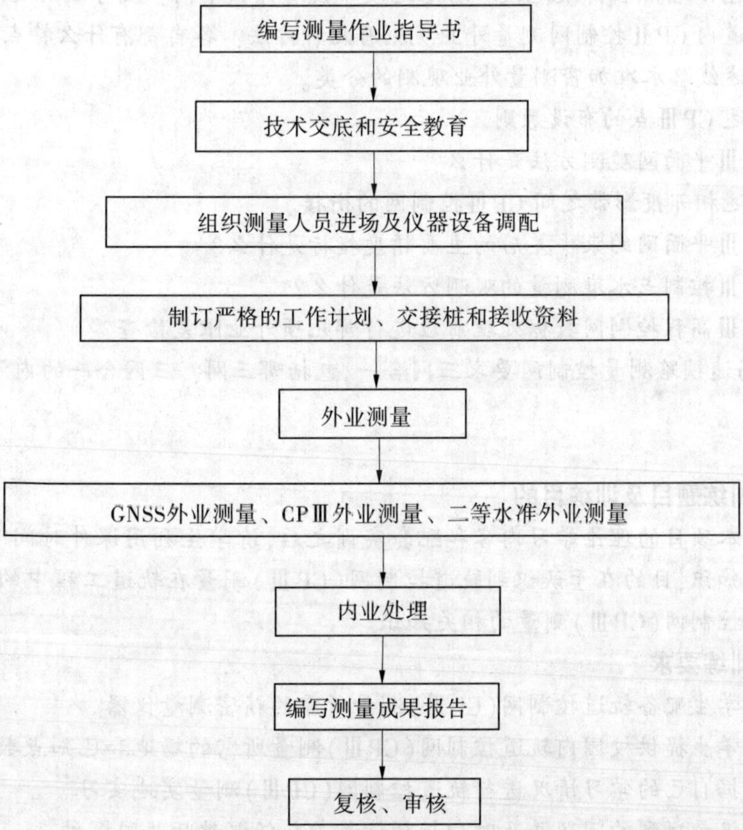

图15-29　某CPⅢ控制网测量技术方案设5计工作流程图

项目小结

本项目主要学习了CPⅡ控制网加密测量;CPⅢ点的埋标与布设、CPⅢ平面控制网测量、CPⅢ高程控制网测量、CPⅢ控制网数据的整理和提交、CPⅢ控制网测量工作现场注意事项、CPⅢ控制网的复测与维护这7个任务。通过本项目的学习,学生应该掌握CPⅡ加密点和水准加密点外业测量方法,CPⅡ加密点和水准加密点数据处理,CPⅢ控制网测量采用的仪器设备和观测软件,CPⅢ控制网外业观测方法和技术要求,CPⅢ平面控制网与CPⅠ、CPⅡ控制点的联测方法、CPⅢ平面控制网区段的划分与衔接方法、CPⅢ控制网数据处理技术要求,CPⅢ控制网测量数据的整理、提交和归档内容及要求；了解CPⅡ加密点和加密水准点的布设和编号规则,CPⅢ预埋件、CPⅢ棱镜连接适配器、CPⅢ高程测量适配器、CPⅢ精密棱镜的样式和种类,CPⅢ标志的使用方法,CPⅢ标志的日常管理和养护方法,CPⅢ点编号和自由设站编号方法,CPⅢ点的布设方法,CPⅢ网维护过程中CPⅢ标志和标号的补设、外业测量及数据处理,补测成果报告的编写。

复习和思考题

15-1　CPⅡ加密点在桥梁地段和路基地段布设有什么不同？编号编写规则是什么？

15-2　隧道内CPⅡ控制网测量外业观测有几种方法？各自都有什么特点？

15-3　简述线路水准加密测量外业观测的分类。

15-4　简述CPⅢ点的布设原则。

15-5　CPⅢ平面网观测方法是什么？

15-6　简述相邻投影带之间CPⅢ控制网的衔接。

15-7　CPⅢ平面网约束平差后的主要精度指标是什么？

15-8　CPⅢ控制点水准测量的观测方法是什么？

15-9　CPⅢ高程控制网数据处理前应进行哪几项外业限差检查？

15-10　高速铁路测量控制网要求三网合一,包括哪三网？三网合一的内涵是什么？

【技能训练】

一、技能训练题目及训练目的

在学习完本项目的理论学习内容和配套实训之后,请学生利用课外时间多了解一下轨道工程相关的知识,目的在于认识到轨道控制网(CPⅢ)测量在轨道工程中的重要性,争取熟练掌握轨道控制网(CPⅢ)测量的相关知识。

二、技能训练要求

1. 教师给学生配备轨道控制网(CPⅢ)测量所需的精密测量仪器。
2. 教师给学生提供校园内轨道控制网(CPⅢ)测量所需的场地和已知点数据。
3. 学生根据自己的学习情况进行轨道控制网(CPⅢ)测量实地实习。
4. 学生应记录碰到的问题并及时向教师请教或与任课教师共同探讨。

【知识拓展】

为什么火车轨道的轨距是 1 435 mm

印尼雅万高铁

附录 课证赛融通

工程施工放样竞赛

工程施工放样内容很多,常见的项目有:单点放样和道路缓和曲线放样。这是两种难易不同的项目,单点放样相对较简单,道路缓和曲线放样难在计算工作量较大。工程施工放样使用的仪器可以是全站仪,也可以是 GNSS 接收机,但竞赛多使用全站仪。

传统的工程施工放样首先要计算放样要素数据。例如:按极坐标法放样,除放样元素外,还需计算测站至放样点的边长和方位角。目前常用的全站仪都具有直接按坐标放样的功能,对于单点放样,只要将放样点坐标输入全站仪即可直接放样。对于道路缓和曲线放样,先要计算道路缓和曲线要素及曲线的主点和中桩点等元素,然后才能放样。有些先进的全站仪还具有放样道路缓和曲线的功能,即只要输入道路缓和曲线的切线点 ZD_1 坐标、JD_1 坐标、缓和曲线半径、缓和曲线长、转向角,仪器就可以自动计算缓和曲线主点 ZH、HY、QZ 的坐标及缓和曲线和圆曲线上指定的中桩点坐标,无需人工计算。

在工程施工放样竞赛中,特别是缓和曲线放样竞赛中,为了检验参赛选手的计算能力,通常不允许使用全站仪的内存计算功能,要求选手用非可编程计算器计算,切记!

§1 竞赛准备

一、场地设置

竞赛场地的点位设置应考虑在多个参赛队同时竞赛时彼此不干扰。因此,竞赛场地的选择一定要开阔、平坦,一般校园广场、篮球场、足球场等场地比较适合此项竞赛。

竞赛场地的布设内容有:竞赛的测站点、定向点和定向检核点,裁判检查放样精度的测站点。因为放样是多组同时进行的,要求设置多个测站点,而定向点和检核点可以共用。

竞赛场地的测站点设置要一目了然,地面点位必须有明确的标志;标志中心应具有明显、耐久的中心点;在点位旁边标记明确的点号,还应在点位附近竖立明确的指示标记。共用的定向点和检核点上统一设置脚架及棱镜。

裁判检查放样精度的 2 个测站点必须设置能够与各参赛队放样点的位置通视,最好设在地势较高、能够看到竞赛场地每个角落的地方,且 2 个点之间不要太近。

二、放样准备

(一)放样数据准备

放样数据准备时要考虑两个方面的因素:

(1)放样点离测站点的距离一般应以 40~50 m 为宜。

(2)各组放样点之间的距离应在 3~5 m,以便参赛队在求得的放样点上架设脚架。

放样竞赛的样题如下：

道路缓和曲线放样竞赛试题

已知某道路曲线第一切线上控制点 ZD_1(500,500)和 JD_1(750,750)，该曲线设计半径R=1 000 m，缓和曲线长 l_0=100 m，JD_1 里程为 K1+300，转向角 $\alpha_{右}$=23°03′38″。请按要求使用非程序型函数计算器计算道路曲线主点 ZH、HY、QZ 坐标，以及第一缓和曲线和圆曲线上指定中桩点(如 K1+100、K1+280)坐标，共计算 5 个点。然后，根据现场已知测站点、定向点、定向检核点，使用全站仪进行第一缓和曲线和圆曲线上指定中桩点放样，共放样 2 个点。控制点和待放样曲线之间的关系如附图 1 所示。

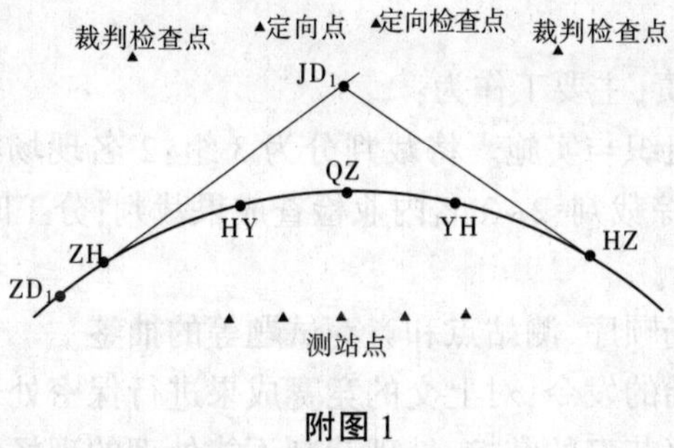

附图 1

实施步骤：

(1)计算道路曲线常数、要素、主点里程、主点及若干曲线中桩点坐标。

(2)在测站点安置全站仪，定向，测量方向检核点坐标，对已知控制点进行检核。

(3)根据中桩点坐标计算数据，使用全站仪点进行曲线中桩点实地放样，并在地面上做好标记。

(4)在放样点上安置棱镜，等待裁判实测已放样点位坐标(坐标观测仅限 1 次)，并与理论坐标进行比较以判断点位放样的精度。

上交成果：

《工程施工放样成果资料》，包含缓和曲线常数、缓和曲线要素、缓和曲线主点里程及缓和曲线中桩坐标计算成果。

(二)放样的目标点位设置

根据竞赛场地条件的不同，放样的具体目标点位设置不同。例如：土地上可以打木桩，在木桩顶面钉小铁钉；而在坚硬的水泥地面，可以将橡皮膏(胶布)或不干胶带等贴在地面上，并用圆珠笔在上面画十字标明放样点位。

三、赛前准备

竞赛委员会应在施工放样位置附近安排计算场所，提供若干桌椅方便选手计算，一般应为每个参赛队至少准备 1 张桌子和若干凳子，同时提供非编程计算器和竞赛专用手簿。

除计算场所外，还应安排一个供选手熟悉仪器、做赛前准备工作的场地。

§2　竞赛组织

一、裁判组

裁判组的构成主要有:裁判长1名、现场检查精度裁判2名、现场跟踪裁判若干名、内业检查成果裁判2~3名;其中,现场跟踪裁判的人数应与同时同场竞赛的队伍数一致,即每支参赛队有1名裁判全程跟踪竞赛过程。

竞赛的成果质量主要是由现场检查精度裁判通过全站仪检查。因此,应分配业务水平高、责任心强、认真细致的专家担任现场检查精度裁判。

二、裁判长

裁判长对总裁判长负责,主要工作为:

(1)负责本项竞赛的组织与实施。将裁判分为3组:2名现场检查精度裁判、与同时同场竞赛队数相同的现场跟踪裁判、2~3名内业检查成果裁判;分工时要特别注意现场跟踪裁判,防止其执法本校参赛队。

(2)负责各队竞赛出场顺序、测站点和竞赛试题等的抽签。

(3)负责每组竞赛开始的发令,对上交的竞赛成果进行保密处理。

(4)在现场负责对竞赛节奏的掌控,处理裁判不能处理的现场纠纷及其他问题。

三、现场检查精度裁判

现场检查精度裁判负责在现场用全站仪测量各队求得的放样点的坐标并记录,主要工作为:

(1)负责测量记录。

(2)密切注意全站仪的对中和整平。

(3)2名裁判每次所测坐标数据要及时核对,发现不一致要查找原因。

四、现场跟踪裁判

现场跟踪裁判的主要工作为:

(1)密切注意各队之间的动作,以便在互相干扰、出现纠纷时,正确裁决。

(2)要注意测站的工作,注意是否规范操作。

(3)关注选手的计算,注意发现作弊等违规行为。

(4)违规除按规定扣分外,还应做好记录备查。

五、内业检查成果裁判

内业检查成果裁判负责检查计算成果并评定成绩,主要工作为:

(1)将各队上交的成果与标准成果对比,按照成果的正确性评定成绩。

(2)根据现场检查精度裁判所测数据与标准计算值对比,评定精度成绩。

(3)统计各队的最后成绩。

(4)对无法判决的非常规问题要及时报告,必要时请裁判组集体讨论解决。

§3　竞赛技术细则

工程施工放样竞赛开始前,参赛队先按要求抽签决定顺序、测站点和放样试卷,然后到达指定放样区域做好准备工作,按照抽签顺序出场竞赛。

一、计算及放样要求

(1)竞赛采用手工方式进行记录及计算;记录及计算必须使用竞赛委员会统一提供的《工程施工放样成果资料》(竞赛专用手簿);现场完成计算,不允许使用非竞赛委员会提供的计算器。

(2)参赛队信息只能在手簿封面规定的位置填写,手簿内部不得填写与竞赛数据无关的任何信息。

(3)4 名队员共同完成计算及放样,队员的工作可以不轮换。

(4)放样过程中,由参赛队自行在放样点上选择设置棱镜的方式。例如,可以架设脚架、安放基座棱镜,或者直接在地面上安放棱镜。

(5)按相应的测量标准观测,气象数据(温度、气压)在竞赛时由竞赛委员会统一提供,参赛队在竞赛前需输入仪器。

(6)仪器操作应符合要求,使用铅笔记录,计算部分允许使用橡皮擦,但上交成果必须字迹清晰易读、计算表格整洁。

(7)记录及计算应符合规范要求,角度取位至 0.1″,坐标、曲线要素、里程等计算结果均取位至 0.001 m。

(8)竞赛开始,选手首先计算放样元素,然后架设全站仪,对中、整平、定方位,放样点位并在地面做好标记,放样完成后报告裁判请求检查,计时结束。

二、竞赛实施步骤及内容

(一)计算

要求计算:

(1)缓和曲线常数 3 个:切线角 β、切垂距 m、内移距 P。

(2)缓和曲线要素 4 个:切线长 T、曲线长 L、外矢距 E_0、切曲差 Q。

(3)缓和曲线主点:直缓点 ZH、缓圆点 HY、曲中点 QZ、缓直点 HZ、圆缓点 YH。

(4)计算指定里程的 2 个中桩点的坐标。

(二)放样

竞赛时给定 1 个测站点,并提供公用的 1 个定向点和 1 个检核点。

放样开始,选手在测站点整置仪器、定向,用检查点检查定向。然后开始放样指定里程的 2 个中桩点。

放样完成后,各队做好准备请求检查,放样结束,计时停止。参赛队配合检查。

(三)放样精度检查

各队接受检查的点位,由各队自行在完成的放样点上设置照准棱镜;可以在放样点上安置脚架,对中、整平后安放棱镜,也可直接在地面安放小棱镜。因待检查点对中引起的检查误差各队自行负责。

裁判组检查结束后队员收好脚架,竞赛结束。

§4 竞赛成果质量成绩评定

一、放样精度检查

使用仪器检查各参赛队放样于地面上的相应标记点。其检查方法是:事先在竞赛场地的开阔位置设置2个用于检查放样精度的测站点。竞赛时由2名现场检查精度裁判在成果检查点上设置全站仪专门检查。

放样精度检查时,2名现场检查精度裁判分别对选手设立在放样点上的棱镜测量;2台仪器测定的同一点的2组坐标取中数即为放样点的检核成果;将这个成果与给定的放样理论值比较,计算点位偏差,按偏差评定成绩。

二、成绩评定方法

工程施工放样竞赛成绩评定主要从参赛队的作业速度、观测与记录规范与否、计算成果正确与否等方面考虑,采用百分制。其中,作业速度即竞赛用时,其成绩占30分。而竞赛成果质量成绩由观测与记录和计算成果的成绩组成,占70分,评定方法如下。

(一)取消竞赛资格的情况

在放样过程中出现下列情况之一直接取消比赛资格:

(1)将教材或非竞赛委员会配发的竞赛用具带入竞赛场地。

(2)违规使用电话等通信设备。

(3)故意干扰其他参赛队测量,劝阻无效。

(4)仪器设备损坏或者掉地。

(二)观测与记录部分

(1)指导教师或其他非参赛人员入场,扣2分。

(2)计算及记录字迹模糊影响识读,1处扣1分,最多扣4分。

(3)仪器整置定向后不检查,违规扣2分。

(4)计算表不整洁,非正常污迹,1处扣0.5分,最多扣2分。

(5)不配合放样点检查,扣30分。

(三)计算成果部分

(1)下列项目每缺少1项或存在1项计算错误,扣2分:

——缓和曲线常数3个,即β、m、P。

——缓和曲线要素4个,即T、L、E_0、Q。

——缓和曲线主点里程,即ZH、HY、QZ、HZ、YH。

——3个缓和曲线主点,即ZH、HY、QZ坐标(X、Y各扣1分)。

——指定的2个中桩点的坐标(X、Y各扣1分)。

(2)放样点检测坐标与标准计算值比较:

——2个放样点的点位精度均不超过20 mm,得满分。

——有1个放样点的点位精度超过20 mm,但不超过50 mm,扣10分。

——有1个放样点的点位精度超过50 mm,扣15分。

三、评分表

为便于裁判评定成绩,将成果评分表分为外业现场检查和内业检查两部分(这里将放样精度检查视为内业检查),具体如附表1(共40分)及附表2(共30分)所示。其中,备注栏用于注明扣分的项目及内容。

附表1　工程测量施工放样成果评分表(外业)

参赛队编号:________

评测内容	评分标准	扣分值	备注
仪器整置定向后检查	违规扣2分		
故意干扰其他参赛队测量	造成别人必须重测后果的扣10分		
携带教材或非竞赛委员会配发的用具	带入竞赛现场	取消竞赛资格	
故意遮挡其他参赛队观测	裁判劝阻无效	取消竞赛资格	
使用电话等通信设备	违规	取消竞赛资格	
仪器设备	损坏或者掉地	取消竞赛资格	
放样点检查	不配合	扣30分	
合计扣分			

裁判:________　　　　年　月　日

附表2　工程测量施工放样成果评分表(内业)

参赛队编号:________

评测内容	评分标准	扣分值	备注
缓和曲线常数3个:β、m、P	每缺少或计算错误1项扣2分		
缓和曲线要素4个:T、L、E_0、Q	每缺少或计算错误1项扣2分		
缓和曲线主点里程:ZH、HY、QZ、HZ、YH	每缺少或计算错误1项扣2分		
3个缓和曲线主点:ZH、HY、QZ	每错误1项扣2分(X、Y各扣1分)		
指定的2个中桩点的坐标	每错误1项扣2分(X、Y各扣1分)		
计算记录规范性	字迹模糊影响识读1处扣1分(最多扣4分)		
计算表整洁	每1处污迹扣0.5分(最多扣2分)		
20 mm<放样点偏差≤50 mm	每1点扣10分		
放样点偏差> 50 mm	每1点扣15分		
合计扣分			

裁判:________　　　　年　月　日

§5 道路缓和曲线要素计算

一、竞赛样题

如附图2和附表3所示,某道路缓和曲线交点 JD_1、JD_2 的坐标,JD_2 的里程,圆曲线半径,缓和曲线长,以及转向角值,请按要求使用非程序型函数计算器计算:

(1)缓和曲线主点 ZH、HY、QZ、YH、HZ 里程。

(2)ZH、HY、QZ 点及里程为 K51+940、K51+960 中桩点的坐标。

(3)根据现场抽签指定的已知测站点、定向点、检核点,使用全站仪进行 K51+940、K51+960 中桩点的放样。

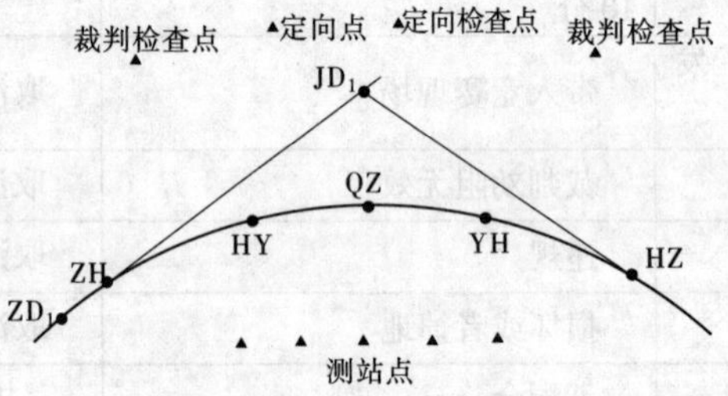

附图2　某道路缓和曲线

附表3　某道路缓和曲线已知数据

点名	X 坐标	Y 坐标	里程	圆曲线半径 R/m	缓和曲线长 L_s/m	转向角 α
JD_1	3 819 540.534	191 657.729				
JD_2	3 820 992.901	190 814.190	K52+061.603	2 800	320	11°18′51.3″(左)

二、计算步骤

(1)首先根据 JD_1、JD_2 的坐标计算 JD_1、JD_2 的方位角:

$$a_{JD_1-JD_2} = 329°51'6.7''$$

(2)计算缓和曲线常数,即切线角 β、切垂距 m、内移距 P:

$$\beta = \frac{L_s}{2R}\frac{180°}{\pi} = 3°16'26.6''$$

$$m = \frac{L_s}{2} - \frac{L_s^3}{240R^2} = 159.983\ (\text{m})$$

$$P = \frac{L_s^2}{24R} - \frac{L_s^4}{2\,688R^3} = 1.524\ (\text{m})$$

(3)计算缓和曲线要素,即切线长 T、外矢距 E_0、曲线长 L、切曲差 Q:

$$T = m + (R + P)\tan\frac{\alpha}{2} = 437.495\ (\text{m})$$

$$E_0 = (R + P)\sec\frac{\alpha}{2} - R = 15.235\ (\text{m})$$

$$L = R(\alpha - 2\beta)\frac{\pi}{180^\circ} + 2L_s = R\alpha\frac{\pi}{180^\circ} + L_s = 872.919\ (\text{m})$$

$$Q = 2T - L = 2.071(\text{m})$$

(4)计算缓和曲线主点里程:

$$\text{ZH}_{里程} = \text{JD}_{2里程} - T = \text{K51+624.108}$$

$$\text{HY}_{里程} = \text{ZH}_{里程} + L_s = \text{K51+944.108}$$

$$\text{QZ}_{里程} = \text{HY}_{里程} + \left(\frac{L}{2} - L_s\right) = \text{K52 + 060.568}$$

$$\text{YH}_{里程} = \text{HY}_{里程} + L - 2L_s = \text{K52+177.027}$$

$$\text{HZ}_{里程} = \text{YH}_{里程} + L_s = \text{K52+ 497.027}$$

(5)计算缓和曲线主点和指定中桩点坐标。

对 ZH 点,有:

$$\begin{cases} X_{\text{ZH}} = X_{\text{JD}_2} + T\cos\alpha_{\text{JD}_2\text{—ZH}} = 3\ 820\ 614.586\ (\text{m}) \\ Y_{\text{ZH}} = X_{\text{JD}_2} + T\sin\alpha_{\text{JD}_2\text{—ZH}} = 191\ 033.916\ (\text{m}) \end{cases}$$

式中 $\alpha_{\text{JD}_2\text{—ZH}} = \alpha_{\text{JD}_1\text{—JD}_2} - 180^\circ = 149^\circ51'6.7''$。

对 QZ 点,有:

$$\begin{cases} X_{\text{QZ}} = X_{\text{JD}_2} + E_0\cos\alpha_{\text{JD}_2\text{—QZ}} = 3\ 820\ 983.988\ (\text{m}) \\ Y_{\text{QZ}} = Y_{\text{JD}_2} + E_0\sin\alpha_{\text{JD}_2\text{—QZ}} = 190\ 801.834\ (\text{m}) \end{cases}$$

式中 $\alpha_{\text{JD}_2\text{—QZ}} = \alpha_{\text{JD}_2\text{—JD}_1} + 90^\circ - \frac{\alpha}{2} = 234^\circ11'41.0''$。

计算 HY 点及桩号 K51+940 点的坐标(缓和曲线上点的坐标)。如附图 2 所示,从 ZH 点计算,先计算各点在假定坐标系的坐标,其公式为

$$\begin{cases} x_i = l_i = \dfrac{l_i^5}{40R^2L_s^2} \\ y_i = \dfrac{l_i^3}{6RL_s} \end{cases}$$

对 HY 点,$l_i = L_s = 320$ m,对 K51+940 点,$l_i = 315.892$ m,则有:

$$\begin{cases} x_{\text{HY}} = 319.895\ 5\ \text{m} \\ y_{\text{HY}} = 6.095\ 2\ \text{m} \end{cases},\quad \begin{cases} x_{\text{K51+940}} = 315.794\ 0\ \text{m} \\ y_{\text{K51+940}} = 5.863\ 5\ \text{m} \end{cases}$$

将上述两点坐标转换至统一坐标系下,其公式为

$$\begin{cases} X_i = X_{\text{ZH}} + x_i\cos\alpha_{\text{ZH—JD}_2} + y_i\sin\alpha_{\text{ZH—JD}_2} \\ Y_i = Y_{\text{ZH}} + x_i\sin\alpha_{\text{ZH—JD}_2} - y_i\cos\alpha_{\text{ZH—JD}_2} \end{cases} \quad (1)$$

则 HY 点及桩号 K51+940 点坐标分别为

$$\begin{cases} X_{\text{HY}} = 3\ 820\ 888.148\ \text{m} \\ Y_{\text{HY}} = 190\ 867.982\ \text{m} \end{cases},\quad \begin{cases} X_{\text{K51+940}} = 3\ 820\ 884.718\ \text{m} \\ Y_{\text{K51+940}} = 190\ 870.242\ \text{m} \end{cases}$$

计算桩号 K51+960 点的坐标(圆曲线上点的坐标)。先计算独立坐标系下的坐标,其公式为

$$\begin{cases} x_i = R\sin\varphi_i + m \\ y_i = R(1 - \cos\varphi_i) + P \end{cases}$$

其中,$\varphi_i = \dfrac{180°}{\pi R}(L_i - L_s) + \beta$,$L_i$ 为细部点至 ZH 点的曲线长。则桩号 K51+960 点独立坐标为

$$\begin{cases} x_{K51+960} = 335.759\ 9\ \text{m} \\ y_{K51+960} = 7.046\ 9\ \text{m} \end{cases}$$

通过式(1)将独立坐标系下的坐标转换成统一坐标系下的坐标,于是桩号 K51 +960 点坐标为

$$\begin{cases} X_{K51+960} = 3\ 820\ 901.388\ \text{m} \\ Y_{K51+960} = 190\ 859.191\ \text{m} \end{cases}$$

参考文献

[1] 张正禄. 工程测量学[M]. 2 版. 武汉:武汉大学出版社,2017.

[2] 杨剑,过静珺. 土木工程测量[M]. 5 版. 武汉:武汉理工大学出版社,2022.

[3] 宁津生,陈俊勇,李德仁. 测绘学概论[M]. 3 版. 武汉:武汉大学出版社,2016.

[4] 周建郑. 工程测量[M]. 2 版. 郑州:黄河水利出版社,2010.

[5] 李生平. 建筑工程测量[M]. 3 版. 武汉:武汉理工大学出版社,2008.

[6] 覃辉. 建筑工程测量[M]. 重庆:重庆大学出版社,2014.

[7] 周建郑. 建筑工程测量[M]. 4 版. 北京:中国建筑工业出版社,2017.

[8] 岳建平,邓念武. 水利工程测量[M]. 北京:中国水利水电出版社,2008.

[9] 周建郑. GPS 定位测量[M]. 3 版. 郑州:黄河水利出版社,2017.

[10] 李广云,李宗春. 工业测量系统原理与应用[M]. 北京:测绘出版社,2011.

[11] 周建郑. GNSS 定位测量[M]. 2 版. 北京:测绘出版社,2014.

[12] 冯兆祥,等. 现代特大型桥梁施工测量技术[M]. 北京:人民交通出版社,2010.

[13] 周建郑. 建筑工程测量[M]. 3 版. 北京:化学工业出版社,2015.

[14] 周建郑. 工程测量读本[M]. 北京:化学工业出版社,2018.

[15] 中华人民共和国国家标准. 工程测量标准:GB 50026—2020[S]. 北京:中国计划出版社,2021.

[16] 中华人民共和国国家标准. 国家三、四等水准测量规范:GB/T 12898—2009[S]. 北京:中国标准出版社,2008.

[17] 中华人民共和国国家标准. 国家基本比例尺地图图式 第 1 部分:1:500 1:1 000 1:2 000 地形图图式:GB/T 20257. 1—2017[S]. 北京:中国标准出版社,2018.

[18] 中华人民共和国国家标准. 全球定位系统(GPS)测量规范:GB/T 18314—2009[S]. 北京:测绘出版社,2009.

[19] 中华人民共和国行业标准. 卫星定位城市测量技术标准:CJJ/T 73—2019[S]. 北京:中国建筑工业出版社,2019.

[20] 中华人民共和国行业标准. 城市测量规范:CJJ/T 8—2011[S]. 北京:中国建筑工业出版社,2012.

[21] 中华人民共和国行业标准. 铁路线路设计规范:TB 10098—2017[S]. 北京:中国铁道出版社,2017.

[22] 中国铁路总公司企业标准. 铁路钢桥制造规范:Q/CR 9211—2015[S]. 北京:中国铁道出版社,2015.

[23] 中华人民共和国行业推荐性标准. 公路桥涵施工技术规范:JTG/T 3650—2020[S]. 北京:人民交通出版社,2011.

[24] 中华人民共和国水利行业标准:水道观测规范:SL 257—2017[S]. 北京:中国水利水电出版社,2017.

[25] 丁川. 港珠澳大桥测量控制网复测技术分析[D]. 广州:华南理工大学,2017.

[26] 吴迪军, 熊伟. 港珠澳大桥工程坐标系设计[J]. 测绘通报,2012(1):53-55.

[27] 熊金海, 吴迪军,等. 特大型跨海桥隧工程测量基准的建立与维护[J]. 测绘地理信息,2013,38(1):49-51.

[28] 尹海卿. 港珠澳大桥岛隧工程设计施工关键技术[J]. 隧道建设, 2014, 34(1):60-66.

[29] 李冠青, 黄声享. 港珠澳大桥沉管隧道贯通误差预计[J]. 测绘科学,2016,41(12):10-13.

[30] 成益品, 孙阳阳, 高应东. 外海超长沉管隧道精密贯通测量设计与实践[J]. 中国港湾建设,2018(5).

[31] 黄声享,李冠青,等. 港珠澳大桥沉管隧道施工控制网布设研究[J]. 武汉大学学报(信息科学版),2018.

[32] 吴迪军, 熊伟, 郑强. 港珠澳大桥首级控制网复测方法研究[J]. 工程勘察,2011,39(9):74-78.

[33] 周建郑. GNSS 与北斗定位测量[M]. 4 版. 郑州:黄河水利出版社,2022.

